前　言

　　《高等数学学习指导与习题解答》是科学出版社出版的《高等数学》(马少军,张好治,李福乐主编)的配套教材,是编者多年教学经验的总结.

　　本书内容有:基本内容:列出了各章的基本理论知识和常用的计算公式;基本要求:指出各章中每一部分内容应该掌握到什么程度,便于读者在复习时能合理分配力量;习题解答:对《高等数学》的每一节课后习题以及各章的自测题都做了全面详细的解答,另外为考研的学生准备了六套综合测试题,并做了解答,便于学生了解考研题型和难度.本书内容丰富、解答明确、启发性强,只要认真学习,既能巩固所学的理论知识,又能有效地提高运算能力和技巧,还可提高读者分析问题和解决问题的能力.

　　本书不仅适用于高等农业院校,也可作为林、水、医等院校的学生学习《高等数学》或《微积分》的指导书,亦可作为报考农、林、水、医院校的研究生考生的复习参考书.

　　本书在编写过程中,得到很多同行专家的关心和支持,在此表示衷心感谢.

　　由于水平所限,书中难免存在不妥之处,敬请读者批评指正.

编　者

2016 年 4 月

目　　录

第一章　函数与极限

一、基 本 内 容

1. 函数的定义

如果有一个确定的对应规律 f,使得对于 D 中的每一个实数 x,都有一个唯一确定的实数 y 与之对应,则称 y 是 x 的函数,即为 $y=f(x)$,其中 D 称为函数的定义域,x 称为自变量,y 称为因变量,y 的取值范围称为函数的值域.

2. 函数的表示法

列表法、公式法与图解法是三种常用的函数表示法.

分段函数:在公式法中,当对应关系可以用两个或几个式子表示时,就称为分段函数.

3. 函数的几个特性

1) 函数的有界性

设函数 $f(x)$ 在区间 (a,b) 上有定义,如果存在一个正数 M,使得对于 (a,b) 上的一切 x 都有 $|f(x)| \leqslant M$,则称函数 $f(x)$ 在 (a,b) 上是有界的,否则称为无界的.

2) 函数的单调性

如果函数 $f(x)$ 对于区间 (a,b) 内的任意两点 x_1 及 x_2,当 $x_1 < x_2$ 时,有 $f(x_1) < f(x_2)$(或 $f(x_1) > f(x_2)$),则称函数 $f(x)$ 在区间 (a,b) 内是单调增加(或单调减少)的.

3) 函数的奇偶性

如果函数 $f(x)$ 对于定义域内的任意 x,都满足 $f(-x)=f(x)$,则 $f(x)$ 称为偶函数;

如果函数 $f(x)$ 对于定义域内的任意 x,都满足 $f(-x)=-f(x)$,则 $f(x)$ 称为奇函数.

4) 函数的周期性

对于函数 $f(x)$,如果存在一个不为零的数 l,使对于定义域内的任何 x,都有 $f(x+l)=f(x)$ 成立,则称 $f(x)$ 为周期函数,使得 $f(x+l)=f(x)$ 成立的 l 中的最小正数称为 $f(x)$ 的最小正周期(简称周期).

4. 反函数与复合函数

1) 反函数

设 y 是 x 的函数:$y=f(x)$,如果把 y 当作自变量,x 当作函数,则由关系式 $y=$

$f(x)$ 所确定的函数 $x=f^{-1}(y)$，称为函数 $y=f(x)$ 的反函数，习惯记为 $y=f^{-1}(x)$.

2）复合函数

如果 y 是 u 的函数 $y=f(u)$，而 u 又是 x 的函数 $u=\varphi(x)$，且 $\varphi(x)$ 的函数值的全部或部分在 $f(u)$ 的定义域中，那么，y 通过 u 的联系也成为 x 的函数，称后一个函数是由 $y=f(u)$ 及 $u=\varphi(x)$ 复合而成的函数，简称复合函数，记为 $y=f(\varphi(x))$，其中 u 称为中间变量.

5. 基本初等函数

基本初等函数是指：

（1）常函数：$y=C$；

（2）幂函数：$y=x^\mu$（μ 为实数）；

（3）指数函数：$y=a^x$（$a>0,a\neq1$）；

（4）对数函数：$y=\log_a x$（$a>0,a\neq1$）；

（5）三角函数：$y=\sin x,y=\cos x,y=\tan x,y=\cot x,y=\sec x,y=\csc x$；

（6）反三角函数：$y=\arcsin x,y=\arccos x,y=\arctan x,y=\mathrm{arccot}\,x,y=\mathrm{arcsec}\,x,y=\mathrm{arccsc}\,x$.

6. 初等函数

由基本初等函数经过有限次的四则运算和有限次的函数复合而构成的，并可用一个表达式表达的函数.

7. 数列的极限定义

设 $x_1,x_2,x_3,\cdots,x_n,\cdots$ 是一个数列，简记为 $\{x_n\}$，a 为一常数，如果对于任意给定的正数 ε（无论它多小），总有自然数 N 存在，使得当 $n>N$ 时，不等式 $|x_n-a|<\varepsilon$ 总成立，则称数列 $\{x_n\}$ 以常数 a 为极限，记为 $\lim\limits_{n\to\infty}x_n=a$ 或 $x_n\to a(n\to\infty)$，若数列 $\{x_n\}$ 以 a 为极限，我们便说数列 $\{x_n\}$ 是收敛的，且收敛于 a；否则，就说它是发散的.

8. 函数的极限

1）$x\to x_0$ 时的极限

设函数 $y=f(x)$ 在 x_0 点的某个邻域内有定义（x_0 除外），如果对于任意给定的正数 ε（无论它多小），总存在正数 δ，使得对于适合不等式 $0<|x-x_0|<\delta$ 的一切 x，相应的函数值 $f(x)$ 都满足不等式 $|f(x)-A|<\varepsilon$，那么 A 就称为函数 $f(x)$ 当 $x\to x_0$ 的极限，记为 $\lim\limits_{x\to x_0}f(x)=A$ 或 $f(x)\to A(x\to x_0)$.

2）$x\to\infty$ 时的极限

设函数 $y=f(x)$ 对绝对值无论多么大的 x 都有定义，如果对于任意给定的正数 ε（无论它多小），总存在正数 X，使得对于适合不等式 $|x|>X$ 的一切 x，所对应函数值 $f(x)$ 都满足不等式 $|f(x)-A|<\varepsilon$，那么 A 就称为函数 $f(x)$ 当 $x\to\infty$ 的极

限,记为 $\lim\limits_{x\to\infty}f(x)=A$ 或 $f(x)\to A(x\to\infty)$.

类似地,可以定义 $x\to+\infty$ 和 $x\to-\infty$ 时函数的极限: $\lim\limits_{x\to+\infty}f(x)=A$ 和 $\lim\limits_{x\to-\infty}f(x)=A$.

9. 无穷小与无穷大

(1) 无穷小:如果对于任意给定的正数 ε(无论它多小),总存在正数 δ(或正数 X),使得对于适合不等式 $0<|x-x_0|<\delta$(或 $|x|>X$)的一切 x,所对应的函数值 $f(x)$ 都满足不等式 $|f(x)|<\varepsilon$,那么就称函数 $f(x)$ 为 $x\to x_0 (x\to\infty)$ 的无穷小.

(2) 无穷大:如果对于任意给定的正数 M(无论它多大),总存在正数 δ(或正数 X),使得对于适合不等式 $0<|x-x_0|<\delta$(或 $|x|>X$)的一切 x,所对应的函数值 $f(x)$ 都满足不等式 $|f(x)|>M$,那么就称函数 $f(x)$ 为 $x\to x_0 (x\to\infty)$ 的无穷大.

(3) 无穷小与无穷大的关系:

若函数 $f(x)$ 为无穷大,则 $\dfrac{1}{f(x)}$ 为无穷小. 若函数 $f(x)$ 为无穷小 $(f(x)\neq 0)$,则 $\dfrac{1}{f(x)}$ 为无穷大.

10. 极限的运算法则及判别准则

1) 有关无穷小的运算法则

(1) 有限个无穷小的和是无穷小;

(2) 有界函数与无穷小的积是无穷小;

(3) 有限个无穷小的积是无穷小.

2) 极限的四则运算法则

设 $\lim f(x)=A$,$\lim g(x)=B$,则:

(1) $\lim[f(x)\pm g(x)]=\lim f(x)\pm\lim g(x)=A\pm B$;

(2) $\lim[f(x)\cdot g(x)]=\lim f(x)\cdot\lim g(x)=A\cdot B$;

(3) $\lim\dfrac{f(x)}{g(x)}=\dfrac{\lim f(x)}{\lim g(x)}=\dfrac{A}{B}(B\neq 0)$.

3) 极限存在的判别法

(1) 单调有界函数必有极限;

(2) $g(x)\leqslant f(x)\leqslant h(x)$ 且 $\lim g(x)=\lim h(x)=A$,则 $\lim f(x)=A$;

(3) $\lim\limits_{x\to x_0}f(x)=A\Leftrightarrow f(x_0-0)=f(x_0+0)=A$.

4) 两个重要极限

$$\lim_{x\to 0}\frac{\sin x}{x}=1; \quad \lim_{x\to\infty}\left(1+\frac{1}{x}\right)^x=\mathrm{e}.$$

11. 无穷小的阶

(1) 设 α 及 β 是同一极限过程中的两个无穷小.

若 $\lim \dfrac{\beta}{\alpha}=0$, 则称 β 是比 α 高阶的无穷小, 记为 $\beta=o(\alpha)$;

若 $\lim \dfrac{\beta}{\alpha}=\infty$, 则称 β 是比 α 低阶的无穷小;

若 $\lim \dfrac{\beta}{\alpha}=C\neq0$, 则称 β 与 α 是同阶的无穷小;

若 $\lim \dfrac{\beta}{\alpha}=1$, 则称 β 是与 α 等价的无穷小, 记为 $\beta\sim\alpha$.

(2) 等价无穷小定理: 设 $\alpha\sim\alpha'$, $\beta\sim\beta'$, 且 $\lim \dfrac{\beta'}{\alpha'}$ 存在, 则 $\lim \dfrac{\beta}{\alpha}=\lim \dfrac{\beta'}{\alpha'}$.

12. 连续性定义

1) 连续性定义

设函数 $y=f(x)$ 在 x_0 点的某个邻域内有定义, 如果对于任意给定的正数 ε(无论它多小), 总存在正数 δ, 使得对于适合不等式 $|x-x_0|<\delta$ 的一切 x, 相应的函数值 $f(x)$ 都满足不等式 $|f(x)-f(x_0)|<\varepsilon$, 即 $\lim\limits_{x\to x_0}f(x)=f(x_0)$, 则称函数 $f(x)$ 在 x_0 点连续.

函数 $y=f(x)$ 在 x_0 点连续定义的另一种形式为
$$\lim_{\Delta x\to0}\Delta y=\lim_{\Delta x\to0}\left[f(x_0+\Delta x)-f(x_0)\right]=0.$$

由定义可知, 函数 $y=f(x)$ 在 x_0 点连续可解析为如下三条:

(i) 函数 $y=f(x)$ 在 x_0 点的某个邻域内有定义;

(ii) 极限 $\lim\limits_{x\to x_0}f(x)$ 存在;

(iii) 该极限值为 $f(x_0)$.

上述三条与连续定义等价.

2) 间断点的定义及分类

(1) 定义: 不满足连续定义的点, 即不满足与连续定义等价的三条中的任何一条的点, 就称为函数的间断点.

(2) 分类: 若 $y=f(x)$ 在间断点 x_0 处的左、右极限 $f(x_0-0)$, $f(x_0+0)$ 都存在, 则称 x_0 为 $y=f(x)$ 的第一类间断点.

特别地, 若还有 $f(x_0-0)=f(x_0+0)$, 则称 x_0 为 $y=f(x)$ 的第一类间断点中的可去间断点.

不属于第一类的间断点称为第二类间断点.

3) 连续函数的性质

(1) 若 $y=f(x)$ 及 $y=g(x)$ 在 $x=x_0$ 处连续,则 $f(x)\pm g(x)$,$f(x)\cdot g(x)$,$\dfrac{f(x)}{g(x)}$ $(g(x_0)\neq 0)$ 在 $x=x_0$ 处连续.

(2) 若函数 $y=f(x)$ 在某区间上单调且连续,则其反函数 $x=\varphi(y)$ 在其相应的区间上也单调连续.

(3) 若 $y=f(u)$ 在 u_0 处连续,$u=\varphi(x)$ 在 x_0 处连续,且 $u_0=\varphi(x_0)$,则 $y=f(\varphi(x))$ 在 x_0 处连续.

基本初等函数在其定义域内是连续的;初等函数在其有定义的区间上是连续的.

(4) 闭区间上连续函数的性质:

最值定理 闭区间上连续函数一定有最大值和最小值.

介值定理 设 $y=f(x)$ 在 $[a,b]$ 上连续,C 是 $f(a)$ 与 $f(b)$ 之间的任何一个数 $(f(a)\neq f(b))$,则在 (a,b) 内至少有一点 ξ,使 $f(\xi)=C(a<\xi<b)$. 特别地,若 $f(a)\cdot f(b)<0$,则在 (a,b) 内至少有一点 ξ,使 $f(\xi)=0(a<\xi<b)$.

二、基 本 要 求

1. 理解函数的概念,掌握函数的定义域和对应法则这两个要素.

2. 掌握函数的单调性、有界性、奇偶性及周期性.

3. 理解反函数、复合函数与分段函数的概念,能熟练地分析复合函数的分解与复合过程.

4. 熟练掌握基本初等函数的定义、性质及图形.

5. 理解数列极限和函数极限的定义,能准确地用"ε-N""ε-δ"语言叙述极限定义,并对一些简单极限存在性问题给予证明.

6. 理解左、右极限的概念,举例说明函数左、右极限不存在的情形,同时给出几何解释.

7. 理解无穷小的概念,证明无穷小量的运算法则及函数极限与无穷小量关系的定理.

8. 能正确应用极限运算法则.

9. 了解两个极限准则,熟练地掌握利用两个重要极限求极限的方法.

10. 理解函数在一点连续与间断的概念,会判别函数的连续性及间断点的类型.

11. 正确理解闭区间上连续函数的性质,能给出直观的几何解释.

三、习题解答

习 题 1-1

1. $f(x)=|1+x|+\dfrac{(7-x)(x-1)}{|2x-5|}$,求 $f(-2)$.

解 $f(-2)=|1-2|+\dfrac{(7+2)(-2-1)}{|2\times(-2)-5|}=-2.$

2. $f(x)=\sqrt{4-x^2}$,求 $f(0),f(1),f(-1),f\left(\dfrac{1}{a}\right),f(x_0),f(x+h)$.

解 $f(0)=\sqrt{4-0}=2;$ $\qquad f(1)=\sqrt{4-1}=\sqrt{3};$

$f(-1)=\sqrt{4-1}=\sqrt{3};$ $\quad f\left(\dfrac{1}{a}\right)=\sqrt{4-\left(\dfrac{1}{a}\right)^2}=\sqrt{4-\dfrac{1}{a^2}};$

$f(x_0)=\sqrt{4-x_0^2};$ $\qquad f(x+h)=\sqrt{4-(x+h)^2}.$

3. 求下列函数的定义域:

(1) $y=\sqrt{3x+2}$;

(2) $y=\dfrac{1}{1-x}$;

(3) $y=\ln(x-2)$;

(4) $y=\dfrac{1}{\lg|x-5|}$;

(5) $y=\sqrt{x^2-4}$;

(6) $y=\dfrac{1}{1+x^2-2x}+\sqrt{x+2}$;

(7) $y=\dfrac{\sqrt{4-x}}{\ln(x-1)}$;

(8) $y=\dfrac{2x}{x^2-3x+2}.$

解 (1) 要使函数有意义,需 $3x+2\geqslant0$,所以 $x\geqslant-\dfrac{2}{3}$. 所以函数的定义域为 $\left[-\dfrac{2}{3},+\infty\right)$.

(2) 要使函数有意义,需 $1-x\neq0$,所以 $x\neq1$. 所以函数的定义域为 $(-\infty,1)\bigcup(1,+\infty)$.

(3) 要使函数有意义,需 $x-2>0$,所以 $x>2$. 所以函数的定义域为 $(2,+\infty)$.

(4) 要使函数有意义,需 $\begin{cases}|x-5|>0,\\ \lg|x-5|\neq0,\end{cases}$ 所以 $\begin{cases}x\neq5,\\ |x-5|\neq1,\end{cases}$ 所以 $\begin{cases}x\neq5,\\ x\neq4;x\neq6.\end{cases}$ 所以函数的定义域为 $(-\infty,4)\bigcup(4,5)\bigcup(5,6)\bigcup(6,+\infty)$.

(5) 要使函数有意义,需 $x^2-4\geqslant0$,所以 $x\geqslant2$ 或 $x\leqslant-2$. 所以函数的定义域为 $(-\infty,-2]\bigcup[2,+\infty)$.

(6) 要使函数有意义，需 $\begin{cases} 1+x^2-2x\neq0, \\ x+2\geqslant0, \end{cases}$ 即 $\begin{cases} x\neq1, \\ x\geqslant-2. \end{cases}$ 所以函数的定义域为 $[-2,1)\cup(1,+\infty)$.

(7) 要使函数有意义，需 $\begin{cases} 4-x\geqslant0, \\ x-1>0, \\ x-1\neq1, \end{cases}$ 所以 $\begin{cases} x\leqslant4, \\ x>1, \\ x\neq2. \end{cases}$ 所以函数的定义域为 $(1,2)\cup(2,4]$.

(8) 要使函数有意义，需 $x^2-3x+2\neq0$，即 $x\neq1$，$x\neq2$. 所以函数的定义域为 $(-\infty,1)\cup(1,2)\cup(2,+\infty)$.

4. 下列各题中，函数 $f(x)$ 和 $g(x)$ 是否相同？为什么？

(1) $f(x)=\lg x^2$，$g(x)=2\lg x$；

(2) $f(x)=\sqrt[3]{x^4-x^3}$，$g(x)=x\sqrt[3]{x-1}$；

(3) $f(x)=x$，$g(x)=\sqrt{x^2}$.

解 (1) 不相同. 因为定义域不同.

(2) 相同.

(3) 不相同. 因为对应关系不同.

5. 设 $\varphi(x)=\begin{cases} |\sin x|, & |x|<\dfrac{\pi}{3}, \\ 0, & |x|\geqslant\dfrac{\pi}{3}, \end{cases}$ 求 $\varphi\left(\dfrac{\pi}{6}\right)$，$\varphi\left(\dfrac{\pi}{4}\right)$，$\varphi\left(-\dfrac{\pi}{4}\right)$，$\varphi(-2)$.

解 $\varphi\left(\dfrac{\pi}{6}\right)=\left|\sin\dfrac{\pi}{6}\right|=\dfrac{1}{2}$；$\quad\varphi\left(\dfrac{\pi}{4}\right)=\left|\sin\dfrac{\pi}{4}\right|=\dfrac{\sqrt{2}}{2}$；

$\varphi\left(-\dfrac{\pi}{4}\right)=\left|\sin\left(-\dfrac{\pi}{4}\right)\right|=\dfrac{\sqrt{2}}{2}$；$\quad\varphi(-2)=0$.

6. 下列函数中，哪些是偶函数？哪些是奇函数？哪些既非奇函数又非偶函数？

(1) $y=\dfrac{1-x^2}{1+x^2}$；

(2) $y=xa^{-x^2}$；

(3) $y=\dfrac{\sin x}{x}$；

(4) $y=\dfrac{x}{|x|}$；

(5) $y=3x^2-x^3$；

(6) $y=\dfrac{a^x+a^{-x}}{2}$.

解 (1) 因为 $y(-x)=\dfrac{1-(-x)^2}{1+(-x)^2}=\dfrac{1-x^2}{1+x^2}=y(x)$，所以函数为偶函数.

(2) 因为 $y(-x)=(-x)a^{-(-x)^2}=-xa^{-x^2}=-y(x)$，所以函数为奇函数.

(3) 因为 $y(-x)=\dfrac{\sin(-x)}{-x}=\dfrac{\sin x}{x}=y(x)$，所以函数为偶函数.

(4) 因为 $y(-x)=\dfrac{(-x)}{|-x|}=\dfrac{-x}{|x|}=-y(x)$，所以函数为奇函数.

(5) 因为 $y(-x)=3(-x)^2-(-x)^3=3x^2+x^3$，所以函数既非奇函数又非偶函数.

(6) 因为 $y(-x)=\dfrac{a^{-x}+a^x}{2}=\dfrac{a^x+a^{-x}}{2}=y(x)$，所以函数为偶函数.

7. 设下列所考虑的函数在对称区间 $(-l,l)$ 上有定义，证明：

(1) 两个偶函数的和是偶函数，两个奇函数的和是奇函数.

(2) 两个偶函数的乘积是偶函数，两个奇函数的乘积是偶函数，奇函数与偶函数的乘积是奇函数.

(3) 定义在对称区间 $(-l,l)$ 上的任何函数可表示为一个奇函数与一个偶函数的和.

证　(1) 设 $f(x),g(x)$ 均为偶函数，令 $\varphi(x)=f(x)+g(x)$，则
$$\varphi(-x)=f(-x)+g(-x)=f(x)+g(x)=\varphi(x).$$
所以 $\varphi(x)$ 为偶函数.

设 $f(x),g(x)$ 均为奇函数，令 $\varphi(x)=f(x)+g(x)$，则
$$\varphi(-x)=f(-x)+g(-x)=-f(x)-g(x)=-[f(x)+g(x)]=-\varphi(x).$$
所以 $\varphi(x)$ 为奇函数.

(2) 设 $f(x),g(x)$ 均为偶函数，令 $\varphi(x)=f(x)\cdot g(x)$，则
$$\varphi(-x)=f(-x)g(-x)=f(x)g(x)=\varphi(x).$$ 所以 $\varphi(x)$ 为偶函数.

设 $f(x),g(x)$ 均为奇函数，令 $\varphi(x)=f(x)\cdot g(x)$，则
$$\varphi(-x)=f(-x)\cdot g(-x)=[-f(x)]\cdot[-g(x)]=f(x)\cdot g(x)=\varphi(x).$$
所以 $\varphi(x)$ 为偶函数.

设 $f(x)$ 为奇函数，$g(x)$ 为偶函数，令 $\varphi(x)=f(x)\cdot g(x)$，则
$$\varphi(-x)=f(-x)\cdot g(-x)=[-f(x)]\cdot g(x)=-[f(x)\cdot g(x)]=-\varphi(x).$$
所以 $\varphi(x)$ 为奇函数.

(3) 设 $f(x)$ 为任意函数. 因为 $f(x)=\dfrac{f(x)+f(-x)}{2}+\dfrac{f(x)-f(-x)}{2}$，而

$\dfrac{f(x)+f(-x)}{2}$ 为偶函数，$\dfrac{f(x)-f(-x)}{2}$ 为奇函数. 故结论成立.

8. 函数 $y=\lg(x-1)$ 在下列哪些区间上有界？

(1) $(2,3)$;　(2) $(1,2)$;　(3) $(1,+\infty)$;　(4) $(2,+\infty)$.

解　(1) 有界；(2)～(4) 均无界.

9. 验证下列函数在指定区间内的单调性.

(1) $y=x^2,(-1,0)$;　　　　　　　　(2) $y=\lg x,(0,+\infty)$;

(3) $y=\sin x,\left(-\dfrac{\pi}{2},\dfrac{\pi}{2}\right)$; (4) $y=\cos x-x,[0,\pi]$.

解 (1) $y=x^2$ 在 $(-1,0)$ 是单调减少的;

(2) $y=\lg x$ 在 $(0,+\infty)$ 是单调增加的;

(3) $y=\sin x$ 在 $\left(-\dfrac{\pi}{2},\dfrac{\pi}{2}\right)$ 是单调增加的;

(4) 任取 $0\leqslant x_1<x_2\leqslant\pi$,则

$$\begin{aligned}y_1-y_2&=(\cos x_1-x_1)-(\cos x_2-x_2)\\&=(\cos x_1-\cos x_2)+(x_2-x_1),\end{aligned}$$

因为 $y=\cos x$ 在 $[0,\pi]$ 是单调减少的,所以 $x_1<x_2$,$\cos x_1-\cos x_2>0$;又 $x_2-x_1>0$,所以 $y_1-y_2>0$.所以 $y=\cos x-x$ 在 $[0,\pi]$ 上是单调减少的.

10. 下列函数中哪些是周期函数? 如是周期函数,指出其周期.

(1) $y=\sin(x-3)$; (2) $y=\tan 3x$;

(3) $y=2+\cos(\pi x)$; (4) $y=x\cos x$;

(5) $y=\sin^2 x$; (6) $y=\sin(\omega x+\varphi)$(ω,φ 为常数).

解 (1) 是周期函数,周期 $l=2\pi$; (2) 是周期函数,周期 $l=\dfrac{\pi}{3}$;

(3) 是周期函数,周期 $l=2$; (4) 不是周期函数;

(5) 是周期函数,周期 $l=\pi$; (6) 是周期函数,周期 $l=\dfrac{2\pi}{|\omega|}$.

习 题 1-2

1. 求下列函数的反函数.

(1) $y=2\sin 5x$; (2) $y=1+\ln(x+2)$;

(3) $y=\sqrt{1-x}$; (4) $y=\dfrac{2^x}{2^x+1}$.

解 (1) 由 $y=2\sin 5x$,得 $\dfrac{y}{2}=\sin 5x$,$x=\dfrac{1}{5}\arcsin\dfrac{y}{2}$.所以

$$y^{-1}(x)=\dfrac{1}{5}\arcsin\dfrac{x}{2}.$$

(2) 由 $y=1+\ln(x+2)$,得 $x+2=e^{y-1}$,$x=e^{y-1}-2$.所以 $y^{-1}(x)=e^{x-1}-2$.

(3) 由 $y=\sqrt{1-x}$,得 $x=1-y^2$.所以 $y^{-1}(x)=1-x^2$ ($x\geqslant 0$).

(4) 由 $y=\dfrac{2^x}{2^x+1}$,得 $2^x=\dfrac{y}{1-y}$,$x=\log_2\dfrac{y}{1-y}$.所以 $y^{-1}(x)=\log_2\dfrac{x}{1-x}$.

2. 函数 $y=x^2(x\leqslant 0)$ 的反函数是下列哪种情况?

(1) $y=\sqrt{x}$;   (2) $y=-\sqrt{x}$;

(3) $y=\pm\sqrt{x}$;   (4) 不存在.

解 第(2)种情况.

3. 设 $f(x)=x^2$, $\varphi(x)=2^x$, 求 $f[\varphi(x)]$ 与 $\varphi[f(x)]$.

解 $f[\varphi(x)]=\varphi^2(x)=2^{2x}$, $\varphi[f(x)]=2^{f(x)}=2^{x^2}$.

4. 设 $\varphi(x)=x^3+1$, 求 $\varphi(x^2)$ 与 $[\varphi(x)]^2$.

解 $\varphi(x^2)=x^6+1$, $[\varphi(x)]^2=(x^3+1)^2=x^6+2x^3+1$.

5. 设 $f(x-1)=x^2$, 求 $f(x+1)$.

解 令 $t=x-1$, $x=t+1$, $f(t)=(t+1)^2$. 所以 $f(x)=(x+1)^2$. 所以
$$f(x+1)=(x+2)^2.$$

6. 设 $f(x)$ 的定义域是 $[0,1]$, 问:

(1) $f(x^2)$;   (2) $f(\sin x)$;   (3) $f(x+a)(a>0)$;

(4) $f(x+a)+f(x-a)(a>0)$ 的定义域各是什么?

解 (1) $0\leqslant x^2\leqslant 1$, 所以 $-1\leqslant x\leqslant 1$. 所以 $f(x^2)$ 的定义域为 $[-1,1]$.

(2) $0\leqslant\sin x\leqslant 1$, $2k\pi\leqslant x\leqslant 2k\pi+\pi$, $k\in\mathbf{Z}$. 所以 $f(\sin x)$ 的定义域为 $[2k\pi,2k\pi+\pi]$, $k\in\mathbf{Z}$.

(3) $0\leqslant x+a\leqslant 1$, 所以 $-a\leqslant x\leqslant 1-a$. 所以 $f(x+a)(a>0)$ 的定义域为 $[-a,1-a]$.

(4) $\begin{cases}0\leqslant x+a\leqslant 1,\\0\leqslant x-a\leqslant 1,\end{cases}$ 所以 $\begin{cases}-a\leqslant x\leqslant 1-a,\\a\leqslant x\leqslant 1+a.\end{cases}$

当 $0<a\leqslant\dfrac{1}{2}$ 时, 定义域为 $[a,1-a]$; 当 $a>\dfrac{1}{2}$ 时, 函数无定义.

7. (1) 设 $f(x)=ax+b$, 且 $f(0)=-2$, $f(2)=2$, 求 $f[f(x)]$;

(2) 设 $f\left(\dfrac{1}{x}\right)=x+\sqrt{1+x^2}$, $x>0$, 求 $f(x)$.

解 (1) 由 $\begin{cases}f(0)=-2,\\f(2)=2,\end{cases}$ 得 $\begin{cases}-2=b,\\2=2a+b,\end{cases}$ 所以 $\begin{cases}a=2,\\b=-2,\end{cases}$ 所以
$$f(x)=2x-2,\quad f[f(x)]=2f(x)-2=2(2x-2)-2=4x-6.$$

(2) 令 $t=\dfrac{1}{x}$, 则 $x=\dfrac{1}{t}$, 得 $f(t)=\dfrac{1}{t}+\sqrt{1+\dfrac{1}{t^2}}$. 所以 $f(x)=\dfrac{1}{x}+\sqrt{1+\dfrac{1}{x^2}}$ ($x>0$).

8. 设 $f(x)=\begin{cases}1,&|x|<1,\\0,&|x|=1,\\-1,&|x|>1,\end{cases}$ $g(x)=\mathrm{e}^x$, 求 $f[g(x)]$ 和 $g[f(x)]$.

解 $f[g(x)] = f(e^x) = \begin{cases} 1, & x < 0, \\ 0, & x = 0, \\ -1, & x > 0; \end{cases}$ $g[f(x)] = \begin{cases} e, & |x| < 1, \\ 1, & |x| = 1, \\ e^{-1}, & |x| > 1. \end{cases}$

9. 一球的半径为 r,作外切于球的圆锥,试将其体积表示为高的函数.

解 设圆锥的高为 h,体积为 V,底面半径为 x.则

$$\frac{r}{x} = \frac{h-r}{\sqrt{h^2+x^2}}, \quad r\sqrt{h^2+x^2} = x(h-r).$$

所以

$$r^2(h^2+x^2) = x^2(h-r)^2, \quad x^2 = \frac{r^2h^2}{(h-r)^2-r^2},$$

所以

$$V = \frac{1}{3}\pi x^2 h = \frac{\pi r^2 h^3}{3[(h-r)^2-r^2]} \quad (h>2r).$$

10. 某火车站收取行李费的规定如下,从该地到某地,当行李不超过 50kg 时,每千克收费 0.15 元;当超过 50kg 时,超重部分每千克收费 0.25 元,试求运费 y(元)与重量 x(kg)之间的函数关系.

解 当 $x \leq 50$ 时,$f(x) = 0.15x$;

当 $x > 50$ 时,$f(x) = 0.15 \times 50 + (x-50) \times 0.25 = 0.25x - 5$.

所以

$$f(x) = \begin{cases} 0.15x, & x \leq 50, \\ 0.25x-5, & x > 50. \end{cases}$$

习 题 1-3

1. 观察下列数列的变化趋势,写出它们的极限.

(1) $x_n = \frac{1}{2^n}$; (2) $x_n = (-1)^n \frac{1}{n}$; (3) $x_n = \frac{n-1}{n+1}$;

(4) $x_n = \frac{(-1)^n+1}{2n}$; (5) $x_n = 2 + \frac{1}{n^2}$; (6) $x_n = (-1)^n n$.

解 (1) $x_n = \frac{1}{2^n}$,即 $\frac{1}{2}, \frac{1}{2^2}, \cdots, \frac{1}{2^n}, \cdots$,随着自然数 n 的逐渐增大,数列 $\frac{1}{2^n}$ 趋于确定数值 0.所以 $\lim_{n\to\infty} \frac{1}{2^n} = 0$.

(2) $x_n = (-1)^n \frac{1}{n}$,即 $-1, \frac{1}{2}, -\frac{1}{3}, \cdots, (-1)^n \frac{1}{n}, \cdots$,随着自然数 n 的逐渐增

大,数列 $x_n=(-1)^n\dfrac{1}{n}$ 趋于确定数值 0. 所以 $\lim\limits_{n\to\infty}(-1)^n\dfrac{1}{n}=0$.

(3) $x_n=\dfrac{n-1}{n+1}$,即 $0,\dfrac{1}{3},\dfrac{2}{4},\dfrac{3}{5},\cdots,\dfrac{n-1}{n+1},\cdots$,随着自然数 n 的逐渐增大,数列

$x_n=\dfrac{n-1}{n+1}$ 趋于确定数值 1. 所以 $\lim\limits_{n\to\infty}\dfrac{n-1}{n+1}=1$.

(4) $x_n=\dfrac{(-1)^n+1}{2n}$,即 $0,\dfrac{2}{4},0,\dfrac{2}{6},0,\dfrac{2}{8},\cdots,\dfrac{(-1)^n+1}{2n},\cdots$,随着自然数 n 的

逐渐增大,数列 $x_n=\dfrac{(-1)^n+1}{2n}$ 趋于确定数值 0. 所以 $\lim\limits_{n\to\infty}\dfrac{(-1)^n+1}{2n}=0$.

(5) $x_n=2+\dfrac{1}{n^2}$,即 $2+\dfrac{1}{1},2+\dfrac{1}{2^2},2+\dfrac{1}{3^2},\cdots,2+\dfrac{1}{n^2},\cdots$,随着自然数 n 的逐渐增

大,数列 $x_n=2+\dfrac{1}{n^2}$ 趋于确定数值 2. 所以 $\lim\limits_{n\to\infty}\left(2+\dfrac{1}{n^2}\right)=2$.

(6) $x_n=(-1)^n n$,即 $-1,2,-3,4,\cdots,n\,(-1)^n,\cdots$,随着自然数 n 的逐渐增
大,数列 $x_n=(-1)^n n$ 不趋于任何确定的数值. 所以数列 $x_n=n\,(-1)^n$ 的极限不
存在.

2. 用数列极限的定义证明.

(1) $\lim\limits_{n\to\infty}\dfrac{1}{n^2}=0$;　　　　　　　　(2) $\lim\limits_{n\to\infty}\dfrac{3n+1}{2n+1}=\dfrac{3}{2}$;

(3) $\lim\limits_{n\to\infty}\dfrac{\sqrt{n^2+a^2}}{n}=1$;　　　　　　(4) $\lim\limits_{n\to\infty}0.\underbrace{999\cdots9}_{n\uparrow}=1$.

证　(1) 对于 $\forall\varepsilon>0$,要使 $|x_n-a|=\left|\dfrac{1}{n^2}-0\right|=\dfrac{1}{n^2}<\varepsilon$,只要 $n>\dfrac{1}{\sqrt{\varepsilon}}$. 取 $N=$

$\left[\dfrac{1}{\sqrt{\varepsilon}}\right]$,则当 $n>N$ 时,有 $|x_n-a|=\left|\dfrac{1}{n^2}-0\right|=\dfrac{1}{n^2}<\varepsilon$. 所以

$$\lim\limits_{n\to\infty}\dfrac{1}{n^2}=0.$$

(2) 因为 $\left|\dfrac{3n+1}{2n+1}-\dfrac{3}{2}\right|=\left|\dfrac{1}{2(2n+1)}\right|<\dfrac{1}{n}$. 对于 $\forall\varepsilon>0$,要使 $|x_n-a|=$

$\left|\dfrac{3n+1}{2n+1}-\dfrac{3}{2}\right|<\varepsilon$,只要 $\dfrac{1}{n}<\varepsilon$,即 $n>\dfrac{1}{\varepsilon}$. 取 $N=\left[\dfrac{1}{\varepsilon}\right]$,则当 $n>N$ 时,有 $|x_n-a|=$

$\left|\dfrac{3n+1}{2n+1}-\dfrac{3}{2}\right|<\dfrac{1}{n}<\varepsilon$. 所以

$$\lim_{n\to\infty}\frac{3n+1}{2n+1}=\frac{3}{2}.$$

（3）因为 $\left|\dfrac{\sqrt{n^2+a^2}}{n}-1\right|=\left|\dfrac{\sqrt{n^2+a^2}-n}{n}\right|=\left|\dfrac{a^2}{n(\sqrt{n^2+a^2}+n)}\right|<\dfrac{a^2}{n}.$ 对于

$\forall\varepsilon>0$，要使 $|x_n-a|=\left|\dfrac{\sqrt{n^2+a^2}}{n}-1\right|<\varepsilon$，只要 $\dfrac{a^2}{n}<\varepsilon$，即 $n>\dfrac{a^2}{\varepsilon}.$ 取 $N=\left[\dfrac{a^2}{\varepsilon}\right]$，则

当 $n>N$ 时，有 $|x_n-a|=\left|\dfrac{\sqrt{n^2+a^2}}{n}-1\right|<\dfrac{a^2}{n}<\varepsilon.$ 所以

$$\lim_{n\to\infty}\frac{\sqrt{n^2+a^2}}{n}=1.$$

（4）因为 $|1-0.999\cdots9|=\left|1-\left(1-\dfrac{1}{10^n}\right)\right|=\dfrac{1}{10^n}.$ 对于 $\forall\varepsilon>0$，要使

$|x_n-a|=|1-0.999\cdots9|<\varepsilon$，只要 $\dfrac{1}{10^n}<\varepsilon.$ 即 $n>\lg\dfrac{1}{\varepsilon}.$ 取 $N=\left[\lg\dfrac{1}{\varepsilon}\right]$，则当 $n>$

N 时，有

$$|x_n-a|=|1-0.999\cdots9|=\left|1-\left(1-\frac{1}{10^n}\right)\right|=\frac{1}{10^n}<\varepsilon.$$

所以

$$\lim_{n\to\infty}0.999\cdots9=1.$$

3. 设数列 $\{x_n\}$ 有界，又 $\lim\limits_{n\to\infty}y_n=0$，证明：$\lim\limits_{n\to\infty}x_ny_n=0.$

证　因为 $\{x_n\}$ 有界，所以 $\exists M>0$，使 $|x_n|<M.$ 对于 $\forall\varepsilon>0$，由于 $\lim\limits_{n\to\infty}y_n=0$，所

以 $\exists N$，当 $n>N$ 时，有 $|y_n|<\dfrac{\varepsilon}{M}$，所以 $|x_ny_n-0|=|x_ny_n|<M|y_n|<M\cdot\dfrac{\varepsilon}{M}=\varepsilon.$

综上，对于 $\forall\varepsilon>0$，$\exists N$，当 $n>N$ 时，有 $|x_ny_n-0|<\varepsilon$ 成立. 所以 $\lim\limits_{n\to\infty}x_ny_n=0.$

4. 对于数列 $\{x_n\}$，若 $x_{2k}\to a(k\to\infty)$，$x_{2k+1}\to a(k\to\infty)$，证明：$x_n\to a(n\to\infty).$

证　因为 $x_{2k}\to a(k\to\infty)$，对于 $\forall\varepsilon>0$，$\exists K_1$，当 $k>K_1$ 时，有

$$|x_{2k}-a|<\varepsilon. \tag{1}$$

又 $x_{2k+1}\to a(k\to\infty)$，对于上述的 ε，$\exists K_2$，当 $k>K_2$ 时，有

$$|x_{2k+1}-a|<\varepsilon. \tag{2}$$

取 $N=\max\{2K_1,2K_2+1\}$，则当 $n>N$ 时，由(1)，(2)知，总有 $|x_n-a|<\varepsilon.$ 所

以 $\lim\limits_{n\to\infty}x_n=a.$

5. 用函数极限的定义证明.

(1) $\lim\limits_{x\to 3}(3x-1)=8$;

(2) $\lim\limits_{x\to 2}(5x+2)=12$;

(3) $\lim\limits_{x\to -2}\dfrac{x^2-4}{x+2}=-4$;

(4) $\lim\limits_{x\to\infty}\dfrac{1+x^3}{2x^3}=\dfrac{1}{2}$;

(5) $\lim\limits_{x\to +\infty}\dfrac{\sin x}{\sqrt{x}}=0$.

证 (1) 对于 $\forall\varepsilon>0$,要使 $|3x-1-8|=3|x-3|<\varepsilon$,只要 $|x-3|<\dfrac{\varepsilon}{3}$.

取 $\delta=\dfrac{\varepsilon}{3}$,则当 $0<|x-3|<\delta$ 时,有 $|3x-1-8|=3|x-3|<\varepsilon$. 所以

$$\lim\limits_{x\to 3}(3x-1)=8.$$

(2) 对于 $\forall\varepsilon>0$,要使 $|5x+2-12|=5|x-2|<\varepsilon$,只要 $|x-2|<\dfrac{\varepsilon}{5}$.

取 $\delta=\dfrac{\varepsilon}{5}$,则当 $0<|x-2|<\delta$ 时,有 $|5x+2-12|=5|x-2|<\varepsilon$. 所以

$$\lim\limits_{x\to 2}(5x+2)=12.$$

(3) 对于 $\forall\varepsilon>0$,要使 $\left|\dfrac{x^2-4}{x+2}-(-4)\right|=|x+2|<\varepsilon$.

取 $\delta=\varepsilon$,则当 $0<|x+2|<\delta$ 时,有 $\left|\dfrac{x^2-4}{x+2}-(-4)\right|=|x+2|<\varepsilon$. 所以

$$\lim\limits_{x\to -2}\dfrac{x^2-4}{x+2}=-4.$$

(4) 对于 $\forall\varepsilon>0$,要使 $\left|\dfrac{1+x^3}{2x^3}-\dfrac{1}{2}\right|=\dfrac{1}{2|x|^3}<\varepsilon$,所以 $|x|>\dfrac{1}{\sqrt[3]{2\varepsilon}}$.

取 $X=\dfrac{1}{\sqrt[3]{2\varepsilon}}$,则当 $|x|>X$ 时,有 $\left|\dfrac{1+x^3}{2x^3}-\dfrac{1}{2}\right|=\dfrac{1}{2|x|^3}<\varepsilon$. 所以

$$\lim\limits_{x\to\infty}\dfrac{1+x^3}{2x^3}=\dfrac{1}{2}.$$

(5) 对于 $\forall\varepsilon>0$,要使 $\left|\dfrac{\sin x}{\sqrt{x}}-0\right|<\varepsilon$. 只要 $\left|\dfrac{\sin x}{\sqrt{x}}-0\right|=\dfrac{|\sin x|}{\sqrt{x}}\leqslant\dfrac{1}{\sqrt{x}}<\varepsilon$,所以

$$x>\dfrac{1}{\varepsilon^2}.$$

取 $X=\dfrac{1}{\varepsilon^2}$,则当 $x>X$ 时,有 $\left|\dfrac{\sin x}{\sqrt{x}}-0\right|=\dfrac{|\sin x|}{\sqrt{x}}\leqslant\dfrac{1}{\sqrt{x}}<\varepsilon$. 所以

$$\lim\limits_{x\to +\infty}\dfrac{\sin x}{\sqrt{x}}=0.$$

6. 求 $f(x)=\dfrac{x}{x}$，$\varphi(x)=\dfrac{|x|}{x}$ 当 $x\to 0$ 时的左右极限，并说明它们在 $x\to 0$ 时的极限是否存在.

解 因为 $\lim\limits_{x\to 0^+}f(x)=\lim\limits_{x\to 0^+}\dfrac{x}{x}=1$，$\lim\limits_{x\to 0^-}f(x)=\lim\limits_{x\to 0^-}\dfrac{x}{x}=1$. 所以 $\lim\limits_{x\to 0}f(x)=\lim\limits_{x\to 0}\dfrac{x}{x}=1$.

因为 $\lim\limits_{x\to 0^+}\varphi(x)=\lim\limits_{x\to 0^+}\dfrac{x}{x}=1$；$\lim\limits_{x\to 0^-}\varphi(x)=\lim\limits_{x\to 0^-}\dfrac{-x}{x}=-1$. 所以 $\lim\limits_{x\to 0}\varphi(x)$ 不存在.

7. 用极限定义证明：函数 $f(x)$ 当 $x\to x_0$ 时的极限存在的充分必要条件是左极限、右极限各自存在并且相等.

证 必要性：设 $\lim\limits_{x\to x_0}f(x)=a$，由定义知，对于 $\forall\varepsilon>0$，$\exists\delta>0$，当 $0<|x-x_0|<\delta$ 时，总有 $|f(x)-a|<\varepsilon$.

故对 $\forall\varepsilon>0$，$\exists\delta>0$，当 $x_0-\delta<x<x_0$ 时，有 $|f(x)-a|<\varepsilon$. 所以
$$\lim\limits_{x\to x_0^-}f(x)=a.$$

$\forall\varepsilon>0$，$\exists\delta>0$，当 $x_0<x<x_0+\delta$ 时，有 $|f(x)-a|<\varepsilon$. 所以
$$\lim\limits_{x\to x_0^+}f(x)=a.$$

所以 $f(x)$ 当 $x\to x_0$ 时的左极限、右极限各自存在并且相等.

充分性：由 $\lim\limits_{x\to x_0^-}f(x)=a$ 知，对于 $\forall\varepsilon>0$，$\exists\delta_1>0$，当 $x_0-\delta_1<x<x_0$ 时，总有 $|f(x)-a|<\varepsilon$；由 $\lim\limits_{x\to x_0^+}f(x)=a$ 知，对于上述的 ε，$\exists\delta_2>0$. 当 $x_0<x<x_0+\delta_2$ 时，总有 $|f(x)-a|<\varepsilon$.

取 $\delta=\min\{\delta_1,\delta_2\}$，则当 $0<|x-x_0|<\delta$ 时，总有 $|f(x)-a|<\varepsilon$. 所以
$$\lim\limits_{x\to x_0}f(x)=a.$$

8. 证明当 $x\to x_0$ 时，函数 $f(x)$ 不能趋于两个不同的极限.

证 若 $\lim\limits_{x\to x_0}f(x)=a$，$\lim\limits_{x\to x_0}f(x)=b$，由定义知，

对于 $\forall\varepsilon>0$，

$$\exists\delta_1>0，当 0<|x-x_0|<\delta_1 \text{ 时，总有 } |f(x)-a|<\frac{\varepsilon}{2};$$

$$\exists\delta_2>0，当 0<|x-x_0|<\delta_2 \text{ 时，总有 } |f(x)-b|<\frac{\varepsilon}{2}.$$

取 $\delta=\min\{\delta_1,\delta_2\}$，则当 $0<|x-x_0|<\delta$ 时，有

$$|a-b|\leqslant|f(x)-a|+|f(x)-b|<\frac{\varepsilon}{2}+\frac{\varepsilon}{2}=\varepsilon,$$

由 ε 的任意性得 $a=b$.

习 题 1-4

1. 计算下列极限.

(1) $\lim\limits_{x\to 2}\dfrac{x^2+3}{x-3}$;

(2) $\lim\limits_{x\to 2}\dfrac{x^2-2x}{x^2-4x+4}$;

(3) $\lim\limits_{x\to -1}\dfrac{x+3}{x^2-x+1}$;

(4) $\lim\limits_{x\to -1}\dfrac{x^3+1}{x^2+1}$;

(5) $\lim\limits_{x\to \sqrt{3}}\dfrac{x^2-3}{x^2+1}$;

(6) $\lim\limits_{x\to 0}\dfrac{4x^3-2x^2+x}{3x^2+2x}$;

(7) $\lim\limits_{h\to 0}\dfrac{(x+h)^2-x^2}{h}$;

(8) $\lim\limits_{h\to 0}\dfrac{(x+h)^3-x^3}{h}$;

(9) $\lim\limits_{x\to \infty}\dfrac{2x^2+x}{3x^2+2x+2}$;

(10) $\lim\limits_{x\to \infty}\dfrac{x^2-1}{3x^3+2x^2+2}$;

(11) $\lim\limits_{x\to \infty}\dfrac{(x-1)(x-2)(x-3)}{5x^3}$;

(12) $\lim\limits_{x\to \infty}\dfrac{x^4-3x^2+2}{2x^3-3x+1}$.

解 (1) $\lim\limits_{x\to 2}\dfrac{x^2+3}{x-3}=\dfrac{\lim\limits_{x\to 2}(x^2+3)}{\lim\limits_{x\to 2}(x-3)}=\dfrac{4+3}{2-3}=-7.$

(2) $\lim\limits_{x\to 2}\dfrac{x^2-2x}{x^2-4x+4}=\lim\limits_{x\to 2}\dfrac{x(x-2)}{(x-2)^2}=\lim\limits_{x\to 2}\dfrac{x}{x-2}=\infty.$

(3) $\lim\limits_{x\to -1}\dfrac{x+3}{x^2-x+1}=\dfrac{-1+3}{1+1+1}=\dfrac{2}{3}.$

(4) $\lim\limits_{x\to -1}\dfrac{x^3+1}{x^2+1}=\dfrac{-1+1}{1+1}=0.$

(5) $\lim\limits_{x\to \sqrt{3}}\dfrac{x^2-3}{x^2+1}=\dfrac{3-3}{3+1}=0.$

(6) $\lim\limits_{x\to 0}\dfrac{4x^3-2x^2+x}{3x^2+2x}=\lim\limits_{x\to 0}\dfrac{4x^2-2x+1}{3x+2}=\dfrac{1}{2}.$

(7) $\lim\limits_{h\to 0}\dfrac{(x+h)^2-x^2}{h}=\lim\limits_{h\to 0}\dfrac{2xh+h^2}{h}=\lim\limits_{h\to 0}(2x+h)=2x.$

(8) $\lim\limits_{h\to 0}\dfrac{(x+h)^3-x^3}{h}=\lim\limits_{h\to 0}\dfrac{x^3+3x^2h+3xh^2+h^3-x^3}{h}=\lim\limits_{h\to 0}(3x^2+3xh+h^2)=3x^2.$

(9) $\lim\limits_{x\to \infty}\dfrac{2x^2+x}{3x^2+2x+2}=\lim\limits_{x\to \infty}\dfrac{2+\dfrac{1}{x}}{3+\dfrac{2}{x}+\dfrac{2}{x^2}}=\dfrac{2}{3}.$

(10) $\lim\limits_{x\to \infty}\dfrac{x^2-1}{3x^3+2x^2+2}=0.$

(11) $\lim\limits_{x\to \infty}\dfrac{(x-1)(x-2)(x-3)}{5x^3}=\dfrac{1}{5}.$

(12) $\lim\limits_{x\to\infty}\dfrac{x^4-3x^2+2}{2x^3-3x+1}=\infty$.

2. 计算下列数列极限.

(1) $\lim\limits_{n\to\infty}\dfrac{1+2+3+\cdots+(n-1)}{n^2}$;

(2) $\lim\limits_{n\to\infty}\dfrac{1^2+2^2+3^2+\cdots+n^2}{n^3}$;

(3) $\lim\limits_{n\to\infty}\left(\dfrac{1}{2}+\dfrac{1}{4}+\dfrac{1}{8}+\cdots+\dfrac{1}{2^n}\right)$.

解 (1) $\lim\limits_{n\to\infty}\dfrac{1+2+3+\cdots+(n-1)}{n^2}=\lim\limits_{n\to\infty}\dfrac{n(n-1)}{2n^2}=\dfrac{1}{2}$.

(2) $\lim\limits_{n\to\infty}\dfrac{1^2+2^2+3^2+\cdots+n^2}{n^3}=\lim\limits_{n\to\infty}\dfrac{n(n+1)(2n+1)}{6n^3}=\dfrac{1}{3}$.

(3) $\lim\limits_{n\to\infty}\left(\dfrac{1}{2}+\dfrac{1}{4}+\dfrac{1}{8}+\cdots+\dfrac{1}{2^n}\right)=\lim\limits_{n\to\infty}\dfrac{\frac{1}{2}\left[1-\left(\frac{1}{2}\right)^n\right]}{1-\frac{1}{2}}=1$.

3. 计算下列极限.

(1) $\lim\limits_{x\to0}x^2\arctan\dfrac{1}{x}$; (2) $\lim\limits_{x\to\infty}\dfrac{\sin x}{x^2}$.

解 (1) 因为 $\lim\limits_{x\to0}x^2=0$，$\left|\arctan\dfrac{1}{x}\right|<\dfrac{\pi}{2}$，所以 $\lim\limits_{x\to0}x^2\arctan\dfrac{1}{x}=0$.

(2) 因为 $\lim\limits_{x\to\infty}\dfrac{1}{x^2}=0$，$|\sin x|<1$，所以 $\lim\limits_{x\to\infty}\dfrac{\sin x}{x^2}=0$.

习 题 1-5

求下列极限.

(1) $\lim\limits_{x\to0}\dfrac{\sin2x}{\sin5x}$; (2) $\lim\limits_{x\to0}\dfrac{\arcsin x}{x}$;

(3) $\lim\limits_{x\to0}\dfrac{\tan2x}{x}$; (4) $\lim\limits_{x\to\infty}\dfrac{\sin x}{x}$;

(5) $\lim\limits_{x\to a}\dfrac{\cos x-\cos a}{x-a}$; (6) $\lim\limits_{x\to a}\dfrac{\sin x-\sin a}{x-a}$;

(7) $\lim\limits_{x\to\infty}\left(1+\dfrac{1}{x}\right)^{\frac{x}{3}}$; (8) $\lim\limits_{x\to\infty}\left(\dfrac{1+x}{x}\right)^{2x}$;

(9) $\lim\limits_{x\to\infty}\left(\dfrac{2x+3}{2x+1}\right)^{2x+1}$; (10) $\lim\limits_{x\to\infty}\left(1-\dfrac{1}{x}\right)^{kx}$;

(11) $\lim\limits_{x\to 0}(1-2x)^{\frac{1}{x}}$；

(12) $\lim\limits_{x\to 0}(1-x^2)^{\frac{1}{1-\cos x}}$.

解　(1) $\lim\limits_{x\to 0}\dfrac{\sin 2x}{\sin 5x}=\lim\limits_{x\to 0}\dfrac{\sin 2x}{2x}\cdot\dfrac{5x}{\sin 5x}\cdot\dfrac{2}{5}=\dfrac{2}{5}$.

(2) 令 $y=\arcsin x, x=\sin y$，当 $x\to 0$ 时，$y\to 0$. 所以 $\lim\limits_{x\to 0}\dfrac{\arcsin x}{x}=\lim\limits_{y\to 0}\dfrac{y}{\sin y}=1$.

(3) $\lim\limits_{x\to 0}\dfrac{\tan 2x}{x}=\lim\limits_{x\to 0}\dfrac{\tan 2x}{2x}\cdot\dfrac{2}{1}=2$.

(4) $\lim\limits_{x\to\infty}\dfrac{\sin x}{x}=\lim\limits_{x\to\infty}\dfrac{1}{x}\cdot\sin x=0$.

(5) $\lim\limits_{x\to a}\dfrac{\cos x-\cos a}{x-a}=\lim\limits_{x\to a}\dfrac{-2\sin\frac{x-a}{2}\cdot\sin\frac{x+a}{2}}{x-a}=\lim\limits_{x\to a}\dfrac{\sin\frac{x-a}{2}}{\frac{x-a}{2}}\cdot\left(-\sin\frac{x+a}{2}\right)$

$$=\lim\limits_{x\to a}\left(-\sin\frac{x+a}{2}\right)=-\sin a.$$

(6) $\lim\limits_{x\to a}\dfrac{\sin x-\sin a}{x-a}=\lim\limits_{x\to a}\dfrac{2\sin\frac{x-a}{2}\cdot\cos\frac{x+a}{2}}{x-a}=\lim\limits_{x\to a}\dfrac{\sin\frac{x-a}{2}}{\frac{x-a}{2}}\cdot\left(\cos\frac{x+a}{2}\right)$

$$=\lim\limits_{x\to a}\cos\frac{x+a}{2}=\cos a.$$

(7) $\lim\limits_{x\to\infty}\left(1+\dfrac{1}{x}\right)^{\frac{x}{3}}=\lim\limits_{x\to\infty}\left[\left(1+\dfrac{1}{x}\right)^{x}\right]^{\frac{1}{3}}=\mathrm{e}^{\frac{1}{3}}$.

(8) $\lim\limits_{x\to\infty}\left(\dfrac{1+x}{x}\right)^{2x}=\lim\limits_{x\to\infty}\left[\left(1+\dfrac{1}{x}\right)^{x}\right]^{2}=\mathrm{e}^{2}$.

(9) $\lim\limits_{x\to\infty}\left(\dfrac{2x+3}{2x+1}\right)^{2x+1}=\lim\limits_{x\to\infty}\left(1+\dfrac{1}{\frac{2x+1}{2}}\right)^{2x+1}=\lim\limits_{x\to\infty}\left[\left(1+\dfrac{1}{\frac{2x+1}{2}}\right)^{\frac{2x+1}{2}}\right]^{2}=\mathrm{e}^{2}$.

(10) $\lim\limits_{x\to\infty}\left(1-\dfrac{1}{x}\right)^{kx}=\lim\limits_{x\to\infty}\left[\left(1+\dfrac{1}{-x}\right)^{-x}\right]^{-k}=\mathrm{e}^{-k}$.

(11) $\lim\limits_{x\to 0}(1-2x)^{\frac{1}{x}}=\lim\limits_{x\to 0}\left[(1-2x)^{\frac{1}{-2x}}\right]^{-2}=\mathrm{e}^{-2}$.

(12) $\lim\limits_{x\to 0}(1-x^2)^{\frac{1}{1-\cos x}}=\lim\limits_{x\to 0}\left[(1-x^2)^{\frac{1}{-x^2}}\right]^{\frac{-x^2}{1-\cos x}}=\lim\limits_{x\to 0}\left[(1-x^2)^{\frac{1}{-x^2}}\right]^{\frac{-x^2}{2\sin^2\frac{x}{2}}}$

$$=\lim\limits_{x\to 0}\left[(1-x^2)^{\frac{1}{-x^2}}\right]^{\frac{-4\left(\frac{x}{2}\right)^2}{2\sin^2\frac{x}{2}}}=\mathrm{e}^{-2}.$$

习 题 1-6

1. 当 $x \to 0$ 时，$2x - x^2$ 与 $x^2 - x^3$ 相比，哪一个是高阶无穷小？

解 因为 $\lim\limits_{x \to 0} \dfrac{x^2 - x^3}{2x - x^2} = \lim\limits_{x \to 0} \dfrac{x - x^2}{2 - x} = 0$，所以 $x^2 - x^3$ 是比 $2x - x^2$ 高阶的无穷小.

2. 证明：当 $x \to 0$ 时，下列各对无穷小是等价的.

(1) $\arctan x$ 与 x；　　　　　　　(2) $\sin x - \dfrac{1}{2} \sin 2x$ 与 $\dfrac{x^3}{2}$.

证 (1) 因为 $\lim\limits_{x \to 0} \dfrac{\arctan x}{x} = 1$，所以 $\arctan x \sim x$.

(2) 因为 $\lim\limits_{x \to 0} \dfrac{\sin x - \dfrac{1}{2}\sin 2x}{\dfrac{x^3}{2}} = \lim\limits_{x \to 0} \dfrac{\sin x(1 - \cos x)}{x \cdot \dfrac{x^2}{2}} = \lim\limits_{x \to 0} \dfrac{1 - \cos x}{\dfrac{x^2}{2}} = \lim\limits_{x \to 0} \dfrac{2\sin^2 \dfrac{x}{2}}{\dfrac{x^2}{2}} = 1$，

所以 $\left(\sin x - \dfrac{1}{2}\sin 2x \right) \sim \dfrac{x^3}{2}$.

3. 利用等价无穷小的性质，求下列极限.

(1) $\lim\limits_{x \to 0} \dfrac{\tan 3x}{2x}$；　　　　　　　(2) $\lim\limits_{x \to 0} \dfrac{\sin x}{3x + x^3}$；

(3) $\lim\limits_{x \to 0} \dfrac{\sin(x^n)}{(\sin x)^m}$ (n, m 为正整数).

解 (1) $\lim\limits_{x \to 0} \dfrac{\tan 3x}{2x} = \lim\limits_{x \to 0} \dfrac{3x}{2x} = \dfrac{3}{2}$.

(2) $\lim\limits_{x \to 0} \dfrac{\sin x}{3x + x^3} = \lim\limits_{x \to 0} \dfrac{x}{3x + x^3} = \lim\limits_{x \to 0} \dfrac{1}{3 + x^2} = \dfrac{1}{3}$.

(3) $\lim\limits_{x \to 0} \dfrac{\sin(x^n)}{(\sin x)^m} = \lim\limits_{x \to 0} \dfrac{x^n}{x^m} = \begin{cases} 0, & m < n, \\ 1, & m = n, \\ \infty, & m > n. \end{cases}$

4. 设 α, β 是无穷小，证明：如果 $\alpha \sim \beta$，则 $\beta - \alpha = o(\alpha)$；反之，如果 $\beta - \alpha = o(\alpha)$，则 $\alpha \sim \beta$.

证 若 $\alpha \sim \beta$，则 $\lim \dfrac{\beta}{\alpha} = 1$.

因为 $\lim \dfrac{\beta - \alpha}{\alpha} = \lim \left(\dfrac{\beta}{\alpha} - 1 \right) = 1 - 1 = 0$. 所以 $\beta - \alpha = o(\alpha)$.

若 $\beta - \alpha = o(\alpha)$，则 $\lim \dfrac{\beta - \alpha}{\alpha} = 0$，即 $\lim \left(\dfrac{\beta}{\alpha} - 1 \right) = 0$. 所以 $\lim \dfrac{\beta}{\alpha} = 1$，所以 $\alpha \sim \beta$.

习　题　1-7

1. 下列函数当 k 取何值时在其定义域内连续?

(1) $f(x)=\begin{cases} \mathrm{e}^x, & x<0, \\ k+x, & x\geqslant 0; \end{cases}$

(2) $f(x)=\begin{cases} \dfrac{1}{x}\sin x, & x<0, \\ k, & x=0, \\ x\sin\dfrac{1}{x}+1, & x>0; \end{cases}$

(3) $f(x)=\begin{cases} \dfrac{\sin 2x}{x}, & x<0, \\ 3x^2-2x+k, & x\geqslant 0. \end{cases}$

解　(1) 因为 $x<0$ 与 $x>0$ 时, $f(x)$ 均为初等函数, 所以 $f(x)$ 在其有定义的区间内连续.

对 $x=0$ 点, 由 $\lim\limits_{x\to 0^+}f(x)=\lim\limits_{x\to 0^-}f(x)=f(0)$, 得 $k+0=\mathrm{e}^0=1$, 所以 $k=1$.

综上, 当 $k=1$ 时, $f(x)$ 在其定义域 $(-\infty,+\infty)$ 内连续.

(2) 因为 $x<0$ 与 $x>0$ 时, $f(x)$ 均为初等函数, 所以 $f(x)$ 在其有定义的区间内连续.

对 $x=0$ 点, 由 $\lim\limits_{x\to 0^+}f(x)=\lim\limits_{x\to 0^-}f(x)=f(0)$, 知 $k=1$.

综上, 当 $k=1$ 时, $f(x)$ 在其定义域 $(-\infty,+\infty)$ 内连续.

(3) 因为 $x<0$ 与 $x>0$ 时, $f(x)$ 均为初等函数, 所以 $f(x)$ 在其有定义的区间内连续.

对 $x=0$ 点, 由 $\lim\limits_{x\to 0^+}f(x)=\lim\limits_{x\to 0^-}f(x)=f(0)$, 知 $k=2$.

综上, 当 $k=2$ 时, $f(x)$ 在其定义域 $(-\infty,+\infty)$ 内连续.

2. 下列函数在指出的点处间断, 说明这些间断点属于哪一类, 如果是可去间断点, 则补充或修改定义使它连续.

(1) $y=\dfrac{x^2-1}{x^2-3x+2}, x=1, x=2$;

(2) $y=\dfrac{x}{\tan x}, x=k\pi, x=k\pi+\dfrac{\pi}{2}(k=0,\pm1,\pm2,\cdots)$;

(3) $y=\cos^2\dfrac{1}{x}, x=0$;

(4) $y=\begin{cases} x-1, & x\leqslant 1, \\ 3-x, & x>1, \end{cases} x=1.$

解 (1) 因为 $y=\dfrac{(x-1)(x+1)}{(x-1)(x-2)}$，由此可知，$\lim\limits_{x\to1}y=\lim\limits_{x\to1}\dfrac{x+1}{x-2}=-2$，且 y 在 $x=1$ 处没有定义，所以 $x=1$ 为第一类间断点中的可去间断点.

补充定义 $f(x)=\begin{cases}\dfrac{x^2-1}{x^2-3x+2}, & x\neq1,\\ -2, & x=1.\end{cases}$ 此时 $f(x)$ 在 $x=1$ 处连续，

$$\lim_{x\to2}y=\lim_{x\to2}\frac{(x-1)(x+1)}{(x-1)(x-2)}=\infty,$$

所以 $x=2$ 为第二类间断点中的无穷间断点.

(2) 因为 $\lim\limits_{x\to0}\dfrac{x}{\tan x}=1$，$\lim\limits_{x\to k\pi+\frac{\pi}{2}}\dfrac{x}{\tan x}=0$. 所以 $x=0,x=k\pi+\dfrac{\pi}{2}(k=0,\pm1,\pm2,\cdots)$ 为第一类间断点中的可去间断点.

补充定义 $y|_{x=0}=1,y|_{x=k\pi+\frac{\pi}{2}}=0$. 此时 $y=f(x)$ 在 $x=0,x=k\pi+\dfrac{\pi}{2}$ 处连续.

因为 $\lim\limits_{x\to k\pi}\dfrac{x}{\tan x}=\infty$，所以 $x=k\pi(k\neq0)$ 为第二类间断点中的无穷间断点.

(3) 因为 $y=\cos^2\dfrac{1}{x}$ 在 $x=0$ 处的左、右极限均不存在且其函数值在 0 与 1 间振荡. 所以 $x=0$ 为第二类振荡间断点.

(4) 因为

$$\lim_{x\to1^-}f(x)=\lim_{x\to1^-}(x-1)=0,\quad \lim_{x\to1^+}f(x)=\lim_{x\to1^+}(3-x)=2,$$

所以 $\lim\limits_{x\to1^+}f(x)\neq\lim\limits_{x\to1^-}f(x)$. 故 $x=1$ 为第一类跳跃间断点.

3. 求下列函数或数列的极限.

(1) $\lim\limits_{x\to0}\sqrt{x^2-2x+5}$；

(2) $\lim\limits_{t\to-2}\dfrac{e^t+1}{t}$；

(3) $\lim\limits_{a\to\frac{\pi}{4}}(\sin2a)^3$；

(4) $\lim\limits_{x\to\frac{\pi}{9}}\ln(2\cos3x)$；

(5) $\lim\limits_{x\to\frac{\pi}{4}}\dfrac{\sin2x}{2\cos(\pi-x)}$；

(6) $\lim\limits_{x\to0}\dfrac{\sqrt{x+1}-1}{x}$；

(7) $\lim\limits_{x\to0}\dfrac{x^2}{1-\sqrt{1+x^2}}$；

(8) $\lim\limits_{x\to1}\dfrac{\sqrt{5x-4}-\sqrt{x}}{x-1}$；

(9) $\lim\limits_{n\to\infty}\dfrac{\sin\frac{5}{n^2}}{\tan\frac{1}{n^2}}$；

(10) $\lim\limits_{n\to\infty}\dfrac{\ln\left(1+\frac{2}{\sqrt{n}}\right)}{\sqrt{n}}$.

解　(1) $\lim\limits_{x\to 0}\sqrt{x^2-2x+5}=\sqrt{0-2\times 0+5}=\sqrt{5}$；

(2) $\lim\limits_{t\to -2}\dfrac{e^t+1}{t}=-\dfrac{e^{-2}+1}{2}$；

(3) $\lim\limits_{a\to \frac{\pi}{4}}(\sin 2a)^3=\left[\sin\left(2\times\dfrac{\pi}{4}\right)\right]^3=1$；

(4) $\lim\limits_{x\to \frac{\pi}{9}}\ln(2\cos 3x)=\ln\left[2\cos\left(3\times\dfrac{\pi}{9}\right)\right]=0$；

(5) $\lim\limits_{x\to \frac{\pi}{4}}\dfrac{\sin 2x}{2\cos(\pi-x)}=\dfrac{\sin\dfrac{\pi}{2}}{2\cos\dfrac{3}{4}\pi}=\dfrac{1}{2\times\left(-\dfrac{\sqrt{2}}{2}\right)}=-\dfrac{\sqrt{2}}{2}$；

(6) $\lim\limits_{x\to 0}\dfrac{\sqrt{x+1}-1}{x}=\lim\limits_{x\to 0}\dfrac{x}{x(\sqrt{x+1}+1)}=\lim\limits_{x\to 0}\dfrac{1}{\sqrt{x+1}+1}=\dfrac{1}{2}$；

(7) $\lim\limits_{x\to 0}\dfrac{x^2}{1-\sqrt{1+x^2}}=-\lim\limits_{x\to 0}(1+\sqrt{x^2+1})=-2$；

(8) $\lim\limits_{x\to 1}\dfrac{\sqrt{5x-4}-\sqrt{x}}{x-1}=\lim\limits_{x\to 1}\dfrac{4(x-1)}{(x-1)(\sqrt{5x-4}+\sqrt{x})}=\lim\limits_{x\to 1}\dfrac{4}{\sqrt{5x-4}+\sqrt{x}}=2$；

(9) $\lim\limits_{n\to \infty}\dfrac{\sin\dfrac{5}{n^2}}{\tan\dfrac{1}{n^2}}=\lim\limits_{n\to \infty}\left(\dfrac{\sin\dfrac{5}{n^2}}{\dfrac{5}{n^2}}\times\dfrac{\dfrac{1}{n^2}}{\tan\dfrac{1}{n^2}}\times 5\right)=5$；

(10) $\lim\limits_{n\to \infty}\dfrac{\ln\left(1+\dfrac{2}{\sqrt{n}}\right)}{\sqrt{n}}=0$.

4. 求下列极限.

(1) $\lim\limits_{x\to \infty}e^{\frac{1}{x}}$；

(2) $\lim\limits_{x\to 0}\ln\left(\dfrac{\sin x}{x}\right)$；

(3) $\lim\limits_{x\to \infty}\left(\dfrac{x^2}{x^2-1}\right)^x$；

(4) $\lim\limits_{x\to 0}(1+3\tan^2 x)^{\cot^2 x}$；

(5) $\lim\limits_{x\to 0}\dfrac{e^x-1}{x}$（提示：令 $t=e^x-1$）.

解　(1) $\lim\limits_{x\to \infty}e^{\frac{1}{x}}=e^0=1$；

(2) $\lim\limits_{x\to0}\ln\left(\dfrac{\sin x}{x}\right)=\ln1=0$;

(3) $\lim\limits_{x\to\infty}\left(\dfrac{x^2}{x^2-1}\right)^x=\lim\limits_{x\to\infty}\left[\left(1+\dfrac{1}{x^2-1}\right)^{x^2-1}\right]^{\frac{x}{x^2-1}}=e^0=1$;

(4) $\lim\limits_{x\to0}(1+3\tan^2x)^{\cot^2x}=\lim\limits_{x\to0}\left[(1+3\tan^2x)^{\frac{1}{3\tan^2x}}\right]^3=e^3$;

(5) $\lim\limits_{x\to0}\dfrac{e^x-1}{x}\xlongequal{t=e^x-1}\lim\limits_{t\to0}\dfrac{t}{\ln(1+t)}=\lim\limits_{t\to0}\dfrac{1}{\ln(1+t)^{\frac{1}{t}}}=1.$

5. 判断函数 $f(x)=\begin{cases}x,&x<0\\\sin x,&x\geqslant0\end{cases}$ 在 $x=0$ 处是否连续,并作出它的图形.

解 因为
$$\lim_{x\to0^+}f(x)=\lim_{x\to0^+}\sin x=0,$$
$$\lim_{x\to0^-}f(x)=\lim_{x\to0^-}x=0,$$
$$\lim_{x\to0^+}f(x)=\lim_{x\to0^-}f(x)=0=f(0),$$
所以 $f(x)$ 在 $x=0$ 处连续. 图略.

6. 判断函数 $f(x)=\begin{cases}x-1,&x\leqslant1\\2-x,&x>1\end{cases}$ 在 $x=1$ 处是否连续,并作出它的图形.

解 因为
$$\lim_{x\to1^+}f(x)=\lim_{x\to1^+}(2-x)=1,$$
$$\lim_{x\to1^-}f(x)=\lim_{x\to1^-}(x-1)=0,$$
所以 $\lim\limits_{x\to1^+}f(x)\neq\lim\limits_{x\to1^-}f(x)$. 故 $f(x)$ 在 $x=1$ 处不连续. 图略.

7. 证明方程 $x^5-3x=1$ 至少有一根介于1与2之间.

证 设 $f(x)=x^5-3x-1$,则 $f(1)=-3<0,f(2)=25>0$. 由介值定理知,$f(x)=0$ 在1与2之间至少存在一个根,即方程 $x^5-3x=1$ 至少有一根介于1与2之间.

8. 证明方程 $e^x\cos x=0$ 在 $(0,\pi)$ 内至少有一个根.

证 设 $f(x)=e^x\cos x$,则 $f(0)=1>0,f(\pi)=-e^\pi<0$. 由介值定理知,$f(x)=0$ 在 $(0,\pi)$ 内至少有一个根,即方程 $e^x\cos x=0$ 在 $(0,\pi)$ 内至少有一个根.

9. 设 $f(x)=\begin{cases}1,&x\geqslant0,\\-1,&x<0,\end{cases}g(x)=\sin x$,讨论 $f[g(x)]$ 的连续性.

解
$$f[g(x)]=\begin{cases}1, & 2k\pi\leqslant x\leqslant 2k\pi+\pi, \\ -1, & 2k\pi+\pi<x<2k\pi+2\pi,\end{cases}$$

因为 $\lim\limits_{x\to(2k\pi)^{+}}f[g(x)]=1$，$\lim\limits_{x\to(2k\pi)^{-}}f[g(x)]=-1$，所以 $f[g(x)]$ 在 $x=2k\pi$ 处不连续.

又因为 $\lim\limits_{x\to(2k\pi+\pi)^{+}}f[g(x)]=-1$，$\lim\limits_{x\to(2k\pi+\pi)^{-}}f[g(x)]=1$，所以 $f[g(x)]$ 在 $x=2k\pi+\pi$ 处不连续.

因此，$f[g(x)]$ 在 $x=k\pi(k=0,\pm1,\pm2,\cdots)$ 处不连续，在其他处都连续.

第二章　导数与微分

一、基 本 内 容

1. 导数的定义

设函数 $y=f(x)$ 在 x_0 的某个邻域内有定义,当自变量 x 在 x_0 处有增量 Δx,相应的函数有增量 $\Delta y=f(x_0+\Delta x)-f(x_0)$,当 $\Delta x\to 0$ 时,如果这两个增量的比值 $\dfrac{\Delta y}{\Delta x}=\dfrac{f(x_0+\Delta x)-f(x_0)}{\Delta x}$ 的极限存在,则称这个极限值为函数 $y=f(x)$ 在 $x=x_0$ 处的导数,记为 $f'(x_0)$,即 $f'(x_0)=\lim\limits_{\Delta x\to 0}\dfrac{\Delta y}{\Delta x}=\lim\limits_{\Delta x\to 0}\dfrac{f(x_0+\Delta x)-f(x_0)}{\Delta x}$,也可记为 $y'\Big|_{x=x_0}$ 或 $\dfrac{\mathrm{d}y}{\mathrm{d}x}\Big|_{x=x_0}$ 或 $\dfrac{\mathrm{d}}{\mathrm{d}x}f(x)\Big|_{x=x_0}$. 此时也称函数 $y=f(x)$ 在 $x=x_0$ 处可导.

2. 可导的充要条件

$y=f(x)$ 在 $x=x_0$ 处可导的充要条件是 $y=f(x)$ 在 $x=x_0$ 处的左导数 $f'_-(x_0)$、右导数 $f'_+(x_0)$ 都存在且相等.

3. 导数的基本公式

(1) $y=C,y'=0$;

(2) $y=x^{\mu},y'=\mu x^{\mu-1}$;

(3) $y=a^x,y'=a^x\ln a;y=\mathrm{e}^x,y'=\mathrm{e}^x$;

(4) $y=\log_a x,y'=\dfrac{1}{x\ln a};y=\ln x,y'=\dfrac{1}{x}$;

(5) $y=\sin x,y'=\cos x$;

(6) $y=\cos x,y'=-\sin x$;

(7) $y=\tan x,y'=\dfrac{1}{\cos^2 x}=\sec^2 x$;

(8) $y=\cot x,y'=-\dfrac{1}{\sin^2 x}=-\csc^2 x$;

(9) $y=\arcsin x,y'=\dfrac{1}{\sqrt{1-x^2}}$;

(10) $y=\arccos x,y'=-\dfrac{1}{\sqrt{1-x^2}}$;

(11) $y=\arctan x, y'=\dfrac{1}{1+x^2}$;

(12) $y=\text{arccot}\,x, y'=-\dfrac{1}{1+x^2}$.

4. 四则运算

若 $u=u(x), v=v(x)$ 的导数都存在,则

(1) $(u\pm v)'=u'\pm v'$;

(2) $(uv)'=u'v+uv'$;

(3) $\left(\dfrac{u}{v}\right)'=\dfrac{u'v-uv'}{v^2}\ (v\neq 0)$.

5. 反函数的导数

如果连续函数 $y=f(x)$ 是 $x=\varphi(y)$ 的反函数,且 $\varphi'(y)\neq 0$,则 $f'(x)=\dfrac{1}{\varphi'(y)}$

或写为 $y'_x=\dfrac{1}{x'_y}$.

6. 复合函数求导

如果函数 $y=f(u)$ 和 $u=\varphi(x)$ 分别是 u 和 x 的可导函数,则复合函数 $y=f[\varphi(x)]$ 是 x 的可导函数,而且 $y'_x=y'_u \cdot u'_x=f'(u)\cdot\varphi'(x)$ 或 $\dfrac{\mathrm{d}y}{\mathrm{d}x}=\dfrac{\mathrm{d}y}{\mathrm{d}u}\cdot\dfrac{\mathrm{d}u}{\mathrm{d}x}$.

7. 隐函数求导法

若 $y=y(x)$ 是由方程 $F(x,y)=0$ 所确定的函数,则其导数可由方程 $\dfrac{\mathrm{d}}{\mathrm{d}x}F(x,y)=0$ 求得.

8. 参数方程所确定的函数的导数

若 $y=f(x)$ 是由参数方程 $\begin{cases}x=\varphi(t),\\ y=\psi(t)\end{cases}(\alpha<t<\beta)$ 给出,其中 $\varphi(t),\psi(t)$ 可导,且 $\varphi'(t)\neq 0$,则由复合函数与反函数的求导公式,有

$$\dfrac{\mathrm{d}y}{\mathrm{d}x}=\dfrac{\psi'(t)}{\varphi'(t)}=\dfrac{y'_t}{x'_t}.$$

9. 微分的定义

设函数 $y=f(x)$ 在某区间内有定义,x_0 及 $x_0+\Delta x$ 在这个区间内. 如果函数的增量 $\Delta y=f(x_0+\Delta x)-f(x_0)$ 可表示为 $\Delta y=A\Delta x+o(\Delta x)$,其中 A 不依赖于 Δx,而 $o(\Delta x)$ 是比 Δx 高阶的无穷小,则称函数 $y=f(x)$ 在点 x_0 处可微,$A\Delta x$ 称为函数 $y=f(x)$ 在点 x_0 相应与自变量增量 Δx 的微分. 记作 $\mathrm{d}y$,即 $\mathrm{d}y=A\Delta x$.

10. 可微的充要条件

函数 $y=f(x)$ 在点 x 处可微的充要条件是函数 $y=f(x)$ 在点 x 处可导,且

$A=f'(x)$. 于是, 微分又记为 $dy=f'(x) \cdot \Delta x$ 或 $dy=f'(x) \cdot dx$.

11. 微分的四则运算

若 $u=u(x), v=v(x)$ 在点 x 处可微, 则

(1) $d(u \pm v)=du \pm dv$;

(2) $d(uv)=vdu+udv$;

(3) $d\left(\dfrac{u}{v}\right)=\dfrac{vdu-udv}{v^2}(v \neq 0)$.

12. 微分的基本公式

(1) $y=C, dy=0$;

(2) $y=x^\mu, dy=\mu x^{\mu-1}dx$;

(3) $y=a^x, dy=a^x \ln a dx$;

$y=e^x, dy=e^x dx$;

(4) $y=\log_a x, dy=\dfrac{1}{x \ln a}dx$;

$y=\ln x, dy=\dfrac{1}{x}dx$;

(5) $y=\sin x, dy=\cos x dx$;

(6) $y=\cos x, dy=-\sin x dx$;

(7) $y=\tan x, dy=\dfrac{1}{\cos^2 x}=\sec^2 x dx$;

(8) $y=\cot x, dy=-\dfrac{1}{\sin^2 x}dx=-\csc^2 x dx$;

(9) $y=\arcsin x, dy=\dfrac{1}{\sqrt{1-x^2}}dx$;

(10) $y=\arccos x, dy=-\dfrac{1}{\sqrt{1-x^2}}dx$;

(11) $y=\arctan x, dy=\dfrac{1}{1+x^2}dx$;

(12) $y=\text{arccot} x, dy=-\dfrac{1}{1+x^2}dx$.

13. 微分在近似计算中的应用

设函数 $y=f(x)$ 在点 x_0 处可微, $\Delta x=x-x_0$, $\Delta y=f(x_0+\Delta x)-f(x_0)$, 当 $|\Delta x|$ 很小时, 有公式 (1) $\Delta y \approx f'(x_0) \cdot \Delta x$; (2) $f(x_0+\Delta x) \approx f(x_0)+f'(x_0) \cdot \Delta x$.

14. 高阶导数

函数 $y=f(x)$ 的导数的导数 $(y')'$, 称为 $y=f(x)$ 的二阶导数, 记为 $y''=f''(x)$

或 $\dfrac{\mathrm{d}^2 y}{\mathrm{d}x^2}$. 一般地，函数 $y=f(x)$ 的 $n-1$ 阶导数的导数称为函数 $y=f(x)$ 的 n 阶导数，记为 $y^{(n)}=f^{(n)}(x)$ 或 $\dfrac{\mathrm{d}^n y}{\mathrm{d}x^n}$.

15. 高阶微分

函数 $y=f(x)$ 的一阶微分的微分称为 $y=f(x)$ 的二阶微分，记为 $\mathrm{d}^2 y$，而且 $\mathrm{d}^2 y=f''(x)\mathrm{d}x^2$，一般地，函数 $y=f(x)$ 的 $n-1$ 阶微分的微分称为函数 $y=f(x)$ 的 n 阶微分，记为 $\mathrm{d}^n y=f^{(n)}(x)\mathrm{d}x^n$.

函数 $y=f(x)$ 的 n 阶导数等于函数的 n 阶微分与自变量的微分的 n 次幂的商.

二、基 本 要 求

1. 理解导数的概念和几何意义，熟练掌握函数的可导性与连续性的关系.

2. 熟练掌握求导的基本公式和计算初等函数导数的方法，理解高阶导数的概念.

3. 熟练掌握四则运算及复合函数求导方法.

4. 掌握隐函数、参数方程所确定函数的求导方法.

5. 理解微分概念，明确函数的微分是函数改变量的线性主部.

6. 掌握微分基本公式及微分法则，弄清微分形式不变性的意义.

7. 掌握微分在近似计算中的应用.

三、习 题 解 答

习　题　2-1

1. 下列各选项中均假设 $f'(x_0)$ 存在，其中等式成立的有（　　　）（请将正确的答案填在括号内）.

(1) $\lim\limits_{x \to x_0} \dfrac{f(x)-f(x_0)}{x-x_0} = f'(x_0)$；

(2) $\lim\limits_{h \to 0} \dfrac{f(x_0+h)-f(x_0)}{h} = f'(x_0)$；

(3) $\lim\limits_{\Delta x \to 0} \dfrac{f(x_0)-f(x_0-\Delta x)}{\Delta x} = f'(x_0)$；

(4) $\lim\limits_{\Delta x \to 0} \dfrac{f(x_0-\Delta x)-f(x_0)}{\Delta x} = f'(x_0)$；

(5) $\lim\limits_{\Delta x \to 0} \dfrac{f(x_0 + \Delta x) - f(x_0 - \Delta x)}{2\Delta x} = f'(x_0)$;

(6) $\lim\limits_{x \to 0} \dfrac{f(x)}{x} = f'(0)$，其中 $f(0) = 0$，且 $f'(0)$ 存在.

解　正确的有 (1)，(2)，(3)，(5)，(6).

2. 设 (1) $y = ax + b$; (2) $y = x^3$; (3) $y = \sqrt{x}$. 若自变量 x 有增量 Δx，相应的函数的增量为 Δy，求 $\dfrac{\Delta y}{\Delta x}$.

解　(1) $\Delta y = f(x + \Delta x) - f(x) = a(x + \Delta x) + b - (ax + b) = a\Delta x$，所以

$$\frac{\Delta y}{\Delta x} = \frac{a\Delta x}{\Delta x} = a.$$

(2) $\Delta y = (x + \Delta x)^3 - x^3 = 3x^2\Delta x + 3x\Delta x^2 + \Delta x^3$，所以

$$\frac{\Delta y}{\Delta x} = \frac{3x^2\Delta x + 3x\Delta x^2 + \Delta x^3}{\Delta x} = 3x^2 + 3x\Delta x + \Delta x^2.$$

(3) $\Delta y = \sqrt{x + \Delta x} - \sqrt{x}$，所以

$$\frac{\Delta y}{\Delta x} = \frac{\sqrt{x + \Delta x} - \sqrt{x}}{\Delta x} = \frac{\Delta x}{\Delta x(\sqrt{x + \Delta x} + \sqrt{x})} = \frac{1}{\sqrt{x + \Delta x} + \sqrt{x}}.$$

3. 用导数定义求下列函数的导数.

(1) $y = ax + b$;　　(2) $y = \dfrac{1}{x}$;　　(3) $y = ax^2 + bx + c$.

解　(1) $y' = \lim\limits_{\Delta x \to 0} \dfrac{\Delta y}{\Delta x} = \lim\limits_{\Delta x \to 0} \dfrac{a(x + \Delta x) + b - (ax + b)}{\Delta x} = \lim\limits_{\Delta x \to 0} \dfrac{a\Delta x}{\Delta x} = a$;

(2) $y' = \lim\limits_{\Delta x \to 0} \dfrac{\Delta y}{\Delta x} = \lim\limits_{\Delta x \to 0} \dfrac{\dfrac{1}{x + \Delta x} - \dfrac{1}{x}}{\Delta x} = \lim\limits_{\Delta x \to 0} \dfrac{-\dfrac{\Delta x}{x(x + \Delta x)}}{\Delta x} = \lim\limits_{\Delta x \to 0} \left[-\dfrac{1}{x(x + \Delta x)} \right]$

$= -\dfrac{1}{x^2}$;

(3) $y' = \lim\limits_{\Delta x \to 0} \dfrac{\Delta y}{\Delta x} = \lim\limits_{\Delta x \to 0} \dfrac{a(x + \Delta x)^2 + b(x + \Delta x) + c - (ax^2 + bx + c)}{\Delta x}$

$= \lim\limits_{\Delta x \to 0} \dfrac{2ax\Delta x + a\Delta x^2 + b\Delta x}{\Delta x} = 2ax + b.$

4. 求下列函数在指定点处的导数值.

(1) 已知 $f(x) = \dfrac{1}{x}$，求 $f'(1)$，$f'(2)$;

(2) 已知 $f(x)=\cos x$，求 $f'\left(\dfrac{\pi}{2}\right),f'\left(\dfrac{\pi}{6}\right)$.

解　(1)由 3 题(2)的结论 $f'(x)=-\dfrac{1}{x^2}$，$f'(1)=-1$，$f'(2)=-\dfrac{1}{4}$；

$$(2)\ y'=\lim_{\Delta x\to0}\frac{\Delta y}{\Delta x}=\lim_{\Delta x\to0}\frac{\cos(x+\Delta x)-\cos x}{\Delta x}=\lim_{\Delta x\to0}\left[-\frac{2\sin\left(x+\dfrac{\Delta x}{2}\right)\sin\dfrac{\Delta x}{2}}{\Delta x}\right]$$

$$=\lim_{\Delta x\to0}\left[-\sin\left(x+\frac{\Delta x}{2}\right)\cdot\frac{\sin\dfrac{\Delta x}{2}}{\dfrac{\Delta x}{2}}\right]=-\sin x\cdot1=-\sin x,$$

所以

$$f'\left(\frac{\pi}{2}\right)=-1,\quad f'\left(\frac{\pi}{6}\right)=-\frac{1}{2}.$$

5. 求曲线 $y=\sin x$ 分别在 $x=\dfrac{2\pi}{3}$，$x=\pi$ 处的切线斜率.

解　因为 $y'=(\sin x)'=\cos x$，所以 $y=\sin x$ 在 $x=\dfrac{2\pi}{3}$ 处的切线斜率 $k_1=\cos\dfrac{2\pi}{3}=-\dfrac{1}{2}$，在 $x=\pi$ 处的切线斜率 $k_2=\cos\pi=-1$.

6. 求曲线 $y=x^3$ 在 $x=2$ 处的切线方程和法线方程.

解　因为 $y'=(x^3)'=3x^2$，所以 $y=x^3$ 在 $x=2$ 处的切线斜率 $k=3\times4=12$，故 $y=x^3$ 在 $x=2$ 处的切线方程为：$y-2^3=12(x-2)$，即 $y-12x+16=0$；法线方程为 $y-2^3=-\dfrac{1}{12}(x-2)$，即 $x+12y-98=0$.

7. 讨论下列函数在 $x=0$ 处的连续性与可导性.

(1) $y=|\sin x|$；

(2) $y=\begin{cases}x\sin\dfrac{1}{x}, & x\neq0,\\ 0, & x=0;\end{cases}$

(3) $y=\begin{cases}x^2\sin\dfrac{1}{x}, & x\neq0,\\ 0, & x=0.\end{cases}$

解　(1) 设 $y=f(x)=|\sin x|$. 因为

$$\lim_{x\to0}y=\lim_{x\to0}|\sin x|=|\sin0|=0=f(0),$$

所以 $y=|\sin x|$ 在 $x=0$ 处连续. 又因为

$$\lim_{x \to 0^+} \frac{f(x)-f(0)}{x-0} = \lim_{x \to 0^+} \frac{|\sin x| - |\sin 0|}{x-0} = \lim_{x \to 0^+} \frac{|\sin x|}{x} = \lim_{x \to 0^+} \frac{\sin x}{x} = 1,$$

$$\lim_{x \to 0^-} \frac{f(x)-f(0)}{x-0} = \lim_{x \to 0^-} \frac{|\sin x| - |\sin 0|}{x-0} = \lim_{x \to 0^-} \frac{|\sin x|}{x} = \lim_{x \to 0^-} \frac{-\sin x}{x} = -1,$$

所以 $f'_+(0) \neq f'_-(0)$，故 $y=|\sin x|$ 在 $x=0$ 处不可导.

(2) 设 $y=f(x)=\begin{cases} x\sin\dfrac{1}{x}, & x\neq 0, \\ 0, & x=0. \end{cases}$

因为 $\lim\limits_{x \to 0} y = \lim\limits_{x \to 0} x\sin\dfrac{1}{x} = 0 = f(0)$，所以函数 $y=f(x)$ 在 $x=0$ 处连续.

又因为 $\lim\limits_{x \to 0} \dfrac{f(x)-f(0)}{x-0} = \lim\limits_{x \to 0} \dfrac{x\sin\dfrac{1}{x}-0}{x-0} = \lim\limits_{x \to 0} \dfrac{x\sin\dfrac{1}{x}}{x} = \lim\limits_{x \to 0} \sin\dfrac{1}{x}$ 不存在，所以

函数 $y=f(x)$ 在 $x=0$ 处不可导.

(3) 设 $y=f(x)=\begin{cases} x^2\sin\dfrac{1}{x}, & x\neq 0, \\ 0, & x=0. \end{cases}$

因为 $\lim\limits_{x \to 0} y = \lim\limits_{x \to 0} x^2\sin\dfrac{1}{x} = 0 = f(0)$，所以函数 $y=f(x)$ 在 $x=0$ 处连续.

又因为

$$\lim_{x \to 0} \frac{f(x)-f(0)}{x-0} = \lim_{x \to 0} \frac{x^2\sin\dfrac{1}{x}-0}{x-0} = \lim_{x \to 0} \frac{x^2\sin\dfrac{1}{x}}{x} = \lim_{x \to 0} x\sin\frac{1}{x} = 0,$$

所以函数 $y=f(x)$ 在 $x=0$ 处可导,且 $f'(0)=0$.

8. 如果 $y=f(x)$ 为偶函数,且 $f'(0)$ 存在,证明 $f'(0)=0$.

证 $y=f(x)$ 为偶函数,则 $f(-x)=f(x)$. 由于

$$f'(0) = \lim_{x \to 0} \frac{f(x)-f(0)}{x-0} = \lim_{x \to 0} \frac{f(-x)-f(0)}{x-0} = -\lim_{x \to 0} \frac{f(-x)-f(0)}{-x-0} = -f'(0),$$

所以 $2f'(0)=0$,即 $f'(0)=0$.

9. 已知 $f(x)=\begin{cases} \sin x, & x<0, \\ x, & x\geqslant 0, \end{cases}$ 求 $f'(x)$.

解 当 $x<0$ 时 $f(x)=\sin x$,所以 $f'(x)=\cos x$;

当 $x>0$ 时 $f(x)=x$,所以 $f'(x)=1$;

当 $x=0$ 时,

$$f'_-(0) = \lim_{x \to 0^-} \frac{f(x)-f(0)}{x-0} = \lim_{x \to 0^-} \frac{\sin x - 0}{x-0} = 1,$$

$$f'_+(0) = \lim_{x \to 0^+} \frac{f(x) - f(0)}{x - 0} = \lim_{x \to 0^+} \frac{x - 0}{x - 0} = 1,$$

所以 $f'(0) = 1$.

故 $f'(x) = \begin{cases} \cos x, & x < 0, \\ 1, & x \geqslant 0. \end{cases}$

10. 设函数 $f(x) = \begin{cases} x^2, & x \leqslant 1, \\ ax + b, & x > 1, \end{cases}$ 为了使函数在 $x = 1$ 处连续且可导，a, b 应取什么值？

解　要使函数 $f(x)$ 在 $x = 1$ 连续，需 $\lim\limits_{x \to 1^+} f(x) = \lim\limits_{x \to 1^-} f(x) = f(1)$. 而

$$\lim_{x \to 1^+} f(x) = \lim_{x \to 1^+} (ax + b) = a + b; \quad \lim_{x \to 1^-} f(x) = \lim_{x \to 1^-} x^2 = 1; \quad f(1) = 1.$$

所以 $a + b = 1$，要使函数 $f(x)$ 在 $x = 1$ 可导，需 $f'_+(1) = f'_-(1)$，而

$$f'_+(1) = \lim_{x \to 1^+} \frac{f(x) - f(1)}{x - 1} = \lim_{x \to 1^+} \frac{ax + b - 1}{x - 1} \xlongequal{a + b = 1} \lim_{x \to 1^+} \frac{ax - a}{x - 1} = a,$$

$$f'_-(1) = \lim_{x \to 1^-} \frac{f(x) - f(1)}{x - 1} = \lim_{x \to 1^-} \frac{x^2 - 1}{x - 1} = \lim_{x \to 1^-} (x + 1) = 2,$$

所以 $a = 2$.

故当 $a = 2, b = -1$ 时，函数 $f(x)$ 在 $x = 1$ 处连续且可导.

习　题　2-2

1. 求下列函数的导数.

(1) $y = x \cdot \sqrt[5]{x}$;　　(2) $y = \dfrac{1}{x^3}$;　　(3) $y = \cos x$ 在 $x = \dfrac{\pi}{4}$ 处;

(4) $y = \cot x$ 在 $x = \dfrac{\pi}{2}$ 处;　　　　　　(5) $y = \log_5 x$.

解　(1) $y = x \cdot \sqrt[5]{x} = x^{\frac{6}{5}}$，所以 $y' = \dfrac{6}{5} x^{\frac{1}{5}}$;

(2) $y = \dfrac{1}{x^3} = x^{-3}$，所以 $y' = -3 x^{-4}$;

(3) $y' = -\sin x$，所以 $y'|_{x = \frac{\pi}{4}} = -\sin \dfrac{\pi}{4} = -\dfrac{\sqrt{2}}{2}$;

(4) $y' = -\dfrac{1}{\sin^2 x}$，所以 $y'|_{x = \frac{\pi}{2}} = -\dfrac{1}{\sin^2 \dfrac{\pi}{2}} = -1$;

(5) $y' = -\dfrac{1}{x\ln 5}$.

2. 证明：(1) $(\tan x)' = \dfrac{1}{\cos^2 x}$；(2) $(\arctan x)' = \dfrac{1}{1+x^2}$.

证 (1) 因为

$$\frac{\Delta y}{\Delta x} = \frac{\tan(x+\Delta x) - \tan x}{\Delta x} = \frac{\sin(x+\Delta x)\cos x - \sin x\cos(x+\Delta x)}{\Delta x \cdot \cos(x+\Delta x) \cdot \cos x}$$

$$= \frac{\sin\Delta x}{\Delta x \cdot \cos(x+\Delta x) \cdot \cos x},$$

所以

$$(\tan x)' = \lim_{\Delta x \to 0}\frac{\Delta y}{\Delta x} = \lim_{\Delta x \to 0}\frac{\sin\Delta x}{\Delta x \cdot \cos(x+\Delta x) \cdot \cos x}$$

$$= \lim_{\Delta x \to 0}\left[\frac{\sin\Delta x}{\Delta x} \cdot \frac{1}{\cos(x+\Delta x) \cdot \cos x}\right] = \frac{1}{\cos^2 x};$$

(2) 令 $y = \arctan x$，则 $x = \tan y$，所以

$$y'_x = \frac{1}{(\tan y)'} = \frac{1}{\dfrac{1}{\cos^2 y}} = \cos^2 y = \frac{1}{1+\tan^2 y} = \frac{1}{1+x^2}.$$

3. 函数 $y = \cos x (0 < x < 2\pi)$，当 x 为何值时，函数曲线有水平切线？x 为何值时，切线的倾角为锐角？x 为何值时，切线的倾角为钝角？

解 $y = \cos x$，所以 $y' = -\sin x$；

$y' = 0$，即 $-\sin x = 0$，此时 $x = \pi$，所以当 $x = \pi$ 时，函数曲线有水平切线；

$y' > 0$，即 $-\sin x > 0$，此时 $\pi < x < 2\pi$，所以当 $\pi < x < 2\pi$ 时，切线的倾角为锐角；

$y' < 0$，即 $-\sin x < 0$，此时 $0 < x < \pi$，所以当 $0 < x < \pi$ 时，切线的倾角为钝角.

4. 在抛物线 $y = x^2$ 上，取横坐标为 $x_1 = 1, x_2 = 3$ 的两点引割线，则抛物线上哪一点的切线平行于所引割线？

解 当 $x_1 = 1$ 时 $y_1 = 1$；当 $x_2 = 3$ 时 $y_2 = 9$.

曲线过 $(1,1),(3,9)$ 两点所引割线的斜率为：$k = \dfrac{9-1}{3-1} = 4$.

又因为 $y' = 2x$，所以 $k = y'|_{x=x_0} = 2x_0 = 4$，所以 $x_0 = 2, y|_{x=2} = 4$.

故所求的点为 $(2,4)$.

5. 求曲线 $y = \ln x$ 在点 $M(\mathrm{e}, 1)$ 处的切线方程.

解 因为 $y' = \dfrac{1}{x}$，所以 $y'|_{x=\mathrm{e}} = \dfrac{1}{\mathrm{e}}$.

故所求切线方程为 $y - 1 = \dfrac{1}{\mathrm{e}}(x - \mathrm{e})$，即 $x - \mathrm{e}y = 0$.

6. 证明：(1) $(\arccos x)' = -\dfrac{1}{\sqrt{1-x^2}}$；(2) $(\text{arccot}\,x)' = -\dfrac{1}{1+x^2}$．

证　(1) 令 $y = \arccos x$，故 $x = \cos y$. 所以

$$y'_x = \frac{1}{(\cos y)'} = \frac{1}{-\sin y} = \frac{1}{-\sqrt{1-\cos^2 y}} = -\frac{1}{\sqrt{1-x^2}}.$$

即 $(\arccos x)' = -\dfrac{1}{\sqrt{1-x^2}}$．

(2) 令 $y = \text{arccot}\,x$，故 $x = \cot y$. 所以

$$y'_x = \frac{1}{(\cot y)'} = \frac{1}{-\csc^2 y} = \frac{1}{-(1+\cot^2 y)} = -\frac{1}{1+x^2}.$$

即 $(\text{arccot}\,x)' = -\dfrac{1}{1+x^2}$．

习　题　2-3

1. 求下列函数的导数.

(1) $y = \dfrac{x-1}{x+1}$；

(2) $y = \dfrac{1+\sin x}{1+\cos x}$；

(3) $y = \dfrac{3\tan x}{1+x^2}$；

(4) $y = \dfrac{3\sin x}{1+\sqrt{x}}$；

(5) $y = x\log_3 x + \ln 2$；

(6) $y = \dfrac{a^x}{x^2+1} - 5\arcsin x$；

(7) $y = x \cdot \arctan x + \dfrac{1-\ln x}{1+\ln x}$；

(8) $y = \sqrt{x}(x-\cot x)\log_5 x$．

解　(1) $y' = \dfrac{(x-1)' \times (x+1) - (x+1)' \times (x-1)}{(x+1)^2} = \dfrac{(x+1)-(x-1)}{(x+1)^2}$

$$= \frac{2}{(x+1)^2};$$

(2) $y' = \dfrac{\cos x(1+\cos x) + \sin x(1+\sin x)}{(1+\cos x)^2} = \dfrac{\cos x + \sin x + 1}{(1+\cos x)^2}$；

(3) $y' = \dfrac{3\sec^2 x \cdot (1+x^2) - 2x \cdot 3\tan x}{(1+x^2)^2} = \dfrac{3(1+x^2) - 3x\sin 2x}{(1+x^2)^2 \cos^2 x}$；

(4) $y' = 3 \times \dfrac{\cos x(1+\sqrt{x}) - \dfrac{1}{2\sqrt{x}}\sin x}{(1+\sqrt{x})^2} = \dfrac{6\sqrt{x}\cos x(1+\sqrt{x}) - 3\sin x}{2\sqrt{x}(1+\sqrt{x})^2}$；

(5) $y' = \log_3 x + x \cdot \dfrac{1}{x \ln 3} + 0 = \log_3 x + \dfrac{1}{\ln 3}$;

(6) $y' = \dfrac{a^x \ln a (x^2+1) - 2xa^x}{(x^2+1)^2} - \dfrac{5}{\sqrt{1-x^2}}$;

(7) $y' = \arctan x + \dfrac{x}{1+x^2} + \dfrac{-\dfrac{1}{x}(1+\ln x) - \dfrac{1}{x}(1-\ln x)}{(1+\ln x)^2}$

$\quad = \arctan x + \dfrac{x}{1+x^2} - \dfrac{2}{x(1+\ln x)^2}$;

(8) $y' = \dfrac{1}{2\sqrt{x}}(x - \cot x)\log_5 x + \sqrt{x}(1+\csc^2 x)\log_5 x + \sqrt{x}(x-\cot x)\dfrac{1}{x \ln 5}$.

2. 求下列函数在给定点处的导数值.

(1) $y = e^x \cos x$, 求 $y'|_{x=\frac{\pi}{2}}$, $y'|_{x=\pi}$;

(2) $y = \dfrac{1-\cos x}{1+\cos x}$, 求 $y'|_{x=\frac{\pi}{2}}$, $y'|_{x=0}$;

(3) $f(t) = \dfrac{1-\sqrt{t}}{1+\sqrt{t}}$, 求 $f'(4)$;

(4) $f(x) = \ln x - \cos x + x^2 \sin x$, 求 $f'\left(\dfrac{\pi}{2}\right)$, $f'(\pi)$.

解 (1) 因为 $y' = e^x(\cos x - \sin x)$, 所以

$$y'|_{x=\frac{\pi}{2}} = e^{\frac{\pi}{2}}\left(\cos\dfrac{\pi}{2} - \sin\dfrac{\pi}{2}\right) = -e^{\frac{\pi}{2}};$$

$$y'|_{x=\pi} = e^{\pi}(\cos\pi - \sin\pi) = -e^{\pi}.$$

(2) 因为 $y' = \dfrac{\sin x(1+\cos x) + \sin x(1-\cos x)}{(1+\cos x)^2} = \dfrac{2\sin x}{(1+\cos x)^2}$, 所以

$$y'|_{x=\frac{\pi}{2}} = \dfrac{2\sin\dfrac{\pi}{2}}{\left(1+\cos\dfrac{\pi}{2}\right)^2} = 2, \quad y'|_{x=0} = 0.$$

(3) 因为 $f'(t) = \dfrac{-\dfrac{1}{2\sqrt{t}}(1+\sqrt{t}) - \dfrac{1}{2\sqrt{t}}(1-\sqrt{t})}{(1+\sqrt{t})^2} = -\dfrac{1}{\sqrt{t}(1+\sqrt{t})^2}$, 所以

$$f'(4) = -\dfrac{1}{\sqrt{4}(1+\sqrt{4})^2} = -\dfrac{1}{18}.$$

(4) 因为 $f'(x) = \dfrac{1}{x} + \sin x + 2x\sin x + x^2\cos x$, 所以

$$f'\left(\frac{\pi}{2}\right)=\frac{2}{\pi}+1+\pi, \quad f'(\pi)=\frac{1}{\pi}-\pi^2.$$

3. 求曲线 $y=2\sin x+x^2$ 在横坐标 $x=0$ 处的切线方程和法线方程.

解 因为 $y'=2\cos x+2x$,所以切线斜率 $y'|_{x=0}=2$. 又因为 $x=0$ 时 $y=0$,故曲线的切线方程为 $y=2x$,法线方程为 $y=-\frac{1}{2}x$.

4. 曲线 $y=x^3+x+1$ 上哪一点的切线与直线 $y=4x+1$ 平行?

解 因为 $y'=3x^2+1$,由 $3x^2+1=4$ 得 $x=\pm1$. 又因为 $y|_{x=-1}=-1$, $y|_{x=1}=3$,故曲线在 $(-1,-1),(1,3)$ 点处的切线均与直线 $y=4x+1$ 平行.

5. 求抛物线方程 $y=x^2+bx+c$ 中的 b,c,使它在点 $(1,1)$ 处的切线平行于直线 $y-x+1=0$.

解 因为 $y'=2x+b$,直线 $y-x+1=0$ 的斜率为 1,所以 $y'|_{x=1}=2+b=1$,故

$$b=-1; \tag{1}$$

又因为点 $(1,1)$ 在曲线上,所以 $y|_{x=1}=1+b+c=1$,即

$$b+c=0. \tag{2}$$

由式(1)、式(2)解得 $\begin{cases}b=-1,\\c=1.\end{cases}$

6. 以初速度 v_0 上抛的物体,其上升的高度 s 与时间 t 的关系是:

$$s(t)=v_0t-\frac{1}{2}gt^2,$$

求(1)上抛物体的速度 $v(t)$;(2) 经过多少时间,它的速度为零?

解 (1) $v(t)=s'(t)=v_0-gt$;

(2) 当 $v(t)=0$,即 $v_0-gt=0$ 时,$t=\frac{v_0}{g}$.

7. 一球沿斜面向上滚,其运动的距离与时间的关系为 $s=3t-t^2$,问何时开始下滚?

解 $v(t)=s'(t)=3-2t$.

当 $v(t)=0$,即 $3-2t=0$ 时球开始下滚,此时 $t=\frac{3}{2}$.

所以当 $t=\frac{3}{2}$ 时球开始下滚.

8. 求曲线 $y=x^3-3x$ 上切线平行 x 轴的点.

解 因为 $y'=3x^2-3$,令 $3x^2-3=0$,得 $x=\pm1$. 又因为 $y\big|_{x=-1}=2$,$y\big|_{x=1}=-2$,故曲线上切线平行于 x 轴的点为 $(-1,2),(1,-2)$.

习 题 2-4

1. 求下列函数的导数.

(1) $y=(1+6x)^6$；

(2) $y=\ln[\ln(x^2+1)]$；

(3) $y=\cos[\ln(x+\sqrt{1+x^2})]$；

(4) $y=xe^x[\ln(2x+1)+\sin x]$；

(5) $y=\sec^2\dfrac{x}{2}-\csc^2\dfrac{x}{2}$；

(6) $y=e^{\arctan x^2}$；

(7) $y=\ln\sqrt{\dfrac{1+t}{1-t}}$；

(8) $y=\arccos\left(\dfrac{1}{x}+e^x\right)$；

(9) $y=\sqrt{x+\sqrt{x+\sqrt{x}}}$；

(10) $y=\sin^n x\cos nx$；

(11) $y=\dfrac{t^3+1}{(1-2t)^3}$；

(12) $y=\dfrac{\operatorname{arccot}x}{\sqrt{1+x^2}}$；

(13) $y=\dfrac{1}{\arcsin x}$；

(14) $y=\sqrt{x}\ln(a^x+e^{2x})$；

(15) $y=\ln[\ln(\ln x^2)]$；

(16) $y=\log_a(x^2+\sqrt{x})$；

(17) $y=\dfrac{t^3+t}{\sin t}$；

(18) $y=\sin 2^x$；

(19) $y=\arctan\sqrt{x^2-1}-\dfrac{\ln x}{\sqrt{x^2-1}}$；

(20) $y=x^{a^a}+a^{x^a}+a^{a^x}$；

(21) $y=2^{\sin x}+\log_5 x^2$；

(22) $y=\left(\arcsin\dfrac{x}{3}\right)^2$；

(23) $y=e^{3-2x}\cos 5x$；

(24) $y=\ln(\csc x-\cot x)$；

(25) $y=\sqrt[3]{1+\cos 6x}$；

(26) $y=\ln(x+\sqrt{x^2+a^2})$；

(27) $y=\sec^3(e^{2x})$；

(28) $y=\dfrac{\sqrt{1+x}-\sqrt{1-x}}{\sqrt{1+x}+\sqrt{1-x}}$；

(29) $y=\sin\dfrac{1}{x}\cdot e^{\tan\frac{1}{x}}$；

(30) $y=e^x\cdot\sqrt{1-e^{2x}}+\arcsin e^x$；

(31) $y=\left(\dfrac{x}{1+x}\right)^x$.

解 (1) $y'=6(1+6x)^5(6x)'=36(1+6x)^5$；

(2) $y'=\dfrac{1}{\ln(x^2+1)} \cdot [\ln(x^2+1)]'=\dfrac{1}{\ln(x^2+1)} \cdot \dfrac{1}{x^2+1} \cdot (x^2+1)'$

$\qquad =\dfrac{2x}{(x^2+1)\ln(x^2+1)};$

(3) $y'=-\sin[\ln(x+\sqrt{1+x^2})] \cdot \dfrac{1}{x+\sqrt{1+x^2}} \cdot \left(1+\dfrac{2x}{2\sqrt{1+x^2}}\right)$

$\qquad =-\sin[\ln(x+\sqrt{1+x^2})] \cdot \dfrac{1}{\sqrt{1+x^2}};$

(4) $y'=e^x[\ln(2x+1)+\sin x]+xe^x[\ln(2x+1)+\sin x]+xe^x\left(\dfrac{2}{2x+1}+\cos x\right);$

$\qquad =e^x(x+1)[\ln(2x+1)+\sin x]+xe^x\left(\dfrac{2}{2x+1}+\cos x\right);$

(5) $y'=2\sec\dfrac{x}{2} \cdot \sec\dfrac{x}{2} \cdot \tan\dfrac{x}{2} \cdot \dfrac{1}{2}-2\csc\dfrac{x}{2}\left(-\csc\dfrac{x}{2} \cdot \cot\dfrac{x}{2} \cdot \dfrac{1}{2}\right)$

$\qquad =\sec^2\dfrac{x}{2}\tan\dfrac{x}{2}+\csc^2\dfrac{x}{2}\cot\dfrac{x}{2};$

(6) $y'=e^{\arctan x^2}\dfrac{2x}{1+x^4};$

(7) $y'=\dfrac{1}{\sqrt{\dfrac{1+t}{1-t}}} \cdot \dfrac{1}{2} \cdot \dfrac{1}{\sqrt{\dfrac{1+t}{1-t}}} \cdot \dfrac{(1-t)+(1+t)}{(1-t)^2}=\dfrac{1}{1-t^2};$

(8) $y'=-\dfrac{1}{\sqrt{1-\left(\dfrac{1}{x}+e^x\right)^2}} \cdot \left(-\dfrac{1}{x^2}+e^x\right)=\dfrac{\dfrac{1}{x^2}-e^x}{\sqrt{1-\left(\dfrac{1}{x}+e^x\right)^2}};$

(9) $y'=\dfrac{1}{2} \cdot \dfrac{1}{\sqrt{x+\sqrt{x+\sqrt{x}}}} \cdot \left(x+\sqrt{x+\sqrt{x}}\right)'$

$\qquad =\dfrac{1}{2}\dfrac{1}{\sqrt{x+\sqrt{x+\sqrt{x}}}} \cdot \left[1+(\sqrt{x+\sqrt{x}})'\right]$

$\qquad =\dfrac{1}{2}\dfrac{1}{\sqrt{x+\sqrt{x+\sqrt{x}}}}\left[1+\dfrac{1}{2}\dfrac{1}{\sqrt{x+\sqrt{x}}}\left(1+\dfrac{1}{2\sqrt{x}}\right)\right];$

(10) $y'=n\sin^{n-1}x\cos x\cos nx-\sin^n x \cdot n\sin nx$

$\qquad =n\sin^{n-1}x(\cos x\cos nx-\sin x\sin nx)$

$\qquad =n\sin^{n-1}x\cos(n+1)x;$

(11) $y'=\dfrac{3t^2(1-2t)^3-3(1-2t)^2(-2)(t^3+1)}{(1-2t)^6}=\dfrac{3(t^2+2)}{(1-2t)^4};$

(12) $y'=\dfrac{-\dfrac{1}{1+x^2}\cdot\sqrt{1+x^2}-\dfrac{2x}{2\sqrt{1+x^2}}\cdot\text{arccot}x}{1+x^2}=-\dfrac{1+x\,\text{arccot}x}{(1+x^2)^{\frac{3}{2}}};$

(13) $y'=\dfrac{-1}{(\arcsin x)^2}\cdot\dfrac{1}{\sqrt{1-x^2}}=\dfrac{-1}{\sqrt{1-x^2}\,(\arcsin x)^2};$

(14) $y'=\dfrac{1}{2\sqrt{x}}\ln(a^x+e^{2x})+\dfrac{\sqrt{x}\,(a^x\ln a+2e^{2x})}{a^x+e^{2x}};$

(15) $y'=\dfrac{1}{\ln(\ln x^2)}\cdot\dfrac{1}{\ln x^2}\cdot\dfrac{2}{x}=\dfrac{2}{x\ln x^2\cdot\ln(\ln x^2)};$

(16) $y'=\dfrac{1}{(x^2+\sqrt{x})\ln a}\left(2x+\dfrac{1}{2\sqrt{x}}\right)=\dfrac{4x^{\frac{3}{2}}+1}{2\ln a\sqrt{x}\,(x^2+\sqrt{x})};$

(17) $y'=\dfrac{(3t^2+1)\sin t-(t^3+t)\cos t}{(\sin t)^2};$

(18) $y'=\cos 2^x\cdot 2^x\ln 2=\ln 2\cdot 2^x\cos 2^x;$

(19) $y'=\dfrac{1}{1+(\sqrt{x^2-1})^2}\cdot\dfrac{2x}{2\sqrt{x^2-1}}-\dfrac{\dfrac{1}{x}\sqrt{x^2-1}-\dfrac{2x}{2\sqrt{x^2-1}}\ln x}{(\sqrt{x^2-1})^2}=\dfrac{x\ln x}{(\sqrt{x^2-1})^3};$

(20) $y'=a^a x^{a^a-1}+a\ln a\, a^{x}x^{a^x-1}+a^x a^{a^x}(\ln a)^2;$

(21) $y'=2^{\sin x}\ln 2\cos x+\dfrac{2x}{x^2\ln 5}=2^{\sin x}\cos x\ln 2+\dfrac{2}{x\ln 5};$

(22) $y'=2\arcsin\dfrac{x}{3}\cdot\dfrac{1}{\sqrt{1-\left(\dfrac{x}{3}\right)^2}}\cdot\dfrac{1}{3}=\dfrac{2}{\sqrt{9-x^2}}\arcsin\dfrac{x}{3};$

(23) $y'=-2e^{3-2x}\cos 5x-5e^{3-2x}\sin 5x;$

(24) $y'=\dfrac{1}{\csc x-\cot x}(-\csc x\cot x+\csc^2 x)=\csc x;$

(25) $y'=\dfrac{1}{3}(1+\cos 6x)^{-\frac{2}{3}}\cdot(-\sin 6x)\cdot 6=-2(1+\cos 6x)^{-\frac{2}{3}}\sin 6x;$

(26) $y'=\dfrac{1}{x+\sqrt{x^2+a^2}}\left(1+\dfrac{2x}{2\sqrt{x^2+a^2}}\right)=\dfrac{1}{\sqrt{x^2+a^2}};$

(27) $y'=3\sec^2(e^{2x})\cdot\sec(e^{2x})\tan(e^{2x})\cdot e^{2x}\cdot 2$
$\qquad=6e^{2x}\sec^3(e^{2x})\tan(e^{2x});$

(28) 因为

$$y=\dfrac{\sqrt{1+x}-\sqrt{1-x}}{\sqrt{1+x}+\sqrt{1-x}}=\dfrac{x}{1+\sqrt{1-x^2}},$$

所以

$$y' = \frac{(1+\sqrt{1-x^2}) - \frac{-2x}{2\sqrt{1-x^2}} \cdot x}{(1+\sqrt{1-x^2})^2} = \frac{1}{(1+\sqrt{1-x^2})\sqrt{1-x^2}};$$

(29) $y' = \cos\frac{1}{x} \cdot \frac{-1}{x^2} \cdot e^{\tan\frac{1}{x}} + e^{\tan\frac{1}{x}} \cdot \sec^2\frac{1}{x} \cdot \frac{-1}{x^2} \cdot \sin\frac{1}{x}$

$\quad = -\frac{1}{x^2}e^{\tan\frac{1}{x}}\left(\cos\frac{1}{x} + \sin\frac{1}{x}\sec^2\frac{1}{x}\right);$

(30) $y' = e^x \cdot \sqrt{1-e^{2x}} + \frac{-2e^{2x}}{2\sqrt{1-e^{2x}}} \cdot e^x + \frac{e^x}{\sqrt{1-(e^x)^2}} = 2e^x\sqrt{1-e^{2x}};$

(31) 由于 $y = \left(\frac{x}{1+x}\right)^x = e^{\ln\left(\frac{x}{1+x}\right)^x} = e^{x\ln\frac{x}{1+x}} = e^{x[\ln x - \ln(1+x)]}$，所以

$\quad y' = e^{x[\ln x - \ln(1+x)]}\{x[\ln x - \ln(1+x)]\}'$

$\quad = \left(\frac{x}{1+x}\right)^x\left[\ln x - \ln(1+x) + x\left(\frac{1}{x} - \frac{1}{1+x}\right)\right]$

$\quad = \left(\frac{x}{1+x}\right)^x\left(\ln\frac{x}{1+x} + \frac{1}{1+x}\right).$

2. 如果 $f(x) = e^{-x}$，求 $f(0) + xf'(0)$.

解 因为 $f'(x) = -e^x$，$f'(0) = -1$，$f(0) = 1$. 所以 $f(0) + xf'(0) = 1 - x$.

3. 已知函数 $f(x) = x(x-1)^3(x-2)^2$，求 $f'(0), f'(1), f'(2)$.

解 因为

$\quad f'(x) = (x-1)^3(x-2)^2 + 3x(x-1)^2(x-2)^2 + 2x(x-1)^3(x-2),$

所以 $f'(0) = -4, f'(1) = 0, f'(2) = 0$.

4. 已知函数 $f(x) = e^x\sin x$，求 $f(0) + 2f'(0)$.

解 因为 $f'(x) = e^x\sin x + e^x\cos x$，$f'(0) = 1$. 又因为 $f(0) = 0$，所以

$$f(0) + 2f'(0) = 2.$$

5. 已知函数 $y = e^{f(x)}$，求 y'.

解 $y' = e^{f(x)}f'(x).$

习 题 2-5

1. 求下列隐函数的导数 $\frac{dy}{dx}$.

(1) $y^2 - 2xy + 9 = 0$;　　　　　　　　(2) $x^3 + y^3 - 3axy = 0$;

(3) $x^y = y^x$;　　　　　　　　　　　　(4) $xy = e^{x+y}$.

解 (1) 等式两端对 x 求导(注意此时 y 是 x 的函数)得

$$2yy' - 2(y + xy') + 0 = 0.$$

所以 $y' = \dfrac{y}{y-x}$.

(2) 等式两端对 x 求导得

$$3x^2 + 3y^2 y' - 3a(y + xy') = 0.$$

故 $y' = \dfrac{ay - x^2}{y^2 - ax}$.

(3) 等式两端取自然对数得 $y\ln x = x\ln y$.

再两端对 x 求导得 $y'\ln x + \dfrac{y}{x} = \ln y + \dfrac{x}{y} \cdot y'$. 所以

$$y' = \dfrac{xy\ln y - y^2}{xy\ln x - x^2}.$$

(4) 等式两端对 x 求导得 $y + xy' = e^{x+y}(1 + y')$. 所以

$$y' = \dfrac{e^{x+y} - y}{x - e^{x+y}}.$$

2. 求曲线 $x^{\frac{2}{3}} + y^{\frac{2}{3}} = a^{\frac{2}{3}}$ 在点 $\left(\dfrac{\sqrt{2}}{4}a, \dfrac{\sqrt{2}}{4}a\right)$ 处的切线方程和法线方程.

解 等式两端对 x 求导得 $\dfrac{2}{3}x^{-\frac{1}{3}} + \dfrac{2}{3}y^{-\frac{1}{3}} \cdot y' = 0$. 所以

$$y' = -\sqrt[3]{\dfrac{y}{x}},$$

故切线斜率为 $k = y'|_{\left(\frac{\sqrt{2}}{4}, \frac{\sqrt{2}}{4}\right)} = -1$. 所以切线方程为 $y - \dfrac{\sqrt{2}}{4}a = -\left(x - \dfrac{\sqrt{2}}{4}a\right)$；法线

方程为 $y - \dfrac{\sqrt{2}}{4}a = \left(x - \dfrac{\sqrt{2}}{4}a\right)$.

3. 求下列函数的导数.

(1) $y = \left(\dfrac{x}{1+x}\right)^x$;

(2) $y = (\sin x)^{\cos x} + (\cos x)^{\sin x}$;

(3) $y = \dfrac{\sqrt{x+2}(3-x)^4}{(x+1)^5}$;

(4) $y = \sqrt{x\sin x \sqrt{1 - e^x}}$.

解 (1) 等式两端取自然对数：$\ln y = x[\ln x - \ln(1+x)]$.

再两端对 x 求导得 $\dfrac{1}{y} \cdot y' = [\ln x - \ln(1+x)] + x\left(\dfrac{1}{x} - \dfrac{1}{1+x}\right)$，所以

$$\dfrac{1}{y} \cdot y' = \ln\dfrac{x}{1+x} + \dfrac{1}{1+x},$$

即

$$y' = \left(\frac{x}{1+x}\right)^x \cdot \left(\ln\frac{x}{1+x} + \frac{1}{1+x}\right).$$

(2) $y' = (e^{\cos x \ln\sin x} + e^{\sin x \ln\cos x})' = e^{\cos x \ln\sin x}(\cos x \ln\sin x)' + e^{\sin x \ln\cos x}(\sin x \ln\cos x)'$

$$= e^{\cos x \ln\sin x}\left(-\sin x \ln\sin x + \frac{\cos x}{\sin x} \cdot \cos x\right)$$

$$+ e^{\sin x \ln\cos x}\left(\cos x \ln\cos x + \frac{-\sin x}{\cos x} \cdot \sin x\right)$$

$$= (\sin x)^{\cos x}(-\sin x \ln\sin x + \cot x \cos x) + (\cos x)^{\sin x}(\cos x \ln\cos x - \tan x \sin x).$$

(3) 等式两端取自然对数得 $\ln y = \frac{1}{2}\ln(x+2) + 4\ln(3-x) - 5\ln(x+1).$

两端再对 x 求导得 $\frac{1}{y} \cdot y' = \frac{1}{2(x+2)} + \frac{-4}{3-x} - \frac{5}{x+1}$, 所以

$$y' = \frac{\sqrt{x+2}(3-x)^4}{(x+1)^5}\left(\frac{1}{2(x+2)} - \frac{4}{3-x} - \frac{5}{x+1}\right).$$

(4) 等式两端取自然对数得 $\ln y = \frac{1}{2}\left[\ln x + \ln\sin x + \frac{1}{2}\ln(1-e^x)\right].$

两端再对 x 求导得 $\frac{1}{y} \cdot y' = \frac{1}{2}\left(\frac{1}{x} + \frac{\cos x}{\sin x} + \frac{1}{2} \cdot \frac{-e^x}{1-e^x}\right)$, 所以

$$y' = \sqrt{x\sin x\sqrt{1-e^x}}\left[\frac{1}{2x} + \frac{1}{2}\cot x - \frac{e^x}{4(1-e^x)}\right].$$

4. 求下列参数方程所确定的函数的导数 $\dfrac{dy}{dx}$.

(1) $\begin{cases} x = at^2, \\ y = bt^3; \end{cases}$ 　　　　　　(2) $\begin{cases} x = e^t\sin t, \\ y = e^t\cos t; \end{cases}$

(3) $\begin{cases} x = a(t-\sin t), \\ y = a(1-\cos t); \end{cases}$ 　　(4) $\begin{cases} x = \theta(1-\sin\theta), \\ y = \theta\cos\theta; \end{cases}$

(5) $\begin{cases} x = a\cos^3\theta, \\ y = a\sin^3\theta \end{cases}$ 在 $\theta = \dfrac{\pi}{4}$ 处;　(6) $\begin{cases} x = \dfrac{3at}{1+t^2}, \\ y = \dfrac{3at^2}{1+t^2} \end{cases}$ 在 $t = 2$ 处.

解 (1) $\dfrac{dy}{dx} = \dfrac{y'_t}{x'_t} = \dfrac{3bt^2}{2at} = \dfrac{3bt}{2a};$

(2) $\dfrac{dy}{dx} = \dfrac{y'_t}{x'_t} = \dfrac{e^t\cos t - e^t\sin t}{e^t\sin t + e^t\cos t} = \dfrac{\cos t - \sin t}{\sin t + \cos t};$

(3) $\dfrac{\mathrm{d}y}{\mathrm{d}x}=\dfrac{y'_t}{x'_t}=\dfrac{a\sin t}{a(1-\cos t)}=\dfrac{\sin t}{1-\cos t}$;

(4) $\dfrac{\mathrm{d}y}{\mathrm{d}x}=\dfrac{y'_\theta}{x'_\theta}=\dfrac{\cos\theta-\theta\sin\theta}{1-\sin\theta-\theta\cos\theta}$;

(5) 因为 $\dfrac{\mathrm{d}y}{\mathrm{d}x}=\dfrac{y'_\theta}{x'_\theta}=\dfrac{3a\sin^2\theta\cos\theta}{3a\cos^2\theta(-\sin\theta)}=-\tan\theta$,所以 $\dfrac{\mathrm{d}y}{\mathrm{d}x}\big|_{\theta=\frac{\pi}{4}}=-\tan\theta\big|_{\theta=\frac{\pi}{4}}=$

-1;

(6) $\dfrac{\mathrm{d}y}{\mathrm{d}x}=\dfrac{y'_t}{x'_t}=\dfrac{3a\cdot\dfrac{2t(1+t^2)-2t\cdot t^2}{(1+t^2)^2}}{3a\cdot\dfrac{(1+t^2)-2t\cdot t}{(1+t^2)^2}}=\dfrac{2t}{1-t^2}$,所以 $\dfrac{\mathrm{d}y}{\mathrm{d}x}\Big|_{t=2}=\dfrac{2t}{1-t^2}\Big|_{t=2}=-\dfrac{4}{3}$.

5. 证明:抛物线 $x^{\frac{1}{2}}+y^{\frac{1}{2}}=a^{\frac{1}{2}}$ 上任一点的切线所截两坐标轴截距之和等于 a.

证 设 (x_0,y_0) 为抛物线上任意一点.

对 $x^{\frac{1}{2}}+y^{\frac{1}{2}}=a^{\frac{1}{2}}$ 两端求关于 x 的导数得 $y'=-\sqrt{\dfrac{y}{x}}$.

所以抛物线在 (x_0,y_0) 处切线的斜率为:$k=y'|_{(x_0,y_0)}=-\sqrt{\dfrac{y_0}{x_0}}$.

其切线方程为:$y-y_0=-\sqrt{\dfrac{y_0}{x_0}}(x-x_0)$.

令 $x=0$,得切线在 y 轴上的截距为:$y=y_0+x_0\sqrt{\dfrac{y_0}{x_0}}$;

令 $y=0$,得切线在 x 轴上的截距为:$x=x_0+y_0\sqrt{\dfrac{x_0}{y_0}}$.

切线所截两坐标轴截距之和为

$$
\begin{aligned}
x+y &= y_0+x_0\sqrt{\dfrac{y_0}{x_0}}+x_0+y_0\sqrt{\dfrac{x_0}{y_0}} \\
&= (y_0+\sqrt{x_0}\sqrt{y_0})+(x_0+\sqrt{y_0}\sqrt{x_0}) \\
&= \sqrt{y_0}(\sqrt{y_0}+\sqrt{x_0})+\sqrt{x_0}(\sqrt{x_0}+\sqrt{y_0}) \\
&= \sqrt{y_0}\cdot a^{\frac{1}{2}}+\sqrt{x_0}\cdot a^{\frac{1}{2}} \\
&= a^{\frac{1}{2}}(\sqrt{x_0}+\sqrt{y_0}) \\
&= a.
\end{aligned}
$$

故结论成立.

习 题 2-6

1. 已知 $y=x^2-x$,计算在 $x=2$ 处当 Δx 分别等于 $1,0.1,0.01$ 时的 Δy

及 dy.

解 因为

$$\Delta y = [(x+\Delta x)^2 - (x+\Delta x)] - (x^2 - x)$$
$$= 2x\Delta x + (\Delta x)^2 - \Delta x,$$

所以

$$\Delta y \Big|_{\substack{x=2, \\ \Delta x=1}} = 4+1-1=4,$$

$$\Delta y \Big|_{\substack{x=2, \\ \Delta x=0.1}} = 0.4+0.01-0.1=0.31,$$

$$\Delta y \Big|_{\substack{x=2, \\ \Delta x=0.01}} = 0.04+0.0001-0.01=0.0301.$$

又因为 $dy=(2x-1)dx=(2x-1)\Delta x$,所以

$$dy \Big|_{\substack{x=2, \\ \Delta x=1}} = (2\times2-1)\times1=3,$$

$$dy \Big|_{\substack{x=2, \\ \Delta x=0.1}} = (2\times2-1)\times0.1=0.3,$$

$$dy \Big|_{\substack{x=2, \\ \Delta x=0.01}} = (2\times2-1)\times0.01=0.03.$$

2. 求下列函数的微分.

(1) $y=\dfrac{1}{x}+2\sqrt{x}$;

(2) $y=x\sin2x$;

(3) $y=x^2 e^{2x}$;

(4) $y=e^{-x}\cos(3-x)$;

(5) $y=\dfrac{x}{\sqrt{x^2+1}}$;

(6) $y=[\ln(1-x)]^2$;

(7) $y=\tan^2(1+2x^2)$;

(8) $y=\arctan\dfrac{1-x^2}{1+x^2}$.

解 (1) $dy=y'dx=\left(-\dfrac{1}{x^2}+\dfrac{1}{\sqrt{x}}\right)dx$;

(2) $dy=y'dx=(\sin2x+2x\cos2x)dx$;

(3) $dy=y'dx=(2xe^{2x}+2x^2 e^{2x})dx$;

(4) $dy=y'dx=e^{-x}[\sin(3-x)-\cos(3-x)]dx$;

(5) $dy=y'dx=\dfrac{\sqrt{x^2+1}-\dfrac{x^2}{\sqrt{x^2+1}}}{x^2+1}dx=\dfrac{1}{(x^2+1)^{\frac{3}{2}}}dx$;

(6) $dy=y'dx=2[\ln(1-x)]\dfrac{-1}{1-x}dx=\dfrac{2}{x-1}[\ln(1-x)]dx$;

(7) $dy = 2\tan(1+2x^2) \cdot \sec^2(1+2x^2) \cdot 4x dx$

　　　$= [8x\tan(1+2x^2)\sec^2(1+2x^2)]dx;$

(8) $dy = \dfrac{1}{1+\left(\dfrac{1-x^2}{1+x^2}\right)^2} \cdot \dfrac{-2x(1+x^2)-2x(1-x^2)}{(1+x^2)^2}dx$

　　　$= \dfrac{(1+x^2)^2}{(1+x^2)^2+(1-x^2)^2} \cdot \dfrac{-4x}{(1+x^2)^2}dx$

　　　$= \dfrac{-2x}{1+x^4}dx.$

3. 将适当的函数填入下列括号内,使等式成立.

(1) $d(\quad) = 2dx;$ 　　　　　　　　(2) $d(\quad) = \cos t dt;$

(3) $d(\quad) = 3x dx;$ 　　　　　　　(4) $d(\quad) = \dfrac{1}{1+x}dx;$

(5) $d(\quad) = e^{-2x}dx;$ 　　　　　　(6) $d(\quad) = \dfrac{1}{\sqrt{x}}dx;$

(7) $d(\quad) = \sec^2 3x dx;$ 　　　　　(8) $d(\quad) = \sin\omega x dx.$

解 (1) $d(2x) = 2dx;$ 　　　　　　(2) $d(\sin t) = \cos t dt;$

(3) $d\left(\dfrac{3}{2}x^2\right) = 3x dx;$ 　　　　　(4) $d[\ln(1+x)] = \dfrac{1}{1+x}dx;$

(5) $d\left(\dfrac{-1}{2}e^{-2x}\right) = e^{-2x}dx;$ 　　　(6) $d(2\sqrt{x}) = \dfrac{1}{\sqrt{x}}dx;$

(7) $d\left(\dfrac{1}{3}\tan 3x\right) = \sec^2 3x dx;$ 　　(8) $d\left(\dfrac{-1}{\omega}\cos\omega x\right) = \sin\omega x dx.$

4. 求下列函数的微分值.

(1) $y = \dfrac{1}{(\tan x+1)^2}$ 当自变量 x 由 $\dfrac{\pi}{6}$ 变到 $\dfrac{61\pi}{360}$ 时;

(2) $y = \cos^2\varphi$ 当自变量 φ 由60°变到60°30′时.

解 (1) 因为 $dy = -2(\tan x+1)^{-3}\sec^2 x dx$,所以

$$dy\Big|_{\substack{x=\frac{\pi}{6}, \\ \Delta x=\frac{\pi}{360}}} = -2\left(\tan\frac{\pi}{6}+1\right)^{-3} \cdot \sec^2\frac{\pi}{6} \cdot \frac{\pi}{360} \approx -0.0059.$$

(2) 因为 $dy = -2\cos\varphi\sin\varphi d\varphi = -\sin 2\varphi d\varphi$,所以

$$dy\Big|_{\substack{\varphi=\frac{\pi}{3}, \\ \Delta\varphi=\frac{\pi}{360}}} = -\sin\frac{2\pi}{3} \cdot \frac{\pi}{360} = -\frac{\sqrt{3}}{2} \cdot \frac{\pi}{360} \approx -0.0076.$$

5. 计算:(1) $e^{1.01}$;(2) $\sin 29°$ 的近似值.

解 (1) 设 $f(x) = e^x, x_0 = 1, \Delta x = 0.01$,所以 $f'(x) = e^x.$

因为 $f(x_0+\Delta x)\approx f(x_0)+f'(x_0)\Delta x$, 所以

$$e^{1.01}\approx f(1)+f'(1)\times 0.01=e+e\times 0.01\approx 2.7455.$$

(2) 设 $f(x)=\sin x$, 所以 $f'(x)=\cos x, x_0=\dfrac{\pi}{6}, \Delta x=-\dfrac{\pi}{180}.$

因为 $f(x_0+\Delta x)\approx f(x_0)+f'(x_0)\Delta x$, 所以

$$\sin 29°\approx f\left(\frac{\pi}{6}\right)+f'\left(\frac{\pi}{6}\right)\times\left(-\frac{\pi}{180}\right)=\frac{1}{2}+\frac{\sqrt{3}}{2}\times\left(-\frac{\pi}{180}\right)\approx 0.4849.$$

6. 一金属圆板的直径为 100mm, 受热膨胀后, 直径增长了 1mm, 试用微分计算圆板面积约增大了多少?

解　设金属圆板的面积为 S, 直径为 d. 则

$$S(d)=\pi\left(\frac{d}{2}\right)^2=\frac{\pi}{4}d^2,\quad S'(d)=\frac{\pi}{2}d,\quad d_0=100,\quad \Delta d=1.$$

所以

$$\Delta S\approx dS=S'(d_0)\times\Delta d=\frac{\pi}{2}\times 100\times 1=50\pi\approx 157.08.$$

7. 测量一正方形时, 测得边长为 2m, 已知测量时的绝对误差限为 0.01m, 求面积的绝对误差限及相对误差限.

解　设正方形的面积为 S, 边长为 x.

把测量边长 x 时所产生的误差当作自变量 x 的增量 Δx, 则 $\Delta x\leqslant 0.01$.

利用 $S(x)=x^2$ 来计算 S 时所产生的误差就是函数 S 的增量 ΔS, 当 Δx 很小时 $|\Delta S|\approx|dS|=2x|\Delta x|\leqslant 2x\delta_x.$

因为 $x=2, \delta_x=0.01$, 所以 S 的绝对误差限为 $\delta_s\approx 2x\delta_x=2\times 2\times 0.01=0.04.$

S 的相对误差限为: $\dfrac{\delta_s}{S}\approx\dfrac{2x\delta_x}{x^2}=\dfrac{0.04}{4}=0.01.$

8. 计算球体体积时, 要求相对误差在 2% 以内, 问这时测量直径 D 的相对误差限应为多少?

解　设球体体积为 V, 因为

$$V=\frac{4}{3}\pi\left(\frac{D}{2}\right)^3=\frac{\pi}{6}D^3,$$

所以

$$\frac{\delta_V}{V}=\frac{V'_D\cdot\Delta D}{V}=\frac{\frac{\pi}{2}\cdot D^2}{\frac{\pi}{6}\cdot D^3}\cdot\delta_D=3\cdot\frac{\delta_D}{D}<2\%,$$

所以 $\dfrac{\delta_D}{D}<\dfrac{2}{3}\%.$

习 题 2-7

1. 求下列函数的二阶导数与二阶微分.

(1) $y=2x^2+\ln x$；

(2) $y=e^{2x-1}$；

(3) $y=e^{-t}\sin t$；

(4) $y=\sqrt{a^2-x^2}$；

(5) $y=\dfrac{2x^3+\sqrt{x}+4}{x}$；

(6) $y=x\cos x$；

(7) $y=\ln(1-x^2)$；

(8) $y=\dfrac{1}{x^3+1}$；

(9) $y=\tan x$；

(10) $y=\cos^2 x\ln x$；

(11) $y=(1+x^2)\arctan x$；

(12) $y=xe^{x^2}$.

解 (1) $y=2x^2+\ln x$；

$$y'=4x+\frac{1}{x},\quad y''=4-\frac{1}{x^2};$$

$$d^2y=y''dx^2=\left(4-\frac{1}{x^2}\right)dx^2.$$

(2) $y=e^{2x-1}$；

$y'=2e^{2x-1}$, $y''=4e^{2x-1}$；

$d^2y=y''dx^2=4e^{2x-1}dx^2.$

(3) $y=e^{-t}\sin t$；

$y'=-e^{-t}\sin t+e^{-t}\cos t$；

$y''=e^{-t}\sin t-e^{-t}\cos t-e^{-t}\cos t-e^{-t}\sin t=-2e^{-t}\cos t$；

$d^2y=y''dt^2=-2e^{-t}\cos t\,dt^2.$

(4) $y=\sqrt{a^2-x^2}$；

$$y'=\frac{-x}{\sqrt{a^2-x^2}};\quad y''=\frac{-a^2}{(\sqrt{a^2-x^2})^3};$$

$$d^2y=\frac{-a^2}{(\sqrt{a^2-x^2})^3}dx^2.$$

(5) $y=\dfrac{2x^3+\sqrt{x}+4}{x}=2x^2+\dfrac{1}{\sqrt{x}}+\dfrac{4}{x}$；

$$y'=4x-\frac{1}{2}x^{-\frac{3}{2}}-4x^{-2};$$

$$y''=4+\frac{3}{4}x^{-\frac{5}{2}}+8x^{-3};$$

$$d^2 y = \left(4 + \frac{3}{4} x^{-\frac{5}{2}} + 8x^{-3}\right) dx^2.$$

(6) $y = x\cos x$;

　　$y' = \cos x - x\sin x$;

　　$y'' = -\sin x - \sin x - x\cos x = -2\sin x - x\cos x$;

　　$d^2 y = (-2\sin x - x\cos x) dx^2$.

(7) $y = \ln(1 - x^2)$;

　　$y' = \dfrac{-2x}{1 - x^2}$;

　　$y'' = -2 \times \dfrac{1 - x^2 + 2x^2}{(1 - x^2)^2} = -\dfrac{2(1 + x^2)}{(1 - x^2)^2}$;

　　$d^2 y = -\dfrac{2(1 + x^2)}{(1 - x^2)^2} dx^2$.

(8) $y = \dfrac{1}{x^3 + 1} = (x^3 + 1)^{-1}$;

　　$y' = -3x^2 (x^3 + 1)^{-2}$;

　　$y'' = -3[2x (x^3 + 1)^{-2} - 2 (x^3 + 1)^{-3} 3x^2 \cdot x^2]$

　　　$= 6x (x^3 + 1)^{-3} (2x^3 - 1)$;

　　$d^2 y = 6x (x^3 + 1)^{-3} (2x^3 - 1) dx^2$.

(9) $y = \tan x$;

　　$y' = \sec^2 x$,　$y'' = 2\sec x (\sec x \tan x) = 2 \sec^2 x \tan x$;

　　$d^2 y = 2 \sec^2 x \tan x dx^2$.

(10) $y = \cos^2 x \ln x$;

　　$y' = 2\cos x (-\sin x) \ln x + \dfrac{1}{x} \cos^2 x = -\sin 2x \ln x + \dfrac{1}{x} \cos^2 x$;

　　$y'' = -2\cos 2x \ln x - \dfrac{1}{x} \sin 2x - \dfrac{1}{x^2} \cos^2 x - \dfrac{1}{x} 2\cos x \sin x$

　　　$= -2\cos 2x \ln x - \dfrac{2\sin 2x}{x} - \dfrac{\cos^2 x}{x^2}$;

　　$d^2 y = \left(-2\cos 2x \ln x - \dfrac{2\sin 2x}{x} - \dfrac{\cos^2 x}{x^2}\right) dx^2$.

(11) $y = (1 + x^2) \arctan x$;

　　$y' = 2x \arctan x + \dfrac{1}{1 + x^2} (1 + x^2) = 2x \arctan x + 1$;

　　$y'' = 2\arctan x + \dfrac{2x}{1 + x^2}$;

$$d^2 y = \left(2\arctan x + \frac{2x}{1+x^2} \right) dx^2.$$

(12) $y = x e^{x^2}$;

$$y' = e^{x^2} + 2x^2 e^{x^2}, \quad y'' = 2x e^{x^2} + 4x e^{x^2} + 4x^3 e^{x^2} = 6x e^{x^2} + 4x^3 e^{x^2};$$

$$d^2 y = (6x e^{x^2} + 4x^3 e^{x^2}) dx^2.$$

2. 设 $f(x) = (x+10)^6$, 求 $f'''(2)$.

解 $f'(x) = 6(x+10)^5$; $f''(x) = 30(x+10)^4$; $f'''(x) = 120(x+10)^3$;

$f'''(2) = 120 \times 12^3 = 207360$.

3. 若 $f''(x)$ 存在, 求下列函数 y 的二阶导数 $\dfrac{d^2 y}{dx^2}$.

(1) $y = f(x^2)$;   (2) $y = \ln[f(x)]$.

解 (1) $y' = 2x f'(x^2)$; $y'' = 2f'(x^2) + 4x^2 f''(x^2)$.

(2) $y' = \dfrac{f'(x)}{f(x)}$; $y'' = \dfrac{f''(x) f(x) - [f'(x)]^2}{[f(x)]^2}$.

4. 试从 $\dfrac{dx}{dy} = \dfrac{1}{y'}$ 导出:

(1) $\dfrac{d^2 x}{dy^2} = -\dfrac{y''}{(y')^3}$;   (2) $\dfrac{d^3 x}{dy^3} = \dfrac{3(y'')^2 - y' y'''}{(y')^5}$.

解 (1) $\dfrac{d^2 x}{dy^2} = [(y')^{-1}]'_y = -(y')^{-2} \cdot y'' \cdot \dfrac{1}{y'} = -\dfrac{y''}{(y')^3}$;

(2) $\dfrac{d^3 x}{dy^3} = \left[-\dfrac{y''}{(y')^3} \right]'_y = -\dfrac{y''' \cdot \dfrac{1}{y'} \cdot (y')^3 - 3(y')^2 \cdot y'' \cdot \dfrac{1}{y'} \cdot y''}{(y')^6} = \dfrac{3(y'')^2 - y' y'''}{(y')^5}$.

5. 求下列函数的 n 阶导数.

(1) $y = e^{-x}$;   (2) $y = \ln(x+1)$;

(3) $y = \cos x$;   (4) $y = \sin^2 x$;

(5) $y = \dfrac{1}{x^2 - 3x + 2}$.

解 (1) $y' = -e^{-x}$; $y'' = e^{-x}$; $y''' = -e^{-x}$; $\cdots$; $y^{(n)} = (-1)^n e^{-x}$.

(2) $y' = \dfrac{1}{x+1} = (x+1)^{-1}$;

$y'' = (-1)(x+1)^{-2}$;

$y''' = (-1)(-2)(x+1)^{-3}$; $\cdots$;

$y^{(n)} = (-1)^{n-1} (n-1)! (x+1)^{-n}$.

(3) $y' = -\sin x = \cos\left(x + \dfrac{\pi}{2} \right)$;

$$y'' = -\cos x = \cos\left(x + 2 \times \frac{\pi}{2}\right);$$

$$y''' = \sin x = \cos\left(x + 3 \times \frac{\pi}{2}\right);$$

$$y^{(4)} = \cos x = \cos\left(x + 4 \times \frac{\pi}{2}\right); \cdots;$$

$$y^{(n)} = \cos\left(x + n \times \frac{\pi}{2}\right).$$

(4) $y' = 2\sin x \cos x = \sin 2x;$ $\qquad\qquad$ $y'' = 2\cos 2x = 2\sin\left(2x + \frac{\pi}{2}\right);$

$$y''' = -4\sin 2x = 2^2 \sin\left(2x + 2 \times \frac{\pi}{2}\right); \quad y^{(4)} = -8\cos 2x = 2^3 \sin\left(2x + 3 \times \frac{\pi}{2}\right);$$

$$y^{(5)} = 16\sin 2x = 2^4 \sin\left(2x + 4 \times \frac{\pi}{2}\right); \cdots;$$

$$y^{(n)} = 2^{n-1} \sin\left[2x + (n-1) \times \frac{\pi}{2}\right].$$

(5) $y = \dfrac{1}{x^2 - 3x + 2} = \dfrac{1}{(x-1)(x-2)} = \dfrac{1}{x-2} - \dfrac{1}{x-1};$

$\quad y' = (-1)(x-2)^{-2} - (-1)(x-1)^{-2};$

$\quad y'' = (-1)(-2)(x-2)^{-3} - (-1)(-2)(x-1)^{-3};$

$\quad y''' = (-1)(-2)(-3)(x-2)^{-4} - (-1)(-2)(-3)(x-1)^{-4}; \cdots;$

$\quad y^{(n)} = (-1)^n n! \left[(x-2)^{-n-1} - (x-1)^{-n-1}\right].$

6. 验证函数 $y = e^x \sin x$ 满足关系式 $y'' - 2y' + 2y = 0$.

解　因为 $y' = e^x(\sin x + \cos x), y'' = 2e^x \cos x.$ 所以

$$y'' - 2y' + 2y = 2e^x \cos x - 2e^x(\sin x + \cos x) + 2e^x \sin x = 0.$$

所以函数 $y = e^x \sin x$ 满足关系式 $y'' - 2y' + 2y = 0$.

7. 如果 $f(x) = x^3 + x^2 + x + 1$, 求 $f'(0), f''(0), f'''(0), f^{(4)}(0)$.

解　因为

$$f'(x) = 3x^2 + 2x + 1; \quad f''(x) = 6x + 2; \quad f'''(x) = 6; \quad f^{(4)}(x) = 0.$$

所以 $f'(0) = 1; f''(0) = 2; f'''(0) = 6; f^{(4)}(0) = 0$.

8. 求下列函数的高阶微分.

(1) $y = x^3 \ln x$, 求 $\mathrm{d}^4 y$; $\qquad\qquad$ (2) $y = \arctan x$, 求 $\mathrm{d}^2 y$;

(3) $f(x) = e^{2x-1}$, 求 $\mathrm{d}^2 f(0)$; $\qquad\quad$ (4) $f(x) = x\cos x$, 求 $\mathrm{d}^2 f\left(\dfrac{\pi}{2}\right)$.

解 (1) $y'=3x^2\ln x+x^2$；　$y''=6x\ln x+5x$；　$y'''=6\ln x+11$；　$y^{(4)}=\dfrac{6}{x}$.

所以 $d^4y=y^{(4)}dx^4=\dfrac{6}{x}dx^4$.

(2) $y'=\dfrac{1}{1+x^2}$；　$y''=\dfrac{-2x}{(1+x^2)^2}$；　$d^2y=\dfrac{-2x}{(1+x^2)^2}dx^2$.

(3) $f'(x)=2e^{2x-1}$；　$f''(x)=4e^{2x-1}$；　$d^2f(x)=4e^{2x-1}dx^2$.

所以 $d^2f(0)=4e^{-1}dx^2$.

(4) $f'(x)=\cos x-x\sin x$；$f''(x)=-2\sin x-x\cos x$；$d^2f(x)=(-2\sin x-x\cos x)dx^2$，所以

$$d^2f\left(\frac{\pi}{2}\right)=\left(-2\sin\frac{\pi}{2}-\frac{\pi}{2}\cos\frac{\pi}{2}\right)dx^2=-2dx^2.$$

9. 证明 $(\sin^4 x+\cos^4 x)^{(n)}=4^{n-1}\cos\left(4x+\dfrac{n\pi}{2}\right)$.

证　用数学归纳法证明：当 $n=1$ 时，
$$(\sin^4 x+\cos^4 x)'$$
$$=4\sin^3 x\cos x-4\cos^3 x\sin x$$
$$=4\sin x\cos x(\sin^2 x-\cos^2 x)$$
$$=-2\sin 2x\cos 2x$$
$$=-\sin 4x,$$

即

$$(\sin^4 x+\cos^4 x)'=4^{1-1}\cos\left(4x+\frac{\pi}{2}\right).$$

所以等式成立.

假设等式对 $n=k$ 时成立，即 $(\sin^4 x+\cos^4 x)^{(k)}=4^{k-1}\cos\left(4x+\dfrac{k\pi}{2}\right)$，则当 $n=k+1$时，

$$(\sin^4 x+\cos^4 x)^{(k+1)}=\left[4^{k-1}\cos\left(4x+\frac{k\pi}{2}\right)\right]'=4^{k-1}\left[-\sin\left(4x+\frac{k\pi}{2}\right)\right]\cdot 4$$
$$=4^k\cos\left(4x+\frac{k\pi}{2}+\frac{\pi}{2}\right)=4^{(k+1)-1}\cos\left[4x+\frac{(k+1)\pi}{2}\right].$$

所以由数学归纳法知，原等式成立.

10. 求由下列方程所确定的隐函数的二阶导数 $\dfrac{d^2y}{dx^2}$：

(1) $xe^y-y+1=0$；　　　　　　(2) $e^y=xy$.

解　(1) 方程左右两边对 x 求导(注意 y 是 x 的函数)得

$$e^y + xe^y \cdot y' - y' = 0,$$

解得

$$y' = \frac{e^y}{1 - xe^y} = \frac{e^y}{2 - y}.$$

所以

$$\frac{d^2 y}{dx^2} = \left(\frac{e^y}{2-y}\right)'_x = \frac{e^y \cdot y' \cdot (2-y) - e^y \cdot (-y')}{(2-y)^2}$$

$$= \frac{e^y \cdot (2-y) + e^y}{(2-y)^2} \cdot \frac{e^y}{2-y} = \frac{e^{2y}(3-y)}{(2-y)^3}.$$

(2) 方程左右两边对 x 求导得

$$e^y \cdot y' = y + xy',$$

解得 $y' = \dfrac{y}{e^y - x}$. 所以

$$\frac{d^2 y}{dx^2} = \left(\frac{y}{e^y - x}\right)'_x = \frac{(e^y - x) \cdot y' - y(e^y \cdot y' - 1)}{(e^y - x)^2}$$

$$= \frac{2(e^y - x) \cdot y - y^2 e^y}{(e^y - x)^3}.$$

11. 求由下列参数方程所确定的二阶导数.

(1) $\begin{cases} x = at^2, \\ y = bt^3; \end{cases}$ 　　　(2) $\begin{cases} x = te^{-t}, \\ y = e^t. \end{cases}$

解　(1) $\dfrac{dy}{dx} = \dfrac{y'_t}{x'_t} = \dfrac{3bt^2}{2at} = \dfrac{3bt}{2a}$;

$$\frac{d^2 y}{dx^2} = \frac{(y')'_t}{x'_t} = \frac{\frac{3b}{2a}}{2at} = \frac{3b}{4a^2 t}.$$

(2) $\dfrac{dy}{dx} = \dfrac{y'_t}{x'_t} = \dfrac{e^t}{e^{-t} - te^{-t}} = \dfrac{e^{2t}}{1 - t}$;

$$\frac{d^2 y}{dx^2} = \frac{(y')'_t}{x'_t} = \frac{\frac{2e^{2t}(1-t) + e^{2t}}{(1-t)^2}}{e^{-t} - te^{-t}} = \frac{e^{3t}(3-2t)}{(1-t)^3}.$$

第三章　中值定理与导数的应用

一、基 本 内 容

1. 中值定理

1) 罗尔定理

如果函数 $f(x)$ 在闭区间 $[a,b]$ 上连续；在开区间 (a,b) 内可导；且 $f(a)=f(b)$，则在开区间 (a,b) 内至少存在一点 $\xi(a<\xi<b)$，使得 $f'(\xi)=0$.

罗尔定理的几何意义：如果连续曲线 $y=f(x)$ 的两个端点 A,B 的纵坐标相等，除端点外处处具有不垂直于 x 轴的切线，则在曲线弧 AB 上至少存在一点 C，在该点处曲线的切线是水平的(图 3-1).

2) 拉格朗日中值定理

如果函数 $f(x)$ 在闭区间 $[a,b]$ 上连续；在开区间 (a,b) 内可导，则在开区间 (a,b) 内至少存在一点 $\xi(a<\xi<b)$，使等式

$$f(b)-f(a)=f'(\xi)(b-a)$$

成立.

拉格朗日中值定理的几何意义：如果连续曲线 $y=f(x)$ 的弧 AB 上除端点外处处具有不垂直于 x 轴的切线，则在曲线弧 AB 上至少存在一点 C，使曲线在 C 点处的切线平行于弦 AB(图 3-2).

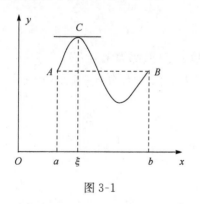

图 3-1

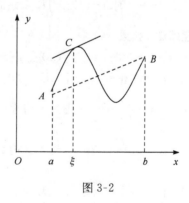

图 3-2

推论：如果在区间 (a,b) 内 $f'(x)=0$，则函数 $f(x)$ 在该区间内是一个常数.

3) 柯西中值定理

如果函数 $f(x)$ 与 $g(x)$ 在闭区间 $[a,b]$ 上连续；在开区间 (a,b) 内可导；且

$g'(x)$在区间(a, b)的每一点处均不为零,则在开区间(a, b)内至少存在一点$\xi(a<\xi<b)$,使得

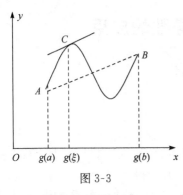

$$\frac{f(b)-f(a)}{g(b)-g(a)}=\frac{f'(\xi)}{g'(\xi)}$$

成立.

柯西中值定理的几何意义:如果连续曲线 $\begin{cases} x=g(t), \\ y=f(t) \end{cases}$ (t 为参数,$a \leqslant t \leqslant b$)的弧 AB 上除端点外处处有不垂直于 x 轴的切线,那么这弧上至少存在一点 C,使曲线在 C 点处的切线平行于弦 AB(图 3-3).

图 3-3

2. 洛必达法则

1) 当 $x \to a$ 时,$\dfrac{0}{0}$ 型未定式

定理 1 如果

(i) 当 $x \to a$ 时,函数 $f(x)$ 及 $g(x)$ 都趋于零;

(ii) 在点 a 的邻域内(点 a 本身可以除外),$f'(x)$ 及 $g'(x)$ 都存在,且 $g'(x) \neq 0$;

(iii) $\lim\limits_{x \to a} \dfrac{f'(x)}{g'(x)}$ 存在(或为无穷大),则

$$\lim_{x \to a} \frac{f(x)}{g(x)} \text{存在(或为无穷大)} \quad \text{且} \quad \lim_{x \to a} \frac{f'(x)}{g'(x)} = \lim_{x \to a} \frac{f(x)}{g(x)}.$$

2) 当 $x \to \infty$ 时,$\dfrac{0}{0}\left(\text{或}\dfrac{\infty}{\infty}\right)$ 型未定式

定理 2 如果

(i) 当 $x \to \infty$ 时,函数 $f(x)$ 及 $g(x)$ 都趋于零(或都为无穷大);

(ii) 若存在正数 M,当 $|x|>M$ 时,$f'(x)$ 及 $g'(x)$ 都存在,且 $g'(x) \neq 0$;

(iii) $\lim\limits_{x \to \infty} \dfrac{f'(x)}{g'(x)}$ 存在(或为无穷大),则

$$\lim_{x \to \infty} \frac{f(x)}{g(x)} \text{存在(或为无穷大)} \quad \text{且} \quad \lim_{x \to \infty} \frac{f'(x)}{g'(x)} = \lim_{x \to \infty} \frac{f(x)}{g(x)}.$$

3) 当 $x \to a$ 时,$\dfrac{\infty}{\infty}$ 型未定式

定理 3 如果

(i) 当 $x \to a$ 时,函数 $f(x)$ 及 $g(x)$ 都为无穷大;

(ii) 在点 a 的邻域内(点 a 本身可以除外),$f'(x)$ 及 $g'(x)$ 都存在,且 $g'(x) \neq 0$;

(iii) $\lim\limits_{x \to a} \dfrac{f'(x)}{g'(x)}$ 存在(或为无穷大),则

$$\lim\limits_{x \to a} \dfrac{f(x)}{g(x)} 存在(或为无穷大) \quad 且 \quad \lim\limits_{x \to a} \dfrac{f'(x)}{g'(x)} = \lim\limits_{x \to a} \dfrac{f(x)}{g(x)}.$$

4) 其他一些未定式 $0 \cdot \infty, \infty - \infty, 0^0, 1^\infty, \infty^0$ 型的未定式,也可通过 $\dfrac{0}{0}$ 或 $\dfrac{\infty}{\infty}$ 型的未定式来计算.

3. 泰勒公式

1) 泰勒中值定理

设函数 $f(x)$ 在含有 x_0 的区间 I 内具有直到 $(n+1)$ 阶的导函数,$x \neq x_0$ 为区间 I 上任意一点,则在点 x_0 与 x 之间必可找到这样的点 ξ,使下列公式成立

$$f(x) = f(x_0) + f'(x_0)(x-x_0) + \frac{f''(x_0)}{2!}(x-x_0)^2 + \cdots + \frac{f^{(n)}(x_0)}{n!}(x-x_0)^n + R_n(x),$$

$$(1)$$

其中

$$R_n(x) = \frac{f^{(n+1)}(\xi)}{(n+1)!}(x-x_0)^{n+1}. \tag{2}$$

公式(1)称为 $f(x)$ 按 $(x-x_0)$ 的幂展开到 n 阶的泰勒公式,而 $R_n(x)$ 的表达式(2)称为拉格朗日型余项. 若 $R_n(x) = o[(x-x_0)^n]$,则称为佩亚诺型余项.

2) 麦克劳林公式

当 $x_0 = 0$ 时,泰勒公式变为较简单的形式,即麦克劳林公式

$$f(x) = f(0) + f'(0)x + \frac{f''(0)}{2!}x^2 + \cdots + \frac{f^{(n)}(0)}{n!}x^n + \frac{f^{(n+1)}(\theta x)}{(n+1)!}x^{n+1} \quad (0 < \theta < 1).$$

4. 函数单调性的判定法

定理 4 设函数 $f(x)$ 在 $[a,b]$ 上连续,在 (a,b) 内可导.

(1) 如果在 (a,b) 内 $f'(x) > 0$,那么函数 $f(x)$ 在 $[a,b]$ 上是单调增加的;

(2) 如果在 (a,b) 内 $f'(x) < 0$,那么函数 $f(x)$ 在 $[a,b]$ 上是单调减少的.

5. 函数的极值及其求法

1) 极值的定义

设函数 $f(x)$ 在区间 (a,b) 内有定义,x_0 是 (a,b) 内的一个点,在区间 (a,b) 内如果存在点 x_0 的一个邻域,对于这个邻域内的任何点 $x(x \neq x_0)$,$f(x) < f(x_0)$ 均成立,就称 $f(x_0)$ 是函数 $f(x)$ 的一个极大值;如果存在点 x_0 的一个邻域,对于这个领域内的任何点 $x(x \neq x_0)$,$f(x) > f(x_0)$ 均成立,就称 $f(x_0)$ 是函数 $f(x)$ 的一个极小值.

函数的极大值与极小值统称为函数的极值,使函数取极值的点称为极值点.

2) 函数取得极值的条件

定理 5（必要条件）　设函数 $f(x)$ 在点 x_0 可导,且在点 x_0 处取得极值,那么函数在 x_0 处的导数 $f'(x_0)=0$.

一阶导数等于零的点,即 $f'(x)=0$ 的实根,称为函数 $f(x)$ 的驻点.

定理 6（第一充分条件）　设函数 $f(x)$ 在点 x_0 的某领域 $(x_0-\delta,x_0+\delta)$ 内可导,且 $f'(x_0)=0$.

(i) 如果在 $(x_0-\delta,x_0)$ 内 $f'(x)>0$,而在 $(x_0,x_0+\delta)$ 内 $f'(x)<0$,则函数 $f(x)$ 在 x_0 处取得极大值.

(ii) 如果在 $(x_0-\delta,x_0)$ 内 $f'(x)<0$,而在 $(x_0,x_0+\delta)$ 内 $f'(x)>0$,则函数 $f(x)$ 在 x_0 处取得极小值.

(iii) 如果在 $(x_0-\delta,x_0)$ 及 $(x_0,x_0+\delta)$ 内 $f'(x)$ 都恒为正(或恒为负),则函数在点 x_0 处没有极值.

定理 7（第二充分条件）　设函数 $f(x)$ 在点 x_0 处具有二阶导数,且 $f'(x_0)=0,f''(x_0)\neq0$,那么

(i) 当 $f''(x_0)<0$ 时,函数 $f(x)$ 在点 x_0 处取得极大值.

(ii) 当 $f''(x_0)>0$ 时,函数 $f(x)$ 在点 x_0 处取得极小值.

6. 最大值、最小值问题

1) 在闭区间上的最大值和最小值

若函数 $f(x)$ 在闭区间 $[a,b]$ 上连续,且在开区间 (a,b) 内有有限个驻点 $x_1,x_2,\cdots,x_n$,则比较 $f(a),f(x_1),f(x_2),\cdots,f(x_n),f(b)$ 的大小,其中最大的就是函数 $f(x)$ 在区间 $[a,b]$ 上的最大值,最小的就是函数 $f(x)$ 在区间 $[a,b]$ 上的最小值.

2) 在任意区间上的最大值和最小值

若函数 $f(x)$ 在一个区间(有限或无限,开或闭)内可导,且只有一个驻点 x_0,并且在这个驻点处函数 $f(x)$ 取得极值,则当 $f(x_0)$ 是极大值时,$f(x_0)$ 也是该区间上的最大值;当 $f(x_0)$ 是极小值时,$f(x_0)$ 也是该区间上的最小值.

7. 曲线的凹凸性与拐点

1) 曲线凹凸性的定义

若函数 $f(x)$ 在区间 (a,b) 内可导,于是曲线 $y=f(x)$ 在区间 (a,b) 内每一点都有切线,如果所有这些切线都位于曲线的下方(上方),则称曲线在该区间内是凹的(凸的).

2) 曲线凹凸性的判别

定理 8　设函数 $y=f(x)$ 在 (a,b) 内具有二阶导数.

(i) 若在 (a,b) 内 $f''(x)<0$,则在这个区间上曲线 $y=f(x)$ 是凸的.

(ii) 若在 (a,b) 内 $f''(x)>0$,则在这个区间上曲线 $y=f(x)$ 是凹的.

3) 拐点

若连续曲线 $y=f(x)$ 在某点 $(x_0,f(x_0))$ 的两侧凹凸性改变,则点 $(x_0,f(x_0))$ 称为曲线 $y=f(x)$ 的拐点.

8. 函数图形的描绘

1) 作函数 $y=f(x)$ 的图形的步骤

(i) 确定函数的定义域,注意函数的一些特性(如奇偶性、周期性等);

(ii) 求出函数的一阶导数、二阶导数和使函数的一阶导数、二阶导数为零及不存在的点;

(iii) 确定函数的单调性、凹凸性、极值点和拐点,这一步骤一般列表讨论,直观简洁;

(iv) 确定函数的渐近线及其他变化趋势;

(v) 描出已求得的各点,必要时再补充一些点,按讨论结果,用光滑曲线连接起来,就得到函数较准确的图形.

2) 渐近线

若 $\lim\limits_{x\to\infty}f(x)=C$,则 $y=C$ 为曲线 $y=f(x)$ 的一条水平渐近线;

若 $\lim\limits_{x\to a}f(x)=\infty$,则 $x=a$ 为曲线 $y=f(x)$ 的一条垂直渐近线;

若 $\lim\limits_{x\to\infty}[f(x)-(kx+b)]=0$,则 $y=kx+b$ 为曲线 $y=f(x)$ 的斜渐近线.

9. 导数在经济分析中的应用

1) 边际分析

(i) 成本函数 $C=C(Q)$(Q 是产量)的导数 $C'(Q)$ 称为产量为 Q 时的边际成本;

(ii) 设产品的总收益函数为 $R=R(Q)$(Q 是产量或销售量),则 $R'=R'(Q)$ 称为边际收益;

(iii) 设产品的总利润函数为 $L=L(Q)$(Q 是产量或销售量),则 $L'=L'(Q)$ 称为边际利润.

2) 弹性分析

(1) 函数弹性的定义.

设函数 $y=f(x)$ 可导,函数的相对改变量

$$\frac{\Delta y}{y}=\frac{f(x+\Delta x)-f(x)}{f(x)}$$

与自变量的相对改变量 $\dfrac{\Delta x}{x}$ 之比 $\dfrac{\Delta y/y}{\Delta x/x}$,称为函数 $f(x)$ 从 x 到 $x+\Delta x$ 两点间的弹性(或相对变化率). 而极限

$$\lim\limits_{\Delta x\to 0}\frac{\Delta y/y}{\Delta x/x}$$

称为函数 $f(x)$ 在点 x 的弹性(或相对变化率),记为

$$\eta(x)=\lim_{\Delta x\to 0}\frac{\Delta y/y}{\Delta x/x}=\lim_{\Delta x\to 0}\frac{\Delta y}{\Delta x}\cdot\frac{x}{y}=f'(x)\cdot\frac{x}{y}.$$

(2) 需求弹性的定义.

设需求函数 $Q=f(P)$(P 表示产品的价格)在点 P 可导,则称

$$\eta=\eta(P)=\lim_{\Delta P\to 0}\frac{\Delta Q/Q}{\Delta P/P}=\lim_{\Delta P\to 0}\frac{\Delta Q}{\Delta P}\cdot\frac{P}{Q}=P\cdot\frac{f'(P)}{f(P)}$$

为该商品的需求量 Q 对价格 P 的弹性,简称为需求弹性.

(3) 需求弹性的弹性分析.

(i) 若 $|\eta|<1$,需求变动的幅度小于价格变动的幅度. $R'>0$, R 递增,即价格上涨,总收益增加;价格下跌,总收益减少.

(ii) 若 $|\eta|>1$,需求变动的幅度大于价格变动的幅度. $R'<0$, R 递减,即价格上涨,总收益减少;价格下跌,总收益增加.

(iii) 若 $|\eta|=1$,需求变动的幅度等于价格变动的幅度. $R'=0$, R 取得最大值.

综上所述,总收益的变化受需求弹性的制约,随商品需求弹性的变化而变化.

二、基 本 要 求

1. 理解罗尔定理、拉格朗日中值定理、柯西定理,会用中值定理解决一些简单的有关问题.

2. 了解泰勒定理,掌握 e^x, $\sin x$ 的麦克劳林公式.

3. 熟练掌握用洛必达法则求极限的方法.

4. 理解函数极值的概念,熟练掌握利用导数求函数的极值,会判断函数的增减性与函数图形的凹凸性,会求拐点,并能作出函数的图象,能够解决较简单的最大值与最小值问题.

5. 了解导数在经济分析中的应用.

三、习 题 解 答

习 题 3-1

1. 验证拉格朗日中值定理对函数 $y=x-x^3$ 在区间 $[-2,1]$ 上的正确性.

证 设 $y=f(x)=x-x^3$,则 $f(x)$ 在闭区间 $[-2,1]$ 上连续,在开区间 $(-2,1)$ 内可导,且 $f'(x)=1-3x^2$.

解方程

$$f(1)-f(-2)=f'(x)[1-(-2)],$$

即

$$(1-1^3)-[(-2)-(-2)^3]=(1-3x^2)[1-(-2)],$$

得

$$x=\pm 1.$$

即存在 $\xi=-1\in(-2,1)$，使下式成立

$$f(1)-f(-2)=f'(\xi)[1-(-2)].$$

因而 $f(x)$ 在区间 $[-2,1]$ 上满足拉格朗日中值定理的条件和结论.

2. 证明对于函数 $y=px^2+qx+r$，应用拉格朗日中值定理时所求得的 ξ 总是位于区间的中点.

证 设 $y=f(x)=px^2+qx+r$，则 $f(x)$ 在任一确定的区间 $[a,b]$ 上连续，在开区间 (a,b) 内可导，且 $f'(x)=2px+q$. 由拉格朗日中值定理，在 (a,b) 内至少存在一点 ξ，使下式成立

$$f(b)-f(a)=f'(\xi)(b-a).$$

即

$$(pb^2+qb+r)-(pa^2+qa+r)=(2p\xi+q)(b-a).$$

解上述关于 ξ 的一元方程得

$$\xi=\frac{a+b}{2}.$$

即 ξ 位于区间 $[a,b]$ 的中点，由区间的任意性知，对于函数 $y=px^2+qx+r$，应用拉格朗日中值定理时所求得的 ξ 总是位于区间的中点.

3. 证明恒等式

(1) $\arcsin x+\arccos x=\dfrac{\pi}{2}\ (-1\leqslant x\leqslant 1)$；

(2) $\arctan x=\arcsin\dfrac{x}{\sqrt{1+x^2}}\ (-\infty<x<\infty).$

证 (1) 设 $f(x)=\arcsin x+\arccos x\,(-1\leqslant x\leqslant 1)$，则

$$f'(x)=\frac{1}{\sqrt{1-x^2}}-\frac{1}{\sqrt{1-x^2}}=0.$$

于是 $f(x)$ 在区间 $[-1,1]$ 上为常数，所以 $f(x)=f(0)$，即

$$\arcsin x+\arccos x=\frac{\pi}{2}\quad(-1\leqslant x\leqslant 1).$$

(2) 设 $f(x)=\arctan x-\arcsin\dfrac{x}{\sqrt{1+x^2}}$，则

$$f'(x) = \frac{1}{1+x^2} - \frac{\sqrt{1+x^2} - x \cdot \dfrac{2x}{2\sqrt{1+x^2}}}{(\sqrt{1+x^2})^2 \cdot \sqrt{1 - \left(\dfrac{x}{\sqrt{1+x^2}}\right)^2}} = 0,$$

于是 $f(x)$ 在 $(-\infty < x < \infty)$ 上为常数,所以 $f(x) = f(0)$,即

$$\arctan x = \arcsin \frac{x}{\sqrt{1+x^2}}.$$

4. 不用求出函数 $f(x) = (x-1)(x-2)(x-3)(x-4)$ 的导数,说明方程 $f'(x) = 0$ 有几个实根,并指出它们所在的区间.

解　因为 $f(x)$ 为四次多项式,所以 $f'(x)$ 为三次多项式,因而 $f'(x) = 0$ 至多有三个实根.

又因为 $f(x)$ 在区间 $[1, 2]$ 上连续,在开区间 $(1, 2)$ 内可导,且 $f(1) = f(2) = 0$,由罗尔定理知,至少存在一点 $\xi_1 \in (1, 2)$ 使 $f'(\xi_1) = 0$,即 ξ_1 为 $f'(x) = 0$ 的一个根.

同理,$f(x)$ 在区间 $[2, 3]$ 及 $[3, 4]$ 上也满足罗尔定理,所以至少存在一点 $\xi_2 \in (2, 3)$ 及 $\xi_3 \in (3, 4)$ 使 $f'(\xi_2) = 0$ 及 $f'(\xi_3) = 0$,即 ξ_2, ξ_3 都是 $f'(x) = 0$ 的根.

综上所述,方程 $f'(x) = 0$ 有且只有三个实根,且分别在区间 $(1, 2)$,$(2, 3)$ 及 $(3, 4)$ 内.

5. 证明

(1) $nb^{n-1}(a-b) < a^n - b^n < na^{n-1}(a-b)(a > b > 0, n > 1)$;

(2) $\dfrac{x}{1+x} < \ln(1+x) < x(x > 0)$.

证　(1) 设 $f(x) = x^n$,则 $f'(x) = nx^{n-1}$,因为 $f(x) = x^n$ 在闭区间 $[b, a]$ 上连续,在开区间 (b, a) 内可导,由拉格朗日中值定理,至少存在一点 $\xi \in (b, a)$,使下式成立

$$f(a) - f(b) = f'(\xi)(a-b),$$

即

$$a^n - b^n = n\xi^{n-1}(a-b).$$

因为 $b < \xi < a$,所以

$$nb^{n-1}(a-b) < a^n - b^n < na^{n-1}(a-b).$$

(2) 设 $f(x) = \ln(1+x)$,$(x > 0)$,则 $f'(x) = \dfrac{1}{1+x}$.因为 $f(x)$ 在闭区间 $[0, x]$ 上连续,在开区间 $(0, x)$ 内可导,由拉格朗日中值定理,至少存在一点 $\xi \in (0, x)$,使下式成立

$$f(x) - f(0) = f'(\xi)(x - 0),$$

即

$$\ln(1+x)=\frac{1}{1+\xi}\cdot x.$$

因为 $0<\xi<x$, 所以

$$\frac{x}{1+x}<\ln(1+x)<x.$$

6. 设函数 $f(x)$ 在 $[a,b]$ 上连续, 在 (a,b) 内可导, 且 $f'(x)>0$, 试证明: 若 $f(a)\cdot f(b)<0$, 则方程 $f(x)=0$ 在 (a,b) 内恰有一个根.

证 因为 $f(x)$ 在 $[a,b]$ 上连续, $f(a)\cdot f(b)<0$, 由介值定理, 至少存在一点 $\xi\in(a,b)$, 使 $f(\xi)=0$, 即 $f(x)=0$ 至少有一个实根.

下面证明 $f(x)=0$ 在 (a,b) 内恰有一个根, 用反证法.

若方程 $f(x)=0$ 在 (a,b) 内不止一个根, 不妨设 $x_1,x_2(x_1<x_2)$ 为方程在 (a,b) 内的根, 则 $f(x)$ 在闭区间 $[x_1,x_2]$ 上连续, 在开区间 (x_1,x_2) 内可导, 且 $f(x_1)=f(x_2)=0$, 由罗尔定理, 至少存在一点 η 使 $f'(\eta)=0$, 这与 $f'(x)>0$ 矛盾.

因而方程 $f(x)=0$ 在 (a,b) 内恰有一个根.

习 题 3-2

求下列极限.

(1) $\lim\limits_{x\to0}\dfrac{\sin ax}{x}$;

(2) $\lim\limits_{x\to1}\dfrac{\ln x}{x(x-1)}$;

(3) $\lim\limits_{x\to0}\dfrac{1-\cos x}{x^2}$;

(4) $\lim\limits_{x\to1}\dfrac{x^3-3x+2}{x^3+x^2-5x+3}$;

(5) $\lim\limits_{x\to0}\dfrac{e^x-e^{-x}-2x}{x-\sin x}$;

(6) $\lim\limits_{x\to+\infty}\dfrac{\ln x}{x^2}$;

(7) $\lim\limits_{x\to0^+}\sin x\cdot\ln x$;

(8) $\lim\limits_{x\to0}x\cdot\cot 2x$;

(9) $\lim\limits_{x\to0}\left(\dfrac{1}{\sin x}-\dfrac{1}{x}\right)$;

(10) $\lim\limits_{x\to0^+}\left(\dfrac{1}{x}\right)^{\sin x}$;

(11) $\lim\limits_{x\to0}\left(\dfrac{\sin x}{x}\right)^{\frac{1}{x^2}}$;

(12) $\lim\limits_{x\to\infty}\left(\dfrac{a_1^{\frac{1}{x}}+a_2^{\frac{1}{x}}+\cdots+a_n^{\frac{1}{x}}}{n}\right)^{nx}$ (其中 $a_i>0,i=1,2,\cdots,n$).

解 (1) $\lim\limits_{x\to0}\dfrac{\sin ax}{x}\left(\dfrac{0}{0}\text{型}\right)=\lim\limits_{x\to0}\dfrac{a\cos ax}{1}=a.$

(2) $\lim\limits_{x\to1}\dfrac{\ln x}{x(x-1)}\left(\dfrac{0}{0}\text{型}\right)=\lim\limits_{x\to1}\dfrac{\frac{1}{x}}{2x-1}=1.$

(3) $\lim\limits_{x\to 0}\dfrac{1-\cos x}{x^2}\left(\dfrac{0}{0}\text{型}\right)=\lim\limits_{x\to 0}\dfrac{\sin x}{2x}=\dfrac{1}{2}.$

(4) $\lim\limits_{x\to 1}\dfrac{x^3-3x+2}{x^3+x^2-5x+3}\left(\dfrac{0}{0}\text{型}\right)=\lim\limits_{x\to 1}\dfrac{3x^2-3}{3x^2+2x-5}\left(\dfrac{0}{0}\text{型}\right)=\lim\limits_{x\to 1}\dfrac{6x}{6x+2}=\dfrac{3}{4}.$

(5) $\lim\limits_{x\to 0}\dfrac{e^x-e^{-x}-2x}{x-\sin x}\left(\dfrac{0}{0}\text{型}\right)=\lim\limits_{x\to 0}\dfrac{e^x+e^{-x}-2}{1-\cos x}\left(\dfrac{0}{0}\text{型}\right)=\lim\limits_{x\to 0}\dfrac{e^x-e^{-x}}{\sin x}\left(\dfrac{0}{0}\text{型}\right)$

$$=\lim\limits_{x\to 0}\dfrac{e^x+e^{-x}}{\cos x}=2.$$

(6) $\lim\limits_{x\to +\infty}\dfrac{\ln x}{x^2}\left(\dfrac{\infty}{\infty}\text{型}\right)=\lim\limits_{x\to +\infty}\dfrac{\frac{1}{x}}{2x}=0.$

(7) $\lim\limits_{x\to 0^+}\sin x\cdot\ln x(0\cdot\infty\text{型})=\lim\limits_{x\to 0^+}\dfrac{\ln x}{\frac{1}{\sin x}}\left(\dfrac{\infty}{\infty}\text{型}\right)=\lim\limits_{x\to 0^+}\dfrac{\frac{1}{x}}{-\frac{\cos x}{\sin^2 x}}$

$$=\lim\limits_{x\to 0^+}\left(-\dfrac{\sin x}{x}\dfrac{\sin x}{\cos x}\right)=0.$$

(8) $\lim\limits_{x\to 0}x\cdot\cot 2x(0\cdot\infty\text{型})=\lim\limits_{x\to 0}\dfrac{x}{\tan 2x}\left(\dfrac{\infty}{\infty}\text{型}\right)=\lim\limits_{x\to 0}\dfrac{1}{2\sec^2 2x}=\dfrac{1}{2}.$

(9) $\lim\limits_{x\to 0}\left(\dfrac{1}{\sin x}-\dfrac{1}{x}\right)(\infty-\infty\text{型})=\lim\limits_{x\to 0}\dfrac{x-\sin x}{x\sin x}\left(\dfrac{0}{0}\text{型}\right)=\lim\limits_{x\to 0}\dfrac{1-\cos x}{\sin x+x\cos x}\left(\dfrac{0}{0}\text{型}\right)$

$$=\lim\limits_{x\to 0}\dfrac{\sin x}{\cos x+\cos x-x\sin x}=0.$$

(10) $\lim\limits_{x\to 0^+}\left(\dfrac{1}{x}\right)^{\sin x}(\infty^0\text{型})=\lim\limits_{x\to 0^+}e^{\left[\ln\left(\frac{1}{x}\right)^{\sin x}\right]}=\lim\limits_{x\to 0^+}e^{\left[\sin x\cdot\ln\left(\frac{1}{x}\right)\right]}$

$$=e^{\lim\limits_{x\to 0^+}\sin x\cdot\ln\left(\frac{1}{x}\right)}(0\cdot\infty\text{型})=e^{\lim\limits_{x\to 0^+}\frac{\ln\left(\frac{1}{x}\right)}{\frac{1}{\sin x}}}\left(\dfrac{\infty}{\infty}\text{型}\right)$$

$$=e^{\lim\limits_{x\to 0^+}\frac{-\frac{1}{x}}{-\frac{\cos x}{\sin^2 x}}}=e^{\lim\limits_{x\to 0^+}\frac{\sin x}{x}\cdot\frac{\sin x}{\cos x}}=e^0=1.$$

(11) $\lim\limits_{x\to 0}\left(\dfrac{\sin x}{x}\right)^{\frac{1}{x^2}}(1^\infty\text{型})=\lim\limits_{x\to 0}e^{\ln\left(\frac{\sin x}{x}\right)^{\frac{1}{x^2}}}=e^{\lim\limits_{x\to 0}\frac{\ln\left(\frac{\sin x}{x}\right)}{x^2}}\left(\dfrac{0}{0}\text{型}\right)$

$$=e^{\lim\limits_{x\to 0}\left[\frac{\frac{\cos x}{\sin x}-\frac{1}{x}}{2x}\right]}=e^{\lim\limits_{x\to 0}\left[\frac{x\cos x-\sin x}{2x^2\sin x}\right]}\left(\dfrac{0}{0}\text{型}\right)=e^{\lim\limits_{x\to 0}\left[\frac{\cos x-x\sin x-\cos x}{4x\sin x+2x^2\cos x}\right]}$$

$$=e^{\lim\limits_{x\to 0}\left[\frac{-\sin x}{4\sin x+2x\cos x}\right]}\left(\dfrac{0}{0}\text{型}\right)=e^{\lim\limits_{x\to 0}\left[\frac{-\cos x}{4\cos x+2\cos x-2x\sin x}\right]}=e^{-\frac{1}{6}}.$$

(12) 因为 $\lim\limits_{x\to\infty}a_i^{\frac{1}{x}}=a_i^{\left(\lim\limits_{x\to\infty}\frac{1}{x}\right)}=a_i^0=1(i=1,2,\cdots,n)$，因而所求极限为 1^∞ 型，于是

$$\lim_{x\to\infty}\left(\frac{a_1^{\frac{1}{x}}+a_2^{\frac{1}{x}}+\cdots+a_n^{\frac{1}{x}}}{n}\right)^{nx}\quad(1^\infty\text{型})$$

$$=\lim_{x\to\infty}e\left[\ln\left(\frac{a_1^{\frac{1}{x}}+a_2^{\frac{1}{x}}+\cdots+a_n^{\frac{1}{x}}}{n}\right)^{nx}\right]$$

$$=\lim_{x\to\infty}e\left[nx\ln\left(\frac{a_1^{\frac{1}{x}}+a_2^{\frac{1}{x}}+\cdots+a_n^{\frac{1}{x}}}{n}\right)\right]=e^{\lim\limits_{x\to\infty}\left[nx\ln\left(\frac{a_1^{\frac{1}{x}}+a_2^{\frac{1}{x}}+\cdots+a_n^{\frac{1}{x}}}{n}\right)\right]}(0\cdot\infty\text{型})$$

$$=e^{\lim\limits_{x\to\infty}\left[\dfrac{\ln\left(\frac{a_1^{\frac{1}{x}}+a_2^{\frac{1}{x}}+\cdots+a_n^{\frac{1}{x}}}{n}\right)}{\frac{1}{nx}}\right]}\left(\frac{0}{0}\text{型}\right)$$

$$=e^{\lim\limits_{x\to\infty}\left[\dfrac{\frac{1}{a_1^{\frac{1}{x}}+a_2^{\frac{1}{x}}+\cdots+a_n^{\frac{1}{x}}}\left(-\frac{1}{x^2}a_1^{\frac{1}{x}}\ln a_1-\frac{1}{x^2}a_2^{\frac{1}{x}}\ln a_2-\cdots-\frac{1}{x^2}a_n^{\frac{1}{x}}\ln a_n\right)}{-\frac{1}{nx^2}}\right]}$$

$$=e^{\lim\limits_{x\to\infty}\left[\dfrac{n}{a_1^{\frac{1}{x}}+a_2^{\frac{1}{x}}+\cdots+a_n^{\frac{1}{x}}}\left(a_1^{\frac{1}{x}}\ln a_1+a_2^{\frac{1}{x}}\ln a_2+\cdots+a_n^{\frac{1}{x}}\ln a_n\right)\right]}$$

$$=e^{(\ln a_1+\ln a_2+\cdots+\ln a_n)}=a_1\cdot a_2\cdot\cdots\cdot a_n.$$

习　题　3-3

1. 按 $x+1$ 的乘幂展开多项式 $1+3x+5x^2-2x^3$.

解　设 $f(x)=1+3x+5x^2-2x^3$，因为

$$f'(x)=3+10x-6x^2,\quad f''(x)=10-12x,\quad f'''(x)=-12,\quad f^{(4)}(x)=0,$$

所以 $f(-1)=5,f'(-1)=-13,f''(-1)=22,f'''(-1)=-12.$

当 $x_0=-1$ 时，由泰勒公式得

$$f(x)=f(-1)+f'(-1)(x+1)+\frac{f''(-1)}{2!}(x+1)^2+\frac{f'''(-1)}{3!}(x+1)^3+\frac{f^{(4)}(\xi)}{4!}(x+1)^4$$

$$=5-13(x+1)+11(x+1)^2-2(x+1)^3,$$

其中 ξ 介于 -1 与 x 之间.

2. 求函数 $f(x)=\sin(\sin x)$ 的三阶麦克劳林公式.

解　因为

$$f(x)=\sin(\sin x),$$

$$f'(x)=\cos(\sin x)\cdot\cos x,$$

$$f''(x)=-\sin(\sin x)\cos^2 x-\cos(\sin x)\sin x,$$

$$f'''(x)=-\cos(\sin x)\cos^3 x+2\sin(\sin x)\cos x\sin x$$

$$+\sin(\sin x)\cos x\sin x-\cos(\sin x)\cos x$$

$$= -\cos(\sin x)\cos x(\cos^2 x + 1) + 3\sin(\sin x)\cos x \sin x,$$

所以 $f(0)=0$,$f'(0)=1$,$f''(0)=0$,$f'''(0)=-2$,由三阶麦克劳林公式得

$$f(x) = f(0) + f'(0) \cdot x + \frac{f''(0)}{2!} \cdot x^2 + \frac{f'''(0)}{3!} \cdot x^3 + \frac{f^{(4)}(\xi)}{4!} x^4$$

$$= x - \frac{2}{3!} \cdot x^3 + \frac{f^{(4)}(\xi)}{4!} x^4 = x - \frac{1}{3} \cdot x^3 + \frac{f^{(4)}(\xi)}{24} x^4,$$

其中 ξ 介于 0 与 x 之间.

3. 当 $x_0 = -1$ 时,求函数 $f(x) = \dfrac{1}{x}$ 的 n 阶泰勒公式.

解　因为

$$f(x) = \frac{1}{x},$$
$$f'(x) = (-1)x^{-2},$$
$$f''(x) = (-1)(-2)x^{-3},$$
$$f'''(x) = (-1)(-2)(-3)x^{-4},$$
$$\cdots$$
$$f^{(n)}(x) = (-1)^n n!\, x^{-(n+1)},$$

所以 $f(-1)=-1$,$f'(-1)=-1$,$f''(-1)=-2!$,$f'''(-1)=-3!$,$\cdots$, $f^{(-n)}(-1)=-n!$. 由泰勒公式得

$$f(x) = f(-1) + f'(-1) \cdot (x+1) + \frac{f''(-1)}{2!} \cdot (x+1)^2$$

$$+ \frac{f'''(-1)}{3!} \cdot (x+1)^3 + \cdots + \frac{f^{(n)}(-1)}{n!} \cdot (x+1)^n + \frac{f^{(n+1)}(\xi)}{(n+1)!}(x+1)^{n+1}$$

$$= -[1 + (x+1) + (x+1)^2 + (x+1)^3 + \cdots + (x+1)^n]$$

$$+ (-1)^{n+1} \xi^{-(n+2)} (x+1)^{n+1},$$

其中 ξ 介于 -1 与 x 之间.

4. 求函数 $f(x) = xe^x$ 的 n 阶麦克劳林公式.

解　因为

$$f(x) = xe^x,$$
$$f'(x) = (x+1)e^x,$$
$$f''(x) = (x+2)e^x,$$
$$\cdots$$
$$f^{(n)}(x) = (x+n)e^x,$$

所以 $f(0)=0$,$f'(0)=1$,$f''(0)=2$,$\cdots$,$f^{(n)}(0)=n$,由麦克劳林公式得

$$f(x) = f(0) + f'(0)x + \frac{f''(0)}{2!}x^2 + \cdots + \frac{f^{(n)}(0)}{n!}x^n + \frac{f^{(n+1)}(\xi)}{(n+1)!}x^{n+1}$$

$$= x + x^2 + \frac{1}{2!}x^3 + \cdots + \frac{1}{(n-1)!}x^n + \frac{(\xi+n+1)e^{\xi}}{(n+1)!}x^{n+1},$$

其中 ξ 介于 0 与 x 之间.

5. 计算 $\sin1$,准确到四位小数.

解 设 $f(x)=\sin x$,则 $f(x)$ 的 $2n$ 阶麦克劳林公式为

$$\sin x=x-\frac{x^3}{3!}+\frac{x^5}{5!}-\cdots+(-1)^{n-1}\frac{x^{2n-1}}{(2n-1)!}+R_{2n}(x),$$

其中 $R_{2n}(x)=\dfrac{\sin\left[\theta x+(2n+1)\dfrac{\pi}{2}\right]}{(2n+1)!}\cdot x^{2n+1}\,(0<\theta<1).$

令 $x=1$,得

$$\sin1=1-\frac{1}{3!}+\frac{1}{5!}-\cdots+(-1)^{n-1}\frac{1}{(2n-1)!}+\frac{\sin\left[\theta+(2n+1)\dfrac{\pi}{2}\right]}{(2n+1)!}\quad(0<\theta<1).$$

为了计算 $\sin1$ 准确到四位小数,应适当选取 n,使得上式余项足够小,故得

$$\left|\frac{\sin\left[\theta+(2n+1)\dfrac{\pi}{2}\right]}{(2n+1)!}\right|\leqslant\frac{1}{(2n+1)!}.$$

当 $n=4$ 时,$\dfrac{1}{9!}<0.000003$,因此根据下式计算,就能得到所需要的结果,

$$\sin1\approx1-\frac{1}{3!}+\frac{1}{5!}-\frac{1}{7!}$$

$$\approx1.00000-0.16667+0.00833-0.00020$$

$$=0.84146,$$

其中小数点后前四位数字完全精确.

习 题 3-4

1. 确定下列函数的单调区间

(1) $y=x^3-3x^2+7$; 　　　　(2) $y=\ln(x+\sqrt{1+x^2})$;

(3) $y=\mathrm{e}^{-x^2}$; 　　　　(4) $y=x+|\sin2x|$.

解 (1) 函数的定义域为 $(-\infty,+\infty)$,求一阶导数得

$$y'=3x^2-6x=3x(x-2).$$

令 $y'=0$ 得,$x_1=0,x_2=2$.

当 $0<x<2$ 时,$y'<0$,所以函数 $y=x^3-3x^2+7$ 在 $[0,2]$ 上是单调减少的;

当 $x<0$ 及 $x>2$ 时,$y'>0$,所以函数 $y=x^3-3x^2+7$ 在 $(-\infty,0]$ 及 $[2,+\infty)$ 上是单调增加的.

(2) 函数的定义域为 $(-\infty,+\infty)$,求一阶导数得

$$y' = \frac{1 + \dfrac{2x}{2\sqrt{1+x^2}}}{x + \sqrt{1+x^2}} = \frac{1}{\sqrt{1+x^2}}.$$

因为对任意实数 x,都有 $y' > 0$,所以 $y = \ln(x + \sqrt{1+x^2})$ 在整个定义域上是单调增加的.

(3) 函数的定义域为 $(-\infty, +\infty)$,求一阶导数得

$$y' = -2x\mathrm{e}^{-x^2}.$$

当 $x > 0$ 时,$y' < 0$,所以函数 $y = \mathrm{e}^{-x^2}$ 在 $[0, +\infty)$ 上是单调减少的;

当 $x < 0$ 时,$y' > 0$,所以函数 $y = \mathrm{e}^{-x^2}$ 在 $(-\infty, 0]$ 上是单调增加的.

(4) 函数的定义域为 $(-\infty, +\infty)$.

① 当 $2k\pi < 2x < 2k\pi + \pi$ 时,即 $k\pi < x < k\pi + \dfrac{\pi}{2}$ 时,$y = x + \sin 2x$.

求一阶导数得

$$y' = 1 + 2\cos 2x.$$

令 $y' = 0$,得 $2x = 2k\pi + \dfrac{2\pi}{3}$,即 $x = k\pi + \dfrac{\pi}{3}$.

当 $2k\pi < 2x < 2k\pi + \dfrac{2\pi}{3}$ 时,即 $k\pi < x < k\pi + \dfrac{\pi}{3}$ 时,$y' > 0$,所以 $y = x + \sin 2x$ 在 $\left[k\pi, k\pi + \dfrac{\pi}{3} \right]$ 上是单调增加的;

当 $2k\pi + \dfrac{2\pi}{3} < 2x < 2k\pi + \pi$ 时,即 $k\pi + \dfrac{\pi}{3} < x < k\pi + \dfrac{\pi}{2}$ 时,$y' < 0$,所以 $y = x + \sin 2x$ 在 $\left[k\pi + \dfrac{\pi}{3}, k\pi + \dfrac{\pi}{2} \right]$ 上是单调减少的.

② 当 $2k\pi + \pi < 2x < 2k\pi + 2\pi$ 时,即 $k\pi + \dfrac{\pi}{2} < x < k\pi + \pi$ 时,$y = x - \sin 2x$,求一阶导数得

$$y' = 1 - 2\cos 2x.$$

令 $y' = 0$ 得,$2x = 2k\pi + \dfrac{5\pi}{3}$,即 $x = k\pi + \dfrac{5\pi}{6}$.

当 $2k\pi + \pi < 2x < 2k\pi + \dfrac{5\pi}{3}$ 时,即 $k\pi + \dfrac{\pi}{2} < x < k\pi + \dfrac{5\pi}{6}$ 时,$y' > 0$,所以 $y = x - \sin 2x$ 在 $\left[k\pi + \dfrac{\pi}{2}, k\pi + \dfrac{5\pi}{6} \right]$ 上是单调增加的;

当 $2k\pi + \dfrac{5\pi}{3} < 2x < 2k\pi + 2\pi$ 时,即 $k\pi + \dfrac{5\pi}{6} < x < k\pi + \pi$ 时,$y' < 0$,所以 $y =$

$x-\sin 2x$ 在 $\left[k\pi+\dfrac{5\pi}{6},k\pi+\pi\right]$ 上是单调减少的.

综合以上得，$y=x+|\sin 2x|$ 在 $\left[k\pi,k\pi+\dfrac{\pi}{3}\right]$ 及 $\left[k\pi+\dfrac{\pi}{2},k\pi+\dfrac{5\pi}{6}\right]$ 上，即在 $\left[\dfrac{k\pi}{2},\dfrac{k\pi}{2}+\dfrac{\pi}{3}\right]$ 上是单调增加的；

$y=x+|\sin 2x|$ 在 $\left[k\pi+\dfrac{\pi}{3},k\pi+\dfrac{\pi}{2}\right]$ 及 $\left[k\pi+\dfrac{5\pi}{6},k\pi+\pi\right]$ 上，即在 $\left[\dfrac{k\pi}{2}+\dfrac{\pi}{3},\dfrac{k\pi}{2}+\dfrac{\pi}{2}\right]$ 上是单调减少的.

2. 证明方程 $2x-\sin x=0$ 有唯一实根.

证 设 $f(x)=2x-\sin x$.

(1) 证明有实根，显然 $x=0$ 为方程的实根；

(2) 证明有唯一实根，用反证法，若方程多于一个实根，不妨设 $x_1,x_2(x_1<x_2)$ 为方程的两个根，即 $f(x_1)=f(x_2)=0$.

因为 $f'(x)=2-\cos x>0$，所以 $f(x)$ 在 $(-\infty,+\infty)$ 上是单调增加的，所以 $f(x_1)<f(x_2)$，与 x_1 和 x_2 为方程的根矛盾.

综合以上得，方程 $2x-\sin x=0$ 有唯一实根.

3. 证明下列不等式.

(1) $\sin x<x(x>0)$；

(2) $\cos x>1-\dfrac{1}{2}x^2\ (x>0)$；

(3) $2\sqrt{x}>3-\dfrac{1}{x}\ (x>1)$；

(4) $e^x>1+x(x\neq 0)$.

证 (1) 设 $f(x)=\sin x-x$，则 $f'(x)=\cos x-1\leqslant 0$.

当 $x=2k\pi$ 时，$f'(x)=0$；当 $x\neq 2k\pi$ 时，$f'(x)<0$，所以 $f(x)$ 在 $(0,+\infty)$ 上是单调减少的. 又因为 $f(0)=0$，所以 $x>0$ 时，$f(x)<f(0)=0$，即 $\sin x<x$.

(2) 设 $f(x)=\cos x-\left(1-\dfrac{1}{2}x^2\right)$，则 $f'(x)=-\sin x+x$.

因为当 $x>0$ 时，$x>\sin x$，所以 $f'(x)>0$，所以 $f(x)$ 在 $(0,+\infty)$ 上是单调增加的. 又因为 $f(0)=0$，所以 $x>0$ 时，$f(x)>f(0)=0$，即

$$\cos x>1-\dfrac{1}{2}x^2.$$

(3) 设 $f(x)=2\sqrt{x}-\left(3-\dfrac{1}{x}\right)$，则

$$f'(x)=\frac{1}{\sqrt{x}}-\frac{1}{x^2}=\frac{x^2-\sqrt{x}}{x^2\sqrt{x}}.$$

当 $x>1$ 时,$f'(x)>0$,于是 $f(x)$ 在 $(1,+\infty)$ 上是单调增加的. 又因为 $f(1)=0$,所以当 $x>1$ 时,$f(x)>f(1)=0$,即

$$2\sqrt{x}>3-\frac{1}{x}.$$

(4) 设 $f(x)=\mathrm{e}^x-(1+x)$,则

$$f'(x)=\mathrm{e}^x-1.$$

当 $x>0$ 时,$f'(x)>0$,所以 $f(x)$ 在 $(0,+\infty)$ 上是单调增加的;又因为 $f(0)=0$,所以当 $x>0$ 时,$f(x)>f(0)=0$,即

$$\mathrm{e}^x>1+x.$$

当 $x<0$ 时,$f'(x)<0$,所以 $f(x)$ 在 $(-\infty,0)$ 上是单调减少的;又因为 $f(0)=0$,所以当 $x<0$ 时,$f(x)>f(0)=0$,即

$$\mathrm{e}^x>1+x.$$

综合以上知,当 $x\neq0$ 时,

$$\mathrm{e}^x>1+x.$$

习　题　3-5

求下列函数的极值.

(1) $y=x^2+x^{-2}$;

(2) $y=x^3+4x$;

(3) $y=\dfrac{x}{x^2+1}$;

(4) $y=(2x-5)\sqrt[3]{x^2}$;

(5) $y=x+\sqrt{1-x}$;

(6) $y=\dfrac{3x^2+4x+4}{x^2+x+1}$;

(7) $y=2-(x-1)^{\frac{2}{3}}$;

(8) $y=\sin x+\cos x\,(0\leqslant x\leqslant 2\pi)$.

解　(1) 函数的定义域为 $\{x\mid x\in\mathbf{R},x\neq0\}$,求一阶及二阶导数得

$$y'=2x-2x^{-3}=\frac{2(x^4-1)}{x^3},\quad y''=2+6x^{-4}=\frac{2x^4+6}{x^4},$$

令 $y'=0$,得驻点 $x_1=1$ 及 $x_2=-1$.

因为 $y''\big|_{x_1=1}=y''\big|_{x_2=-1}=8>0$,所以当 $x_1=1$ 及 $x_2=-1$ 时,函数取得极小值,且 $y\big|_{x=\pm1}=2$.

(2) 函数的定义域为 $\mathbf{R}$,求一阶导数得

$$y'=3x^2+4>0,$$

所以函数在定义域上是单调增加的,因而函数没有极值.

(3) 函数的定义域为 $\mathbf{R}$,求一阶及二阶导数得

$$y'=\frac{1-x^2}{(x^2+1)^2}, \quad y''=\frac{2x(x^2-3)}{(x^2+1)^3},$$

令 $y'=0$，得驻点 $x_1=1$ 及 $x_2=-1$.

当 $x_1=1$ 时，$y''=-\frac{1}{2}<0$，所以函数取得极大值，且 $y\big|_{x_1=1}=\frac{1}{2}$；

当 $x_2=-1$ 时，$y''=\frac{1}{2}>0$，所以函数取得极小值，且 $y\big|_{x_2=-1}=-\frac{1}{2}$.

（4）函数的定义域为 **R**，当 $x\neq0$ 时，

$$y'=2\sqrt[3]{x^2}+(2x-5)\cdot\frac{2}{3\sqrt[3]{x}}=\frac{10}{3\sqrt[3]{x}}(x-1),$$

令 $y'=0$，得驻点 $x=1$.

下面讨论驻点 $x=1$ 处及导数不存在的点 $x=0$ 处是否取得极值.

因为当 $x<0$ 时，$y'>0$；当 $0<x<1$ 时，$y'<0$，所以当 $x=0$ 时，函数取得极大值，且 $y\big|_{x=0}=0$.

因为当 $0<x<1$ 时，$y'<0$；当 $x>1$ 时，$y'>0$，所以当 $x=1$ 时，函数取得极小值，且 $y\big|_{x=1}=-3$.

（5）函数的定义域为 $(-\infty,1]$，当 $x\neq1$ 时，

$$y'=\frac{2\sqrt{1-x}-1}{2\sqrt{1-x}}, \quad y''=-\frac{1}{4}(1-x)^{-\frac{3}{2}},$$

令 $y'=0$，得驻点 $x=\frac{3}{4}$.

当 $x=\frac{3}{4}$ 时，$y''=-2<0$，函数取得极大值，且 $y\big|_{x=\frac{3}{4}}=\frac{5}{4}$.

（6）函数的定义域为 **R**，求一阶及二阶导数得

$$y'=\frac{-x(x+2)}{(x^2+x+1)^2}, \quad y''=\frac{2(x^3+3x^2-1)}{(x^2+x+1)^3},$$

令 $y'=0$，得驻点 $x_1=0$ 及 $x_2=-2$.

当 $x_1=0$ 时，$y''=-2<0$，函数取得极大值，且 $y\big|_{x_1=0}=4$；

当 $x_2=-2$ 时，$y''=\frac{2}{9}>0$，函数取得极小值，且 $y\big|_{x_2=-2}=\frac{8}{3}$.

（7）函数的定义域为 **R**，当 $x\neq1$ 时，

$$y'=-\frac{2}{3\sqrt[3]{x-1}},$$

在 $x=1$ 处，导数不存在；当 $x>1$ 时，$y'<0$；当 $x<1$ 时，$y'>0$. 所以当 $x=1$ 时，函数取得极大值，且 $y\big|_{x=1}=2$.

（8）求一阶及二阶导数得

$$y'=\cos x-\sin x,\quad y''=-\sin x-\cos x,$$

令 $y'=0$,得驻点 $x_1=\dfrac{\pi}{4}$ 及 $x_2=\dfrac{5\pi}{4}$.

当 $x_1=\dfrac{\pi}{4}$ 时,$y''=-\sqrt{2}<0$,函数取得极大值,且 $y\big|_{x_1=\frac{\pi}{4}}=\sqrt{2}$;

当 $x_2=\dfrac{5\pi}{4}$ 时,$y''=\sqrt{2}>0$,函数取得极小值,且 $y\big|_{x_2=\frac{5\pi}{4}}=-\sqrt{2}$.

习　题　3-6

1. 求下列函数的最大值和最小值.

（1）$y=x+2\sqrt{x},0\leqslant x\leqslant 4$;

（2）$y=x^3-3x+2,-2\leqslant x\leqslant 3$;

（3）$y=2x^3+3x^2-12x+14,-3\leqslant x\leqslant 4$;

（4）$y=x+\cos x,0\leqslant x\leqslant 2\pi$.

解　（1）求导数得

$$y'=1+\frac{1}{\sqrt{x}}=\frac{\sqrt{x}+1}{\sqrt{x}}.$$

当 $0\leqslant x\leqslant 4$ 时,$y'>0$,所以函数 $y=x+2\sqrt{x}$ 在区间 $[0,4]$ 上是单调增加的,因此,当 $x=0$ 时,函数取得最小值,且 $y\big|_{x=0}=0$;当 $x=4$ 时,函数取得最大值,且 $y\big|_{x=4}=8$.

（2）求导数得

$$y'=3x^2-3=3(x^2-1),$$

令 $y'=0$,得驻点 $x_1=-1$ 及 $x_2=1$,由于 $y\big|_{x_1=-1}=4$;$y\big|_{x_2=1}=0$;$y\big|_{x=-2}=0$;$y\big|_{x=3}=20$,所以函数在区间 $[-2,3]$ 上的最大值是 20,最小值是 0.

（3）求导数得

$$y'=6x^2+6x-12=6(x-1)(x+2),$$

令 $y'=0$,得驻点 $x_1=-2$ 及 $x_2=1$,由于 $y\big|_{x_1=1}=7$;$y\big|_{x_2=-2}=34$;$y\big|_{x=-3}=23$;$y\big|_{x=4}=142$,所以函数在区间 $[-3,4]$ 上的最小值是 7,最大值是 142.

（4）求导数得

$$y'=1-\sin x,$$

令 $y'=0$,得驻点 $x=\dfrac{\pi}{2}$,由于 $y\big|_{x=0}=1$;$y\big|_{x=2\pi}=2\pi+1$;$y\big|_{x=\frac{\pi}{2}}=\dfrac{\pi}{2}$,所以函数在区间 $[0,2\pi]$ 上的最大值是 $2\pi+1$,最小值是 1.

2. 证明在给定周长的一切矩形中,正方形的面积最大.

解　设矩形的长为 x,若矩形的周长为 c,则矩形的宽为 $\frac{c}{2}-x$,所以矩形的面积为

$$y=x\left(\frac{c}{2}-x\right)\quad\left(0<x<\frac{c}{2}\right),$$

求导数得

$$y'=\frac{c}{2}-2x.$$

令 $y'=0$,得驻点 $x=\frac{c}{4}$,因为 $y''=-2<0$,所以 $x=\frac{c}{4}$ 为函数的极大值点,即函数在 $x=\frac{c}{4}$ 处取得极大值,因而此极大值就是我们所求的最大值,而当 $x=\frac{c}{4}$ 时矩形的宽为 $\frac{c}{2}-x=\frac{c}{4}$,即矩形为正方形时,其面积最大.

3. 某单位要建造一个体积为 V 的有盖圆柱形水池,怎样选取圆柱形水池的半径和高才能使用料最省?

解　要使用料最省,水池的表面积最小,设水池底面半径为 x,则高为 $h=\frac{V}{\pi x^2}$,于是水池的表面积为

$$y=2\pi x^2+2\pi x\frac{V}{\pi x^2}=2\pi x^2+\frac{2V}{x}\quad(x>0),$$

求导数得

$$y'=4\pi x-\frac{2V}{x^2}=\frac{4\pi x^3-2V}{x^2},\quad y''=4\pi+\frac{4V}{x^3}.$$

令 $y'=0$,得驻点 $x=\sqrt[3]{\frac{V}{2\pi}}$,因为 $y''|_{x=\sqrt[3]{\frac{V}{2\pi}}}>0$,所以当 $x=\sqrt[3]{\frac{V}{2\pi}}$ 时,函数 $y=2\pi x^2+\frac{2V}{x}$ 取得极小值,此极小值就是函数的最小值,此时水池的高 $h=2\sqrt[3]{\frac{V}{2\pi}}$,即圆柱形水池的底面直径与高相等时才能用料最省.

4. 在某一水利建设中,需要修一水渠道,渠道的断面是高度和面积已确定的等腰梯形(较短底边在下面),渠道的侧面和底面要涂抹水泥,问怎样选择渠道断面,使用掉的水泥最少?

解　设梯形的下底边与腰所夹内角为 $\pi-\alpha\left(0<\alpha<\dfrac{\pi}{2}\right)$（图 3-4），若梯形的高

为 h，面积为 s，则梯形的腰为 $\dfrac{h}{\sin\alpha}$，下底边长为 $\dfrac{s}{h}-h\cot\alpha$，要使用掉的水泥最少，需

要下底边与两腰的长度之和最小，而下底边与两腰之和为

$$y=\frac{s}{h}-h\cot\alpha+2\,\frac{h}{\sin\alpha}=\frac{s}{h}+h\,\frac{2-\cos\alpha}{\sin\alpha}.$$

求导数得

$$y'=h\,\frac{1-2\cos\alpha}{\sin^2\alpha},\quad y''=2h\,\frac{1-\cos\alpha+\cos^2\alpha}{\sin^3\alpha}.$$

令 $y'=0$，得驻点 $\alpha=\dfrac{\pi}{3}$，因为 $y''\Big|_{\alpha=\frac{\pi}{3}}>0$，所以当 $\alpha=\dfrac{\pi}{3}$ 时，函数 $y=\dfrac{s}{h}+$

$h\,\dfrac{2-\cos\alpha}{\sin\alpha}$ 取得极小值，此极小值就是函数的最小值，此时下底边长为 $\dfrac{s}{h}-\dfrac{h}{\sqrt{3}}$，上底

边长为 $\dfrac{s}{h}+\dfrac{h}{\sqrt{3}}$，下底边与腰所夹内角为 $\dfrac{2\pi}{3}$.

　　5. 要使船能由宽度为 a 的河道驶入与其垂直的宽度为 b 的河道，如果忽略船的宽度，问船的最大长度是多少？

　　解　建立如图 3-5 所示的平面直角坐标系，O 和 C 两点为河道的两岸交点，过 $C(a,b)$ 点与两坐标轴相交的线段 AB 的最小值就是所求的船的最大长度.

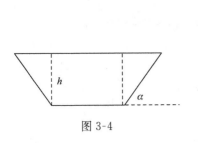

图 3-4

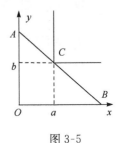

图 3-5

设 AB 的斜率为 $k(k<0)$，则 AB 的方程为

$$y-b=k(x-a).$$

A 点的坐标为 $\left(a-\dfrac{b}{k},0\right)$，$B$ 点的坐标为 $(0,b-ka)$，于是线段 AB 的长度为

$$l=\sqrt{\left(a-\frac{b}{k}\right)^2+(b-ka)^2}.$$

求导数得

$$l' = \frac{(ak-b)(ak^3+b)}{\sqrt{\left(a-\dfrac{b}{k}\right)^2 + (b-ka)^2 k^3}},$$

令 $l'=0$ 得，$k=-\sqrt[3]{\dfrac{b}{a}}$ 及 $k=\dfrac{b}{a}$（舍去），因为当 $k<-\sqrt[3]{\dfrac{b}{a}}$ 时，$l'<0$；当 $-\sqrt[3]{\dfrac{b}{a}}<k<0$ 时，$l'>0$，所以 $k=-\sqrt[3]{\dfrac{b}{a}}$ 时，函数取得极小值，此极小值就是要求的最小值，即当 $k=-\sqrt[3]{\dfrac{b}{a}}$ 时，线段 AB 的长度最小，此值即为所求的船的最大长度，其值为

$$\sqrt{\left(a+b\sqrt[3]{\dfrac{b}{a}}\right)^2 + \left(b+a\sqrt[3]{\dfrac{b}{a}}\right)^2} = \sqrt{(a^{\frac{2}{3}}+b^{\frac{2}{3}})^3} = (a^{\frac{2}{3}}+b^{\frac{2}{3}})^{\frac{3}{2}}.$$

6. 对量 A 作了 n 次测量，得到了 n 个数值 $x_1,x_2,\cdots,x_n$。通常把与这 n 个数的差的平方和为最小的那个数 x 作为 A 的近似值，试求 A 的近似值 x.

解 设 y 是 x 与这 n 个数的差的平方和，即

$$y = \sum_{i=1}^{n} (x-x_i)^2.$$

求导数得

$$y' = 2\sum_{i=1}^{n} (x-x_i) = 2\left(nx - \sum_{i=1}^{n} x_i\right).$$

令 $y'=0$，得驻点 $x=\dfrac{1}{n}\sum_{i=1}^{n} x_i$，因为 $y''=2n>0$，所以当 $x=\dfrac{1}{n}\sum_{i=1}^{n} x_i$ 时，函数取得极小值，此极小值就是要求的最小值，即 A 的近似值为 $\dfrac{1}{n}\sum_{i=1}^{n} x_i$.

7. 炮弹以初速 v_0 和仰角 α 射出，如果不计空气阻力，问 α 取什么值时，炮弹的水平射程最远？

解 先求炮弹的运行时间，因为

$$0 = v_0 \sin\alpha \cdot t - \frac{1}{2}gt^2,$$

所以 $t_1=\dfrac{2v_0}{g}\sin\alpha$ 及 $t_2=0$（舍去）.

设炮弹的水平射程为 y，则

$$y = v_0\cos\alpha \cdot t_1 = \frac{v_0^2}{g}\sin 2\alpha,$$

求导数得

$$y' = \frac{2v_0^2}{g}\cos 2\alpha, \quad y'' = -\frac{4v_0^2}{g}\sin 2\alpha.$$

令 $y'=0$,因为 $0<\alpha<\dfrac{\pi}{2}$,于是 $0<2\alpha<\pi$,得驻点 $\alpha=\dfrac{\pi}{4}$,又因为 $y''\Big|_{\alpha=\frac{\pi}{4}}=$

$-\dfrac{4v_0^2}{g}<0$,所以当 $\alpha=\dfrac{\pi}{4}$ 时,函数取得极大值,此极大值就是要求的最大值,即当

$\alpha=\dfrac{\pi}{4}$ 时,水平射程最远,其值为 $\dfrac{v_0^2}{g}$.

8. 某加工厂每批生产某种产品 x 个单位的费用为

$$C(x)=5x+200(元),$$

得到的总收入是

$$R(x)=10x-0.01x^2(元).$$

问每批生产多少个单位才能使利润最大?

解　设利润为 y,则

$$y=R(x)-C(x)=-0.01x^2+5x-200,$$

求导数得

$$y'=-0.02x+5.$$

令 $y'=0$,得驻点 $x=250$,因为 $y''=-0.02<0$,所以当 $x=250$ 时,函数 $y=$ $-0.01x^2+5x-200$ 取得极大值,此极大值就是要求的最大值,即每批生产 250 个单位时利润最大.

习　题　3-7

确定下列函数的凹凸性及拐点.

(1) $y=2x^3+3x^2-12x+14$;　　　　　　(2) $y=x^4-2x^3+1$;

(3) $y=\dfrac{(x-3)^2}{4(x-1)}$;　　　　　　　　(4) $y=x^3-3x+2$;

(5) $y=\dfrac{4x}{x^2+1}$.

解　(1) 求导数得

$$y'=6x^2+6x-12,\quad y''=12x+6.$$

令 $y''=0$,得 $x=-\dfrac{1}{2}$,当 $x<-\dfrac{1}{2}$ 时,$y''<0$;当 $x>-\dfrac{1}{2}$ 时,$y''>0$.

因而,当 $x<-\dfrac{1}{2}$ 时,曲线是凸的;当 $x>-\dfrac{1}{2}$ 时,曲线是凹的.

当 $x=-\dfrac{1}{2}$ 时,$y=\dfrac{41}{2}$,因而点 $\left(-\dfrac{1}{2},\dfrac{41}{2}\right)$ 是拐点.

(2) 求导数得

$$y'=4x^3-6x^2,\quad y''=12x^2-12x,$$

令 $y''=0$，得 $x_1=0$，$x_2=1$.

当 $x<0$ 时，$y''>0$；当 $0<x<1$ 时，$y''<0$；当 $x>1$ 时，$y''>0$.

所以，当 $x<0$ 及 $x>1$ 时，曲线是凹的；当 $0<x<1$ 时，曲线是凸的.

当 $x=0$ 时，$y=1$；当 $x=1$ 时，$y=0$，所以点 $(0,1)$ 及 $(1,0)$ 是拐点.

(3) 当 $x\neq1$ 时，求导数得

$$y'=\frac{(x-3)(x+1)}{4(x-1)^2},\qquad y''=\frac{2}{(x-1)^3},$$

当 $x<1$ 时，$y''<0$；当 $x>1$ 时，$y''>0$，所以当 $x<1$ 时，曲线是凸的；当 $x>1$ 时，曲线是凹的. 曲线没有拐点.

(4) 求导数得

$$y'=3x^2-3,\qquad y''=6x.$$

令 $y''=0$，得 $x=0$，当 $x>0$ 时，$y''>0$；当 $x<0$ 时，$y''<0$，所以当 $x>0$ 时，曲线是凹的；当 $x<0$ 时，曲线是凸的.

当 $x=0$ 时，$y=2$，所以点 $(0,2)$ 是拐点.

(5) 求导数得

$$y'=\frac{4(x^2+1)-4x\cdot2x}{(x^2+1)^2}=\frac{4(1-x^2)}{(x^2+1)^2},$$

$$y''=4\cdot\frac{-2x(x^2+1)^2-(1-x^2)\cdot2(x^2+1)\cdot2x}{(x^2+1)^4}=\frac{8x(x^2-3)}{(x^2+1)^3}.$$

令 $y''=0$ 得，$x_1=0$，$x_2=\sqrt{3}$，$x_3=-\sqrt{3}$.

当 $x<-\sqrt{3}$时，$y''<0$；当 $-\sqrt{3}<x<0$ 时，$y''>0$；当 $0<x<\sqrt{3}$时，$y''<0$；当 $x>\sqrt{3}$时，$y''>0$，所以当 $x<-\sqrt{3}$ 及 $0<x<\sqrt{3}$时，曲线是凸的；当 $-\sqrt{3}<x<0$ 及 $x>\sqrt{3}$时，曲线是凹的.

当 $x=0$ 时，$y=0$；当 $x=-\sqrt{3}$时，$y=-\sqrt{3}$；当 $x=\sqrt{3}$时，$y=\sqrt{3}$，所以点 $(0,0)$，$(-\sqrt{3},-\sqrt{3})$，$(\sqrt{3},\sqrt{3})$是拐点.

习　题　3-8

求作下列函数的图形.

1. $y=x^3-x^2-x+1$.

解　(1) 函数的定义域为 $(-\infty,+\infty)$，而

$$y'=3x^2-2x-1=(3x+1)(x-1),$$
$$y''=6x-2=2(3x-1).$$

(2) $y'=0$ 的根为 $x=-\dfrac{1}{3}$ 和 1；$y''=0$ 的根为 $x=\dfrac{1}{3}$；

（3）列表讨论如下：

x	$\left(-\infty,-\dfrac{1}{3}\right)$	$-\dfrac{1}{3}$	$\left(-\dfrac{1}{3},\dfrac{1}{3}\right)$	$\dfrac{1}{3}$	$\left(\dfrac{1}{3},1\right)$	1	$(1,+\infty)$
$f'(x)$	+	0	−	−	−	0	+
$f''(x)$	−	−	−	0	+	+	+
函数图形	↗	极大值	↘	拐点	↘	极小值	↗

（4）当 $x\to+\infty$ 时，$y\to+\infty$；当 $x\to-\infty$ 时，$y\to-\infty$；

（5）求出 $x=-\dfrac{1}{3},\dfrac{1}{3},1$ 处的函数值：

$$y\Big|_{x=-\frac{1}{3}}=\frac{32}{27},\quad y\Big|_{x=\frac{1}{3}}=\frac{16}{27},\quad y|_{x=1}=0,$$

得到函数的图形上的三个点：

$$\left(-\frac{1}{3},\frac{32}{27}\right),\quad\left(\frac{1}{3},\frac{16}{27}\right),\quad(1,0).$$

适当补充一些点，如当 $x=-1,0,\dfrac{3}{2}$ 时，相应的 y 依次为 $0,1,\dfrac{5}{8}$，就可以补充

描出点 $(-1,0),(0,1),\left(\dfrac{3}{2},\dfrac{5}{8}\right)$.

综合以上得到的结果，就可画出 $y=x^3-x^2-x+1$ 的图形（图 3-6）．

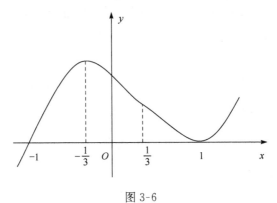

图 3-6

2. $y^2=x(x-1)^2$.

解　（1）函数的定义域为 $[0,+\infty)$，其图形关于 x 轴对称，只需画出 $y\geqslant0$ 的

图形，$y<0$ 的部分利用对称性即可得出，当 $y\geqslant0$ 时，$y=\sqrt{x(x-1)^2}$.

当 $x\neq0$ 且 $x\neq1$ 时，

$$y'=\frac{(3x-1)(x-1)}{2\sqrt{x(x-1)^2}}, \quad y''=\frac{(3x+1)(x-1)}{4x\sqrt{x(x-1)^2}};$$

(2) $y'=0$ 的根为 $x=\frac{1}{3}$;当 $x=0$ 及 1 时,导数不存在;

(3) 列表讨论如下:

x	0	$\left(0,\frac{1}{3}\right)$	$\frac{1}{3}$	$\left(\frac{1}{3},1\right)$	1	$(1,+\infty)$
$f'(x)$		$+$	0	$-$		$+$
$f''(x)$		$-$		$-$		$+$
函数图形		↗	极大值	↘		↗

(4) 当 $x\to+\infty$ 时,$y\to+\infty$;

(5) 求出点 $x=0,\frac{1}{3},1$ 处的函数值:

$$y|_{x=0}=0, \quad y|_{x=\frac{1}{3}}=\frac{4}{27}, \quad y|_{x=1}=0,$$

得到函数的图形上的三个点:

$$(0,0), \quad \left(\frac{1}{3},\frac{4}{27}\right), \quad (1,0),$$

补充点 $\left(\frac{2}{3},\frac{2}{27}\right),\left(\frac{4}{3},\frac{4}{27}\right)$.

综合以上得到的结果,就可画出 $y^2=x(x-1)^2$ 的图形(图 3-7).

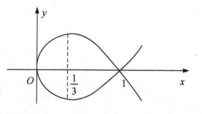

图 3-7

3. $y=\frac{1}{x}+\frac{1}{x-1}$.

解 (1) 函数的定义域为 $\{x|x\in \mathbf{R} \text{ 且 } x\neq 0,1\}$,当 $x\neq 0,1$ 时,

$$y'=-x^{-2}-(x-1)^{-2}=-\frac{(2x-1)^2+1}{2x^2(x-1)^2},$$

$$y''=2x^{-3}+2(x-1)^{-3}=\frac{2(2x-1)\left[\left(x-\frac{1}{2}\right)^2+\frac{3}{4}\right]}{x^3(x-1)^3};$$

(2) $y''=0$ 的根为 $x=\frac{1}{2}$;当 $x=0$ 及 1 时,导数不存在;

(3) 列表讨论如下:

x	$(-\infty,0)$	0	$\left(0,\dfrac{1}{2}\right)$	$\dfrac{1}{2}$	$\left(\dfrac{1}{2},1\right)$	1	$(1,+\infty)$
$f'(x)$	$-$		$-$	$-$	$-$		$-$
$f''(x)$	$-$		$+$	0	$-$		$+$
函数图形	↘		↘	拐点	↘		↘

(4) 因为 $\lim\limits_{x\to 0}y=\infty$，$\lim\limits_{x\to 1}y=\infty$，$\lim\limits_{x\to\infty}y=0$，所以 $x=0$ 及 $x=1$ 为曲线的垂直渐近线；$y=0$ 为曲线的水平渐近线；

(5) 求出 $x=\dfrac{1}{2}$ 处的函数值：

$$y\big|_{x=\frac{1}{2}}=0,$$

得到曲线上的点 $\left(\dfrac{1}{2},0\right)$，补充一些点

$$\left(-1,-\dfrac{3}{2}\right),\left(-\dfrac{2}{3},-\dfrac{21}{10}\right),\left(\dfrac{1}{3},\dfrac{3}{2}\right),\left(\dfrac{2}{3},-\dfrac{3}{2}\right),\left(2,\dfrac{3}{2}\right).$$

综合以上结果，就可以画出 $y=\dfrac{1}{x}+\dfrac{1}{x-1}$ 的图形（图 3-8）.

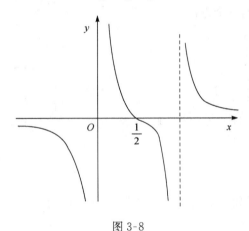

图 3-8

4. $y=1+\dfrac{36x}{(x+3)^2}$.

解　(1) 函数的定义域为 $(-\infty,-3)\bigcup(-3,+\infty)$，当 $x\neq-3$ 时，

$$y'=\dfrac{36(3-x)}{(x+3)^3}, \quad y''=\dfrac{72(x-6)}{(x+3)^4}.$$

(2) $y'=0$ 的根为 $x=3$；$y''=0$ 的根为 $x=6$；当 $x=-3$ 时，函数无意义；

（3）列表讨论如下：

x	$(-\infty,-3)$	-3	$(-3,3)$	3	$(3,6)$	6	$(6,+\infty)$
$f'(x)$	$-$		$+$	0	$-$	$-$	$-$
$f''(x)$	$-$		$-$	$-$	$-$	0	$+$
函数图形	↘		↗	极大值	↘	拐点	↘

（4）因为 $\lim\limits_{x\to\infty}y=1$，$\lim\limits_{x\to-3}y=-\infty$，所以图形有一条水平渐近线 $y=1$ 和一条垂直渐近线 $x=-3$；

（5）求出 $x=3,6$ 处的函数值：$y|_{x=3}=4$，$y|_{x=6}=\dfrac{11}{3}$，得到图形上的两个点：$(3,4)$，$\left(6,\dfrac{11}{3}\right)$，补充几个点 $(0,1)$，$(-1,-8)$，$(-9,-8)$，$\left(-15,-\dfrac{11}{4}\right)$.

综合以上结果，就可以画出 $y=1+\dfrac{36x}{(x+3)^2}$ 的图形（图 3-9）.

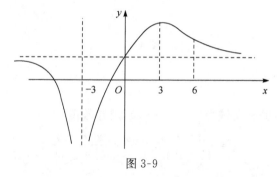

图 3-9

5. $y=x\mathrm{e}^x$（注 $\lim\limits_{x\to-\infty}x\mathrm{e}^x=0$）.

解 （1）函数的定义域为 $(-\infty,+\infty)$，求导数得
$$y'=(x+1)\mathrm{e}^x,\quad y''=(x+2)\mathrm{e}^x;$$
（2）$y'=0$ 的根为 $x=-1$，$y''=0$ 的根为 $x=-2$；

（3）列表讨论如下：

x	$(-\infty,-2)$	-2	$(-2,-1)$	-1	$(1,+\infty)$
$f'(x)$	$-$	$-$	$-$	0	$+$
$f''(x)$	$-$	0	$+$	$+$	$+$
函数图形	↘	拐点	↘	极小值	↗

（4）当 $x \to +\infty$ 时，$y \to +\infty$；因为 $\lim\limits_{y \to -\infty} y = 0$，所以 $y = 0$ 为曲线的水平渐近线；

（5）求出 $x = -2, -1$ 处的函数值：

$$y|_{x=-2} = -2\mathrm{e}^{-2} \approx -0.27, \quad y|_{x=-1} = -\mathrm{e}^{-1} \approx -0.37,$$

得到图形上的两个点：

$$(-2, -0.27), \quad (-1, -0.37),$$

又因为

$$y|_{x=0} = 0, \quad y|_{x=1} = \mathrm{e}^1 \approx 2.72.$$

因而，又得到图形上的两个点：$(0,0),(1,2.72)$.

综合以上结果，就可以画出 $y = x\mathrm{e}^x$ 的图形（图 3-10）.

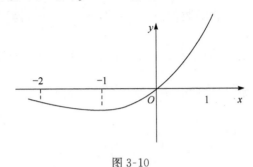

图 3-10

6. $y = \dfrac{x}{1+x^2}$.

解　（1）函数的定义域为 $(-\infty, +\infty)$，求导数得

$$y' = \frac{1-x^2}{(1+x^2)^2}, \quad y'' = \frac{2x(x^2-3)}{(1+x^2)^3}.$$

（2）因为 $\dfrac{-x}{1+(-x)^2} = -\dfrac{x}{1+(-x)^2}$，所以函数为奇函数，其图形关于原点对称，因而只要作出 $x \geqslant 0$ 的图形就行了，$x < 0$ 的部分利用对称性即可得出.

（3）$y' = 0$ 的根为 $x = -1$ 及 1；$y'' = 0$ 的根为 $x = 0, -\sqrt{3}$ 及 $\sqrt{3}$；

（4）列表讨论如下：

x	0	$(0,1)$	1	$(1,\sqrt{3})$	$\sqrt{3}$	$(\sqrt{3},+\infty)$
$f'(x)$	+	+	0	−	−	−
$f''(x)$	0	−	−	−	0	+
函数图形	拐点	↗	极大值	↘	拐点	↘

（5）由 $\lim\limits_{x \to \infty} y = 0$ 知，$y = 0$ 为曲线的一条水平渐近线，求出 $x = 0, 1, \sqrt{3}$ 处的函数值

$$y|_{x=0}=0, \quad y|_{x=1}=\frac{1}{2}, \quad y|_{x=\sqrt{3}}=\frac{\sqrt{3}}{4}\approx0.43,$$

得到图形上的三个点：

$$(0,0), \quad \left(1,\frac{1}{2}\right), \quad (\sqrt{3},0.43).$$

综合以上结果，就可以画出 $y=\dfrac{x}{1+x^2}$ 的图形(图 3-11)．

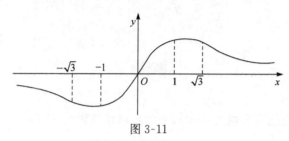

图 3-11

7. $y=\dfrac{1}{5}(x^4-6x^2+8x+7)$．

解 (1) 函数的定义域为 $(-\infty,+\infty)$，求导数得

$$y'=\frac{4}{5}(x+2)(x-1)^2, \quad y''=\frac{12}{5}(x+1)(x-1);$$

(2) $y'=0$ 的根为 $x=-2$ 及 1；$y''=0$ 的根为 $x=-1,1$；

(3) 列表讨论如下：

x	$(-\infty,-2)$	-2	$(-2,-1)$	-1	$(-1,1)$	1	$(1,+\infty)$
$f'(x)$	$-$	0	$+$		$+$	0	$+$
$f''(x)$	$+$	$+$	$+$	0	$-$	0	$+$
函数图形	↘	极小值	↗	拐点	↗	拐点	↗

(4) 当 $x\to+\infty$ 时，$y\to+\infty$；

(5) 求出 $x=-2,-1,1$ 处的函数值

$$y|_{x=-2}=-\frac{17}{5}, \quad y|_{x=1}=2, \quad y|_{x=-1}=-\frac{6}{5},$$

得到图形上的三个点：

$$\left(-2,-\frac{17}{5}\right), \quad (1,2), \quad \left(-1,-\frac{6}{5}\right).$$

补充三个点 $(-3,2)$，$\left(0,\dfrac{7}{5}\right)$，$(2,3)$．

综合以上结果，就可以画出 $y=\dfrac{1}{5}(x^4-6x^2+8x+7)$ 的图形(图 3-12)．

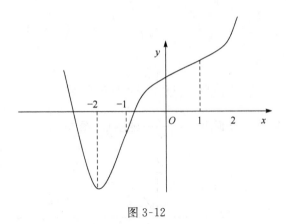

图 3-12

8. $y = \ln(x^2 + 1)$.

解 (1) 函数的定义域为 $(-\infty, +\infty)$，求导数得

$$y' = \frac{2x}{x^2 + 1}, \quad y'' = \frac{2(1-x)(1+x)}{(x^2+1)^2};$$

(2) 因为 $\ln[(-x)^2 + 1] = \ln(x^2 + 1)$，所以函数为偶函数，其图形关于 y 轴对称，因而我们只需要作出 $x \geqslant 0$ 的图形就行了，$x < 0$ 的部分利用对称性即可得出；

(3) $y' = 0$ 的根为 $x = 0$；$y'' = 0$ 的根为 $x = -1, 1$；

(4) 列表讨论如下：

x	0	$(0,1)$	1	$(1, +\infty)$
$f'(x)$	0	$+$	$+$	$+$
$f''(x)$	$+$	$+$	0	$-$
函数图形	极小值	↗	拐点	↗

(5) 当 $x \to \infty$ 时，$y \to +\infty$；

当 $x = 0$ 和 1 时，相应地 $y = 0$ 和 $\ln 2 (\ln 2 \approx 0.69)$，得到图形上的两个点 $(0, 0)$，$(1, 0.69)$；

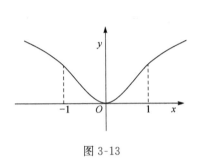

图 3-13

当 $x = \frac{1}{2}$ 时，$y = \ln \frac{5}{4} \approx 0.22$；当 $x = \frac{3}{2}$ 时，$y = \ln \frac{13}{4} \approx 1.18$；得到图形上的两个点 $\left(\frac{1}{2}, 0.22\right), \left(\frac{3}{2}, 1.18\right)$.

综合以上结果，就可以画出 $y = \ln(x^2 + 1)$ 的图形(图 3-13).

习 题 3-9

1. 设某产品的价格 P(元)是产量 Q(件)的

函数 $P=P(Q)=10-0.001Q$,总成本函数 $C=C(Q)=100+7Q+0.002Q^2$,试求

(1) 当产品 Q 为多少件时,可获得最大利润? 最大利润是多少?

(2) 获得最大利润时,销售价格 P 是多少元?

解　(1) 设产品的利润函数为 $L(Q)$,则
$$L(Q)=Q \cdot P(Q)-C(Q)=-0.003Q^2+3Q-100,$$
从而
$$L'(Q)=-0.006Q+3,\quad L''(Q)=-0.006.$$
设 $L'(Q)=0$ 得,$Q=500$.

故当 $Q=500$ 件时,可获得最大利润,最大利润为
$$L(Q)=-0.003\times500^2+3\times500-100=650(元).$$

(2) 当获得最大利润时,销售价格
$$P=10-0.001\times500=9.5(元).$$

2. 某商店以每件 10 元的进价购进一批商品,已知此种商品的需求函数(每天的需求量)为 $Q=40-2P$,其中 P 为销售价格,试求

(1) 当每件商品销售价格 P 为多少元时,才能获得最大利润? 最大利润是多少?

(2) 获得最大利润时,每天销售商品多少件?

解　(1) 设产品的利润函数为 $L(P)$,则
$$L(P)=(P-10)(40-2P)=-2P^2+60P-400,$$
从而
$$L'(P)=-4P+60,\quad L''(P)=-4.$$
设 $L'(P)=0$ 得
$$P=15(元).$$
故当 $P=15$ 元时,可获得最大利润,最大利润为
$$L(P)=(P-10)(40-2P)=5\times10=50(元).$$

(2) 当获得最大利润时,每天销售商品
$$Q=40-2P=10(件).$$

3. 某种商品的需求量 Q 是价格 P 的函数 $Q=\dfrac{1}{5}(28-P)$,总成本函数 $C=Q^2+4Q$,试求:

(1) 生产多少单位产品时,总利润最大? 最大利润是多少?

(2) 获得最大利润时,单位商品的价格是多少?

解　(1) 设总利润函数为 $L(Q)$,则
$$L(Q)=Q \cdot P(Q)-C(Q)=(28-5Q)Q-Q^2-4Q$$
$$=-6Q^2+24Q,$$
从而
$$L'(Q)=-12Q+24, \quad L''(Q)=-12.$$
设 $L'(Q)=0$ 得,$Q=2$.

故当 $Q=2$ 时,可获得最大利润,最大利润为
$$L(Q)=-6Q^2+24Q=24.$$
(2) 当获得最大利润时,单位商品价格
$$P=28-5Q=18.$$

4. 某产品生产 Q 单位的总成本函数为
$$C=C(Q)=1170+Q^2/1000.$$
(1) 求生产 900 个单位产品时的平均成本;

(2) 求生产 900 个单位产品时的边际成本.

解　(1) $C(900)=1170+900^2/1000=1980$,即生产 900 个单位产品的总成本为 1980.

而平均成本函数 $\overline{C}(Q)=\dfrac{C(Q)}{Q}$,有
$$\overline{C}(900)=\frac{1980}{900}=2.2,$$
即生产 900 个单位产品的平均成本为 2.2.

(2) 因为边际成本函数 $C'(Q)=\dfrac{Q}{500}$,所以
$$C'(Q)=\frac{900}{500}=1.8.$$

5. 某产品生产 Q 单位的总收益函数为
$$R=R(Q)=200Q-0.01Q^2.$$
(1) 求生产 50 个单位产品时的总收益、平均收益;

(2) 求生产 50 个单位产品时的边际收益.

解　(1) 总收益函数
$$R(Q)=QP(Q)=200Q-0.01Q^2,$$
故生产 50 个单位产品时的总收益为
$$R(50)=QP(Q)=200\times50-0.01\times50^2=9975.$$
平均收益函数为
$$\overline{R}(Q)=P(Q)=200-0.01Q,$$

故生产 50 个单位产品时的平均收益为
$$\overline{R}(Q) = P(Q) = 200 - 0.5 = 199.5.$$

(2) 边际收益函数
$$R'(Q) = 200 - 0.02Q,$$

故生产 50 个单位产品时的边际收益为
$$R'(50) = 200 - 0.02 \times 50 = 199.$$

6. 设某种产品的需求量 Q 与价格 P 的函数关系为
$$Q = 16000 \left(\frac{1}{4} \right)^P.$$

(1) 求需求量 Q 对价格 P 的弹性；

(2) 求价格 $P = 2$ 的需求弹性.

解 (1) $\eta(P) = P \dfrac{Q'}{Q} = P \dfrac{\left[16000 \left(\frac{1}{4} \right)^P \right]'}{16000 \left(\frac{1}{4} \right)^P} = -P\ln 4.$

(2) 当价格 $P = 2$ 时需求弹性 $\eta(2) = -2\ln 4.$

7. 设某种产品的需求量 Q(件)与价格 P(元)的函数关系为
$$Q = \frac{1-P}{P}.$$

(1) 求需求量 Q 对价格 P 的弹性；

(2) 求价格 $P = \dfrac{1}{2}$ 的需求弹性.

解 (1) $\eta(P) = P \dfrac{Q'}{Q} = P \dfrac{\left(\frac{1-P}{P} \right)'}{\frac{1-P}{P}} = \dfrac{1}{P-1}.$

(2) 当价格 $P = \dfrac{1}{2}$ 时需求弹性 $\eta\left(\dfrac{1}{2} \right) = \dfrac{1}{\frac{1}{2} - 1} = -2.$

第四章 不 定 积 分

一、基 本 内 容

1. 不定积分的概念与性质

1) 原函数的定义

在某区间上,已知函数 $f(x)$,如果存在函数 $F(x)$,在此区间上使得
$$F'(x) = f(x) \quad \text{或} \quad \mathrm{d}F(x) = f(x)\mathrm{d}x,$$
则称函数 $F(x)$ 为 $f(x)$ 在此区间上的原函数.

2) 原函数存在定理

如果函数 $f(x)$ 在某区间上连续,则在该区间上 $f(x)$ 必有原函数.

3) 不定积分的定义

函数 $f(x)$ 的全体原函数的集合称为函数 $f(x)$ 的不定积分,记作
$$\int f(x)\mathrm{d}x,$$
其中"$\int$"称为积分号,$f(x)$ 称为被积函数,$f(x)\mathrm{d}x$ 称为被积表达式,x 称为积分变量.

如果函数 $F(x)$ 是 $f(x)$ 的一个原函数,则
$$\int f(x)\mathrm{d}x = F(x) + C \quad (C \text{ 为任意常数}).$$

4) 求导或微分运算与不定积分运算的关系

(1) $\left(\int f(x)\mathrm{d}x \right)' = f(x)$ 或 $\mathrm{d}\left(\int f(x)\mathrm{d}x \right) = f(x)\mathrm{d}x$.

(2) $\int F'(x)\mathrm{d}x = F(x) + C$ 或 $\int \mathrm{d}F(x) = F(x) + C$.

5) 基本积分表

(1) $\int 1 \cdot \mathrm{d}x = x + C$;

(2) $\int x^{\mu}\mathrm{d}x = \dfrac{x^{\mu+1}}{\mu+1} + C \quad (\mu \neq -1)$;

(3) $\int \dfrac{1}{x}\mathrm{d}x = \ln|x| + C \quad (x \neq 0)$;

(4) $\int a^x \mathrm{d}x = \dfrac{a^x}{\ln a} + C$;

当 $a = \mathrm{e}$ 时,$\int \mathrm{e}^x \mathrm{d}x = \mathrm{e}^x + C$;

(5) $\int \sin x \mathrm{d}x = -\cos x + C$;

(6) $\int \cos x \mathrm{d}x = \sin x + C$;

(7) $\int \sec^2 x \mathrm{d}x = \tan x + C$;

(8) $\int \csc^2 x \mathrm{d}x = -\cot x + C$;

(9) $\int \sec x \cdot \tan x \mathrm{d}x = \sec x + C$;

(10) $\int \csc x \cdot \cot x \mathrm{d}x = -\csc x + C$;

(11) $\int \dfrac{\mathrm{d}x}{\sqrt{1-x^2}} = \arcsin x + C$;

(12) $\int \dfrac{\mathrm{d}x}{1+x^2} = \arctan x + C$.

6）不定积分的基本性质

(1) 被积函数中不为零的常数因子可以提到积分号外面来,即

$$\int k f(x) \mathrm{d}x = k \int f(x) \mathrm{d}x;$$

(2) 两个函数和(或差)的不定积分等于各个函数的不定积分之和(或差),即

$$\int (f(x) \pm g(x)) \mathrm{d}x = \int f(x) \mathrm{d}x \pm \int g(x) \mathrm{d}x.$$

性质(2)可以推广到有限个函数的情形.

2. 积分法

1）第一类换元积分法

定理 1　如果函数 $f(u)$ 具有原函数 $F(u)$,$u=\varphi(x)$ 有连续的导函数,则

$$\int f[\varphi(x)]\varphi'(x) \mathrm{d}x = F(\varphi(x)) + C,$$

即

$$\int f[\varphi(x)]\varphi'(x) \mathrm{d}x = \left[\int f(u) \mathrm{d}u\right]_{u=\varphi(x)}.$$

2）第二类换元积分法

定理 2　设 $x=\psi(x)$ 是单调可导的函数,并且 $\psi'(x) \neq 0$,又设 $f[\psi(x)]\psi'(x)$ 具有原函数 $\Phi(t)$,则

$$\int f(x) \mathrm{d}x = \Phi(\bar{\psi}(x)) + C,$$

即

$$\int f(x)\,\mathrm{d}x = \left[\int f(\psi(t))\psi'(t)\,\mathrm{d}t\right]_{t=\bar{\psi}(x)},$$

其中 $t=\bar{\psi}(x)$ 是 $x=\psi(t)$ 的反函数.

3）分部积分法

设函数 $u=u(x)$ 及 $v=v(x)$ 具有连续的导函数，则

$$\int uv'\,\mathrm{d}x = uv - \int u'v\,\mathrm{d}x,$$

或

$$\int u\,\mathrm{d}v = uv - \int v\,\mathrm{d}u. \tag{1}$$

公式（1）称为分部积分公式. 除了基本积分表中的积分公式外，下面几个积分通常也被当作公式使用.

(13) $\displaystyle\int \tan x\,\mathrm{d}x = -\ln|\cos x| + C$；

(14) $\displaystyle\int \cot x\,\mathrm{d}x = \ln|\sin x| + C$；

(15) $\displaystyle\int \sec x\,\mathrm{d}x = \ln|\sec x + \tan x| + C$；

(16) $\displaystyle\int \csc x\,\mathrm{d}x = \ln|\csc x - \cot x| + C$；

(17) $\displaystyle\int \frac{1}{a^2+x^2}\,\mathrm{d}x = \frac{1}{a}\arctan\frac{x}{a} + C$；

(18) $\displaystyle\int \frac{1}{a^2-x^2}\,\mathrm{d}x = \frac{1}{2a}\ln\left|\frac{x+a}{x-a}\right| + C$；

(19) $\displaystyle\int \frac{1}{x^2-a^2}\,\mathrm{d}x = \frac{1}{2a}\ln\left|\frac{x-a}{x+a}\right| + C$；

(20) $\displaystyle\int \frac{1}{\sqrt{a^2-x^2}}\,\mathrm{d}x = \arcsin\frac{x}{a} + C\,(a>0)$；

(21) $\displaystyle\int \frac{1}{\sqrt{x^2-a^2}}\,\mathrm{d}x = \ln\left|x+\sqrt{x^2-a^2}\right| + C$；

(22) $\displaystyle\int \frac{1}{\sqrt{x^2+a^2}}\,\mathrm{d}x = \ln(x+\sqrt{x^2+a^2}) + C$.

3. 几种特殊类型函数的积分

1）有理函数的积分

分式函数 $\dfrac{P_n(x)}{P_m(x)}$（其中 $P_n(x),P_m(x)$ 分别为 n 次、m 次多项式）称为有理函

数. 当 $n<m$ 时, 称为真分式; 当 $n \geqslant m$ 时, 称为假分式. 利用多项式的除法, 假分式可化为一个多项式与一个真分式之和的形式.

真分式可按下述方法化为若干个部分分式之和的形式.

(1) 将多项式 $P_m(x)$ 在实数范围内分解成一次因式和二次因式的乘积.
$$P_m(x)=b_0 (x-a)^\alpha \cdots (x-b)^\beta (x^2+px+q)^\lambda \cdots (x^2+rx+s)^\mu,$$
其中, b_0 为 x^m 项的系数, $p^2-4q<0, \cdots, r^2-4s<0, \alpha+\cdots+\beta+2\lambda+\cdots+2\mu=m$.

(2) 真分式 $\dfrac{P_n(x)}{P_m(x)}$ 可化为如下部分分式之和

$$
\begin{aligned}
\frac{P_n(x)}{P_m(x)}=&\left[\frac{A_1}{x-a}+\frac{A_2}{(x-a)^2}+\cdots+\frac{A_\alpha}{(x-a)^\alpha}\right]+\cdots \\
&+\left[\frac{B_1}{x-b}+\frac{B_2}{(x-b)^2}+\cdots+\frac{B_\beta}{(x-b)^\beta}\right]+\cdots \\
&+\left[\frac{M_1 x+N_1}{x^2+px+q}+\frac{M_2 x+N_2}{(x^2+px+q)^2}+\cdots+\frac{M_\lambda x+N_\lambda}{(x^2+px+q)^\lambda}\right]+\cdots \\
&+\left[\frac{E_1 x+F_1}{x^2+rx+s}+\frac{E_2 x+F_2}{(x^2+rx+s)^2}+\cdots+\frac{E_\mu x+F_\mu}{(x^2+rx+s)^\mu}\right],
\end{aligned}
$$

其中部分分式的个数为 $\alpha+\cdots+\beta+\lambda+\cdots+\mu, A_i(i=1,2,\cdots,\alpha), B_i(i=1,2,\cdots, \beta), M_i, N_i(i=1,2,\cdots,\lambda), E_i, F_i(i=1,2,\cdots,\mu)$ 为待定常数.

由以上可知, 有理函数的积分可化为多项式函数 (有理函数为假分式) 及形如 $\dfrac{A}{(x-a)^k}$ 与 $\dfrac{Mx+N}{(x^2+px+q)^i}$ (k, i 为正整数, $p^2-4q<0$) 的积分.

2) 三角函数有理式的积分

所谓三角函数的有理式是指由三角函数和常数经过有限次四则运算而成的函数, 可作代换 $t=\tan\dfrac{x}{2}$, 则

$$\sin x=\frac{1}{\csc x}=\frac{2t}{1+t^2}, \quad \cos x=\frac{1}{\sec x}=\frac{1-t^2}{1+t^2},$$

$$\tan x=\frac{1}{\cot x}=\frac{2t}{1-t^2}, \quad \mathrm{d}x=\frac{2}{1+t^2}\mathrm{d}t,$$

于是所求积分可化为有理函数的积分.

3) 简单无理函数的积分

有些简单无理函数的积分, 通过作适当的代换, 去掉根号, 可化为有理函数的积分.

二、基 本 要 求

1. 理解原函数与不定积分的概念与性质.

2. 熟练掌握不定积分基本公式、换元积分法和分部积分法.

3. 会求简单的有理函数、三角函数的有理式及无理函数的积分.

三、习题解答

习 题 4-1

1. 求下列不定积分.

(1) $\int x^{\frac{m}{n}} \mathrm{d}x (m \neq -n)$；

(2) $\int x\sqrt{x}\, \mathrm{d}x$；

(3) $\int \left(\dfrac{1-x}{x}\right)^2 \mathrm{d}x$；

(4) $\int 3^x \mathrm{e}^x \mathrm{d}x$；

(5) $\int \dfrac{1+2x^2}{x^2(1+x^2)} \mathrm{d}x$；

(6) $\int \left(2\mathrm{e}^x + \dfrac{3}{x}\right) \mathrm{d}x$；

(7) $\int \dfrac{\sqrt{1+x^2}}{\sqrt{1-x^4}} \mathrm{d}x$；

(8) $\int \mathrm{e}^x \left(1 - \dfrac{\mathrm{e}^{-x}}{\sqrt{x}}\right) \mathrm{d}x$；

(9) $\int \dfrac{\cos 2x}{\cos x - \sin x} \mathrm{d}x$；

(10) $\int \dfrac{1}{\sin^2 x \cos^2 x} \mathrm{d}x$；

(11) $\int \sec x(\sec x - \tan x) \mathrm{d}x$；

(12) $\int \dfrac{1}{\cos^2 \frac{x}{2} \sin^2 \frac{x}{2}} \mathrm{d}x$；

(13) $\int \dfrac{1}{1+\cos 2x} \mathrm{d}x$；

(14) $\int \dfrac{\cos 2x}{\cos^2 x \sin^2 x} \mathrm{d}x$；

(15) $\int \dfrac{1+x+x^2}{x(1+x^2)} \mathrm{d}x$；

(16) $\int \dfrac{x^4}{1+x^2} \mathrm{d}x$.

解　(1) $\int x^{\frac{m}{n}} \mathrm{d}x = \dfrac{1}{\frac{m}{n}+1} x^{\frac{m}{n}+1} + C = \dfrac{n}{m+n} x^{\frac{m+n}{n}} + C.$

(2) $\int x\sqrt{x}\, \mathrm{d}x = \int x^{\frac{3}{2}} \mathrm{d}x = \dfrac{1}{\frac{3}{2}+1} x^{\frac{3}{2}+1} + C = \dfrac{2}{5} x^{\frac{5}{2}} + C.$

(3) $\int \left(\dfrac{1-x}{x}\right)^2 \mathrm{d}x = \int \dfrac{1-2x+x^2}{x^2} \mathrm{d}x = \int (x^{-2} - 2x^{-1} + 1) \mathrm{d}x$

$\qquad = \dfrac{1}{-2+1} x^{-2+1} - 2\ln|x| + x + C = -\dfrac{1}{x} - 2\ln|x| + x + C.$

(4) $\int 3^x \mathrm{e}^x \mathrm{d}x = \int (3\mathrm{e})^x \mathrm{d}x = \dfrac{1}{\ln 3\mathrm{e}} (3\mathrm{e})^x + C = \dfrac{3^x \mathrm{e}^x}{\ln 3 + 1} + C.$

(5) $\displaystyle\int\frac{1+2x^2}{x^2(1+x^2)}dx=\int\frac{(1+x^2)+x^2}{x^2(1+x^2)}dx=\int\left(\frac{1}{x^2}+\frac{1}{1+x^2}\right)dx$

$$=\frac{1}{-2+1}x^{-2+1}+\arctan x+C=-\frac{1}{x}+\arctan x+C.$$

(6) $\displaystyle\int\left(2e^x+\frac{3}{x}\right)dx=2\int e^x dx+3\int\frac{1}{x}dx=2e^x+3\ln\mid x\mid+C.$

(7) $\displaystyle\int\frac{\sqrt{1+x^2}}{\sqrt{1-x^4}}dx=\int\frac{\sqrt{1+x^2}}{\sqrt{(1+x^2)(1-x^2)}}dx=\int\frac{1}{\sqrt{1-x^2}}dx=\arcsin x+C.$

(8) $\displaystyle\int e^x\left(1-\frac{e^{-x}}{\sqrt{x}}\right)dx=\int(e^x-x^{-\frac{1}{2}})dx=e^x-\frac{1}{-\frac{1}{2}+1}x^{-\frac{1}{2}+1}+C$

$$=e^x-2\sqrt{x}+C.$$

(9) $\displaystyle\int\frac{\cos 2x}{\cos x-\sin x}dx=\int\frac{\cos^2 x-\sin^2 x}{\cos x-\sin x}dx=\int(\cos x+\sin x)dx$

$$=\sin x-\cos x+C.$$

(10) $\displaystyle\int\frac{1}{\sin^2 x\cos^2 x}dx=\int\frac{\cos^2 x+\sin^2 x}{\sin^2 x\cos^2 x}dx=\int(\sec^2 x+\csc^2 x)dx$

$$=\tan x-\cot x+C.$$

(11) $\displaystyle\int\sec x(\sec x-\tan x)dx=\int(\sec^2 x-\sec x\tan x)dx=\tan x-\sec x+C.$

(12) $\displaystyle\int\frac{1}{\cos^2\frac{x}{2}\sin^2\frac{x}{2}}dx=\int\frac{4}{\left(2\cos\frac{x}{2}\sin\frac{x}{2}\right)^2}dx=4\int\frac{1}{\sin^2 x}dx=-4\cot x+C.$

(13) $\displaystyle\int\frac{1}{1+\cos 2x}dx=\int\frac{1}{2\cos^2 x}dx=\frac{1}{2}\tan x+C.$

(14) $\displaystyle\int\frac{\cos 2x}{\cos^2 x\sin^2 x}dx=\int\frac{\cos^2 x-\sin^2 x}{\cos^2 x\sin^2 x}dx=\int\left(\frac{1}{\sin^2 x}-\frac{1}{\cos^2 x}\right)dx$

$$=-(\cot x+\tan x)+C.$$

(15) $\displaystyle\int\frac{1+x+x^2}{x(1+x^2)}dx=\int\frac{x+(1+x^2)}{x(1+x^2)}dx=\int\left(\frac{1}{1+x^2}+\frac{1}{x}\right)dx$

$$=\arctan x+\ln|x|+C.$$

(16) $\displaystyle\int\frac{x^4}{1+x^2}dx=\int\frac{x^4-1+1}{1+x^2}dx=\int\left(x^2-1+\frac{1}{1+x^2}\right)dx$

$$=\frac{1}{3}x^3-x+\arctan x+C.$$

习　题　4-2

1. 在下列各式中,填入适当的系数.

(1) $\mathrm{d}x=\underline{\quad}\ \mathrm{d}(2x)$;　　　　　　(2) $\mathrm{d}x=\underline{\quad}\ \mathrm{d}(ax)$;

(3) $\mathrm{d}x=\underline{\quad}\ \mathrm{d}(-x+1)$;　　　　(4) $\mathrm{d}x=\underline{\quad}\ \mathrm{d}(ax+b)$;

(5) $x\mathrm{d}x=\underline{\quad}\ \mathrm{d}(x^2+1)$;　　　　(6) $x\mathrm{d}x=\underline{\quad}\ \mathrm{d}(ax^2+b)$;

(7) $x^3\mathrm{d}x=\underline{\quad}\ \mathrm{d}(1-2x^4)$;　　　(8) $\mathrm{e}^{2x}\mathrm{d}x=\underline{\quad}\ \mathrm{d}(\mathrm{e}^{2x})$;

(9) $\sin3x\mathrm{d}x=\underline{\quad}\ \mathrm{d}(\cos3x)$;　　(10) $\dfrac{1}{x}\mathrm{d}x=\underline{\quad}\ \mathrm{d}(\ln2x)$;

(11) $\dfrac{1}{\sqrt{x}}\mathrm{d}x=\underline{\quad}\ \mathrm{d}(\sqrt{x})$;　　(12) $\dfrac{1}{x^2}\mathrm{d}x=\underline{\quad}\ \mathrm{d}\left(\dfrac{1}{x}\right)$;

(13) $\dfrac{1}{1+4x^2}\mathrm{d}x=\underline{\quad}\ \mathrm{d}(\arctan2x)$;

(14) $\dfrac{x}{\sqrt{1-x^2}}\mathrm{d}x=\underline{\quad}\ \mathrm{d}(\sqrt{1-x^2})$;

解　(1) 因为 $\mathrm{d}(2x)=2\mathrm{d}x$,所以 $\mathrm{d}x=\dfrac{1}{2}\mathrm{d}(2x)$.

(2) 因为 $\mathrm{d}(ax)=a\mathrm{d}x$,所以 $\mathrm{d}x=\dfrac{1}{a}\mathrm{d}(ax)$.

(3) 因为 $\mathrm{d}(-x+1)=-\mathrm{d}x$,所以 $\mathrm{d}x=-1\cdot\mathrm{d}(-x+1)$.

(4) 因为 $\mathrm{d}(ax+b)=a\mathrm{d}x$,所以 $\mathrm{d}x=\dfrac{1}{a}\mathrm{d}(ax+b)$.

(5) 因为 $\mathrm{d}(x^2+1)=2x\mathrm{d}x$,所以 $x\mathrm{d}x=\dfrac{1}{2}\mathrm{d}(x^2+1)$.

(6) 因为 $\mathrm{d}(ax^2+b)=2ax\mathrm{d}x$,所以 $x\mathrm{d}x=\dfrac{1}{2a}\mathrm{d}(ax^2+b)$.

(7) 因为 $\mathrm{d}(1-2x^4)=-8x^3\mathrm{d}x$,所以 $x^3\mathrm{d}x=-\dfrac{1}{8}\mathrm{d}(1-2x^4)$.

(8) 因为 $\mathrm{d}(\mathrm{e}^{2x})=2\mathrm{e}^{2x}\mathrm{d}x$,所以 $\mathrm{e}^{2x}\mathrm{d}x=\dfrac{1}{2}\mathrm{d}(\mathrm{e}^{2x})$.

(9) 因为 $\mathrm{d}(\cos3x)=-3\sin3x\mathrm{d}x$,所以 $\sin3x\mathrm{d}x=-\dfrac{1}{3}\mathrm{d}(\cos3x)$.

(10) 因为 $\mathrm{d}(\ln2x)=\dfrac{1}{x}\mathrm{d}x$,所以 $\dfrac{1}{x}\mathrm{d}x=1\cdot\mathrm{d}(\ln2x)$.

(11) 因为 $\mathrm{d}(\sqrt{x})=\dfrac{1}{2\sqrt{x}}\mathrm{d}x$,所以 $\dfrac{1}{\sqrt{x}}\mathrm{d}x=2\mathrm{d}(\sqrt{x})$.

(12) 因为 $\mathrm{d}\left(\dfrac{1}{x}\right)=-\dfrac{1}{x^2}\mathrm{d}x$, 所以 $\dfrac{1}{x^2}\mathrm{d}x=-1\cdot\mathrm{d}\left(\dfrac{1}{x}\right)$.

(13) 因为 $\mathrm{d}(\arctan 2x)=\dfrac{2}{1+4x^2}\mathrm{d}x$, 所以 $\dfrac{1}{1+4x^2}\mathrm{d}x=\dfrac{1}{2}\mathrm{d}(\arctan 2x)$.

(14) 因为 $\mathrm{d}(\sqrt{1-x^2})=\dfrac{-2x}{2\sqrt{1-x^2}}\mathrm{d}x$, 所以 $\dfrac{x}{\sqrt{1-x^2}}\mathrm{d}x=-1\cdot\mathrm{d}(\sqrt{1-x^2})$.

2. 求下列不定积分:

(1) $\displaystyle\int (1-2x)^3\,\mathrm{d}x$;

(2) $\displaystyle\int x\mathrm{e}^{x^2}\,\mathrm{d}x$;

(3) $\displaystyle\int \dfrac{1}{1-x}\,\mathrm{d}x$;

(4) $\displaystyle\int \dfrac{1}{(1-x)^2}\,\mathrm{d}x$;

(5) $\displaystyle\int \dfrac{x^3}{\sqrt[3]{x^4+2}}\,\mathrm{d}x$;

(6) $\displaystyle\int \dfrac{1}{x\ln x}\,\mathrm{d}x$;

(7) $\displaystyle\int \dfrac{1}{x\ln x\ln(\ln x)}\,\mathrm{d}x$;

(8) $\displaystyle\int \dfrac{\sin\sqrt{x}}{\sqrt{x}}\,\mathrm{d}x$;

(9) $\displaystyle\int \sqrt{\dfrac{a+x}{a-x}}\,\mathrm{d}x$;

(10) $\displaystyle\int \cos^2 3x\,\mathrm{d}x$;

(11) $\displaystyle\int \dfrac{1}{x^2}\mathrm{e}^{\frac{1}{x}}\,\mathrm{d}x$;

(12) $\displaystyle\int x^2\sqrt{1+x^3}\,\mathrm{d}x$;

(13) $\displaystyle\int \dfrac{\mathrm{d}x}{\sqrt{x(1-x)}}$;

(14) $\displaystyle\int \dfrac{\mathrm{e}^x}{1+\mathrm{e}^{2x}}\,\mathrm{d}x$;

(15) $\displaystyle\int \dfrac{1}{1-\cos x}\,\mathrm{d}x$;

(16) $\displaystyle\int \dfrac{1}{1+\cos x}\,\mathrm{d}x$;

(17) $\displaystyle\int \dfrac{1}{x(x^6+4)}\,\mathrm{d}x$;

(18) $\displaystyle\int \dfrac{1-x}{\sqrt{9-4x^2}}\,\mathrm{d}x$;

(19) $\displaystyle\int \dfrac{\sin x+\cos x}{\sqrt[3]{\sin x-\cos x}}\,\mathrm{d}x$;

(20) $\displaystyle\int \dfrac{\sin x\cos x}{1+\sin^4 x}\,\mathrm{d}x$;

(21) $\displaystyle\int \dfrac{x^3}{9+x^2}\,\mathrm{d}x$;

(22) $\displaystyle\int \dfrac{\arctan\sqrt{x}}{\sqrt{x}(1+x)}\,\mathrm{d}x$;

(23) $\displaystyle\int \sin 2x\cos 3x\,\mathrm{d}x$;

(24) $\displaystyle\int \tan^4 x\,\mathrm{d}x$;

(25) $\displaystyle\int \dfrac{\tan x}{\cos^4 x}\,\mathrm{d}x$;

(26) $\displaystyle\int \sec^6 x\,\mathrm{d}x$;

(27) $\displaystyle\int \dfrac{1+\ln x}{(x\ln x)^2}\,\mathrm{d}x$;

(28) $\displaystyle\int \dfrac{\sin x+x\cos x}{(x\sin x)^2}\,\mathrm{d}x$;

(29) $\displaystyle\int \frac{10^{2\arccos x}}{\sqrt{1-x^2}}\mathrm{d}x$;

(30) $\displaystyle\int \frac{1}{\mathrm{e}^x+\mathrm{e}^{-x}}\mathrm{d}x$;

(31) $\displaystyle\int \frac{x^2}{\sqrt{a^2-x^2}}\mathrm{d}x$;

(32) $\displaystyle\int \frac{1}{x^2\sqrt{1-x^2}}\mathrm{d}x$;

(33) $\displaystyle\int \frac{\sqrt{x^2-4}}{x}\mathrm{d}x$;

(34) $\displaystyle\int \frac{1}{x\sqrt{x^2-1}}\mathrm{d}x$;

(35) $\displaystyle\int \frac{1}{1+\sqrt{2x}}\mathrm{d}x$;

(36) $\displaystyle\int \frac{x}{1+\sqrt{1+x^2}}\mathrm{d}x$;

(37) $\displaystyle\int \frac{1}{\sqrt{1-x^2}+1}\mathrm{d}x$;

(38) $\displaystyle\int \frac{1}{\sqrt{1-x^2}+x}\mathrm{d}x$;

(39) $\displaystyle\int \frac{1}{\sqrt{1+\mathrm{e}^x}}\mathrm{d}x$;

(40) $\displaystyle\int \frac{\sqrt{a^2-x^2}}{x^4}\mathrm{d}x$.

解　(1) $\displaystyle\int (1-2x)^3\mathrm{d}x =-\frac{1}{2}\int (1-2x)^3\mathrm{d}(-2x) =-\frac{1}{2}\int (1-2x)^3\mathrm{d}(1-2x)$

$$=-\frac{1}{2}\times\frac{1}{4}\times(1-2x)^4+C =-\frac{1}{8}(1-2x)^4+C.$$

(2) $\displaystyle\int x\mathrm{e}^{x^2}\mathrm{d}x =\frac{1}{2}\int \mathrm{e}^{x^2}(2x\mathrm{d}x) =\frac{1}{2}\int \mathrm{e}^{x^2}\mathrm{d}(x^2) =\frac{1}{2}\mathrm{e}^{x^2}+C.$

(3) $\displaystyle\int \frac{1}{1-x}\mathrm{d}x =-\int \frac{1}{1-x}(-1\cdot\mathrm{d}x) =-\int \frac{1}{1-x}\mathrm{d}(1-x) =-\ln|1-x|+C.$

(4) $\displaystyle\int \frac{1}{(1-x)^2}\mathrm{d}x =-\int \frac{1}{(1-x)^2}\mathrm{d}(1-x) =-\frac{1}{-2+1}(1-x)^{-2+1}+C$

$$=\frac{1}{1-x}+C.$$

(5) $\displaystyle\int \frac{x^3}{\sqrt[3]{x^4+2}}\mathrm{d}x =\frac{1}{4}\int \frac{1}{\sqrt[3]{x^4+2}}(4x^3\mathrm{d}x) =\frac{1}{4}\int (x^4+2)^{-\frac{1}{3}}\mathrm{d}(x^4+2)$

$$=\frac{1}{4}\frac{1}{-\frac{1}{3}+1}(x^4+2)^{-\frac{1}{3}+1}+C=\frac{3}{8}(x^4+2)^{\frac{2}{3}}+C.$$

(6) $\displaystyle\int \frac{1}{x\ln x}\mathrm{d}x =\int \frac{1}{\ln x}\left(\frac{1}{x}\mathrm{d}x\right) =\int \frac{1}{\ln x}\mathrm{d}(\ln x) =\ln|\ln x|+C.$

(7) $\displaystyle\int \frac{1}{x\ln x\ln(\ln x)}\mathrm{d}x =\int \frac{1}{\ln(\ln x)}\left(\frac{1}{x\ln x}\mathrm{d}x\right) =\int \frac{1}{\ln(\ln x)}\mathrm{d}(\ln(\ln x))$

$$=\ln|\ln(\ln x)|+C.$$

(8) $\int \dfrac{\sin\sqrt{x}}{\sqrt{x}}\mathrm{d}x = 2\int \sin\sqrt{x}\left(\dfrac{1}{2\sqrt{x}}\mathrm{d}x\right) = 2\int \sin\sqrt{x}\,\mathrm{d}(\sqrt{x}) = -2\cos\sqrt{x} + C.$

(9) $\int \sqrt{\dfrac{a+x}{a-x}}\,\mathrm{d}x = \int \dfrac{\sqrt{a+x}\cdot\sqrt{a+x}}{\sqrt{a-x}\cdot\sqrt{a+x}}\mathrm{d}x = \int \dfrac{a+x}{\sqrt{a^2-x^2}}\mathrm{d}x$

$$= a\int \dfrac{1}{\sqrt{a^2-x^2}}\mathrm{d}x + \int \dfrac{x}{\sqrt{a^2-x^2}}\mathrm{d}x$$

$$= a\int \dfrac{1}{\sqrt{1-\left(\dfrac{x}{a}\right)^2}}\cdot\left(\dfrac{1}{a}\mathrm{d}x\right) - \dfrac{1}{2}\int \dfrac{1}{\sqrt{a^2-x^2}}(-2x\mathrm{d}x)$$

$$= a\int \dfrac{1}{\sqrt{1-\left(\dfrac{x}{a}\right)^2}}\mathrm{d}\left(\dfrac{x}{a}\right) - \dfrac{1}{2}\int (a^2-x^2)^{-\frac{1}{2}}\mathrm{d}(a^2-x^2)$$

$$= a\arcsin\dfrac{x}{a} - \dfrac{1}{2}\cdot\dfrac{1}{-\dfrac{1}{2}+1}(a^2-x^2)^{-\frac{1}{2}+1} + C$$

$$= a\arcsin\dfrac{x}{a} - \sqrt{a^2-x^2} + C.$$

(10) $\int \cos^2 3x\,\mathrm{d}x = \int \dfrac{1+\cos6x}{2}\mathrm{d}x = \int \dfrac{1}{2}\mathrm{d}x + \dfrac{1}{2}\times\dfrac{1}{6}\int \cos6x(6\mathrm{d}x)$

$$= \dfrac{1}{2}x + \dfrac{1}{12}\int \cos6x\,\mathrm{d}(6x) = \dfrac{1}{2}x + \dfrac{1}{12}\sin6x + C.$$

(11) $\int \dfrac{1}{x^2}\mathrm{e}^{\frac{1}{x}}\,\mathrm{d}x = -\int \mathrm{e}^{\frac{1}{x}}\left(-\dfrac{1}{x^2}\mathrm{d}x\right) = -\int \mathrm{e}^{\frac{1}{x}}\mathrm{d}\left(\dfrac{1}{x}\right) = -\mathrm{e}^{\frac{1}{x}} + C.$

(12) $\int x^2\sqrt{1+x^3}\,\mathrm{d}x = \dfrac{1}{3}\int \sqrt{1+x^3}(3x^2\mathrm{d}x) = \dfrac{1}{3}\int (1+x^3)^{\frac{1}{2}}\mathrm{d}(1+x^3)$

$$= \dfrac{1}{3}\times\dfrac{2}{3}(1+x^3)^{\frac{3}{2}} + C = \dfrac{2}{9}(1+x^3)^{\frac{3}{2}} + C.$$

(13) $\int \dfrac{\mathrm{d}x}{\sqrt{x(1-x)}} = \int \dfrac{\mathrm{d}x}{\sqrt{x-x^2}} = \int \dfrac{2\mathrm{d}x}{\sqrt{1-(1-4x+4x^2)}}$

$$= \int \dfrac{2\mathrm{d}x}{\sqrt{1-(1-4x+4x^2)}} = \int \dfrac{\mathrm{d}(2x-1)}{\sqrt{1-(2x-1)^2}}$$

$$= \arcsin(2x-1) + C.$$

(14) $\int \dfrac{\mathrm{e}^x}{1+\mathrm{e}^{2x}}\mathrm{d}x = \int \dfrac{(\mathrm{e}^x\mathrm{d}x)}{1+\mathrm{e}^{2x}} = \int \dfrac{\mathrm{d}(\mathrm{e}^x)}{1+(\mathrm{e}^x)^2} = \arctan\mathrm{e}^x + C.$

(15) $\displaystyle\int \frac{1}{1-\cos x}\mathrm{d}x = \int \frac{1}{2\sin^2\dfrac{x}{2}}\mathrm{d}x = \int \frac{1}{\sin^2\dfrac{x}{2}}\mathrm{d}\left(\frac{x}{2}\right) = -\cot\left(\frac{x}{2}\right)+C.$

(16) $\displaystyle\int \frac{1}{1+\cos x}\mathrm{d}x = \int \frac{1}{2\cos^2\dfrac{x}{2}}\mathrm{d}x = \int \frac{1}{\cos^2\dfrac{x}{2}}\mathrm{d}\left(\frac{x}{2}\right) = \tan\left(\frac{x}{2}\right)+C.$

(17) $\displaystyle\int \frac{1}{x(x^6+4)}\mathrm{d}x = \int \frac{1}{4}\left(\frac{1}{x}-\frac{x^5}{x^6+4}\right)\mathrm{d}x$

$$= \frac{1}{4}\int \frac{1}{x}\mathrm{d}x - \frac{1}{4}\times\frac{1}{6}\int \frac{1}{x^6+4}(6x^5\,\mathrm{d}x)$$

$$= \frac{1}{4}\ln|x| - \frac{1}{24}\int \frac{1}{x^6+4}\mathrm{d}(x^6+4)$$

$$= \frac{1}{4}\ln|x| - \frac{1}{24}\ln(x^6+4)+C$$

$$= \frac{1}{24}\ln\left(\frac{x^6}{x^6+4}\right)+C.$$

(18) $\displaystyle\int \frac{1-x}{\sqrt{9-4x^2}}\mathrm{d}x = \int \frac{1}{\sqrt{9-4x^2}}\mathrm{d}x + \int \frac{-x}{\sqrt{9-4x^2}}\mathrm{d}x$

$$= \int \frac{\mathrm{d}x}{3\sqrt{1-\left(\dfrac{2}{3}x\right)^2}} + \frac{1}{8}\int \frac{(-8x\,\mathrm{d}x)}{\sqrt{9-4x^2}}$$

$$= \frac{1}{2}\int \frac{1}{\sqrt{1-\left(\dfrac{2}{3}x\right)^2}}\mathrm{d}\left(\frac{2}{3}x\right) + \frac{1}{8}\int \frac{\mathrm{d}(9-4x^2)}{\sqrt{9-4x^2}}$$

$$= \frac{1}{2}\int \frac{1}{\sqrt{1-\left(\dfrac{2}{3}x\right)^2}}\mathrm{d}\left(\frac{2}{3}x\right) + \frac{1}{8}\times\frac{1}{-\dfrac{1}{2}+1}(9-4x^2)^{-\frac{1}{2}+1}$$

$$= \frac{1}{2}\arcsin\left(\frac{2}{3}x\right) + \frac{1}{4}\sqrt{9-4x^2}+C.$$

(19) $\displaystyle\int \frac{\sin x+\cos x}{\sqrt[3]{\sin x-\cos x}}\mathrm{d}x = \int (\sin x-\cos x)^{-\frac{1}{3}}\mathrm{d}(\sin x-\cos x)$

$$= \frac{1}{-\dfrac{1}{3}+1}(\sin x-\cos x)^{-\frac{1}{3}+1}+C$$

$$= \frac{3}{2}(\sin x-\cos x)^{\frac{2}{3}}+C.$$

(20) $\displaystyle\int\frac{\sin x\cos x}{1+\sin^4 x}\mathrm{d}x=\frac{1}{2}\int\frac{2\sin x\cos x}{1+(\sin^2 x)^2}\mathrm{d}x=\frac{1}{2}\int\frac{\mathrm{d}(\sin^2 x)}{1+(\sin^2 x)^2}$

$$=\frac{1}{2}\arctan(\sin^2 x)+C.$$

(21) $\displaystyle\int\frac{x^3}{9+x^2}\mathrm{d}x=\int\frac{(x^3+9x)-9x}{9+x^2}\mathrm{d}x=\int\left(x-\frac{9x}{9+x^2}\right)\mathrm{d}x$

$$=\int x\mathrm{d}x-9\times\frac{1}{2}\int\frac{2x\mathrm{d}x}{9+x^2}=\frac{1}{2}x^2-\frac{9}{2}\int\frac{1}{9+x^2}\mathrm{d}(9+x^2)$$

$$=\frac{1}{2}x^2-\frac{9}{2}\ln(9+x^2)+C.$$

(22) $\displaystyle\int\frac{\arctan\sqrt{x}}{\sqrt{x}(1+x)}\mathrm{d}x=2\int\frac{\arctan\sqrt{x}}{1+x}\frac{1}{2\sqrt{x}}\mathrm{d}x=2\int\frac{\arctan\sqrt{x}}{1+x}\mathrm{d}(\sqrt{x})$

$$=2\int\arctan\sqrt{x}\ \frac{1}{1+(\sqrt{x})^2}\mathrm{d}(\sqrt{x})$$

$$=2\int\arctan\sqrt{x}\,\mathrm{d}(\arctan\sqrt{x})$$

$$=(\arctan\sqrt{x})^2+C.$$

(23) $\displaystyle\int\sin 2x\cos 3x\mathrm{d}x=\frac{1}{2}\int[\sin(2x+3x)+\sin(2x-3x)]\mathrm{d}x$

$$=\frac{1}{2}\int(\sin 5x-\sin x)\mathrm{d}x$$

$$=\frac{1}{2}\times\frac{1}{5}\int\sin 5x\mathrm{d}(5x)-\frac{1}{2}\int\sin x\mathrm{d}x$$

$$=-\frac{1}{10}\cos 5x+\frac{1}{2}\cos x+C.$$

(24) $\displaystyle\int\tan^4 x\mathrm{d}x=\int\tan^2 x(\sec^2 x-1)\mathrm{d}x$

$$=\int\tan^2 x\mathrm{d}(\tan x)-\int\tan^2 x\mathrm{d}x$$

$$=\frac{1}{3}\tan^3 x-\int(\sec^2 x-1)\mathrm{d}x$$

$$=\frac{1}{3}\tan^3 x-\tan x+x+C.$$

(25) $\displaystyle\int\frac{\tan x}{\cos^4 x}\mathrm{d}x=\int\frac{\sin x}{\cos^5 x}\mathrm{d}x=-\int\frac{1}{\cos^5 x}\mathrm{d}(\cos x)$

$$=-\frac{1}{-5+1}(\cos x)^{-5+1}+C=\frac{1}{4}(\cos x)^{-4}+C.$$

(26) $\displaystyle\int \sec^6 x \mathrm{d}x = \int \sec^4 x \cdot \sec^2 x \mathrm{d}x = \int (\tan^2 x + 1)^2 \mathrm{d}(\tan x)$

$$= \int (\tan^4 x + 2\tan^2 x + 1)\mathrm{d}(\tan x)$$

$$= \frac{1}{5}\tan^5 x + \frac{2}{3}\tan^3 x + \tan x + C.$$

(27) $\displaystyle\int \frac{1 + \ln x}{(x\ln x)^2}\mathrm{d}x = \int \frac{\mathrm{d}(x\ln x)}{(x\ln x)^2} = \frac{1}{-2+1}(x\ln x)^{-2+1} + C = -\frac{1}{x\ln x} + C.$

(28) $\displaystyle\int \frac{\sin x + x\cos x}{(x\sin x)^2}\mathrm{d}x = \int \frac{\mathrm{d}(x\sin x)}{(x\sin x)^2} = \frac{1}{-2+1}(x\sin x)^{-2+1} + C$

$$= -\frac{1}{x\sin x} + C.$$

(29) $\displaystyle\int \frac{10^{2\arccos x}}{\sqrt{1-x^2}}\mathrm{d}x = -\int 10^{2\arccos x}\mathrm{d}(\arccos x)$

$$= -\frac{1}{2}\int 10^{2\arccos x}\mathrm{d}(2\arccos x)$$

$$= -\frac{1}{2} \cdot \frac{1}{\ln 10} \cdot 10^{2\arccos x} + C$$

$$= -\frac{10^{2\arccos x}}{-2\ln 10} + C.$$

(30) $\displaystyle\int \frac{1}{e^x + e^{-x}}\mathrm{d}x = \int \frac{e^x}{(e^x)^2 + 1}\mathrm{d}x = \int \frac{\mathrm{d}(e^x)}{1 + (e^x)^2} = \arctan(e^x) + C.$

(31) 令 $x = a\sin t\left(-\dfrac{\pi}{2} < t < \dfrac{\pi}{2}\right)$，则

$$\int \frac{x^2}{\sqrt{a^2 - x^2}}\mathrm{d}x = \int \frac{a^2 \sin^2 t}{a\cos t}a\cos t\,\mathrm{d}t$$

$$= a^2 \int \sin^2 t\,\mathrm{d}t = \frac{a^2}{2}\int (1 - \cos 2t)\,\mathrm{d}t$$

$$= \frac{a^2}{2}\left(t - \frac{1}{2}\sin 2t\right) + C.$$

因为 $x = a\sin t$，所以

$$\sin t = \frac{x}{a}, \quad t = \arcsin\frac{x}{a}, \quad \cos t = \sqrt{1 - \sin^2 t} = \frac{\sqrt{a^2 - x^2}}{a},$$

$$\sin 2t = 2\sin t\cos t = \frac{2x}{a^2}\sqrt{a^2 - x^2}.$$

于是

$$\int \frac{x^2}{\sqrt{a^2-x^2}}\mathrm{d}x = \frac{a^2}{2}\left(\arcsin\frac{x}{a} - \frac{x}{a^2}\sqrt{a^2-x^2}\right)+C.$$

（32）令 $x=\sin t\left(-\frac{\pi}{2}<t<\frac{\pi}{2}\right)$，则

$$\int \frac{1}{x^2\sqrt{1-x^2}}\mathrm{d}x = \int \frac{\cos t}{\sin^2 t\cos t}\mathrm{d}t = \int \frac{1}{\sin^2 t}\mathrm{d}t = -\cot t + C.$$

因为 $x=\sin t$，所以

$$\cos t = \sqrt{1-\sin^2 t}=\sqrt{1-x^2}, \quad \cot t = \frac{\cos t}{\sin t}=\frac{\sqrt{1-x^2}}{x}.$$

于是

$$\int \frac{1}{x^2\sqrt{1-x^2}}\mathrm{d}x = -\frac{\sqrt{1-x^2}}{x}+C.$$

（33）令 $x=2\sec t$，则

$$\int \frac{\sqrt{x^2-4}}{x}\mathrm{d}x = \int \frac{2\tan t}{2\sec t}2\sec t\tan t\mathrm{d}t = \int 2\tan^2 t\mathrm{d}t$$

$$= 2\int(\sec^2 t-1)\mathrm{d}t = 2(\tan t - t)+C.$$

因为 $x=2\sec t$，所以

$$\cos t=\frac{2}{x}, \quad t=\arccos\frac{2}{x}, \quad \sin t=\sqrt{1-\cos^2 t}=\frac{\sqrt{x^2-4}}{x}, \quad \tan t=\frac{\sin t}{\cos t}=\frac{\sqrt{x^2-4}}{2}.$$

于是

$$\int \frac{\sqrt{x^4-4}}{x}\mathrm{d}x = \sqrt{x^2-4} - 2\arccos\frac{2}{x}+C.$$

（34）令 $x=\sec t$，则

$$\int \frac{1}{x\sqrt{x^2-1}}\mathrm{d}x = \int \frac{1}{\sec t\tan t}\cdot\sec t\tan t\mathrm{d}t = \int 1\mathrm{d}t = t+C.$$

因为 $x=\sec t$，所以

$$\cos t=\frac{1}{x}, \quad t=\arccos\frac{1}{x}.$$

于是

$$\int \frac{1}{x\sqrt{x^2-1}}\mathrm{d}x = \arccos\frac{1}{x}+C.$$

（35）令 $t=\sqrt{2x}$，即 $x=\frac{1}{2}t^2$，则

$$\int \frac{1}{1+\sqrt{2x}}dx = \int \frac{1}{1+t}t\,dt = \int \frac{(1+t)-1}{1+t}dt = \int \left(1 - \frac{1}{1+t}\right)dt$$

$$= t - \ln(1+t) + C$$

$$= \sqrt{2x} - \ln(1+\sqrt{2x}) + C.$$

(36) 令 $x = \tan t \left(-\dfrac{\pi}{2} < t < \dfrac{\pi}{2}\right)$，则

$$\int \frac{x}{1+\sqrt{1+x^2}}dx = \int \frac{\tan t}{1+\sec t} \cdot \sec^2 t\,dt$$

$$= \int \frac{\sin t}{(1+\cos t)\cos^2 t}dt = -\int \frac{d(\cos t)}{(1+\cos t)\cos^2 t}$$

$$= -\int \frac{(1-\cos^2 t)+\cos^2 t}{(1+\cos t)\cos^2 t}d(\cos t)$$

$$= -\int \left(\frac{1-\cos t}{\cos^2 t} + \frac{1}{1+\cos t}\right)d(\cos t)$$

$$= -\int \left(\cos^{-2}t - \frac{1}{\cos t}\right)d(\cos t) - \int \frac{d(1+\cos t)}{1+\cos t}$$

$$= \frac{1}{\cos t} + \ln\cos t - \ln(1+\cos t) + C.$$

因为 $x = \tan t$，所以

$$\sec t = \sqrt{1+\tan^2 t} = \sqrt{1+x^2}, \quad \cos t = \frac{1}{\sqrt{1+x^2}}.$$

于是

$$\int \frac{x}{1+\sqrt{1+x^2}}dx = \sqrt{1+x^2} + \ln\frac{1}{\sqrt{1+x^2}} - \ln\left(1+\frac{1}{\sqrt{1+x^2}}\right) + C$$

$$= \sqrt{1+x^2} - \ln\sqrt{1+x^2} - \ln\left(\frac{1+\sqrt{1+x^2}}{\sqrt{1+x^2}}\right) + C$$

$$= \sqrt{1+x^2} - \ln(1+\sqrt{1+x^2}) + C.$$

(37) 令 $x = \sin t \left(-\dfrac{\pi}{2} < t < \dfrac{\pi}{2}\right)$，则

$$\int \frac{1}{\sqrt{1-x^2}+1}dx = \int \frac{\cos t}{\cos t + 1}dt = \int \frac{\cos t(1-\cos t)}{(\cos t+1)(1-\cos t)}dt$$

$$= \int \frac{\cos t - \cos^2 t}{\sin^2 t}dt = \int \frac{\cos t}{\sin^2 t}dt - \int \cot^2 t\,dt$$

$$= \int \frac{d(\sin t)}{\sin^2 t} - \int (\csc^2 t - 1)dt$$

$$=-\frac{1}{\sin t}+\cot t+t+C.$$

因为 $x=\sin t$,所以

$$\cos t=\sqrt{1-\sin^2 t}=\sqrt{1-x^2}, \quad \cot t=\frac{\cos t}{\sin t}=\frac{\sqrt{1-x^2}}{x}, \quad t=\arcsin x.$$

于是

$$\int \frac{1}{\sqrt{1-x^2}+1}\mathrm{d}x =-\frac{1}{x}+\frac{\sqrt{1-x^2}}{x}+\arcsin x+C$$

$$=\arcsin x+\frac{\sqrt{1-x^2}-1}{x}+C.$$

(38) 令 $x=\sin t\left(-\frac{\pi}{2}<t<\frac{\pi}{2}\right)$,则

$$\int \frac{1}{\sqrt{1-x^2}+x}\mathrm{d}x = \int \frac{\cos t}{\cos t+\sin t}\mathrm{d}t = \int \frac{\cos t(\cos t+\sin t)}{(\cos t+\sin t)^2}\mathrm{d}t$$

$$=\frac{1}{2}\int \frac{2\cos^2 t+2\cos t\sin t}{1+2\cos t\sin t}\mathrm{d}t$$

$$=\frac{1}{2}\int \frac{\cos 2t+1+\sin 2t}{1+\sin 2t}\mathrm{d}t$$

$$=\frac{1}{2}\int \frac{\cos 2t}{1+\sin 2t}\mathrm{d}t+\frac{1}{2}\int 1\mathrm{d}t$$

$$=\frac{1}{2}\times\frac{1}{2}\int \frac{\mathrm{d}(1+\sin 2t)}{1+\sin 2t}+\frac{1}{2}t$$

$$=\frac{1}{2}t+\frac{1}{4}\ln|1+\sin 2t|+C.$$

因为 $x=\sin t$,所以

$$t=\arcsin x, \quad \cos t=\sqrt{1-\sin^2 t}=\sqrt{1-x^2},$$

$$1+\sin 2t=(\cos t+\sin t)^2=(x+\sqrt{1-x^2})^2.$$

于是

$$\int \frac{1}{\sqrt{1-x^2}+x}\mathrm{d}x = \frac{1}{2}\arcsin x+\frac{1}{4}\ln(x+\sqrt{1-x^2})^2+C$$

$$=\frac{1}{2}[\arcsin x+\ln|x+\sqrt{1-x^2}|]+C.$$

(39) 设 $t=\sqrt{1+\mathrm{e}^x}$,即 $x=\ln(t^2-1)$,则

$$\int \frac{1}{\sqrt{1+\mathrm{e}^x}}\mathrm{d}x = \int \frac{1}{t}\cdot\frac{2t}{t^2-1}\mathrm{d}x = 2\int \frac{1}{t^2-1}\mathrm{d}x = \int\left(\frac{1}{t-1}-\frac{1}{t+1}\right)\mathrm{d}x$$

$$=\ln(t-1)-\ln(t+1)+C$$

$$=\ln\frac{t-1}{t+1}+C=\ln\frac{\sqrt{1+e^x}-1}{\sqrt{1+e^x}+1}+C.$$

(40) 设 $x=a\sin t$，则

$$\int\frac{\sqrt{a^2-x^2}}{x^4}\mathrm{d}x=\int\frac{a\cos t}{a^4\sin^4 t}\cdot a\cos t\mathrm{d}t=\frac{1}{a^2}\int\cot^2 t\csc^2 t\mathrm{d}t$$

$$=\frac{1}{a^2}\int\cot^2 t(-\mathrm{d}\cot t)$$

$$=-\frac{1}{a^2}\cdot\frac{1}{3}\cot^3 t+C.$$

因为 $x=a\sin t$，所以

$$\sin t=\frac{x}{a},\quad\cos t=\sqrt{1-\sin^2 t}=\frac{\sqrt{a^2-x^2}}{a},\quad\cot t=\frac{\cos t}{\sin t}=\frac{\sqrt{a^2-x^2}}{x}.$$

于是

$$\int\frac{\sqrt{a^2-x^2}}{x^4}\mathrm{d}x=-\frac{1}{3a^2}\left(\frac{\sqrt{a^2-x^2}}{x}\right)^3+C.$$

习　题　4-3

求下列不定积分（其中 a,b 为常数）.

(1) $\displaystyle\int(\ln x)^2\mathrm{d}x$；

解　$\displaystyle\int(\ln x)^2\mathrm{d}x=x(\ln x)^2-\int x\mathrm{d}[(\ln x)^2]=x(\ln x)^2-2\int\ln x\mathrm{d}x$

$$=x(\ln x)^2-2\left[x\ln x-\int x\mathrm{d}(\ln x)\right]$$

$$=x(\ln x)^2-2\left[x\ln x-\int 1\cdot\mathrm{d}x\right]$$

$$=x(\ln x)^2-2x\ln x+2x+C.$$

(2) $\displaystyle\int x^2\ln x\mathrm{d}x$；

解　$\displaystyle\int x^2\ln x\mathrm{d}x=\frac{1}{3}\int\ln x\mathrm{d}(x^3)=\frac{1}{3}\left[x^3\ln x-\int x^3\mathrm{d}(\ln x)\right]$

$$=\frac{1}{3}x^3\ln x-\frac{1}{3}\int x^2\mathrm{d}x$$

$$=\frac{1}{3}x^3\ln x-\frac{1}{9}x^3+C.$$

(3) $\int x^2 \mathrm{e}^{-x} \mathrm{d}x$;

解 $\int x^2 \mathrm{e}^{-x} \mathrm{d}x = -\int x^2 \mathrm{d}(\mathrm{e}^{-x}) = -\left[x^2 \mathrm{e}^{-x} - \int \mathrm{e}^{-x} \mathrm{d}(x^2) \right]$

$$= -x^2 \mathrm{e}^{-x} + 2\int x \mathrm{e}^{-x} \mathrm{d}x = -x^2 \mathrm{e}^{-x} - 2\int x \mathrm{d}(\mathrm{e}^{-x})$$

$$= -x^2 \mathrm{e}^{-x} - 2\left(x \mathrm{e}^{-x} - \int \mathrm{e}^{-x} \mathrm{d}x \right)$$

$$= -x^2 \mathrm{e}^{-x} - 2(x \mathrm{e}^{-x} + \mathrm{e}^{-x}) + C$$

$$= -\mathrm{e}^{-x}(x^2 + 2x + 2) + C.$$

(4) $\int x \sin x \mathrm{d}x$;

解 $\int x \sin x \mathrm{d}x = -\int x \mathrm{d}(\cos x) = -\left(x \cos x - \int \cos x \mathrm{d}x \right)$

$$= -x \cos x + \sin x + C.$$

(5) $\int x^2 \cos x \mathrm{d}x$;

解 $\int x^2 \cos x \mathrm{d}x = \int x^2 \mathrm{d}(\sin x) = x^2 \sin x - \int \sin x \mathrm{d}(x^2)$

$$= x^2 \sin x - 2\int x \sin x \mathrm{d}x,$$

利用上题结果,得

$$\int x^2 \cos x \mathrm{d}x = x^2 \sin x + 2x \cos x - 2\sin x + C.$$

(6) $\int x^2 \arctan x \mathrm{d}x$;

解 $\int x^2 \arctan x \mathrm{d}x = \frac{1}{3}\int \arctan x \mathrm{d}(x^3) = \frac{1}{3}\left[x^3 \arctan x - \int x^3 \mathrm{d}(\arctan x) \right]$

$$= \frac{1}{3} x^3 \arctan x - \frac{1}{3}\int \frac{(x^3 + x) - x}{1 + x^2} \mathrm{d}x$$

$$= \frac{1}{3} x^3 \arctan x - \frac{1}{3}\int \left(x - \frac{x}{1 + x^2} \right) \mathrm{d}x$$

$$= \frac{1}{3} x^3 \arctan x - \frac{1}{3}\int x \mathrm{d}x + \frac{1}{3}\int \frac{x}{1 + x^2} \mathrm{d}x$$

$$= \frac{1}{3} x^3 \arctan x - \frac{1}{6} x^2 + \frac{1}{6}\int \frac{1}{1 + x^2} \mathrm{d}(1 + x^2)$$

$$= \frac{1}{3} x^3 \arctan x - \frac{1}{6} x^2 + \frac{1}{6} \ln(1 + x^2) + C.$$

(7) $\int x \arcsin x \mathrm{d}x$;

解
$$\int x \arcsin x \, \mathrm{d}x = \frac{1}{2}\int \arcsin x \, \mathrm{d}(x^2)$$
$$= \frac{1}{2}\left[x^2 \arcsin x - \int x^2 \, \mathrm{d}(\arcsin x)\right]$$
$$= \frac{1}{2}x^2 \arcsin x - \frac{1}{2}\int x^2 \, \mathrm{d}(\arcsin x)$$
$$= \frac{1}{2}x^2 \arcsin x - \frac{1}{2}\int \frac{x^2}{\sqrt{1-x^2}} \, \mathrm{d}x.$$

下面求
$$\int \frac{x^2}{\sqrt{1-x^2}} \, \mathrm{d}x.$$

令 $x = \sin t$，则
$$\int \frac{x^2}{\sqrt{1-x^2}} \, \mathrm{d}x = \int \frac{\sin^2 t}{\cos t}\cos t \, \mathrm{d}t$$
$$= \int \sin^2 t \, \mathrm{d}t = \frac{1}{2}\int (1 - \cos 2t) \, \mathrm{d}t$$
$$= \frac{1}{2}\left(t - \frac{1}{2}\sin 2t\right) + C_0$$
$$= \frac{1}{2}t - \frac{1}{2}\sin t \cos t + C_0.$$

因为 $x = \sin t$，所以
$$t = \arcsin x, \quad \cos t = \sqrt{1-\sin^2 t} = \sqrt{1-x^2}.$$

于是
$$\int \frac{x^2}{\sqrt{1-x^2}} \, \mathrm{d}x = \frac{1}{2}\arcsin x - \frac{1}{2}x\sqrt{1-x^2} + C_0.$$

因此
$$\int x \arcsin x \, \mathrm{d}x = \frac{1}{2}x^2 \arcsin x - \frac{1}{4}\arcsin x + \frac{1}{4}x\sqrt{1-x^2} + C.$$

(8) $\int \dfrac{x}{\cos^2 x} \, \mathrm{d}x$；

解
$$\int \frac{x}{\cos^2 x} \, \mathrm{d}x = \int x \, \mathrm{d}(\tan x) = x\tan x - \int \tan x \, \mathrm{d}x$$
$$= x\tan x + \ln|\cos x| + C.$$

(9) $\int \mathrm{e}^{ax}\cos bx \, \mathrm{d}x$；

解
$$\int \mathrm{e}^{ax}\cos bx \, \mathrm{d}x = \frac{1}{b}\int \mathrm{e}^{ax} \, \mathrm{d}(\sin bx)$$

$$= \frac{1}{b}\left[e^{ax}\sin(bx) - \int \sin(bx)\,d(e^{ax}) \right]$$

$$= \frac{1}{b}e^{ax}\sin(bx) - \frac{a}{b}\int e^{ax}\sin(bx)\,dx$$

$$= \frac{1}{b}e^{ax}\sin(bx) + \frac{a}{b^2}\int e^{ax}\,d(\cos(bx))$$

$$= \frac{1}{b}e^{ax}\sin(bx) + \frac{a}{b^2}\left[e^{ax}\cos(bx) - \int \cos(bx)\,d(e^{ax}) \right]$$

$$= \frac{1}{b}e^{ax}\sin(bx) + \frac{a}{b^2}e^{ax}\cos(bx) - \frac{a^2}{b^2}\int e^{ax}\cos(bx)\,dx.$$

由于上式右端的第三项就是所求的积分，移项整理得

$$\int e^{ax}\cos bx\,dx = \frac{1}{a^2+b^2}e^{ax}(b\sin bx + a\cos bx) + C.$$

(10) $\int x\tan^2 x\,dx$；

解 $\int x\tan^2 x\,dx = \int x(\sec^2 x - 1)\,dx = \int x\,d(\tan x) - \int x\,dx$

$$= x\tan x - \int \tan x\,dx - \frac{x^2}{2}$$

$$= x\tan x + \ln|\cos x| - \frac{x^2}{2} + C.$$

(11) $\int \frac{x\arctan x}{\sqrt{1+x^2}}\,dx$；

解 $\int \frac{x\arctan x}{\sqrt{1+x^2}}\,dx = \int \arctan x\,d(\sqrt{1+x^2})$

$$= \sqrt{1+x^2}\arctan x - \int \sqrt{1+x^2}\,d(\arctan x)$$

$$= \sqrt{1+x^2}\arctan x - \int \frac{1}{\sqrt{1+x^2}}\,dx.$$

下面求 $\int \frac{1}{\sqrt{1+x^2}}\,dx.$

令 $x = \tan t$，则

$$\int \frac{1}{\sqrt{1+x^2}}\,dx = \int \frac{1}{\sqrt{1+\tan^2 t}}\,d\tan t$$

$$= \int \frac{1}{\sqrt{\sec^2 t}}\,d\tan t$$

$$= \int \frac{1}{\sec t} \sec^2 t \mathrm{d}t$$

$$= \int \sec t \mathrm{d}t$$

$$= \ln|\tan t + \sec t| + C_0$$

$$= \ln(x + \sqrt{1+x^2}) + C_0.$$

因此,$\displaystyle\int \frac{x \arctan x}{\sqrt{1+x^2}} \mathrm{d}x = \sqrt{1+x^2} \arctan x - \ln(x + \sqrt{1+x^2}) + C.$

(12) $\displaystyle\int \arctan \sqrt{x} \mathrm{d}x$;

解　令 $t = \sqrt{x}$,即 $x = t^2$,则

$$\int \arctan \sqrt{x} \mathrm{d}x = \int \arctan t \mathrm{d}(t^2)$$

$$= t^2 \arctan t - \int t^2 \mathrm{d}(\arctan t)$$

$$= t^2 \arctan t - \int \frac{(t^2+1)-1}{1+t^2} \mathrm{d}t$$

$$= t^2 \arctan t - \int \left(1 - \frac{1}{1+t^2}\right) \mathrm{d}t$$

$$= t^2 \arctan t - t + \arctan t + C$$

$$= x \arctan \sqrt{x} - \sqrt{x} + \arctan \sqrt{x} + C.$$

(13) $\displaystyle\int \mathrm{e}^{\sqrt{x}} \mathrm{d}x$;

解　令 $t = \sqrt{x}$,即 $x = t^2$,则

$$\int \mathrm{e}^{\sqrt{x}} \mathrm{d}x = \int \mathrm{e}^t \mathrm{d}(t^2) = 2\int t\mathrm{e}^t \mathrm{d}t = 2\int t\mathrm{d}(\mathrm{e}^t)$$

$$= 2\left[t\mathrm{e}^t - \int \mathrm{e}^t \mathrm{d}t\right] = 2[t\mathrm{e}^t - \mathrm{e}^t] + C$$

$$= 2\mathrm{e}^{\sqrt{x}}(\sqrt{x} - 1) + C.$$

(14) $\displaystyle\int \cos(\ln x) \mathrm{d}x$;

解　$\displaystyle\int \cos(\ln x) \mathrm{d}x = x\cos(\ln x) - \int x\mathrm{d}(\cos(\ln x))$

$$= x\cos(\ln x) + \int \sin(\ln x) \mathrm{d}x$$

$$= x\cos(\ln x) + \left[x\sin(\ln x) - \int x\mathrm{d}(\sin(\ln x))\right]$$

$$= x\cos(\ln x) + x\sin(\ln x) - \int \cos(\ln x) \mathrm{d}x,$$

移项整理得

$$\int \cos(\ln x)\,\mathrm{d}x = \frac{1}{2}x(\cos(\ln x) + \sin(\ln x)) + C.$$

(15) $\displaystyle\int (\arcsin x)^2\,\mathrm{d}x$;

解
$$\int (\arcsin x)^2\,\mathrm{d}x = x\,(\arcsin x)^2 - \int x\,\mathrm{d}[(\arcsin x)^2]$$
$$= x(\arcsin x)^2 - 2\int x\arcsin x\,\frac{1}{\sqrt{1-x^2}}\mathrm{d}x$$
$$= x(\arcsin x)^2 + 2\int \arcsin x\,\mathrm{d}(\sqrt{1-x^2})$$
$$= x(\arcsin x)^2 + 2\left[\sqrt{1-x^2}\arcsin x - \int \sqrt{1-x^2}\,\mathrm{d}(\arcsin x)\right]$$
$$= x(\arcsin x)^2 + 2\sqrt{1-x^2}\arcsin x - 2\int 1\cdot\mathrm{d}x$$
$$= x\,(\arcsin x)^2 + 2\sqrt{1-x^2}\arcsin x - 2x + C.$$

(16) $\displaystyle\int \csc^3 x\,\mathrm{d}x$;

解
$$\int \csc x(\csc^2 x\,\mathrm{d}x) = -\int \csc x\,\mathrm{d}(\cot x)$$
$$= -\left[\csc x\cot x - \int \cot x\,\mathrm{d}(\csc x)\right]$$
$$= -\csc x\cot x - \int \csc x\,\cot^2 x\,\mathrm{d}x$$
$$= -\csc x\cot x - \int \csc x(\csc^2 x - 1)\,\mathrm{d}x$$
$$= -\csc x\cot x - \int \csc^3 x\,\mathrm{d}x + \int \csc x\,\mathrm{d}x$$
$$= -\csc x\cot x + \ln\mid \csc x - \cot x\mid - \int \csc^3 x\,\mathrm{d}x,$$

移项整理得

$$\int \csc^3 x\,\mathrm{d}x = \frac{1}{2}\ln\mid \csc x - \cot x\mid - \frac{1}{2}\csc x\cot x + C.$$

(17) $\displaystyle\int x\cos^2 x\,\mathrm{d}x$;

解
$$\int x\cos^2 x\,\mathrm{d}x = \int x\,\frac{1+\cos 2x}{2}\,\mathrm{d}x = \frac{1}{2}\int (x + x\cos 2x)\,\mathrm{d}x$$
$$= \frac{1}{4}x^2 + \frac{1}{4}\int x\,\mathrm{d}(\sin 2x)$$
$$= \frac{1}{4}x^2 + \frac{1}{4}\left(x\sin 2x - \int \sin 2x\,\mathrm{d}x\right)$$

$$=\frac{1}{4}x^2+\frac{x}{4}\sin2x+\frac{1}{8}\cos2x+C.$$

(18) $\displaystyle\int\frac{\mathrm{d}x}{(x^2+a^2)^2}$;

解　$\displaystyle\int\frac{\mathrm{d}x}{x^2+a^2}=x\cdot\frac{1}{x^2+a^2}-\int x\mathrm{d}\left(\frac{1}{x^2+a^2}\right)$

$$=\frac{x}{x^2+a^2}+2\int\frac{x^2}{(x^2+a^2)^2}\mathrm{d}x$$

$$=\frac{x}{x^2+a^2}+2\int\frac{x^2+a^2-a^2}{(x^2+a^2)^2}\mathrm{d}x$$

$$=\frac{x}{x^2+a^2}+2\int\frac{\mathrm{d}x}{x^2+a^2}-2a^2\int\frac{\mathrm{d}x}{(x^2+a^2)^2},$$

移项整理得

$$\int\frac{\mathrm{d}x}{(x^2+a^2)^2}=\frac{1}{2a^2}\left(\frac{x}{x^2+a^2}+\int\frac{\mathrm{d}x}{x^2+a^2}\right)$$

$$=\frac{1}{2a^2}\left[\frac{x}{x^2+a^2}+\frac{1}{a}\int\frac{\mathrm{d}\left(\frac{x}{a}\right)}{1+\left(\frac{x}{a}\right)^2}\right]$$

$$=\frac{1}{2a^2}\left(\frac{x}{x^2+a^2}+\frac{1}{a}\arctan\frac{x}{a}\right)+C.$$

习　题　4-4

1. 求下列不定积分.

(1) $\displaystyle\int\frac{x}{(x+2)(x+3)}\mathrm{d}x$;

(2) $\displaystyle\int\frac{x}{x^3+1}\mathrm{d}x$;

(3) $\displaystyle\int\frac{1}{(1+2x)(1+x^2)}\mathrm{d}x$;

(4) $\displaystyle\int\frac{x-3}{x^3-x}\mathrm{d}x$;

(5) $\displaystyle\int\frac{1}{(2x^2+3x+1)^2}\mathrm{d}x$;

(6) $\displaystyle\int\frac{3x^2+1}{(x^2-1)^3}\mathrm{d}x$;

(7) $\displaystyle\int\frac{\mathrm{d}x}{(x^2+1)(x^2+x)}$;

(8) $\displaystyle\int\frac{1}{x^4+1}\mathrm{d}x$;

(9) $\displaystyle\int\frac{\mathrm{d}x}{2+\cos x}$;

(10) $\displaystyle\int\frac{1+\sin x}{1-\cos x}\mathrm{d}x$;

(11) $\displaystyle\int\frac{1}{1+\sin x+\cos x}\mathrm{d}x$;

(12) $\displaystyle\int\frac{\sin x}{1+\sin x}\mathrm{d}x$;

(13) $\int \dfrac{\mathrm{d}x}{3+\sin^2 x}$;

(14) $\int \dfrac{\mathrm{d}x}{2\sin x-\cos x+5}$;

(15) $\int \dfrac{\mathrm{d}x}{2+\sin x}$;

(16) $\int x^2 \sqrt[3]{1+x^3}\,\mathrm{d}x$;

(17) $\int \dfrac{x^3}{\sqrt{x^8-4}}\mathrm{d}x$;

(18) $\int x^2 \sqrt{1+x}\,\mathrm{d}x$;

(19) $\int \dfrac{\mathrm{d}x}{\sqrt{x}+\sqrt[4]{x}}$;

(20) $\int \dfrac{\sqrt{x+1}-1}{\sqrt{x+1}+1}\mathrm{d}x$;

(21) $\int \sqrt{\dfrac{1-x}{1+x}}\cdot \dfrac{\mathrm{d}x}{x}$;

(22) $\int \dfrac{\mathrm{d}x}{\sqrt[3]{(x+1)^2\,(x-1)^4}}$.

解 (1) 设

$$\frac{x}{(x+2)(x+3)}=\frac{A}{x+2}+\frac{B}{x+3},$$

去分母得恒等式

$$x=A(x+3)+B(x+2),$$

取 $x=-3$ 得, $B=3$;取 $x=-2$ 得, $A=-2$.

因此

$$\frac{x}{(x+2)(x+3)}=\frac{-2}{x+2}+\frac{3}{x+3},$$

于是

$$\int \frac{x}{(x+2)(x+3)}\mathrm{d}x=\int \left(\frac{-2}{x+2}+\frac{3}{x+3}\right)\mathrm{d}x=-2\ln|x+2|+3\ln|x+3|+C.$$

(2) 因为 $x^3+1=(x+1)(x^2-x+1)$,所以设

$$\frac{x}{x^3+1}=\frac{A}{x+1}+\frac{Bx+C}{x^2-x+1}.$$

去分母得恒等式

$$x=A(x^2-x+1)+(Bx+C)(x+1),$$

取 $x=-1$ 得 $A=-\dfrac{1}{3}$;取 $x=0$ 得 $C=\dfrac{1}{3}$;取 $x=1$ 得 $B=\dfrac{1}{3}$.

因此

$$\frac{x}{x^3+1}=\frac{-\dfrac{1}{3}}{x+1}+\frac{\dfrac{1}{3}x+\dfrac{1}{3}}{x^2-x+1},$$

于是

$$\int \frac{x}{x^3+1}\mathrm{d}x=\int \frac{1}{3}\left(\frac{-1}{x+1}+\frac{x+1}{x^2-x+1}\right)\mathrm{d}x$$

$$=-\frac{1}{3}\ln|x+1|+\frac{1}{6}\int\frac{(2x-1)+3}{x^2-x+1}dx$$

$$=-\frac{1}{3}\ln|x+1|+\frac{1}{6}\int\frac{2x-1}{x^2-x+1}dx+\frac{1}{2}\int\frac{dx}{\left(x-\frac{1}{2}\right)^2+\left(\frac{\sqrt{3}}{2}\right)^2}$$

$$=-\frac{1}{3}\ln|x+1|+\frac{1}{6}\int\frac{d(x^2-x-1)}{x^2-x+1}+\frac{1}{\sqrt{3}}\int\frac{\frac{2}{\sqrt{3}}dx}{1+\left(\frac{2}{\sqrt{3}}x-\frac{1}{\sqrt{3}}\right)^2}$$

$$=-\frac{1}{3}\ln|x+1|+\frac{1}{6}\ln(x^2-x-1)+\frac{1}{\sqrt{3}}\arctan\left(\frac{2}{\sqrt{3}}x-\frac{1}{\sqrt{3}}\right)+C.$$

(3) 设

$$\frac{1}{(1+2x)(1+x^2)}=\frac{A}{1+2x}+\frac{Bx+C}{1+x^2},$$

去分母得恒等式

$$1=A(1+x^2)+(1+2x)(Bx+C),$$

取 $x=-\frac{1}{2}$ 得,$A=\frac{4}{5}$;取 $x=0$ 得,$C=\frac{1}{5}$;取 $x=1$ 得,$B=-\frac{2}{5}$.

因此

$$\frac{1}{(1+2x)(1+x^2)}=\frac{\frac{4}{5}}{1+2x}+\frac{-\frac{2}{5}x+\frac{1}{5}}{1+x^2},$$

于是

$$\int\frac{1}{(1+2x)(1+x^2)}dx=\frac{1}{5}\int\left(\frac{4}{1+2x}+\frac{-2x+1}{1+x^2}\right)dx$$

$$=\frac{2}{5}\int\frac{d(1+2x)}{1+2x}-\frac{1}{5}\int\frac{d(1+x^2)}{1+x^2}+\frac{1}{5}\int\frac{1}{1+x^2}dx$$

$$=\frac{2}{5}\ln|1+2x|-\frac{1}{5}\ln(1+x^2)+\frac{1}{5}\arctan x+C.$$

(4) 因为 $x^3-x=x(x+1)(x-1)$,所以设

$$\frac{x-3}{x^3-x}=\frac{A}{x}+\frac{B}{x+1}+\frac{C}{x-1},$$

去分母得恒等式

$$x-3=A(x+1)(x-1)+Bx(x-1)+Cx(x+1),$$

取 $x=0$ 得,$A=3$;取 $x=-1$ 得,$B=-2$;取 $x=1$ 得,$C=-1$.

因此

$$\frac{x-3}{x^3-x}=\frac{3}{x}+\frac{-2}{x+1}+\frac{-1}{x-1},$$

$$\int\frac{x-3}{x^3-x}\mathrm{d}x=\int\left(\frac{3}{x}+\frac{-2}{x+1}+\frac{-1}{x-1}\right)\mathrm{d}x$$

$$=3\ln|x|-2\ln|x+1|-\ln|x-1|+C.$$

(5) 因为 $(2x^2+3x+1)^2=(2x+1)^2(x+1)^2$，所以设

$$\frac{1}{(2x^2+3x+1)^2}=\frac{A}{2x+1}+\frac{B}{(2x+1)^2}+\frac{A_1}{x+1}+\frac{B_1}{(x+1)^2},$$

去分母得恒等式

$$1=A(2x+1)(x+1)^2+B(x+1)^2+A_1(2x+1)^2(x+1)+B_1(2x+1)^2,$$

取 $x=-\dfrac{1}{2}$ 得，$B=4$；取 $x=-1$ 得 $B_1=1$；取 $x=0$ 及 $x=1$ 得，$A=-8$ 及 $A_1=4$.

因此

$$\frac{1}{(2x^2+3x+1)^2}=\frac{-8}{2x+1}+\frac{4}{(2x+1)^2}+\frac{4}{x+1}+\frac{1}{(x+1)^2},$$

于是

$$\int\frac{1}{(2x^2+3x+1)^2}\mathrm{d}x=\int\left(\frac{-8}{2x+1}+\frac{4}{(2x+1)^2}+\frac{4}{x+1}+\frac{1}{(x+1)^2}\right)\mathrm{d}x$$

$$=-4\int\frac{\mathrm{d}(2x+1)}{2x+1}+2\int\frac{\mathrm{d}(2x+1)}{(2x+1)^2}+4\int\frac{\mathrm{d}(x+1)}{x+1}+\int\frac{\mathrm{d}(x+1)}{(x+1)^2}$$

$$=-4\ln|2x+1|-\frac{2}{2x+1}+4\ln|x+1|-\frac{1}{x+1}+C$$

$$=4\ln\left|\frac{x+1}{2x+1}\right|-\frac{4x+3}{2x^2+3x+1}+C.$$

(6) 因为 $(x^2-1)^3=(x-1)^3(x+1)^3$，所以设

$$\frac{3x^2+1}{(x^2-1)^3}=\frac{A_1}{x-1}+\frac{A_2}{(x-1)^2}+\frac{A_3}{(x-1)^3}+\frac{B_1}{x+1}+\frac{B_2}{(x+1)^2}+\frac{B_3}{(x+1)^3},$$

去分母得恒等式

$$3x^2+1=A_1(x-1)^2(x+1)^3+A_2(x-1)(x+1)^3+A_3(x+1)^3$$
$$+B_1(x+1)^2(x-1)^3+B_2(x+1)(x-1)^3+B_3(x-1)^3,$$

取 $x=1$ 得 $A_3=\dfrac{1}{2}$；取 $x=-1$ 得 $B_3=-\dfrac{1}{2}$，代入上式整理得

$$A_1(x-1)(x+1)^2+A_2(x+1)^2+B_1(x+1)(x-1)^2+B_2(x-1)^2=0,$$

取 $x=1$ 得 $A_2=0$；取 $x=-1$ 得 $B_2=0$；取 $x=0$ 及 $x=2$ 得 $A_1=0$ 及 $B_1=0$.

因此

$$\frac{3x^2+1}{(x^2-1)^3}=\frac{\frac{1}{2}}{(x-1)^3}+\frac{-\frac{1}{2}}{(x+1)^3},$$

于是

$$\int\frac{3x^2+1}{(x^2-1)^3}\mathrm{d}x=\int\left[\frac{\frac{1}{2}}{(x-1)^3}+\frac{-\frac{1}{2}}{(x+1)^3}\right]\mathrm{d}x=\frac{1}{2}\int\frac{\mathrm{d}(x-1)}{(x-1)^3}-\frac{1}{2}\int\frac{\mathrm{d}(x+1)}{(x+1)^3}$$

$$=-\frac{1}{4}(x-1)^{-2}+\frac{1}{4}(x+1)^{-2}+C=-\frac{x}{(x^2-1)^2}+C.$$

(7) 因为 $(x^2+1)(x^2+x)=x(x+1)(x^2+1)$，所以设

$$\frac{1}{(x^2+1)(x^2+x)}=\frac{A}{x}+\frac{B}{x+1}+\frac{Cx+D}{x^2+1},$$

去分母得恒等式

$$1=A(x+1)(x^2+1)+Bx(x^2+1)+(Cx+D)x(x+1),$$

取 $x=0$ 得 $A=1$；取 $x=-1$ 得 $B=-\frac{1}{2}$；取 $x=i$ 得，$C=-\frac{1}{2}$ 及 $C=-\frac{1}{2}$.

因此

$$\frac{1}{(x^2+1)(x^2+x)}=\frac{1}{x}+\frac{-\frac{1}{2}}{x+1}+\frac{-\frac{1}{2}x-\frac{1}{2}}{x^2+1},$$

于是

$$\int\frac{\mathrm{d}x}{(x^2+1)(x^2+x)}=\int\left(\frac{1}{x}+\frac{-\frac{1}{2}}{x+1}+\frac{-\frac{1}{2}x-\frac{1}{2}}{x^2+1}\right)\mathrm{d}x$$

$$=\int\frac{1}{x}\mathrm{d}x-\frac{1}{2}\int\frac{1}{x+1}\mathrm{d}x-\frac{1}{2}\int\frac{x}{x^2+1}\mathrm{d}x-\frac{1}{2}\int\frac{1}{x^2+1}\mathrm{d}x$$

$$=\ln|x|-\frac{1}{2}\int\frac{1}{x+1}\mathrm{d}(x+1)-\frac{1}{4}\int\frac{1}{x^2+1}\mathrm{d}(x^2+1)$$

$$-\frac{1}{2}\arctan x$$

$$=\ln|x|-\frac{1}{2}\ln|x+1|-\frac{1}{4}\ln(x^2+1)-\frac{1}{2}\arctan x+C$$

$$=\frac{1}{4}\ln\frac{x^4}{(x+1)^2(x^2+1)}-\frac{1}{2}\arctan x+C.$$

(8) 令 $x^4+1=0$ 得，$x^4=-1=\cos\pi+\mathrm{i}\sin\pi$，所以

$$x_k=\cos\frac{2k\pi+\pi}{4}+\mathrm{i}\sin\frac{2k\pi+\pi}{4}\quad(k=0,1,2,3),$$

即 $x_0=\dfrac{\sqrt{2}}{2}(1+\mathrm{i})$，$x_1=\dfrac{\sqrt{2}}{2}(-1+\mathrm{i})$，$x_2=\dfrac{\sqrt{2}}{2}(-1-\mathrm{i})$，$x_3=\dfrac{\sqrt{2}}{2}(1-\mathrm{i})$，因此

$$x^4+1=(x-x_0)(x-x_1)(x-x_2)(x-x_3)=(x^2-\sqrt{2}x+1)(x^2+\sqrt{2}x+1).$$

设

$$\frac{1}{x^4+1}=\frac{Ax+B}{x^2+\sqrt{2}x+1}+\frac{Cx+D}{x^2-\sqrt{2}x+1}.$$

去分母得恒等式

$$1=(Ax+B)(x^2-\sqrt{2}x+1)+(Cx+D)(x^2+\sqrt{2}x+1),$$

取 $x=x_0=\dfrac{\sqrt{2}}{2}(1+\mathrm{i})$ 得 $D=\dfrac{1}{2}$，$C=-\dfrac{\sqrt{2}}{4}$；取 $x=0$ 得，$B=\dfrac{1}{2}$，比较 x^3 的系数得 $A=$ $\dfrac{\sqrt{2}}{4}$. 因此

$$\frac{1}{x^4+1}=\frac{\dfrac{\sqrt{2}}{4}x+\dfrac{1}{2}}{x^2+\sqrt{2}x+1}+\frac{-\dfrac{\sqrt{2}}{4}x+\dfrac{1}{2}}{x^2-\sqrt{2}x+1}.$$

于是

$$\int\frac{1}{x^4+1}\mathrm{d}x=\int\frac{\dfrac{\sqrt{2}}{4}x+\dfrac{1}{2}}{x^2+\sqrt{2}x+1}\mathrm{d}x+\int\frac{-\dfrac{\sqrt{2}}{4}x+\dfrac{1}{2}}{x^2-\sqrt{2}x+1}\mathrm{d}x$$

$$=\frac{\sqrt{2}}{8}\int\frac{(2x+\sqrt{2})+\sqrt{2}}{x^2+\sqrt{2}x+1}\mathrm{d}x-\frac{\sqrt{2}}{8}\int\frac{(2x-\sqrt{2})-\sqrt{2}}{x^2-\sqrt{2}x+1}\mathrm{d}x$$

$$=\frac{\sqrt{2}}{8}\int\frac{\mathrm{d}(x^2+\sqrt{2}x+1)}{x^2+\sqrt{2}x+1}+\frac{\sqrt{2}}{8}\int\frac{2\sqrt{2}\mathrm{d}x}{(\sqrt{2}x+1)^2+1}$$

$$\quad-\frac{\sqrt{2}}{8}\int\frac{\mathrm{d}(x^2-\sqrt{2}x+1)}{x^2-\sqrt{2}x+1}+\frac{\sqrt{2}}{8}\int\frac{2\sqrt{2}\mathrm{d}x}{(\sqrt{2}x-1)^2+1}$$

$$=\frac{\sqrt{2}}{8}\ln(x^2+\sqrt{2}x+1)-\frac{\sqrt{2}}{8}\ln(x^2-\sqrt{2}x+1)$$

$$\quad+\frac{\sqrt{2}}{4}\int\frac{\mathrm{d}(\sqrt{2}x+1)}{(\sqrt{2}x+1)^2+1}+\frac{\sqrt{2}}{4}\int\frac{\mathrm{d}(\sqrt{2}x-1)}{(\sqrt{2}x-1)^2+1}$$

$$=\frac{\sqrt{2}}{8}\ln\frac{x^2+\sqrt{2}x+1}{x^2-\sqrt{2}x+1}+\frac{\sqrt{2}}{4}[\arctan(\sqrt{2}x+1)+\arctan(\sqrt{2}x-1)]+C.$$

(9) 令 $t=\tan\dfrac{x}{2}$，则

$$x=2\arctan t; \quad \mathrm{d}x=\frac{2}{1+t^2}\mathrm{d}t; \quad \cos x=\frac{1-t^2}{1+t^2}.$$

于是

$$\int\frac{\mathrm{d}x}{2+\cos x}=\int\frac{1}{2+\dfrac{1-t^2}{1+t^2}}\cdot\frac{2}{1+t^2}\mathrm{d}t=\int\frac{2}{3+t^2}\mathrm{d}t$$

$$=\frac{2}{\sqrt{3}}\int\frac{1}{1+\left(\dfrac{t}{\sqrt{3}}\right)^2}\cdot\frac{1}{\sqrt{3}}\mathrm{d}t=\frac{2}{\sqrt{3}}\arctan\left(\frac{t}{\sqrt{3}}\right)+C$$

$$=\frac{2\sqrt{3}}{3}\arctan\left(\frac{\sqrt{3}}{3}\tan\frac{x}{2}\right)+C.$$

(10) 令 $t=\tan\dfrac{x}{2}$，则

$$\cos x=\frac{1-t^2}{1+t^2}; \quad \sin x=\frac{2t}{1+t^2}; \quad \mathrm{d}x=\frac{2}{1+t^2}\mathrm{d}t.$$

于是

$$\int\frac{1+\sin x}{1-\cos x}\mathrm{d}x=\int\frac{1+\dfrac{2t}{1+t^2}}{1-\dfrac{1-t^2}{1+t^2}}\cdot\frac{2}{1+t^2}\mathrm{d}t=\int\frac{(1+t^2)+2t}{t^2(1+t^2)}\mathrm{d}t$$

$$=\int\frac{1}{t^2}\mathrm{d}t+2\int\frac{1}{t(1+t^2)}\mathrm{d}t=\int\frac{1}{t^2}\mathrm{d}t+2\int\left(\frac{1}{t}+\frac{-t}{1+t^2}\right)\mathrm{d}t$$

$$=-\frac{1}{t}+2\ln|t|-\ln(1+t^2)+C$$

$$=-\cot\frac{x}{2}+2\ln\left|\tan\frac{x}{2}\right|-\ln\left(1+\tan^2\frac{x}{2}\right)+C$$

$$=-\cot\frac{x}{2}+2\ln\left|\tan\frac{x}{2}\right|-\ln\left(\sec^2\frac{x}{2}\right)+C.$$

另解：

$$\int\frac{1+\sin x}{1-\cos x}\mathrm{d}x=\int\frac{1}{1-\cos x}\mathrm{d}x+\int\frac{\sin x}{1-\cos x}\mathrm{d}x$$

$$=\int\frac{1}{2\sin^2\dfrac{x}{2}}\mathrm{d}x+\int\frac{1}{1-\cos x}\mathrm{d}(1-\cos x)$$

$$=\int\csc^2\frac{x}{2}\mathrm{d}\left(\frac{x}{2}\right)+\ln|1-\cos x|=-\cot\frac{x}{2}+\ln|1-\cos x|+C.$$

(11) 令 $t=\tan\dfrac{x}{2}$，则

$$\sin x=\frac{2t}{1+t^2};\quad \cos x=\frac{1-t^2}{1+t^2};\quad \mathrm{d}x=\frac{2}{1+t^2}\mathrm{d}t.$$

于是

$$\int\frac{1}{1+\sin x+\cos x}\mathrm{d}x=\int\frac{1}{1+\dfrac{2t}{1+t^2}+\dfrac{1-t^2}{1+t^2}}\cdot\frac{2}{1+t^2}\mathrm{d}t=\int\frac{1}{1+t}\mathrm{d}t$$

$$=\ln|1+t|+C=\ln\left|1+\tan\frac{x}{2}\right|+C.$$

(12) 令 $t=\tan\dfrac{x}{2}$，则

$$\sin x=\frac{2t}{1+t^2};\quad \mathrm{d}x=\frac{2}{1+t^2}\mathrm{d}t.$$

于是

$$\int\frac{\sin x}{1+\sin x}\mathrm{d}x=\int\frac{\dfrac{2t}{1+t^2}}{1+\dfrac{2t}{1+t^2}}\cdot\frac{2}{1+t^2}\mathrm{d}t=\int\frac{4t}{(t^2+2t+1)(1+t^2)}\mathrm{d}t$$

$$=2\int\left[\frac{1}{1+t^2}-\frac{1}{(1+t)^2}\right]\mathrm{d}t=2\arctan t+\frac{2}{1+t}+C$$

$$=2\arctan\left(\tan\frac{x}{2}\right)+\frac{2}{1+\tan\dfrac{x}{2}}+C$$

$$=x+\frac{2}{1+\tan\dfrac{x}{2}}+C.$$

另解：

$$\int\frac{\sin x}{1+\sin x}\mathrm{d}x=\int\frac{\sin x(1-\sin x)}{(1+\sin x)(1-\sin x)}\mathrm{d}x=\int\frac{\sin x-\sin^2 x}{\cos^2 x}\mathrm{d}x$$

$$=\int(\tan x\sec x-\tan^2 x)\mathrm{d}x=\int(\tan x\sec x-\sec^2 x+1)\mathrm{d}x$$

$$=\sec x-\tan x+x+C.$$

(13) 令 $t=\tan x$，则

$$\sin^2 x=\frac{\tan^2 x}{\sec^2 x}=\frac{t^2}{1+t^2};\quad \mathrm{d}x=\frac{1}{1+t^2}\mathrm{d}t.$$

于是

$$\int \frac{\mathrm{d}x}{3+\sin^2 x} = \int \frac{1}{3+\dfrac{t^2}{1+t^2}} \cdot \frac{1}{1+t^2}\mathrm{d}t = \int \frac{1}{3+4t^2}\mathrm{d}t$$

$$= \frac{1}{2\sqrt{3}}\int \frac{1}{1+\left(\dfrac{2}{\sqrt{3}}t\right)^2} \cdot \frac{2}{\sqrt{3}}\mathrm{d}t = \frac{1}{2\sqrt{3}}\arctan\frac{2}{\sqrt{3}}t + C$$

$$= \frac{1}{2\sqrt{3}}\arctan\left(\frac{2}{\sqrt{3}}\tan x\right) + C.$$

(14) 令 $t=\tan\dfrac{x}{2}$，则

$$\sin x = \frac{2t}{1+t^2};\quad \cos x = \frac{1-t^2}{1+t^2};\quad \mathrm{d}x = \frac{2}{1+t^2}\mathrm{d}t.$$

于是

$$\int \frac{\mathrm{d}x}{2\sin x - \cos x + 5} = \int \frac{1}{2\cdot\dfrac{2t}{1+t^2} - \dfrac{1-t^2}{1+t^2} + 5} \cdot \frac{2}{1+t^2}\mathrm{d}t = \int \frac{1}{3t^2+2t+2}\mathrm{d}t$$

$$= \int \frac{3}{(9t^2+6t+1)+5}\mathrm{d}t = \frac{1}{\sqrt{5}}\int \frac{1}{\left(\dfrac{3t+1}{\sqrt{5}}\right)^2+1} \cdot \frac{3}{\sqrt{5}}\mathrm{d}t$$

$$= \frac{1}{\sqrt{5}}\arctan\frac{3t+1}{\sqrt{5}} + C = \frac{1}{\sqrt{5}}\arctan\frac{3\tan\dfrac{x}{2}+1}{\sqrt{5}} + C.$$

(15) 令 $t=\tan\dfrac{x}{2}$，则

$$\sin x = \frac{2t}{1+t^2};\quad \mathrm{d}x = \frac{2}{1+t^2}\mathrm{d}t.$$

于是

$$\int \frac{\mathrm{d}x}{2+\sin x} = \int \frac{\dfrac{2}{1+t^2}}{2+\dfrac{2t}{1+t^2}}\mathrm{d}t = \int \frac{1}{t^2+t+1}\mathrm{d}t$$

$$= \int \frac{4}{(2t+1)^2+(\sqrt{3})^2}\mathrm{d}t = \frac{2}{\sqrt{3}}\int \frac{1}{\left(\dfrac{2t+1}{\sqrt{3}}\right)^2+1}\left(\frac{2}{\sqrt{3}}\mathrm{d}t\right)$$

$$= \frac{2}{\sqrt{3}}\arctan\frac{2t+1}{\sqrt{3}} + C = \frac{2}{\sqrt{3}}\arctan\frac{2\tan\dfrac{x}{2}+1}{\sqrt{3}} + C.$$

(16) 令 $t=1+x^3$,则

$$x=\sqrt[3]{t-1}; \quad dx=\frac{1}{3}(t-1)^{-\frac{2}{3}}dt.$$

于是

$$\int x^2 \cdot \sqrt[3]{1+x^3}dx = \int (\sqrt[3]{t-1})^2 \sqrt[3]{t} \frac{1}{3}(t-1)^{-\frac{2}{3}}dt = \frac{1}{3}\int t^{\frac{1}{3}}dt$$

$$=\frac{1}{4}t^{\frac{4}{3}}+C=\frac{1}{4}(1+x^3)^{\frac{4}{3}}+C.$$

(17) $\int \frac{x^3}{\sqrt{x^8-4}}dx = \frac{1}{4}\int \frac{1}{\sqrt{(x^4)^2-2^2}}d(x^4) = \frac{1}{4}\ln(x^4+\sqrt{x^8-4})+C.$

(18) 令 $t=1+x$,则 $x=t-1$,于是

$$\int x^2\sqrt{1+x}dx = \int (t-1)^2\sqrt{t}dt = \int (t^{\frac{5}{2}}-2t^{\frac{3}{2}}+t^{\frac{1}{2}})dt$$

$$=\frac{2}{7}t^{\frac{7}{2}}-\frac{4}{5}t^{\frac{5}{2}}+\frac{2}{3}t^{\frac{3}{2}}+C=\frac{2}{105}t^{\frac{1}{2}}(15t^3-42t^2+35t)+C$$

$$=\frac{2}{105}\sqrt{1+x}(15x^3+3x^2-4x+8)+C.$$

(19) 令 $t=\sqrt[4]{x}$,则 $x=t^4$,则

$$\int \frac{dx}{\sqrt{x}+\sqrt[4]{x}} = \int \frac{4t^3}{t^2+t}dt = 4\int \frac{t^2}{t+1}dt$$

$$= 4\int \frac{(t^2-1)+1}{t+1}dt = 4\int \left(t-1+\frac{1}{t+1}\right)dt$$

$$=4\left[\frac{1}{2}t^2-t+\ln(t+1)\right]+C$$

$$=2\sqrt{x}-4\sqrt[4]{x}+4\ln(\sqrt[4]{x}+1)+C.$$

(20) 令 $t=\sqrt{x+1}$,则 $x=t^2-1, dx=2tdt.$ 于是

$$\int \frac{\sqrt{x+1}-1}{\sqrt{x+1}+1}dx = \int \frac{t-1}{t+1}\cdot 2tdt = 2\int \frac{t^2-t}{t+1}dt$$

$$= 2\int \frac{(t^2+t)-(2t+2)+2}{t+1}dt$$

$$= 2\int \left(t-2+\frac{2}{t+1}\right)dt$$

$$= t^2-4t+4\ln(1+t)+C$$

$$=x-4\sqrt{x+1}+4\ln(1+\sqrt{x+1})+C.$$

(21) $\int \sqrt{\dfrac{1-x}{1+x}} \cdot \dfrac{\mathrm{d}x}{x} = \int \dfrac{1-x}{\sqrt{1-x^2}} \cdot \dfrac{\mathrm{d}x}{x} = \int \dfrac{1}{x\sqrt{1-x^2}}\mathrm{d}x - \int \dfrac{1}{\sqrt{1-x^2}}\mathrm{d}x.$

下面求 $\int \dfrac{1}{x\sqrt{1-x^2}}\mathrm{d}x.$

令 $x = \sin t$，则

$$\int \dfrac{1}{x\sqrt{1-x^2}}\mathrm{d}x = \int \dfrac{\cos t}{\sin t \cos t}\mathrm{d}t = \int \dfrac{1}{\sin t}\mathrm{d}t = \ln|\csc t - \cot t| + C.$$

因为 $\sin t = x$，所以

$$\csc t = \dfrac{1}{\sin t} = \dfrac{1}{x}, \quad \cot t = \dfrac{\cos t}{\sin t} = \dfrac{\sqrt{1-\cos^2 t}}{\sin t} = \dfrac{\sqrt{1-x^2}}{x},$$

于是

$$\int \dfrac{1}{x\sqrt{1-x^2}}\mathrm{d}x = \ln\left|\dfrac{1-\sqrt{1-x^2}}{x}\right| + C.$$

所以

$$\int \sqrt{\dfrac{1-x}{1+x}} \cdot \dfrac{\mathrm{d}x}{x} = \ln\left|\dfrac{1-\sqrt{1-x^2}}{x}\right| - \arcsin x + C.$$

另解：设 $t = \sqrt{\dfrac{1-x}{1+x}}$，则

$$x = \dfrac{1-t^2}{1+t^2}, \quad \mathrm{d}x = \dfrac{-4t}{(1+t^2)^2}\mathrm{d}t.$$

于是

$$\int \sqrt{\dfrac{1-x}{1+x}} \cdot \dfrac{\mathrm{d}x}{x} = \int t\,\dfrac{-4t}{(1+t^2)^2}\dfrac{1+t^2}{1-t^2}\mathrm{d}t = \int \dfrac{-4t^2}{(1+t^2)(1-t^2)}\mathrm{d}t$$

$$= \int \left(\dfrac{2}{1+t^2} - \dfrac{2}{1-t^2}\right)\mathrm{d}t = \int \left(\dfrac{2}{1+t^2} - \dfrac{1}{1-t} - \dfrac{1}{1+t}\right)\mathrm{d}t$$

$$= 2\arctan t + \ln|1-t| - \ln|1+t| + C$$

$$= 2\arctan t + \ln\left|\dfrac{1-t}{1+t}\right| + C$$

$$= 2\arctan\sqrt{\dfrac{1-x}{1+x}} + \ln\left|\dfrac{1-\sqrt{\dfrac{1-x}{1+x}}}{1+\sqrt{\dfrac{1-x}{1+x}}}\right| + C$$

$$= 2\arctan\sqrt{\dfrac{1-x}{1+x}} + \ln\left|\dfrac{\sqrt{1+x}-\sqrt{1-x}}{\sqrt{1+x}+\sqrt{1-x}}\right| + C.$$

(22) $\displaystyle\int \frac{\mathrm{d}x}{\sqrt[3]{(x+1)^2 \, (x-1)^4}} = \int \frac{1}{(x+1)(x-1)} \sqrt[3]{\frac{x+1}{x-1}} \mathrm{d}x.$

令 $t = \sqrt[3]{\dfrac{x+1}{x-1}}$，则

$$x = \frac{t^3+1}{t^3-1}, \quad \mathrm{d}x = \frac{-6t^2}{(t^3-1)^2} \mathrm{d}t.$$

于是

$$\int \frac{\mathrm{d}x}{\sqrt[3]{(x+1)^2 \, (x-1)^4}} = \int \frac{1}{\left(\dfrac{t^3+1}{t^3-1}\right)^2 - 1} t \frac{-6t^2}{(t^3-1)^2} \mathrm{d}t = -\frac{3}{2}\int 1 \mathrm{d}t$$

$$= -\frac{3}{2}t + C = -\frac{3}{2}\sqrt[3]{\frac{x+1}{x-1}} + C.$$

2. 利用以前学过的方法求下列不定积分.

(1) $\displaystyle\int \frac{\mathrm{d}x}{\sin x \cos x}$;

(2) $\displaystyle\int \frac{\ln(\tan x)}{\cos x \sin x} \mathrm{d}x$;

(3) $\displaystyle\int \tan^3 x \sec x \mathrm{d}x$;

(4) $\displaystyle\int \frac{\mathrm{d}x}{(1+\mathrm{e}^x)^2}$;

(5) $\displaystyle\int \frac{\sqrt{1+\cos x}}{\sin x} \mathrm{d}x$;

(6) $\displaystyle\int \sqrt{x}\sin \sqrt{x} \mathrm{d}x$;

(7) $\displaystyle\int \frac{1+\cos x}{x+\sin x} \mathrm{d}x$;

(8) $\displaystyle\int \frac{x\mathrm{e}^x}{(\mathrm{e}^x+1)^2} \mathrm{d}x$;

(9) $\displaystyle\int \frac{x^7}{(1+x^4)^2} \mathrm{d}x$;

(10) $\displaystyle\int \frac{\ln(1+x)}{(1+x)^2} \mathrm{d}x$;

(11) $\displaystyle\int \frac{\mathrm{d}x}{x^4 \sqrt{1+x^2}}$;

(12) $\displaystyle\int \ln(1+x^2) \mathrm{d}x$;

(13) $\displaystyle\int \frac{\sqrt{1+\sqrt{x}}}{\sqrt{x}} \mathrm{d}x$;

(14) $\displaystyle\int \frac{\sqrt[3]{x}}{x(\sqrt{x}+\sqrt[3]{x})} \mathrm{d}x$;

(15) $\displaystyle\int \left[\ln(x+\sqrt{1+x^2})\right]^2 \mathrm{d}x$;

(16) $\displaystyle\int \frac{\mathrm{d}x}{\sqrt{(x-1)^3 \, (x-2)}}$;

(17) $\displaystyle\int \frac{\mathrm{d}x}{(2+\cos x)\sin x}$;

(18) $\displaystyle\int \frac{\cot x}{1+\sin x} \mathrm{d}x$;

(19) $\displaystyle\int \frac{\sin x \cos x}{\sin x + \cos x} \mathrm{d}x$;

(20) $\displaystyle\int \frac{\mathrm{e}^{\arctan x}}{\sqrt{(1+x^2)^3}} \mathrm{d}x$;

(21) $\displaystyle\int \mathrm{e}^{2x}\cos 3x \mathrm{d}x$;

(22) $\displaystyle\int x\sin x \cos x \mathrm{d}x$;

(23) $\displaystyle\int \frac{x+1}{(x^2+2x)\sqrt{x^2+2x}}\mathrm{d}x$;　　　　(24) $\displaystyle\int \sqrt{3-2x-x^2}\,\mathrm{d}x$;

(25) $\displaystyle\int \frac{\mathrm{d}x}{\sqrt{(x^2+1)^3}}$;　　　　　　　(26) $\displaystyle\int \frac{\mathrm{e}^{3x}+\mathrm{e}^x}{\mathrm{e}^{4x}-\mathrm{e}^{2x}+1}\mathrm{d}x$.

解　(1) $\displaystyle\int \frac{\mathrm{d}x}{\sin x\cos x}=\int \frac{2}{\sin 2x}\mathrm{d}x=\ln \mid \csc 2x-\cot 2x\mid +C.$

另解：

$$\int \frac{\mathrm{d}x}{\sin x\cos x}=\int \frac{1}{\tan x\,\cos^2 x}\mathrm{d}x=\int \frac{1}{\tan x}\mathrm{d}(\tan x)=\ln \mid \tan x\mid +C.$$

(2) 利用上题结果得

$$\int \frac{\ln(\tan x)}{\cos x\sin x}\mathrm{d}x=\int \ln(\tan x)\mathrm{d}[\ln(\tan x)]=\frac{1}{2}\left[\ln(\tan x)\right]^2+C.$$

(3) $\displaystyle\int \tan^3 x\sec x\mathrm{d}x=\int \tan^2 x\tan x\sec x\mathrm{d}x=\int (\sec^2 x-1)\mathrm{d}(\sec x)$

$$=\frac{1}{3}\sec^3 x-\sec x+C.$$

(4) 设 $t=\mathrm{e}^x$,则

$$x=\ln t,\quad \mathrm{d}x=\frac{1}{t}\mathrm{d}t.$$

于是

$$\int \frac{\mathrm{d}x}{(1+\mathrm{e}^x)^2}=\int \frac{1}{(1+t)^2}\,\frac{1}{t}\mathrm{d}t.$$

设

$$\frac{1}{t\,(1+t)^2}=\frac{A}{t}+\frac{B}{t+1}+\frac{C}{(t+1)^2}.$$

去分母,得恒等式

$$1=A\,(t+1)^2+Bt(t+1)+Ct.$$

取 $t=0$ 得 $A=1$;比较 t^2 的系数得 $B=-1$;取 $t=-1$ 得 $C=-1$.

因此

$$\frac{1}{t\,(1+t)^2}=\frac{1}{t}+\frac{-1}{t+1}+\frac{-1}{(t+1)^2}.$$

于是

$$\int \frac{1}{(1+t)^2}\,\frac{1}{t}\mathrm{d}t=\int \left(\frac{1}{t}-\frac{1}{t+1}-\frac{1}{(t+1)^2}\right)\mathrm{d}t=\ln t-\ln(t+1)+\frac{1}{t+1}+C$$

$$=\ln \frac{\mathrm{e}^x}{1+\mathrm{e}^x}+\frac{1}{\mathrm{e}^x+1}+C\left(\text{或}=x-\ln(1+\mathrm{e}^x)+\frac{1}{\mathrm{e}^x+1}+C\right).$$

(5) $\int \dfrac{\sqrt{1+\cos x}}{\sin x}\mathrm{d}x = \int \dfrac{\sqrt{2}\cos\dfrac{x}{2}}{2\sin\dfrac{x}{2}\cos\dfrac{x}{2}}\mathrm{d}x = \sqrt{2}\int \dfrac{1}{\sin\dfrac{x}{2}}\cdot\dfrac{1}{2}\mathrm{d}x$

$$=\sqrt{2}\ln\left|\csc\dfrac{x}{2}-\cot\dfrac{x}{2}\right|+C.$$

(6) 令 $t=\sqrt{x}$，则

$$x=t^2,\quad \mathrm{d}x=2t\mathrm{d}t.$$

于是

$$\int \sqrt{x}\sin\sqrt{x}\mathrm{d}x = \int t\sin t\cdot 2t\mathrm{d}t = 2\int t^2\sin t\mathrm{d}t$$

$$=-2\int t^2\mathrm{d}(\cos t) =-2\left[t^2\cos t-\int\cos t\mathrm{d}(t^2)\right]$$

$$=-2t^2\cos t+4\int t\cos t\mathrm{d}t$$

$$=-2t^2\cos t+4\int t\mathrm{d}(\sin t)$$

$$=-2t^2\cos t+4t\sin t-4\int\sin t\mathrm{d}t$$

$$=-2t^2\cos t+4t\sin t+4\cos t+C$$

$$=-2x\cos\sqrt{x}+4\sqrt{x}\sin\sqrt{x}+4\cos\sqrt{x}+C.$$

(7) $\int \dfrac{1+\cos x}{x+\sin x}\mathrm{d}x = \int \dfrac{\mathrm{d}(x+\sin x)}{x+\sin x} = \ln|x+\sin x|+C.$

(8) $\int \dfrac{x\mathrm{e}^x}{(\mathrm{e}^x+1)^2}\mathrm{d}x = \int \dfrac{x\mathrm{d}(\mathrm{e}^x)}{(\mathrm{e}^x+1)^2} =-\int x\mathrm{d}\left(\dfrac{1}{\mathrm{e}^x+1}\right)$

$$=-\dfrac{x}{\mathrm{e}^x+1}+\int \dfrac{1}{\mathrm{e}^x+1}\mathrm{d}x.$$

下面求 $\int \dfrac{1}{\mathrm{e}^x+1}\mathrm{d}x.$

设 $t=\mathrm{e}^x$，则

$$x=\ln t,\quad \mathrm{d}x=\dfrac{1}{t}\mathrm{d}t.$$

于是

$$\int \dfrac{1}{\mathrm{e}^x+1}\mathrm{d}x = \int \dfrac{1}{t+1}\dfrac{1}{t}\mathrm{d}t = \int\left(\dfrac{1}{t}-\dfrac{1}{t+1}\right)\mathrm{d}t$$

$$=\ln t-\ln(t+1)+C$$

$$=\ln\mathrm{e}^x-\ln(\mathrm{e}^x+1)+C.$$

因此
$$\int \frac{x\mathrm{e}^{x}}{(\mathrm{e}^{x}+1)^{2}}\mathrm{d}x = -\frac{x}{\mathrm{e}^{x}+1} + \ln\frac{\mathrm{e}^{x}}{\mathrm{e}^{x}+1} + C.$$

(9) 令 $t=x^{4}$,则
$$\int \frac{x^{7}}{(1+x^{4})^{2}}\mathrm{d}x = \frac{1}{4}\int \frac{t}{(1+t)^{2}}\mathrm{d}t.$$

设
$$\frac{t}{(1+t)^{2}} = \frac{A}{1+t} + \frac{B}{(1+t)^{2}}.$$

去分母得恒等式
$$t=A(1+t)+B.$$

取 $t=-1$ 得 $B=-1$;取 $t=0$ 得 $A=1$.

因此
$$\frac{t}{(1+t)^{2}} = \frac{1}{1+t} + \frac{-1}{(1+t)^{2}}.$$

于是
$$\int \frac{x^{7}}{(1+x^{4})^{2}}\mathrm{d}x = \frac{1}{4}\int\left[\frac{1}{1+t} - \frac{1}{(1+t)^{2}}\right]\mathrm{d}t = \frac{1}{4}\left[\ln(1+t) + \frac{1}{1+t}\right] + C$$
$$= \frac{1}{4}\left[\ln(1+x^{4}) + \frac{1}{1+x^{4}}\right] + C.$$

(10) $\displaystyle\int \frac{\ln(1+x)}{(1+x)^{2}}\mathrm{d}x = -\int \ln(1+x)\mathrm{d}\left(\frac{1}{1+x}\right)$
$$= -\frac{1}{1+x}\ln(1+x) + \int \frac{1}{1+x}\mathrm{d}\ln(1+x)$$
$$= -\frac{1}{1+x}\ln(1+x) + \int \frac{1}{(1+x)^{2}}\mathrm{d}x$$
$$= -\frac{1}{1+x}\ln(1+x) - \frac{1}{1+x} + C$$
$$= -\frac{1}{1+x}[\ln(1+x)+1] + C.$$

(11) 令 $x=\dfrac{1}{t}$,则 $\mathrm{d}x=-\dfrac{1}{t^{2}}\mathrm{d}t$,于是
$$\int \frac{\mathrm{d}x}{x^{4}\sqrt{1+x^{2}}} = \int \frac{1}{\left(\dfrac{1}{t}\right)^{4}\sqrt{1+\left(\dfrac{1}{t}\right)^{2}}}\left(-\frac{1}{t^{2}}\mathrm{d}t\right) = -\int \frac{t^{3}}{\sqrt{t^{2}+1}}\mathrm{d}t.$$

令 $t=\tan u$,则

$$\int \frac{t^3}{\sqrt{t^2+1}}dt = \int \frac{\tan^3 u}{\sqrt{\tan^2 u+1}}\sec^2 u du = \int \tan^3 u \sec u du$$

$$= \int \tan^2 u \tan u \sec u du = \int (\sec^2 u - 1)d(\sec u)$$

$$= \frac{1}{3}\sec^3 u - \sec u + C.$$

因为 $\tan u = t = \dfrac{1}{x}$,所以

$$\sec u = \sqrt{1+\tan^2 u} = \sqrt{1+\left(\frac{1}{x}\right)^2} = \frac{\sqrt{1+x^2}}{x}.$$

于是

$$\int \frac{dx}{x^4 \sqrt{1+x^2}} = -\int \frac{t^3}{\sqrt{1+t^2}}dt = -\frac{1}{3}\sec^3 u + \sec u + C$$

$$= -\frac{\sqrt{(1+x^2)^3}}{3x^3} + \frac{\sqrt{1+x^2}}{x} + C.$$

(12) $\displaystyle\int \ln(1+x^2)dx$

$$= x\ln(1+x^2) - \int x d\ln(1+x^2)$$

$$= x\ln(1+x^2) - 2\int \frac{(1+x^2)-1}{(1+x^2)}dx$$

$$= x\ln(1+x^2) - 2x + 2\arctan x + C.$$

(13) 令 $t=\sqrt{x}$,则 $x=t^2$,$dx=2tdt$. 于是

$$\int \frac{\sqrt{1+\sqrt{x}}}{\sqrt{x}}dx = \int \frac{\sqrt{1+t}}{t}2tdt = 2\int \sqrt{1+t}dt$$

$$= 2\times\frac{2}{3}(1+t)^{\frac{3}{2}} + C = \frac{4}{3}(1+\sqrt{x})^{\frac{3}{2}} + C.$$

(14) 令 $t=\sqrt[6]{x}$,则 $x=t^6$,$dx=6t^5 dt$. 于是

$$\int \frac{t^2}{t^6(t^3+t^2)}6t^5 dt = 6\int \frac{1}{t(t+1)}dt = 6\int \left(\frac{1}{t}-\frac{1}{t+1}\right)dt = 6[\ln t - \ln(t+1)] + C$$

$$= 6\ln\frac{t}{t+1} + C = 6\ln\frac{\sqrt[6]{x}}{\sqrt[6]{x}+1} + C.$$

(15) $\displaystyle\int \left[\ln(x+\sqrt{1+x^2})\right]^2 dx$

$$= x\left[\ln(x+\sqrt{1+x^2})\right]^2 - \int x d\left[\ln(x+\sqrt{1+x^2})\right]^2$$

$$= x[\ln(x+\sqrt{1+x^2})]^2 - 2\int \ln(x+\sqrt{1+x^2})\,\frac{x}{\sqrt{1+x^2}}\mathrm{d}x$$

$$= x[\ln(x+\sqrt{1+x^2})]^2 - 2\int \ln(x+\sqrt{1+x^2})\mathrm{d}\sqrt{1+x^2}$$

$$= x[\ln(x+\sqrt{1+x^2})]^2 - 2[\sqrt{1+x^2}\ln(x+\sqrt{1+x^2})$$
$$\qquad -\int \sqrt{1+x^2}\,\mathrm{d}\ln(x+\sqrt{1+x^2})]$$

$$= x[\ln(x+\sqrt{1+x^2})]^2 - 2\sqrt{1+x^2}\ln(x+\sqrt{1+x^2}) + 2\int 1\cdot\mathrm{d}x$$

$$= x\left[\ln(x+\sqrt{1+x^2})\right]^2 - 2\sqrt{1+x^2}\ln(x+\sqrt{1+x^2}) + 2x + C.$$

(16) 令 $t=\sqrt{\dfrac{x-1}{x-2}}$,则

$$x=\frac{2t^2-1}{t^2-1}, \quad \mathrm{d}x=\frac{-2t}{(t^2-1)^2}\mathrm{d}t.$$

于是

$$\int \frac{\mathrm{d}x}{\sqrt{(x-1)^3(x-2)}} = \int \frac{1}{\left(\dfrac{2t^2-1}{t^2-1}-1\right)^2}\cdot t\cdot\frac{-2t}{(t^2-1)^2}\mathrm{d}t$$

$$= -2\int \frac{1}{t^2}\mathrm{d}t = \frac{2}{t} + C = 2\sqrt{\frac{x-2}{x-1}} + C.$$

(17) $\displaystyle\int \frac{\mathrm{d}x}{(2+\cos x)\sin x} = -\int \frac{1}{(2+\cos x)(1-\cos^2 x)}\mathrm{d}(\cos x).$

令 $t=\cos x$,则

$$\frac{1}{(2+\cos x)(1-\cos^2 x)} = \frac{1}{(2+t)(1-t^2)}.$$

设

$$\frac{1}{(2+t)(1-t^2)} = \frac{A}{2+t} + \frac{B}{1+t} + \frac{C}{1-t}.$$

去分母得恒等式
$$1 = A(1-t)(1+t) + B(1-t)(2+t) + C(2+t)(1+t).$$

取 $t=-2$ 得 $A=-\dfrac{1}{3}$;取 $t=-1$ 得 $B=\dfrac{1}{2}$;取 $t=1$ 得 $C=\dfrac{1}{6}$.

因此

$$\frac{1}{(2+t)(1-t^2)} = \frac{-\dfrac{1}{3}}{2+t} + \frac{\dfrac{1}{2}}{1+t} + \frac{\dfrac{1}{6}}{1-t}.$$

于是

$$\int \frac{\mathrm{d}x}{(2+\cos x)\sin x} = -\int \frac{1}{(2+\cos x)(1-\cos^2 x)}\mathrm{d}(\cos x)$$

$$= -\int \left[\frac{-\dfrac{1}{3}}{2+\cos x} + \frac{\dfrac{1}{2}}{1+\cos x} + \frac{\dfrac{1}{6}}{1-\cos x}\right]\mathrm{d}(\cos x)$$

$$= \frac{1}{3}\ln(2+\cos x) - \frac{1}{2}\ln(1+\cos x) + \frac{1}{6}\ln(1-\cos x) + C.$$

(18) $\displaystyle\int \frac{\cot x}{1+\sin x}\mathrm{d}x = \int \frac{\cos x}{\sin x(1+\sin x)}\mathrm{d}x$

$$= \int \frac{1}{\sin x(1+\sin x)}\mathrm{d}\sin x$$

$$= \int \left(\frac{1}{\sin x} - \frac{1}{1+\sin x}\right)\mathrm{d}\sin x$$

$$= \ln|\sin x| - \ln(1+\sin x) + C$$

$$= \ln \frac{|\sin x|}{1+\sin x} + C.$$

(19) $\displaystyle\int \frac{\sin x \cos x}{\sin x + \cos x}\mathrm{d}x$

$$= \frac{1}{2}\int \frac{(2\sin x \cos x + 1) - 1}{\sin x + \cos x}\mathrm{d}x$$

$$= \frac{1}{2}\int \left(\sin x + \cos x - \frac{1}{\sin x + \cos x}\right)\mathrm{d}x$$

$$= \frac{1}{2}(\sin x - \cos x) - \frac{1}{2}\int \frac{1}{\sin x + \cos x}\mathrm{d}x.$$

下面求 $\displaystyle\int \frac{1}{\sin x + \cos x}\mathrm{d}x$.

方法一:

$$\int \frac{1}{\sin x + \cos x}\mathrm{d}x$$

$$= \frac{\sqrt{2}}{2}\int \frac{1}{\sin\left(x+\dfrac{\pi}{4}\right)}\mathrm{d}x$$

$$= \frac{\sqrt{2}}{2}\ln\left|\csc\left(x+\frac{\pi}{4}\right) - \cot\left(x+\frac{\pi}{4}\right)\right| + C(\text{以下为化简步骤})$$

$$= \frac{\sqrt{2}}{2}\ln\left|\frac{\sqrt{2}-\cos x+\sin x}{\sin x+\cos x}\right| + C$$

$$=-\frac{\sqrt{2}}{2}\ln\left|\frac{\sin x+\cos x}{\sqrt{2}-\cos x+\sin x}\right|+C$$

$$=-\frac{\sqrt{2}}{2}\ln\left|\frac{(1+\sqrt{2}\cos x)(\sin x+\cos x)}{(1+\sqrt{2}\cos x)(\sqrt{2}-\cos x+\sin x)}\right|+C$$

$$=-\frac{\sqrt{2}}{2}\ln\left|\frac{(1+\sqrt{2}\cos x)(\sin x+\cos x)}{(1+\sqrt{2}\sin x)(\sin x+\cos x)}\right|+C$$

$$=-\frac{\sqrt{2}}{2}\ln\left|\frac{1+\sqrt{2}\cos x}{1+\sqrt{2}\sin x}\right|+C.$$

方法二：

$$\int\frac{1}{\sin x+\cos x}\mathrm{d}x$$

$$=\int\frac{\cos x-\sin x}{\cos^2 x-\sin^2 x}\mathrm{d}x=\int\frac{\cos x}{\cos^2 x-\sin^2 x}\mathrm{d}x+\int\frac{-\sin x}{\cos^2 x-\sin^2 x}\mathrm{d}x$$

$$=\int\frac{1}{1-2\sin^2 x}\mathrm{d}\sin x+\int\frac{1}{2\cos^2 x-1}\mathrm{d}\cos x$$

$$=\frac{1}{\sqrt{2}}\int\frac{1}{1-(\sqrt{2}\sin x)^2}\mathrm{d}(\sqrt{2}\sin x)+\frac{1}{\sqrt{2}}\int\frac{1}{(\sqrt{2}\cos x)^2-1}\mathrm{d}(\sqrt{2}\cos x)$$

$$=\frac{1}{2\sqrt{2}}\ln\left|\frac{1+\sqrt{2}\sin x}{1-\sqrt{2}\sin x}\right|+\frac{1}{2\sqrt{2}}\ln\left|\frac{\sqrt{2}\cos x-1}{\sqrt{2}\cos x+1}\right|+C$$

$$=-\frac{\sqrt{2}}{4}\ln\left|\frac{1-\sqrt{2}\sin x}{1+\sqrt{2}\sin x}\frac{\sqrt{2}\cos x+1}{\sqrt{2}\cos x-1}\right|+C$$

$$=-\frac{\sqrt{2}}{4}\ln\left|\frac{1-2\sin^2 x}{(1+\sqrt{2}\sin x)^2}\frac{(\sqrt{2}\cos x+1)^2}{2\cos^2 x-1}\right|+C$$

$$=-\frac{\sqrt{2}}{2}\ln\left|\frac{1+\sqrt{2}\cos x}{1+\sqrt{2}\sin x}\right|+C.$$

于是

$$\int\frac{\sin x\cos x}{\sin x+\cos x}\mathrm{d}x=\frac{1}{2}(\sin x-\cos x)+\frac{\sqrt{2}}{4}\ln\left|\frac{1+\sqrt{2}\cos x}{1+\sqrt{2}\sin x}\right|+C.$$

(20) 令 $t=\arctan x$，则 $x=\tan t$. 于是

$$\int\frac{\mathrm{e}^{\arctan x}}{\sqrt{(1+x^2)^3}}\mathrm{d}x=\int\frac{\mathrm{e}^t}{\sqrt{(1+\tan^2 t)^3}}\sec^2 t\mathrm{d}t=\int\mathrm{e}^t\cos t\mathrm{d}t.$$

下面求 $\int\mathrm{e}^t\cos t\mathrm{d}t$.

$$\int e^t \cos t dt = \int \cos t de^t = e^t \cos t - \int e^t d\cos t$$

$$= e^t \cos t + \int e^t \sin t dt = e^t \cos t + \int \sin t de^t$$

$$= e^t \cos t + e^t \sin t - \int e^t d\sin t$$

$$= e^t \cos t + e^t \sin t - \int e^t \cos t dt.$$

移项整理得

$$\int e^t \cos t dt = \frac{1}{2} e^t (\cos t + \sin t) + C.$$

因为 $\tan t = x$,所以

$$\cos t = \frac{1}{\sec t} = \frac{1}{\sqrt{1 + \tan^2 t}} = \frac{1}{\sqrt{1 + x^2}},$$

$$\sin t = \tan t \cos t = \frac{x}{\sqrt{1 + x^2}}.$$

于是

$$\int \frac{e^{\arctan x}}{\sqrt{(1 + x^2)^3}} dx = \int e^t \cos t dt$$

$$= \frac{1}{2} e^t (\cos t + \sin t) + C$$

$$= \frac{1}{2} e^{\arctan x} \left(\frac{1}{\sqrt{1 + x^2}} + \frac{x}{\sqrt{1 + x^2}} \right) + C$$

$$= \frac{(1 + x) e^{\arctan x}}{2\sqrt{1 + x^2}} + C.$$

(21)　$\int e^{2x} \cos 3x dx = \frac{1}{2} \int \cos 3x d(e^{2x}) = \frac{1}{2} \left[e^{2x} \cos 3x - \int e^{2x} d\cos 3x \right]$

$$= \frac{1}{2} e^{2x} \cos 3x + \frac{3}{2} \int e^{2x} \sin 3x dx$$

$$= \frac{1}{2} e^{2x} \cos 3x + \frac{3}{4} \int \sin 3x d(e^{2x})$$

$$= \frac{1}{2} e^{2x} \cos 3x + \frac{3}{4} \left[e^{2x} \sin 3x - \int e^{2x} d(\sin 3x) \right]$$

$$= \frac{1}{2} e^{2x} \cos 3x + \frac{3}{4} e^{2x} \sin 3x - \frac{9}{4} \int e^{2x} \cos 3x dx,$$

移项整理得

$$\int e^{2x}\cos3x\mathrm{d}x = \frac{1}{13}e^{2x}(2\cos3x + 3\sin3x) + C.$$

(22) $\displaystyle\int x\sin x\cos x\mathrm{d}x = \frac{1}{2}\int x\sin2x\mathrm{d}x$

$$=-\frac{1}{4}\int x\mathrm{d}(\cos2x)$$

$$=-\frac{1}{4}\left(x\cos2x - \int \cos2x\mathrm{d}x\right)$$

$$=-\frac{1}{4}x\cos2x + \frac{1}{8}\sin2x + C.$$

(23) $\displaystyle\int \frac{x+1}{(x^2+2x)\sqrt{x^2+2x}}\mathrm{d}x = \frac{1}{2}\int \frac{\mathrm{d}(x^2+2x)}{(x^2+2x)^{\frac{3}{2}}}$

$$=-(x^2+2x)^{-\frac{1}{2}} + C = -\frac{1}{\sqrt{x^2+2x}} + C.$$

(24) $\displaystyle\int \sqrt{3-2x-x^2}\mathrm{d}x = \int \sqrt{4-(x+1)^2}\mathrm{d}x.$

令 $x+1=2\sin t$，则 $x=2\sin t-1$，于是

$$\int \sqrt{3-2x-x^2}\mathrm{d}x = \int 2\cos t 2\cos t\mathrm{d}t = 2\int (\cos2t + 1)\mathrm{d}t = (2t + \sin2t) + C.$$

因为 $\sin t = \dfrac{x+1}{2}$，所以

$$t=\arcsin\frac{x+1}{2}; \quad \cos t = \sqrt{1-\sin^2 t} = \frac{\sqrt{3-2x-x^2}}{2};$$

$$\sin2t = 2\sin t\cos t = \frac{x+1}{2}\sqrt{3-2x-x^2}.$$

于是

$$\int \sqrt{3-2x-x^2}\mathrm{d}x = 2\arcsin\frac{x+1}{2} + \frac{x+1}{2}\sqrt{3-2x-x^2} + C.$$

(25) 令 $x=\tan t$，则

$$\int \frac{\mathrm{d}x}{\sqrt{(x^2+1)^3}} = \int \frac{\sec^2 t\mathrm{d}t}{\sqrt{(\tan^2 t+1)^3}} = \int \cos t\mathrm{d}t = \sin t + C.$$

因为 $x=\tan t$，所以

$$\cot t = \frac{1}{x}, \quad \sin t = \frac{1}{\csc t} = \frac{1}{\sqrt{1+\cot^2 t}} = \frac{1}{\sqrt{1+\left(\dfrac{1}{x}\right)^2}} = \frac{x}{\sqrt{1+x^2}}.$$

于是

$$\int \frac{\mathrm{d}x}{\sqrt{(x^2+1)^3}} = \frac{x}{\sqrt{1+x^2}} + C.$$

(26) 令 $t = \mathrm{e}^x$,则

$$\int \frac{\mathrm{e}^{3x} + \mathrm{e}^x}{\mathrm{e}^{4x} - \mathrm{e}^{2x} + 1}\mathrm{d}x = \int \frac{t^3 + t}{t^4 - t^2 + 1} \cdot \frac{1}{t}\mathrm{d}t = \int \frac{t^2 + 1}{t^4 - t^2 + 1}\mathrm{d}t.$$

下面求 $\int \dfrac{t^2+1}{t^4-t^2+1}\mathrm{d}t$.

方法一:

$$\int \frac{t^2+1}{t^4-t^2+1}\mathrm{d}t = \int \frac{t^2+1}{(t^2 - \sqrt{3}t + 1)(t^2 + \sqrt{3}t + 1)}\mathrm{d}t$$

$$= \frac{1}{2}\int \left(\frac{1}{t^2 - \sqrt{3}t + 1} + \frac{1}{t^2 + \sqrt{3}t + 1} \right)\mathrm{d}t$$

$$= \int \left(\frac{1}{(2t+\sqrt{3})^2 + 1} + \frac{1}{(2t - \sqrt{3})^2 + 1} \right) \cdot 2\mathrm{d}t$$

$$= \arctan(2t+\sqrt{3}) + \arctan(2t-\sqrt{3}) + C.$$

方法二:

$$\int \frac{t^2+1}{t^4-t^2+1}\mathrm{d}t = \int \frac{t^2+1}{(t^2-1)^2 + t^2}\mathrm{d}t$$

$$= \int \frac{1 + \dfrac{1}{t^2}}{\left(t - \dfrac{1}{t} \right)^2 + 1}\mathrm{d}t$$

$$= \int \frac{\mathrm{d}\left(t - \dfrac{1}{t} \right)}{\left(t - \dfrac{1}{t} \right)^2 + 1} = \arctan\left(t - \frac{1}{t} \right) + C.$$

于是

$$\int \frac{\mathrm{e}^{3x} + \mathrm{e}^x}{\mathrm{e}^{4x} - \mathrm{e}^{2x} + 1}\mathrm{d}x = \int \frac{t^2+1}{t^4-t^2+1}\mathrm{d}t$$

$$= \arctan\left(t - \frac{1}{t} \right) + C$$

$$= \arctan(\mathrm{e}^x - \mathrm{e}^{-x}) + C.$$

习 题 4-5

1. 利用积分表求下列不定积分.

(1) $\displaystyle\int \frac{\mathrm{d}x}{x^2(1-x)}$;

(2) $\displaystyle\int \frac{x}{(2+3x)^2}\mathrm{d}x$;

(3) $\displaystyle\int \frac{\sqrt{x-1}}{x}\mathrm{d}x$;

(4) $\displaystyle\int \frac{x^4}{25+4x^2}\mathrm{d}x$;

(5) $\displaystyle\int \frac{\mathrm{d}x}{\sqrt{9x^2+25}}$;

(6) $\displaystyle\int \frac{\mathrm{d}x}{\sqrt{2+x-9x^2}}$;

(7) $\displaystyle\int \cos^5 x\mathrm{d}x$;

(8) $\displaystyle\int \sin 2x\cos 7x\mathrm{d}x$;

(9) $\displaystyle\int x\arcsin\frac{x}{2}\mathrm{d}x$;

(10) $\displaystyle\int x^2 \mathrm{e}^{3x}\mathrm{d}x$;

(11) $\displaystyle\int \ln^3 x\mathrm{d}x$;

(12) $\displaystyle\int \frac{\mathrm{d}x}{2+5\cos x}$.

解　(1) 在积分表(一)含有 $ax+b$ 的积分中,查到公式(6),

$$\int \frac{\mathrm{d}x}{x^2(ax+b)} = -\frac{1}{bx}+\frac{a}{b^2}\ln\left|\frac{ax+b}{x}\right|+C.$$

当 $a=-1,b=1$ 时,得

$$\int \frac{\mathrm{d}x}{x^2(1-x)} = -\frac{1}{x}-\ln\left|\frac{1-x}{x}\right|+C.$$

(2) 在积分表(一)含有 $ax+b$ 的积分中,查到公式(7),

$$\int \frac{x\mathrm{d}x}{(ax+b)^2} = \frac{1}{a^2}\left[\ln\mid ax+b\mid+\frac{b}{ax+b}\right]+C.$$

当 $a=3,b=2$ 时,得

$$\int \frac{x}{(2+3x)^2}\mathrm{d}x = \frac{1}{9}\left[\ln\mid 3x+2\mid+\frac{2}{3x+2}\right]+C.$$

(3) 在积分表(二)含有 $\sqrt{ax+b}$ 的积分中,查到公式(17),

$$\int \sqrt{\frac{ax+b}{x}}\mathrm{d}x = 2\sqrt{ax+b}+b\int \frac{\mathrm{d}x}{x\sqrt{ax+b}}.$$

当 $a=1,b=-1$ 时,得

$$\int \frac{\sqrt{x-1}}{x}\mathrm{d}x = 2\sqrt{x-1}-\int \frac{1}{x\sqrt{x-1}}\mathrm{d}x.$$

再由公式(15)

$$\int \frac{\mathrm{d}x}{x\sqrt{ax+b}} = \frac{2}{\sqrt{-b}}\arctan\sqrt{\frac{ax+b}{-b}}+C \quad (b<0),$$

当 $a=1,b=-1$ 时,得

$$\int \frac{\sqrt{x-1}}{x}\mathrm{d}x = 2\sqrt{x-1}-2\arctan\sqrt{x-1}+C.$$

(4) 这个积分不能在表中直接查到,因其被积函数是有理假分式,所以先将其

化为多项式和有理真分式之和,对有理真分式的积分再用公式. 故先进行变换

$$\int \frac{x^4}{25+4x^2}\mathrm{d}x = \frac{1}{16}\int \frac{16x^4-25^2+25^2}{25+4x^2}\mathrm{d}x = \frac{1}{16}\int \left(4x^2-25+\frac{25^2}{25+4x^2}\right)\mathrm{d}x$$

$$= \frac{1}{16}\left(\frac{4}{3}x^3-25x+25^2\int \frac{1}{25+4x^2}\mathrm{d}x\right).$$

在积分表(四)含有 $ax^2+b(a>0)$ 的积分中,查到公式(22),

$$\int \frac{\mathrm{d}x}{ax^2+b} = \frac{1}{\sqrt{ab}}\arctan\sqrt{\frac{a}{b}}x+C \quad (b>0).$$

当 $a=4,b=25$ 时,得

$$\int \frac{x^4}{25+4x^2}\mathrm{d}x = \frac{1}{10}\arctan\frac{2}{5}x+C,$$

于是

$$\int \frac{x^4}{25+4x^2}\mathrm{d}x == \frac{1}{16}\left(\frac{4}{3}x^3-25x+\frac{125}{2}\arctan\frac{2}{5}x\right)+C.$$

(5) 这个积分不能在表中直接查到,因为 x^2 的系数为 9,而积分表中 x^2 的系数为 1,因而需先进行变换,

$$\int \frac{\mathrm{d}x}{\sqrt{9x^2+25}} = \frac{1}{3}\int \frac{\mathrm{d}x}{\sqrt{x^2+\left(\frac{5}{3}\right)^2}}.$$

在积分表(五)含有 $\sqrt{x^2+a^2}(a>0)$ 的积分中,查到公式(29),

$$\int \frac{1}{\sqrt{x^2+a^2}}\mathrm{d}x = \ln(x+\sqrt{x^2+a^2})+C.$$

当 $a=\frac{5}{3}$ 时,得

$$\int \frac{\mathrm{d}x}{\sqrt{9x^2+25}} = \frac{1}{3}\ln\left[x+\sqrt{x^2+\left(\frac{5}{3}\right)^2}\right]+C_1$$

$$= \frac{1}{3}\ln(3x+\sqrt{9x^2+25})+C.$$

(6) 在积分表(九)含有 $\sqrt{\pm ax^2+bx+c}(a>0)$ 的积分中,查到公式(76),

$$\int \frac{\mathrm{d}x}{\sqrt{-ax^2+bx+c}} = \frac{1}{\sqrt{a}}\arcsin\frac{2ax-b}{\sqrt{b^2+4ac}}+C.$$

当 $a=9,b=1,c=2$ 时,得

$$\int \frac{\mathrm{d}x}{\sqrt{2+x-9x^2}} = \frac{1}{3}\arcsin\frac{18x-1}{\sqrt{73}}+C.$$

(7) 在积分表(十一)含有三角函数的积分中,查到公式(96),

$$\int \cos^n x \, dx = \frac{1}{n} \cos^{n-1} x \sin x + \frac{n-1}{n} \int \cos^{n-2} x \, dx.$$

当 $n=5$ 时,得

$$\int \cos^5 x \, dx = \frac{1}{5} \cos^4 x \sin x + \frac{4}{5} \int \cos^3 x \, dx.$$

再利用公式(96),当 $n=3$ 时,得

$$\int \cos^3 x \, dx = \frac{1}{3} \cos^2 x \sin x + \frac{2}{3} \int \cos x \, dx$$

$$= \frac{1}{3} \cos^2 x \sin x + \frac{2}{3} \sin x + C,$$

于是

$$\int \cos^5 x \, dx = \frac{1}{5} \cos^4 x \sin x + \frac{4}{15} \cos^2 x \sin x + \frac{8}{15} \sin x + C.$$

(8) 在积分表(十一)含有三角函数的积分中,查到公式(100),

$$\int \sin ax \cos bx \, dx = -\frac{1}{2(a+b)} \cos(a+b)x - \frac{1}{2(a-b)} \cos(a-b)x + C.$$

当 $a=2, b=7$ 时,得

$$\int \sin 2x \cos 7x \, dx = \frac{1}{10} \cos 5x - \frac{1}{18} \cos 9x + C.$$

(9) 在积分表(十二)含有反三角函数的积分中,查到公式(114),

$$\int x \arcsin \frac{x}{a} \, dx = \left(\frac{x^2}{a} - \frac{a^2}{4} \right) \arcsin \frac{x}{a} + \frac{x}{4} \sqrt{a^2 - x^2} + C.$$

当 $a=2$ 时,得

$$\int x \arcsin \frac{x}{2} \, dx = \left(\frac{x^2}{2} - 1 \right) \arcsin \frac{x}{2} + \frac{x}{4} \sqrt{4 - x^2} + C.$$

(10) 在积分表(十三)含有指数函数的积分中,查到公式(125),

$$\int x^n e^{ax} \, dx = \frac{1}{a} x^n e^{ax} - \frac{n}{a} \int x^{n-1} e^{ax} \, dx.$$

当 $n=2, a=3$ 时,得

$$\int x^2 e^{3x} \, dx = \frac{1}{3} x^2 e^{3x} - \frac{2}{3} \int x e^{3x} \, dx.$$

由公式(124)

$$\int x e^{ax} \, dx = \frac{1}{a^2} (ax - 1) e^{ax} + C.$$

当 $a=3$ 时,得

$$\int x \mathrm{e}^{3x}\,\mathrm{d}x = \frac{1}{9}(3x-1)\mathrm{e}^{3x} + C,$$

于是

$$\int x^2\, \mathrm{e}^{3x}\,\mathrm{d}x = \frac{1}{3}x^2\, \mathrm{e}^{3x} - \frac{2}{27}(3x-1)\mathrm{e}^{3x} + C.$$

(11) 在积分表(十四)含有对数函数的积分中,查到公式(135),

$$\int \ln^n x\,\mathrm{d}x = x\ln^n x - n\!\int \ln^{n-1} x\,\mathrm{d}x.$$

当 $n=3$ 时,得

$$\int \ln^3 x\,\mathrm{d}x = x\ln^3 x - 3\!\int \ln^2 x\,\mathrm{d}x,$$

再利用公式(135),当 $n=2$ 时,得

$$\int \ln^2 x\,\mathrm{d}x = x\ln^2 x - 2\!\int \ln x\,\mathrm{d}x,$$

于是

$$\begin{aligned}
\int \ln^3 x\,\mathrm{d}x &= x\ln^3 x - 3\!\int \ln^2 x\,\mathrm{d}x\\
&= x\ln^3 x - 3\Big(x\ln^2 x - 2\!\int \ln x\,\mathrm{d}x\Big)\\
&= x\ln^3 x - 3x\ln^2 x + 6(x\ln x - x) + C\\
&= x\ln^3 x - 3x\ln^2 x + 6x\ln x - 6x + C.
\end{aligned}$$

(12) 在积分表(十一)含有三角函数的积分中,查到公式(106),

$$\int \frac{\mathrm{d}x}{a+b\cos x} = \frac{1}{a+b}\sqrt{\frac{a+b}{b-a}}\ln\left|\frac{\tan\dfrac{x}{2}+\sqrt{\dfrac{a+b}{b-a}}}{\tan\dfrac{x}{2}-\sqrt{\dfrac{a+b}{b-a}}}\right| + C.$$

当 $a=2,b=5$ 时,得

$$\int \frac{\mathrm{d}x}{2+5\cos x} = \frac{1}{\sqrt{21}}\ln\left|\frac{\sqrt{3}\tan\dfrac{x}{2}+\sqrt{7}}{\sqrt{3}\tan\dfrac{x}{2}-\sqrt{7}}\right| + C.$$

第五章　定　积　分

一、基 本 内 容

(一) 定积分的概念和基本性质

1. 定积分的定义

设函数 $y=f(x)$ 在区间 $[a,b]$ 上有定义,用 $n+1$ 个分点 $a=x_0<x_1<x_2<\cdots<x_{i-1}<x_i<\cdots<x_{n-1}<x_n=b$ 将区间 $[a,b]$ 分为 n 个小区间 $[x_{i-1},x_i]$,记 $\Delta x_i=x_i-x_{i-1}(i=1,2,\cdots,n)$,在每个小区间 $[x_{i-1},x_i]$ 上任取一点 $\xi_i(x_{i-1}\leqslant\xi_i\leqslant x_i)$,作乘积 $f(\xi_i)\cdot\Delta x_i(i=1,2,\cdots,n)$,并作出和式 $\sum_{i=1}^{n}f(\xi_i)\cdot\Delta x_i$,记 $\lambda=\max\{\Delta x_i\}$,如果不论对区间 $[a,b]$ 怎样划分,也不论对点 ξ_i 怎样选取,当 $\lambda\to0$ 时,和式 $\sum_{i=1}^{n}f(\xi_i)\cdot\Delta x_i$ 总趋于确定的极限值 I,则称此极限值 I 为函数 $y=f(x)$ 在区间 $[a,b]$ 上的定积分,记为 $\int_a^b f(x)\mathrm{d}x$,即

$$\int_a^b f(x)\mathrm{d}x=\lim_{\lambda\to0}\sum_{i=1}^{n}f(\xi_i)\cdot\Delta x_i,$$

其中 $f(x)$ 称为被积函数,$f(x)\mathrm{d}x$ 称为被积表达式,x 称为积分变量,a 和 b 分别称为积分的下限与上限,$[a,b]$ 称为积分区间.

2. 定积分存在的条件

(1) 若 $y=f(x)$ 在 $[a,b]$ 上连续,则 $f(x)$ 在 $[a,b]$ 上可积;

(2) 若 $y=f(x)$ 在 $[a,b]$ 上有界且只有有限个间断点,则 $f(x)$ 在 $[a,b]$ 上可积.

3. 定积分的几何意义

如果 $f(x)\geqslant0$,定积分 $\int_a^b f(x)\mathrm{d}x$ 的几何意义:以 $y=f(x)$ 为曲边与 $x=a$,$x=b$ 及 x 轴所围成的曲边梯形的面积.

如果 $f(x)\leqslant0$,定积分 $\int_a^b f(x)\mathrm{d}x$ 的几何意义:以 $y=f(x)$ 为曲边与 $x=a$,$x=b$ 及 x 轴所围成的曲边梯形的面积的负值.

如果 $f(x)$ 在 $[a,b]$ 上有正有负,则定积分 $\int_a^b f(x)\mathrm{d}x$ 的几何意义:介于曲线

$y = f(x)$，x 轴及直线 $x = a$，$x = b$ 之间的各部分面积的代数和.

4. 定积分的性质

性质 1 被积函数的常数因子可以提到积分符号外面，即

$$\int_a^b kf(x)\mathrm{d}x = k\int_a^b f(x)\mathrm{d}x \quad (k\ \text{为常数}).$$

性质 2 函数和(差)的定积分等于它们定积分的和(差)，即

$$\int_a^b [f(x) \pm g(x)]\mathrm{d}x = \int_a^b f(x)\mathrm{d}x \pm \int_a^b g(x)\mathrm{d}x.$$

性质 3 对于任意三个数 a, b, c，恒有

$$\int_a^b f(x)\mathrm{d}x = \int_a^c f(x)\mathrm{d}x + \int_c^b f(x)\mathrm{d}x.$$

性质 4 如果在 $[a, b]$ 上，$f(x) \geqslant 0$，则 $\int_a^b f(x)\mathrm{d}x \geqslant 0$；

如果在 $[a, b]$ 上，$f(x) \leqslant 0$，则 $\int_a^b f(x)\mathrm{d}x \leqslant 0$.

性质 5 如果在 $[a, b]$ 上，$f(x) \leqslant g(x)$，则 $\int_a^b f(x)\mathrm{d}x \leqslant \int_a^b g(x)\mathrm{d}x$.

性质 6 如果在 $[a, b]$ 上，$f(x) = 1$，则 $\int_a^b 1\mathrm{d}x = \int_a^b \mathrm{d}x = b - a$.

性质 7 设 M, m 为函数 $y = f(x)$ 在 $[a, b]$ 上的最大值与最小值，则

$$m(b - a) \leqslant \int_a^b f(x)\mathrm{d}x \leqslant M(b - a).$$

性质 8（积分中值定理）

若函数 $f(x)$ 在闭区间 $[a, b]$ 上连续，则在 $[a, b]$ 上至少存在一点 ξ，使得

$$\int_a^b f(x)\mathrm{d}x = f(\xi)(b - a).$$

(二) 微积分基本定理

定理 1（积分上限函数的导数） 若函数 $f(x)$ 在区间 $[a, b]$ 上连续，则函数 $\Phi(x) = \int_a^x f(t)\mathrm{d}t$ 在 $[a, b]$ 上可导，且 $\Phi'(x) = f(x)$，即

$$\Phi'(x) = \frac{\mathrm{d}}{\mathrm{d}x}\int_a^x f(t)\mathrm{d}t = f(x).$$

定理 2（牛顿-莱布尼茨公式）

若 $F(x)$ 是连续函数 $f(x)$ 在 $[a, b]$ 上的一个原函数，则

$$\int_a^b f(x)\mathrm{d}x = F(b) - F(a).$$

（三）定积分的计算方法

1. 定积分的换元积分法

如果 $y = f(x)$ 在 $[a,b]$ 上连续,函数 $x = \varphi(t)$ 在 $[\alpha,\beta]$ 上是单值的且具有连续的导数 $\varphi'(t)$,当 t 在 $[\alpha,\beta]$ 上变化时,$x = \varphi(t)$ 的值在 $[a,b]$ 上变化,且 $\varphi(\alpha) = a$,$\varphi(\beta) = b$,则有定积分换元积分公式

$$\int_a^b f(x)\mathrm{d}x = \int_\alpha^\beta f[\varphi(t)]\varphi'(t)\mathrm{d}t.$$

2. 定积分的分部积分法

若 $u(x), v(x)$ 在 $[a,b]$ 上有连续的导数,则有定积分的分部积分公式

$$\int_a^b u(x)v'(x)\mathrm{d}x = [u(x)v(x)]\Big|_a^b - \int_a^b v(x)u'(x)\mathrm{d}x,$$

或简记为

$$\int_a^b u\,\mathrm{d}v = [uv]\Big|_a^b - \int_a^b v\,\mathrm{d}u.$$

（四）广义积分

1. 无穷区间上的广义积分

如果函数 $f(x)$ 在区间 $[a, +\infty)$ 上连续,且 $b > a$,当极限 $\lim\limits_{b \to +\infty} \int_a^b f(x)\mathrm{d}x$ 存在时,则称此极限值为函数 $f(x)$ 在区间 $[a, +\infty)$ 上广义积分,记作 $\int_a^{+\infty} f(x)\mathrm{d}x = \lim\limits_{b \to +\infty} \int_a^b f(x)\mathrm{d}x.$

此时称广义积分 $\int_a^{+\infty} f(x)\mathrm{d}x$ 收敛(或存在),否则,称广义积分发散(或不存在).

同样,在无穷区间 $(-\infty, b]$ 和 $(-\infty, +\infty)$ 上的广义积分为

$$\int_{-\infty}^b f(x)\mathrm{d}x = \lim_{a \to -\infty} \int_a^b f(x)\mathrm{d}x \quad (a < b),$$

$$\int_{-\infty}^{+\infty} f(x)\mathrm{d}x = \int_{-\infty}^c f(x)\mathrm{d}x + \int_c^{+\infty} f(x)\mathrm{d}x$$

$$= \lim_{a \to -\infty} \int_a^c f(x)\mathrm{d}x + \lim_{b \to +\infty} \int_c^b f(x)\mathrm{d}x.$$

2. 被积函数有无穷间断点的广义积分

设函数 $y = f(x)$ 在 $(a,b]$ 上连续,而 $\lim\limits_{x \to a^+} f(x) = \infty$,取 $0 < \varepsilon < b - a$,若极限 $\lim\limits_{\varepsilon \to 0} \int_{a+\varepsilon}^b f(x)\mathrm{d}x$ 存在,则称此极限值为函数 $f(x)$ 在 $(a,b]$ 上的广义积分,仍然记为

$\int_a^b f(x)\mathrm{d}x$, 即 $\int_a^b f(x)\mathrm{d}x = \lim\limits_{\varepsilon \to 0} \int_{a+\varepsilon}^b f(x)\mathrm{d}x.$

此时也称广义积分 $\int_a^b f(x)\mathrm{d}x$ 收敛(或存在),否则,称广义积分发散(或不存在).

同样地,如果 $f(x)$ 在 $[a,b)$ 上连续,而 $\lim\limits_{x \to b^-} f(x) = \infty$,取 $0 < \varepsilon < b-a$,若极限 $\lim\limits_{\varepsilon \to 0} \int_a^{b-\varepsilon} f(x)\mathrm{d}x$ 存在,则定义 $\int_a^b f(x)\mathrm{d}x = \lim\limits_{\varepsilon \to 0} \int_a^{b-\varepsilon} f(x)\mathrm{d}x.$

此时称广义积分 $\int_a^b f(x)\mathrm{d}x$ 收敛(或存在),否则,称广义积分发散(或不存在).

如果 $f(x)$ 在 $[a,b]$ 上除 $c(a<c<b)$ 外连续,且 $\lim\limits_{x \to c} f(x) = \infty$,则定义

$$\int_a^b f(x)\mathrm{d}x = \int_a^c f(x)\mathrm{d}x + \int_c^b f(x)\mathrm{d}x$$
$$= \lim\limits_{\varepsilon_1 \to 0} \int_a^{c-\varepsilon_1} f(x)\mathrm{d}x + \lim\limits_{\varepsilon_2 \to 0} \int_{c+\varepsilon_2}^b f(x)\mathrm{d}x \quad (\varepsilon_1, \varepsilon_2 \text{ 相互独立}).$$

若其中一个不收敛,就说此广义积分发散.

二、基本要求

1. 理解定积分的概念、几何意义及基本性质.

2. 理解变上限定积分及其性质,熟练掌握积分上限函数导数的求法及积分上限函数的复合函数导数的求法,熟练地用牛顿-莱布尼茨公式计算定积分,熟练掌握定积分的换元积分法和分部积分法.

3. 理解广义积分的定义,熟练掌握两种类型广义积分的计算,会用 Γ 函数的结论解决问题.

三、习题解答

习 题 5-1

1. 试比较下列各对定积分的大小:

(1) $\int_0^1 x\mathrm{d}x$ 与 $\int_0^1 x^2\mathrm{d}x$;   (2) $\int_0^{\frac{\pi}{2}} x\mathrm{d}x$ 与 $\int_0^{\frac{\pi}{2}} \sin x\mathrm{d}x$.

解 (1) 因为在 $[0,1]$ 上 $x \geqslant x^2$,所以由性质 5,有 $\int_0^1 x\mathrm{d}x \geqslant \int_0^1 x^2\mathrm{d}x.$

(2) 因为在 $\left[0, \dfrac{\pi}{2}\right]$ 上 $x \geqslant \sin x$,所以由性质 5,有 $\int_0^{\frac{\pi}{2}} x\mathrm{d}x \geqslant \int_0^{\frac{\pi}{2}} \sin x\mathrm{d}x.$

2. 由定积分的几何意义,判断下列定积分的值的正负:

(1) $\int_{-3}^{1} x\mathrm{d}x$;   (2) $\int_{0}^{\frac{\pi}{2}} \sin x\mathrm{d}x$;

(3) $\int_{-\frac{\pi}{2}}^{0} \sin x\mathrm{d}x$;   (4) $\int_{-\frac{\pi}{2}}^{\pi} \sin x\mathrm{d}x$.

解 (1) 因为在 $[-3,0]$ 上 $x<0$;在 $[0,1]$ 上 $x>0$,而且由 $f(x)=x$ 在 $[-3,0]$ 上与 $x=-3$ 及 x 轴围成的面积为 S_1,大于由 $f(x)=x$ 在 $[0,1]$ 上与 $x=1$ 及 x 轴围成的面积为 S_2,所以

$$\int_{-3}^{1} x\mathrm{d}x = -S_1 + S_2 < 0.$$

(2) 因为在 $\left[0,\dfrac{\pi}{2}\right]$ 上 $f(x)=\sin x\geqslant 0$,所以

$$\int_{0}^{\frac{\pi}{2}} \sin x\mathrm{d}x = S > 0.$$

(3) 因为在 $\left[-\dfrac{\pi}{2},0\right]$ 上 $f(x)=\sin x\leqslant 0$,所以

$$\int_{-\frac{\pi}{2}}^{0} \sin x\mathrm{d}x = -S < 0.$$

(4) 因为在 $\left[-\dfrac{\pi}{2},0\right]$ 上 $f(x)=\sin x\leqslant 0$;在 $[0,\pi]$ 上 $f(x)=\sin x\geqslant 0$,且由 $f(x)=\sin x$ 在 $\left[-\dfrac{\pi}{2},0\right]$ 上与 $x=-\dfrac{\pi}{2}$ 及 x 轴围成的面积为 S_1,小于由 $f(x)=\sin x$ 在 $[0,\pi]$ 上与 x 轴围成的面积为 S_2,所以

$$\int_{-\frac{\pi}{2}}^{\pi} \sin x\mathrm{d}x = -S_1 + S_2 > 0.$$

3. 估计下列定积分的值.

(1) $\int_{0}^{1} \mathrm{e}^{x^2}\mathrm{d}x$;   (2) $\int_{0}^{1} \mathrm{e}^{-x^2}\mathrm{d}x$.

解 (1) 因为在 $[0,1]$ 上 e^{x^2} 的最大值、最小值分别为 $\mathrm{e},1$,所以由性质 7,有

$$1 \leqslant \int_{0}^{1} \mathrm{e}^{x^2}\mathrm{d}x \leqslant \mathrm{e}.$$

(2) 因为在 $[0,1]$ 上 e^{-x^2} 的最大值、最小值分别为 $1,\dfrac{1}{\mathrm{e}}$,所以由性质 7,有

$$\frac{1}{\mathrm{e}} \leqslant \int_{0}^{1} \mathrm{e}^{x^2}\mathrm{d}x \leqslant 1.$$

习 题 5-2

1. 计算下列定积分.

(1) $\int_1^3 x^3 \mathrm{d}x$;

(2) $\int_1^2 \left(x^2 + \dfrac{1}{x^4}\right) \mathrm{d}x$;

(3) $\int_0^{\frac{\pi}{2}} \sin\varphi \cos^2\varphi \mathrm{d}\varphi$;

(4) $\int_4^9 \sqrt{x}(1 + \sqrt{x}) \mathrm{d}x$;

(5) $\int_{-\frac{\pi}{2}}^{\frac{\pi}{2}} \cos^2 t \mathrm{d}t$;

(6) $\int_1^2 \dfrac{\mathrm{d}x}{2x-1}$;

(7) $\int_0^1 t \mathrm{e}^{-\frac{t^2}{2}} \mathrm{d}t$;

(8) $\int_{-\frac{1}{2}}^{\frac{1}{2}} \dfrac{\mathrm{d}x}{\sqrt{1-x^2}}$.

解 (1) $\int_1^3 x^3 \mathrm{d}x = \dfrac{1}{4} x^4 \Big|_1^3 = \dfrac{1}{4}\left[3^4 - 1\right] = 20.$

(2) $\int_1^2 \left(x^2 + \dfrac{1}{x^4}\right) \mathrm{d}x = \dfrac{1}{3} x^3 \Big|_1^2 - \dfrac{1}{3} x^{-3} \Big|_1^2 = \dfrac{7}{3} - \dfrac{1}{3} \times \left(-\dfrac{7}{8}\right) = \dfrac{21}{8}.$

(3) $\int_0^{\frac{\pi}{2}} \sin\varphi \cos^2\varphi \mathrm{d}\varphi = -\int_0^{\frac{\pi}{2}} \cos^2\varphi \mathrm{d}\cos\varphi = -\dfrac{1}{3} \cos^3\varphi \Big|_0^{\frac{\pi}{2}} = \dfrac{1}{3}.$

(4) $\int_4^9 \sqrt{x}(1 + \sqrt{x}) \mathrm{d}x = \int_4^9 (\sqrt{x} + x) \mathrm{d}x$

$$= \dfrac{2}{3} x^{\frac{3}{2}} \Big|_4^9 + \dfrac{1}{2} x^2 \Big|_4^9 = \dfrac{38}{3} + \dfrac{65}{2} = 45\dfrac{1}{6}.$$

(5) $\int_{-\frac{\pi}{2}}^{\frac{\pi}{2}} \cos^2 t \mathrm{d}t = \int_{-\frac{\pi}{2}}^{\frac{\pi}{2}} \dfrac{1 + \cos 2t}{2} \mathrm{d}t = \dfrac{1}{2} t \Big|_{-\frac{\pi}{2}}^{\frac{\pi}{2}} + \dfrac{1}{4} \int_{-\frac{\pi}{2}}^{\frac{\pi}{2}} \cos 2t \mathrm{d}2t$

$$= \dfrac{\pi}{2} + \dfrac{1}{4} \sin 2t \Big|_{-\frac{\pi}{2}}^{\frac{\pi}{2}} = \dfrac{\pi}{2}.$$

(6) $\int_1^2 \dfrac{\mathrm{d}x}{2x-1} = \int_1^2 \dfrac{1}{2x-1} \cdot \dfrac{1}{2} \mathrm{d}(2x-1) = \dfrac{1}{2} \left[\ln|2x-1|\right]_1^2 = \dfrac{1}{2} \ln 3.$

(7) $\int_0^1 t \mathrm{e}^{-\frac{t^2}{2}} \mathrm{d}t = -\int_0^1 \mathrm{e}^{-\frac{t^2}{2}} \mathrm{d}\left(-\dfrac{t^2}{2}\right) = -\mathrm{e}^{-\frac{t^2}{2}} \Big|_0^1 = 1 - \dfrac{1}{\sqrt{\mathrm{e}}}.$

(8) $\int_{-\frac{1}{2}}^{\frac{1}{2}} \dfrac{\mathrm{d}x}{\sqrt{1-x^2}} = \arcsin x \Big|_{-\frac{1}{2}}^{\frac{1}{2}} = \dfrac{\pi}{3}.$

2. 求 $y = \int_0^z \dfrac{\mathrm{d}x}{1+x^3}$ 对 z 的二阶导数在 $z = 1$ 处的值.

解 $\dfrac{\mathrm{d}y}{\mathrm{d}z} = \dfrac{1}{1+z^3}$; $\dfrac{\mathrm{d}^2 y}{\mathrm{d}z^2} = -\dfrac{3z^2}{(1+z^3)^2}$,所以 $\dfrac{\mathrm{d}^2 y}{\mathrm{d}z^2} \Big|_{z=1} = -\dfrac{3}{4}.$

3. 试讨论函数 $y = \int_0^x t\mathrm{e}^{-\frac{t^2}{2}}\mathrm{d}t$ 的拐点与极值点.

解 $y' = \dfrac{\mathrm{d}y}{\mathrm{d}x} = x\mathrm{e}^{-\frac{x^2}{2}}, y'' = \dfrac{\mathrm{d}^2 y}{\mathrm{d}x^2} = \mathrm{e}^{-\frac{x^2}{2}} - x^2\mathrm{e}^{-\frac{x^2}{2}} = (1-x^2)\mathrm{e}^{-\frac{x^2}{2}}.$

令 $y'=0$, 得驻点 $x=0$, 又因为 $y''|_{x=0} = 1 > 0$, 所以极小值点为 $x=0$.

令 $y''=0$, 得 $x_1 = -1, x_2 = 1$.

当 $x < -1$ 时, $y'' < 0$; 当 $-1 < x < 1$ 时, $y'' > 0$; 当 $x > 1$ 时, $y'' < 0$. 所以拐点为 $\left(-1, 1-\dfrac{1}{\sqrt{\mathrm{e}}}\right), \left(1, 1-\dfrac{1}{\sqrt{\mathrm{e}}}\right)$.

综上, 函数的极值点为 $x=0$, 拐点为 $\left(-1, 1-\dfrac{1}{\sqrt{\mathrm{e}}}\right), \left(1, 1-\dfrac{1}{\sqrt{\mathrm{e}}}\right)$.

4. 已知 $y = \int_x^5 \sqrt{1+t^2}\,\mathrm{d}t$, 求 $\dfrac{\mathrm{d}y}{\mathrm{d}x}$.

解 $\dfrac{\mathrm{d}y}{\mathrm{d}x} = \left(-\int_5^x \sqrt{1+t^2}\,\mathrm{d}t\right)' = -\sqrt{1+x^2}.$

5. 已知 $y = \int_{\sqrt{x}}^{x^2} \sin t\,\mathrm{d}t$, 求 $\dfrac{\mathrm{d}y}{\mathrm{d}x}$.

解 $\dfrac{\mathrm{d}y}{\mathrm{d}x} = \dfrac{\mathrm{d}}{\mathrm{d}x}\int_{\sqrt{x}}^a \sin t\,\mathrm{d}t + \dfrac{\mathrm{d}}{\mathrm{d}x}\int_a^{x^2} \sin t\,\mathrm{d}t$

$\qquad = -\left(\int_a^{\sqrt{x}} \sin t\,\mathrm{d}t\right)' + \left(\int_a^{x^2} \sin t\,\mathrm{d}t\right)'$

$\qquad = -\sin\sqrt{x}(\sqrt{x})' + \sin x^2 (x^2)'$

$\qquad = -\dfrac{1}{2\sqrt{x}}\sin\sqrt{x} + 2x\sin x^2.$

6. 求 $\lim\limits_{x\to 0} \dfrac{\displaystyle\int_0^{x^2} \dfrac{\sin t}{t}\mathrm{d}t}{x^2}$ 的值.

解 $\lim\limits_{x\to 0} \dfrac{\displaystyle\int_0^{x^2} \dfrac{\sin t}{t}\mathrm{d}t}{x^2} = \lim\limits_{x\to 0} \dfrac{\dfrac{\sin x^2}{x^2} \cdot 2x}{2x} = 1.$

习 题 5-3

1. 计算下列定积分.

(1) $\displaystyle\int_{-\frac{\pi}{2}}^{\frac{\pi}{2}} \cos x\cos 2x\,\mathrm{d}x$;

(2) $\displaystyle\int_0^a x^2\sqrt{a^2-x^2}\,\mathrm{d}x$;

(3) $\displaystyle\int_0^2 \sqrt{4-x^2}\,dx$;

(4) $\displaystyle\int_1^e \frac{2+\ln x}{x}\,dx$;

(5) $\displaystyle\int_0^{\frac{\pi}{\omega}} \sin(\omega t + \varphi_0)\,dt$;

(6) $\displaystyle\int_0^{\frac{\pi}{2}} \frac{1}{3+2\cos x}\,dx$;

(7) $\displaystyle\int_{-1}^0 \frac{3x^4+3x^2+1}{x^2+1}\,dx$;

(8) $\displaystyle\int_{\frac{3}{4}}^{\frac{4}{3}} \frac{1}{x\sqrt{x^2+1}}\,dx$;

(9) $\displaystyle\int_0^{\frac{\pi}{2}} \frac{\cos\varphi}{6-5\sin\varphi+\sin^2\varphi}\,d\varphi$;

(10) $\displaystyle\int_0^{\frac{\pi}{4}} \frac{1-\cos^4 x}{2}\,dx$.

解　(1) $\displaystyle\int_{-\frac{\pi}{2}}^{\frac{\pi}{2}} \cos x\cos 2x\,dx = 2\int_0^{\frac{\pi}{2}} \cos x\cos 2x\,dx = \int_0^{\frac{\pi}{2}} (\cos 3x + \cos x)\,dx$

$$= \frac{1}{3}\sin 3x \Big|_0^{\frac{\pi}{2}} + \sin x \Big|_0^{\frac{\pi}{2}} = -\frac{1}{3}+1 = \frac{2}{3}.$$

(2) $\displaystyle\int_0^a x^2\sqrt{a^2-x^2}\,dx$, 令 $x = a\sin t$, 则 $dx = a\cos t\,dt$.

当 $x: 0 \to a, t: 0 \to \dfrac{\pi}{2}$, 所以

$$\int_0^a x^2\sqrt{a^2-x^2}\,dx = \int_0^{\frac{\pi}{2}} a^4\sin^2 t\cos^2 t\,dt = \int_0^{\frac{\pi}{2}} \frac{a^4}{4}(\sin 2t)^2\,dt$$

$$= \frac{a^4}{4}\int_0^{\frac{\pi}{2}} \frac{1-\cos 4t}{2}\,dt = \frac{a^4}{8}\left[t-\frac{\sin 4t}{4}\right]_0^{\frac{\pi}{2}} = \frac{\pi a^4}{16}.$$

(3) $\displaystyle\int_0^2 \sqrt{4-x^2}\,dx$, 令 $x = 2\sin t$, 则 $dx = 2\cos t\,dt$.

当 $x: 0 \to 2, t: 0 \to \dfrac{\pi}{2}$, 所以

$$\int_0^2 \sqrt{4-x^2}\,dx = \int_0^{\frac{\pi}{2}} 4\cos^2 t\,dt = 2\int_0^{\frac{\pi}{2}} (1+\cos 2t)\,dt$$

$$= 2\left[t+\frac{1}{2}\sin 2t\right]_0^{\frac{\pi}{2}} = \pi.$$

(4) $\displaystyle\int_1^e \frac{2+\ln x}{x}\,dx = \left[2\ln x + \frac{1}{2}(\ln x)^2\right]_1^e = 2+\frac{1}{2} = \frac{5}{2}$.

(5) $\displaystyle\int_0^{\frac{\pi}{\omega}} \sin(\omega t + \varphi_0)\,dt = \int_0^{\frac{\pi}{\omega}} \sin(\omega t + \varphi_0)\frac{1}{\omega}\,d(\omega t + \varphi_0)$

$$= -\frac{1}{\omega}\left[\cos(\omega t + \varphi_0)\right]_0^{\frac{\pi}{\omega}} = \frac{2}{\omega}\cos\varphi_0.$$

(6) $\int_0^{\frac{\pi}{2}} \dfrac{1}{3+2\cos x}\mathrm{d}x$，令 $\tan\dfrac{x}{2}=t$，则 $\cos x=\dfrac{1-t^2}{1+t^2}$，$\mathrm{d}x=\dfrac{2}{1+t^2}\mathrm{d}t$.

当 $x:0\rightarrow\dfrac{\pi}{2}$，$t:0\rightarrow1$，所以

$$\int_0^{\frac{\pi}{2}} \frac{1}{3+2\cos x}\mathrm{d}x = \int_0^1 \frac{1}{3+2\dfrac{1-t^2}{1+t^2}}\frac{2}{1+t^2}\mathrm{d}t = \int_0^1 \frac{2}{5+t^2}\mathrm{d}t$$

$$= \frac{2}{\sqrt{5}}\arctan\frac{t}{\sqrt{5}}\Big|_0^1 = \frac{2}{\sqrt{5}}\arctan\frac{1}{\sqrt{5}}.$$

(7) $\int_{-1}^0 \dfrac{3x^4+3x^2+1}{x^2+1}\mathrm{d}x = \int_{-1}^0 \left(3x^2+\dfrac{1}{x^2+1}\right)\mathrm{d}x$

$$= x^3\Big|_{-1}^0 + \arctan x\Big|_{-1}^0 = 1+\frac{\pi}{4}.$$

(8) $\int_{\frac{3}{4}}^{\frac{4}{3}} \dfrac{1}{x\sqrt{x^2+1}}\mathrm{d}x$，令 $\sqrt{x^2+1}=t$，则 $x=\sqrt{t^2-1}$，$\mathrm{d}x=\dfrac{t}{\sqrt{t^2-1}}\mathrm{d}t$.

当 $x:\dfrac{3}{4}\rightarrow\dfrac{4}{3}$；$t:\dfrac{5}{4}\rightarrow\dfrac{5}{3}$，所以

$$\int_{\frac{3}{4}}^{\frac{4}{3}} \frac{1}{x\sqrt{x^2+1}}\mathrm{d}x = \int_{\frac{5}{4}}^{\frac{5}{3}} \frac{1}{t^2-1}\mathrm{d}t = \frac{1}{2}\ln\left(\frac{t-1}{t+1}\right)_{\frac{5}{4}}^{\frac{5}{3}} = \ln\frac{3}{2}.$$

(9) $\int_0^{\frac{\pi}{2}} \dfrac{\cos\varphi}{6-5\sin\varphi+\sin^2\varphi}\mathrm{d}\varphi = \int_0^{\frac{\pi}{2}} \dfrac{\cos\varphi}{(3-\sin\varphi)(2-\sin\varphi)}\mathrm{d}\varphi$

$$= \int_0^{\frac{\pi}{2}} \left(\frac{1}{2-\sin\varphi}-\frac{1}{3-\sin\varphi}\right)\mathrm{d}\sin\varphi$$

$$= \left[-\ln(2-\sin\varphi)+\ln(3-\sin\varphi)\right]_0^{\frac{\pi}{2}}$$

$$= \ln2+\ln2-\ln3 = \ln\frac{4}{3}.$$

(10) $\int_0^{\frac{\pi}{4}} \dfrac{1-\cos^4 x}{2}\mathrm{d}x = \int_0^{\frac{\pi}{4}} \dfrac{(1-\cos^2 x)(1+\cos^2 x)}{2}\mathrm{d}x = \int_0^{\frac{\pi}{4}} \dfrac{\sin^2 x(1+\cos^2 x)}{2}\mathrm{d}x$

$$= \int_0^{\frac{\pi}{4}} \left(\frac{1-\cos2x}{4}+\frac{1-\cos4x}{16}\right)\mathrm{d}x$$

$$= \left(\frac{1}{4}x-\frac{1}{8}\sin2x+\frac{1}{16}x-\frac{1}{64}\sin4x\right)\Big|_0^{\frac{\pi}{4}}$$

$$= \frac{\pi}{16}-\frac{1}{8}+\frac{\pi}{64} = \frac{5\pi}{64}-\frac{1}{8}.$$

2. 计算下列定积分.

(1) $\int_1^e x\ln x\,\mathrm{d}x$;

(2) $\int_0^{e-1} \ln(x+1)\,\mathrm{d}x$;

(3) $\int_0^1 x\arctan x\,\mathrm{d}x$;

(4) $\int_0^{\ln2} x\mathrm{e}^{-x}\,\mathrm{d}x$;

(5) $\int_0^{\frac{\pi}{2}} \mathrm{e}^x\cos x\,\mathrm{d}x$;

(6) $\int_1^4 \dfrac{\ln x}{\sqrt{x}}\,\mathrm{d}x$;

(7) $\int_0^{\pi} x\sin x\,\mathrm{d}x$;

(8) $\int_0^{\frac{\pi}{2}} \cos^7 x\,\mathrm{d}x$.

解　(1) $\displaystyle\int_1^e x\ln x\,\mathrm{d}x = \int_1^e \ln x\,\mathrm{d}\frac{x^2}{2} = \frac{x^2}{2}\ln x\,\bigg|_1^e - \int_1^e \frac{x}{2}\,\mathrm{d}x$

$$= \frac{\mathrm{e}^2}{2} - \frac{x^2}{4}\,\bigg|_1^e = \frac{\mathrm{e}^2}{2} - \frac{\mathrm{e}^2}{4} + \frac{1}{4} = \frac{1}{4}(\mathrm{e}^2+1).$$

(2) $\displaystyle\int_0^{e-1} \ln(x+1)\,\mathrm{d}x = x\ln(x+1)\,\bigg|_0^{e-1} - \int_0^{e-1} \frac{x}{x+1}\,\mathrm{d}x$

$$= (\mathrm{e}-1) - \int_0^{e-1}\left(1 - \frac{1}{x+1}\right)\mathrm{d}x$$

$$= (\mathrm{e}-1) - \left[x - \ln(x+1)\right]_0^{e-1}$$

$$= (\mathrm{e}-1) - (\mathrm{e}-1-1) = 1.$$

(3) $\displaystyle\int_0^1 x\arctan x\,\mathrm{d}x = \int_0^1 \arctan x\,\mathrm{d}\frac{x^2}{2} = \frac{x^2}{2}\arctan x\,\bigg|_0^1 - \int_0^1 \frac{x^2}{2(1+x^2)}\,\mathrm{d}x$

$$= \frac{\pi}{8} - \frac{1}{2}\left[x - \arctan x\right]_0^1 = \frac{\pi}{8} - \frac{1}{2}\left(1 - \frac{\pi}{4}\right) = \frac{\pi}{4} - \frac{1}{2}.$$

(4) $\displaystyle\int_0^{\ln2} x\mathrm{e}^{-x}\,\mathrm{d}x = -\int_0^{\ln2} x\,\mathrm{d}\mathrm{e}^{-x} = -\left(x\mathrm{e}^{-x}\,\bigg|_0^{\ln2} - \int_0^{\ln2} \mathrm{e}^{-x}\,\mathrm{d}x\right)$

$$= -\frac{1}{2}\ln2 - \mathrm{e}^{-x}\,\bigg|_0^{\ln2} = -\frac{1}{2}\ln2 - \frac{1}{2} + 1 = \frac{1}{2}(1-\ln2).$$

(5) $\displaystyle\int_0^{\frac{\pi}{2}} \mathrm{e}^x\cos x\,\mathrm{d}x = \int_0^{\frac{\pi}{2}} \cos x\,\mathrm{d}\mathrm{e}^x = \mathrm{e}^x\cos x\,\bigg|_0^{\frac{\pi}{2}} + \int_0^{\frac{\pi}{2}} \mathrm{e}^x\sin x\,\mathrm{d}x$

$$= -1 + \mathrm{e}^x\sin x\,\bigg|_0^{\frac{\pi}{2}} - \int_0^{\frac{\pi}{2}} \mathrm{e}^x\cos x\,\mathrm{d}x,$$

移项得

$$\int_0^{\frac{\pi}{2}} \mathrm{e}^x\cos x\,\mathrm{d}x = \frac{1}{2}\left(-1 + \mathrm{e}^x\sin x\,\bigg|_0^{\frac{\pi}{2}}\right) = \frac{1}{2}\left(-1 + \mathrm{e}^{\frac{\pi}{2}}\right).$$

(6) $\displaystyle\int_1^4 \frac{\ln x}{\sqrt{x}}\,\mathrm{d}x = 2\int_1^4 \ln x\,\mathrm{d}\sqrt{x} = 2\left(\sqrt{x}\ln x\,\bigg|_1^4 - \int_1^4 \frac{1}{\sqrt{x}}\,\mathrm{d}x\right)$

$$= 2\left(2\ln4 - 2\sqrt{x}\,\big|_1^4\right) = 4(\ln4-1) = 8\ln2 - 4.$$

(7) $\int_0^\pi x\sin x\,dx = -\int_0^\pi x\,d\cos x = -\left(x\cos x\big|_0^\pi - \int_0^\pi \cos x\,dx\right)$

$$= \pi + \sin x\big|_0^\pi = \pi.$$

(8) $\int_0^{\frac{\pi}{2}} \cos^7 x\,dx = \frac{6}{7}\times\frac{4}{5}\times\frac{2}{3} = \frac{16}{35}.$

3. 利用函数的奇偶性计算定积分.

(1) $\int_{-\pi}^\pi x^4\sin x\,dx$;　　　　　　(2) $\int_{-\frac{\pi}{2}}^{\frac{\pi}{2}} x\cos^4 x\,dx$.

解 (1) 因为 $x^4\sin x$ 在$[-\pi,\pi]$上是奇函数,所以$\int_{-\pi}^\pi x^4\sin x\,dx = 0.$

(2) 因为 $x\cos^4 x$ 在$\left[-\frac{\pi}{2},\frac{\pi}{2}\right]$上是奇函数,所以$\int_{-\frac{\pi}{2}}^{\frac{\pi}{2}} x\cos^4 x\,dx = 0.$

4. 证明 : $\int_0^1 x^m(1-x)^n\,dx = \int_0^1 x^n(1-x)^m\,dx\,(m>0,n>0).$

证 对$\int_0^1 x^m(1-x)^n\,dx$,令 $x=1-t$,则 $t=1-x,dx=-dt.$ 当 $x:0\to1;t:$
$1\to0.$ 所以
$$\int_0^1 x^m(1-x)^n\,dx = \int_1^0 (1-t)^m t^n(-dt) = \int_0^1 t^n(1-t)^m\,dt = \int_0^1 x^n(1-x)^m\,dx,$$
故
$$\int_0^1 x^m(1-x)^n\,dx = \int_0^1 x^n(1-x)^m\,dx.$$

5. 证明:$\int_0^a f(x^2)\,dx = \frac{1}{2}\int_{-a}^a f(x^2)\,dx.$

证 因为 $f(x^2)$是$[-a,a]$上的偶函数,所以
$$\int_{-a}^a f(x^2)\,dx = 2\int_0^a f(x^2)\,dx,$$
故
$$\int_0^a f(x^2)\,dx = \frac{1}{2}\int_{-a}^a f(x^2)\,dx.$$

6. 证明:$\int_a^b f(x)\,dx = \int_a^b f(a+b-x)\,dx.$

证 对$\int_a^b f(a+b-x)\,dx$,

令 $a+b-x=t$,则 $dx=-dt.$ 当 $x:a\to b;t:b\to a.$ 所以
$$\int_a^b f(a+b-x)\,dx = \int_b^a f(t)(-dt) = \int_a^b f(t)\,dt = \int_a^b f(x)\,dx,$$
故
$$\int_a^b f(x)\,dx = \int_a^b f(a+b-x)\,dx.$$

习 题 5-4

1. 判断下列广义积分的收敛性,如果收敛求其值.

(1) $\int_1^{+\infty} \dfrac{\ln x}{x}\mathrm{d}x$;

(2) $\int_0^{+\infty} \mathrm{e}^{-ax}\mathrm{d}x (a>0)$;

(3) $\int_{-\infty}^{+\infty} \dfrac{\mathrm{d}x}{x^2+2x+2}$;

(4) $\int_{-\infty}^{+\infty} \dfrac{\mathrm{d}x}{1+x^2}$;

(5) $\int_1^{+\infty} \dfrac{1}{x^4}\mathrm{d}x$;

(6) $\int_1^{e} \dfrac{\mathrm{d}x}{x\sqrt{1-(\ln x)^2}}$;

(7) $\int_1^2 \dfrac{x}{\sqrt{x-1}}\mathrm{d}x$;

(8) $\int_1^2 \dfrac{\mathrm{d}x}{(1-x)^2}$;

(9) $\int_0^1 \dfrac{x}{\sqrt{1-x^2}}\mathrm{d}x$;

(10) $\int_0^2 \dfrac{\mathrm{d}x}{x^2-4x+3}$.

解 (1) $\int_1^{+\infty} \dfrac{\ln x}{x}\mathrm{d}x = \lim\limits_{b\to+\infty}\int_1^b \ln x\,\mathrm{d}(\ln x) = \lim\limits_{b\to+\infty} \dfrac{\ln^2 b}{2} = +\infty$,

所以,此广义积分发散.

(2) $\int_0^{+\infty} \mathrm{e}^{-ax}\mathrm{d}x = \lim\limits_{b\to+\infty}\int_0^b \mathrm{e}^{-ax}\mathrm{d}x = \lim\limits_{b\to+\infty}\left[-\dfrac{1}{a}\mathrm{e}^{-ax}\right]_0^b = \dfrac{1}{a}$.

(3) $\int_{-\infty}^{+\infty} \dfrac{\mathrm{d}x}{x^2+2x+2} = \int_{-\infty}^{+\infty} \dfrac{1}{(x+1)^2+1}\mathrm{d}x$

$\qquad = \int_{-\infty}^{0} \dfrac{1}{(x+1)^2+1}\mathrm{d}x + \int_0^{+\infty} \dfrac{1}{(x+1)^2+1}\mathrm{d}x$

$\qquad = \lim\limits_{a\to-\infty}\int_a^0 \dfrac{1}{(x+1)^2+1}\mathrm{d}x + \lim\limits_{b\to+\infty}\int_0^b \dfrac{1}{(x+1)^2+1}\mathrm{d}x$

$\qquad = \lim\limits_{a\to-\infty}\left[\arctan(x+1)\right]_a^0 + \lim\limits_{b\to+\infty}\left[\arctan(x+1)\right]_0^b$

$\qquad = \dfrac{\pi}{4} + \dfrac{\pi}{2} + \dfrac{\pi}{2} - \dfrac{\pi}{4} = \pi$.

(4) $\int_{-\infty}^{+\infty} \dfrac{\mathrm{d}x}{1+x^2} = \int_{-\infty}^{0} \dfrac{\mathrm{d}x}{1+x^2} + \int_0^{+\infty} \dfrac{\mathrm{d}x}{1+x^2}$

$\qquad = \lim\limits_{a\to-\infty}\int_a^0 \dfrac{\mathrm{d}x}{1+x^2} + \lim\limits_{b\to+\infty}\int_0^b \dfrac{\mathrm{d}x}{1+x^2}$

$\qquad = \lim\limits_{a\to-\infty}\left[\arctan x\right]_a^0 + \lim\limits_{b\to+\infty}\left[\arctan x\right]_0^b$

$\qquad = \dfrac{\pi}{2} + \dfrac{\pi}{2} = \pi$.

(5) $\int_1^{+\infty} \dfrac{1}{x^4}\mathrm{d}x = \lim\limits_{b\to+\infty}\int_1^b \dfrac{1}{x^4}\mathrm{d}x = \lim\limits_{b\to+\infty}\left[-\dfrac{1}{3}x^{-3}\right]_0^b$

$$= \lim_{b \to +\infty} \left(-\frac{1}{3}b^{-3} + \frac{1}{3} \right) = \frac{1}{3}.$$

(6) $\displaystyle\int_1^e \frac{dx}{x\sqrt{1-(\ln x)^2}}.$

由于被积函数 $f(x) = \dfrac{1}{x\sqrt{1-(\ln x)^2}}$ 在积分区间 $[1,e]$ 上除 $x=e$ 外连续,且

$\displaystyle\lim_{x \to e}\dfrac{1}{x\sqrt{1-(\ln x)^2}}=\infty$,故

$$\int_1^e \frac{dx}{x\sqrt{1-(\ln x)^2}} = \lim_{\varepsilon \to 0^+}\int_1^{e-\varepsilon} \frac{dx}{x\sqrt{1-(\ln x)^2}}$$

$$= \lim_{\varepsilon \to 0^+}\int_1^{e-\varepsilon} \frac{1}{\sqrt{1-(\ln x)^2}}d(\ln x)$$

$$= \lim_{\varepsilon \to 0^+}\left[\arcsin(\ln x)\right]_1^{e-\varepsilon}$$

$$= \lim_{\varepsilon \to 0^+}\arcsin[\ln(e-\varepsilon)] = \frac{\pi}{2}.$$

(7) $\displaystyle\int_1^2 \frac{x}{\sqrt{x-1}}dx.$

由于被积函数 $f(x) = \dfrac{x}{\sqrt{x-1}}$ 在积分区间 $[1,2]$ 上除 $x=1$ 外连续,且

$\displaystyle\lim_{x \to 1}\dfrac{x}{\sqrt{x-1}}=\infty$,故

$$\int_1^2 \frac{x}{\sqrt{x-1}}dx = \lim_{\varepsilon \to 0^+}\int_{1+\varepsilon}^2 \frac{x}{\sqrt{x-1}}dx = \lim_{\varepsilon \to 0^+}\int_{1+\varepsilon}^2 \left(\sqrt{x-1}+\frac{1}{\sqrt{x-1}}\right)dx$$

$$= \lim_{\varepsilon \to 0^+}\left\{\left[\frac{2}{3}(x-1)^{\frac{3}{2}}\right]_{1+\varepsilon}^2 + \left[2(x-1)^{\frac{1}{2}}\right]_{1+\varepsilon}^2\right\} = \frac{2}{3}+2 = \frac{8}{3}.$$

(8) $\displaystyle\int_1^2 \frac{dx}{(1-x)^2}.$

由于被积函数 $f(x) = \dfrac{1}{(1-x)^2}$ 在积分区间 $[1,2]$ 上除 $x=1$ 外连续,且

$\displaystyle\lim_{x \to 1}\dfrac{1}{(1-x)^2}=\infty$,故

$$\int_1^2 \frac{dx}{(1-x)^2} = \lim_{\varepsilon \to 0^+}\int_{1+\varepsilon}^2 \frac{dx}{(1-x)^2} = \lim_{\varepsilon \to 0^+}\int_{1+\varepsilon}^2 \frac{1}{(1-x)^2}d(x-1)$$

$$= \lim_{\varepsilon \to 0^+}\left(-\frac{1}{x-1}\right)\bigg|_{1+\varepsilon}^2 = \lim_{\varepsilon \to 0^+}\left(-1+\frac{1}{\varepsilon}\right) = +\infty,$$

所以,此广义积分发散.

(9) $\int_0^1 \dfrac{x}{\sqrt{1-x^2}}\mathrm{d}x.$

由于被积函数 $f(x)=\dfrac{x}{\sqrt{1-x^2}}$ 在积分区间 $[0,1]$ 上除 $x=1$ 外连续,且

$\lim\limits_{x\to 1}\dfrac{x}{\sqrt{1-x^2}}=\infty$,故

$$\int_0^1 \dfrac{x}{\sqrt{1-x^2}}\mathrm{d}x = \lim_{\varepsilon\to 0^+}\int_0^{1-\varepsilon}\dfrac{x}{\sqrt{1-x^2}}\mathrm{d}x = \lim_{\varepsilon\to 0^+}\int_0^{1-\varepsilon}\dfrac{1}{\sqrt{1-x^2}}\left(-\dfrac{1}{2}\right)\mathrm{d}(1-x^2)$$

$$= \lim_{\varepsilon\to 0^+}\left[-\sqrt{1-x^2}\right]_0^{1-\varepsilon} = \lim_{\varepsilon\to 0^+}\left[-\sqrt{2\varepsilon-\varepsilon^2}+1\right]=1.$$

(10) $\int_0^2 \dfrac{\mathrm{d}x}{x^2-4x+3}.$

由于被积函数 $f(x)=\dfrac{1}{x^2-4x+3}$ 在积分区间 $[0,2]$ 上除 $x=1$ 外连续,且

$\lim\limits_{x\to 1}\dfrac{1}{x^2-4x+3}=\infty$,故

$$\int_0^2 \dfrac{\mathrm{d}x}{x^2-4x+3} = \int_0^2 \dfrac{\mathrm{d}x}{(x-3)(x-1)} = \dfrac{1}{2}\left[\int_0^2 \dfrac{\mathrm{d}x}{x-3}-\int_0^2 \dfrac{\mathrm{d}x}{x-1}\right].$$

而

$$\int_0^2 \dfrac{\mathrm{d}x}{x-1} = \int_0^1 \dfrac{\mathrm{d}x}{x-1}+\int_1^2 \dfrac{\mathrm{d}x}{x-1}$$

$$= \lim_{\varepsilon\to 0^+}\int_0^{1-\varepsilon}\dfrac{\mathrm{d}x}{x-1}+\lim_{\varepsilon'\to 0^+}\int_{1+\varepsilon'}^2\dfrac{\mathrm{d}x}{x-1}$$

$$= \lim_{\varepsilon\to 0^+}\left[\ln|x-1|\right]_0^{1-\varepsilon}+\lim_{\varepsilon'\to 0^+}\left[\ln|x-1|\right]_{1+\varepsilon'}^2.$$

又因为 $\lim\limits_{\varepsilon\to 0^+}\left[\ln|x-1|\right]_0^{1-\varepsilon}=\lim\limits_{\varepsilon\to 0^+}[\ln\varepsilon]$ 不存在,故整个广义积分 $\int_0^2 \dfrac{\mathrm{d}x}{x^2-4x+3}$ 发散.

2. 当 k 为何值时,积分 $\int_0^{+\infty}\mathrm{e}^{-kx}\cos bx\,\mathrm{d}x$ 收敛?又 k 为何值时发散?

解 $\int_0^{+\infty}\mathrm{e}^{-kx}\cos bx\,\mathrm{d}x = \lim\limits_{a\to+\infty}\int_0^a \mathrm{e}^{-kx}\cos bx\,\mathrm{d}x$

$$= \lim_{a\to+\infty}\left[\dfrac{1}{k^2+b^2}\mathrm{e}^{-kx}(b\sin bx-k\cos bx)\right]_0^a$$

$$= \lim_{a\to+\infty}\left[\dfrac{1}{k^2+b^2}\mathrm{e}^{-ka}(b\sin ba-k\cos ba)+\dfrac{k}{k^2+b^2}\right].$$

当 $k>0$ 时,由于

$$\lim_{a \to +\infty} e^{-ka}(b\sin ba - k\cos ba)=0,$$

所以

$$\int_0^{+\infty} e^{-kx}\cos bx\,\mathrm{d}x = \frac{k}{k^2+b^2}.$$

当 $k\leqslant 0$ 时,由于

$$\lim_{a \to +\infty} e^{-ka}(b\sin ba - k\cos ba)不存在,$$

故此时该广义积分发散.

综上所述,广义积分 $\int_0^{+\infty} e^{-kx}\cos bx\,\mathrm{d}x$ 当 $k>0$ 时收敛,收敛于 $\frac{k}{k^2+b^2}$,当 $k\leqslant 0$ 时发散.

3. 当 k 为何值时,积分 $\int_e^{+\infty} \frac{\mathrm{d}x}{x(\ln x)^k}$ 收敛?又 k 为何值时,积分发散?

解　$\int_e^{+\infty} \frac{\mathrm{d}x}{x(\ln x)^k} = \lim_{b \to +\infty}\int_e^b \frac{1}{(\ln x)^k}\mathrm{d}(\ln x).$

当 $k>1$ 时,

$$\int_e^{+\infty} \frac{\mathrm{d}x}{x(\ln x)^k} = \lim_{b \to +\infty}\frac{1}{1-k}(\ln x)^{1-k}\Big|_e^b$$
$$= \lim_{b \to +\infty}\Big[\frac{1}{1-k}(\ln b)^{1-k} - \frac{1}{1-k}\Big] = \frac{1}{k-1};$$

当 $k=1$ 时,

$$\int_e^{+\infty} \frac{\mathrm{d}x}{x(\ln x)^k} = \int_e^{+\infty} \frac{\mathrm{d}x}{x(\ln x)} = \lim_{b \to +\infty}\big[\ln(\ln x)\big]\Big|_e^b = \lim_{b \to +\infty}\big[\ln(\ln b)\big]=+\infty,$$

故此时该广义积分发散;

当 $k<1$ 时,

$$\int_e^{+\infty} \frac{\mathrm{d}x}{x(\ln x)^k} = \lim_{b \to +\infty}\frac{1}{1-k}(\ln x)^{1-k}\Big|_e^b$$
$$= \lim_{b \to +\infty}\Big[\frac{1}{1-k}(\ln b)^{1-k} - \frac{1}{1-k}\Big]=+\infty,$$

故此时该广义积分发散.

综上所述,广义积分 $\int_e^{+\infty} \frac{\mathrm{d}x}{x(\ln x)^k}$ 当 $k>1$ 时收敛,收敛于 $\frac{1}{k-1}$,当 $k\leqslant 1$ 时发散.

4. 计算

(1) $\dfrac{\Gamma(7)}{2\Gamma(4)\Gamma(3)}$;

(2) $\dfrac{\Gamma(3)\Gamma\left(\dfrac{3}{2}\right)}{\Gamma\left(\dfrac{9}{2}\right)}$.

解 (1) $\dfrac{\Gamma(7)}{2\Gamma(4)\Gamma(3)}=\dfrac{(7-1)!}{2(4-1)!\,(3-1)!}=\dfrac{6!}{2\times 3!\,\times 2!}=30.$

(2) $\dfrac{\Gamma(3)\Gamma\left(\dfrac{3}{2}\right)}{\Gamma\left(\dfrac{9}{2}\right)}=\dfrac{2!\,\times\dfrac{1}{2}\Gamma\left(\dfrac{1}{2}\right)}{\dfrac{7}{2}\times\dfrac{5}{2}\times\dfrac{3}{2}\times\dfrac{1}{2}\Gamma\left(\dfrac{1}{2}\right)}=\dfrac{\sqrt{\pi}}{\dfrac{105}{16}\sqrt{\pi}}=\dfrac{16}{105}.$

5. 计算

(1) $\displaystyle\int_0^{+\infty} x^2\,\mathrm{e}^{-2x^2}\,\mathrm{d}x$;

(2) $\displaystyle\int_0^{+\infty} x^2\,\dfrac{\beta^\alpha}{\Gamma(\alpha)}x^{\alpha-1}\mathrm{e}^{-\beta x}\,\mathrm{d}x\,(\alpha>0,\beta>0,\alpha,\beta$ 均为常数$).$

解 (1) 令 $2x^2=t,\mathrm{d}x=\dfrac{1}{2}\dfrac{1}{\sqrt{2}\sqrt{t}}\mathrm{d}t,$ 故

$$\int_0^{+\infty} x^2\,\mathrm{e}^{-2x^2}\,\mathrm{d}x=\int_0^{+\infty}\dfrac{t}{2}\mathrm{e}^{-t}\dfrac{1}{2\sqrt{2}}\dfrac{1}{\sqrt{t}}\mathrm{d}t=\dfrac{1}{4\sqrt{2}}\int_0^{+\infty}t^{\frac{1}{2}}\mathrm{e}^{-t}\,\mathrm{d}t$$

$$=\dfrac{1}{4\sqrt{2}}\Gamma\left(\dfrac{3}{2}\right)=\dfrac{1}{4\sqrt{2}}\cdot\dfrac{1}{2}\Gamma\left(\dfrac{1}{2}\right)=\dfrac{1}{8\sqrt{2}}\sqrt{\pi}=\dfrac{\sqrt{2\pi}}{16}.$$

(2) $\displaystyle\int_0^{+\infty}x^2\,\dfrac{\beta^\alpha}{\Gamma(\alpha)}x^{\alpha-1}\mathrm{e}^{-\beta x}\,\mathrm{d}x=\dfrac{\beta^\alpha}{\Gamma(\alpha)}\int_0^{+\infty}x^{\alpha+1}\mathrm{e}^{-\beta x}\,\mathrm{d}x.$

令 $\beta x=t,\mathrm{d}x=\dfrac{1}{\beta}\mathrm{d}t,$ 故

$$\int_0^{+\infty}x^2\,\dfrac{\beta^\alpha}{\Gamma(\alpha)}x^{\alpha-1}\mathrm{e}^{-\beta x}\,\mathrm{d}x=\dfrac{\beta^\alpha}{\Gamma(\alpha)}\int_0^{+\infty}\left(\dfrac{t}{\beta}\right)^{\alpha+1}\mathrm{e}^{-t}\dfrac{1}{\beta}\mathrm{d}t=\dfrac{\beta^\alpha}{\Gamma(\alpha)}\cdot\dfrac{1}{\beta^{\alpha+2}}\int_0^{+\infty}t^{\alpha+1}\mathrm{e}^{-t}\,\mathrm{d}t$$

$$=\dfrac{1}{\Gamma(\alpha)}\cdot\dfrac{1}{\beta^2}\Gamma(\alpha+2)=\dfrac{1}{\beta^2}\cdot\dfrac{1}{\Gamma(\alpha)}(\alpha+1)\cdot\alpha\Gamma(\alpha)$$

$$=\dfrac{\alpha(\alpha+1)}{\beta^2}.$$

第六章 定积分的应用

一、基本内容

1. 定积分的元素法

取自变量小区间$[x,x+\Delta x]$,求出这个小区间上函数$F(x)$的增量ΔF的近似值,即$\Delta F \approx f(x)\Delta x$ 当$\Delta F - f(x)\Delta x$是比Δx高阶的无穷小时,由上式得到$dF = f(x)dx$,这种方法称为元素法.

2. 定积分的几何应用

1) 平面图形的面积

(1) 直角坐标情形.

设$y = f(x), y = g(x)$均在区间$[a,b]$上连续,且$f(x) \geqslant g(x)(a \leqslant x \leqslant b)$,则由这两条曲线及直线$x = a, x = b$所围成的平面图形的面积易由微元法得到,其表达式为

$$A = \int_a^b [f(x) - g(x)]dx.$$

类似地,由$x = g_1(y), x = g_2(y)(g_1(y) \geqslant g_2(y))$及直线$y = c, y = d(c < d)$所围成的平面图形的面积为

$$A = \int_c^d [g_1(y) - g_2(y)]dy.$$

(2) 极坐标情形.

曲线由极坐标方程$r = r(\theta)$给出,$r(\theta)$在$[\alpha,\beta](\alpha < \beta)$上连续,则由曲线$r = r(\theta)$,射线$\theta = \alpha, \theta = \beta$围成的曲边扇形的面积由微元法易得

$$A = \frac{1}{2}\int_\alpha^\beta r^2(\theta)d\theta.$$

2) 立体体积

(1) 已知平行截面面积的立体体积.

设立体位于过点$x = a, x = b(a < b)$且垂直于x轴的两个平面之间,过点x且垂直于x轴的平面与该立体相交的截面面积为$s(x)(a \leqslant x \leqslant b)$,则该立体的体积为

$$V = \int_a^b s(x)dx.$$

(2) 旋转体的体积.

设一曲边梯形由曲线 $y=f(x)$,直线 $x=a,x=b(a<b)$ 及 x 轴所围成,它绕 x 轴旋转一周而形成的旋转体的体积为

$$V=\pi\int_a^b f^2(x)\mathrm{d}x.$$

设一曲边梯形由曲线 $x=\varphi(y)$,直线 $y=c,y=\mathrm{d}(c<d)$ 及 y 轴所围成,它绕 y 轴旋转一周而形成的旋转体的体积为

$$V=\pi\int_c^d \varphi^2(y)\mathrm{d}y.$$

3）平面曲线的弧长

（1）直角坐标情形.

设函数 $y=f(x)$ 在 $[a,b]$ 上具有一阶连续的导数,则曲线 $y=f(x)$ 在 $[a,b]$ 上的曲线弧长为

$$S=\int_a^b \sqrt{1+(y')^2}\mathrm{d}x.$$

（2）参数方程情形.

设曲线弧的参数方程为 $\begin{cases} x=\varphi(t),\\ y=\psi(t) \end{cases}$ $(\alpha\leqslant t\leqslant\beta)$,则此曲线弧的长度为

$$S=\int_\alpha^\beta \sqrt{[\varphi'(t)]^2+[\psi'(t)]^2}\mathrm{d}t.$$

3. 定积分的物理应用

1）变力沿直线所做的功

若物体在变力 $F(x)$（力的大小沿 x 轴变化,方向沿 x 轴正向）的作用下,由 x 轴上点 a 移动到点 b,则该变力所做的功为

$$W=\int_a^b F(x)\mathrm{d}x.$$

2）液体压力

设竖立的平板的形状是一个曲线 $y=f(x)$ 及直线 $y=0,x=a,x=b$ 所围成的曲边梯形,y 轴取在液体的自由表面,x 轴垂直向下,液体比重为 γ,则此平板所受液体的压力为

$$P=\int_a^b \gamma x f(x)\mathrm{d}x.$$

4. 平均值

设函数 $y=f(x)$ 在 $[a,b]$ 上连续,则函数 $y=f(x)$ 在 $[a,b]$ 上的平均值为

$$\bar{y}=\frac{1}{b-a}\int_a^b f(x)\mathrm{d}x.$$

二、基本要求

掌握用定积分表达和计算一些几何量和物理量(平面图形的面积、平面曲线的弧长、体积、功、引力、压力等).

三、习题解答

习　题　6-2

1. 求下列各图中画斜线部分的面积,如图 6-1 所示.

(1)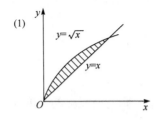
(2)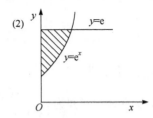

(3)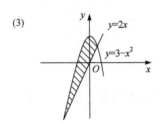
(4)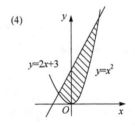

图 6-1

解　(1) 由方程组 $\begin{cases} y=\sqrt{x}, \\ y=x \end{cases}$ 得交点为 $(0,0),(1,1)$.

取横坐标为积分变量,在 $[0,1]$ 上任取一小区间 $[x,x+\mathrm{d}x]$,在该小区间的面积近似于高为 $\sqrt{x}-x$,底为 $\mathrm{d}x$ 的窄矩形的面积,从而得到面积元素 $\mathrm{d}A=(\sqrt{x}-x)\mathrm{d}x$,所求面积为

$$A=\int_0^1(\sqrt{x}-x)\mathrm{d}x=\frac{1}{6}.$$

(2) $y=\mathrm{e}^x$ 与 y 轴交点为 $(0,1)$, $y=\mathrm{e}^x$ 与 $y=\mathrm{e}$ 交点为 $(1,\mathrm{e})$. 取纵坐标 y 为积分变量,在 $[1,\mathrm{e}]$ 上用元素法易得

$$A=\int_1^{\mathrm{e}}\ln y\mathrm{d}y=(y\ln y-y)\Big|_1^{\mathrm{e}}=1.$$

(3) 由方程组 $\begin{cases} y=2x, \\ y=3-x^2 \end{cases}$ 得交点为 $(1,2),(-3,-6)$,由元素法知,

$$A = \int_{-3}^{1} (3 - x^2 - 2x)\,\mathrm{d}x = \frac{32}{3}.$$

(4) 由方程组 $\begin{cases} y = 2x+3, \\ y = x^2 \end{cases}$ 得交点为 $(-1,1),(3,9)$. 由元素法知,

$$A = \int_{-1}^{3} (2x + 3 - x^2)\,\mathrm{d}x = \frac{32}{3}.$$

2. 求由下列各曲线所围成的图形的面积.

(1) $y = \frac{1}{2}x^2$ 与 $x^2 + y^2 = 8$(两部分都要计算);

(2) $y = \frac{1}{x}$ 与直线 $y = x$ 及 $x = 2$;

(3) $y = \mathrm{e}^x, y = \mathrm{e}^{-x}$ 与直线 $x = 1$;

(4) $y = \ln x, y$ 轴与直线 $y = \ln a, y = \ln b\,(b > a > 0)$;

(5) $y = x^2$ 与直线 $y = x$ 及 $y = 2x$.

解 (1) 由 $\begin{cases} y = \dfrac{1}{2}x^2, \\ x^2 + y^2 = 8 \end{cases}$ 得交点为 $(2,2),(-2,2)$,如图 6-2 所示. 取 x 为积分

变量,由元素法得

$$A = \int_{-2}^{2} \left(\sqrt{8 - x^2} - \frac{1}{2}x^2 \right)\mathrm{d}x = 2\pi + \frac{4}{3},$$

另一部分面积

$$A_1 = 8\pi - 2\pi - \frac{4}{3} = 6\pi - \frac{4}{3}.$$

(2) 由 $\begin{cases} y = \dfrac{1}{x}, \\ y = x \end{cases}$ 和 $\begin{cases} x = 2, \\ y = \dfrac{1}{x} \end{cases}$ 得交点为 $(1,1),\left(2, \dfrac{1}{2}\right)$,如图 6-3 所示.

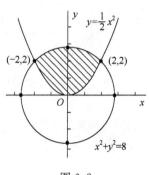

图 6-2

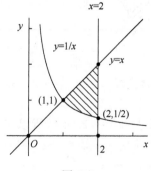

图 6-3

所以

$$A = \int_1^2 \left(x - \frac{1}{x}\right)\mathrm{d}x = \left(\frac{1}{2}x^2 - \ln x\right)\Big|_1^2 = \frac{3}{2} - \ln 2.$$

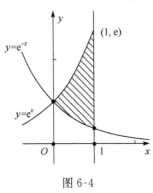

(3) 由 $\begin{cases} y = \mathrm{e}^x, \\ y = \mathrm{e}^{-x} \end{cases}$ 得交点为 $(0,1)$，由 $\begin{cases} y = \mathrm{e}^x, \\ x = 1 \end{cases}$，得交

点为 $(1, \mathrm{e})$，如图 6-4 所示. 由 $\begin{cases} y = \mathrm{e}^{-x}, \\ x = 1 \end{cases}$，得交点为

$\left(1, \dfrac{1}{\mathrm{e}}\right)$，所求面积为

$$A = \int_0^1 (\mathrm{e}^x - \mathrm{e}^{-x})\mathrm{d}x = \mathrm{e} + \mathrm{e}^{-1} - 2.$$

(4) 所求面积为 $A = \displaystyle\int_{\ln a}^{\ln b} \mathrm{e}^y \mathrm{d}y = \mathrm{e}^y \Big|_{\ln a}^{\ln b} = b - a.$

图 6-4

如图 6-5 所示.

(5) 由 $\begin{cases} y = x^2, \\ y = x \end{cases}$ 得交点为 $(0,0),(1,1)$，由 $\begin{cases} y = x^2, \\ y = 2x \end{cases}$ 得交点为 $(0,0),(2,4)$，如

图 6-6 所示.

所求面积

$$A = \int_0^1 (2x - x)\mathrm{d}x + \int_1^2 (2x - x^2)\mathrm{d}x = \frac{7}{6}.$$

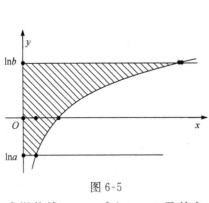

图 6-5

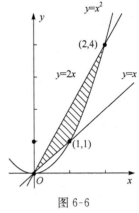

图 6-6

3. 求抛物线 $y = -x^2 + 4x - 3$ 及其在点 $(0,-3)$ 和 $(3,0)$ 处的切线所围成的图形的面积.

解　因为 $y' = -2x + 4$，所以在 $(0,-3)$ 处的切线斜率为 $y'|_{x=0} = 4$，在 $(3,0)$ 处的切线斜率为 $y'|_{x=3} = -2$，对应的切线高度分别为 $y = 4x - 3$ 和 $y = -2x + 6$.

由 $\begin{cases} y = 4x - 3, \\ y = -2x + 6 \end{cases}$ 得交点为 $\left(\dfrac{3}{2}, 3\right)$. 所以

$$A = \int_0^{\frac{3}{2}} (4x - 3 + x^2 - 4x + 3)\mathrm{d}x + \int_{\frac{3}{2}}^3 (-2x + 6 + x^2 - 4x + 3)\mathrm{d}x = \frac{9}{4}.$$

4. 求抛物线 $y^2 = 2px$ 及在点 $\left(\dfrac{p}{2}, p\right)$ 处的法线所围成的图形的面积.

解 对 $y^2 = 2px$ 两端对 x 求导得 $y' = \dfrac{p}{y}$,因为 $k_{切} = y'\mid_{y=p} = \dfrac{p}{p} = 1$,所以

$k_{法} = -1$. 法线方程 $y - p = -\left(x - \dfrac{p}{2}\right)$,   即 $y = -x + \dfrac{3p}{2}$.

由 $\begin{cases} y = -x + \dfrac{3p}{2}, \\ y^2 = 2px \end{cases}$ 得交点为 $\left(\dfrac{p}{2}, p\right)$, $\left(\dfrac{9p}{2}, -3p\right)$. 所以

$$A = \int_{-3p}^{p} \left(\frac{3p}{2} - y - \frac{y^2}{2p}\right)\mathrm{d}y = \frac{16p^2}{3}.$$

5. 求由下列各曲线所围成的图形的面积:

(1) $r = 2a\cos\theta$;

(2) $x = a\cos^3 t, y = a\sin^3 t$;

(3) $r = 2a(2 + \cos\theta)$;

解 (1) $A = \int_{-\frac{\pi}{2}}^{\frac{\pi}{2}} \dfrac{1}{2}(2a\cos\theta)^2 \mathrm{d}\theta = 4a^2 \int_0^{\frac{\pi}{2}} \dfrac{1 + \cos 2\theta}{2}\mathrm{d}\theta = \pi a^2$,如图 6-7 所示.

(2) 由公式 $A = \int_{t_1}^{t_2} \psi(t)\varphi'(t)\mathrm{d}t$ 得 $A = 4\int_{\frac{\pi}{2}}^{0} a\sin^3 t \, 3a\cos^2 t(-\sin t)\mathrm{d}t = \dfrac{3\pi a^2}{8}$,

如图 6-8 所示.

(3) $A = 2\int_0^{\pi} \dfrac{1}{2} 4a^2 (2 + \cos\theta)^2 \mathrm{d}\theta = 18\pi a^2$,如图 6-9 所示.

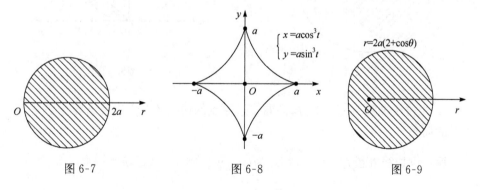

图 6-7   图 6-8   图 6-9

6. 求由摆线 $x=a(t-\sin t), y=a(1-\cos t)$ 的一拱 $(0\leqslant t\leqslant 2\pi)$ 与横轴所围成的图形面积.

解 $A=\displaystyle\int_0^{2\pi}a(1-\cos t)a(1-\cos t)\mathrm{d}t=a^2\int_0^{2\pi}(1-2\cos t+\cos^2 t)\mathrm{d}t=3\pi a^2.$

7. 求对数螺线 $r=ae^\theta$ 及射线 $\theta=-\pi, \theta=\pi$ 所围成的图形面积.

解 $A=\dfrac{1}{2}\displaystyle\int_{-\pi}^{\pi}a^2e^{2\theta}\mathrm{d}\theta=\dfrac{a^2}{4}(e^{2\pi}-e^{-2\pi}).$

8. 求下列各曲线所围成的图形的公共部分的面积.

(1) $r=3\cos\theta$ 及 $r=1+\cos\theta$;

(2) $r=\sqrt{2}\sin\theta$ 及 $r^2=\cos 2\theta$.

解   (1) 由 $\begin{cases} r=3\cos\theta, \\ r=1+\cos\theta \end{cases}$ 得交点为 $\left(\dfrac{3}{2},\dfrac{\pi}{3}\right),\left(\dfrac{3}{2},-\dfrac{\pi}{3}\right)$, 如图 6-10 所示.

$$A=\int_{-\frac{\pi}{3}}^{\frac{\pi}{3}}\frac{1}{2}(1+\cos\theta)^2\mathrm{d}\theta+2\int_{\frac{\pi}{3}}^{\frac{\pi}{2}}\frac{1}{2}9\cos^2\theta\mathrm{d}\theta=\frac{5\pi}{4}.$$

(2) 由 $\begin{cases} r=\sqrt{2}\sin\theta, \\ r^2=\cos 2\theta \end{cases}$ 得交点为 $\left(\dfrac{\sqrt{2}}{2},\dfrac{\pi}{6}\right),\left(\dfrac{\sqrt{2}}{2},\dfrac{5\pi}{6}\right)$, 如图 6-11 所示.

$$A=2\int_0^{\frac{\pi}{6}}\frac{1}{2}(\sqrt{2}\sin\theta)^2\mathrm{d}\theta+2\int_{\frac{\pi}{6}}^{\frac{\pi}{4}}\frac{1}{2}\cos 2\theta\mathrm{d}\theta=\frac{\pi}{6}+\frac{1}{2}-\frac{\sqrt{3}}{2}.$$

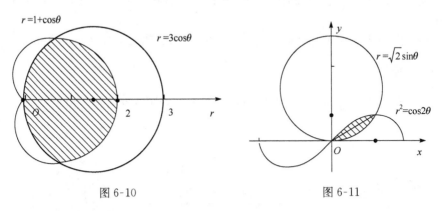

图 6-10   图 6-11

9. 求位于曲线 $y=e^x$ 下方, 该曲线过原点的切线的左方以及 x 轴上方之间的图形的面积.

解   设切线方程为 $y=kx$, 切点为 (x_0,y_0), 则 $y_0=kx_0, k=\dfrac{y_0}{x_0}.$

又因为 $k=e^{x_0}$, 所以 $\dfrac{y_0}{x_0}=e^{x_0}, y_0=x_0e^{x_0}. e^{x_0}=x_0e^{x_0}\Rightarrow x_0=1.$

所以 $y_0 = e$,所以切点为 $(1, e)$,切线方程为 $y = ex$.

$$A = \int_0^1 (e^x - ex) dx + \int_{-\infty}^0 e^x dx = e - \frac{1}{2} e = \frac{1}{2} e.$$

10. 求由抛物线 $y^2 = 4ax$ 与过焦点的弦所围成的图形面积的最小值.

解 设直线方程为 $x - a = ky$,所以

$$\begin{cases} x - a = ky, \\ y^2 = 4ax, \end{cases}$$

即 $y^2 - 4aky - 4a^2 = 0$. 交点为 $\begin{cases} y_2 = 2a(k + \sqrt{k^2 + 1}), \\ y_1 = 2a(k - \sqrt{k^2 + 1}). \end{cases}$

$$S = \int_{y_1}^{y_2} \left(ky + a - \frac{y^2}{4a} \right) dy = \frac{k}{2} (y_2^2 - y_1^2) + a(y_2 - y_1) - \frac{y_2^3 - y_1^3}{12a}$$

$$= (y_2 - y_1) \left[\frac{k}{2} (y_1 + y_2) + a - \frac{(y_1 + y_2)^2 - y_1 y_2}{12a} \right]$$

$$\xupparrow{\text{韦达定理}} 4a \sqrt{k^2 + 1} \left[2ak^2 + a - \frac{(4ak)^2 - 4a^2(k^2 - (k^2 + 1))}{12a} \right]$$

$$= 4a \sqrt{k^2 + 1} \frac{6ak^2 + 3a - 4ak^2 - a}{3} = \frac{8a^2}{3} (k^2 + 1)^{3/2}.$$

$$S' = \frac{8a^2}{3} \cdot \frac{3}{2} (k^2 + 1)^{1/2} \cdot 2k = 8a^2 (k^2 + 1)^{1/2} k.$$

令 $S' = 0, k = 0$,所以 $k = 0$ 为唯一驻点. 所以 $S_{\text{最小}} = \frac{8a^2}{3}$.

习 题 6-3

1. 把抛物线 $y^2 = 4ax$ 及直线 $x = x_0 (x_0 > a)$ 所围成的图形绕 x 轴旋转,计算所得旋转抛物体的体积.

解 $V = \int_0^{x_0} \pi y^2 dx = \pi \int_0^{x_0} 4ax \, dx = 2a\pi x_0^2.$

2. 由 $y = x^3, x = 2, y = 0$ 所围成的图形分别绕 x 轴及 y 轴旋转,计算所得的两个旋转体的体积.

解 绕 x 轴旋转

$$V = \int_0^2 \pi x^6 dx = \frac{128\pi}{7};$$

绕 y 轴旋转

$$V = 32\pi - \pi \int_0^8 y^{\frac{2}{3}} dy = \frac{64\pi}{5}.$$

3. 有一铁铸件，它是由抛物线 $y=\dfrac{1}{10}x^2$，$y=\dfrac{1}{10}x^2+1$ 与直线 $y=10$ 围成的图形，绕 y 轴旋转而成的旋转体，算出它的质量(长度单位：cm，铁的密度是 $7.8\text{g}/\text{cm}^3$)．

解　$V=\displaystyle\int_0^{10}\pi 10y\mathrm{d}y-\int_1^{10}\pi(y-1)10\mathrm{d}y=95\pi$，质量 $M=7.8\times95\pi=741(\text{g})$．

4. 把星形线 $x^{2/3}+y^{2/3}=a^{2/3}$ 绕 x 轴旋转，计算所得旋转体的体积．

解　$V=2\displaystyle\int_0^a\pi y^2\mathrm{d}x=2\pi\int_{\frac{\pi}{2}}^0 a^2\sin^6 t\,3a\cos^2 t(-\sin t)\mathrm{d}t=\dfrac{32}{105}\pi a^3$．

5. 用积分法证明图 6-12 中球缺的体积为 $V=\pi H^2\left(R-\dfrac{H}{3}\right)$．

证　在 xOy 平面上图的方程为 $x^2+y^2=R^2$，

$$V=\pi\int_{R-H}^R(R^2-y^2)\mathrm{d}y=\frac{\pi H^2}{3}(3R-H)=\pi H^2\left(R-\frac{H}{3}\right).$$

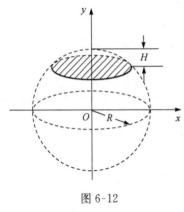

图 6-12

6. 求下列已知曲线所围成的图形，按指定的轴旋转所产生的旋转体的体积：

(1) $y=x^2$，$x=y^2$，绕 x 轴；

(2) $y=a\operatorname{ch}\dfrac{x}{a}$，$x=0$，$x=a$，$y=0$，绕 x 轴；

(3) $x^2+(y-5)^2=16$，绕 x 轴；

(4) 摆线 $x=a(t-\sin t)$，$y=a(1-\cos t)$ 的一拱，$y=0$，绕 x 轴．

解　(1) $V=\displaystyle\int_0^1\pi y_1^2\mathrm{d}x-\int_0^1\pi y_2^2\mathrm{d}x$

$$=\int_0^1\pi x\mathrm{d}x-\int_0^1\pi x^4\mathrm{d}x=\frac{\pi}{2}-\frac{\pi}{5}=\frac{3\pi}{10}.$$

(2) $V=\displaystyle\int_0^a\pi a^2\operatorname{ch}^2\frac{x}{a}\mathrm{d}x=\int_0^\pi\pi a^3\operatorname{ch}^2\frac{x}{a}\mathrm{d}\frac{x}{a}=\pi a^3\left(\frac{x}{2}+\frac{1}{4}\operatorname{sh}2x\right)\Big|_0^\pi$

$$=\pi a^3\left(\frac{\pi}{2}+\frac{1}{4}\operatorname{sh}2\pi\right)-0=\frac{\pi a^2}{4}\left[2a+\frac{a}{2}(e^2-e^{-2})\right].$$

(3) 上半圆曲线方程为 $y_1=5+\sqrt{16-x^2}$，下半圆曲线方程为 $y_2=5-\sqrt{16-x^2}$，所以

$$V=V_1-V_2=\int_{-4}^4\pi y_1^2\mathrm{d}x-\int_{-4}^4\pi y_2^2\mathrm{d}x$$

$$=\int_{-4}^4\pi\left(5+\sqrt{16-x^2}\right)^2\mathrm{d}x-\int_{-4}^4\pi\left(5-\sqrt{16-x^2}\right)^2\mathrm{d}x$$

$$=\int_{-4}^4\pi(20\sqrt{16-x^2})\mathrm{d}x=160\pi^2.$$

(4) $V_x=\displaystyle\int_0^{2\pi}\pi y^2(x)\mathrm{d}x=\pi\int_0^{2\pi}a^2(1-\cos t)^2 a(1-\cos t)\mathrm{d}t$

$$= \pi a^3 \int_0^{2\pi} (1 - 3\cos t + 3\cos^2 t - \cos^3 t) dt = 5\pi^2 a^3.$$

7. 求 $x^2 + y^2 = a^2$ 绕 $x = -b(b>a>0)$ 旋转所成旋转体的体积.

解
$$V = \int_{-a}^{a} \pi (b + \sqrt{a^2 - y^2})^2 dy - \int_{-a}^{a} \pi (b - \sqrt{a^2 - y^2})^2 dy$$
$$= \int_{-a}^{a} 4\pi b \sqrt{a^2 - y^2} dy = 8\pi b \int_0^a \sqrt{a^2 - y^2} dy = 2\pi^2 a^2 b.$$

8. 计算以半径 R 的圆为底,平行于底且长度等于该圆直径的线段为顶,高为 h 的正劈锥体的体积.

解 取底圆所在的平面为 xOy 平面,圆心 O 为原点,并使 x 轴与正劈锥的顶平行底圆的方程为 $x^2 + y^2 = R^2$,过 x 轴上的点 $x(-R \leqslant x \leqslant R)$ 作垂直与 x 轴的平面,截正劈锥体得等腰三角形,这截面的面积为 $A(x) = h \cdot y = h \cdot \sqrt{R^2 - x^2}$,于是

$$V = \int_{-R}^{R} A(x) dx = h \int_{-R}^{R} \sqrt{R^2 - x^2} dx = \frac{\pi R^2 h}{2}.$$

9. 计算底面是半径为 R 的圆,而垂直于底面上一条固定直径的所有截面都是等边三角形的立体体积.

解 $A(x) = \sqrt{3}(R^2 - x^2)$,$V = \int_{-R}^{R} A(x) dx = \int_{-R}^{R} \sqrt{3}(R^2 - x^2) dx = \frac{4R^3}{3}\sqrt{3}.$

10. 证明:由平面图形 $0 \leqslant a \leqslant x \leqslant b, 0 \leqslant y \leqslant f(x)$ 绕 y 轴旋转所成的旋转体的体积为 $V = 2\pi \int_a^b x f(x) dx.$

证 在 $[a,b]$ 上任取一小区间 $[x, x+dx]$,对应小曲边梯形绕 y 轴旋转一周的体积近似于 $xf(x)2\pi dx$,即 $dV = 2\pi x f(x) dx$,所以

$$V = \int_a^b 2\pi x f(x) dx = 2\pi \int_a^b x f(x) dx.$$

习 题 6-4

1. 计算曲线 $y = \ln x$ 上相应于 $\sqrt{3} \leqslant x \leqslant \sqrt{8}$ 的一段弧的长度.

解 $s = \int_{\sqrt{3}}^{\sqrt{8}} \sqrt{1 + [(\ln x)']^2} dx = \int_{\sqrt{3}}^{\sqrt{8}} \sqrt{1 + \frac{1}{x^2}} dx = 1 + \frac{1}{2}\ln\frac{3}{2}.$

2. 计算曲线 $y = \frac{\sqrt{x}}{3}(3-x)$ 上相应于 $1 \leqslant x \leqslant 3$ 的一段弧的长度.

解 $s = \int_1^3 \sqrt{1 + (y')^2} dx = \frac{1}{2}\int_1^3 \sqrt{\left(\sqrt{x} + \frac{1}{\sqrt{x}}\right)^2} dx = \frac{1}{2}\int_1^3 \left(\sqrt{x} + \frac{1}{\sqrt{x}}\right) dx = 2\sqrt{3} - \frac{4}{3}.$

3. 计算半立方抛物线 $y^2 = \dfrac{2}{3}(x-1)^3$ 被抛物线 $y^2 = \dfrac{x}{3}$ 截得的一段弧的长度.

解 由 $\begin{cases} y^2 = \dfrac{2}{3}(x-1)^3, \\ y^2 = \dfrac{x}{3} \end{cases}$ 得交点为 $\left(2, \sqrt{\dfrac{2}{3}}\right), \left(2, -\sqrt{\dfrac{2}{3}}\right),$

$$s = \int_{-\sqrt{\frac{2}{3}}}^{\sqrt{\frac{2}{3}}} \sqrt{1+(x')^2}\,\mathrm{d}y = \int_{-\sqrt{\frac{2}{3}}}^{\sqrt{\frac{2}{3}}} \sqrt{1+\frac{2}{3}\left(\frac{3}{2}\right)^{-\frac{1}{3}} y^{-\frac{2}{3}}}\,\mathrm{d}y = \frac{8}{9}\left[\left(\frac{5}{2}\right)^{\frac{3}{2}} - 1\right].$$

4. 计算抛物线 $y^2 = 2px$ 从顶点到该曲线上的一点 $M(x,y)$ 的弧长.

解 $s = \displaystyle\int_0^y \sqrt{1+(x_y')^2}\,\mathrm{d}y = \int_0^y \sqrt{1+\left(\frac{y}{p}\right)^2}\,\mathrm{d}y$

$$= \frac{y}{2p}\sqrt{p^2+y^2} + \frac{p}{2}\ln\frac{y+\sqrt{p^2+y^2}}{p}.$$

5. 计算星形线 $x = a\cos^3 t, y = a\sin^3 t$ 的全长.

解 $s = 4\displaystyle\int_0^{\frac{\pi}{2}} \sqrt{(x_t')^2 + (y_t')^2}\,\mathrm{d}t$

$$= 4\int_0^{\frac{\pi}{2}} \sqrt{[3a\cos^2 t(-\sin t)]^2 + (3a\sin^2 t\cos t)^2}\,\mathrm{d}t$$

$$= 4\int_0^{\frac{\pi}{2}} \sqrt{9a^2\cos^2 t\sin^2 t}\,\mathrm{d}t = 4\int_0^{\frac{\pi}{2}} 3a\sin t\cos t\,\mathrm{d}t = 6a.$$

6. 将绕在圆(半径为 a)上的细线放开拉直,使细线与周围始终相切,细线端点画出的轨迹叫做圆的渐开线,它的方程为 $x = a(\cos t + t\sin t), y = a(\sin t - t\cos t)$,算出该曲线上相应于 t 从 0 变到 π 的一段弧的长度.

解 $s = \displaystyle\int_0^\pi \sqrt{(x_t')^2 + (y_t')^2}\,\mathrm{d}t$

$$= \int_0^\pi \sqrt{a^2(-\sin t + \sin t + t\cos t)^2 + a^2(\cos t - \cos t + t\sin t)^2}\,\mathrm{d}t$$

$$= \int_0^\pi at\,\mathrm{d}t = \frac{\pi^2}{2}a.$$

7. 求对数螺线 $r = \mathrm{e}^{a\theta}$ 自 $\theta = 0$ 到 $\theta = \varphi$ 的一段弧长.

解 $s = \displaystyle\int_0^\varphi \sqrt{r^2 + (r')^2}\,\mathrm{d}\theta = \frac{\sqrt{1+a^2}}{a}(\mathrm{e}^{a\varphi} - 1).$

8. 求曲线 $r\theta = 1$ 自 $\theta = \dfrac{3}{4}$ 到 $\theta = \dfrac{4}{3}$ 的一段弧长.

解 $s = \displaystyle\int_{\frac{3}{4}}^{\frac{4}{3}} \sqrt{\frac{1}{\theta^2} + \frac{1}{\theta^4}}\,\mathrm{d}\theta = \int_{\frac{3}{4}}^{\frac{4}{3}} \sqrt{\frac{1+\theta^2}{\theta^4}}\,\mathrm{d}\theta = \ln\frac{3}{2} + \frac{5}{12}.$

9. 求心形线 $r=a(1+\cos\theta)$ 的全长.

解 $s = 2\int_0^\pi \sqrt{a^2(1+\cos\theta)^2 + a^2\sin^2\theta}\,d\theta = 8a\int_0^\pi \cos\frac{\theta}{2}\,d\frac{\theta}{2} = 8a.$

10. 在摆线 $x=a(t-\sin t)$，$y=a(1-\cos t)$ 上求分摆线第一拱成 $1:3$ 的点的坐标.

解 由教材例 3 知第一拱弧长为 $8a$，由题意知

$$\int_0^{t_1} \sqrt{(x')^2 + (y')^2}\,dt = 2a,$$

即

$$2a\left[-2\cos\frac{t}{2}\right]\Big|_0^{t_1} = 2a,$$

所以 $t_1=\dfrac{2\pi}{3}$，$x=a\left(\dfrac{2\pi}{3}-\dfrac{\sqrt{3}}{2}\right)$，$y=\dfrac{3}{2}a$，即所求坐标为 $\left(a\left(\dfrac{2\pi}{3}-\dfrac{\sqrt{3}}{2}\right), \dfrac{3}{2}a\right)$.

习 题 6-5

1. 由实验知道，弹簧在拉伸过程中，需要的力 F（单位：N）与伸长量 s（单位：cm）成正比，即 $F=ks$（k 是比例常数），如果把弹簧由原长拉伸 6cm，计算所做的功.

解 建立坐标轴，原点对应弹簧静止的位置. 取 x 为积分变量（单位：m），它的变化区间为 $[0,0.06]$. 设 $[x,x+dx]$ 为 $[0,0.06]$ 上任一小区间，对应于 $[x,x+dx]$，即由 x 伸长到 $x+dx$，需要的力约为 $F=100kx$（单位：N），所做的功约为 $dw=100kx\,dx$（单位：J），即为功元素. 因而所求的功为

$$W = \int_0^{0.06} 100kx\,dx = 0.18k(\text{J}).$$

2. 直径为 20cm，高为 80cm 的圆柱体内充满压强为 10N/cm^2 的蒸汽. 设温度保持不变，要使蒸汽体积缩小一半，问需要做多少功？

解 建立坐标轴，蒸汽体积缩小，可以由 x 表示，当 $x=40\text{cm}=0.4\text{m}$ 时，蒸汽体积就缩小一半. 若在 $x=0\text{m}$ 时，蒸汽压强、体积分别用 p_1，V_1 表示，则

$$p_1=10\text{N/cm}^2=100000\text{N/m}^2, \quad V_1=\pi R^2 h$$
$$(\text{其中 } R=10\text{cm}=0.1\text{m}, h=80\text{cm}=0.8\text{m}).$$

若在 xm 处蒸汽压强、体积分别用 p，V 表示，则由物理学知道 $pV=p_1V_1$，其中 $V=\pi R^2(h-x)$，因而，$p=\dfrac{p_1V_1}{V}=\dfrac{80000}{0.8-x}(\text{N/m}^2)$. 取 x 为积分变量（单位：m），它的变化区间为 $[0,0.4]$. 设 $[x,x+dx]$ 为 $[0,0.4]$ 上任一小区间，对应于 $[x,x+dx]$，即由 x 米伸长到 $x+dx$ 时，蒸汽压强约为 $p=\dfrac{80000}{0.8-x}(\text{N/m}^2)$.

侧面压力约为 $F = \pi R^2 p = \pi (0.1)^2 \dfrac{80000}{0.8-x} = \dfrac{800\pi}{0.8-x}$(N).

需要做的功约为 $\mathrm{d}w = F\mathrm{d}x = \dfrac{800\pi}{0.8-x}\mathrm{d}x$(单位:J),即为功元素.

因而所求的功为 $W = \displaystyle\int_0^{0.4} \dfrac{800\pi}{0.8-x}\mathrm{d}x = 800\pi[-\ln(0.8-x)]\Big|_0^{0.4} = 800\pi\ln2$(J).

3. (1) 证明:把质量为 m 的物体从地球表面升高到 h 处所做的功是 $W = k\dfrac{mMh}{R(R+h)}$. 其中 k 是引力常数,M 是地球的质量,R 是地球的半径.

(2) 一人造地球卫星的质量为173kg,在高于地面630km处进入轨道,问:把这个卫星从地面送至630km的高空处,克服地球引力做多少功?(引力常数 $k=6.67\times10^{-11}\mathrm{m}^3/\mathrm{s}^2\cdot\mathrm{kg}$,地球质量为 $M=5.98\times10^{24}\mathrm{kg}$,地球半径 $R=6370\mathrm{km}$)

解 (1) 坐标轴在物体与地球重心所在的直线上,由物理学知道,地球引力为 $F = k\dfrac{mM}{r^2}$,其中 k 是引力常数,m,M 分别是物体、地球的质量,r 是物体与地球重心间的距离. 取 x 为积分变量(单位:m),它的变化区间为 $[0,h]$. 设 $[x,x+\mathrm{d}x]$ 为 $[0,h]$ 上任一小区间,对应于 $[x,x+\mathrm{d}x]$,即由 x 米升高到 $x+\mathrm{d}x$ m 时,地球的引力约为 $F = k\dfrac{mM}{r^2} = k\dfrac{mM}{(R+x)^2}$,需要做的功约为 $\mathrm{d}w = k\dfrac{mM}{(R+x)^2}\mathrm{d}x$(单位:J),即为功元素. 因而所求的功为 $W = \displaystyle\int_0^h k\dfrac{mM}{(R+x)^2}\mathrm{d}x = kmM[-(R+x)^{-1}]\big|_0^h = k\dfrac{mMh}{R(R+h)}$.

(2) 把 $k = 6.67\times10^{-11}\mathrm{m}^3/\mathrm{s}^2\cdot\mathrm{kg}$, $m = 173\mathrm{kg}$, $M = 5.98\times10^{24}\mathrm{kg}$, $h = 630000\mathrm{m}$, $R = 6370000\mathrm{m}$ 代入上式

$$W = 6.67\times10^{-11}\times\frac{173\times5.98\times10^{24}\times630000}{6370000\times(6370000+630000)}\approx9.75\times10^8\text{(J)}.$$

4. 一物体按规律 $x = ct^3$ 做直线运动,媒质的阻力与速度的平方成正比. 计算物体由 $x=0$ 移至 $x=a$ 时,克服媒质阻力所做的功.

解 物体的运动速度为 x 对 t 的导数,即 $v = 3ct^2 = 3c^{\frac{1}{3}}x^{\frac{2}{3}}$(单位:m/s). 取 x 为积分变量(单位:m),它的变化区间为 $[0,a]$. 设 $[x,x+\mathrm{d}x]$ 为 $[0,a]$ 上任一小区间,对应于 $[x,x+\mathrm{d}x]$,即由 x 移至 $x+\mathrm{d}x$ 时,需要克服的阻力约为 $F = kv^2 = 9kc^{\frac{2}{3}}x^{\frac{4}{3}}$(单位:N)(其中 k 是比例常数). 所做的功约为 $\mathrm{d}w = F\mathrm{d}x = 9kc^{\frac{2}{3}}x^{\frac{4}{3}}\mathrm{d}x$(单位:J),即为功元素. 因而所求的功为

$$W = \int_0^a 9kc^{\frac{2}{3}}x^{\frac{4}{3}}\mathrm{d}x = 9kc^{\frac{2}{3}}\frac{3}{7}x^{\frac{7}{3}}\Big|_0^a = \frac{27}{7}kc^{\frac{2}{3}}a^{\frac{7}{3}}\text{(J)}.$$

5. 有一闸门,它的形状和尺寸如图 6-13 所示,水面超过门顶 2m,求闸门上所受的水压力.

解 设坐标面为闸门所在平面,y 轴在水平面上.

取 x 为积分变量(单位:m),它的变化区间为 $[2,5]$. 设 $[x,x+\mathrm{d}x]$ 为 $[2,5]$ 上任一小区间,对应于 $[x,x+\mathrm{d}x]$ 的闸面,受力面积为 $S=2\mathrm{d}x$,压强约为 $p=\gamma gx=9800x$,其中 $\gamma=1000\mathrm{kg/m^3}$ 为水的密度,$g=9.8\mathrm{m/s^2}$ 为重力加速度. 压力约为 $\mathrm{d}F=pS=19600x\mathrm{d}x$,即为压力元素. 因而所求的压力为

$$F=\int_2^5 19600x\mathrm{d}x=19600\times\frac{x^2}{2}\Big|_2^5\approx 2.06\times 10^5(\mathrm{kJ}).$$

6. 洒水车上的水箱是一个横放的椭圆柱体,尺寸如图 6-14 所示,当水箱装满水时,计算水箱的一个端面所受的压力.

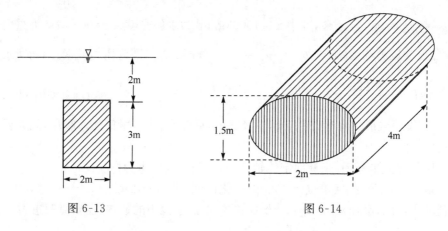

图 6-13　　　　　　　　图 6-14

解 水箱端面为椭圆,建立坐标系,使椭圆方程为 $\dfrac{(x-0.75)^2}{0.75^2}+\dfrac{y^2}{1}=1$ 或 $(4x-3)^2+9y^2=9$,

取 x 为积分变量(单位:m),它的变化区间为 $[0,1.5]$. 设 $[x,x+\mathrm{d}x]$ 为 $[0,1.5]$ 上任一小区间,对应于 $[x,x+\mathrm{d}x]$ 的水箱端面,受力面积约为 $S=2\times\dfrac{1}{3}\sqrt{9-(4x-3)^2}\mathrm{d}x$,压强约为 $p=\gamma gx=9800x(\mathrm{Pa})$,其中 $\gamma=1000\mathrm{kg/m^3}$ 为水的密度,$g=9.8\mathrm{m/s^2}$ 为重力加速度. 所受压力约为

$$\mathrm{d}F=pS=\frac{19600}{3}\sqrt{9-(4x-3)^2}x\mathrm{d}x(\mathrm{N}),$$

即为压力元素. 因而所求的压力为

$$F=\int_0^{1.5}\frac{19600}{3}\sqrt{9-(4x-3)^2}x\mathrm{d}x,$$

令 $t = 4x - 3$ 所以 $x = \dfrac{t+3}{4}$,则

$$F = \frac{19600}{3} \int_{-3}^{3} \sqrt{9-t^2}\, \frac{t+3}{4} \times \frac{1}{4} \mathrm{d}t = \frac{19600}{48} \int_{-3}^{3} (t\sqrt{9-t^2} + 3\sqrt{9-t^2})\mathrm{d}t$$

$$= \frac{19600}{48} \times 3\left(\frac{t}{2}\sqrt{9-t^2} + \frac{9}{2}\arcsin\frac{t}{3} \right)\bigg|_{-3}^{3} = \frac{19.6}{48} \times 3 \times \frac{9}{2}\pi \approx 1.73 \times 10^4 (\mathrm{N}).$$

7. 有一等腰梯形闸门,它的两条底边长分别为 10m 和 6m,高为 20m,较长的底边与水面相齐.计算闸门的一侧所受的水压力.

解　建立坐标系,x 轴在过底边中点的直线上,y 轴在水平面上.

取 x 为积分变量(单位:m),它的变化区间为 $[0,20]$.设 $[x, x+\mathrm{d}x]$ 为 $[0,20]$ 上任一小区间,对应于 $[x, x+\mathrm{d}x]$ 的闸门,受力面积约为 $S = 2 \times \dfrac{50-x}{10}\mathrm{d}x$,压强约为 $p = \gamma g x = 9800x\,(\mathrm{Pa})$,其中 $\gamma = 1000\mathrm{kg/m^3}$ 为水的密度,$g = 9.8\mathrm{m/s^2}$ 为重力加速度.所受压力约为 $\mathrm{d}F = pS = \dfrac{9800}{5}(50-x)x\mathrm{d}x\,(\mathrm{N})$,即为压力元素.因而所求的压力为 $F = \displaystyle\int_0^{20} \frac{9800}{5}(50-x)x\mathrm{d}x = \frac{9800}{5}\left(25x^2 - \frac{1}{3}x^3 \right)\bigg|_0^{20} \approx 1.44 \times 10^7 (\mathrm{N}).$

8. 设一锥形贮水池,深 15m,口径 20m,盛满水,今以唧筒将水吸尽,问要做多少功?

解　建立坐标系,坐标面锥体轴截面,本题为克服重力做功.

取 x 为积分变量(单位:m),它的变化区间为 $[0,15]$.设 $[x, x+\mathrm{d}x]$ 为 $[0,15]$ 上任一小区间,吸出对应于 $[x, x+\mathrm{d}x]$ 的锥形贮水池中的贮水,需要克服重力约为

$$\pi\left[\frac{2}{3}(15-x) \right]^2 \cdot \mathrm{d}x \cdot \gamma g,$$

其中 $\gamma = 1000\mathrm{kg/m^3}$ 为水的密度,$g = 9.8\mathrm{m/s^2}$ 为重力加速度.所做的功约为 $\mathrm{d}w = \pi \times \left[\dfrac{2}{3}(15-x) \right]^2 \cdot \mathrm{d}x \cdot \gamma g \cdot x = \dfrac{39200\pi}{9}[(15-x)]^2 x \mathrm{d}x$,即为功元素.

因而所求的功为

$$W = \int_0^{15} \frac{39200\pi}{9}[(15-x)]^2 x\mathrm{d}x = \frac{39200\pi}{9} \times \left(\frac{225}{2}x^2 - 10x^3 + \frac{1}{4}x^4 \right)\bigg|_0^{15}$$

$$\approx 5.78 \times 10^7 (\mathrm{J}).$$

9. 一底为 8cm,高为 6cm 的等腰三角形片,铅直地沉没在水中,顶在上,底在下且与水面平行,而顶离水面 3cm,试求其每面所受的压力.

解　取三角形片所在平面为坐标面,建立坐标系,y 轴在水平面上.

取 x 为积分变量(单位:m),它的变化区间为 $[0.03, 0.09]$.设 $[x, x+\mathrm{d}x]$ 为 $[0.03, 0.09]$ 上任一小区间,三角形片中对应于 $[x, x+\mathrm{d}x]$ 的部分,受力面积约为

$S = 2 \times \dfrac{4}{6}(x-0.03)\mathrm{d}x$,压强约为 $p = \gamma g x = 9800x\,(\mathrm{Pa})$,其中 $\gamma = 1000\mathrm{kg/m^3}$ 为水的密度,$g = 9.8\mathrm{m/s^2}$ 为重力加速度.所受压力约为 $\mathrm{d}F = pS = \dfrac{39200}{3}(x-0.03)x\mathrm{d}x$,即为压力元素.

因而所求的压力为

$$F = \int_{0.03}^{0.09} \frac{39200}{3}(x-0.03)x\mathrm{d}x = \frac{39200}{3}\left(\frac{1}{3}x^3 - \frac{0.03}{2}x^2\right)\Big|_{0.03}^{0.09} \approx 1.65(\mathrm{N}).$$

10. 半径为 r 的球沉入水中,球的上部与水面相切,球的比重为1,现将球从水中取出,问需要做多少功?

解 球的比重为1,因而球在水中部分,在水中运动过程不需做功,所以本题只需求克服出水部分的重力做功.

在过球大圆且垂直于水面的水面上,建立直角坐标系,Ox 轴在水面上,画图画出球取出水面的情形.

取 y 为积分变量,它的变化区间为 $[0,2r]$,即 $[0,r]\cup[r,2r]$.设 $[y,y+\mathrm{d}y]$ 为 $[r,2r]$ 上任一小区间,把对应于 $[y,y+\mathrm{d}y]$ 的这部分球取出,需要克服重力约为 $F = \pi\gamma g\left[\sqrt{r^2-(y-r)^2}\right]^2\mathrm{d}y$,其中 $\gamma = 1000\mathrm{kg/m^3}$ 为球的密度,$g = 9.8\mathrm{m/s^2}$ 为重力加速度.所做的功约为 $\mathrm{d}w = Fy = y\gamma g\pi\left[\sqrt{r^2-(y-r)^2}\right]^2\mathrm{d}y = 9800\pi(2ry-y^2)y\mathrm{d}y$,即为功元素.

同理,设 $[y,y+\mathrm{d}y]$ 为 $[0,r]$ 上任一小区间,把对应于 $[y,y+\mathrm{d}y]$ 的这部分球取出,功元素为 $\mathrm{d}w = y\gamma g\pi\left[\sqrt{r^2-(r-y)^2}\right]^2\mathrm{d}y = 9800\pi(2ry-y^2)y\mathrm{d}y$.

于是所求的功为

$$W = \int_0^{2r} 9800\pi(2ry-y^2)y\mathrm{d}y = 9800\pi\left(\frac{2}{3}ry^3 - \frac{1}{4}y^4\right)\Big|_0^{2r} = \frac{39200}{3}\pi r^4(\mathrm{J}).$$

11. 边长为 a 和 b 的矩形薄板,与液面成 α 角斜沉于液体内,长边平行于液面而位于深 h 处,设 $a>b$,液体比重为 r,试求薄板每面所受的压力.

解 建立直角坐标系,xOy 平面在过上底边且垂直于水平面的平面上,xOy 平面中的矩形就是矩形薄板在坐标面上的投影.

取 x 为积分变量(单位:m),它的变化区间为 $[h,h+b\sin\alpha]$.设 $[x,x+\mathrm{d}x]$ 为 $[h,h+b\sin\alpha]$ 上任一小区间,薄板上投影为对应于 $[x,x+\mathrm{d}x]$ 的窄矩形,其各点处的压强近似为 $p = \gamma g x$,其中 p:压强,单位:帕;γ:比重,单位:千克/米^3;g:重力加速度,单位:米/秒^2.对应薄板面积为 $S = a\dfrac{1}{\sin\alpha}\mathrm{d}x$,因此,薄板上投影为对应于 $[x,x+\mathrm{d}x]$ 的窄矩形,所受水压力的近似值为 $\mathrm{d}F = pS = \dfrac{a\gamma g}{\sin\alpha}x\mathrm{d}x$,即为压力元素.

因而所求的压力为

$$F = \int_h^{h+b\sin\alpha} \frac{a\gamma g}{\sin\alpha} x \mathrm{d}x = \frac{a\gamma g}{\sin\alpha} \cdot \frac{1}{2} x^2 \Big|_h^{h+b\sin\alpha} = \frac{1}{2} ab\gamma g (2h + b\sin\alpha)(\mathrm{N}).$$

习　题　6-6

1. 一物体以速度 $v = 3t^2 + 2t (\mathrm{m/s})$ 做直线运动,算出它在 $t=0$ 到 $t=3$ 秒的一段时间的平均速度.

解　$\bar{v} = \frac{1}{3} \int_0^3 (3t^2 + 2t) \mathrm{d}t = 12 (\mathrm{m/s}).$

2. 计算函数 $y = 2x\mathrm{e}^{-x}$ 在 $[0,2]$ 上的平均值.

解　$\bar{y} = \frac{1}{2} \int_0^2 2x\mathrm{e}^{-x} \mathrm{d}x = 1 - 3\mathrm{e}^{-2}.$

3. 某可控硅控制线路中,流过负载 R 的电流 $i(t)$ 为

$$i(t) = \begin{cases} 0, & 0 \leqslant t \leqslant t_0, \\ 5\sin\omega t, & t_0 < t \leqslant \dfrac{T}{2}, \end{cases}$$

其中 t_0 称为触发时间,如果 $T = 0.02$ 秒 $\left(\text{即 } \omega = \dfrac{2\pi}{T} = 100\pi\right)$:

(1) 当触发时间 $t_0 = 0.0025$ 秒时,求 $0 \leqslant t \leqslant \dfrac{T}{2}$ 内电流的平均值.

(2) 当触发时间为 t_0 时,求 $\left[0, \dfrac{T}{2}\right]$ 内电流的平均值.

(3) 要使 $i_{平均} = \dfrac{15}{2\pi}$ 和 $\dfrac{5}{3\pi}$ 安,问相应的触发时间应为多少?

解　(1) $0 \leqslant t \leqslant \dfrac{T}{2}$ 内电流的平均值为

$$\bar{i} = \frac{2}{T} \int_{t_0}^{\frac{T}{2}} 5\sin\omega t \, \mathrm{d}t = 100 \int_{0.0025}^{0.01} 5\sin\omega t \, \mathrm{d}t = \frac{5}{\pi}\left(\frac{\sqrt{2}}{2} + 1\right) (安).$$

(2) 在 $\left[0, \dfrac{T}{2}\right]$ 内电流的平均值为

$$\bar{i} = \frac{2}{T} \int_0^{\frac{T}{2}} i(t) \mathrm{d}t = \frac{2}{T} \int_{t_0}^{\frac{T}{2}} 5\sin\omega t \, \mathrm{d}t = 500 \int_{t_0}^{0.01} \sin 100\pi t \, \mathrm{d}t = \frac{5}{\pi}(1 + \cos 100\pi t_0)(安).$$

(3) 由 $\dfrac{5}{\pi}(1 + \cos 100\pi t_0) = \dfrac{15}{2\pi}$ 得 $t_0 = \dfrac{1}{300}$ (秒),由 $\dfrac{5}{\pi}(1 + \cos 100\pi t_0) = \dfrac{5}{3\pi}$ 得 $t_0 = 0.0073$ (秒).

4. 算出正弦交流电流 $i = I_m \sin\omega t$ 经半波整流后得到的电流

$$i = \begin{cases} I_m \sin\omega t, & 0 \leqslant t \leqslant \dfrac{\pi}{\omega}, \\ 0, & \dfrac{\pi}{\omega} \leqslant t \leqslant \dfrac{2\pi}{\omega} \end{cases}$$

的有效值.

解 由课本知

$$I = \sqrt{\dfrac{1}{\frac{2\pi}{\omega}} \int_0^{\frac{2\pi}{\omega}} i^2 \mathrm{d}t} = \sqrt{\dfrac{I_m^2}{2\pi} \int_0^{\frac{\pi}{\omega}} \sin^2\omega t\, \mathrm{d}(\omega t)} = \sqrt{\dfrac{I_m^2}{4\pi}\left(\omega t - \dfrac{\sin\omega t}{2}\right)\Big|_0^{\frac{\pi}{\omega}}} = \dfrac{I_m}{2}.$$

5. 算出周期为 T 的矩形脉冲电流 $i = \begin{cases} a, & 0 \leqslant t \leqslant c, \\ 0, & c < t \leqslant T \end{cases}$ 的有效值.

解 $I = \sqrt{\dfrac{1}{T}\int_0^T i^2 \mathrm{d}t} = \sqrt{\dfrac{1}{T}\int_0^c a^2 \mathrm{d}t} = a\sqrt{\dfrac{c}{T}}.$

习 题 6-7

1. 设某产品的总产量 Q 是时间 t 的函数,其变化率为 $Q'(t) = 150 + 4t - 0.24t^2$(单位/年),求第一个五年和第二个五年的总产量各为多少?

解 第一个五年的总产量 Q_1 是它的变化率 $Q'(t)$ 在区间 $[0,5]$ 上的定积分,所以

$$Q_1 = \int_0^5 Q'(t)\mathrm{d}t = \int_0^5 (150 + 4t - 0.24t^2)\mathrm{d}t = (150t + 2t^2 - 0.08t^3)\Big|_0^5$$
$$= 790(单位).$$

第二个五年的总产量 Q_2 是它的变化率 $Q'(t)$ 在区间 $[5,10]$ 上的定积分,所以

$$Q_2 = \int_5^{10} Q'(t)\mathrm{d}t = \int_5^{10} (150 + 4t - 0.24t^2)\mathrm{d}t = (150t + 2t^2 - 0.08t^3)\Big|_5^{10}$$
$$= 830(单位).$$

2. 已知某产品生产 Q 个单位时,边际收益为 $R'(Q) = 300 - \dfrac{Q}{150}$(元/单位),试求生产 Q 个单位时,总收益函数 $R(Q)$ 及平均收益函数 $\overline{R}(Q)$,并求生产该产品 2000 个单位时,总收益 R 及平均收益 $\overline{R}$.

解 总收益函数 $R(Q)$ 是它的边际收益函数 $R'(Q)$ 在 $[0,Q]$ 上的定积分,所以

$$总收益函数\ R(Q) = \int_0^Q \left(300 - \dfrac{Q}{150}\right)\mathrm{d}Q = \left(300Q - \dfrac{Q^2}{300}\right)\Big|_0^Q = 300Q - \dfrac{Q^2}{300},$$

$$平均收益函数为\ \overline{R}(Q) = \dfrac{R(Q)}{Q} = 300 - \dfrac{Q}{300}.$$

当产量 $Q = 2000$ 件时

总收益为 $R(2000) = 300 \times 2000 - \dfrac{2000^2}{300} \approx 586666.7$（元）.

平均收益为 $\bar{R}(2000) = 300 - \dfrac{2000}{300} \approx 293.3$（元）.

3. 某产品边际成本 $C'(Q) = 1$（万元/百台），边际收益 $R'(Q) = 5 - Q$（万元/百台），试求：

(1) 生产量为多少时，总利润最大？

(2) 从获取最大利润的产量出发再生产 100 台，求总利润将减少多少？

解　(1) 设生产量为 Q 百台.

总成本是边际成本在 $[0, Q]$ 上的定积分，所以

$$C(Q) = \int_0^Q C'(Q)\,\mathrm{d}Q = \int_0^Q 1\,\mathrm{d}Q = Q;$$

总收益是边际收益在 $[0, Q]$ 上的定积分，所以

$$R(Q) = \int_0^Q R'(Q)\,\mathrm{d}Q = \int_0^Q (5 - Q)\,\mathrm{d}Q = 5Q - \frac{1}{2}Q^2.$$

于是总利润函数为

$$L(Q) = R(Q) - C(Q) = 5Q - \frac{1}{2}Q^2 - Q = 4Q - \frac{1}{2}Q^2.$$

令 $L'(Q) = 0$ 得驻点 $Q = 4$，而 $L''(Q) = -1$，所以 $L''(4) = -1 < 0$，所以函数 $L(Q)$ 在 $Q = 4$ 处取得唯一的极大值，并且这个极大值就是最大值.

因此，当生产量 $Q = 4$ 百台时，总利润最大，且最大利润为 $L_{\max} = 4 \times 4 - \dfrac{1}{2} \times 4^2 = 8$（万元）.

(2) 从获取最大利润的产量出发再生产 100 台，即生产 5 百台，此时总利润为 $L = 4 \times 5 - \dfrac{1}{2} \times 5^2 = 7.5$（万元），即总利润减少 $8 - 7.5 = 0.5$（万元）.

第七章 微分方程

一、基本内容

(一)微分方程的基本概念

1. 微分方程定义

含有自变量、未知函数及其导数(或微分)的方程,称为微分方程.

2. 微分方程解的定义

如果有一个函数满足微分方程,即把函数代入微分方程后,能使该方程成为恒等式,这个函数称为该微分方程的解.

如果某函数是微分方程的解,且其所含有任意常数的个数与微分方程的阶数相同,这样的解称为微分方程的通解;满足一定初始条件的解称为微分方程的特解.

3. 微分方程的阶

微分方程中所出现的未知函数的最高阶导数(或微分)的阶数,称为微分方程的阶.

(二)一阶微分方程

一阶微分方程的一般形式为

$$F(x,y,y')=0.$$

在能把 y' 解出时,一阶微分方程可写成

$$y'=\frac{\mathrm{d}y}{\mathrm{d}x}=f(x,y).$$

1. 可分离变量微分方程

如果一个一阶微分方程可化为

$$g(y)\mathrm{d}y=f(x)\mathrm{d}x \tag{1}$$

的形式,就是说,能把微分方程写成一端只含 y 的函数和 $\mathrm{d}y$,另一端只含 x 的函数和 $\mathrm{d}x$,那么原方程就称为可分离变量的微分方程.

对式(1)两端同时积分,得到原方程的通解

$$\int g(y)\mathrm{d}y = \int f(x)\mathrm{d}x + C \quad (\text{其中 } C \text{ 为任意常数}).$$

2. 齐次方程

如果一阶微分方程可化为

$$\frac{\mathrm{d}y}{\mathrm{d}x}=f(x,y),\tag{2}$$

且函数 $f(x,y)$ 可写成 $\frac{y}{x}$ 的函数,即

$$f(x,y)=\varphi\left(\frac{y}{x}\right).$$

此时式(2)化成

$$y'=\varphi\left(\frac{y}{x}\right).\tag{3}$$

令 $u=\frac{y}{x}$,则 $y=ux$,两边关于 x 求导,得

$$y'=u+x\,\frac{\mathrm{d}u}{\mathrm{d}x}.$$

将其代入方程(3),便得到可分离变量的方程

$$x\,\frac{\mathrm{d}u}{\mathrm{d}x}=\varphi(u)-u.$$

分离变量后两边同时积分,得

$$\int\frac{\mathrm{d}u}{\varphi(u)-u}=\ln x+\ln C.$$

化简后将结果中的 u 换成 $\frac{y}{x}$,可得原方程的通解.

3. 一阶线性微分方程

形如

$$y'+p(x)y=Q(x)\tag{4}$$

的方程称为一阶线性微分方程,其中 $p(x)$ 和 $Q(x)$ 是连续函数,$Q(x)$ 称为自由项.

如果 $Q(x)\equiv0$,则方程(4)变成

$$y'+p(x)y=0\tag{5}$$

称为一阶线性齐次微分方程;如果 $Q(x)\neq0$,则方程称为一阶线性非齐次微分方程.

一阶线性非齐次微分方程通解的求法:

首先利用可分离变量法求出方程(5)的通解;其次,利用常数变易法求方程(4)的特解,并将此式确定的 $c(x)$ 代入方程(5)的通解中,即可得方程(4)的通解

$$y=\mathrm{e}^{-\int p(x)\mathrm{d}x}\left(\int Q(x)\mathrm{e}^{\int p(x)\mathrm{d}x}\mathrm{d}x+C\right).$$

（三）可降阶的高阶微分方程

1. $y^{(n)} = f(x)$ 型的微分方程

这类方程的特点是,其右端仅含有自变量 x,因此只要连续积分 n 次,就可得出其通解.

2. $y'' = f(x, y')$ 型的微分方程

这类方程的特点是,不明显含有未知函数 y,只需设 $y' = p$,则 $y'' = p'$,从而将所给方程化为一阶微分方程:$p' = f(x, p)$,求得通解为 $p = \varphi(x, c_1)$,即 $y' = \varphi(x, c_1)$,则原方程通解为

$$y = \int \varphi(x, C_1) \mathrm{d}x + C_2.$$

3. $y'' = f(y, y')$ 型的微分方程

这类方程的特点是,不明显含有自变量 x,只需设 $y' = p$,则 $y'' = \dfrac{\mathrm{d}p}{\mathrm{d}x} = \dfrac{\mathrm{d}p}{\mathrm{d}y} \cdot \dfrac{\mathrm{d}y}{\mathrm{d}x} = p\dfrac{\mathrm{d}p}{\mathrm{d}y}$,代入所给方程,得到关于 p 的一阶微分方程

$$p\frac{\mathrm{d}p}{\mathrm{d}y} = f(y, p).$$

设它的通解为 $y' = p = \varphi(y, C_1)$,这是可分离变量的微分方程,对其积分可得原方程的通解为

$$\int \frac{\mathrm{d}y}{\varphi(y, C_1)} = x + C_2.$$

（四）二阶常系数线性微分方程

形如

$$y'' + py' + qy = f(x) \tag{6}$$

(其中 p, q 均为常数)的微分方程称为二阶常系数线性微分方程,其中 $f(x)$ 称为自由项.

当 $f(x) \equiv 0$ 时,方程(6)称为二阶常系数齐次线性微分方程;

当 $f(x) \neq 0$ 时,方程(6)称为二阶常系数非齐次线性微分方程.

1. 二阶常系数齐次线性微分方程通解的求法

首先,求出微分方程所对应的特征方程

$$r^2 + pr + q = 0$$

的根.

其次,根据特征根的不同情况,求出所给方程的通解,即

若 $r_1 \neq r_2$,通解为 $y = C_1 \mathrm{e}^{r_1 x} + C_2 \mathrm{e}^{r_2 x}$;

若 $r_1=r_2$，通解为 $y=(C_1+C_2x)\mathrm{e}^{r_1x}$；

若 $r_{1,2}=\alpha\pm\mathrm{i}\beta$，通解为 $y=\mathrm{e}^{\alpha x}(C_1\cos\beta x+C_2\sin\beta x)$．

2. 二阶常系数非齐次线性微分方程通解的求法

(1) 求出其所对应的齐次方程的通解 $y=C_1y_1+C_2y_2$；

(2) 求出所给方程的一个特解 y^*，则所给方程的通解为
$$y=C_1y_1+C_2y_2+y^*；$$

(3) 关于 y^* 的求法：

如果自由项 $f(x)=P_m(x)\mathrm{e}^{\lambda x}$，则方程(6)具有形如
$$y^*=x^kQ_m(x)\mathrm{e}^{\lambda x}$$
的特解，其中 $Q_m(x)$ 是与 $P_m(x)$ 同次（m 次）的多项式，k 是方程(6)所对应的齐次方程的特征方程中含有重根 λ 的次数（按 λ 不是特征方程的根，是单根、重根依次取 $k=0,1,2$）．

如果自由项 $f(x)=\mathrm{e}^{\lambda x}[P_l(x)\cos\omega x+P_n(x)\sin\omega x]$，则方程(6)具有形如
$$y^*=x^k\mathrm{e}^{\lambda x}[R_m^{(1)}(x)\cos\omega x+R_m^{(2)}(x)\sin\omega x]$$
的特解，其中 $R_m^{(1)}(x),R_m^{(2)}(x)$ 为 m 次多项式，$m=\max\{l,n\}$，k 按 $\lambda+\mathrm{i}\omega$（或 $\lambda-\mathrm{i}\omega$）不是特征方程的根，是单根依次取 $k=0,1$．

二、基 本 要 求

1. 了解微分方程的基本概念及其几何意义．

2. 熟练掌握一阶微分方程（可分离变量的微分方程、齐次方程、一阶线性方程）的解法及可降阶高阶微分方程的解法．

3. 能熟练求出二阶常系数微分方程的通解，并掌握特解 y^* 的求法．

三、习 题 解 答

习 题　7-1

1. 什么是微分方程？指出下列微分方程的阶数．

(1) $\dfrac{\mathrm{d}y}{\mathrm{d}x}+\sqrt{\dfrac{1-y^2}{1-x^2}}=0$；　　　　(2) $y''+3y'+2y=\sin x$；

(3) $\dfrac{\mathrm{d}^3y}{\mathrm{d}x^3}-y=\mathrm{e}^x$；　　　　(4) $y''=C$（C 为常数）．

解　含有自变量、未知函数及其导数（或微分）的方程，称为微分方程．

(1) 一阶；(2) 二阶；(3) 三阶；(4) 二阶．

2. 检验下列函数是否是微分方程 $y''-y'-2y=0$ 的解．

(1) $y=\mathrm{e}^{-x}$;   (2) $y=\mathrm{e}^{x}$;   (3) $y=\mathrm{e}^{2x}$;   (4) $y=x^{2}$.

解 (1)(3)是微分方程的解;(2)(4)不是微分方程的解.

3.(一级化学反应问题)在一级化学反应中,反应速率与反应物现有浓度成正比,设物质反应开始的浓度为 a,求该物质反应的规律,即求浓度与时间的函数关系.

解 设 y 表示时刻 t 时已发生化学反应的物质浓度,则 t 时刻物质浓度为 $a-y$,由题意知

$$\frac{\mathrm{d}(a-y)}{\mathrm{d}t}=-k(a-y),$$

其中 k 为比例常数且 $k>0$. 因现有浓度是 t 的减函数,故上式右端置负号.

对上式分离变量后再两端积分,得

$$\ln(a-y)=-kt+\ln C \quad \text{或} \quad a-y=C\mathrm{e}^{-kt},$$

即

$$y=a-C\mathrm{e}^{-kt}.$$

又由题知 $y|_{t=0}=0$ 代入上式得 $C=a$,所以 $y=a(1-\mathrm{e}^{-kt})$即为所求.

习 题 7-2

1. 求下列可分离变量微分方程的通解.

(1) $xy'-y\ln y=0$;   (2) $\dfrac{\mathrm{d}y}{\mathrm{d}x}=\sqrt{\dfrac{1-y^{2}}{1-x^{2}}}$;

(3) $\dfrac{\mathrm{d}y}{\mathrm{d}x}=10^{x+y}$;   (4) $(y+1)^{2}\dfrac{\mathrm{d}y}{\mathrm{d}x}+x^{3}=0$.

解 (1) 分离变量,原微分方程化为

$$\frac{\mathrm{d}y}{y\ln y}=\frac{\mathrm{d}x}{x}.$$

两边同时积分,得

$$\ln\ln y=\ln x+\ln C,$$

即

$$y=\mathrm{e}^{Cx} \quad (C \text{ 为积分常数}).$$

(2) 分离变量,原微分方程化为

$$\frac{\mathrm{d}y}{\sqrt{1-y^{2}}}=\frac{\mathrm{d}x}{\sqrt{1-x^{2}}}.$$

两边同时积分,得

$$\arcsin y=\arcsin x+C.$$

(3) 分离变量,原微分方程化为

$$10^{-y}\mathrm{d}y = 10^x\,\mathrm{d}x.$$

两边同时积分,得

$$-10^{-y} = 10^x + C_1,$$

即

$$10^x + 10^{-y} = C \quad (C = C_1).$$

(4) 分离变量,原微分方程化为

$$(1+y)^2\,\mathrm{d}y = -x^3\,\mathrm{d}x.$$

两边同时积分,得

$$\frac{y^3}{3} + y^2 + y + \frac{x^4}{4} = C.$$

2. 求下列齐次方程的通解.

(1) $\dfrac{\mathrm{d}y}{\mathrm{d}x} = \dfrac{y}{y-x}$;　　　　　　　　　　(2) $xy' = y\ln\dfrac{y}{x}$;

(3) $x^2y' + y^2 = xyy'$;　　　　　　　　　(4) $(y^2 - x^2)\mathrm{d}y + xy\mathrm{d}x = 0$.

解 (1) 解法一:原微分方程化为

$$\frac{\mathrm{d}y}{\mathrm{d}x} = \frac{\dfrac{y}{x}}{\dfrac{y}{x} - 1}.$$

设 $u = \dfrac{y}{x}$,则 $y = ux, \dfrac{\mathrm{d}y}{\mathrm{d}x} = u + x\dfrac{\mathrm{d}u}{\mathrm{d}x}$. 代入原方程,得

$$u + x\frac{\mathrm{d}u}{\mathrm{d}x} = \frac{u}{u-1},$$

即

$$x\frac{\mathrm{d}u}{\mathrm{d}x} = -\frac{u^2 - 2u}{u-1}.$$

分离变量,得

$$-\frac{u-1}{u^2 - 2u}\mathrm{d}u = \frac{\mathrm{d}x}{x}.$$

两边同时积分,得

$$-\frac{1}{2}\ln(u^2 - 2u) = \ln x + \ln C,$$

即

$$u^2 - 2u = \frac{1}{C^2 x^2},$$

即

$$y^2 - 2xy = C_1 \qquad \left(C_1 = \frac{1}{C^2} \right).$$

解法二:原微分方程化为

$$\frac{\mathrm{d}x}{\mathrm{d}y} = 1 - \frac{x}{y}.$$

设 $u = \dfrac{x}{y}$,则 $x = uy, \dfrac{\mathrm{d}x}{\mathrm{d}y} = u + y \dfrac{\mathrm{d}u}{\mathrm{d}y}$. 代入原方程,得

$$y \frac{\mathrm{d}u}{\mathrm{d}y} = 1 - 2u.$$

分离变量,得

$$\frac{1}{1 - 2u} \mathrm{d}u = \frac{\mathrm{d}y}{y}.$$

两边同时积分,得

$$-\frac{1}{2} \ln(1 - 2u) = \ln y + \ln C,$$

即

$$\frac{1}{\sqrt{1 - 2u}} = yC,$$

即

$$y^2 - 2xy = C_1 \qquad \left(C_1 = \frac{1}{C^2} \right).$$

(2) 原微分方程化为

$$y' = \frac{y}{x} \ln \frac{y}{x}.$$

设 $u = \dfrac{y}{x}$,则 $y = ux, \dfrac{\mathrm{d}y}{\mathrm{d}x} = u + x \dfrac{\mathrm{d}u}{\mathrm{d}x}$. 代入原方程并分离变量,得

$$\frac{\mathrm{d}u}{u(\ln u - 1)} = \frac{\mathrm{d}x}{x}.$$

两边同时积分,得

$$\ln(\ln u - 1) = \ln x + \ln C,$$

即

$$\ln u = Cx + 1.$$

所以原方程的通解为

$$y = x\mathrm{e}^{Cx+1}.$$

(3) 原微分方程化为

$$y' + \left(\frac{y}{x} \right)^2 = \frac{y}{x} y'.$$

设 $u=\dfrac{y}{x}$，则 $y=ux$，$\dfrac{dy}{dx}=u+x\dfrac{du}{dx}$．代入原方程，得

$$(u-1)\left(u+x\dfrac{du}{dx}\right)=u^2.$$

化简得

$$x(u-1)\dfrac{du}{dx}=u.$$

分离变量，得

$$\left(1-\dfrac{1}{u}\right)du=\dfrac{1}{x}dx.$$

两边同时积分，得

$$u-\ln u=\ln Cx,$$

即

$$\dfrac{y}{x}=\ln Cy.$$

所以原方程的通解为

$$y=x\ln Cy\quad\left(\text{或 }y=C_1e^{\frac{y}{x}},C_1=\dfrac{1}{C}\right).$$

（4）解法一：原微分方程化为

$$\dfrac{dy}{dx}=\dfrac{\dfrac{y}{x}}{1-\left(\dfrac{y}{x}\right)^2}.$$

设 $u=\dfrac{y}{x}$，则 $y=ux$，$\dfrac{dy}{dx}=u+x\dfrac{du}{dx}$．代入原方程并化简，得

$$x\dfrac{du}{dx}=\dfrac{u^3}{1-u^2}.$$

分离变量并两边同时积分，得

$$-\dfrac{1}{2u^2}-\ln u=\ln(Cx),$$

即

$$\ln(Cy)=-\dfrac{x^2}{2y^2}.$$

所以原方程的通解为

$$y=C_1e^{-\frac{x^2}{2y^2}}\qquad\left(C_1=\dfrac{1}{C}\right).$$

解法二：原微分方程化为

$$\frac{\mathrm{d}x}{\mathrm{d}y}=\frac{x}{y}-\frac{y}{x}.$$

设 $u=\dfrac{x}{y}$，则 $x=uy,\dfrac{\mathrm{d}x}{\mathrm{d}y}=u+y\dfrac{\mathrm{d}u}{\mathrm{d}y}$.代入原方程，得

$$u\mathrm{d}u=-\frac{\mathrm{d}y}{y}.$$

两边同时积分，得

$$\frac{1}{2}u^2=\ln\frac{C}{y},$$

即

$$\frac{C}{y}=\mathrm{e}^{\frac{1}{2}u^2}.$$

所以原方程的通解为

$$y=C\mathrm{e}^{-\frac{x^2}{2y^2}}.$$

3. 求下列微分方程的通解.

(1) $y'+y=\mathrm{e}^x$；　　　　　　　　(2) $y'+2xy=4\mathrm{e}^{-x^2}$；

(3) $\dfrac{\mathrm{d}y}{\mathrm{d}x}=\dfrac{y}{2x-y^2}$；　　　　　(4) $(1+x^2)y'-2xy=(1+x^2)^2$.

解　(1) 原方程对应的齐次方程为

$$y'+y=0,$$

其通解为

$$y=C_1\mathrm{e}^{-x}.$$

令 $y=C_1(x)\mathrm{e}^{-x}$，代入原方程化简得

$$\frac{\mathrm{d}C_1(x)}{\mathrm{d}x}=\mathrm{e}^{2x}.$$

两边同时积分，得

$$C_1(x)=\frac{1}{2}\mathrm{e}^{2x}+C.$$

所以原方程的通解为

$$y=\frac{1}{2}\mathrm{e}^x+C\mathrm{e}^{-x}.$$

(2) 原方程对应的齐次方程为

$$y'+2xy=0.$$

其通解为

$$y=C_1\mathrm{e}^{-x^2}.$$

令 $y=C_1(x)\mathrm{e}^{-x^2}$，代入原方程化简得

$$\frac{\mathrm{d}C_1(x)}{\mathrm{d}x}=4.$$

两边同时积分,得
$$C_1(x)=4x+C.$$
所以原方程的通解为
$$y=4x\mathrm{e}^{-x^2}+C\mathrm{e}^{-x^2}.$$
(3) 原方程对应的齐次方程为
$$\frac{\mathrm{d}x}{\mathrm{d}y}-\frac{2x}{y}=0.$$
其通解为
$$x=C_1y^2.$$
令 $x=C_1(y)y^2$,代入原方程并化简得
$$2yC_1(y)+y^2\frac{\mathrm{d}C_1(y)}{\mathrm{d}y}-\frac{2y^2C_1(y)}{y}=-y,$$
即
$$\mathrm{d}C_1(y)=-\frac{\mathrm{d}y}{y}.$$
两边积分,得
$$C_1(y)=-\ln y+C.$$
所以原方程的通解为
$$x=-y^2\ln y+Cy^2.$$
(4) 原方程化为　　　$y'-\dfrac{2x}{1+x^2}y=(1+x^2).$
对应的齐次方程为
$$y'-\frac{2x}{1+x^2}y=0.$$
分离变量得
$$\frac{\mathrm{d}y}{y}=\frac{2x\mathrm{d}x}{1+x^2}.$$
两边积分得
$$y=C_1(1+x^2).$$
令 $y=C_1(x)(1+x^2)$,代入原方程化简得
$$C_1'(x)=1,$$
两边积分,得
$$C_1(x)=x+C.$$
所以原方程的通解为
$$y=x(1+x^2)+C(1+x^2).$$

4. 求下列微分方程满足初始条件的特解.

(1) $(y-x^2y)dy+xdx=0$, $y|_{x=\sqrt{2}}=0$;

(2) $\dfrac{dy}{dx}+2xy=xe^{-x^2}$, $y|_{x=0}=1$.

解　(1) 将原方程化为

$$\frac{dy}{dx}=-\frac{x}{y-x^2y}.$$

分离变量后,解得

$$\frac{1}{2}y^2=\frac{1}{2}\ln(x^2-1)+C,$$

即

$$y^2=\ln(x^2-1)+2C.$$

将 $y|_{x=\sqrt{2}}=0$ 代入上式,得 $C=0$.

所以原方程的特解为

$$y^2=\ln(x^2-1).$$

(2) 原方程中 $p(x)=2x$,$Q(x)=xe^{-x^2}$,将其代入公式

$$y=e^{-\int p(x)dx}\left[\int Q(x)e^{\int p(x)dx}dx+C\right]$$

中得

$$y=e^{-\int 2xdx}\left(\int xe^{-x^2}e^{\int 2xdx}dx+C\right)$$

$$=e^{-x^2}\left(\frac{x^2}{2}+C\right).$$

将 $y|_{x=0}=1$ 代入上式,得 $C=1$.

所以原方程的特解为

$$y=\frac{x^2}{2}e^{-x^2}+e^{-x^2}.$$

5. 设一容器内原有 100L 盐水,内含食盐 10kg,现以 3L/min 的速度注入 0.01kg/L 的淡盐水,同时以 2L/min 的速度抽出混合均匀的盐水,试求容器内含盐量 Q 随时间 t 变化的规律.

解　设 t(单位:min)后容器中剩余的盐量为 Q,由题意知,时刻 t 注入盐的速度为

$$v_1(t)=3\times0.01=0.03(\text{kg/min})$$

又因同时以 2L/min 的速度抽出混合均匀的盐水,所以时间 t 后盐水总量为 $100+(3-2)t$,而每升含盐量 $\dfrac{Q}{100+t}$,因而排出盐的速度为

$$v_2(t) = \frac{2Q}{100+t}.$$

因而盐水内盐量的变化速度为

$$\frac{dQ}{dt} = v_1(t) - v_2(t) = 0.03 - \frac{2Q}{100+t},$$

即

$$\frac{dQ}{dt} + \frac{2Q}{100+t} = 0.03.$$

所以

$$Q = e^{-\int \frac{2}{100+t}dt} \left(\int 0.03 e^{\int \frac{2}{100+t}dt} dt + C \right)$$

$$= \frac{100+t}{100} + \frac{0.03C}{(100+t)^2}.$$

又因为 $Q|_{t=0} = 10$ 代入上式得 $C = 100^3$. 所以含盐量 Q 随时间 t 变化的规律为

$$Q = \frac{100+t}{100} + \frac{30000}{(100+t)^2}.$$

6. 酵母的增长规律是:酵母增长速率与酵母现存量成正比,设在时刻 t 酵母的现存量为 n_t,求酵母在任何时刻的现存量 n_t 与时刻 t 的函数关系. 又设酵母开始发酵后经过 2h 其重量为 4g,经过 3h 其重量为 6g. 试计算发酵前酵母的重量.

解　由题意知,酵母的增长速度为 $\dfrac{dn_t}{dt}$,由 $n_t > 0$,所以 $\dfrac{dn_t}{dt} > 0$,于是得到方程

$$\frac{dn_t}{dt} = kn_t (k \text{ 为常数}),$$

解得

$$n_t = Ce^{kt}.$$

因为 $n_t|_{t=2} = 4, n_t|_{t=3} = 6$,所以得 $k = \ln \dfrac{3}{2}, C = \dfrac{16}{9}$. 故酵母发酵前的重量 $n_0 = \dfrac{16}{9}$ (g).

习　题　7-3

1. 求下列微分方程的通解.

(1) $y'' = x + \sin x$;　　　　　　　(2) $y'' - y' = e^x$;

(3) $a^2 y'' - y = 0$;　　　　　　　(4) $2y'^2 = (y-1)y''$.

解　(1) 将所给方程两边积分两次,得

$$y' = \frac{1}{2}x^2 - \cos x + C_1;$$

$$y = \frac{x^3}{6} - \sin x + C_1 x + C_2,$$

其中 C_1, C_2 为任意常数,则

$$y = \frac{x^3}{6} - \sin x + C_1 x + C_2,$$

即为所给方程的通解.

(2) 设 $y' = p$,则 $y'' = p'$,代入原方程得

$$\frac{\mathrm{d}p}{\mathrm{d}x} - p = \mathrm{e}^x.$$

解之得上述方程的通解为

$$p = \mathrm{e}^x(x + C_1),$$

即

$$y' = \mathrm{e}^x(x + C_1).$$

两边积分得原方程的通解为

$$y = (x-1)\mathrm{e}^x + C_1 \mathrm{e}^x + C_2.$$

(3) 设 $y' = p$,则 $y'' = \dfrac{\mathrm{d}p}{\mathrm{d}x} = \dfrac{\mathrm{d}p}{\mathrm{d}y} \cdot \dfrac{\mathrm{d}y}{\mathrm{d}x} = p \dfrac{\mathrm{d}p}{\mathrm{d}y}$. 代入原方程得

$$a^2 p \frac{\mathrm{d}p}{\mathrm{d}y} - y = 0.$$

分离变量后两边积分,得

$$p^2 = \frac{y^2}{a^2} + C_1^2,$$

即

$$y' = \sqrt{\frac{y^2}{a^2} + C_1^2} = \frac{1}{|a|}\sqrt{y^2 + a^2 C_1^2}.$$

分离变量后两边积分得通解为

$$\ln\left(y + \sqrt{y^2 + a^2 C_1^2}\right) = \frac{x}{|a|} + C_2.$$

(4) 设 $y' = p$,则 $y'' = p\dfrac{\mathrm{d}p}{\mathrm{d}y}$. 代入原方程得

$$2p^2 = (y-1) p \frac{\mathrm{d}p}{\mathrm{d}y},$$

即

$$2p = (y-1)\frac{\mathrm{d}p}{\mathrm{d}y} \quad \text{或} \quad \frac{\mathrm{d}p}{p} = \frac{2\mathrm{d}y}{y-1}.$$

两边积分,得

$$\ln p = 2\ln(y-1) + \ln C_1,$$

即

$$y' = C_1 (y-1)^2,$$

$$\frac{\mathrm{d}y}{(y-1)^2} = C_1 \mathrm{d}x.$$

两边积分, 得

$$\frac{1}{1-y} = C_1 x + C_2.$$

化简得

$$y = \frac{C_1 x + C_2 - 1}{C_1 x + C_2} = \frac{x + C_3}{x + C_4} \quad \left(C_3 = \frac{C_2 - 1}{C_1}, C_4 = \frac{C_2}{C_1} \right).$$

2. 求下列微分方程的特解.

(1) $y''(x^2+1) = 2xy', y|_{x=0} = 1, y'|_{x=0} = 3$;

(2) $y'' + y'^2 = 0, y|_{x=0} = 1, y'|_{x=0} = 1$.

解　(1) 设 $y' = p$, 则 $y'' = p'$. 代入原方程得

$$p'(x^2+1) = 2xp.$$

分离变量后积分得

$$p = C_1(x^2+1),$$

即

$$y' = C_1(x^2+1).$$

因为 $y'|_{x=0} = 3$, 所以得 $C_1 = 3$, 所以 $y' = 3(x^2+1)$.

两边积分, 得

$$y = x^3 + 3x + C_2.$$

因为 $y|_{x=0} = 1$, 所以得 $C_2 = 1$.

所以所求特解为

$$y = x^3 + 3x + 1.$$

(2) 设 $y' = p$, 则 $y'' = p \dfrac{\mathrm{d}p}{\mathrm{d}y}$. 代入原方程得

$$p \frac{\mathrm{d}p}{\mathrm{d}y} + p^2 = 0,$$

即

$$\frac{\mathrm{d}p}{\mathrm{d}y} = -p.$$

两边积分, 得

$$p = C_1 \mathrm{e}^{-y},$$

即

$$y' = C_1 e^{-y}.$$

因为 $y|_{x=0}=1, y'|_{x=1}=1$，所以 $y'|_{y=1}=1$，代入得 $C_1=e$，所以

$$y' = e^{1-y}.$$

分离变量

$$e^{y-1}dy = dx,$$

两边积分

$$\int e^{y-1}dy = \int dx,$$

得

$$e^{y-1} = x + C_2.$$

因为 $y|_{x=0}=1$，代入得 $C_2=1$，所以

$$e^{y-1} = x + 1,$$

所以

$$y = 1 + \ln(x+1).$$

故所求特解为

$$y = 1 + \ln(x+1).$$

习 题 7-4

1. 求下列微分方程的通解.

(1) $y'' + 2y' - 3y = 0$；

(2) $y'' + 6y' + 9y = 0$；

(3) $y'' + 4y = 0$；

(4) $y'' + 2y' + 5y = 0$；

(5) $y'' + y' = 3x^2 + 1$；

(6) $y'' - 3y' + 2y = 3e^{2x}$；

(7) $y'' + y = x\cos 2x$；

(8) $y'' - 2y' + y = xe^x$.

解 (1) 原方程对应的特征方程为

$$r^2 + 2r - 3 = 0,$$

其根为 $r_1 = -3, r_2 = 1$. 原方程的通解为

$$y = C_1 e^{-3x} + C_2 e^x.$$

(2) 原方程对应的特征方程为

$$r^2 + 6r + 9 = 0,$$

它有两个相等的实根为 $r_1 = r_2 = -3$.

原方程的通解为

$$y = (C_1 x + C_2) e^{-3x}.$$

(3) 原方程对应的特征方程为

$$r^2 + 4 = 0,$$

它有一对共轭的复根为 $r_1=2\mathrm{i}, r_2=-2\mathrm{i}$.

原方程的通解为
$$y=C_1\cos 2x+C_2\sin 2x.$$

（4）原方程对应的特征方程为
$$r^2+2r+5=0,$$

它有一对共轭的复根为 $r_1=-1+2\mathrm{i}, r_2=-1-2\mathrm{i}$.

原方程的通解为
$$y=(C_1\cos 2x+C_2\sin 2x)\mathrm{e}^{-x}.$$

（5）原方程对应的特征方程为
$$r^2+r=0,$$

其根为 $r_1=-1, r_2=0$.

所以原方程对应的齐次方程的通解为
$$\bar{y}=C_1+C_2\mathrm{e}^{-x}.$$

因为 $f(x)=3x^2+1$ 是多项式，且 $\lambda=0$ 是特征方程的单根，所以可设原方程的特解 y^* 的形式为
$$y^*=ax^3+bx^2+cx,$$

则
$$y^{*\prime}=3ax^2+2bx+c,$$
$$y^{*\prime\prime}=6ax+2b.$$

将 $y^*, y^{*\prime}$ 和 $y^{*\prime\prime}$ 代入原方程，化简得
$$3ax^2+(6a+2b)x+2b+c=3x^2+1.$$

得
$$\begin{cases} 3a=3, \\ 6a+2b=0, \Rightarrow \\ 2b+c=1 \end{cases} \begin{cases} a=1, \\ b=-3, \\ c=7. \end{cases}$$

所以原方程的通解为
$$y=C_1+C_2\mathrm{e}^{-x}+x^3-3x^2+7x.$$

（6）原方程对应的特征方程为
$$r^2-3r+2=0,$$

其根为 $r_1=1, r_2=2$.

所以原方程对应的齐次方程的通解为
$$\bar{y}=C_1\mathrm{e}^x+C_2\mathrm{e}^{2x}.$$

因为 $\lambda=2$ 是单特征根，所以原方程的特解 y^* 可设为
$$y^*=ax\mathrm{e}^{2x}.$$

将 y^* 代入原方程，化简得 $a=3$，即 $y^*=3x\mathrm{e}^{2x}$.

所以原方程的通解为
$$y = \bar{y} + y^* = C_1 e^x + C_2 e^{2x} + 3x e^{2x}.$$

(7) 原方程对应的特征方程为
$$r^2 + 1 = 0,$$
它有一对共轭的复根为 $r_1 = i, r_2 = -i$. 所以原方程对应的齐次方程的通解为
$$\bar{y} = C_1 \cos x + C_2 \sin x.$$

因为 $\lambda = 2i$ 不是特征根,所以原方程的特解 y^* 可设为
$$y^* = (ax+b)\cos 2x + (cx+d)\sin 2x.$$

将 y^* 代入原方程,化简得
$$(-3ax - 3b + 4c)\cos 2x - (3cx + 3d + 4a)\sin 2x = x\cos 2x.$$

比较两端同类项的系数,得

$$\begin{cases} -3a = 1, \\ -3b + 4c = 0, \\ 3c = 0, \\ 3d + 4a = 0 \end{cases} \Rightarrow \begin{cases} a = -\dfrac{1}{3}, \\ b = 0, \\ c = 0, \\ d = \dfrac{4}{9}, \end{cases}$$

即
$$y^* = -\frac{1}{3}x\cos 2x + \frac{4}{9}\sin 2x.$$

所以原方程的通解为
$$y = \bar{y} + y^* = C_1 \cos x + C_2 \sin x - \frac{1}{3}x\cos 2x + \frac{4}{9}\sin 2x.$$

(8) 原方程对应的特征方程为
$$r^2 - 2r + 1 = 0,$$
它有两个相等的实根为 $r_1 = r_2 = 1$.

所以原方程对应的齐次方程的通解为
$$\bar{y} = (C_1 + C_2 x)e^x.$$

因为 $\lambda = 1$ 是二重特征根,所以原方程的特解 y^* 可设为
$$y^* = x^2(ax+b)e^x.$$

将 y^* 代入原方程,化简得
$$6ax + 2b = x.$$

比较两端同类项的系数,得

$$\begin{cases} 6a = 1, \\ 2b = 0 \end{cases} \Rightarrow \begin{cases} a = \dfrac{1}{6}, \\ b = 0. \end{cases}$$

即

$$y^* = \frac{1}{6}x^3 e^x.$$

所以原方程的通解为

$$y = \bar{y} + y^* = (C_1 + C_2 x)e^x + \frac{1}{6}x^3 e^x.$$

2. 求满足初始条件的特解.

(1) $y'' + y = 0, y|_{x=0} = 1, y'|_{x=0} = 1$;

(2) $y'' + 4y' + 4y = 0, y|_{x=0} = 0, y'|_{x=0} = 1$;

(3) $y'' + y' = 3x^2 + 1, y|_{x=0} = 0, y'|_{x=0} = 0$.

解　(1) 由第 1 题的(7)知, $y'' + y = 0$ 的通解为

$$y = C_1 \cos x + C_2 \sin x.$$

将初始条件 $y|_{x=0} = 1, y'|_{x=0} = 1$ 代入上式及其导数式中,得

$$C_1 = 1, \quad C_2 = 1.$$

所以原方程的特解为 $y = \cos x + \sin x$.

(2) 原方程对应的特征方程为

$$r^2 + 4r + 4 = 0,$$

它有两个相等的实根为 $r_1 = r_2 = -2$.

原方程的通解为

$$y = (C_1 + C_2 x)e^{-2x}.$$

所以

$$y' = (C_2 - 2C_1)e^{-2x} - 2C_2 x e^{-2x},$$

将 $y|_{x=0} = 0, y'|_{x=0} = 1$ 代入上边两式,得

$$C_1 = 0, \quad C_2 = 1.$$

所以原方程的特解为 $y = x e^{-2x}$.

(3) 由第一题的(5)知,所给方程的通解为

$$y = C_1 + C_2 e^{-x} + x^3 - 3x^2 + 7x.$$

$$y' = -C_2 e^{-x} + 3x^2 - 6x + 7.$$

将初始条件 $y|_{x=0} = 0, y'|_{x=0} = 0$ 代入上式及其导数式中,得

$$C_1 = -7, \quad C_2 = 7.$$

所以原方程的特解为

$$y = -7 + 7e^{-x} + x^3 - 3x^2 + 7x.$$

3. 如何设下列微分方程的特解？为什么？

(1) $y'' - y' + 5y = x e^x \cos x$;

(2) $y'' - y = (1-x)e^x.$

解　(1) 所给方程的特征方程为
$$r^2 - r + 5 = 0,$$
它有一对共轭的复根为 $r_1 = \dfrac{1}{2} + \dfrac{3}{2}\sqrt{2}\mathrm{i}, r_2 = \dfrac{1}{2} - \dfrac{3}{2}\sqrt{2}\mathrm{i}.$

而 $\lambda = 1 \pm \mathrm{i}$ 不是特征根,所以原方程的特解 y^* 可设为
$$y^* = [(ax+b)\cos x + (cx+d)\sin x]\mathrm{e}^x.$$

(2) 原方程对应的特征方程为
$$r^2 - 1 = 0,$$
其根为 $r_1 = -1, r_2 = 1.$ 故 $\lambda = 1$ 是单特征根,所以原方程的特解 y^* 可设为
$$y^* = x(ax+b)\mathrm{e}^x.$$

习　题　7-6

1. 指出下列差分方程的阶数.

(1) $y_{t+2} - 5y_{t+1} + y_t - t = 0;$

(2) $a_0(t)y_{t+n} + a_1(t)y_{t+n-1} + \cdots + a_n(t)y_t = b(t).$

解　(1) 2;(2) $n.$

2. 求下列函数的差分.

(1) $y_t = 2^t + 3^t,$ 求 $\Delta y_t, \Delta^2 y_t;$

(2) $I_t = b(C_t - C_{t-1}), C_t = ay_{t-1}, y_t = 2t,$ 求 $\Delta I_t, \Delta^2 I_t.$

解　(1) $\Delta y_t = y_{t+1} - y_t = 2^{t+1} + 3^{t+1} - 2^t - 3^t = 2^t + 2 \cdot 3^t;$
$$\Delta^2 y_t = y_{t+2} - 2y_{t+1} + y_t = 4 \cdot 3^t + 2^t.$$

(2) 将 C_t, C_{t-1} 代入 I_t 计算可得
$$I_t = 2ab.$$
所以 $\Delta I_t = 0, \Delta^2 I_t = 0.$

3. 求下列线性差分方程的通解.

(1) $y_{t+1} + y_t = 2^t;$　　　　　　　　　(2) $3y_t - 3y_{t-1} = 1;$

(3) $y_{t+1} + \sqrt{3}y_t = \cos\dfrac{\pi}{3}t;$　　　　　(4) $y_{t+1} + 2y_t = 2^t\sin\pi t.$

解　(1) 所给方程的特征方程为
$$\lambda + 1 = 0,$$
所以 $\lambda = -1$ 为特征根. 所以齐次差分方程的通解为
$$y_c = C(-1)^t.$$

由于 $f(t) = 2^t = \rho^t P_0(t),$ 而 $\rho = 2$ 不是特征根,所以非齐次差分方程的特解为
$$y^*(t) = \rho^t \cdot P_0(t) = 2^t B_0.$$

代入差分方程得

$$2^{t+1}B_0 + 2^t B_0 = 2^t,$$

$$B_0 = \frac{1}{3}.$$

所以所求通解为

$$y_t = C(-1)^t + \frac{1}{3} 2^t \quad (C \text{ 为任意常数}).$$

(2) 方程可化为

$$y_{t+1} - y_t = \frac{1}{3}.$$

由 7.6 节式(6)结论知

$$y_t = C + bt, \quad \text{其中 } b = \frac{1}{3}.$$

所以所求通解为

$$y_t = C + \frac{t}{3} \quad (C \text{ 为任意常数}).$$

(3) 所给方程的特征方程为

$$\lambda + \sqrt{3} = 0,$$

所以 $\lambda = -\sqrt{3}$ 为特征根. 齐次差分方程的通解为

$$y_C = C(-\sqrt{3})^t.$$

由于

$$f(t) = \cos \frac{\pi}{3} t = \rho^t (a\cos\theta t + b\sin\theta t), \quad \rho = 1, \quad a = 1, \quad b = 0, \quad \theta = \frac{\pi}{3}.$$

令 $\delta = \rho(\cos\theta + i\sin\theta) = \frac{1}{2} + \frac{\sqrt{3}}{2}i$ 不是特征根，所以设非齐次差分方程的特解为

$$y^*(t) = \rho^t \cdot (A\cos\theta t + B\sin\theta t) = A\cos \frac{\pi}{3} t + B\sin \frac{\pi}{3} t.$$

代入差分方程得

$$\begin{cases} \dfrac{A}{2} + \dfrac{\sqrt{3}}{2}B + \sqrt{3}A = 1, \\ \dfrac{B}{2} - \dfrac{\sqrt{3}}{2}A + \sqrt{3}B = 0 \end{cases} \Rightarrow \begin{cases} A = \dfrac{7\sqrt{3} - 2}{26}, \\ B = \dfrac{4\sqrt{3} - 3}{26}. \end{cases}$$

所以

$$y^*(t) = \frac{7\sqrt{3} - 2}{26}\cos \frac{\pi}{3} t + \frac{4\sqrt{3} - 3}{26}\sin \frac{\pi}{3} t.$$

所以所求通解为

$$y_t = C(-\sqrt{3})^t + \frac{7\sqrt{3}-2}{26}\cos\frac{\pi}{3}t + \frac{4\sqrt{3}-3}{26}\sin\frac{\pi}{3}t \quad (C\text{ 为任意常数}).$$

（4）所给方程的特征方程为

$$\lambda + 2 = 0,$$

所以 $\lambda = -2$ 为特征根. 所以齐次差分方程的通解为

$$y_c = C(-2)^t.$$

由于

$$f(t) = 2^t\sin\pi t = \rho^t(a\cos\theta t + b\sin\theta t), \quad \rho = 2, \quad a = 0, \quad b = 1, \quad \theta = \pi.$$

令 $\delta = \rho(\cos\theta + \mathrm{i}\sin\theta) = -2$ 是特征根，所以设非齐次差分方程的特解为

$$y^*(t) = \rho^t \cdot t \cdot (A\cos\theta t + B\sin\theta t) = 2^t t(A\cos\pi t + B\sin\pi t).$$

代入差分方程得

$$\begin{cases} -2A = 0, \\ -2B = 1 \end{cases} \Rightarrow \begin{cases} A = 0, \\ B = -\dfrac{1}{2}. \end{cases}$$

所以

$$y^*(t) = -t \cdot 2^{t-1} \cdot \sin\pi t.$$

所以所求通解为

$$y_t = C(-2)^t - t \cdot 2^{t-1} \cdot \sin\pi t \quad (C\text{ 为任意常数}).$$

4. 设某人于某年年底在银行存款 a 元，其年利率是 r，且按复利计算利息，又该存款人每年年底均取出固定数额为 b 元的部分存款，求该存款人每年年底在银行存款余额的变化规律.

解　设 y_t 是存款 t 年整时该存款人的存款余额 $(t=0,1,2,\cdots)$，于是有方程

$$y_t(1+r) - b = y_{t+1},$$

并且 $y_0 = a$.

由 7.6 节式（6）知

$$y_t = C(1+r)^t + \frac{b}{r}.$$

因为 $y_0 = a$，所以 $C = a - \dfrac{b}{r}$.

所以每年年底在银行存款余额的变化规律为

$$y_t = \left(a - \frac{b}{r}\right)(1+r)^t + \frac{b}{r} \quad (t=0,1,2,\cdots).$$

第八章　空间解析几何与向量代数

一、基 本 内 容

(一)向量的概念

既有大小又有方向的量称为向量(或矢量),向量的大小或长度称为向量的模.

(二)向量的表示法

1. 几何表示

在几何中,向量可用一条有向线段来表示,线段的长度即为向量的模,有向线段的方向即为向量的方向,记作 $\overrightarrow{M_1M_2}$,$\vec{a}$ 或粗体字母 a,向量的模记作 $|\overrightarrow{M_1M_2}|$, $|\vec{a}|$ 或 $|a|$.

2. 向量的分解式

$$\vec{a}=x\vec{i}+y\vec{j}+z\vec{k},\ 或\ \overrightarrow{M_1M_2}=(x_2-x_1)\vec{i}+(y_2-y_1)\vec{j}+(z_2-z_1)\vec{k},$$

其中,向量 $\vec{a}$ 的起点为坐标原点,终点为 $M(x,y,z)$;$\overrightarrow{M_1M_2}$ 是以 $M_1(x_1,y_1,z_1)$ 为起点,$M_2(x_2,y_2,z_2)$ 为终点.

向量的模 $|\vec{a}|=\sqrt{x^2+y^2+z^2}$,或 $|\overrightarrow{M_1M_2}|=\sqrt{(x_2-x_1)^2+(y_2-y_1)^2+(z_2-z_1)^2}$.

3. 向量的坐标表示

$\vec{a}=\{x,y,z\}$,$\overrightarrow{M_1M_2}=\{x_2-x_1,y_2-y_1,z_2-z_1\}$,其中 x,y,z;$x_2-x_1,y_2-y_1,$ z_2-z_1 分别为 $\vec{a}$,$\overrightarrow{M_1M_2}$ 在 x 轴、y 轴、z 轴上的投影,分别称为向量 $\vec{a}$,$\overrightarrow{M_1M_2}$ 的坐标.

4. 向量的方向余弦

$$\cos\alpha=\frac{x}{|\vec{a}|}=\frac{x}{\sqrt{x^2+y^2+z^2}},$$

$$\cos\beta=\frac{y}{|\vec{a}|}=\frac{y}{\sqrt{x^2+y^2+z^2}},$$

$$\cos\gamma=\frac{z}{|\vec{a}|}=\frac{z}{\sqrt{x^2+y^2+z^2}}.$$

其中 α,β,γ 分别表示向量 $\vec{a}=\{x,y,z\}$ 与坐标轴 x,y,z 轴间的夹角,且规定 $0\leqslant\alpha\leqslant\pi$,$0\leqslant\beta\leqslant\pi$,$0\leqslant\gamma\leqslant\pi$,$\alpha,\beta,\gamma$ 称为 $\vec{a}$ 的方向角.

（三）向量的运算

1. 两向量相等

若两个向量 $\vec{a}$ 和 $\vec{b}$ 的模相等且方向相同,则称这两个向量相等,记作 $\vec{a}=\vec{b}$.

若 $\vec{a}=\{x_1,y_1,z_1\},\vec{b}=\{x_2,y_2,z_2\}$,则 $x_1=x_2,y_1=y_2,z_1=z_2$.

2. 向量的加（减）法

1）定义

几何上向量的加法（减法）用平行四边形法则或三角形法则来计算,利用向量的坐标,则有

$$\vec{a}\pm\vec{b}=(x_1\pm x_2)\vec{i}+(y_1\pm y_2)\vec{j}+(z_1\pm z_2)\vec{k},$$

或

$$\vec{a}\pm\vec{b}=\{x_1\pm x_2,y_1\pm y_2,z_1\pm z_2\}.$$

2）运算规律

（1）交换律 $\vec{a}+\vec{b}=\vec{b}+\vec{a}$;

（2）结合律 $(\vec{a}+\vec{b})+\vec{c}=\vec{a}+(\vec{b}+\vec{c})$;

差:$\vec{a}-\vec{b}=\vec{a}+(-\vec{b})$.

3. 向量与数量的乘法

1）定义

设 λ 是一数,向量 $\vec{a}$ 与数 λ 的乘积 $\lambda\vec{a}$ 规定为:当 $\lambda>0$ 时,$\lambda\vec{a}$ 表示一向量,它的方向与 $\vec{a}$ 的方向相同,它的模等于 $|\vec{a}|$ 的 λ 倍,即 $|\lambda\vec{a}|=\lambda|\vec{a}|$;当 $\lambda=0$ 时,$\lambda\vec{a}$ 是零向量,即 $\lambda\vec{a}=\vec{0}$;当 $\lambda<0$ 时,$\lambda\vec{a}$ 是一个与 $\vec{a}$ 反向且模为 $|\lambda\vec{a}|=|\lambda|\,|\vec{a}|$ 的向量.

坐标表示:$\vec{a}=\{x,y,z\}$,则 $\lambda\vec{a}=\{\lambda x,\lambda y,\lambda z\}$,或 $\lambda\vec{a}=\lambda x\vec{i}+\lambda y\vec{j}+\lambda z\vec{k}$.

2）运算规律

（1）结合律 $\lambda(\mu\vec{a})=\mu(\lambda\vec{a})=(\lambda\mu)\vec{a}$;

（2）分配律 $(\lambda+\mu)\vec{a}=\lambda\vec{a}+\mu\vec{a},\lambda(\vec{a}+\vec{b})=\lambda\vec{a}+\lambda\vec{b}$;

（3）与非零向量 $\vec{a}$ 同向的单位向量

对于非零向量 $\vec{a}$,则 $\vec{a}=|\vec{a}|\vec{a}^0$,其中 $\vec{a}^0$ 是与 $\vec{a}$ 同向的单位向量且有 $\vec{a}^0=\dfrac{\vec{a}}{|\vec{a}|}$.

4. 向量的数量积

1）定义

设 $\vec{a},\vec{b}$ 为两个向量,它们间的夹角为 $\theta(0\leqslant\theta\leqslant\pi)$,数量 $|\vec{a}|\,|\vec{b}|\cos\theta$,称为向量 $\vec{a}$ 与向量 $\vec{b}$ 的数量积,记作 $\vec{a}\cdot\vec{b}$,即

$$\vec{a}\cdot\vec{b}=|\vec{a}|\,|\vec{b}|\cos\theta.$$

坐标表示 $\vec{a}=\{a_x,a_y,a_z\},\vec{b}=\{b_x,b_y,b_z\}$,

$$\vec{a}\cdot\vec{b}=a_xb_x+a_yb_y+a_zb_z.$$

2) $\vec{a}$ 与 $\vec{b}$ 垂直的充要条件是:$\vec{a}\cdot\vec{b}=0$,即

$$a_xb_x+a_yb_y+a_zb_z=0.$$

3) 运算规律

(1) 交换律 $\vec{a}\cdot\vec{b}=\vec{b}\cdot\vec{a}$;

(2) 分配律 $(\vec{a}+\vec{b})\cdot\vec{c}=\vec{a}\cdot\vec{c}+\vec{b}\cdot\vec{c}$;

(3) 结合律 $(\lambda\vec{a})\cdot\vec{b}=\vec{a}\cdot(\lambda\vec{b})=\lambda(\vec{a}\cdot\vec{b})$.

5. 向量的向量积

1) 定义

设向量 $\vec{c}$ 是由向量 $\vec{a}$ 与向量 $\vec{b}$ 确定的,它满足:

(1) $|\vec{c}|=|\vec{a}||\vec{b}|\sin\theta$,其中 θ 为 $\vec{a}$ 与 $\vec{b}$ 间的夹角;

(2) $\vec{c}$ 垂直于 $\vec{a}$ 和 $\vec{b}$ 所确定的平面;

(3) $\vec{c}$ 的正向由 $\vec{a},\vec{b},\vec{c}$ 构成右手法则确定,

则向量 $\vec{c}$ 称为向量 $\vec{a}$ 与 $\vec{b}$ 的向量积(叉积,或矢量积).记作 $\vec{a}\times\vec{b}$,即

$$\vec{c}=\vec{a}\times\vec{b};$$

坐标表示

$$\vec{a}\times\vec{b}=\begin{vmatrix} \vec{i} & \vec{j} & \vec{k} \\ a_x & a_y & a_z \\ b_x & b_y & b_z \end{vmatrix}.$$

2) $\vec{a}$ 与 $\vec{b}$ 平行的充要条件是 $\vec{a}\times\vec{b}=\vec{0}$,或

$$\frac{a_x}{b_x}=\frac{a_y}{b_y}=\frac{a_z}{b_z}.$$

3) 运算规律

(1) 分配律 $(\vec{a}+\vec{b})\times\vec{c}=\vec{a}\times\vec{c}+\vec{b}\times\vec{c}$;

(2) 结合律 $(\lambda\vec{a})\times\vec{b}=\vec{a}\times(\lambda\vec{b})=\lambda(\vec{a}\times\vec{b})$;

(3) 反交换律 $\vec{a}\times\vec{b}=-\vec{b}\times\vec{a}$.

(四) 空间直角坐标系

1. 空间直角坐标系与点的坐标

在空间任取一固定点 O,过 O 作三条互相垂直且有相同长度单位的数轴 Ox,Oy,Oz 轴,它们的正向符合右手法则,这就构成了空间直角坐标系 O_{xyz}.

其中 O 称为坐标原点;三个坐标轴分别称为 x 轴(横轴)、y 轴(纵轴)、z 轴(竖轴);任两条坐标轴可确定一个平面,称为坐标面;x 轴与 y 轴确定 xOy 坐标面;y 轴与 z 轴确定 yOz 坐标面;x 轴与 z 轴确定 xOz 坐标面;三个坐标平面把空间分

成八个卦限.

空间的点 M 与有序数组 (x,y,z) 之间建立了一一对应关系,有序数组 (x,y,z) 称为 M 的坐标,记为 $M(x,y,z)$.

2. 空间两点间的距离公式

设 $M_1(x_1,y_1,z_1)$ 和 $M_2(x_2,y_2,z_2)$ 是空间两点,则 M_1 与 M_2 两点间的距离为

$$d=\sqrt{(x_2-x_1)^2+(y_2-y_1)^2+(z_2-z_1)^2}.$$

（五）平面方程

1. 平面方程的几种形式

1）平面的点法式方程

已知 $M_0(x_0,y_0,z_0)$ 为平面 π 上的一点,$\vec{n}=(A,B,C)$ 为垂直平面 π 的法向量,则该平面的方程为

$$A(x-x_0)+B(y-y_0)+C(z-z_0)=0,$$

此方程称为平面的点法式方程.

2）平面的一般方程

三元一次方程

$$Ax+By+Cz+D=0,$$

称为平面的一般方程,且它的法向量为

$$\vec{n}=\{A,B,C\}.$$

2. 有关平面的一些其他内容

1）点到平面的距离

设点 $P_1(x_1,y_1,z_1)$ 是平面 $\pi:Ax+By+Cz+D=0$ 外一点,则 P_1 到这个平面的距离为

$$d=\frac{|Ax_1+By_1+Cz_1+D|}{\sqrt{A^2+B^2+C^2}}.$$

2）两平面的夹角

设 $\pi_1:A_1x+B_1y+C_1z+D_1=0$,$\pi_2:A_2x+B_2y+C_2z+D_2=0$,则可以得到下面几条结论:

(1) 两平面 π_1,π_2 的夹角 θ 可由 $\cos\theta=\dfrac{A_1A_2+B_1B_2+C_1C_2}{\sqrt{A_1^2+B_1^2+C_1^2}\sqrt{A_2^2+B_2^2+C_2^2}}$ 来确定;

(2) 两平面垂直的充要条件是

$$A_1A_2+B_1B_2+C_1C_2=0;$$

(3) 两平面平行的充要条件是

$$\frac{A_1}{A_2}=\frac{B_1}{B_2}=\frac{C_1}{C_2}.$$

（六）空间直线的方程

1. 直线方程的几种形式

1）直线的点向式方程

设已知点 $M_0(x_0,y_0,z_0)$ 及一向量 $\vec{s}=(m,n,p)$，则过点 M_0 且平行于向量 $\vec{s}$ 的直线方程为

$$\frac{x-x_0}{m}=\frac{y-y_0}{n}=\frac{z-z_0}{p},$$

此方程称为直线的点向式方程或标准方程.

2）直线的参数方程

设 $\dfrac{x-x_0}{m}=\dfrac{y-y_0}{n}=\dfrac{z-z_0}{p}=t$（$t$ 为参数），则 $\begin{cases}x=x_0+mt,\\ y=y_0+nt,\\ z=z_0+pt\end{cases}$ 称为直线的参数方程.

3）直线的一般方程

方程组 $\begin{cases}A_1x+B_1y+C_1z+D_1=0,\\ A_2x+B_2y+C_2z+D_2=0\end{cases}$ 称为直线的一般方程.

（七）空间曲面

1. 曲面方程的概念

如果曲面 S 与三元方程 $F(x,y,z)=0$ 有以下关系：

（1）曲面 S 上任一点的坐标都满足方程；

（2）不在曲面 S 上的点，其坐标不满足方程，则 $F(x,y,z)=0$ 称为曲面 S 的方程，而曲面 S 称为这个方程的图形.

2. 球面方程

球心在点 $M_0(x_0,y_0,z_0)$，半径为 R 的球面方程为

$$(x-x_0)^2+(y-y_0)^2+(z-z_0)^2=R^2.$$

3. 柱面

1）定义

一动直线 L 与定曲线 C 相交且平行于定直线移动所生成的曲面称为柱面，定曲线 C 称为柱面的准线，动直线 L 称为柱面的母线.

2）母线平行于坐标轴的柱面

（1）方程 $F(x,y)=0$ 在空间表示母线平行于 z 轴的柱面.

（2）方程 $F(y,z)=0$ 在空间表示母线平行于 x 轴的柱面.

(3) 方程 $F(x,z)=0$ 在空间表示母线平行于 y 轴的柱面.

4. 旋转曲面

在 yOz 坐标面上的曲线 $C:\begin{cases} f(y,z)=0, \\ x=0, \end{cases}$ 绕 z 轴旋转一周而成的旋转曲面的方程为

$$f(\pm\sqrt{x^2+y^2},z)=0.$$

曲线 C 绕 y 轴旋转一周而成的旋转曲面的方程为

$$f(y,\pm\sqrt{x^2+z^2})=0.$$

类似地,在 xOy 坐标面上的曲线 $C:\begin{cases} f(x,y)=0, \\ z=0, \end{cases}$ 绕 x 轴旋转一周而成的旋转曲面的方程为

$$f(x,\pm\sqrt{y^2+z^2})=0.$$

曲线 C 绕 y 轴旋转一周而成的旋转曲面的方程为

$$f(\pm\sqrt{x^2+z^2},y)=0.$$

同理可得其他旋转曲面方程.

(八) 空间曲线

空间曲线的一般方程为

$$\begin{cases} F_1(x,y,z)=0, \\ F_2(x,y,z)=0. \end{cases}$$

(九) 曲线在坐标面上的投影曲线

已知空间曲线 C 和平面 π,从 C 上各点向平面 π 引垂线,垂线与平面 π 的交点所构成的曲线 C_1,称为曲线 C 在平面 π 上的投影曲线.

通过曲线 C 且垂直于平面 π 的柱面,称为 C 到平面 π 的投影柱面.

如在空间曲线 C 的一般方程 $\begin{cases} F_1(x,y,z)=0, \\ F_2(x,y,z)=0 \end{cases}$ 中消去 z 所得方程 $\varphi(x,y)=0$.

它表示曲线 C 到 xOy 面的投影柱面方程,而方程 $\begin{cases} \varphi(x,y)=0, \\ z=0 \end{cases}$ 为曲线 C 在 xOy 面上的投影曲线方程.

(十) 常见的几种二次曲面

1. 椭球面

$$\frac{x^2}{a^2}+\frac{y^2}{b^2}+\frac{z^2}{c^2}=1,$$

其中 a,b,c 称为椭球面的半轴.

2. 椭圆抛物面

$$\frac{x^2}{2p}+\frac{y^2}{2q}=z\ (p\ \text{与}\ q\ \text{同号}).$$

3. 双曲抛物面(马鞍面)

$$-\frac{x^2}{2p}+\frac{y^2}{2q}=z(p\ \text{与}\ q\ \text{同号}).$$

4. 单叶双曲面

$$\frac{x^2}{a^2}+\frac{y^2}{b^2}-\frac{z^2}{c^2}=1.$$

5. 双叶双曲面

$$\frac{x^2}{a^2}+\frac{y^2}{b^2}-\frac{z^2}{c^2}=-1.$$

6. 二次锥面

$$\frac{x^2}{a^2}+\frac{y^2}{b^2}-\frac{z^2}{c^2}=0.$$

二、基 本 要 求

1. 了解向量的概念、向量的表示法、向量的运算.

2. 掌握空间直角坐标系的概念,会求空间两点间的距离,了解空间直角坐标系下的平面方程和直线方程及其求法.

3. 熟练掌握常见的曲面(如旋转曲面、柱面、球面)方程,空间曲面及其图形,会求空间曲线在坐标面上的投影曲线方程,熟练掌握常见二次曲线的标准方程及图形.

三、习 题 解 答

习 题 8-1

1. 如果四边形的对角线互相平分,证明它是平行四边形.

证 如图 8-1 所示,由已知 $\overrightarrow{AO}=\overrightarrow{OC}$, $\overrightarrow{DO}=\overrightarrow{OB}$

要证 $\overrightarrow{DC}=\overrightarrow{AB}$,所以 $\overrightarrow{DC}=\overrightarrow{DO}+\overrightarrow{OC}$,所以

$$\overrightarrow{AB}=\overrightarrow{AO}+\overrightarrow{OB}$$
$$=\overrightarrow{OC}+\overrightarrow{DO}=\overrightarrow{DC},$$

即四边形 $ABCD$ 的一对对边平行且相等,所以四边形 $ABCD$ 为平行四边形.

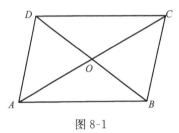

图 8-1

2. 已知平行四边形 $ABCD$ 的边 BC 和 CD

的中点分别为 K 和 L,且 $\overrightarrow{AK}=\vec{a}$,$\overrightarrow{AL}=\vec{b}$,试求 $\overrightarrow{BC}$ 和 $\overrightarrow{CD}$.

解 如图 8-2 所示,由已知 $\overrightarrow{CD}=\overrightarrow{BA}$,$\overrightarrow{BC}=$

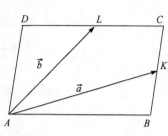

$\overrightarrow{AD}$,$\overrightarrow{BK}=\dfrac{1}{2}\overrightarrow{BC}$,$\overrightarrow{LD}=\dfrac{1}{2}\overrightarrow{CD}$,由于 $\overrightarrow{AK}=\vec{a}$,$\overrightarrow{AL}=\vec{b}$,

故 $\begin{cases}\overrightarrow{BC}=2\overrightarrow{BK}=2(\overrightarrow{BA}+\overrightarrow{AK})=2(\vec{a}-\overrightarrow{AB}),\\[2mm]\overrightarrow{BC}=\overrightarrow{AD}=\overrightarrow{AL}+\overrightarrow{LD}=\vec{b}+\dfrac{1}{2}\overrightarrow{CD}=\vec{b}-\dfrac{1}{2}\overrightarrow{AB},\end{cases}$

消去 $\overrightarrow{AB}$ 得 $\overrightarrow{BC}=\dfrac{4}{3}\vec{b}-\dfrac{2}{3}\vec{a}$.

图 8-2

同理

$$\begin{cases}\overrightarrow{CD}=2\overrightarrow{LD}=2(\overrightarrow{LA}+\overrightarrow{AD})=2(-\vec{b}+\overrightarrow{BC}),\\[2mm]\overrightarrow{CD}=\overrightarrow{BA}=\overrightarrow{BK}+\overrightarrow{KA}=\dfrac{1}{2}\overrightarrow{BC}-\vec{a},\end{cases}$$

消去 $\overrightarrow{BC}$ 得 $\overrightarrow{CD}=\dfrac{2}{3}\vec{b}-\dfrac{4}{3}\vec{a}$,所以 $\overrightarrow{BC}=\dfrac{4}{3}\vec{b}-\dfrac{2}{3}\vec{a}$,$\overrightarrow{CD}=\dfrac{2}{3}\vec{b}-\dfrac{4}{3}\vec{a}$.

3. 证明不共线的三个非零向量 $\vec{a},\vec{b},\vec{c}$,若 $\vec{a}+\vec{b}+\vec{c}=\vec{0}$,则这三个向量可构成一个三角形.

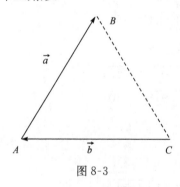

证 如图 8-3 所示,将 $\vec{a}$ 的始点与 $\vec{b}$ 的终点移至同一点 A,且令 $\overrightarrow{AB}=\vec{a}$;$\overrightarrow{CA}=\vec{b}$,所以 $\vec{a}+\vec{b}=\overrightarrow{AB}+\overrightarrow{CA}=\overrightarrow{CB}$,又因为 $\vec{a}+\vec{b}+\vec{c}=0$,所以 $\overrightarrow{BC}=\vec{c}$,故 $\vec{a},\vec{b},\vec{c}$ 构成三角形 ABC.

4. 设 $\vec{u}=\vec{a}-\vec{b}+2\vec{c}$,$\vec{v}=-\vec{a}+3\vec{b}-\vec{c}$,试用 $\vec{a}$,$\vec{b},\vec{c}$,表示 $2\vec{u}-3\vec{v}$.

解 $2\vec{u}-3\vec{v}=2(\vec{a}-\vec{b}+2\vec{c})-3(-\vec{a}+3\vec{b}-\vec{c})$
$=2\vec{a}-2\vec{b}+4\vec{c}+3\vec{a}-9\vec{b}+3\vec{c}$
$=5\vec{a}-11\vec{b}+7\vec{c}$.

图 8-3

5. 设 A,B,C,D 是一个四边形的顶点,M,N 分别是边 AB,CD 的中点,证明 $\overrightarrow{MN}=\dfrac{1}{2}(\overrightarrow{AD}+\overrightarrow{BC})$.

证 如图 8-4 所示,由已知

$$\overrightarrow{AM}=\overrightarrow{MB},$$
$$\overrightarrow{DN}=\overrightarrow{NC},$$
$$\overrightarrow{MN}=\overrightarrow{MA}+\overrightarrow{AN}$$

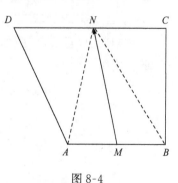

图 8-4

$$= \overrightarrow{MA} + \overrightarrow{AD} + \overrightarrow{DN}, \tag{1}$$

又

$$\overrightarrow{MN} = \overrightarrow{MB} + \overrightarrow{BN}$$
$$= \overrightarrow{MB} + \overrightarrow{BC} + \overrightarrow{CN}, \tag{2}$$

$(1)+(2)$　$2\overrightarrow{MN} = (\overrightarrow{MA} + \overrightarrow{AD} + \overrightarrow{DN}) + (\overrightarrow{MB} + \overrightarrow{BC} + \overrightarrow{CN})$

$$= (\overrightarrow{MA} + \overrightarrow{MB}) + (\overrightarrow{AD} + \overrightarrow{BC}) + (\overrightarrow{DN} + \overrightarrow{CN})$$
$$= \overrightarrow{AD} + \overrightarrow{BC},$$

故 $\overrightarrow{MN} = \dfrac{1}{2}(\overrightarrow{AD} + \overrightarrow{BC})$.

习　题　8-2

1. 求点 $M(1,-2,3)$ 与原点及各坐标轴、坐标平面的距离.

解　$M(1,-2,3)$ 与坐标原点 $O(0,0,0)$ 的距离

$$d_O = \sqrt{1^2 + (-2)^2 + 3^2} = \sqrt{14};$$

过 M 作 Oz 轴的垂线,垂足为 $(0,0,3)$,则 M 到 Oz 轴的距离

$$d_z = \sqrt{(1-0)^2 + (-2-0)^2 + (3-3)^2} = \sqrt{5};$$

同理

$$d_x = \sqrt{(1-1)^2 + (-2-0)^2 + (3-0)^2} = \sqrt{13};$$
$$d_y = \sqrt{(1-0)^2 + (-2+2)^2 + (3-0)^2} = \sqrt{10};$$
$$d_{xOy} = 3; \quad d_{xOz} = 2; \quad d_{yOz} = 1.$$

2. 求下列各对点之间的距离.

(1) $(1,2,2),(-1,0,1)$;　　(2) $(4,-2,3),(-2,1,3)$.

解　(1) $d = \sqrt{(1+1)^2 + (2-0)^2 + (2-1)^2} = \sqrt{4+4+1} = 3$;

(2) $d = \sqrt{(4+2)^2 + (-2-1)^2 + (3-3)^2} = \sqrt{36+9} = 3\sqrt{5}$.

3. 证明以 $A(4,3,1),B(7,1,2)$ 和 $C(5,2,3)$ 为顶点的三角形是等腰三角形.

证　因为

$$d_{AB} = \sqrt{(7-4)^2 + (1-3)^2 + (2-1)^2}$$
$$= \sqrt{9+4+1} = \sqrt{14};$$
$$d_{AC} = \sqrt{(5-4)^2 + (2-3)^2 + (3-1)^2}$$
$$= \sqrt{1+1+4} = \sqrt{6};$$
$$d_{BC} = \sqrt{(5-7)^2 + (2-1)^2 + (3-2)^2}$$

$$=\sqrt{4+1+1}=\sqrt{6},$$

由于 $d_{AC}=d_{BC}$，所以三角形 ABC 为等腰三角形.

4. 已知两点 $M_1(4,\sqrt{2},1)$ 和 $M_2(3,0,2)$，求向量 $\overrightarrow{M_1M_2}$ 的模、方向余弦及方向角.

解　因为

$$\overrightarrow{M_1M_2}=\{(3-4),(0-\sqrt{2}),(2-1)\}=\{-1,-\sqrt{2},1\},$$

所以

$$|\overrightarrow{M_1M_2}|=\sqrt{(-1)^2+(-\sqrt{2})^2+1^2}=2,$$

$$\cos\alpha=\frac{-1}{|\overrightarrow{M_1M_2}|}=\frac{-1}{2},\quad \cos\beta=-\frac{\sqrt{2}}{2},\quad \cos\gamma=\frac{1}{2}.$$

所以 $\alpha=\frac{2}{3}\pi,\beta=\frac{3}{4}\pi,\gamma=\frac{\pi}{3}.$

5. 三个力 $\overrightarrow{F_1}=\{1,2,3\},\overrightarrow{F_2}=\{-2,3,-4\},\overrightarrow{F_3}=\{3,-4,5\}$ 同作用于一点，求合力 $\vec{G}$ 的大小及方向余弦.

解　合力 $\vec{G}=\overrightarrow{F_1}+\overrightarrow{F_2}+\overrightarrow{F_3}=\{2,1,4\}$，所以 $|\vec{G}|=\sqrt{2^2+1^2+4^2}=\sqrt{21}$，

$$\cos\alpha=\frac{2}{\sqrt{21}},\quad \cos\beta=\frac{1}{\sqrt{21}},\quad \cos\gamma=\frac{4}{\sqrt{21}}.$$

6. 已知 $\vec{a}=\{\alpha,5,-1\},\vec{b}=\{3,1,\gamma\}$ 共线，求 α 和 γ.

解　因为 $\vec{a}$ 与 $\vec{b}$ 共线，所以 $\frac{\alpha}{3}=\frac{5}{1}=\frac{-1}{\gamma}$，所以 $\alpha=15,\gamma=-\frac{1}{5}.$

7. 已知 $\vec{a}$ 的方向角 $\alpha=\frac{\pi}{3},\beta=\frac{2\pi}{3}$，试求 $\vec{a}$ 的第三个方向角 γ；又已知 $\vec{a}$ 在 x 轴上的投影为 1，试求 $\vec{a}$ 的坐标.

解　因为 $\cos^2\alpha+\cos^2\beta+\cos^2\gamma=1$，所以

$$\cos^2\gamma=1-\cos^2\alpha-\cos^2\beta=1-\cos^2\frac{\pi}{3}-\cos^2\frac{2\pi}{3}$$

$$=1-\frac{1}{4}-\frac{1}{4}=\frac{1}{2}.$$

所以 $\cos\gamma=\pm\frac{\sqrt{2}}{2}$，所以 $\gamma=\frac{\pi}{4}$ 或 $\gamma=\frac{3\pi}{4}.$

又因为 $\vec{a}$ 在 x 轴上的投影为 1，所以

$$1=|\vec{a}|\cos\alpha=\frac{1}{2}|\vec{a}|,$$

故 $|\vec{a}|=2$，所以

$$\vec{a} = \{|\vec{a}|\cos\alpha, |\vec{a}|\cos\beta, |\vec{a}|\cos\gamma\},$$

所以 $\vec{a} = \{1, -1, \sqrt{2}\}$ 或 $\vec{a} = \{1, -1, -\sqrt{2}\}$.

习　题　8-3

1. 已知 $\vec{a} = \{4, -3, 4\}, \vec{b} = \{3, 2, -1\}$, 求:

(1) $\vec{a}$ 与 $\vec{b}$ 的数量积;

(2) $3\vec{a}$ 与 $2\vec{b}$ 的数量积.

解　(1) $\vec{a} \cdot \vec{b} = 4 \times 3 + (-3) \times 2 + 4 \times (-1) = 2$;

(2) $(3\vec{a}) \cdot (2\vec{b}) = 6(\vec{a} \cdot \vec{b}) = 12$.

2. 已知 $\vec{a}, \vec{b}$ 的夹角 $\theta = \dfrac{\pi}{3}$ 且 $|\vec{a}| = 3, |\vec{b}| = 4$, 计算:

(1) $\vec{a} \cdot \vec{b}$;　　(2) $(3\vec{a} - 2\vec{b}) \cdot (\vec{a} + 2\vec{b})$.

解　(1) $\vec{a} \cdot \vec{b} = |\vec{a}||\vec{b}|\cos\theta = 3 \times 4 \times \cos\dfrac{\pi}{3} = 6$;

(2) $(3\vec{a} - 2\vec{b}) \cdot (\vec{a} + 2\vec{b}) = 3|\vec{a}|^2 + 4(\vec{a} \cdot \vec{b}) - 4|\vec{b}|^2$
$$= 3 \times (3)^2 + 4 \times 6 - 4 \times (4)^2 = 27 + 24 - 64 = -13.$$

3. 证明向量 $\vec{a} = \{2, -1, 1\}$ 和向量 $\vec{b} = \{4, 9, 1\}$ 互相垂直.

证　因为 $\vec{a} \cdot \vec{b} = 2 \times 4 - 1 \times 9 + 1 \times 1 = 0$, 所以 $\vec{a} \perp \vec{b}$.

4. 已知向量 $\vec{a} = \{2, -3, 1\}, \vec{b} = \{1, -1, 3\}, \vec{c} = \{1, -2, 0\}$.

求: (1) $(\vec{a} \cdot \vec{b})\vec{c} - (\vec{a} \cdot \vec{c})\vec{b}$;

(2) $(\vec{a} + \vec{b}) \times (\vec{b} + \vec{c})$;

(3) $(\vec{a} \times \vec{b}) \cdot \vec{c}$.

解　(1)　$(\vec{a} \cdot \vec{b})\vec{c} - (\vec{a} \cdot \vec{c})\vec{b}$
$$= [2 \times 1 - 3 \times (-1) + 1 \times 3]\vec{c} - [2 \times 1 - 3 \times (-2) + 1 \times 0]\vec{b}$$
$$= 8\vec{c} - 8\vec{b} = \{8, -16, 0\} - \{8, -8, 24\} = \{0, -8, -24\}.$$

(2)　$(\vec{a} + \vec{b}) \times (\vec{b} + \vec{c})$

$= \{2+1, -3-1, 1+3\} \times \{1+1, -1-2, 3+0\}$

$= \{3, -4, 4\} \times \{2, -3, 3\} = \begin{vmatrix} \vec{i} & \vec{j} & \vec{k} \\ 3 & -4 & 4 \\ 2 & -3 & 3 \end{vmatrix}$

$= \{0, -1, -1\}.$

(3) $(\vec{a} \times \vec{b}) \cdot \vec{c}$, 因为

$$\vec{a} \times \vec{b} = \begin{vmatrix} \vec{i} & \vec{j} & \vec{k} \\ 2 & -3 & 1 \\ 1 & -1 & 3 \end{vmatrix} = \{-8, -5, 1\},$$

所以 $(\vec{a}\times\vec{b})\cdot\vec{c}=-8\times1-5\times(-2)+1\times0=2.$

5. 已知 $A(1,2,0),B(3,0,-3)$ 和 $C(5,2,6)$，试求三角形 ABC 的面积.

解 因为 $\overrightarrow{AB}=\{2,-2,-3\},\overrightarrow{AC}=\{4,0,6\}$，

$$S=\frac{1}{2}|\overrightarrow{AB}\times\overrightarrow{AC}|.$$

而

$$\overrightarrow{AB}\times\overrightarrow{AC}=\begin{vmatrix}\vec{i}&\vec{j}&\vec{k}\\2&-2&-3\\4&0&6\end{vmatrix}=\{-12,-24,8\},$$

所以 $S=\dfrac{1}{2}|\overrightarrow{AB}\times\overrightarrow{AC}|=\dfrac{1}{2}\sqrt{12^2+24^2+8^2}=14.$

6. 试证四个点 $A(1,2,-1),B(0,1,5),C(-1,2,1)$ 及 $D(2,1,3)$ 在同一平面上.

证 要证 A,B,C 及 D 四点共面，只需证 $\overrightarrow{AB},\overrightarrow{AC},\overrightarrow{AD}$ 三向量共面，即
$$(\overrightarrow{AB}\times\overrightarrow{AC})\cdot\overrightarrow{AD}=0.$$

而

$$\overrightarrow{AB}=\{-1,-1,6\},\quad \overrightarrow{AC}=\{-2,0,2\},\quad \overrightarrow{AD}=\{1,-1,4\},$$

所以

$$(\overrightarrow{AB}\times\overrightarrow{AC})\cdot\overrightarrow{AD}=\begin{vmatrix}-1&-1&6\\-2&0&2\\1&-1&4\end{vmatrix}$$
$$=\begin{vmatrix}-1&-1&6\\-2&0&2\\2&0&-2\end{vmatrix}=0.$$

所以 $\overrightarrow{AB},\overrightarrow{AC},\overrightarrow{AD}$ 共面，即 A,B,C 及 D 四点在同一个平面上.

7. 已知向量 $\vec{a}=\{2,-2,3\},\vec{b}=\{1,0,-2\},\vec{c}=\{4,-3,5\}$，试计算 $(\vec{a}\times\vec{b})\cdot\vec{c}$ 及 $\vec{b}\cdot(\vec{a}\times\vec{c})$.

解 $(\vec{a}\times\vec{b})\cdot\vec{c}=\begin{vmatrix}2&-2&3\\1&0&-2\\4&-3&5\end{vmatrix}=\begin{vmatrix}0&-2&7\\1&0&-2\\0&1&-1\end{vmatrix}=5,$

$\vec{b}\cdot(\vec{a}\times\vec{c})=(\vec{a}\times\vec{c})\cdot\vec{b}=\begin{vmatrix}2&-2&3\\4&-3&5\\1&0&-2\end{vmatrix}=-5.$

习 题 8-4

1. 指出下列平面的特点.

(1) $z=0$;　　　　　　　　　　　　　　(2) $3y-1=0$;

(3) $2x-3y-6=0$;　　　　　　　　　(4) $x-2z=0$.

解　(1) $z=0$ 表示 xOy 坐标面.

(2) $3y-1=0$ 表示在 y 轴上的截距为 $\dfrac{1}{3}$,平行于 xOz 平面的平面.

(3) $2x-3y-6=0$ 表示过 xOy 平面上的直线 $\begin{cases} 2x-3y-6=0, \\ z=0, \end{cases}$ 且平行于 z 轴的平面.

(4) $x-2z=0$ 表示过 xOz 面上的直线 $\begin{cases} x-2z=0, \\ y=0, \end{cases}$ 且过 y 轴的平面.

2. 检验 $3x-5y+2z-17=0$ 是否通过下面的点.

(1) $(4,1,2)$;　　　　　　　　　　　(2) $(2,-1,3)$;

(3) $(3,0,4)$;　　　　　　　　　　　(4) $(0,-4,2)$.

解　(1) 将点$(4,1,2)$代入平面方程

$$左边=3\times4-5\times1+2\times2-17=-6\neq0,$$

所以左边$\neq$右边,故平面 $3x-5y+2z-17=0$ 不通过点$(4,1,2)$.

(2) 将点$(2,-1,3)$代入平面方程

$$左边=3\times2-5\times(-1)+2\times3-17=0,$$

左边$=$右边,故平面 $3x-5y+2z-17=0$ 通过点$(2,-1,3)$.

同理,可验得$(3)(3,0,4)$,$(4)(0,-4,2)$;平面通过点$(3,0,4)$而不通过点$(0,-4,2)$.

3. 在下列平面上各找出一点并写出它们的一个法向量.

(1) $x-2y+3z=0$;　　　　　　　　(2) $2x+y-3z-6=0$.

解　(1) 令 $\begin{cases} x=0, \\ y=0 \end{cases}$ 代入原方程得 $z=0$,所以平面过$(0,0,0)$其一个法向量的分量依次为 x,y,z 的系数,即 $\vec{n}=\{1,-2,3\}$.

(2) 令 $\begin{cases} x=0, \\ y=0 \end{cases}$ 代入原方程得 $z=-2$,所以平面过$(0,0,-2)$,其法向量 $\vec{n}=\{2,1,-3\}$.

4. 求分别适合下列条件的平面方程.

(1) 平行于 xOz 平面且通过点$(2,-5,3)$;

(2) 过 x 轴和点$(4,-3,-1)$;

(3) 平行于 Oy 轴,且通过点$(1,-5,1)$和$(3,2,-2)$;

(4) 通过三点$(2,3,0)$,$(-2,-3,4)$,$(0,6,0)$;

(5) 过点$(1,1,1)$和$(2,2,2)$且垂直于平面 $x+y-z=0$.

解 (1) 因为所求平面平行于 xOz 平面,所以其法向量 $\vec{n}=\{0,1,0\}$;

又因为平面过点 $(2,-5,3)$,由平面的点法式方程,所以所求平面方程为 $y+5=0$.

(2) 因为平面过 x 轴,所以可设所求平面方程为 $By+Cz=0$;又因为平面过点 $(4,-3,-1)$,代入方程得 $-3B-C=0$,所以 $\dfrac{C}{B}=-3$,所以 $y-3z=0$ 即为所求的平面方程.

(3) 因为平面平行于 Oy 轴,所以可设所求平面方程为 $Ax+Cz+D=0$.

又因为平面过 $(1,-5,1)$ 和 $(3,2,-2)$ 代入方程 $\begin{cases} A+C+D=0, \\ 3A-2C+D=0, \end{cases}$ 解得

$$\frac{A}{D}=-\frac{3}{5},\quad \frac{C}{D}=-\frac{2}{5},$$

所以 $3x+2z-5=0$ 即为所求的平面方程.

(4) 设 $A(2,3,0),B(-2,-3,4),C(0,6,0)$,所以
$$\overrightarrow{AB}=\{-4,-6,4\},\quad \overrightarrow{AC}=\{-2,3,0\}.$$

因为平面过 A,B,C,所以 $\vec{n}/\!/\overrightarrow{AB}\times\overrightarrow{AC}$,而

$$\overrightarrow{AB}\times\overrightarrow{AC}=\begin{vmatrix} \vec{i} & \vec{j} & \vec{k} \\ -4 & -6 & 4 \\ -2 & 3 & 0 \end{vmatrix}=\{-12,-8,-24\},$$

所以取 $\vec{n}=\{3,2,6\}$,又平面过 $C(0,6,0)$,所以平面的点法式方程为
$$3(x-0)+2(y-6)+6(z-0)=0,$$
即 $3x+2y+6z-12=0$.

(5) 设 $A(1,1,1),B(2,2,2)$,已知平面的法向量为 $\vec{n_1}=\{1,1,-1\}$,$\overrightarrow{AB}=\{1,1,1\}$,因为平面过 A,B 且平行于 $\vec{n_1}$,所以所求平面的法向量 $\vec{n}=\overrightarrow{AB}\times\vec{n_1}$,而

$$\overrightarrow{AB}\times\vec{n_1}=\begin{vmatrix} \vec{i} & \vec{j} & \vec{k} \\ 1 & 1 & 1 \\ 1 & 1 & -1 \end{vmatrix}=\{-2,2,0\},$$

所以 $\vec{n}=\{-2,2,0\}$.

又因为平面过 $A(1,1,1)$,所以平面的点法式方程为
$$-2(x-1)+2(y-1)+0(z-1)=0,$$
即 $-2x+2y=0$,所以 $x-y=0$ 即为所求.

5. 求点 $(1,2,1)$ 到平面 $x+2y+2z-10=0$ 的距离.

解 $d=\dfrac{|Ax_1+By_1+Cz_1+D|}{\sqrt{A^2+B^2+C^2}}$

$$= \frac{|1 \times 1 + 2 \times 2 + 2 \times 1 - 10|}{\sqrt{1^2 + 2^2 + 2^2}}$$

$$= \frac{3}{3} = 1.$$

6. 求三平面 $7x - 5y - 31 = 0, 4x + 11z + 43 = 0$ 和 $2x + 3y + 4z + 20 = 0$ 的交点.

解　交点满足 $\begin{cases} 7x - 5y - 31 = 0, \\ 4x + 11z + 43 = 0, \\ 2x + 3y + 4z + 20 = 0, \end{cases}$　解得交点为 $(3, -2, -5)$.

7. 求平面过 z 轴且与平面 $2x + y - \sqrt{5}z - 7 = 0$ 的夹角为 $\frac{\pi}{3}$ 的平面方程.

解　因为所求平面过 z 轴, 所以可设其方程为 $Ax + By = 0$.

又因为平面与 $2x + y - \sqrt{5}z - 7 = 0$ 的夹角为 $\frac{\pi}{3}$, 所以

$$\cos \frac{\pi}{3} = \frac{2A + B}{\sqrt{2^2 + 1 + 5}\sqrt{A^2 + B^2}} = \frac{2A + B}{\sqrt{10}\sqrt{A^2 + B^2}}.$$

所以 $\frac{1}{2}\sqrt{10(A^2 + B^2)} = 2A + B$, 两边平方整理得 $3A^2 + 8AB - 3B^2 = 0$, 所以 $(3A - B)(A + 3B) = 0$, 所以 $3A = B$ 或 $A = -3B$, 所以所求方程为 $x + 3y = 0$ 或 $3x - y = 0$.

习　题　8-5

1. 求下列直线的方程.
(1) 过点 $(3, 4, -4)$, 方向角为 $60°, 45°, 120°$;
(2) 过点 $(3, -2, -1)$ 与 $(5, 4, 5)$;
(3) 过点 $(0, -3, 2)$ 且与两点 $(3, 4, -7), (2, 7, -6)$ 的连线平行;
(4) 过点 $(4, -1, 3)$ 且平行于直线 $\frac{x-3}{2} = y = \frac{z-1}{5}$.

解　(1) 因为

$$\vec{s} = \{\cos 60°, \cos 45°, \cos 120°\} = \left\{ \frac{1}{2}, \frac{\sqrt{2}}{2}, -\frac{1}{2} \right\},$$

所以所求的直线方程为

$$\frac{x-3}{\frac{1}{2}} = \frac{y-4}{\frac{\sqrt{2}}{2}} = \frac{z+4}{-\frac{1}{2}},$$

即

$$x-3=\frac{y-4}{\sqrt{2}}=\frac{z+4}{-1}.$$

(2) 因为 $\vec{s}=\{2,6,6\}$，所以所求的直线方程为 $\frac{x-3}{2}=\frac{y+2}{6}=\frac{z+1}{6}$，即 $x-3=$ $\frac{y+2}{3}=\frac{z+1}{3}$.

(3) 因为 $\vec{s}=\{-1,3,1\}$，所以所求的直线方程为 $\frac{x}{-1}=\frac{y+3}{3}=z-2$.

(4) 因为所求直线平行于 $\frac{x-3}{2}=y=\frac{z-1}{5}$，所以 $\vec{s}=\{2,1,5\}$，故 $\frac{x-4}{2}=y+1=$ $\frac{z-3}{5}$ 即为所求.

2. 将下列直线的一般方程化为标准方程.

(1) $\begin{cases} x-y+z=1, \\ 2x+y+z=4; \end{cases}$ \qquad (2) $\begin{cases} x-5y+2z-1=0, \\ z=2+5y. \end{cases}$

解 (1) $\vec{s}=\begin{vmatrix} \vec{i} & \vec{j} & \vec{k} \\ 1 & -1 & 1 \\ 2 & 1 & 1 \end{vmatrix}=\{-2,1,3\}$，易知直线过 $(1,1,1)$ 点，所以所求的标准方程为

$$\frac{x-1}{-2}=y-1=\frac{z-1}{3}.$$

(注:所求直线通过的点有无穷多个，只要点的坐标满足 $\begin{cases} x-y+z=1, \\ 2x+y+z=4 \end{cases}$ 即可，因此直线的方程也不唯一,下题同.)

(2) $\vec{s}=\begin{vmatrix} \vec{i} & \vec{j} & \vec{k} \\ 1 & -5 & 2 \\ 0 & -5 & 1 \end{vmatrix}=\{5,-1,-5\}$，易知直线过 $(-3,0,2)$ 点，所以所求的标准方程为

$$\frac{x+3}{5}=\frac{y}{-1}=\frac{z-2}{-5}.$$

3. 试问直线 $\frac{x-1}{2}=\frac{y+3}{-1}=\frac{z+2}{5}$ 是否在平面 $4x+3y-z+3=0$ 上?

解 因为直线的方向向量 $\vec{s}=\{2,-1,5\}$，且过点 $(1,-3,-2)$，平面的法向量 $\vec{n}=\{4,3,-1\}$.

又因为 $\vec{s}\cdot\vec{n}=2\times4-1\times3+5\times(-1)=0$，所以直线平行于所给平面.

又因为$(1,-3,-2)$满足$4x+3y-z+3=0$,所以直线$\dfrac{x-1}{2}=\dfrac{y+3}{-1}=\dfrac{z+2}{5}$在平面$4x+3y-z+3=0$上.

4. 求下列直线与平面的交点的坐标.

(1) 直线$\begin{cases}y=9-2x,\\z=9x-43\end{cases}$与平面$3x-4y+7z-33=0$;

(2) $\begin{cases}x=-3+3t,\\y=-2-2t,\\z=t\end{cases}$与平面$x+2y+2z+6=0$.

解　(1) 联立三个方程$\begin{cases}y=9-2z,\\z=9x-43,\\3x-4y+7z-33=0,\end{cases}$解得$\begin{cases}x=5,\\y=-1,\\z=2,\end{cases}$所以交点为

$(5,-1,2)$.

(2) 将$\begin{cases}x=-3+3t,\\y=-2-2t,\\z=t\end{cases}$代入$x+2y+2z+6=0$,解得$t=1$;将$t=1$再代回方程,

解得$\begin{cases}x=0,\\y=-4,\\z=1,\end{cases}$所以交点为$(0,-4,1)$.

5. 求过直线$\dfrac{x+1}{-2}=\dfrac{y-1}{1}=\dfrac{z+2}{-3}$且与$z$轴平行的平面方程.

解　由题意,所求平面过点$(-1,1,-2)$,且分别与$\vec{s}=\{-2,1,-3\},\vec{k}=\{0,0,1\}$平行.所以

$$\vec{n}=\vec{s}\times\vec{k}=\begin{vmatrix}\vec{i}&\vec{j}&\vec{k}\\-2&1&-3\\0&0&1\end{vmatrix}=\{1,2,0\},$$

由平面的点法式方程得$(x+1)+2(y-1)=0$,即$x+2y-1=0$即为所求.

习　题　8-6

1. 建立球心在点$(1,3,-2)$且通过坐标原点的球面方程.

解　$R=\sqrt{1^2+3^2+(-2)^2}=\sqrt{14}$,所以球面方程为

$$(x-1)^2+(y-3)^2+(z+2)^2=14,$$

即$x^2+y^2+z^2-2x-6y+4z=0$.

2. 方程$x^2+y^2+z^2-2x+4y+2z=0$表示什么曲面?

解　将方程左端配方:$(x-1)^2+(y+2)^2+(z+1)^2=6$,它表示球心在

$(1, -2, -1)$,半径为$\sqrt{6}$的球面.

3. 画出下列各方程所表示的曲面.

(1) $\left(x-\dfrac{a}{2}\right)^2 + y^2 = \left(\dfrac{a}{2}\right)^2$;   (2) $-\dfrac{x^2}{4} + \dfrac{y^2}{9} = 1$;

(3) $\dfrac{x^2}{9} + \dfrac{z^2}{4} = 1$;   (4) $y^2 - z = 0$.

解 如图 8-5 所示.

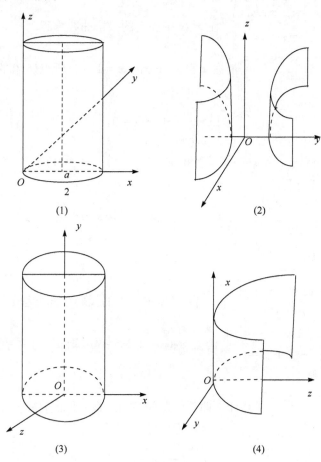

图 8-5

4. 将 xOz 面内的抛物线 $z^2 = 5x$ 绕 x 轴旋转一周,求所形成旋转曲面的方程.

解 所求的曲面方程为 $y^2 + z^2 = 5x$.

5. 求下列各题条件所生成的旋转曲面方程.

(1) 曲线 $\begin{cases} 4x^2 + 9y^2 = 36, \\ z = 0 \end{cases}$ 绕 x 轴旋转一周;

(2) 曲线 $\begin{cases} y^2 = 5x, \\ z = 0 \end{cases}$ 绕 x 轴旋转一周；

(3) 曲线 $\begin{cases} x^2 + z^2 = 9, \\ y = 0 \end{cases}$ 绕 z 轴旋转一周.

解　(1) 所求的曲面方程为 $4x^2 + 9y^2 + 9z^2 = 36$；

(2) 所求的曲面方程为 $y^2 + z^2 = 5x$；

(3) 所求的曲面方程为 $x^2 + y^2 + z^2 = 9$.

6. 求曲线 $\begin{cases} x^2 + y^2 - z = 0, \\ z = x + 1 \end{cases}$ 在 xOy 平面上的投影曲线方程.

解　由 $\begin{cases} x^2 + y^2 - z = 0, \\ z = x + 1 \end{cases}$ 消去 z 得 $x^2 + y^2 - x - 1 = 0$，所以所求的投影曲线方

程为

$$\begin{cases} x^2 + y^2 - x - 1 = 0, \\ z = 0. \end{cases}$$

7. 求两个球面 $x^2 + y^2 + z^2 = 1$ 和 $x^2 + (y-1)^2 + (z-1)^2 = 1$ 交线在 xOy 平面上的投影曲线方程.

解　由 $\begin{cases} x^2 + y^2 + z^2 = 1, \\ x^2 + (y-1)^2 + (z-1)^2 = 1, \end{cases}$ 消去 z 得 $x^2 + 2y^2 - 2y = 0$，所以所求的

投影曲线方程为 $\begin{cases} x^2 + 2y^2 - 2y = 0, \\ z = 0. \end{cases}$

8. 求曲线 $\begin{cases} 2x^2 + y^2 + z^2 = 16, \\ x^2 - y^2 + z^2 = 0 \end{cases}$ 在 xOy 平面上的投影柱面方程.

解　由 $\begin{cases} 2x^2 + y^2 + z^2 = 16, \\ x^2 - y^2 + z^2 = 0, \end{cases}$ 消去 z 得 $x^2 + 2y^2 = 16$，则 $x^2 + 2y^2 = 16$，即为所求

的投影柱面方程.

9. $\begin{cases} y^2 + z^2 - 2x = 0, \\ z = 3 \end{cases}$ 是什么曲线？写出它在 xOy 平面上的投影柱面和投影

曲线方程.

解　由 $\begin{cases} y^2 + z^2 - 2x = 0, \\ z = 3 \end{cases}$ 化为 $\begin{cases} y^2 - 2x + 9 = 0, \\ z = 3, \end{cases}$ 所以此方程表示在 $z = 3$ 平面

上的一条抛物线；由 $\begin{cases} y^2 + z^2 - 2x = 0, \\ z = 3, \end{cases}$ 消去 z 得 $y^2 - 2x + 9 = 0$，所以它在 xOy 面

上的投影柱面方程为 $y^2 - 2x + 9 = 0$；投影曲线方程为 $\begin{cases} y^2 - 2x + 9 = 0, \\ z = 0. \end{cases}$

第九章　多元函数微分学

一、基 本 内 容

(一)二元函数的概念与极限

1. 二元函数的定义

$$z = f(x, y).$$

2. 二元函数的极限

设函数 $z = f(x, y)$ 在点 $P_0(x_0, y_0)$ 的某一邻域内有定义(点 P_0 可以除外),如果对于任意的正数 ε,总存在正数 δ,使得对于适合不等式

$$0 < |PP_0| = \sqrt{(x - x_0)^2 + (y - y_0)^2} < \delta$$

的一切点 $P(x, y)$,都有

$$|f(x, y) - A| < \varepsilon$$

成立,则称常数 A 为函数 $z = f(x, y)$ 当 $x \to x_0, y \to y_0$ 时的极限,记作 $\lim\limits_{P \to P_0} f(x, y) = A$
或 $\lim\limits_{\substack{x \to x_0 \\ y \to y_0}} f(x, y) = A$.

3. 二元函数的连续性

若 $x \to x_0, y \to y_0$ 时,二元函数的极限存在,且等于它在点 $P_0(x_0, y_0)$ 处的函数值,即

$$\lim\limits_{\substack{x \to x_0 \\ y \to y_0}} f(x, y) = f(x_0, y_0),$$

则称函数 $z = f(x, y)$ 在点 $P_0(x_0, y_0)$ 处是连续的.

类似一元连续函数的性质,多元连续函数也有以下性质.

(1) 多元初等函数在其定义区域上是连续的.

利用这一结论可以判断许多函数的连续性,而有了连续性就可以很容易求出连续点处的函数极限.

(2) 多元函数在有界闭区域 D 上连续,则必在 D 上有界.

(3) 多元函数在有界闭区域 D 上连续,则必在 D 上达到最大值和最小值.

(4) (介值定理)设 $f(P)$ 在有界闭区域 D 上连续,若 $P_1, P_2 \in D$ 且 $f(P_1) < f(P_2)$,则对任意满足 $f(P_1) < c < f(P_2)$ 的 c 在 D 中至少存在一点 P_0,使得

$$f(P_0) = c.$$

(二) 偏导数与全微分

1. 偏导数的定义

设函数 $z=f(x,y)$ 在 $P_0(x_0,y_0)$ 的某一邻域内有定义,固定 $y=y_0$,若极限

$$\lim_{\Delta x\to 0}\frac{f(x_0+\Delta x,y_0)-f(x_0,y_0)}{\Delta x}$$

存在,则称此极限值为 $z=f(x,y)$ 在 $P_0(x_0,y_0)$ 处对 x 的偏导数.

固定 $x=x_0$,若极限

$$\lim_{\Delta y\to 0}\frac{f(x_0,y_0+\Delta y)-f(x_0,y_0)}{\Delta y}$$

存在,则称此极限值为 $z=f(x,y)$ 在 $P_0(x_0,y_0)$ 处对 y 的偏导数.

在一点 (x_0,y_0) 处的偏导数可用下列符号表示:

$$\frac{\partial z(x_0,y_0)}{\partial x},\quad \frac{\partial z}{\partial x}\Big|_{(x_0,y_0)},\quad z'_x(x_0,y_0),\quad z'_x|_{(x_0,y_0)};$$

$$\frac{\partial z(x_0,y_0)}{\partial y},\quad \frac{\partial z}{\partial y}\Big|_{(x_0,y_0)},\quad z'_y(x_0,y_0),\quad z'_y|_{(x_0,y_0)}.$$

若二元函数 $z=f(x,y)$ 在区域 D 内有偏导数,那么偏导数仍是 x,y 的二元函数 $f'_x(x,y)$ 或 $f'_y(x,y)$,称为 $z=f(x,y)$ 对 x 或对 y 的偏导数,记作

$$\frac{\partial z}{\partial x},\quad z'_x,\quad \frac{\partial f}{\partial x},\quad f'_x;$$

$$\frac{\partial z}{\partial y},\quad z'_y,\quad \frac{\partial f}{\partial y},\quad f'_y.$$

2. 高阶偏导数

设函数 $z=f(x,y)$ 的偏导数

$$\frac{\partial z}{\partial x}=f'_x(x,y),\quad \frac{\partial z}{\partial y}=f'_y(x,y)$$

在 (x,y) 处存在偏导数,则称它们的偏导数为 $z=f(x,y)$ 在 (x,y) 处的二阶偏导数,记作

$$\frac{\partial}{\partial x}\left(\frac{\partial z}{\partial x}\right)=\frac{\partial^2 z}{\partial x^2};\quad \frac{\partial}{\partial y}\left(\frac{\partial z}{\partial x}\right)=\frac{\partial^2 z}{\partial x\partial y};$$

$$\frac{\partial}{\partial x}\left(\frac{\partial z}{\partial y}\right)=\frac{\partial^2 z}{\partial y\partial x};\quad \frac{\partial}{\partial y}\left(\frac{\partial z}{\partial y}\right)=\frac{\partial^2 z}{\partial y^2},$$

或 $f''_{xx},f''_{xy},f''_{yx},f''_{yy}$.

若 $\dfrac{\partial^2 z}{\partial x\partial y}$ 及 $\dfrac{\partial^2 z}{\partial y\partial x}$ 在区域 D 内连续,则在 D 内 $\dfrac{\partial^2 z}{\partial x\partial y}=\dfrac{\partial^2 z}{\partial y\partial x}$(即与求导次序无关).

类似地,可以在二阶偏导数的基础上定义三阶偏导数,以至定义 n 阶偏导数.

3. 全微分

1) 全微分的定义

若函数 $z=f(x,y)$ 在点 (x,y) 处的全增量

$$\Delta z=f(x+\Delta x,y+\Delta y)-f(x,y)$$

可以表示为 $\Delta z=A\Delta x+B\Delta y+o(\rho)$,其中 A,B 不依赖于 $\Delta x,\Delta y$,而仅与 x,y 有关,$\rho=\sqrt{(\Delta x)^2+(\Delta y)^2}$,$o(\rho)$ 是比 ρ(当 $\rho\to0$)高阶的无穷小,则称函数 $z=f(x,y)$ 在点 (x,y) 可微分,而 $A\Delta x+B\Delta y$ 称为函数 $z=f(x,y)$ 在点 (x,y) 的全微分,记作

$$\mathrm{d}z=A\Delta x+B\Delta y.$$

2) 全微分存在条件

(1) 必要条件:若函数 $z=f(x,y)$ 在点 (x,y) 处可微,则函数在该点的偏导数一定存在,且 $A=\dfrac{\partial z}{\partial x}$,$B=\dfrac{\partial z}{\partial y}$. 于是全微分可记为:

$$\mathrm{d}z=\frac{\partial z}{\partial x}\Delta x+\frac{\partial z}{\partial y}\Delta y.$$

(2) 充分条件:若 $z=f(x,y)$ 的偏导数 $\dfrac{\partial x}{\partial x}$,$\dfrac{\partial z}{\partial y}$ 在点 $P(x,y)$ 连续,则函数 $z=f(x,y)$ 在该点的全微分存在.

(三) 复合函数的求导法则

若函数 $u=\varphi(x,y)$,$v=\psi(x,y)$ 在点 (x,y) 有偏导数,函数 $z=f(u,v)$ 在对应点 (u,v) 有连续偏导数,则复合函数 $z=f(\varphi(x,y),\psi(x,y))$ 在点 (x,y) 有对 x 及 y 的偏导数,且有计算公式如下:

$$\frac{\partial z}{\partial x}=\frac{\partial z}{\partial u}\frac{\partial u}{\partial x}+\frac{\partial z}{\partial v}\frac{\partial v}{\partial x},$$

$$\frac{\partial z}{\partial y}=\frac{\partial z}{\partial u}\frac{\partial u}{\partial y}+\frac{\partial z}{\partial v}\frac{\partial v}{\partial y}.$$

类似地,通过三个中间变量所得复合函数

$$z=f(\varphi(x,y),\psi(x,y),\omega(x,y))$$

的偏导数计算公式如下:$(u=\varphi(x,y),v=\psi(x,y),w=\omega(x,y))$

$$\frac{\partial z}{\partial x}=\frac{\partial z}{\partial u}\frac{\partial u}{\partial x}+\frac{\partial z}{\partial v}\frac{\partial v}{\partial x}+\frac{\partial z}{\partial w}\frac{\partial w}{\partial x},$$

$$\frac{\partial z}{\partial y}=\frac{\partial z}{\partial u}\frac{\partial u}{\partial y}+\frac{\partial z}{\partial v}\frac{\partial v}{\partial y}+\frac{\partial z}{\partial w}\frac{\partial w}{\partial y}.$$

对多元复合函数各层的关系,有时是很复杂的,但只要把各层的关系搞清,即

哪些是中间变量,而中间变量又是哪些自变量的函数,记住写出复合函数偏导数公式的原则(链锁规则),通过对一切的中间变量微分到某个自变量,就很容易地写出各种复杂关系的复合函数求导公式.这里,我们往往借助"函数关系图"来剖析各层关系,如前两个复合函数的函数关系如图 9-1 和图 9-2 所示.

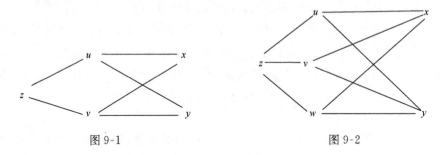

图 9-1   图 9-2

可以很容易按链锁规则写出上述两组公式.

看以下两种特殊但常遇到的情形:

(1) $z=f(u,v,w)$,$u=\varphi(t)$,$v=\psi(t)$,$w=\omega(t)$,得到复合函数为

$$z=f(\varphi(t),\psi(t),\omega(t)).$$

求复合函数对自变量 t 的导数.

函数关系如图 9-3 所示.

于是求导公式可记为(称全导数公式)

$$\frac{\mathrm{d}z}{\mathrm{d}t}=\frac{\partial z}{\partial u}\frac{\mathrm{d}u}{\mathrm{d}t}+\frac{\partial z}{\partial v}\frac{\mathrm{d}v}{\mathrm{d}t}+\frac{\partial z}{\partial w}\frac{\mathrm{d}w}{\mathrm{d}t}.$$

(2) $z=f(u,x,y)$,$u=\varphi(x,y)$,则复合函数为

$$z=f(\varphi(x,y),x,y),$$

求复合函数对 x,y 的偏导数.

函数关系如图 9-4 所示(把 x,y 也看成中间变量),于是求导公式为

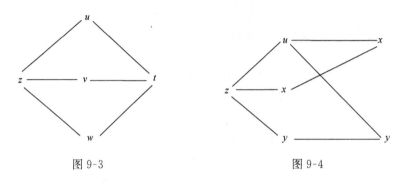

图 9-3   图 9-4

$$\frac{\partial z}{\partial x} = \frac{\partial f}{\partial u}\frac{\partial u}{\partial x} + \frac{\partial f}{\partial x}\frac{\mathrm{d}x}{\mathrm{d}x} = \frac{\partial f}{\partial u}\frac{\partial u}{\partial x} + \frac{\partial f}{\partial x}.$$

同理可得

$$\frac{\partial z}{\partial y} = \frac{\partial f}{\partial u}\frac{\partial u}{\partial y} + \frac{\partial f}{\partial y}.$$

注意:与一元复合函数的微分形式不变性相类似,也有一阶全微分形式的不变性.

设函数 $z = f(u, v)$ 有连续偏导数,则不论 u, v 是自变量还是中间变量,总有

$$\mathrm{d}z = \frac{\partial z}{\partial u}\mathrm{d}u + \frac{\partial z}{\partial v}\mathrm{d}v.$$

利用这一特性,同样可得到全微分的和、差、积、商运算公式

$$\mathrm{d}(u \pm v) = \mathrm{d}u \pm \mathrm{d}v;$$

$$\mathrm{d}(uv) = v\mathrm{d}u + u\mathrm{d}v;$$

$$\mathrm{d}\left(\frac{u}{v}\right) = \frac{v\mathrm{d}u - u\mathrm{d}v}{v^2} \quad (v \neq 0).$$

(四) 隐函数的求导公式

一元隐函数存在定理是隐函数理论的基础,定理中的条件只是隐函数存在及唯一性的充分条件,并非必要条件,一个方程只能确定其中一个变量为因变量,其余各变量为自变量,即一个二元方程在满足存在性条件下可以确定一个一元隐函数;一个三元方程在满足存在性条件下可以确定一个二元隐函数;四元方程可以确定一个三元隐函数.

对隐函数求导问题,可有两个途径:一是直接求导,再解出相应导数;二是用公式,对后者来说,当 $y = y(x)$ 是由 $F(x, y) = 0$ 所确定的隐函数时,有公式

$$\frac{\mathrm{d}y}{\mathrm{d}x} = -\frac{F_x'(x, y)}{F_y'(x, y)};$$

当 $z = z(x, y)$ 是由方程 $F(x, y, z) = 0$ 所确定的隐函数时,则有公式:

$$\frac{\partial z}{\partial x} = -\frac{F_x'(x, y, z)}{F_z'(x, y, z)}; \quad \frac{\partial z}{\partial y} = -\frac{F_y'(x, y, z)}{F_z'(x, y, z)}.$$

二、基 本 要 求

1. 理解多元函数的定义,会求二元函数的定义域,知道二元函数的几何意义.
2. 理解二元函数的极限及连续的概念,以及有界闭区域上连续函数的性质.
3. 掌握偏导数定义,熟悉求多元函数偏导数的方法,会求高阶偏导数并理解

混合偏导数与求导次序无关的条件,掌握全微分的概念及求法.

4. 熟练掌握复合函数微分.

5. 掌握由一个方程所确定的隐函数的偏导数的求法,了解由方程组所确定的隐函数的偏导数求法.

三、习题解答

习 题 9-1

1. 求下列函数的定义域.

(1) $z=\sqrt{\sin(x^2+y^2)}$;   (2) $z=\arcsin\dfrac{x}{y^2}$;

(3) $z=\ln[(16-x^2-y^2)(x^2+y^2-4)]$;

(4) $z=\sqrt{x-\sqrt{y}}$;   (5) $z=\dfrac{1}{\sqrt{x+y}}+\dfrac{1}{\sqrt{x-y}}$;

(6) $z=\sqrt{R^2-x^2-y^2}+\dfrac{1}{\sqrt{x^2+y^2-r^2}}(0<r<R)$;

(7) $z=\arcsin(x-y^2)+\ln\ln(10-x^2-4y^2)$;

(8) $z=\sin\dfrac{1}{2x-1}+\tan(\pi y)$.

解 要使函数有意义,需满足:

(1) $\sin(x^2+y^2)\geqslant 0$,则函数的定义域为
$$D=\{(x,y)\mid 2n\pi\leqslant x^2+y^2\leqslant(2n+1)\pi, n=0,1,2,\cdots\}.$$

(2) $\left|\dfrac{x}{y^2}\right|\leqslant 1$ 且 $y\neq 0$,则函数的定义域为
$$D=\{(x,y)\mid -y^2\leqslant x\leqslant y^2, y\neq 0\}.$$

(3) $4<x^2+y^2<16$,则函数的定义域为
$$D=\{(x,y)\mid 4<x^2+y^2<16\}.$$

(4) $x-\sqrt{y}\geqslant 0$ 且 $y\geqslant 0$,则函数的定义域为
$$D=\{(x,y)\mid x\geqslant 0, 0\leqslant y\leqslant x^2\}.$$

(5) $\begin{cases}x+y>0,\\ x-y>0,\end{cases}$ 则函数的定义域为
$$D=\{(x,y)\mid x>0, -x<y<x\}.$$

(6) $x^2+y^2\leqslant R^2$ 且 $x^2+y^2>r^2$,则函数的定义域为
$$D=\{(x,y)\mid r^2<x^2+y^2\leqslant R^2\}.$$

(7) $|x-y^2|\leqslant 1$ 且 $\ln(10-x^2-4y^2)>0, 10-x^2-4y^2>1$ 则函数的定义域为

$$D=\left\{(x,y)\ \middle|\ \frac{1}{9}(x^2+4y^2)<1,y^2-1\leqslant x\leqslant y^2+1\right\}.$$

(8) $2x-1\neq 0,\pi y\neq k\pi+\dfrac{\pi}{2}$,则函数的定义域为

$$D=\left\{(x,y)\ \middle|\ x\neq\frac{1}{2},y\neq\frac{2k+1}{2},k=\pm 1,\pm 2,\cdots\right\}.$$

2. 试写出三元函数极限 $\lim\limits_{\substack{x\to x_0\\y\to y_0\\z\to z_0}}f(x,y,z)=A$ 的定义.

解　设函数 $f(x,y,z)$ 在点 $P_0(x_0,y_0,z_0)$ 的某邻域内有定义(点 P_0 可以除外)A 为某常数,如果对任给的 $\varepsilon>0$,存在 $\delta>0$,使当 $0<\rho=$ $\sqrt{(x-x_0)^2+(y-y_0)^2+(z-z_0)^2}<\delta$ 时,恒有

$$|f(x,y,z)-A|<\varepsilon$$

成立,则称函数 $f(x,y,z)$ 当 $P\to P_0$ 时以常数 A 为极限. 记为

$$\lim_{\substack{x\to x_0\\y\to y_0\\z\to z_0}}f(x,y,z)=A.$$

3. 若 $f(x,y)=\dfrac{2xy}{x^2+y^2}$,求 $f\left(1,\dfrac{y}{x}\right)$.

解　$f\left(1,\dfrac{y}{x}\right)=\dfrac{2\cdot 1\cdot\dfrac{y}{x}}{1^2+\dfrac{y^2}{x^2}}=\dfrac{2xy}{x^2+y^2}$.

4. 设 $f\left(x+y,\dfrac{y}{x}\right)=x^2-y^2$,求 $f(x,y)$.

解　令 $\begin{cases}x+y=t,\\[2mm]\dfrac{y}{x}=\mu,\end{cases}$　解之,得 $\begin{cases}x=\dfrac{t}{1+\mu},\\[2mm]y=\dfrac{t\mu}{1+\mu},\end{cases}$ 则

$$f(t,\mu)=\left(\frac{t}{1+\mu}\right)^2-\left(\frac{t\mu}{1+\mu}\right)^2=\frac{t^2(1-\mu)}{1+\mu},$$

所以 $f(x,y)=\dfrac{x^2(1-y)}{1+y}$.

5. 设 $z=x+y+f(x-y)$,且当 $y=0$ 时,$z=x^2$,求函数 f 和 z 的表达式.

解　因为 $y=0$ 时,$z=x^2$,所以 $x^2=x+f(x)$,则 $f(x)=x^2-x$. 从而

$$f(x-y)=(x-y)^2-(x-y),$$
$$z=(x+y)+(x-y)^2-(x-y)=(x-y)^2+2y.$$

6. 指出下列函数的不连续点(如果存在的话).

(1) $z=\dfrac{x+1}{\sqrt{x^2+y^2}}$;　　　　　　　　　(2) $z=\dfrac{1}{\sin x \sin y}$;

(3) $z=\dfrac{xy^2}{x+y}$;　　　　　　　　　　　(4) $z=\ln(a^2-x^2-y^2)$;

(5) $f(x,y)=\begin{cases}\dfrac{x^2-y^2}{x^2+y^2}, & (x,y)\neq(0,0), \\ 0, & (x,y)=(0,0).\end{cases}$

解　(1) $(0,0)$;(2) $x=m\pi,y=n\pi(m,n=0,\pm1,\pm2,\cdots)$;(3) $y=-x$;
(4) $x^2+y^2\leqslant a^2$;(5) $(0,0)$.

7. 求下列函数的极限.

(1) $\lim\limits_{\substack{x\to0 \\ y\to1}}\dfrac{1-xy}{x^2+y^2}$;　　　　　　　　(2) $\lim\limits_{\substack{x\to0 \\ y\to0}}\dfrac{xy}{\sqrt{xy+1}-1}$;

(3) $\lim\limits_{\substack{x\to+\infty \\ y\to+\infty}}\dfrac{1+x^2+y^2}{x^2+y^2}$;　　　　　(4) $\lim\limits_{\substack{x\to0 \\ y\to0}}(x+y)\sin\dfrac{1}{x}\sin\dfrac{1}{y}$;

(5) 求$\lim\limits_{\substack{x\to0 \\ y\to0}}f(x,y)$,这里 $f(x,y)=\begin{cases}\dfrac{y^3+x^3}{y-x}, & x\neq y, \\ 0, & x=y.\end{cases}$

解　(1) 原式$=1$;

(2) 原式$=\lim\limits_{\substack{x\to0 \\ y\to0}}(\sqrt{xy+1}+1)=2$;

(3) 原式$=\lim\limits_{\substack{x\to+\infty \\ y\to+\infty}}\left(\dfrac{1}{x^2+y^2}+1\right)=1$;

(4) 原式$=\lim\limits_{\substack{x\to0 \\ y\to0}}x\sin\dfrac{1}{x}\sin\dfrac{1}{y}+\lim\limits_{\substack{x\to0 \\ y\to0}}y\sin\dfrac{1}{x}\sin\dfrac{1}{y}=0$;

(5) 取路径 $y=x+kx^3$,当(x,y)沿此路径趋向于$(0,0)$时,

$$\lim\limits_{\substack{x\to0 \\ y\to0}}(x,y)=\lim\limits_{x\to0}\dfrac{x^3(1+kx^2)^3+x^3}{kx^3}=\lim\limits_{x\to0}\dfrac{(1+kx^2)^3+1}{k}=\dfrac{2}{k}.$$

当 k 取不同值时极限值不同,故原式极限不存在.

习　题　9-2

1. 求下列函数在给定点处的偏导数.

(1) $z=\dfrac{xy(x^2-y^2)}{x^2+y^2}$,求 $z'_x(1,1),z'_y(1,1)$;

(2) $z=\mathrm{e}^{x^2+y^2}$,求 $z'_x(0,1),z'_y(1,0)$;

(3) $z=\ln|xy|$,求 $z'_x(-1,-1),z'_y(1,1)$.

解 (1) $z'_x=\dfrac{(x^3y-xy^3)'_x(x^2+y^2)-(x^3y-xy^3)(x^2+y^2)'_x}{(x^2+y^2)^2}$

$\qquad\quad =\dfrac{(3x^2y-y^3)(x^2+y^2)-2x(x^3y-xy^3)}{(x^2+y^2)^2}$

$\qquad\quad =\dfrac{x^4y+4x^2y^3-y^5}{(x^2+y^2)^2},$

所以 $z'_x(1,1)=1$;

同理 $z'_y=\dfrac{x^5-4x^3y^2-xy^4}{(x^2+y^2)^2}$,所以 $z'_y(1,1)=-1$.

(2) $z'_x=2xe^{x^2+y^2}$,所以 $z'_x(0,1)=0$;$z'_y=2ye^{x^2+y^2}$,所以 $z'_y(1,0)=0$.

(3) $z=\ln|xy|=\ln|x|+\ln|y|$,所以

$$z'_x=\frac{1}{x},\quad z'_y=\frac{1}{y},$$

所以

$$z'_x(-1,-1)=-1,\quad z'_y(1,1)=1.$$

2. 求下列函数的一阶偏导数.

(1) $z=x^2\arctan\dfrac{y}{x}-y^2\arctan\dfrac{x}{y}$; 　　　　　(2) $z=\ln(x+\ln y)$;

(3) $z=x\ln\dfrac{y}{x}$; 　　　　　(4) $z=\arcsin\dfrac{x}{y}$;

(5) $z=\log_y x$; 　　　　　(6) $u=e^{\frac{x}{y}}+e^{\frac{z}{y}}$;

(7) $u=z^{xy}$; 　　　　　(8) $u=(xy)^z$;

(9) $u=\sqrt{x^2+y^2+z^2}$; 　　　　　(10) $z=\ln\dfrac{\sqrt{x^2+y^2}-x}{\sqrt{x^2+y^2}+x}$.

解 (1) $\dfrac{\partial z}{\partial x}=2x\arctan\dfrac{y}{x}-x^2\dfrac{1}{1+\left(\dfrac{y}{x}\right)^2}\dfrac{y}{x^2}-y^2\dfrac{1}{1+\left(\dfrac{x}{y}\right)^2}\dfrac{1}{y}$

$$=2x\arctan\frac{y}{x}-y.$$

同理 $\dfrac{\partial z}{\partial y}=x-2y\arctan\dfrac{x}{y}$.

(2) $\dfrac{\partial z}{\partial y}=\dfrac{1}{x+\ln y}$;$\dfrac{\partial z}{\partial y}=\dfrac{1}{y(x+\ln y)}$.

(3) $\dfrac{\partial z}{\partial x}=\ln\dfrac{y}{x}+x\dfrac{x}{y}\left(-\dfrac{y}{x^2}\right)=\ln\dfrac{y}{x}-1$;$\dfrac{\partial z}{\partial y}=\dfrac{x}{y}$.

(4) $\dfrac{\partial z}{\partial x}=\dfrac{|y|}{y\sqrt{y^2-x^2}}$；$\dfrac{\partial z}{\partial y}=-\dfrac{|y|x}{y^2\sqrt{y^2-x^2}}$.

(5) $z=\dfrac{\ln x}{\ln y}$，$\dfrac{\partial z}{\partial x}=\dfrac{1}{x\ln y}$；$\dfrac{\partial z}{\partial y}=\ln x\left[-\dfrac{1}{y(\ln y)^2}\right]=-\dfrac{\ln x}{y(\ln y)^2}$.

(6) $\dfrac{\partial u}{\partial x}=\dfrac{1}{y}e^{\frac{x}{y}}$；$\dfrac{\partial u}{\partial y}=-\dfrac{1}{y^2}(xe^{\frac{x}{y}}+ze^{\frac{z}{y}})$；$\dfrac{\partial u}{\partial z}=\dfrac{1}{y}e^{\frac{z}{y}}$.

(7) $\dfrac{\partial u}{\partial x}=yz^{xy}\ln z$；$\dfrac{\partial u}{\partial y}=xz^{xy}\ln z$；$\dfrac{\partial u}{\partial z}=xyz^{xy-1}$.

(8) $\dfrac{\partial u}{\partial x}=yz(xy)^{z-1}$；$\dfrac{\partial u}{\partial y}=xz(xy)^{z-1}$；$\dfrac{\partial u}{\partial x}=(xy)^z\ln(xy)$.

(9) $\dfrac{\partial u}{\partial x}=\dfrac{x}{u}$；$\dfrac{\partial u}{\partial x}=\dfrac{y}{u}$；$\dfrac{\partial u}{\partial x}=\dfrac{z}{u}$.

(10) $z=\ln(\sqrt{x^2+y^2}-x)-\ln(\sqrt{x^2+y^2}+x)$，

$$\dfrac{\partial z}{\partial x}=\dfrac{\dfrac{x}{\sqrt{x^2+y^2}}-1}{\sqrt{x^2+y^2}-x}-\dfrac{\dfrac{x}{\sqrt{x^2+y^2}}+1}{\sqrt{x^2+y^2}+x}=-\dfrac{2}{\sqrt{x^2+y^2}};$$

$$\dfrac{\partial z}{\partial y}=\dfrac{2x}{y\sqrt{x^2+y^2}}.$$

3. 证明下列各题.

(1) 若 $z=x^y y^x$，求证 $x\dfrac{\partial z}{\partial x}+y\dfrac{\partial z}{\partial y}=z(x+y+\ln z)$；

(2) 若 $z=f(ax+by)$，则 $b\dfrac{\partial z}{\partial x}=a\dfrac{\partial z}{\partial y}$；

(3) 若 $u=(y-z)(z-x)(x-y)$，则 $\dfrac{\partial u}{\partial x}+\dfrac{\partial u}{\partial y}+\dfrac{\partial u}{\partial z}=0$.

证 （1）

$$\dfrac{\partial z}{\partial x}=yx^{y-1}y^x+x^y y^x\ln y;$$

$$\dfrac{\partial z}{\partial y}=x^y y^x\ln x+x^y xy^{x-1};$$

$$\ln z=y\ln x+x\ln y.$$

易见

$$x\dfrac{\partial z}{\partial x}+y\dfrac{\partial z}{\partial y}=x^y y^x(y+x\ln y+y\ln x+x)$$

$$=x^y y^x(x+y+\ln z).$$

(2) 令 $u=ax+by$，则

$$\frac{\partial z}{\partial x}=f'_u(ax+by)u'_x=f'_u(ax+by)a;\quad \frac{\partial z}{\partial y}=f'_u(ax+by)b,$$

所以 $b\dfrac{\partial z}{\partial x}=abf'_u(ax+by)=a\dfrac{\partial z}{\partial y}.$

(3) $\dfrac{\partial u}{\partial x}=(y-z)(y-x)+(y-z)(z-x);$

$\dfrac{\partial u}{\partial y}=(z-x)(x-y)+(y-z)(x-z);$

$\dfrac{\partial u}{\partial z}=(x-z)(x-y)+(y-z)(x-y),$

所以 $\dfrac{\partial u}{\partial x}+\dfrac{\partial u}{\partial y}+\dfrac{\partial u}{\partial z}=0.$

4. 求下列函数的全微分.

(1) $z=e^{x(x^2+y^2)};$　　　　　　(2) $z=\arctan\dfrac{x+y}{x-y};$

(3) $z=\sqrt{\dfrac{y}{x}};$　　　　　　　(4) $z=\ln\sqrt{x^2+y^2}.$

解　(1) $\dfrac{\partial z}{\partial x}=(3x^2+y^2)e^{(x^3+xy^2)};\dfrac{\partial z}{\partial y}=2xy\cdot e^{(x^3+xy^2)}.$ 所以

$$dz=e^{x(x^2+y^2)}\cdot[(3x^2+y^2)dx+2xydy].$$

(2) $\dfrac{\partial z}{\partial x}=-\dfrac{y}{x^2+y^2};\dfrac{\partial z}{\partial y}=\dfrac{x}{x^2+y^2}.$ 所以

$$dz=-\frac{y}{x^2+y^2}dx+\frac{x}{x^2+y^2}dy.$$

(3) $\dfrac{\partial z}{\partial x}=-\dfrac{1}{2x}\sqrt{\dfrac{y}{x}}=-\dfrac{z}{2x};\dfrac{\partial z}{\partial y}=\dfrac{1}{2\sqrt{xy}}=\dfrac{1}{2y}z.$ 所以

$$dz=\frac{z}{2}\left(\frac{1}{y}dy-\frac{1}{x}dx\right).$$

(4) $\dfrac{\partial z}{\partial x}=\dfrac{x}{x^2+y^2};\dfrac{\partial z}{\partial y}=\dfrac{y}{x^2+y^2}.$ 所以

$$dz=\frac{1}{x^2+y^2}(xdx+ydy).$$

5. 求下列函数在给定点的全微分值.

(1) $z=\ln(x^2+y^2)$,其中 $x=2,\Delta x=0.1;y=1,\Delta y=-0.1$.

(2) $z=e^{xy}$,其中 $x=1,\Delta x=0.15;y=1,\Delta y=0.1$.

解　(1) $\dfrac{\partial z}{\partial x}=\dfrac{2x}{x^2+y^2};\dfrac{\partial z}{\partial y}=\dfrac{2y}{x^2+y^2}\cdot\dfrac{\partial z}{\partial x}\Big|_{(2,1)}=\dfrac{4}{5};\dfrac{\partial z}{\partial y}\Big|_{(2,1)}=\dfrac{2}{5}$. 所以

$$dz=\frac{\partial z}{\partial x}dx+\frac{\partial z}{\partial y}dy=\frac{4}{5}\times0.1+\frac{2}{5}\times(-0.1)=0.04.$$

(2) $\dfrac{\partial z}{\partial x}=ye^{xy};\dfrac{\partial z}{\partial y}=xe^{xy}\cdot\dfrac{\partial z}{\partial x}\Big|_{(1,1)}=e;\dfrac{\partial z}{\partial y}\Big|_{(1,1)}=e$. 所以

$$dz=\frac{\partial z}{\partial x}dx+\frac{\partial z}{\partial y}dy=0.15e+0.1e=0.25e\approx0.6796.$$

6. 计算下列各题的近似值.

(1) $\sqrt{(1.02)^3+(1.97)^3}$;　　　　　　　(2) $1.02^{4.05}$;

(3) $\sqrt{(1.04)^{1.99}+\ln1.02}$.

解　(1) 设函数 $u=f(x,y)=\sqrt{x^3+y^3}$,

$$\frac{\partial u}{\partial x}\Big|_{(1,2)}=\frac{3x^2}{2\sqrt{x^3+y^3}}\Big|_{(1,2)}=\frac{1}{2};$$

$$\frac{\partial u}{\partial y}\Big|_{(1,2)}=\frac{3y^2}{2\sqrt{x^3+y^3}}\Big|_{(1,2)}=2.$$

将 $x_0=1,\Delta x=0.02,y_0=2,\Delta y=-0.03$ 代入下式:

$$f(x_0+\Delta x,y_0+\Delta y)\approx f'_x(x_0,y_0)\Delta x+f'_y(x_0,y_0)\Delta y+f(x_0,y_0).$$

所以原式 $\approx\dfrac{1}{2}\times0.02+2\times(-0.03)+3=2.95$.

(2) 设 $f(x,y)=x^y$,则

$$f'_x(x,y)=yx^{y-1};\quad f'_y(x,y)=x^y\ln x.$$
$$f(x_0+\Delta x,y_0+\Delta y)\approx f'_x(x_0,y_0)\Delta x+f'_y(x_0,y_0)\Delta y+f(x_0,y_0).$$

将 $x_0=1,\Delta x=0.02,y_0=4,\Delta y=0.05$ 代入上式得

$$原式\approx4\times0.02+0\times0.05+1=1.08.$$

(3) 令 $u=f(x,y,z)=\sqrt{x^y+\ln z}$.

$$\frac{\partial u}{\partial x}=\frac{1}{2\sqrt{x^y+\ln z}}yx^{y-1};\quad \frac{\partial u}{\partial y}=\frac{1}{2\sqrt{x^y+\ln z}}x^y\ln x;\quad \frac{\partial u}{\partial z}=\frac{1}{2\sqrt{x^y+\ln z}}\frac{1}{z}.$$

由 $x_0=1,\Delta x=0.04,y_0=2,\Delta y=-0.01,z_0=1,\Delta z=0.02.$ 所以

$$\left.\frac{\partial u}{\partial x}\right|_{(1,2,1)}=1,\quad \left.\frac{\partial u}{\partial y}\right|_{(1,2,1)}=0,\quad \left.\frac{\partial u}{\partial z}\right|_{(1,2,1)}=\frac{1}{2}.$$

因为

$$f(x_0+\Delta x,y_0+\Delta y,z_0+\Delta z)\approx f'_x(x_0,y_0,z_0)\Delta x+f'_y(x_0,y_0,z_0)\Delta y$$
$$+f'_z(x_0,y_0,z_0)\Delta z+f(x_0,y_0,z_0),$$

所以原式 $\approx 1\times0.04+0\times(-0.01)+\frac{1}{2}\times0.02+1=1.05.$

7. 曲线 $\begin{cases} z=\dfrac{x^2+y^2}{4},\\ y=4 \end{cases}$ 在点 $(2,4,5)$ 处的切线与 x 轴的正向所成的角度是多少?

解 该问题即求函数在点 $(2,4,5)$ 处与 x 轴方向切线斜率.

$$\frac{\partial z}{\partial x}=\frac{1}{2}x;$$

所以 $\left.\dfrac{\partial z}{\partial x}\right|_{(2,4,5)}=\dfrac{1}{2}\times2=1.$ 所以 $\tan\alpha=1,\alpha=\dfrac{\pi}{4}.$ 则曲线在 $(2,4,5)$ 点在切线与 x

轴正向成 $\dfrac{\pi}{4}$ 角度.

习 题 9-3

1. 求下列函数的导数或偏导数.

(1) $u=e^x\cos(x+y),x=t^3,y=\ln t,$ 求 $\dfrac{du}{dt}$;

(2) $z=f(x,y),y=\varphi(x),$ 求 $\dfrac{dz}{dx}$;

(3) $z=u^2v^3+2\sin t,u=e^t,v=\cos t,$ 求 $\dfrac{dz}{dt}$;

(4) $z=\ln(u^2+v^2),u=x-y,v=xy,$ 求 $\dfrac{\partial z}{\partial x},\dfrac{\partial z}{\partial y}$;

(5) $u=f(x,y,z),x=s^2+t^2,y=\cos(s-t),z=st,$ 求 $\dfrac{\partial u}{\partial s},\dfrac{\partial u}{\partial t}$;

(6) $u=f(x,y,z,w)$, $x=\varphi(y,z)$, $w=\psi(y,z)$, 求 $\dfrac{\partial u}{\partial y}$, $\dfrac{\partial u}{\partial z}$;

(7) $w=f(x,u,v)$, $u=g(x,y)$, $v=h(x,y)$, 求 $\dfrac{\partial w}{\partial x}$, $\dfrac{\partial w}{\partial y}$;

(8) $u=f(x^2+y^2+z^2)$, 求 $\dfrac{\partial u}{\partial x}$, $\dfrac{\partial u}{\partial y}$, $\dfrac{\partial u}{\partial z}$;

(9) $u=f\left(x,\dfrac{x}{y}\right)$, 求 $\dfrac{\partial u}{\partial x}$, $\dfrac{\partial u}{\partial y}$.

解　(1) 由题意该复合函数关系如图 9-5 所示.

$$\frac{\partial u}{\partial x}=e^x\cos(x+y)-e^x\sin(x+y);$$

$$\frac{\partial u}{\partial y}=-e^x\sin(x+y);$$

$$\frac{dx}{dt}=3t^2;\quad \frac{dy}{dt}=\frac{1}{t},$$

则

$$\frac{du}{dt}=\frac{\partial u}{\partial x}\frac{dx}{dt}+\frac{\partial u}{\partial y}\frac{dy}{dt}$$

$$=\frac{1}{t}e^x\left[3t^3\cos(x+y)-(3t^3+1)\sin(x+y)\right].$$

(2) 由题意该复合函数关系如图 9-6 所示.

$$\frac{dz}{dx}=\frac{\partial f}{\partial x}+\frac{\partial f}{\partial y}\frac{dy}{dx}=\frac{\partial f}{\partial x}+\frac{\partial f}{\partial y}\varphi'(x).$$

(3) 由题意该复合函数关系如图 9-7 所示.

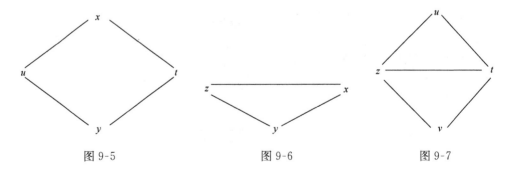

图 9-5　　　　　　　　　　图 9-6　　　　　　　　　　图 9-7

$$\frac{\partial z}{\partial u}=2uv^3; \quad \frac{\partial z}{\partial v}=3u^2v^2;$$

$$\frac{\partial z}{\partial t}=2\cos t; \quad \frac{\mathrm{d}u}{\mathrm{d}t}=\mathrm{e}^t; \quad \frac{\mathrm{d}v}{\mathrm{d}t}=-\sin t.$$

则

$$\frac{\mathrm{d}z}{\mathrm{d}t}=\frac{\partial z}{\partial t}+\frac{\partial z}{\partial u}\frac{\mathrm{d}u}{\mathrm{d}t}+\frac{\partial z}{\partial v}\frac{\mathrm{d}v}{\mathrm{d}t}=2\cos t+2uv^3\mathrm{e}^t-3u^2v^2\sin t.$$

（4）由题意该复合函数关系如图 9-8 所示.

$$\frac{\partial z}{\partial u}=\frac{2u}{u^2+v^2}; \quad \frac{\partial z}{\partial v}=\frac{2v}{u^2+v^2};$$

$$\frac{\partial u}{\partial x}=1; \quad \frac{\partial u}{\partial y}=-1;$$

$$\frac{\partial v}{\partial x}=y; \quad \frac{\partial v}{\partial y}=x.$$

所以

$$\frac{\partial z}{\partial x}=\frac{\partial z}{\partial u}\frac{\partial u}{\partial x}+\frac{\partial z}{\partial v}\frac{\partial v}{\partial x}=\frac{2u}{u^2+v^2}+\frac{2v}{u^2+v^2}y=\frac{2(x-y)+2xy^2}{(x-y)^2+(xy)^2};$$

$$\frac{\partial z}{\partial y}=\frac{\partial z}{\partial u}\frac{\partial u}{\partial y}+\frac{\partial z}{\partial v}\frac{\partial v}{\partial y}=\frac{-2u}{u^2+v^2}+\frac{2v}{u^2+v^2}x=\frac{2(y-x)+2x^2y}{(x-y)^2+(xy)^2}.$$

（5）由题意该复合函数关系如图 9-9 所示.

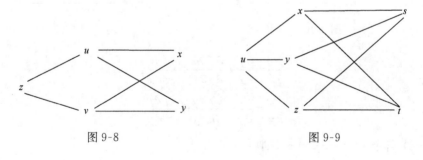

图 9-8   图 9-9

$$\frac{\partial u}{\partial x}=\frac{\partial f}{\partial x}; \quad \frac{\partial x}{\partial s}=2s; \quad \frac{\partial x}{\partial t}=2t.$$

$$\frac{\partial u}{\partial y}=\frac{\partial f}{\partial y}; \quad \frac{\partial y}{\partial s}=-\sin(s-t);$$

$$\frac{\partial y}{\partial t}=\sin(s-t).$$

$$\frac{\partial u}{\partial z}=\frac{\partial f}{\partial z}; \quad \frac{\partial z}{\partial s}=t; \quad \frac{\partial z}{\partial t}=s.$$

所以

$$\frac{\partial u}{\partial s}=\frac{\partial u}{\partial x}\frac{\partial x}{\partial s}+\frac{\partial u}{\partial y}\frac{\partial y}{\partial s}+\frac{\partial u}{\partial z}\frac{\partial z}{\partial s}$$

$$=\frac{\partial f}{\partial x}2s-\frac{\partial f}{\partial y}\sin(s-t)+\frac{\partial f}{\partial z}t\,;$$

$$\frac{\partial u}{\partial t}=\frac{\partial u}{\partial x}\frac{\partial x}{\partial t}+\frac{\partial u}{\partial y}\frac{\partial y}{\partial t}+\frac{\partial u}{\partial z}\frac{\partial z}{\partial t}=\frac{\partial f}{\partial x}2t+\frac{\partial f}{\partial y}\sin(s-t)+\frac{\partial f}{\partial z}s.$$

(6) 由题意该函数复合关系
如图 9-10 所示.

$$\frac{\partial u}{\partial y}=\frac{\partial f}{\partial x}\frac{\partial x}{\partial y}+\frac{\partial f}{\partial y}+\frac{\partial f}{\partial \omega}\frac{\partial \omega}{\partial y}\,;$$

$$\frac{\partial u}{\partial z}=\frac{\partial f}{\partial x}\frac{\partial x}{\partial z}+\frac{\partial f}{\partial z}+\frac{\partial f}{\partial \omega}\frac{\partial \omega}{\partial z}.$$

(7) 由题意该函数复合关系如图 9-11 所示.

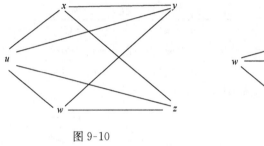

图 9-10   图 9-11

$$\frac{\partial w}{\partial x}=\frac{\partial f}{\partial x}+\frac{\partial f}{\partial u}\frac{\partial u}{\partial x}+\frac{\partial f}{\partial v}\frac{\partial v}{\partial x}\,;$$

$$\frac{\partial w}{\partial y}=\frac{\partial f}{\partial y}+\frac{\partial f}{\partial u}\frac{\partial u}{\partial y}+\frac{\partial f}{\partial v}\frac{\partial v}{\partial y}.$$

(8) 若令 $v=x^2+y^2+z^2$,则

$$\frac{\partial u}{\partial x}=2x\,\frac{\mathrm{d}f}{\mathrm{d}v}\,;\quad \frac{\partial u}{\partial y}=2y\,\frac{\mathrm{d}f}{\mathrm{d}v}\,;\quad \frac{\partial u}{\partial z}=2z\,\frac{\mathrm{d}f}{\mathrm{d}v}.$$

(9) 若令 $v=\dfrac{x}{y}$,则

$$\frac{\partial u}{\partial x}=\frac{\partial f}{\partial x}+\frac{\partial f}{\partial v}\frac{\partial v}{\partial x}=\frac{\partial f}{\partial x}+\frac{1}{y}\frac{\partial f}{\partial v}\,;$$

$$\frac{\partial u}{\partial y}=\frac{\partial f}{\partial v}\frac{\partial v}{\partial y}=-\frac{\partial f}{\partial v}\frac{x}{y^2}.$$

2. 证明：如果 $F(x,y,z)=0$ 成立，且 F 是可微的，则 $\dfrac{\partial x}{\partial y}\dfrac{\partial y}{\partial z}\dfrac{\partial z}{\partial x}=-1$.

证 由隐函数微分法

$$\frac{\partial x}{\partial y}=-\frac{\partial F}{\partial y}\Big/\frac{\partial F}{\partial x};\quad \frac{\partial y}{\partial z}=-\frac{\partial F}{\partial z}\Big/\frac{\partial F}{\partial y};\quad \frac{\partial z}{\partial x}=-\frac{\partial F}{\partial x}\Big/\frac{\partial F}{\partial z},$$

则

$$\frac{\partial x}{\partial y}\frac{\partial y}{\partial z}\frac{\partial z}{\partial x}=-1.$$

3. 求下列方程所确定的隐函数的导数.

(1) $\dfrac{x^2}{a^2}+\dfrac{y^2}{b^2}=1$; 　　　　　　　　(2) $y^x=x^y$;

(3) $\sin(xy)=x^2y^2+e^{xy}$.

解 (1) 方程两端同时对 x 求导，且视 y 为 x 的函数，则有

$$\frac{2x}{a^2}+\frac{2y}{b^2}y'=0.$$

所以 $y'=-\dfrac{b^2x}{a^2y}$.

(2) 方程两端同时取对数得

$$x\ln y=y\ln x.$$

方程两端同时对 x 求导得

$$\ln y+x\,\frac{1}{y}y'=y'\ln x+y\,\frac{1}{x}.$$

所以 $y'=\dfrac{y^2-xy\ln y}{x^2-xy\ln x}$.

(3) 方程两端同时对 x 求导

$$\cos(xy)(y+xy')=2xy^2+2x^2yy'+e^{xy}(y+xy'),$$

所以

$$y'=\frac{2xy^2+ye^{xy}-y\cos(xy)}{x\cos(xy)-2x^2y-xe^{xy}}=-\frac{y}{x}.$$

4. 求下列方程所确定函数 $z=f(x,y)$ 的全微分.

(1) $yz=\arctan(xz)$; 　　　　　　　　(2) $xyz=e^z$;

(3) $2xz-2xyz+\ln(xyz)=0$.

解 (1) 方程两端同时对 x 求偏导得

$$y\,\frac{\partial z}{\partial x}=\frac{1}{1+(xz)^2}\Big(z+x\,\frac{\partial z}{\partial x}\Big),$$

所以 $\dfrac{\partial z}{\partial x}=\dfrac{z}{x^{2}yz^{2}+y-x}$.

同理，方程两端同时对 y 求偏导得

$$\frac{\partial z}{\partial y}=\frac{-z(1+x^{2}z^{2})}{x^{2}yz^{2}+y-x},$$

所以

$$\mathrm{d}z=\frac{\partial z}{\partial x}\mathrm{d}x+\frac{\partial z}{\partial y}\mathrm{d}y$$

$$=\frac{z}{y(1+x^{2}z^{2})-x}\bigl[\mathrm{d}x-(1+x^{2}z^{2})\mathrm{d}y\bigr].$$

（2）方程两端同时对 x 求偏导得

$$yz+xy\frac{\partial z}{\partial x}=\mathrm{e}^{z}\frac{\partial z}{\partial x},$$

所以

$$\frac{\partial z}{\partial x}=\frac{yz}{\mathrm{e}^{z}-xy}.$$

方程两端同时对 y 求偏导得

$$xz+xy\frac{\partial z}{\partial y}=\mathrm{e}^{z}\frac{\partial z}{\partial y},$$

所以 $\dfrac{\partial z}{\partial y}=\dfrac{xz}{\mathrm{e}^{z}-xy}$. 所以

$$\mathrm{d}z=\frac{\partial z}{\partial x}\mathrm{d}x+\frac{\partial z}{\partial y}\mathrm{d}y=\frac{z}{\mathrm{e}^{z}-xy}(y\mathrm{d}x+x\mathrm{d}y)$$

$$=\frac{z}{z-1}\Bigl(\frac{1}{x}\mathrm{d}x+\frac{1}{y}\mathrm{d}y\Bigr).$$

（3）方程两端同时对 x 求偏导得

$$2z+2x\frac{\partial z}{\partial x}-2yz-2xy\frac{\partial z}{\partial x}+\frac{1}{xyz}\Bigl(yz+xy\frac{\partial z}{\partial x}\Bigr)=0,$$

所以

$$\frac{\partial z}{\partial x}=\frac{2yz-2z-\dfrac{1}{x}}{2x-2xy+\dfrac{1}{z}}=-\frac{z}{x}.$$

同理，两端同时对 y 求偏导得

$$\frac{\partial z}{\partial y}=\frac{2xz-\dfrac{1}{y}}{2x-2xy+\dfrac{1}{z}}=\frac{z(2xyz-1)}{y(2xz-2xyz+1)},$$

所以

$$dz = \frac{\partial z}{\partial x}dx + \frac{\partial z}{\partial y}dy = -\frac{z}{x}dx + \frac{z(2xyz-1)}{y(2xz-2xyz+1)}dy.$$

习 题 9-4

1. 求下列函数的二阶偏导数 $\dfrac{\partial^2 z}{\partial x^2}, \dfrac{\partial^2 z}{\partial y^2}, \dfrac{\partial^2 z}{\partial x \partial y}$.

(1) $z = \dfrac{x}{x^2 + y^2}$; （2）$z = x^2 \arctan \dfrac{y}{x} - y^2 \arctan \dfrac{x}{y}$;

(3) $z = \arctan \dfrac{x+y}{1-xy}$; （4）$z = \dfrac{y^2 - x^2}{y^2 + x^2}$;

(5) $z = (\cos y + x \sin y)e^x$.

解 （1）$\dfrac{\partial z}{\partial x} = \dfrac{x^2 + y^2 - 2x^2}{(x^2+y^2)^2} = \dfrac{y^2 - x^2}{(x^2+y^2)^2}$; $\dfrac{\partial z}{\partial y} = \dfrac{-2xy}{(x^2+y^2)^2}$.

所以

$$\frac{\partial^2 z}{\partial x^2} = \frac{2x(x^2-3y^2)}{(x^2+y^2)^3};\quad \frac{\partial^2 z}{\partial x \partial y} = \frac{2y(3x^2-y^2)}{(x^2+y^2)^3};\quad \frac{\partial^2 z}{\partial y^2} = \frac{2x(3y^2-x^2)}{(x^2+y^2)^3}.$$

（2） $\dfrac{\partial z}{\partial x} = 2x \arctan \dfrac{y}{x} + x^2 \dfrac{1}{1+\left(\dfrac{y}{x}\right)^2}\left(-\dfrac{y}{x^2}\right) - y^2 \dfrac{1}{1+\dfrac{x^2}{y^2}}\dfrac{1}{y}$

$$= 2x \arctan \frac{y}{x} - y;$$

$\dfrac{\partial z}{\partial y} = x^2 \dfrac{1}{1+\left(\dfrac{y}{x}\right)^2}\dfrac{1}{x} - 2y \arctan \dfrac{x}{y} - y^2 \dfrac{1}{1+\left(\dfrac{x}{y}\right)^2}\left(-\dfrac{x}{y^2}\right)$

$$= x - 2y \arctan \frac{x}{y}.$$

所以

$$\frac{\partial^2 z}{\partial x^2} = 2\arctan \frac{y}{x} - \frac{2xy}{x^2+y^2};$$

$$\frac{\partial^2 z}{\partial x \partial y} = \frac{x^2 - y^2}{x^2 + y^2};$$

$$\frac{\partial^2 z}{\partial y^2} = \frac{2xy}{x^2+y^2} - 2\arctan \frac{x}{y}.$$

（3）$\dfrac{\partial z}{\partial x} = \dfrac{1+y^2}{1+x^2+y^2+x^2 y^2} = \dfrac{1}{1+x^2}$; $\dfrac{\partial z}{\partial y} = \dfrac{1}{1+y^2}$.

所以

$$\frac{\partial^2 z}{\partial x^2}=\frac{-2x}{(1+x^2)^2};\quad \frac{\partial^2 z}{\partial x\partial y}=0;\quad \frac{\partial^2 z}{\partial y^2}=\frac{-2y}{(1+y^2)^2}.$$

(4) $\dfrac{\partial z}{\partial x}=\dfrac{-4xy^2}{(x^2+y^2)^2};\quad \dfrac{\partial z}{\partial y}=\dfrac{4x^2 y}{(x^2+y^2)^2}.$

$$\frac{\partial^2 z}{\partial x^2}=\frac{4y^2(3x^2-y^2)}{(x^2+y^2)^3};\quad \frac{\partial^2 z}{\partial x\partial y}=\frac{8xy(y^2-x^2)}{(x^2+y^2)^3};\quad \frac{\partial^2 z}{\partial y^2}=\frac{4x^2(x^2-3y^2)}{(x^2+y^2)^3}.$$

(5)
$$\frac{\partial z}{\partial x}=e^x\sin y+(\cos y+x\sin y)e^x;$$

$$\frac{\partial z}{\partial y}=(-\sin y+x\cos y)e^x.$$

$$\frac{\partial^2 z}{\partial x^2}=2e^x\sin y+(\cos y+x\sin y)e^x;$$

$$\frac{\partial^2 z}{\partial x\partial y}=(\cos y-\sin y+x\cos y)e^x;$$

$$\frac{\partial^2 z}{\partial y^2}=(-\cos y-x\sin y)e^x.$$

2. 验证 $z=\ln(e^x+e^y)$ 满足方程 $\dfrac{\partial^2 z}{\partial x^2}\dfrac{\partial^2 z}{\partial y^2}-\left(\dfrac{\partial^2 z}{\partial x\partial y}\right)^2=0.$

证　$\dfrac{\partial z}{\partial x}=\dfrac{e^x}{e^x+e^y};\quad \dfrac{\partial z}{\partial y}=\dfrac{e^y}{e^x+e^y};\quad \dfrac{\partial^2 z}{\partial x\partial y}=\dfrac{-e^{x+y}}{(e^x+e^y)^2}.$

$$\frac{\partial^2 z}{\partial x^2}=\frac{e^{x+y}}{(e^x+e^y)^2};\quad \frac{\partial^2 z}{\partial y^2}=\frac{e^{x+y}}{(e^x+e^y)^2}.$$

所以

$$\frac{\partial^2 z}{\partial x^2}\frac{\partial^2 z}{\partial y^2}-\left(\frac{\partial^2 z}{\partial x\partial y}\right)^2=0.$$

3. 设 $u=\dfrac{1}{\sqrt{x^2+y^2+z^2}}$，求证 $\dfrac{\partial^2 u}{\partial x^2}+\dfrac{\partial^2 u}{\partial y^2}+\dfrac{\partial^2 u}{\partial z^2}=0.$

证　$\dfrac{\partial u}{\partial x}=-x\,(x^2+y^2+z^2)^{-\frac{3}{2}},$

$$\frac{\partial^2 u}{\partial x^2}=3x^2\,(x^2+y^2+z^2)^{-\frac{5}{2}}-(x^2+y^2+z^2)^{-\frac{3}{2}}.$$

同理

$$\frac{\partial^2 u}{\partial y^2}=3y^2\,(x^2+y^2+z^2)^{-\frac{5}{2}}-(x^2+y^2+z^2)^{-\frac{3}{2}};$$

$$\frac{\partial^2 u}{\partial y^2}=3z^2\,(x^2+y^2+z^2)^{-\frac{5}{2}}-(x^2+y^2+z^2)^{-\frac{3}{2}},$$

则

$$\frac{\partial^2 u}{\partial x^2}+\frac{\partial^2 u}{\partial y^2}+\frac{\partial^2 u}{\partial z^2}=0.$$

4. 设 $y=\varphi(x+at)+\psi(x-at)$ 其中 φ,ψ 是任意二次可微函数,证明:

$$\frac{\partial^2 y}{\partial t^2}=a^2\frac{\partial^2 y}{\partial x^2}.$$

证
$$\frac{\partial y}{\partial t}=a\varphi'(x+at)-a\psi'(x-at);$$

$$\frac{\partial y}{\partial x}=\varphi'(x+at)+\psi'(x-at).$$

$$\frac{\partial^2 y}{\partial t^2}=a^2\varphi''(x+at)+a^2\psi''(x-at);$$

$$\frac{\partial^2 y}{\partial x^2}=\varphi''(x+at)+\psi''(x-at).$$

显然 $\dfrac{\partial^2 y}{\partial t^2}=a^2\dfrac{\partial^2 y}{\partial x^2}.$

5. 设 $x^2+y^2+z^2=4z$,求 $\dfrac{\partial^2 z}{\partial x^2}.$

解 等式两端同时对 x 求偏导得

$$2x+2z\frac{\partial z}{\partial x}=4\frac{\partial z}{\partial x},$$

所以

$$\frac{\partial z}{\partial x}=\frac{x}{2-z},$$

$$\frac{\partial^2 z}{\partial x^2}=\frac{(2-z)^2+x^2}{(2-z)^3}=\frac{4-y^2}{(2-z)^3}.$$

6. 设 $e^z-xyz=0$,求 $\dfrac{\partial^2 z}{\partial x^2}.$

解 等式两边同时对 x 求偏导得

$$e^z\frac{\partial z}{\partial x}-yz-xy\frac{\partial z}{\partial x}=0,$$

所以 $\dfrac{\partial z}{\partial x}=\dfrac{yz}{e^z-xy}.$

上式两端再同时对 x 求偏导得

$$e^z\left(\frac{\partial z}{\partial x}\right)^2+e^z\frac{\partial^2 z}{\partial x^2}-2y\frac{\partial z}{\partial x}-xy\frac{\partial^2 z}{\partial x^2}=0,$$

所以

$$\frac{\partial^2 z}{\partial x^2} = \frac{2y^2 z e^z - 2xy^3 z - y^2 z^2 e^z}{(e^z - xy)^3}.$$

7. 设 $z^3 - 3xyz = 0$, 求 $\dfrac{\partial^2 z}{\partial x \partial y}$.

解　等式两端同时对 x 求偏导得

$$3z^2 \frac{\partial z}{\partial x} - 3yz - 3xy \frac{\partial z}{\partial x} = 0,$$

$$\frac{\partial z}{\partial x} = \frac{yz}{z^2 - xy},$$

同理 $\dfrac{\partial z}{\partial y} = \dfrac{xz}{z^2 - xy}.$

所以

$$\frac{\partial^2 z}{\partial x \partial y} = \frac{z(z^4 - 2xyz^2 - x^2 y^2)}{(z^2 - xy)^3}.$$

8. 设 $u = f(x, xy, xyz)$, f 有二阶连续偏导数. 试求 $\dfrac{\partial^2 u}{\partial x^2}$, $\dfrac{\partial^2 u}{\partial x \partial y}$.

解　用 $1, 2, 3$ 分别表示第一变量 x, 第二变量 xy, 第三变量 xyz.

$$\frac{\partial u}{\partial x} = f_1' + f_2' y + f_3' yz;$$

$$\frac{\partial u}{\partial y} = f_2' x + f_3' xz;$$

$$\begin{aligned}
\frac{\partial u^2}{\partial x^2} &= (f_{11}'' + f_{12}'' y + f_{13}'' yz) + y(f_{21}'' + f_{22}'' y + f_{23}'' yz) \\
&\quad + yz(f_{31}'' + y f_{32}'' + yz f_{33}'') \\
&= f_{11}'' + y^2 f_{22}'' + y^2 z^2 f_{33}'' + 2y f_{12}'' + 2yz f_{13}'' + 2y^2 z f_{23}''.
\end{aligned}$$

$$\begin{aligned}
\frac{\partial^2 u}{\partial x \partial y} &= (f_{12}'' x + f_{13}'' xz) + y(f_{22}'' x + f_{23}'' xz) \\
&\quad + yz(f_{32}'' x + f_{33}'' xz) + f_2' + z f_3' \\
&= xy f_{22}'' + xyz^2 f_{33}'' + x f_{12}'' + xz f_{13}'' + 2xyz f_{23}'' + f_2' + z f_3'.
\end{aligned}$$

习　题　9-5

1. 求下列函数的极值.

(1) $f(x, y) = 4(x - y) - x^2 - y^2$;

(2) $f(x, y) = xy + x^3 + y^3$;

(3) $f(x, y) = 1 - \sqrt{x^2 + y^2}$;

(4) $f(x, y) = e^{2x}(x + y^2 + 2y)$;

(5) $f(x,y)=x^2+y^2-2\ln x-2\ln y,x>0,y>0$；

(6) $f(x,y)=\sin x+\sin y+\sin(x+y),0\leqslant x\leqslant\dfrac{\pi}{2},0\leqslant y\leqslant\dfrac{\pi}{2}.$

解 (1) $\begin{cases}\dfrac{\partial f}{\partial x}=4-2x=0,\\[2mm]\dfrac{\partial f}{\partial y}=-4-2y=0,\end{cases}$ 解之得 $\begin{cases}x=2,\\y=-2.\end{cases}$

记

$$A=\frac{\partial^2 f}{\partial x^2}=-2,\quad B=\frac{\partial^2 f}{\partial x\partial f}=0,\quad C=\frac{\partial^2 f}{\partial y^2}=-2.$$

$B^2-AC=-4<0$,且 $A<0$,则 $f(x,y)$在点$(2,-2)$处得取极大值 $f(2,-2)=8.$

(2) $\begin{cases}\dfrac{\partial f}{\partial x}=y+3x^2=0,\\[2mm]\dfrac{\partial f}{\partial y}=x+3y^2=0,\end{cases}$ 解之得 $\begin{cases}x=0,\\y=0,\end{cases}$ $\begin{cases}x=-\dfrac{1}{3},\\[2mm]y=-\dfrac{1}{3}.\end{cases}$

令

$$A=\frac{\partial^2 f}{\partial x^2}=6x,\quad B=\frac{\partial^2 f}{\partial x\partial y}=1,\quad C=\frac{\partial^2 f}{\partial y^2}=6y.$$

在点$(0,0)$处 $B^2-AC=1>0$,$f(x,y)$在$(0,0)$无极值,在$\left(-\dfrac{1}{3},-\dfrac{1}{3}\right)$处,$B^2-AC=$

$-3<0,A=-2<0$,所以 $f(x,y)$在$\left(-\dfrac{1}{3},-\dfrac{1}{3}\right)$处有极大值 $f\left(-\dfrac{1}{3},-\dfrac{1}{3}\right)=\dfrac{1}{27}.$

(3) 因为

$$\frac{\partial f}{\partial x}=\frac{-x}{\sqrt{x^2+y^2}},\quad \frac{\partial f}{\partial y}=\frac{-y}{\sqrt{x^2+y^2}},$$

所以函数 $z=f(x,y)$没有驻点,但点$(0,0)$是偏导数不存在的点 $f(0,0)=1$,而对于一切点$(x,y)\neq(0,0)$,都有 $f(x,y)<1=f(0,0)$,所以 $f(x,y)$在$(0,0)$取得极大值 $f(0,0)=1.$

(4) $\begin{cases}f'_x=\mathrm{e}^{2x}(2x+2y^2+4y+1)=0,\\f'_y=2\mathrm{e}^{2x}(y+1)=0,\end{cases}$ 解得 $\begin{cases}x=\dfrac{1}{2},\\y=-1.\end{cases}$

$$f''_{xx}=4\mathrm{e}^{2x}(x+y^2+2y+1);\quad f''_{xx}\left(\frac{1}{2}-1\right)=2\mathrm{e}.$$

$$f''_{xy}=4\mathrm{e}^{2x}(y+1);\quad f''_{xy}\left(\frac{1}{2},-1\right)=0.$$

$$f''_{yy}=2\mathrm{e}^{2x};\quad f''_{yy}\left(\frac{1}{2},-1\right)=2\mathrm{e}.$$

$$B^2-AC=0-4e^2<0,$$

而 $A=2e>0$，所以 $f(x,y)$ 在 $\left(\dfrac{1}{2},-1\right)$ 处取得极小值 $f\left(\dfrac{1}{2},-1\right)=-\dfrac{e}{2}$.

(5) $\begin{cases} f'_x=2x-\dfrac{2}{x}=0, \\ f'_y=2y-\dfrac{2}{y}=0 \end{cases}$　　在定义域 $(x>0,y>0)$ 内只有一个驻点 $(1,1)$.

$$f''_{xx}=2+\frac{2}{x^2};\quad f''_{xy}=0;\quad f''_{yy}=2+\frac{2}{y^2}.$$

在点 $(1,1)$ 处，$B^2-AC=0-4\times4=-16<0$ 而 $A=4>0$. 所以 $f(x,y)$ 在 $(1,1)$ 处所取得极小值 $f(1,1)=2$.

(6) $\begin{cases} f'_x=\cos x+\cos(x+y)=0, \\ f'_y=\cos y+\cos(x+y)=0, \end{cases}$ 解得 $\begin{cases} x=\dfrac{\pi}{3}, \\ y=\dfrac{\pi}{3} \end{cases}$ $\left(\text{定义域为 } 0\leqslant x\leqslant\dfrac{\pi}{2},0\leqslant y\leqslant\dfrac{\pi}{2}\right)$.

$$f''_{xx}=-\sin x-\sin(x+y);\quad f''_{xy}=-\sin(x+y);\quad f''_{yy}=-\sin y-\sin(x+y).$$

$$B^2-AC=\left(-\frac{\sqrt{3}}{2}\right)^2-(-\sqrt{3})\times(-\sqrt{3})=-\frac{9}{4}<0,\text{而 } A=-\sqrt{3}<0,\text{所以 } f(x,$$

$y)$ 在点 $\left(\dfrac{\pi}{3},\dfrac{\pi}{3}\right)$ 处取得极大值 $f\left(\dfrac{\pi}{3},\dfrac{\pi}{3}\right)=\dfrac{\sqrt{3}}{2}$.

2. 求由方程 $x^2+y^2+z^2-2x+2y-4z-10=0$ 所确定的隐函数 $z(x,y)$ 的极值.

解　方程两端分别同时对 x,y 求导得

$$\begin{cases} 2x+2z\dfrac{\partial z}{\partial x}-2-4\dfrac{\partial z}{\partial x}=0, \\ 2y+2z\dfrac{\partial z}{\partial y}+2-4\dfrac{\partial z}{\partial y}=0. \end{cases}$$

令 $\begin{cases} \dfrac{\partial z}{\partial x}=\dfrac{1-x}{z-2}=0, \\ \dfrac{\partial z}{\partial y}=\dfrac{-1-y}{z-2}=0, \end{cases}$ 解得 $\begin{cases} x=1, \\ y=-1. \end{cases}$ 令

$$A=\frac{\partial^2 z}{\partial x^2}=-\frac{(z-2)^2+(1-x)^2}{(z-2)^3};$$

$$B=\frac{\partial^2 z}{\partial x\partial y}=\frac{(1-x)(1+y)}{(z-2)^2};$$

$$C=\frac{\partial^2 z}{\partial y^2}=-\frac{(z-2)^2+(1+y)^2}{(z-2)^3}.$$

当 $x=1,y=-1$ 时，$z=6$ 或 $z=-2$.

将 $x=1,y=-1,z=6$ 代入 $A=-\dfrac{1}{4},B=0,C=\dfrac{-1}{4},B^2-AC<0,A<0$,则 $z(1,-1)=6$ 为极大值.

将 $x=1,y=-1,z=-2$ 代入 $A=\dfrac{1}{4},B=0,C=\dfrac{1}{4},B^2-AC<0,A>0$,则 $z(1,-1)=-2$ 为极小值.

3. 求下列函数在指定条件下的条件极值.

(1) $f(x,y)=x+y$,如果 $x^2+y^2=1$;

(2) $f(x,y)=\dfrac{1}{x}+\dfrac{4}{y}$,如果 $x+y=3$;

(3) $f(x,y)=-xy$,如果 $x^2+y^2=1$;

(4) $f(x,y,z)=x-2y+2z$,如果 $x^2+y^2+z^2=1$;

(5) $z=xy-1$,如果 $(x-1)(y-1)=1$ 且 $x>0,y>0$;

(6) $z=x+y$,如果 $\dfrac{1}{x}+\dfrac{1}{y}=1$ 且 $x>0,y>0$.

解 (1) 设拉格朗日函数为
$$F(x,y,\lambda)=x+y+\lambda(x^2+y^2-1).$$

令 $\begin{cases}F'_x=1+2\lambda x=0,\\ F'_y=1+2\lambda y=0,\\ F'_\lambda=x^2+y^2-1=0,\end{cases}$ 解得

$$\begin{cases}x=\dfrac{1}{\sqrt{2}},\\ y=\dfrac{1}{\sqrt{2}},\\ \lambda=-\dfrac{1}{\sqrt{2}},\end{cases} \quad\text{或}\quad \begin{cases}x=-\dfrac{1}{\sqrt{2}},\\ y=-\dfrac{1}{\sqrt{2}},\\ \lambda=\dfrac{1}{\sqrt{2}}.\end{cases}$$

令
$$A=F''_{xx}=2\lambda,\quad B=F''_{xy}=0,\quad C=F''_{yy}=2\lambda.$$
则 $B^2-AC=-4\lambda^2<0$.

当 $\lambda=-\dfrac{1}{\sqrt{2}}$ 时,$A<0$,$f\left(\dfrac{1}{\sqrt{2}},\dfrac{1}{\sqrt{2}}\right)=\sqrt{2}$ 为极大值.

当 $\lambda=\dfrac{1}{\sqrt{2}}$ 时,$A>0$,$f\left(-\dfrac{1}{\sqrt{2}},-\dfrac{1}{\sqrt{2}}\right)=-\sqrt{2}$ 为极小值.

(2) 设拉格朗日函数为

$$F(x,y,\lambda)=\frac{1}{x}+\frac{4}{y}+\lambda(x+y-3).$$

令 $\begin{cases} F'_x=-\dfrac{1}{x^2}+\lambda=0, \\ F'_y=-\dfrac{4}{y^2}+\lambda=0, \\ F'_\lambda=x+y-3=0, \end{cases}$ 解得 $\begin{cases} x=1, \\ y=2, \\ \lambda=1. \end{cases}$

令 $A=F''_{xx}=2x^{-3}$, $B=0$, $C=8y^{-3}$. 则 $B^2-AC<0$, $A>0$. 所以 $f(1,2)=1+2=3$ 为极小值.

(3)~(6) 方法同上,答案如下:

(3) 极小值点为 $\left(\dfrac{1}{\sqrt{2}},\dfrac{1}{\sqrt{2}}\right)$, $\left(-\dfrac{1}{\sqrt{2}},-\dfrac{1}{\sqrt{2}}\right)$, 极小值为 $-\dfrac{1}{2}$;

极大值点为 $\left(-\dfrac{1}{\sqrt{2}},\dfrac{1}{\sqrt{2}}\right)$, $\left(\dfrac{1}{\sqrt{2}},-\dfrac{1}{\sqrt{2}}\right)$, 极大值为 $\dfrac{1}{2}$.

(4) 极大值点为 $\left(\dfrac{1}{3},-\dfrac{2}{3},\dfrac{2}{3}\right)$, 极大值为 3;

极小值点为 $\left(-\dfrac{1}{3},\dfrac{2}{3},-\dfrac{2}{3}\right)$, 极小值为 -3.

(5) 极小值点为 $(2,2)$, 极小值为 $z(2,2)=3$.

(6) 极小值点为 $(2,2)$, 极小值为 $z(2,2)=4$.

4. 求椭圆 $\dfrac{x^2}{a^2}+\dfrac{y^2}{b^2}=1$ 内接矩形的最大面积.

解 设矩形的边长分别为 $2x,2y$,其中 $x>0,y>0$,则矩形的面积为 $f(x,y)=2x2y=4xy$.

设拉格朗日函数为

$$F(x,y)=4xy-\lambda\left(\frac{x^2}{a^2}+\frac{y^2}{b^2}-1\right),$$

令 $\begin{cases} F'_x=4y-\dfrac{2\lambda x}{a^2}=0, \\ F'_y=4x+\dfrac{2\lambda y}{b^2}=0, \\ \dfrac{x^2}{a^2}+\dfrac{y^2}{b^2}=1, \end{cases}$ 解得 $\begin{cases} x=\dfrac{a}{\sqrt{2}}, \\ y=\dfrac{b}{\sqrt{2}}. \end{cases}$

所以矩形的最大面积为 $f(x,y)=4xy=4\dfrac{a}{\sqrt{2}}\dfrac{b}{\sqrt{2}}=2ab.$

5. 求曲线 $y=\sqrt{x}$ 上动点到定点 $(a,0)$ 的最小距离.

解 设 (x,y) 为曲线 $y=\sqrt{x}$ 上的任意一点,则 (x,y) 到定点 $(a,0)$ 的距离为

$$r=\sqrt{(x-a^2)+y^2}.$$

于是问题变成在 $y=\sqrt{x}$ 条件下求 r 的最小值,而欲求 r 的最小值等价于求 r^2 的最小值,因此设拉格朗日函数为

$$F(x,y,\lambda)=(x-a)^2+y^2+\lambda(\sqrt{x}-y).$$

令 $\begin{cases} F'_x=2(x-a)+\dfrac{\lambda}{2\sqrt{x}}=0, \\ F'_y=2y-\lambda=0, \\ F'_\lambda=\sqrt{x}-y=0, \end{cases}$ 解得 $\begin{cases} x=a-\dfrac{1}{2}, \\ y^2=a-\dfrac{1}{2}. \end{cases}$

当 $a\geqslant\dfrac{1}{2}$ 时,$y=\sqrt{a-\dfrac{1}{2}}$ 代入 r 求出极值

$$r=\sqrt{\left(a-\dfrac{1}{2}-a\right)^2+a-\dfrac{1}{2}}=\sqrt{a-\dfrac{1}{4}}.$$

当 $a<\dfrac{1}{2}$ 时,$r^2=(x-a)^2+y^2\geqslant(x-a)^2$,而等号只有当 $y=0$ 时成立,此时由 $y=\sqrt{x}$ 知 $x=0$,所以 $r^2=a^2$ 是当 $a<\dfrac{1}{2}$ 时的最小值,即 $r=|a|$.

6. 某工厂生产的一种产品同时在两个市场销售,售价分别为 p_1,p_2,销售量分别为 q_1,q_2,需求函数分别为 $q_1=24-0.2p_1$,$q_2=10-0.05p_2$,总成本函数为 $c=35+40(q_1+q_2)$. 试问:厂家应如何确定两个市场的售价,才能使其获得的总利润最大? 最大总利润为多少?

解 设总利润函数为

$$\begin{aligned} L(p_1,p_2)&=p_1q_1+p_2q_2-c \\ &=p_1q_1+p_2q_2-35-40q_1-40q_2 \\ &=(p_1-40)(24-0.2p_1)+(p_2-40)(10-0.05p_2)-35 \\ &=-0.2p_1^2+32p_1-0.05p_2^2+12p_2-1395. \end{aligned}$$

令 $\begin{cases} L'_{p_1}=-0.4p_1+32=0, \\ L'_{p_2}=-0.1p_2+12=0, \end{cases}$ 解得 $\begin{cases} p_1=80, \\ p_2=120, \end{cases}$ 为唯一驻点,由题意 $L(p_1,p_2)$ 在 $(80,120)$ 取得最大值,且最大值为 $L(80,120)=605$.

7. 某地区用 k 单位资金投资三个项目,投资额分别为 x,y,z 个单位,所获得得利益为 $R=x^\alpha y^\beta z^\gamma$,其中 α,β,γ 为正的常数,问如何分配这 k 单位投资额才能使效益最大? 最大效益为多少?

解 构造拉格朗日函数

$$R = x^{\alpha} y^{\beta} z^{\gamma} + \lambda(x+y+z-k).$$

根据题意，令

$$\begin{cases} R'_x = \alpha x^{\alpha-1} y^{\beta} z^{\gamma} + \lambda = 0, \\ R'_y = \beta x^{\alpha} y^{\beta-1} z^{\gamma} + \lambda = 0, \\ R'_z = \gamma x^{\alpha} y^{\beta} z^{\gamma-1} + \lambda = 0, \\ R'_{\lambda} = x+y+z-k = 0, \end{cases}$$

解方程组得

$$x = \frac{\alpha k}{\alpha+\beta+\gamma}, \quad y = \frac{\beta k}{\alpha+\beta+\gamma}, \quad z = \frac{\gamma k}{\alpha+\beta+\gamma}.$$

最大效益为

$$R = \alpha^{\alpha} \beta^{\beta} \gamma^{\gamma} \left(\frac{k}{\alpha+\beta+\gamma} \right)^{\alpha+\beta+\gamma}.$$

8. 一帐幕下部为圆柱形，上部覆以圆锥形的蓬顶．设帐幕的容积为一定数 k，今要使所用布最少，试证幕布尺寸间应有关系式 $R = \sqrt{5} H, h = 2H$，其中，R, H 各为圆柱形的底半径和高，h 为圆锥形的高．

证　设所用幕布面积为 S，则

$$S = 2\pi RH + \pi R \sqrt{R^2+h^2}.$$

附加条件　$V_{体积} = \pi R^2 H + \frac{1}{3} \pi R^2 h = k$，设

$$F(R,H,h) = 2\pi RH + \pi R \sqrt{R^2+h^2} + \lambda \left(\pi R^2 H + \frac{1}{3} \pi R^2 h - k \right),$$

方程组

$$\begin{cases} F'_R = 2\pi H + \pi \sqrt{R^2+H^2} + \dfrac{\pi R^2}{\sqrt{R^2+h^2}} \\ \qquad + 2\lambda \pi RH + \dfrac{2}{3} \lambda \pi RH = 0, & (1) \\[2mm] F'_H = 2\pi R + \lambda \pi R^2 = 0, & (2) \\[2mm] F'_h = \dfrac{\pi Rh}{\sqrt{R^2+h^2}} + \dfrac{1}{3} \lambda \pi R^2 = 0, & (3) \\[2mm] \pi R^2 H + \dfrac{1}{3} \pi R^2 h = k, & (4) \end{cases}$$

由方程(2)得

$$\lambda = -\frac{2}{R}; \qquad\qquad\qquad\qquad\qquad (5)$$

将(5)代入方程(3)得

$$R^2 = \frac{5}{4}h^2. \tag{6}$$

将(5),(6)式代入方程(1)得

$$2\pi H + \frac{3}{2}\pi h + \frac{5}{6}\pi h - 4\pi H - \frac{4}{3}\pi h = 0,$$

整理得 $-2\pi H + \pi h = 0$. 所以 $h = 2H$, 将 $h = 2H$ 代入(6)式得 $R = \sqrt{5}H$. 所以当 $R = \sqrt{5}H, h = 2H$ 时所用幕布面积最小.

选 做 题

1. 确定下列函数的定义域.

(1) $z = \sqrt{1-x^2} + \sqrt{y^2-1}$;

(2) $z = \sqrt{x\sin y}$;

(3) $z = \sqrt{x\ln(y-x)}$;

(4) $z = \arcsin\frac{x^2+y^2}{4}$.

解 要使函数有意义,需满足:

(1) $\begin{cases} 1-x^2 \geqslant 0, \\ y^2-1 \geqslant 0, \end{cases}$ 解得 $|x| \leqslant 1, |y| \geqslant 1$.

所以函数的定义域为: $D = \{(x,y) \mid |x| \leqslant 1, |y| \geqslant 1\}$.

(2) $x\sin y \geqslant 0$, 解得

$x \geqslant 0, 2k\pi \leqslant y \leqslant (2k+1)\pi$ 或 $x \leqslant 0, (2k+1)\pi \leqslant y \leqslant (2k+2)\pi, k = 0, \pm 1, \pm 2, \cdots$.

(3) $\begin{cases} x\ln(y-x) \geqslant 0, \\ y-x > 0, \end{cases}$ 解得 $x \geqslant 0, y \geqslant x+1$ 或 $x \leqslant 0, x < y \leqslant x+1$.

(4) $\left|\frac{x^2+y^2}{4}\right| \leqslant 1$, 解得 $x^2+y^2 \leqslant 4$.

2. 已知 $f(u,v,\omega) = u^\omega + \omega^{u+v}$, 试求 $f(x+y, x-y, xy)$.

解 $f(x+y, x-y, xy) = (x+y)^{xy} + (xy)^{2x}$.

3. 求下列函数的一阶和二阶偏导数.

(1) $z = \dfrac{x}{\sqrt{x^2+y^2}}$;   (2) $z = \dfrac{\cos x^2}{y}$.

解　(1) $\dfrac{\partial z}{\partial x}=\dfrac{\sqrt{x^2+y^2}-\dfrac{x^2}{\sqrt{x^2+y^2}}}{x^2+y^2}=\dfrac{y^2}{(x^2+y^2)^{\frac{3}{2}}}$;

$\dfrac{\partial z}{\partial y}=\dfrac{-\dfrac{xy}{\sqrt{x^2+y^2}}}{x^2+y^2}=\dfrac{-xy}{(x^2+y^2)^{\frac{3}{2}}}$.

$\dfrac{\partial^2 z}{\partial x^2}=\dfrac{-y^2\dfrac{3}{2}(x^2+y^2)^{\frac{1}{2}}2x}{(x^2+y^2)^3}=\dfrac{-3xy^2}{(x^2+y^2)^{\frac{5}{2}}}$;

$\dfrac{\partial^2 z}{\partial x\partial y}=\dfrac{y(2x^2-y^2)}{(x^2+y^2)^{\frac{5}{2}}}$;

$\dfrac{\partial^2 z}{\partial y^2}=\dfrac{-x(x^2+y^2)^{\frac{3}{2}}+xy\dfrac{3}{2}(x^2+y^2)^{\frac{1}{2}}2y}{(x^2+y^2)^3}$

$=\dfrac{x(2y^2-x^2)}{(x^2+y^2)^{\frac{5}{2}}}$.

(2) $\dfrac{\partial z}{\partial x}=\dfrac{1}{y}(-\sin x^2)2x=-\dfrac{2x}{y}\sin x^2$;

$\dfrac{\partial z}{\partial y}=-\dfrac{\cos x^2}{y^2}$.

$\dfrac{\partial^2 z}{\partial x^2}=-\dfrac{2\sin x^2+4x^2\cos x^2}{y}$;

$\dfrac{\partial^2 z}{\partial x\partial y}=\dfrac{2x\sin x^2}{y^2}$;

$\dfrac{\partial^2 z}{\partial y^2}=\dfrac{2\cos x^2}{y^3}$.

4. 求下列函数的偏导数(这些函数是可微的).

(1) $u=f(x,y)$,其中 $x=r\cos\theta,y=r\sin\theta$,求$\dfrac{\partial u}{\partial r},\dfrac{\partial^2 u}{\partial r^2}$.

(2) $u=f(x,y)$,其中 $x=a\xi,y=b\eta$,求$\dfrac{\partial u}{\partial \xi},\dfrac{\partial^2 u}{\partial \xi^2},\dfrac{\partial^2 u}{\partial \xi\partial \eta},\dfrac{\partial u}{\partial \eta},\dfrac{\partial^2 u}{\partial \eta^2}$.

(3) $u=f(x^2+y^2+z^2)$,求$\dfrac{\partial u}{\partial x},\dfrac{\partial^2 u}{\partial x^2},\dfrac{\partial^2 u}{\partial x\partial y},\dfrac{\partial u}{\partial y},\dfrac{\partial u}{\partial z}$.

(4) $u=f\left(x,\dfrac{x}{y}\right)$,求$\dfrac{\partial u}{\partial x},\dfrac{\partial^2 u}{\partial x^2},\dfrac{\partial u}{\partial y}$.

解 (1) $\dfrac{\partial u}{\partial r}=\dfrac{\partial f}{\partial x}\dfrac{\partial x}{\partial r}+\dfrac{\partial f}{\partial y}\dfrac{\partial y}{\partial r}$

$\qquad=\dfrac{\partial f}{\partial x}\cos\theta+\dfrac{\partial f}{\partial y}\sin\theta;$

$\dfrac{\partial^2 u}{\partial r^2}=\left(\dfrac{\partial^2 f}{\partial x^2}\dfrac{\partial x}{\partial r}+\dfrac{\partial^2 f}{\partial x\partial y}\dfrac{\partial y}{\partial r}\right)\cos\theta+\left(\dfrac{\partial^2 f}{\partial y\partial x}\dfrac{\partial x}{\partial r}+\dfrac{\partial^2 f}{\partial y^2}\dfrac{\partial y}{\partial r}\right)\sin\theta$

$\qquad=\dfrac{\partial^2 f}{\partial x^2}\cos^2\theta+2\dfrac{\partial^2 f}{\partial x\partial y}\sin\theta\cos\theta+\dfrac{\partial^2 f}{\partial y^2}\sin^2\theta.$

(2) $\dfrac{\partial u}{\partial \xi}=\dfrac{\partial f}{\partial x}\dfrac{\mathrm{d}x}{\mathrm{d}\xi}=a\dfrac{\partial f}{\partial x};$

$\dfrac{\partial u}{\partial \eta}=\dfrac{\partial f}{\partial y}\dfrac{\mathrm{d}y}{\mathrm{d}\eta}=b\dfrac{\partial f}{\partial y}.$

$\dfrac{\partial^2 u}{\partial \xi^2}=a\dfrac{\partial^2 f}{\partial x^2}\dfrac{\mathrm{d}x}{\mathrm{d}\xi}=a^2\dfrac{\partial^2 f}{\partial x^2};$

$\dfrac{\partial^2 u}{\partial \eta^2}=b\dfrac{\partial^2 f}{\partial y^2}\dfrac{\mathrm{d}y}{\mathrm{d}\eta}=b^2\dfrac{\partial^2 f}{\partial y^2};$

$\dfrac{\partial^2 u}{\partial \xi\partial \eta}=a\dfrac{\partial^2 f}{\partial x\partial y}\dfrac{\mathrm{d}y}{\mathrm{d}\eta}=ab\dfrac{\partial^2 f}{\partial x\partial y}.$

(3) $\dfrac{\partial u}{\partial x}=2xf'(x^2+y^2+z^2);$同理得

$\dfrac{\partial u}{\partial y}=2yf'(x^2+y^2+z^2);$

$\dfrac{\partial u}{\partial z}=2zf'(x^2+y^2+z^2).$

$\dfrac{\partial^2 u}{\partial x^2}=2f'(x^2+y^2+z^2)+4x^2f''(x^2+y^2+z^2);$

$\dfrac{\partial^2 u}{\partial x\partial y}=4xyf''(x^2+y^2+z^2).$

(4) $\dfrac{\partial u}{\partial x}=f_1'+f_2'\dfrac{1}{y};$

$\dfrac{\partial u}{\partial y}=f_2'\left(-\dfrac{x}{y^2}\right)=-\dfrac{x}{y^2}f_2'.$

$\dfrac{\partial^2 u}{\partial x^2}=f_{11}''+f_{12}''\dfrac{1}{y}+\dfrac{1}{y}\left(f_{21}''+f_{22}''\dfrac{1}{y}\right)$

$\qquad=f_{11}''+\dfrac{f_{12}''}{y}+\dfrac{f_{21}''}{y}+\dfrac{1}{y^2}f_{22}''.$

5. 求下列函数的全微分.

(1) $z = \sin(x^2 + y)$;

(2) $z = \dfrac{xy}{x^2 - y^2}$;

(3) $z = (x^2 + y^2)\mathrm{e}^{\frac{x^2 + y^2}{xy}}$;

(4) $u = x^2 yz$;

(5) $u = \ln(x^x y^y z^z)$.

解 (1) $\dfrac{\partial z}{\partial x} = 2x\cos(x^2 + y)$; $\dfrac{\partial z}{\partial y} = \cos(x^2 + y)$.

所以

$$
\begin{aligned}
\mathrm{d}z &= \frac{\partial z}{\partial x}\mathrm{d}x + \frac{\partial z}{\partial y}\mathrm{d}y \\
&= 2x\cos(x^2 + y)\mathrm{d}x + \cos(x^2 + y)\mathrm{d}y.
\end{aligned}
$$

(2) $\dfrac{\partial z}{\partial x} = \dfrac{-(x^2 + y^2)y}{(x^2 - y^2)^2}$; $\dfrac{\partial z}{\partial y} = \dfrac{(x^2 + y^2)x}{(x^2 - y^2)^2}$.

则

$$
\begin{aligned}
\mathrm{d}z &= \frac{\partial z}{\partial x}\mathrm{d}x + \frac{\partial z}{\partial y}\mathrm{d}y \\
&= \frac{x^2 + y^2}{(x^2 - y^2)^2}(-y\mathrm{d}x + x\mathrm{d}y).
\end{aligned}
$$

(3) $\dfrac{\partial z}{\partial x} = 2x\mathrm{e}^{\frac{x^2 + y^2}{xy}} + (x^2 + y^2)\mathrm{e}^{\frac{x^2 + y^2}{xy}}\dfrac{(x^2 - y^2)}{x^2 y} = \mathrm{e}^{\frac{x^2 + y^2}{xy}}\left(\dfrac{x^4 - y^4}{x^2 y} + 2x\right)$;

$\dfrac{\partial z}{\partial y} = \mathrm{e}^{\frac{x^2 + y^2}{xy}}\left(\dfrac{y^4 - x^4}{xy^2} + 2y\right)$.

所以

$$
\begin{aligned}
\mathrm{d}z &= \frac{\partial z}{\partial x}\mathrm{d}x + \frac{\partial z}{\partial y}\mathrm{d}y \\
&= \mathrm{e}^{\frac{x^2 + y^2}{xy}}\left[\left(\frac{x^4 - y^4}{x^2 y} + 2x\right)\mathrm{d}x + \left(\frac{y^4 - x^4}{xy^2} + 2y\right)\mathrm{d}y\right].
\end{aligned}
$$

(4) $\dfrac{\partial u}{\partial x} = 2xyz$; $\dfrac{\partial u}{\partial y} = x^2 z$; $\dfrac{\partial u}{\partial z} = x^2 y$.

所以

$$
\begin{aligned}
\mathrm{d}u &= \frac{\partial u}{\partial x}\mathrm{d}x + \frac{\partial u}{\partial y}\mathrm{d}y + \frac{\partial u}{\partial z}\mathrm{d}z \\
&= 2xyz\mathrm{d}x + x^2 z\mathrm{d}y + x^2 y\mathrm{d}z.
\end{aligned}
$$

(5) 因为

$$
u = \ln x^x y^y z^z = \ln x^x + \ln y^y + \ln z^z
$$

$$=x\ln x+y\ln y+z\ln z.$$

所以

$$\frac{\partial u}{\partial x}=1+\ln x;\frac{\partial u}{\partial y}=1+\ln y;\frac{\partial u}{\partial z}=1+\ln z.$$

所以

$$du=\frac{\partial u}{\partial x}dx+\frac{\partial u}{\partial y}dy+\frac{\partial u}{\partial z}dz$$

$$=(1+\ln x)dx+(1+\ln y)dy+(1+\ln z)dz.$$

6. 求下列函数的全微分(这些函数可微).

(1) $u=f(x+y)$;　　　　　　　　　　　　(2) $z=f(ax,by)$;

(3) $u=f(ax^2+by^2+cz^2)$.

解　(1) $\dfrac{\partial u}{\partial x}=f'(x+y);\dfrac{\partial u}{\partial y}=f'(x+y).$

所以

$$du=\frac{\partial u}{\partial x}dx+\frac{\partial u}{\partial y}dy=f'(x+y)(dx+dy).$$

(2) $\dfrac{\partial z}{\partial x}=f'_1(ax,by)a;\dfrac{\partial z}{\partial y}=f'_2(ax,by)b.$

所以

$$dz=\frac{\partial z}{\partial x}dx+\frac{\partial z}{\partial y}dy=f'_1(ax,by)adx+f'_2(ax,by)bdy.$$

(3) $\dfrac{\partial u}{\partial x}=f'(ax^2+by^2+cz^2)2ax;$

$$\frac{\partial u}{\partial y}=f'(ax^2+by^2+cz^2)2by;$$

$$\frac{\partial u}{\partial z}=f'(ax^2+by^2+cz^2)2cz.$$

所以

$$du=\frac{\partial u}{\partial x}dx+\frac{\partial u}{\partial y}dy+\frac{\partial u}{\partial z}dz$$

$$=f'(ax^2+by^2+cz^2)(2axdx+2bydy+2czdz).$$

7. 验证下列各式(其中 f,φ,ψ 为任意可微函数).

(1) 设 $z=\varphi(x^2+y^2)$, 则 $y\dfrac{\partial z}{\partial x}-x\dfrac{\partial z}{\partial y}=0.$

(2) 设 $u=\sin x+f(\sin y-\sin x)$, 则

$$\frac{\partial u}{\partial y}\cos x+\frac{\partial u}{\partial x}\cos y=\cos x\cos y.$$

(3) 设 $x^2+y^2+z^2=yf\left(\dfrac{z}{y}\right)$，则

$$(x^2-y^2-z^2)\frac{\partial z}{\partial x}+2xy\frac{\partial z}{\partial y}=2xz.$$

(4) 设 $f(x+zy^{-1},y+zx^{-1})=0$ 成立，则

$$x\frac{\partial z}{\partial x}+y\frac{\partial z}{\partial y}=z-xy.$$

(5) 设 $u=x\varphi(x+y)+y\varphi(x+y)$，则

$$\frac{\partial^2 u}{\partial x^2}-2\frac{\partial^2 u}{\partial x\partial y}+\frac{\partial^2 u}{\partial y^2}=0.$$

(6) 设 $z=\dfrac{y}{y^2-a^2x^2}$，则

$$\frac{\partial^2 z}{\partial x^2}=a^2\frac{\partial^2 z}{\partial y^2}.$$

证　(1) $\dfrac{\partial z}{\partial x}=2x\varphi'(x^2+y^2)$；　$\dfrac{\partial z}{\partial y}=2y\varphi'(x^2+y^2)$. 则有 $y\dfrac{\partial z}{\partial x}-x\dfrac{\partial z}{\partial y}=0.$

(2) $\dfrac{\partial u}{\partial x}=\cos x+f'(\sin y-\sin x)(-\cos x)$；

$\dfrac{\partial z}{\partial y}=f'(\sin y-\sin x)\cos y.$

则

$$\cos x\frac{\partial u}{\partial y}+\frac{\partial u}{\partial x}\cos y=\cos x\cos yf'(\sin y-\sin x)+\cos x\cos y$$

$$-\cos x\cos yf'(\sin y-\sin x)=\cos x\cos y.$$

(3) 等式两端同时对 x 求导得

$$2x+2z\frac{\partial z}{\partial x}=f'\left(\frac{z}{y}\right)\frac{\partial z}{\partial x},$$

所以

$$\frac{\partial z}{\partial x}=\frac{2x}{f'\left(\dfrac{z}{y}\right)-2z}.$$

等式两端同时对 y 求导得

$$2y+2z\frac{\partial z}{\partial y}=f\left(\frac{z}{y}\right)+yf'\left(\frac{z}{y}\right)\frac{\dfrac{\partial z}{\partial y}y-z}{y^2},$$

所以

$$\frac{\partial z}{\partial y}=\frac{2y^2-yf\left(\frac{z}{y}\right)+zf'\left(\frac{z}{y}\right)}{yf'\left(\frac{z}{y}\right)-2yz}.$$

因为 $y^2+z^2=yf\left(\frac{z}{y}\right)-x^2$,所以

$$(x^2-y^2-z^2)\frac{\partial z}{\partial x}+2xy\frac{\partial z}{\partial y}=\left[2x^2-yf\left(\frac{z}{y}\right)\right]\frac{\partial z}{\partial x}+2xy\frac{\partial z}{\partial y}$$

$$=2x\left[\frac{2x^2-yf\left(\frac{z}{y}\right)}{f'\left(\frac{z}{y}\right)-2z}+\frac{2y^2-yf\left(\frac{z}{y}\right)+zf'\left(\frac{z}{y}\right)}{f'\left(\frac{z}{y}\right)-2z}\right]$$

$$=2x\cdot\frac{(2x^2+2y^2)-2yf\left(\frac{z}{y}\right)+zf'\left(\frac{z}{y}\right)}{f'\left(\frac{z}{y}\right)-2z}$$

$$=2x\cdot\frac{2yf\left(\frac{z}{y}\right)-2z^2-2yf\left(\frac{z}{y}\right)+zf'\left(\frac{z}{y}\right)}{f'\left(\frac{z}{y}\right)-2z}$$

$$=2xz.$$

(4) 等式两端同时对 x 求导得

$$f_1'\left(1+\frac{1}{y}\frac{\partial z}{\partial x}\right)+f_2'\left(\frac{1}{x}\frac{\partial z}{\partial x}-\frac{z}{x^2}\right)=0,$$

所以 $\dfrac{\partial z}{\partial x}=\dfrac{yzf_2'-x^2yf_1'}{x^2f_1'+xyf_2'}.$

同理,等式两端同时对 y 求导得

$$f_1'\left[\frac{\frac{\partial z}{\partial y}y-z}{y^2}\right]+f_2'\left[1+\frac{1}{x}\frac{\partial z}{\partial y}\right]=0,$$

所以 $\dfrac{\partial z}{\partial y}=\dfrac{xzf_1'-xy^2f_2'}{y^2f_2'+xyf_1'}$,所以

$$x\frac{\partial z}{\partial x}+y\frac{\partial z}{\partial y}=\frac{yzf_2'-x^2yf_1'}{xf_1'+yf_2'}+\frac{xzf_1'-xy^2f_2'}{yf_2'+xf_1'}$$

$$=\frac{(z-xy)(yf_2'+xf_1')}{yf_2'+xf_1'}=z-xy.$$

(5) $\dfrac{\partial u}{\partial x} = \varphi(x+y) + x\varphi'(x+y) + y\varphi'(x+y)$;

$\dfrac{\partial u}{\partial y} = x\varphi'(x+y) + \varphi(x+y) + y\varphi'(x+y)$;

$\dfrac{\partial^2 u}{\partial x^2} = 2\varphi'(x+y) + (x+y)\varphi''(x+y)$;

$\dfrac{\partial^2 u}{\partial x \partial y} = 2\varphi'(x+y) + (x+y)\varphi''(x+y)$;

$\dfrac{\partial^2 u}{\partial y^2} = 2\varphi'(x+y) + (x+y)\varphi''(x+y)$.

所以
$$\dfrac{\partial^2 u}{\partial x^2} - 2\dfrac{\partial^2 u}{\partial x \partial y} + \dfrac{\partial^2 u}{\partial y^2} = 0.$$

(6) $\dfrac{\partial z}{\partial x} = \dfrac{2a^2 xy}{(y^2 - a^2 x^2)^2}$;　$\dfrac{\partial z}{\partial y} = -\dfrac{y^2 + a^2 x^2}{(y^2 - a^2 x^2)^2}$.

$\dfrac{\partial^2 z}{\partial x^2} = \dfrac{2a^2 y(y^2 + 3a^2 x^2)}{(y^2 - a^2 x^2)^3}$;　$\dfrac{\partial^2 z}{\partial y^2} = \dfrac{2y(y^2 + 3a^2 x^2)}{(y^2 - a^2 x^2)^3}$.

所以
$$\dfrac{\partial^2 z}{\partial x^2} = a^2 \dfrac{\partial^2 z}{\partial y^2}.$$

8. 设 $u = f(x, y)$，而 $x = e^s \cos t, y = e^s \sin t$. 求证：$\dfrac{\partial^2 u}{\partial x^2} + \dfrac{\partial^2 u}{\partial y^2} = e^{-2s}\left(\dfrac{\partial^2 u}{\partial s^2} + \dfrac{\partial^2 u}{\partial t^2}\right)$.

证　　$\dfrac{\partial u}{\partial x} = f'_x$;　$\dfrac{\partial u}{\partial y} = f'_y$.　$\dfrac{\partial^2 u}{\partial x^2} = f''_{xx}$;　$\dfrac{\partial^2 u}{\partial y^2} = f''_{yy}$.

$\dfrac{\partial u}{\partial s} = \dfrac{\partial f}{\partial x}\dfrac{\partial x}{\partial s} + \dfrac{\partial f}{\partial y}\dfrac{\partial y}{\partial s} = f'_x e^s \cos t + f'_y e^s \sin t$.

$\dfrac{\partial^2 u}{\partial s^2} = \left(\dfrac{\partial^2 f}{\partial x^2}\dfrac{\partial x}{\partial s} + \dfrac{\partial^2 f}{\partial x \partial y}\dfrac{\partial y}{\partial s}\right)e^s \cos t$

$\qquad + f'_x e^s \cos t + f'_y e^s \sin t + \left(\dfrac{\partial^2 f}{\partial x \partial y}\dfrac{\partial x}{\partial s} + \dfrac{\partial^2 f}{\partial y^2}\dfrac{\partial y}{\partial s}\right)e^s \sin t$

$\qquad = (f''_{xx} e^s \cos t + f''_{xy} e^s \sin t)e^s \cos t + f'_x e^s \cos t + f'_y e^s \sin t$

$\qquad\quad + (f''_{xy} e^s \cos t + f''_{yy} e^s \sin t)e^s \sin t$

$\qquad = e^s [f''_{xx} e^s \cos^2 t + 2f''_{xy} e^s \sin t \cos t + f''_{yy} e^s \sin^2 t + f'_x \cos t + f'_y \sin t]$.

$\dfrac{\partial u}{\partial t} = f'_x \dfrac{\partial x}{\partial t} + f'_y \dfrac{\partial y}{\partial t} = -f'_x e^s \sin t + f'_y e^s \cos t$;

$\dfrac{\partial^2 u}{\partial t^2} = e^s [f''_{xx} e^s \sin^2 t + 2f''_{xy} e^s \sin t \cos t + f''_{yy} e^s \cos^2 t - f'_x \cos t - f'_y \sin t]$;

$$\frac{\partial^2 u}{\partial x^2}+\frac{\partial^2 u}{\partial t^2}=\mathrm{e}^s\left(f''_{xx}\mathrm{e}^s+f''_{yy}\mathrm{e}^s\right)=\mathrm{e}^{2s}\left(f''_{xx}+f''_{yy}\right).$$

所以

$$\frac{\partial^2 u}{\partial x^2}+\frac{\partial^2 u}{\partial y^2}=\mathrm{e}^{-2s}\left(\frac{\partial^2 u}{\partial s^2}+\frac{\partial^2 u}{\partial t^2}\right).$$

9. 设 $n\leqslant 1,x\geqslant 0,y\geqslant 0$,证明不等式:$\dfrac{x^2+y^n}{2}\geqslant\left(\dfrac{x+y}{2}\right)^n$. （提示在 $x+y=s$

（s 为定数）的条件下,求函数 $z=\dfrac{1}{2}(x^n+y^n)$ 的极值）

证 设 $z=\dfrac{1}{2}(x^n+y^n)$,在 $x+y=s$ 的条件下,求函数 z 的极值.

令 $F(x,y,\lambda)=\dfrac{1}{2}(x^n+y^n)+\lambda(x+y-s)$. 所以

$$\begin{cases} F'_x=\dfrac{1}{2}nx^{n-1}+\lambda=0, \\[2mm] F'_y=\dfrac{1}{2}ny^{n-1}+\lambda=0, \\[2mm] F'_\lambda=x+y-s=0. \end{cases}$$

因为 $x\geqslant 0,y\geqslant 0$,所以 $x_0=y_0=\dfrac{s}{2}$. 又因为

$$A=F''_{xx}=\frac{1}{2}n(n-1)x^{n-2},\quad B=F''_{xy}=0,\quad C=F''_{yy}=\frac{1}{2}n(n-1)y^{n-2}.$$

所以 $B^2-AC<0$,且 $A>0$,则 z 在 $\left(\dfrac{s}{2},\dfrac{s}{2}\right)$ 处,有极小值.

$$z\left(\frac{s}{2},\frac{s}{2}\right)=\frac{1}{2}\left[\left(\frac{s}{2}\right)^n+\left(\frac{s}{2}\right)^n\right]=\left(\frac{s}{2}\right)^n=\left(\frac{x+y}{2}\right)^n.$$

则显然对 $\forall x\geqslant 0,y\geqslant 0$ 有

$$\frac{1}{2}(x^n+y^n)\geqslant\left(\frac{x+y}{2}\right)^n.$$

第十章　多元函数积分学

一、基 本 内 容

(一)二重积分的概念和性质

1. 定义

设 $f(x,y)$ 是有界闭区域 D 上的有界函数. 将闭区域 D 任意分成 n 个小闭区域：$\Delta\sigma_1, \Delta\sigma_2, \cdots, \Delta\sigma_n$，其中 $\Delta\sigma_i$ 表示第 i 个小区域，也表示它的面积. 在每个 $\Delta\sigma_i$ 上任取一点 (ξ_i, η_i)，作乘积 $f(\xi_i, \eta_i)\Delta\sigma_i (i = 1, 2, \cdots, n)$，作和 $\sum\limits_{i=1}^{n} f(\xi_i, \eta_i)\Delta\sigma_i$. 如果当各小闭区域的直径(闭区域的直径是指区域内任意两点间距离的最大值) 中的最大值 λ 趋于零时，这和的极限总存在，则称此极限为函数 $f(x\ y)$ 在闭区域 D 上的二重积分，记作 $\iint\limits_D f(x,y)\mathrm{d}\sigma$，即

$$\iint\limits_D f(x,y)\mathrm{d}\sigma = \lim_{\lambda\to 0} \sum_{i=1}^{n} f(\xi_i, \eta_i)\Delta\sigma_i,$$

其中 $f(x\ y)$ 称为被积函数，$f(x\ y)\mathrm{d}\sigma$ 称为被积表达式，$\mathrm{d}\sigma$ 称为面积元素，x, y 称为积分变量，D 称为积分区域.

二重积分的几何意义是区域 D 上，顶为 $f(x\ y)$ 的曲顶柱体的体积.

2. 性质

(1) $\iint\limits_D kf(x,y)\mathrm{d}\sigma = k\iint\limits_D f(x,y)\mathrm{d}\sigma \quad (k\ \text{为常数})$；

(2) $\iint\limits_D [c_1 f(x,y) \pm c_2 g(x,y)]\mathrm{d}\sigma = c_1\iint\limits_D f(x,y)\mathrm{d}\sigma \pm c_2\iint\limits_D g(x,y)\mathrm{d}\sigma$；

(3) 设区域 D 分为两个闭区域 D_1 与 D_2，且 D_1 与 D_2 除边界点外无公共点，则

$$\iint\limits_D f(x,y)\mathrm{d}\sigma = \iint\limits_{D_1} f(x,y)\mathrm{d}\sigma + \iint\limits_{D_2} f(x,y)\mathrm{d}\sigma；$$

(4) 若在 D 上，$f(x,y) \leqslant g(x,y)$，则有不等式

$$\iint\limits_D f(x,y)\mathrm{d}\sigma \leqslant \iint\limits_D g(x,y)\mathrm{d}\sigma；$$

(5) 若在 D 上，$f(x,y) = 1$，σ 为 D 的面积，则

$$\iint\limits_D 1\mathrm{d}\sigma = \iint\limits_D \mathrm{d}\sigma = \sigma；$$

(6) 若在 D 上,$\alpha \leqslant f(x,y) \leqslant \beta$,$\sigma$ 为 D 的面积,则有

$$\alpha\sigma \leqslant \iint\limits_{D} f(x,y)\mathrm{d}\sigma \leqslant \beta\sigma;$$

(7) 二重积分的中值定理:设函数 $f(x,y)$ 在闭区域 D 上连续,σ 为 D 的面积,则在 D 上至少存在一点 (ξ,η),使得

$$\iint\limits_{D} f(x,y)\mathrm{d}\sigma = f(\xi,\eta)\sigma.$$

(二) 二重积分的计算

1. 在直角坐标系下计算

设 $f(x,y)$ 在闭区域 D 上连续或可积,若积分区域 $D:y_1(x) \leqslant y \leqslant y_2(x)$,$a \leqslant x \leqslant b$(图 10-1),其中 $y_1(x),y_2(x)$ 在区间 $[a,b]$ 上连续. 则

$$\iint\limits_{D} f(x,y)\mathrm{d}\sigma = \int_a^b \mathrm{d}x \int_{y_1(x)}^{y_2(x)} f(x,y)\mathrm{d}y.$$

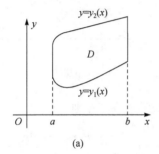 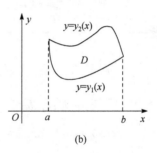

(a)　　　　　　　　　　(b)

图 10-1

若积分区域 $D:x_1(y) \leqslant x \leqslant x_2(y)$,$c \leqslant y \leqslant d$(图 10-2),其中 $x_1(y),x_2(y)$ 在区间 $[c,d]$ 上连续. 则 $\displaystyle\iint\limits_{D} f(x,y)\mathrm{d}\sigma = \int_c^d \mathrm{d}y \int_{x_1(y)}^{x_2(y)} f(x,y)\mathrm{d}x.$

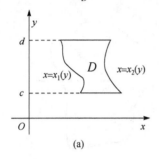 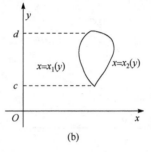

(a)　　　　　　　　　　(b)

图 10-2

2. 在极坐标系下计算

极坐标 (r,θ) 与直角坐标的关系为 $\begin{cases} x = r\cos\theta, \\ y = r\sin\theta. \end{cases}$ 在极坐标系中的面积元素为

$d\sigma = rdrd\theta$(图 10-3).

于是在极坐标系下二重积分就变为

$$\iint\limits_{D} f(x,y)d\sigma = \iint\limits_{D} f(r\cos\theta, r\sin\theta)rdrd\theta.$$

在极坐标系下计算二重积分的基本方法也是化为累次积分.

确定内、外层积分限的方法可分三种情况.

(1) 极点 O 在区域 D 的外部(图 10-4).

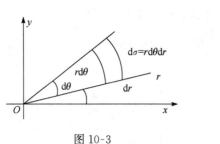
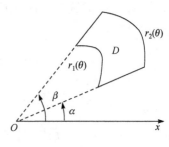

图 10-3　　　　　　　　　　　　　　图 10-4

设积分区域 D 可表示为:$r_1(\theta) \leqslant r \leqslant r_2(\theta)$,$\alpha \leqslant \theta \leqslant \beta$. 则

$$\iint\limits_{D} f(r\cos\theta, r\sin\theta)rdrd\theta = \int_{\alpha}^{\beta} d\theta \int_{r_1(\theta)}^{r_2(\theta)} f(r\cos\theta, r\sin\theta)rdr.$$

(2) 极点 O 在区域 D 的边界上(图 10-5).

设积分区域 D:$0 \leqslant r \leqslant r(\theta)$,$\alpha \leqslant \theta \leqslant \beta$,则

$$\iint\limits_{D} f(r\cos\theta, r\sin\theta)rdrd\theta = \int_{\alpha}^{\beta} d\theta \int_{0}^{r(\theta)} f(r\cos\theta, r\sin\theta)rdr.$$

(3) 极点 O 在区域 D 的内部(图 10-6).

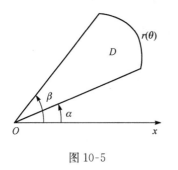
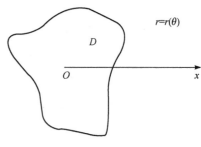

图 10-5　　　　　　　　　　　　　　图 10-6

设积分区域 D:$0 \leqslant r \leqslant r(\theta)$,$0 \leqslant \theta \leqslant 2\pi$,故

$$\iint\limits_{D} f(r\cos\theta,r\sin\theta)r\mathrm{d}r\mathrm{d}\theta = \int_{0}^{2\pi} \mathrm{d}\theta \int_{0}^{r(\theta)} f(r\cos\theta,r\sin\theta)r\mathrm{d}r.$$

(三) 二重积分的换元法

设 $f(x,y)$ 在 xOy 平面上的闭区域 D 上连续,变换 $\begin{cases} x=x(u,v), \\ y=y(u,v) \end{cases}$ 将 uOv 平面上的闭区域 D' 变为 xOy 平面上的闭区域 D,且满足:

(1) $x(u,v)$,$y(u,v)$ 在 D' 上具有一阶连续偏导数;

(2) 在 D' 上雅可比式

$$J(u,v) = \frac{\partial(x,y)}{\partial(u,v)} = \begin{vmatrix} \dfrac{\partial x}{\partial u} & \dfrac{\partial x}{\partial v} \\ \dfrac{\partial y}{\partial u} & \dfrac{\partial y}{\partial v} \end{vmatrix} \neq 0;$$

(3) 交换 $J:D' \to D$ 是一对一的,则有二重积分换元公式:

$$\iint\limits_{D} f(x,y)\mathrm{d}x\mathrm{d}y = \iint\limits_{D} f[x(u,v),y(u,v)] \mid J(u,v) \mid \mathrm{d}u\mathrm{d}v.$$

(四) 三重积分的概念及其计算法

(1) 三重积分是二重积分在三维空间区域 Ω 上的推广,其定义为:

设 $f(x,y,z)$ 是空间有界闭区域 Ω 上的有界函数,将 Ω 任意分成 n 个小闭区域:$\Delta V_1,\Delta V_2,\cdots,\Delta V_n$ 其中 ΔV_i 表示第 i 个小闭区域,也表示它的体积. 取 $\lambda = \max\limits_{1 \leqslant i \leqslant n}\{\lambda_i\}$,$\lambda_i$ 表示小闭区域 ΔV_i 的直径. $\forall$ 取 $(\xi_i,\eta_i,\zeta_i) \in \Delta V_i$,作乘积:$f(\xi_i,\eta_i,\zeta_i)\Delta V_i(i=1,2,\cdots,n)$,作和:$\sum\limits_{i=1}^{n} f(\xi_i,\eta_i,\zeta_i)\Delta V_i$. 如果 $\lambda \to 0$ 时,和的极限总存在,则称此极限为函数 $f(x,y,z)$ 在闭区域 Ω 上的三重积分.

记作

$$\iiint\limits_{\Omega} f(x,y,z)\mathrm{d}v = \lim_{\lambda \to 0} \sum_{i=1}^{n} f(\xi_i,\eta_i,\zeta_i)\Delta V_i.$$

例如,若空间物体的密度为 $\rho(x,y,z)$,则其质量为

$$M = \iiint\limits_{\Omega} \rho(x,y,z)\mathrm{d}V.$$

(2) 三重积分有与二重积分完全类似的几条性质(略).

(3) 三重积分的计算.

原则上是化为累次积分(三次积分)进行计算.

若 Ω 为简单闭区域,且可表示为:$\Omega=\{(x,y,z)\mid z_1(x,y)\leqslant z\leqslant z_2(x,y),$ $y_1(x)\leqslant y\leqslant y_2(x),\ a\leqslant x\leqslant b\ \}$,则

$$\iiint\limits_{\Omega}f(x,y,z)\mathrm{d}V=\int_a^b\mathrm{d}x\int_{y_1(x)}^{y_2(x)}\mathrm{d}y\int_{z_1(x,y)}^{z_2(x,y)}f(x,y,z)\mathrm{d}z.$$

特别地,若 Ω 是长方体:$[a,b;c,d;e,f]$,则

$$\iiint\limits_{\Omega}f(x,y,z)\mathrm{d}V=\int_a^b\mathrm{d}x\int_c^d\mathrm{d}y\int_e^f f(x,y,z)\mathrm{d}z.$$

若 D 是 Ω 在 xOy 平面上的投影区域,则

$$\iiint\limits_{\Omega}f(x,y,z)\mathrm{d}V=\iint\limits_{D_{xy}}\mathrm{d}\sigma\int_{z_1(x,y)}^{z_2(x,y)}f(x,y,z)\mathrm{d}z,$$

这是"先一后二法";此外还有"先二后一法"

$$\iiint\limits_{\Omega}f(x,y,z)\mathrm{d}V=\int_{z_1}^{z_2}\mathrm{d}z\iint\limits_{D_z}f(x,y,z)\mathrm{d}x\mathrm{d}y,$$

其中 D_z 是竖坐标 z 平行于 xOy 的平面截 Ω 所得的截面区域.

（五）利用柱面坐标和球面坐标计算三重积分

1. 利用柱面坐标计算三重积分
点 M 的直角坐标与柱面坐标的关系为

$$\begin{cases}x=r\cos\theta,\\ y=r\sin\theta,\\ z=z.\end{cases}$$

r,θ,z 的变化范围为:$0\leqslant r<+\infty,0\leqslant\theta\leqslant2\pi,-\infty<z<+\infty$.
体积元素:$\mathrm{d}V=r\mathrm{d}r\mathrm{d}\theta\mathrm{d}z,|J|=r$.
计算公式:$\iiint\limits_{\Omega}f(x,y,z)\mathrm{d}x\mathrm{d}y\mathrm{d}z=\iiint\limits_{\Omega}f(r\cos\theta,r\sin\theta,z)r\mathrm{d}r\mathrm{d}\theta\mathrm{d}z$.

适用时机:适用于 Ω 为柱形域、锥形域 $z\leqslant k(x^2+y^2)$ 或 $f(x^2+y^2)$ 型的被积函数,这时可化简 $x^2+y^2=r^2$.

2. 利用球面坐标计算三重积分
点 M 的直角坐标与球面坐标的关系为

$$\begin{cases}x=r\sin\varphi\cos\theta,\\ y=r\sin\varphi\sin\theta,\\ z=r\cos\varphi.\end{cases}$$

r,φ,θ 的变化范围为:$0\leqslant r<+\infty,0\leqslant\varphi\leqslant\pi,0\leqslant\theta\leqslant2\pi$. 粗略地讲,变量 r 刻画点 M 到原点的距离,即"远近";变量 φ 刻画点 M 在空间的上下位置,即"上下";变量 θ 刻画点 M 在水平面上的方位,即"水平面上方位".

体积元素:$\mathrm{d}V = r^2 \sin\varphi \mathrm{d}r \mathrm{d}\theta \mathrm{d}\varphi$,$|J| = r^2 \sin\varphi$.

计算公式:$\iiint\limits_{\Omega} f(x,y,z)\mathrm{d}V = \iiint\limits_{\Omega} f(r\sin\varphi\cos\theta, r\sin\varphi\sin\theta, r\cos\varphi)r^2 \sin\varphi \mathrm{d}r \mathrm{d}\varphi \mathrm{d}\theta$.

适用时机:适用于 Ω 为球形域(或空心域、部分球形)或 $f(x^2 + y^2 + z^2)$ 型的被积函数,这时可化简 $x^2 + y^2 + z^2 = r^2$.

(六) 含参变量的积分

1. 概念

$$\varphi(x) = \int_a^\beta f(x,y)\mathrm{d}y \quad (a \leqslant x \leqslant b) \tag{1}$$

称为含参变量 x 的积分,它是 x 的函数.

2. 性质

定理 1(连续性 1) 设 $f(x,y)$ 在矩形 $R = [a,b;\alpha,\beta]$ 上连续,则(1)在区间 $[a,b]$ 上也连续.

定理 2(可积性) 设 $f(x,y) \in C(R = [a,b;\alpha,\beta])$,则

$$\int_a^b \mathrm{d}x \int_a^\beta f(x,y)\mathrm{d}y = \int_a^\beta \mathrm{d}y \int_a^b f(x,y)\mathrm{d}x.$$

定理 3(可微性 1) 若 $f(x,y) \in C(R)$,$\dfrac{\partial f(x,y)}{\partial x} \in C(R)$,$R = [a,b;\alpha,\beta]$,则(1)在区间 $[a,b]$ 上可微,且

$$\varphi'(x) = \frac{\mathrm{d}}{\mathrm{d}x} \int_a^\beta f(x,y)\mathrm{d}y = \int_a^\beta \frac{\partial f(x,y)}{\partial x}\mathrm{d}y.$$

3. 变动积分限之含参量的积分及其性质

$$\varphi(x) = \int_{\alpha(x)}^{\beta(x)} f(x,y)\mathrm{d}y. \tag{2}$$

定理 4(连续性 2) 设 $f(x,y) \in C(R = [a,b;\alpha,\beta])$,$\alpha(x) \in C(I = [a,b])$,$\beta(x) \in C(I)$,且 $\alpha \leqslant \alpha(x) \leqslant \beta$,$\alpha \leqslant \beta(x) \leqslant \beta(a \leqslant x \leqslant b)$,则(2)在区间 $[a,b]$ 上也连续.

定理 5(可微性 2) 若 $f(x,y) \in C(R)$,$\dfrac{\partial f(x,y)}{\partial x} \in C(R)$,$R = [a,b;\alpha,\beta]$,且 $\alpha(x)$,$\beta(x)$ 在 $[a,b]$ 上可微,$\alpha \leqslant \alpha(x) \leqslant \beta$,$\alpha \leqslant \beta(x) \leqslant \beta(a \leqslant x \leqslant b)$,则(2)在区间 $[a,b]$ 上可微,且有莱布尼茨公式

$$\varphi'(x) = \frac{\mathrm{d}}{\mathrm{d}x} \int_{\alpha(x)}^{\beta(x)} f(x,y)\mathrm{d}y = \int_{\alpha(x)}^{\beta(x)} \frac{\partial f(x,y)}{\partial x}\mathrm{d}y + f(x,\beta(x))\beta'(x) - f(x,\alpha(x))\alpha'(x).$$

二、基 本 要 求

1. 熟练掌握二重积分及三重积分的性质.

2. 熟悉重积分的各种计算方法,特别是二重积分化为累次积分和极坐标系下二重积分的计算以及三重积分化为柱面坐标和球面坐标进行计算必须非常熟练.

3. 了解二重积分的简单应用及广义二重积分的概念.

三、习 题 解 答

习　题　10-1

1. 求积分 $I_1 = \iint\limits_{D_1} (x^2 + y^2)^3 d\sigma$ 与积分 $I_2 = \iint\limits_{D_2} (x^2 + y^2)^3 d\sigma$ 之间的关系. 其中:

$$D_1 = \{(x,y) \mid -1 \leqslant x \leqslant 1, -2 \leqslant y \leqslant 2\};$$
$$D_2 = \{(x,y) \mid 0 \leqslant x \leqslant 1, 0 \leqslant y \leqslant 2\}.$$

解　显然 I_1 与 I_2 所对应的函数关系式相同,且关于 x,y 为对称函数,做出 D_1 与 D_2 图形可看出, D_2 的面积为 D_1 面积的 $\dfrac{1}{4}$,则有 $I_1 = 4I_2$

2. 利用二重积分定义证明:

(1) $\iint\limits_{D} d\sigma = \sigma$(其中 σ 为 D 的面积);

(2) $\iint\limits_{D} kf(x,y)d\sigma = k\iint\limits_{D} f(x,y)d\sigma$(其中 k 为常数).

证　(1) 由二重积分定义,由于 $f(x,y) \equiv 1$,所以

$$\iint\limits_{D} d\sigma = \lim_{\lambda \to 0} \sum_{i=1}^{n} f(\xi_i, \eta_i) \Delta\sigma_i = \lim_{\lambda \to 0} \sum_{i=1}^{n} \Delta\sigma_i = \sigma.$$

(2) 由二重积分定义

$$\iint\limits_{D} kf(x,y)d\sigma = \lim_{\lambda \to 0} \sum_{i=1}^{n} kf(\xi_i, \eta_i)\Delta\sigma_i = k\lim_{\lambda \to 0} \sum_{i=1}^{n} f(\xi_i, \eta_i)\Delta\sigma_i = k\iint\limits_{D} f(x,y)d\sigma.$$

3. 利用二重积分得性质估计下列各积分的值.

(1) $I = \iint\limits_{D}(x+y+1)d\sigma, D = \{(x,y) \mid 0 \leqslant x \leqslant 1, 0 \leqslant y \leqslant 2\};$

(2) $I = \iint\limits_{D}(x^2+4y^2+9)d\sigma, D = \{(x,y) \mid x^2+y^2 \leqslant 4\}.$

解　(1) 首先根据区域 D 确定被积函数的最大值和最小值 $1 \leqslant f(x,y) \leqslant 4$,则有

$$1\sigma \leqslant \iint\limits_{D} f(x,y)d\sigma \leqslant 4\sigma,$$

即有

$$2 \leqslant \iint\limits_{D} (x+y+1)\mathrm{d}\sigma \leqslant 8.$$

(2) 被积函数在积分区域上的最大值和最小值 $9 \leqslant f(x,y) \leqslant 25$. 则由重积分的性质可知

$$9\sigma \leqslant \iint\limits_{D} f(x,y)\mathrm{d}\sigma \leqslant 25\sigma,$$

即有

$$36\pi \leqslant \iint\limits_{D} (x^2+4y^2+9)\mathrm{d}\sigma \leqslant 100\pi.$$

习　题　10-2

1. 计算下列各二重积分.

(1) $\displaystyle\iint\limits_{D} \sqrt{xy}\,\mathrm{d}x\mathrm{d}y, D = \{(x,y) \mid 0 \leqslant x \leqslant a, 0 \leqslant y \leqslant b\}$;

(2) $\displaystyle\iint\limits_{D} \mathrm{e}^{x+y}\,\mathrm{d}x\mathrm{d}y, D = \{(x,y) \mid 0 \leqslant x \leqslant 1, 0 \leqslant y \leqslant 1\}$;

(3) $\displaystyle\iint\limits_{D} x^2 y\cos(xy^2)\,\mathrm{d}x\mathrm{d}y, D = \left\{(x,y) \mid 0 \leqslant x \leqslant \dfrac{\pi}{2}, 0 \leqslant y \leqslant 2\right\}$;

(4) $\displaystyle\iint\limits_{D} \dfrac{y\mathrm{d}x\mathrm{d}y}{(1+x^2+y^2)^{\frac{3}{2}}}, D = \{(x,y) \mid 0 \leqslant x \leqslant 1, 0 \leqslant y \leqslant 1\}$.

解　(1) $\displaystyle\iint\limits_{D} \sqrt{xy}\,\mathrm{d}x\mathrm{d}y = \int_0^a \sqrt{x}\,\mathrm{d}x \int_0^b \sqrt{y}\,\mathrm{d}y = \frac{2}{3}a^{\frac{3}{2}}\frac{2}{3}b^{\frac{3}{2}} = \frac{4}{9}(ab)^{\frac{3}{2}}$;

(2) $\displaystyle\iint\limits_{D} \mathrm{e}^{x+y}\,\mathrm{d}x\mathrm{d}y = \int_0^1 \mathrm{e}^x\,\mathrm{d}x \int_0^1 \mathrm{e}^y\,\mathrm{d}y = \int_0^1 \mathrm{e}^x(\mathrm{e}-1)\,\mathrm{d}x = (\mathrm{e}-1)^2$;

(3) $\displaystyle\iint\limits_{D} x^2 y\cos(xy^2)\,\mathrm{d}x\mathrm{d}y = \int_0^{\frac{\pi}{2}} x^2\,\mathrm{d}x \int_0^2 y\cos(xy^2)\,\mathrm{d}y$

$$= \int_0^{\frac{\pi}{2}} x^2 \frac{1}{2x}\sin 4x\,\mathrm{d}x = -\frac{1}{8}x\cos 4x \Big|_0^{\frac{\pi}{2}} + \frac{1}{8}\int_0^{\frac{\pi}{2}} \cos 4x\,\mathrm{d}x$$

$$= -\frac{\pi}{16};$$

(4) $\displaystyle\iint\limits_{D} \dfrac{y\mathrm{d}x\mathrm{d}y}{(1+x^2+y^2)^{\frac{3}{2}}} = \int_0^1 \mathrm{d}x \int_0^1 \dfrac{y\mathrm{d}y}{(1+x^2+y^2)^{\frac{3}{2}}}$

$$= \int_0^1 \dfrac{-1}{\sqrt{1+x^2+y^2}}\Big|_0^1\,\mathrm{d}x = \int_0^1 \left(\dfrac{1}{\sqrt{1+x^2}} - \dfrac{1}{\sqrt{2+x^2}}\right)\mathrm{d}x$$

$$= \int_0^1 \frac{1}{\sqrt{1+x^2}} \mathrm{d}x - \int_0^1 \frac{1}{\sqrt{2+x^2}} \mathrm{d}x \ (用换元法)$$

$$= \ln \left| \sqrt{1+x^2} + x \right| \Big|_0^1 - \ln \left| \sqrt{2+x^2} + x \right| \Big|_0^1$$

$$= \ln \frac{2+\sqrt{2}}{1+\sqrt{3}}.$$

2. 化二重积分 $\iint\limits_D f(x,y)\mathrm{d}x\mathrm{d}y$ 为二次积分(分别列出按两个变量的不同次序的两个二次积分),其中积分区域 D 为:

(1) D 是由直线 $y=x$ 与抛物线 $y^2=2x$ 所围成的区域;

(2) D 是由 $y=0$,$y=x^3(x>0)$ 及 $x+y=2$ 所围成的区域;

(3) D 是由 $y=x^2$,$y=4-x^2$ 所围成的区域;

(4) D 是由 $y=2x$,$2y-x=0$,$xy=2$ 所围成的在第一象限中的区域;

(5) D 为椭圆 $\dfrac{x^2}{4}+\dfrac{y^2}{9}=1$ 所围成的区域;

(6) D 为圆 $(x-1)^2+(y-2)^2=9$ 所围成的区域.

解　(1) 积分区域 D 如图 10-7 所示.

先 y 后 x 的二次积分为: $\iint\limits_D f(x,y)\mathrm{d}x\mathrm{d}y = \int_0^2 \mathrm{d}x \int_x^{\sqrt{2x}} f(x,y)\mathrm{d}y$;

先 x 后 y 的二次积分为: $\iint\limits_D f(x,y)\mathrm{d}x\mathrm{d}y = \int_0^2 \mathrm{d}y \int_{\frac{y^2}{2}}^y f(x,y)\mathrm{d}x$.

(2) 积分区域 D 如图 10-8 所示.

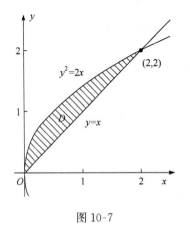

图 10-7

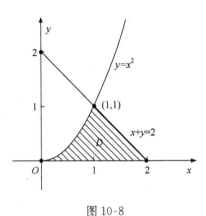

图 10-8

先 y 后 x 的二次积分为:

$$\iint\limits_{D} f(x,y)\mathrm{d}x\mathrm{d}y = \iint\limits_{D_1} f(x,y)\mathrm{d}x\mathrm{d}y + \iint\limits_{D_2} f(x,y)\mathrm{d}x\mathrm{d}y$$

$$= \int_0^1 \mathrm{d}x \int_0^{x^3} f(x,y)\mathrm{d}y + \int_1^2 \mathrm{d}x \int_0^{2-x} f(x,y)\mathrm{d}y;$$

先 x 后 y 的二次积分为：$\iint\limits_{D} f(x,y)\mathrm{d}x\mathrm{d}y = \int_0^1 \mathrm{d}y \int_{\sqrt[3]{y}}^{2-y} f(x,y)\mathrm{d}x.$

(3) 积分区域 D 如图 10-9 所示.

先 y 后 x 的二次积分为：$\iint\limits_{D} f(x,y)\mathrm{d}x\mathrm{d}y = \int_{-\sqrt{2}}^{\sqrt{2}} \mathrm{d}x \int_{x^2}^{4-x^2} f(x,y)\mathrm{d}y;$

先 x 后 y 的二次积分为：

$$\iint\limits_{D} f(x,y)\mathrm{d}x\mathrm{d}y = \int_0^2 \mathrm{d}y \int_{-\sqrt{y}}^{\sqrt{y}} f(x,y)\mathrm{d}x + \int_2^4 \mathrm{d}y \int_{-\sqrt{4-y}}^{\sqrt{4-y}} f(x,y)\mathrm{d}x.$$

(4) 积分区域 D 如图 10-10 所示.

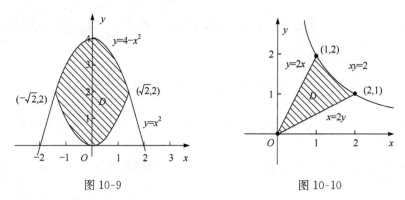

图 10-9　　　　　　　　　　图 10-10

先 y 后 x 的二次积分为：

$$\iint\limits_{D} f(x,y)\mathrm{d}x\mathrm{d}y = \int_0^1 \mathrm{d}x \int_{\frac{x}{2}}^{2x} f(x,y)\mathrm{d}y + \int_1^2 \mathrm{d}x \int_{\frac{x}{2}}^{\frac{2}{x}} f(x,y)\mathrm{d}y;$$

先 x 后 y 的二次积分为：

$$\iint\limits_{D} f(x,y)\mathrm{d}x\mathrm{d}y = \int_0^1 \mathrm{d}y \int_{\frac{y}{2}}^{2y} f(x,y)\mathrm{d}x + \int_1^2 \mathrm{d}y \int_{\frac{y}{2}}^{\frac{2}{y}} f(x,y)\mathrm{d}x.$$

(5) 积分区域 D 如图 10-11 所示.

先 y 后 x 的二次积分为：$\iint\limits_{D} f(x,y)\mathrm{d}x\mathrm{d}y = \int_{-2}^{2} \mathrm{d}x \int_{-\frac{3}{2}\sqrt{4-x^2}}^{\frac{3}{2}\sqrt{4-x^2}} f(x,y)\mathrm{d}y;$

先 x 后 y 的二次积分为：$\iint\limits_{D} f(x,y)\mathrm{d}x\mathrm{d}y = \int_{-3}^{3} \mathrm{d}y \int_{-\frac{2}{3}\sqrt{9-y^2}}^{\frac{2}{3}\sqrt{9-y^2}} f(x,y)\mathrm{d}x.$

(6) 积分区域 D 如图 10-12 所示.

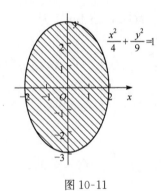

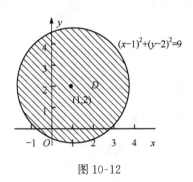

图 10-11　　　　　　　　　　　　　　　　图 10-12

先 y 后 x 的二次积分为：$\displaystyle\iint\limits_{D} f(x,y)\mathrm{d}x\mathrm{d}y = \int_{-2}^{4} \mathrm{d}x \int_{2-\sqrt{9-(x-1)^2}}^{2+\sqrt{9-(x-1)^2}} f(x,y)\mathrm{d}y;$

先 x 后 y 的二次积分为：$\displaystyle\iint\limits_{D} f(x,y)\mathrm{d}x\mathrm{d}y = \int_{-1}^{5} \mathrm{d}y \int_{1-\sqrt{9-(y-2)^2}}^{1+\sqrt{9-(y-2)^2}} f(x,y)\mathrm{d}x.$

3. 计算下列各二重积分.

(1) $\displaystyle\iint\limits_{D} x\sqrt{y}\,\mathrm{d}x\mathrm{d}y$；其中 D 为 $y = \sqrt{x}, y = x^2$ 所围成的区域；

(2) $\displaystyle\iint\limits_{D} \cos(x+y)\mathrm{d}x\mathrm{d}y$；其中 D 为 $x = 0, y = \pi, y = x$ 所围成的区域；

(3) $\displaystyle\iint\limits_{D} x\,\mathrm{d}x\mathrm{d}y$；其中 D 为 $y = x^2, y = x^3$ 所围成的区域；

(4) $\displaystyle\iint\limits_{D} (x^2+y^2-x)\mathrm{d}x\mathrm{d}y$；其中 D 为 $y = 2, y = x$ 及 $y = 2x$ 所围成的区域；

(5) $\displaystyle\iint\limits_{D} \frac{x^2}{y^2}\mathrm{d}x\mathrm{d}y$；其中 D 为 $x = 2, y = x$ 及 $xy = 1$ 所围成的区域.

解　(1) 积分区域 D 如图 10-13 所示.

$$\iint\limits_{D} x\sqrt{y}\,\mathrm{d}x\mathrm{d}y = \int_{0}^{1} x\mathrm{d}x \int_{x^2}^{\sqrt{x}} \sqrt{y}\,\mathrm{d}y = \int_{0}^{1} \frac{2}{3}(x^{\frac{7}{4}} - x^4)\,\mathrm{d}x = \frac{6}{55}.$$

(2) 积分区域 D 如图 10-14 所示.

$$\iint\limits_{D} \cos(x+y)\mathrm{d}x\mathrm{d}y = \int_{0}^{\pi} \mathrm{d}x \int_{x}^{\pi} \cos(x+y)\mathrm{d}y = -\int_{0}^{\pi}(\sin x + \sin 2x)\mathrm{d}x = -2.$$

(3) 积分区域 D 如图 10-15 所示.

$$\iint\limits_{D} x\,\mathrm{d}x\mathrm{d}y = \int_{0}^{1} x\mathrm{d}x \int_{x^3}^{x^2} \mathrm{d}y = \int_{0}^{1}(x^3 - x^4)\mathrm{d}x = \frac{1}{20}.$$

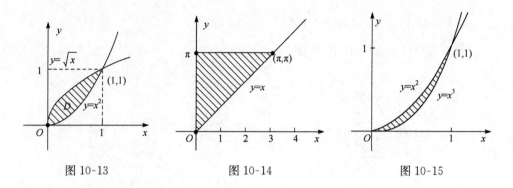

图 10-13　　　　　　　　　图 10-14　　　　　　　　　图 10-15

(4) 积分区域 D 如图 10-16 所示.

$$\iint\limits_{D}(x^2+y^2-x)\mathrm{d}x\mathrm{d}y=\int_0^2\mathrm{d}y\int_{\frac{y}{2}}^{y}(x^2+y^2-x)\mathrm{d}x$$

$$=\int_0^2\left(\frac{1}{3}x^3-\frac{1}{2}x^2+y^2x\right)\Big|_{\frac{y}{2}}^{y}\mathrm{d}y$$

$$=\int_0^2\left(\frac{19}{24}y^3-\frac{3}{8}y^2\right)\mathrm{d}y=\frac{13}{6}.$$

(5) 积分区域 D 如图 10-17 所示.

$$\iint\limits_{D}\frac{x^2}{y^2}\mathrm{d}x\mathrm{d}y=\int_1^2 x^2\mathrm{d}x\int_{\frac{1}{x}}^{x}\frac{1}{y^2}\mathrm{d}y=\int_1^2 x^2\left(x-\frac{1}{x}\right)\mathrm{d}x=\frac{9}{4}.$$

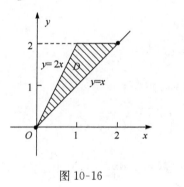　　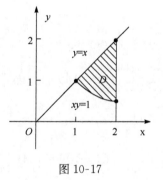

图 10-16　　　　　　　　　　　图 10-17

4. 作出下列各二次积分所对应的二重积分区域 D,并交换积分次序.

(1) $\displaystyle\int_1^3\mathrm{d}x\int_2^5 f(x,y)\mathrm{d}y$;

(2) $\displaystyle\int_1^{\mathrm{e}}\mathrm{d}x\int_0^{\ln x} f(x,y)\mathrm{d}y$;

(3) $\displaystyle\int_0^1\mathrm{d}y\int_{-\sqrt{1-y^2}}^{\sqrt{1-y^2}} f(x,y)\mathrm{d}x$;

(4) $\int_0^1 \mathrm{d}x \int_0^{x^2} f(x,y)\mathrm{d}y + \int_1^3 \mathrm{d}x \int_0^{\frac{1}{2}(3-x)} f(x,y)\mathrm{d}y.$

解　积分区域如图 10-18～图 10-21 所示.

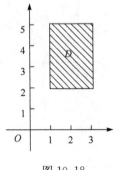

图 10-18

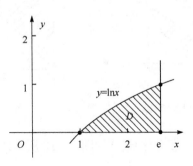

图 10-19

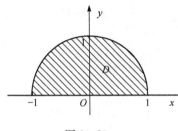

图 10-20

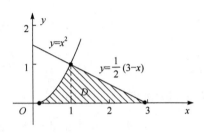

图 10-21

(1) $\int_1^3 \mathrm{d}x \int_2^5 f(x,y)\mathrm{d}y = \int_2^5 \mathrm{d}y \int_1^3 f(x,y)\mathrm{d}x;$

(2) $\int_1^{\mathrm{e}} \mathrm{d}x \int_0^{\ln x} f(x,y)\mathrm{d}y = \int_0^1 \mathrm{d}y \int_{\mathrm{e}^y}^{\mathrm{e}} f(x,y)\mathrm{d}x;$

(3) $\int_0^1 \mathrm{d}y \int_{-\sqrt{1-y^2}}^{\sqrt{1-y^2}} f(x,y)\mathrm{d}x = \int_{-1}^1 \mathrm{d}x \int_0^{\sqrt{1-x^2}} f(x,y)\mathrm{d}y;$

(4) $\int_0^1 \mathrm{d}x \int_0^{x^2} f(x,y)\mathrm{d}y + \int_1^3 \mathrm{d}x \int_0^{\frac{1}{2}(3-x)} f(x,y)\mathrm{d}y = \int_0^1 \mathrm{d}y \int_{\sqrt{y}}^{3-2y} f(x,y)\mathrm{d}x.$

5. 利用二重积分求由下列曲线所围成的区域的面积.

(1) $y^2 = \dfrac{b^2}{a}x, y = \dfrac{b}{a}x (a>0, b>0);$

(2) $xy = a^2, xy = 2a^2 (a>0), y = x, y = 2x$ 在第一象限内.

解　(1) 曲线所围成的区域记为 D(图 10-22),则其面积为

$$A = \iint\limits_D \mathrm{d}\sigma = \int_0^a \mathrm{d}x \int_{\frac{b}{a}x}^{\frac{b}{\sqrt{a}}\sqrt{x}} \mathrm{d}y = \int_0^a \left(\frac{b}{\sqrt{a}}\sqrt{x} - \frac{b}{a}x \right) \mathrm{d}x = \frac{ab}{6}.$$

(2) 易求得四条线的交点为 $A(a,a),B(\sqrt{2}a,\sqrt{2}a),C\left(\dfrac{a}{\sqrt{2}},\sqrt{2}a\right),D(a,2a)$,曲线所围成的区域记为 D(图 10-23),则其面积为

$$A = \iint\limits_{D}\mathrm{d}\sigma = \int_{\frac{a}{\sqrt{2}}}^{a}\mathrm{d}x\int_{\frac{a^2}{x}}^{2x}\mathrm{d}y + \int_{a}^{\sqrt{2}a}\mathrm{d}x\int_{x}^{\frac{2a^2}{x}}\mathrm{d}y$$

$$= \int_{\frac{a}{\sqrt{2}}}^{a}\left(2x - \frac{a^2}{x}\right)\mathrm{d}x + \int_{a}^{\sqrt{2}a}\left(\frac{2a^2}{x} - x\right)\mathrm{d}x = \frac{a^2}{2}\ln 2.$$

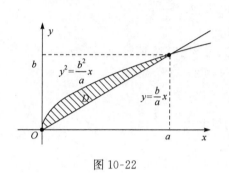

图 10-22

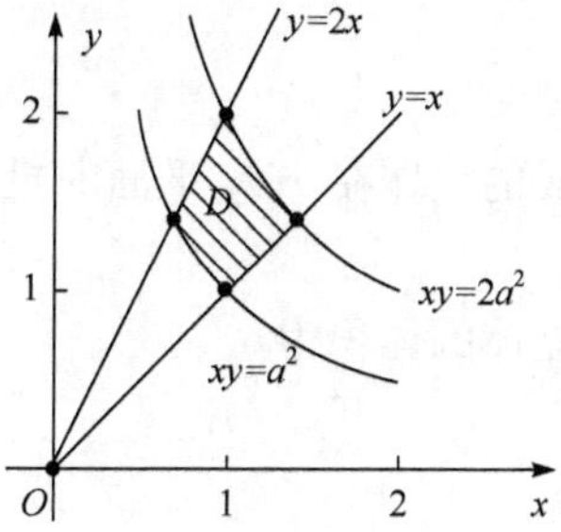

图 10-23

6. 设平面薄片所占区域 D(图 10-24)是由直线 $y=0,x=1,y=x$ 所围成的,它的面密度为 $\mu(x,y)=x^2+y^2$,求薄片的质量.

解 如图 10-24 所示.该薄片的质量为

$$M = \iint\limits_{D}(x^2+y^2)\mathrm{d}x\mathrm{d}y$$

$$= \int_{0}^{1}\mathrm{d}x\int_{0}^{x}(x^2+y^2)\mathrm{d}y = \int_{0}^{1}\frac{4}{3}x^3\mathrm{d}x = \frac{1}{3}.$$

7. 计算由平面 $x=0,y=0,z=0,x=1,y=1$ 及 $2x+3y+z=6$ 所围成的立体的体积.

解 所围成的立体为以 $z=6-2x-3y$ 为顶,以 D 为底的曲顶柱体(D 如图 10-25),所以其体积为

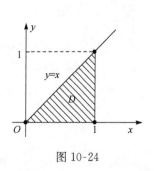

图 10-24

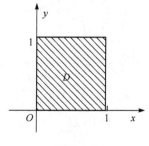

图 10-25

$$V = \iint\limits_{D} (6 - 2x - 3y) \mathrm{d}x \mathrm{d}y$$

$$= \int_0^1 \mathrm{d}x \int_0^1 (6 - 2x - 3y) \mathrm{d}y$$

$$= \int_0^1 \left(\frac{9}{2} - 2x \right) \mathrm{d}x = \frac{7}{2}.$$

8. 求由曲面 $z = x^2 + 2y^2$ 及 $z = 6 - 2x^2 - y^2$ 所围成的立体的体积.

解　易求得两曲面交线在 xOy 平面的投影曲线为

$$\begin{cases} x^2 + y^2 = 2, \\ z = 0 \end{cases}$$

所围成的立体在 xOy 平面的投影设为 D,如图 10-26 所示,则 D 为

$$x^2 + y^2 \leqslant 2,$$

所以立体的体积为

$$V = \iint\limits_{D} (6 - 2x^2 - y^2 - x^2 - 2y^2) \mathrm{d}x \mathrm{d}y$$

$$= 3 \iint\limits_{D} (2 - x^2 - y^2) \mathrm{d}x \mathrm{d}y$$

$$= 3 \int_0^{2\pi} \mathrm{d}\theta \int_0^{\sqrt{2}} (2 - r^2) r \mathrm{d}r = 3 \times 2\pi \left(r^2 - \frac{1}{4} r^4 \right) \Big|_0^{\sqrt{2}} = 6\pi.$$

9. 求由曲线 $\sqrt{x} + \sqrt{y} = \sqrt{3}$ 和 $x + y = 3$ 所围成区域的面积.

解　所谓区域 D 如图 10-27 所示,则其面积为

$$A = \iint\limits_{D} \mathrm{d}\sigma = \int_0^3 \mathrm{d}x \int_{(\sqrt{3} - \sqrt{x})^2}^{3 - x} \mathrm{d}y = \int_0^3 (2\sqrt{3}\sqrt{x} - 2x) \mathrm{d}x = 3.$$

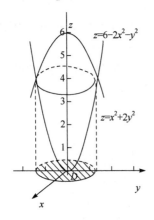

图 10-26

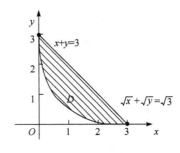

图 10-27

10. 求由曲线 $y=\sin x,y=\cos x$ 和 $x=0$ 所围成区域的面积(第一象限部分).

解 易求得 $y=\sin x$ 与 $y=\cos x$ 的交点为 $\left(\dfrac{\pi}{4},\dfrac{\sqrt{2}}{2}\right)$,设所围成的区域为 D,如图 10-28 所示,则其面积为

$$A=\iint\limits_{D}\mathrm{d}\sigma=\int_{0}^{\frac{\pi}{4}}\mathrm{d}x\int_{\sin x}^{\cos x}\mathrm{d}y=\int_{0}^{\frac{\pi}{4}}(\cos x-\sin x)\mathrm{d}x=\sqrt{2}-1.$$

11. 利用二重积分计算由下列曲面所围成的立体的体积.

(1) $\dfrac{x}{a}+\dfrac{y}{b}+\dfrac{z}{c}=1,x=0,y=0,z=0$ 且 $a,b,c>0$;

(2) $(x-1)^{2}+(y-1)^{2}=1,xy=z,z=0$;

(3) $z=\dfrac{1}{2}y^{2},2x+3y-12=0,x=0,y=0,z=0$;

(4) 计算以 xOy 面上圆周 $x^{2}+y^{2}=ax$ 围成的区域为底,而以曲面 $z=x^{2}+y^{2}$ 为顶的曲顶柱体的体积.

解 (1) 如图 10-29 所示,所围立体是一个四面体.

$$V=\iint\limits_{D}c\left(1-\dfrac{x}{a}-\dfrac{y}{b}\right)\mathrm{d}x\mathrm{d}y$$

$$=\int_{0}^{a}\mathrm{d}x\int_{0}^{b\left(1-\frac{x}{a}\right)}c\left(1-\dfrac{x}{a}-\dfrac{y}{b}\right)\mathrm{d}y$$

$$=\dfrac{bc}{2}\int_{0}^{a}\left(1-\dfrac{x}{a}\right)^{2}\mathrm{d}x=\dfrac{abc}{6}.$$

(2) 如图 10-30 所示,所围成的立体是以 $z=xy$ 为顶,以 $D:\begin{cases}(x-1)^{2}+(y-1)^{2}\leqslant 1\\ z=0\end{cases}$,为底的曲顶柱体,则其体积为

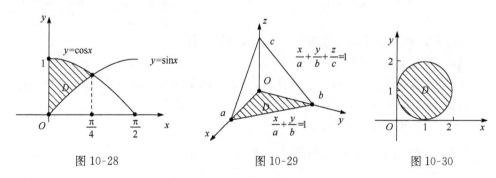

图 10-28   图 10-29   图 10-30

$$V = \iint\limits_{D} xy\,\mathrm{d}x\mathrm{d}y \qquad \left(令 \begin{cases} x-1=r\cos\theta, \\ y-1=r\sin\theta \end{cases} \right)$$

$$= \int_0^{2\pi}\mathrm{d}\theta \int_0^1 (1+r\cos\theta)(1+r\sin\theta)r\mathrm{d}r$$

$$= \int_0^{2\pi}\left(\frac{1}{2}+\frac{1}{4}\sin\theta\cos\theta+\frac{1}{3}\cos\theta+\frac{1}{3}\sin\theta\right)\mathrm{d}\theta = \pi.$$

(3) 如图 10-31 所示,所围成的立体是以 $z=\dfrac{1}{2}y^2$ 为顶,以 D: $\begin{cases} 2x+3y-12=0, \\ z=0 \end{cases}$

为底的曲顶柱体,则其体积为

$$V = \iint\limits_{D} \frac{1}{2}y^2\,\mathrm{d}x\mathrm{d}y = \int_0^6 \mathrm{d}x \int_0^{4-\frac{2}{3}x} \frac{1}{2}y^2\mathrm{d}y$$

$$= \int_0^6 \frac{1}{6}\left(4-\frac{2}{3}x\right)^3\mathrm{d}x = 16.$$

(4) 利用极坐标,积分区域 D 如图 10-32 所示,由对称性得

$$V = \iint\limits_{D}(x^2+y^2)\mathrm{d}x\mathrm{d}y = 2\iint\limits_{D_1}(x^2+y^2)\mathrm{d}x\mathrm{d}y$$

$$= 2\int_0^{\frac{\pi}{2}}\mathrm{d}\theta \int_0^{a\cos\theta} r^2 r\mathrm{d}r = \frac{a^4}{2}\int_0^{\frac{\pi}{2}} \cos^4\theta\mathrm{d}\theta = \frac{3\pi}{32}a^4.$$

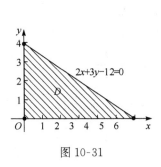

图 10-31

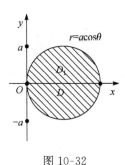

图 10-32

注:利用对称性计算二重积分必须验证两个条件:

(1) 积分区域是对称的;

(2) 被积函数关于 x 和 y 是偶函数,只有这两个条件同时满足,才可使用对称性. 只满足(1)时利用对称性是错误的,这一点读者要注意.

12. 把下列积分化为极坐标形式.

(1) $\iint\limits_{D} f(x,y)\mathrm{d}x\mathrm{d}y$,$D$ 为圆环:$1\leqslant x^2+y^2\leqslant 4$;

(2) $\displaystyle\int_0^R \mathrm{d}x \int_0^{\sqrt{R^2-x^2}} f(x,y)\mathrm{d}y$;

(3) $\int_0^{2R} \mathrm{d}y \int_0^{\sqrt{2Ry-y^2}} f(x^2 + y^2)\mathrm{d}x.$

解 (1) 积分区域 D 如图 10-33 所示,

$$\iint\limits_D f(x,y)\mathrm{d}x\mathrm{d}y = \int_0^{2\pi} \mathrm{d}\theta \int_1^2 f(r\cos\theta, r\sin\theta)r\mathrm{d}r.$$

(2) 积分区域 D 如图 10-34 所示,则

$$\int_0^R \mathrm{d}x \int_0^{\sqrt{R^2-x^2}} f(x,y)\mathrm{d}y = \int_0^{\frac{\pi}{2}} \mathrm{d}\theta \int_0^R f(r\cos\theta, r\sin\theta)r\mathrm{d}r.$$

(3) 积分区域 D 如图 10-35 所示,则

$$\int_0^{2R} \mathrm{d}y \int_0^{\sqrt{2Ry-y^2}} f(x^2 + y^2)\mathrm{d}x = \int_0^{\frac{\pi}{2}} \mathrm{d}\theta \int_0^{2R\sin\theta} f(r^2)r\mathrm{d}r.$$

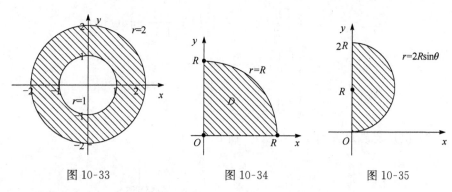

图 10-33   图 10-34   图 10-35

13. 利用极坐标计算下列各题.

(1) $\iint\limits_D (x^2 + y^2) \sqrt{a^2 - x^2 - y^2}\mathrm{d}\sigma, D = \{(x,y) \mid x^2 + y^2 \leqslant a^2\};$

(2) $\iint\limits_D \ln(1 + x^2 + y^2)\mathrm{d}\sigma, D = \{(x,y) \mid x^2 + y^2 \leqslant 1, x \geqslant 0, y \geqslant 0\};$

(3) $\iint\limits_D \sin \sqrt{x^2 + y^2}\mathrm{d}x\mathrm{d}y, D = \{(x,y) \mid \pi^2 \leqslant x^2 + y^2 \leqslant 4\pi^2\}.$

解 (1) $\iint\limits_D (x^2 + y^2) \sqrt{a^2 - x^2 - y^2}\mathrm{d}\sigma = \iint\limits_D r^2 \sqrt{a^2 - r^2}r\mathrm{d}r$

$$= \int_0^{2\pi} \mathrm{d}\theta \int_0^a r^2 \sqrt{a^2 - r^2}r\mathrm{d}r = 2\pi \int_0^a \left(-\frac{1}{2}r^2 \sqrt{a^2 - r^2}\right)\mathrm{d}(a^2 - r^2)$$

$$= 2\pi \int_0^a \left(-\frac{1}{3}r^2\right)\mathrm{d}\,(a^2 - r^2)^{\frac{3}{2}}$$

$$= 2\pi\left[-\frac{1}{3}(a^2-r^2)^{\frac{3}{2}}r^2\Big|_0^a + \frac{1}{3}\int_0^a(a^2-r^2)^{\frac{3}{2}}\mathrm{d}(r^2)\right]$$

$$= -\frac{2\pi}{3}\int_0^a(a^2-r^2)^{\frac{3}{2}}\mathrm{d}(a^2-r^2) = \frac{4\pi}{15}a^5.$$

(2) 积分区域 D 如图 10-36 所示,所以

$$\iint\limits_D \ln(1+x^2+y^2)\mathrm{d}\sigma = \int_0^{\frac{\pi}{2}}\mathrm{d}\theta\int_0^1\ln(1+r^2)r\mathrm{d}r$$

$$= \frac{\pi}{2}\int_0^1\ln(1+r^2)\mathrm{d}\left(\frac{r^2}{2}\right)$$

$$= \frac{\pi}{2}\left[\frac{r^2}{2}\ln(1+r^2)\Big|_0^1 + \int_0^1\frac{r^2}{2}\frac{2r}{1+r^2}\mathrm{d}r\right]$$

$$= \frac{\pi}{2}\left[\frac{1}{2}\ln2 - \frac{1}{2}\int_0^1\frac{r^2}{1+r^2}\mathrm{d}(r^2)\right]$$

$$= \frac{\pi}{2}\left[\frac{1}{2}\ln2 - \frac{1}{2}\int_0^1\left(1-\frac{1}{1+r^2}\right)\mathrm{d}(r^2)\right]$$

$$= \frac{\pi}{2}\left[\frac{1}{2}\ln2 - \frac{1}{2}(r^2-\ln(1+r^2))\Big|_0^1\right]$$

$$= \frac{\pi}{4}(2\ln2-1).$$

(3) 积分区域 D 如图 10-37 所示,所以

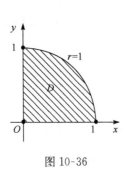

图 10-36

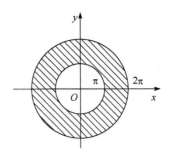

图 10-37

$$\iint\limits_D \sin\sqrt{x^2+y^2}\mathrm{d}x\mathrm{d}y = \int_0^{2\pi}\mathrm{d}\theta\int_\pi^{2\pi}\sin r\cdot r\mathrm{d}r$$

$$= \int_0^{2\pi}\mathrm{d}\theta\int_\pi^{2\pi}r\mathrm{d}(-\cos r)$$

$$= \int_0^{2\pi}\left(-r\cos r\Big|_\pi^{2\pi} + \int_0^{2\pi}\cos r\mathrm{d}r\right)\mathrm{d}\theta = -6\pi^2.$$

习 题 10-3

1. 计算 $\iint\limits_{D} \mathrm{e}^{-x-y}\mathrm{d}x\mathrm{d}y$，$D$ 为平面第一象限.

解 设 $a>0$，则

$$\iint\limits_{D}\mathrm{e}^{-x-y}\mathrm{d}x\mathrm{d}y = \lim_{a\to+\infty}\int_0^a\mathrm{e}^{-x}\mathrm{d}x\int_0^a\mathrm{e}^{-y}\mathrm{d}y = \lim_{a\to+\infty}\left[\int_0^a\mathrm{e}^{-x}\mathrm{d}x\right]^2$$

$$= \lim_{a\to+\infty}\left[-\mathrm{e}^{-x}\Big|_0^a\right]^2 = \lim_{a\to+\infty}[1-\mathrm{e}^{-a}]^2 = 1.$$

2. 计算 $\iint\limits_{D}\ln\dfrac{1}{\sqrt{x^2+y^2}}\mathrm{d}x\mathrm{d}y$，$D$ 为圆 $x^2+y^2=a^2$ 所围成的区域.

解 显然被积函数 $f(x,y)=\ln\dfrac{1}{\sqrt{x^2+y^2}}$ 在 D 内有不连续点 $(0,0)$，现作以 $(0,0)$ 为中心，以 ρ 为半径的圆域 Δ，则在区域 $S=D-\Delta$ 上，有

$$\iint\limits_{S}\ln\frac{1}{\sqrt{x^2+y^2}}\mathrm{d}x\mathrm{d}y = \int_0^{2\pi}\mathrm{d}\theta\int_{\rho}^a(-\ln r)r\mathrm{d}r$$

$$= 2\pi\int_{\rho}^a(-\ln r)\mathrm{d}\left(\frac{r^2}{2}\right) = 2\pi\left[\left(-\frac{r^2}{2}\ln r\right)\bigg|_{\rho}^a + \frac{1}{4}r^2\bigg|_{\rho}^a\right]$$

$$= \frac{1}{2}\pi[2\rho^2\ln\rho - 2a^2\ln a + a^2 - \rho^2],$$

则

$$原式 = \lim_{\rho\to 0}\iint\limits_{S}\ln\frac{1}{\sqrt{x^2+y^2}}\mathrm{d}x\mathrm{d}y$$

$$= \lim_{\rho\to 0}\frac{1}{2}\pi[2\rho^2\ln\rho - 2a^2\ln a + a^2 - \rho^2]$$

$$= \frac{a^2}{2}\pi[1-2\ln a].$$

3. 讨论广义二重积分 $\iint\limits_{D}\dfrac{\mathrm{d}x\mathrm{d}y}{(x^2+y^2)^n}$ 的敛散性，其中 D 是以原点为圆心、1 为半径的圆的外部.

解 当 $n=1$ 时，原式 $= \lim\limits_{R\to+\infty}\int_0^{2\pi}\mathrm{d}\theta\int_1^R\dfrac{r}{r^2}\mathrm{d}r = \lim\limits_{R\to+\infty}\ln R = +\infty.$

当 $n\neq 1$ 时，原式 $= \lim\limits_{R\to+\infty}\int_0^{2\pi}\mathrm{d}\theta\int_1^R\dfrac{r}{r^{2n}}\mathrm{d}r = 2\pi\lim\limits_{R\to+\infty}\left[\dfrac{1}{2-2n}r^{2-2n}\right]_1^R$

$$= \lim_{R\to+\infty}\frac{1}{2-2n}[R^{2-2n}-1] = \begin{cases}\dfrac{1}{2(n-1)}, & n>1, \\ \infty, & n<1.\end{cases}$$

所以广义二重积分$\iint\limits_{D}\dfrac{\mathrm{d}x\mathrm{d}y}{(x^2+y^2)^n}$,当 $n>1$ 时收敛;当 $n\leqslant 1$ 时发散.

4. 讨论广义二重积分$\iint\limits_{D}\dfrac{y\mathrm{d}x\mathrm{d}y}{\sqrt{x}}$ 的敛散性,其中 D 是由 $x=0,x=1,y=0$,

$y=1$ 围成的正方域.

解　$\iint\limits_{D}\dfrac{y\mathrm{d}x\mathrm{d}y}{\sqrt{x}}=\lim\limits_{a\to 0^+}\int_a^1\mathrm{d}x\int_0^1\dfrac{y}{\sqrt{x}}\mathrm{d}y=\lim\limits_{a\to 0^+}\int_a^1\dfrac{1}{2}\dfrac{1}{\sqrt{x}}\mathrm{d}x=\lim\limits_{a\to 0^+}\sqrt{x}\Big|_a^1=1.$

所以广义二重积分收敛.

习　题　10-4

1. 求锥面 $z=\sqrt{x^2+y^2}$ 被柱面 $z^2=2x$ 所截部分的曲面面积.

解　锥面 $z=\sqrt{x^2+y^2}$ 被截下部分在 xOy 面上的投影区域 $D_{xy}:x^2+y^2\leqslant 2x$（半径为 1 的圆,其面积 $\sigma=\pi$）

$$\dfrac{\partial z}{\partial x}=\dfrac{x}{\sqrt{x^2+y^2}};\quad \dfrac{\partial z}{\partial y}=\dfrac{y}{\sqrt{x^2+y^2}},$$

所以

$$\sqrt{1+\left(\dfrac{\partial z}{\partial x}\right)^2+\left(\dfrac{\partial z}{\partial y}\right)^2}=\sqrt{2}.$$

所以所求的面积为 $A=\iint\limits_{D_{xy}}\sqrt{2}\mathrm{d}\sigma=\sqrt{2}\iint\limits_{D_{xy}}\mathrm{d}\sigma=\sqrt{2}\pi.$

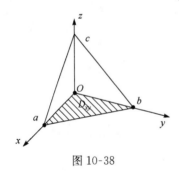

图 10-38

2. 求平面$\dfrac{x}{a}+\dfrac{y}{b}+\dfrac{z}{c}=1$ 被三个坐标面所割出部分的面积.

解　所求部分在 xOy 面上的投影区域 D_{xy} 为图 10-38 中阴影部分.

$$z=c\left(1-\dfrac{x}{a}-\dfrac{y}{b}\right);$$

$$\dfrac{\partial z}{\partial x}=-\dfrac{c}{a},\dfrac{\partial z}{\partial y}=-\dfrac{c}{b}.$$

所以

$$\sqrt{1+\left(\dfrac{\partial z}{\partial x}\right)^2+\left(\dfrac{\partial z}{\partial y}\right)^2}=\sqrt{1+\left(\dfrac{c}{a}\right)^2+\left(\dfrac{c}{b}\right)^2}.$$

所以所求的面积为

$$A=\iint\limits_{D_{xy}}\sqrt{1+\left(\dfrac{c}{a}\right)^2+\left(\dfrac{c}{b}\right)^2}\mathrm{d}\sigma=\sqrt{1+\left(\dfrac{c}{a}\right)^2+\left(\dfrac{c}{b}\right)^2}\cdot\dfrac{1}{2}ab$$

$$= \frac{1}{2} \sqrt{a^2 b^2 + b^2 c^2 + c^2 a^2}.$$

3. 设平面薄片所占区域 D 是由抛物线 $y = x^2$ 及直线 $y = x$ 所围成，它在 (x, y) 点处的面密度为 $\mu(x, y) = x^2 y$，求该薄片的重心.

解 如图 10-39 所示，薄片的总质量

$$M = \iint_D x^2 y \mathrm{d}x \mathrm{d}y = \int_0^1 x^2 \mathrm{d}x \int_{x^2}^x y \mathrm{d}y$$

$$= \frac{1}{2} \int_0^1 x^2 (x^2 - x^4) \mathrm{d}x = \frac{1}{35},$$

$$M_y = \iint_D x \cdot x^2 y \mathrm{d}x \mathrm{d}y = \int_0^1 x^3 \mathrm{d}x \int_{x^2}^x y \mathrm{d}y$$

$$= \frac{1}{2} \int_0^1 x^3 (x^2 - x^4) \mathrm{d}x = \frac{1}{48},$$

$$M_x = \iint_D y \cdot x^2 y \mathrm{d}x \mathrm{d}y = \int_0^1 x^2 \mathrm{d}x \int_{x^2}^x y^2 \mathrm{d}y$$

$$= \frac{1}{3} \int_0^1 x^2 (x^3 - x^6) \mathrm{d}x = \frac{1}{54}.$$

所以 $\bar{x} = \dfrac{M_y}{M} = \dfrac{35}{48}, \bar{y} = \dfrac{M_x}{M} = \dfrac{35}{54}.$

故薄片的重心坐标为 $\left(\dfrac{35}{48}, \dfrac{35}{54} \right)$.

4. 求正弦曲线 $y = \sin x$，x 轴及直线 $x = \dfrac{\pi}{4}$ 所围成的平面图形的重心（设密度为常数）.

解 如图 10-40 所示.

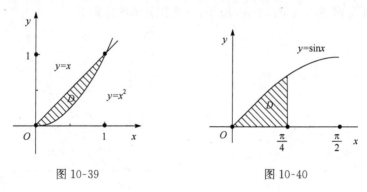

图 10-39   图 10-40

$$A = \iint_D \mathrm{d}\sigma = \int_0^{\frac{\pi}{4}} \mathrm{d}x \int_0^{\sin x} \mathrm{d}y = \int_0^{\frac{\pi}{4}} \sin x \mathrm{d}x = \frac{1}{2}(2 - \sqrt{2}),$$

$$\iint\limits_D x\,\mathrm{d}\sigma = \int_0^{\frac{\pi}{4}} x\,\mathrm{d}x \int_0^{\sin x} \mathrm{d}y = \int_0^{\frac{\pi}{4}} x\sin x\,\mathrm{d}x = \frac{\sqrt{2}}{8}(4-\pi),$$

$$\iint\limits_D y\,\mathrm{d}\sigma = \int_0^{\frac{\pi}{4}} \mathrm{d}x \int_0^{\sin x} y\,\mathrm{d}y = \frac{1}{2}\int_0^{\frac{\pi}{4}} \sin^2 x\,\mathrm{d}x = \frac{1}{2}\int_0^{\frac{\pi}{4}} \frac{1-\cos 2x}{2}\,\mathrm{d}x = \frac{1}{16}(\pi-2).$$

所以

$$\bar{x} = \frac{1}{A}\iint\limits_D x\,\mathrm{d}\sigma = \frac{\dfrac{\sqrt{2}}{8}(4-\pi)}{\dfrac{1}{2}(2-\sqrt{2})} = \left(1-\frac{\pi}{4}\right)(\sqrt{2}+1),$$

$$\bar{y} = \frac{1}{A}\iint\limits_D y\,\mathrm{d}\sigma = \frac{\dfrac{1}{16}(\pi-2)}{\dfrac{1}{2}(2-\sqrt{2})} = \frac{1}{8}\left(\frac{\pi}{2}-1\right)(\sqrt{2}+2).$$

所以所围平面图形的重心为 $\left(\left(1-\dfrac{\pi}{4}\right)(\sqrt{2}+1), \dfrac{1}{8}\left(\dfrac{\pi}{2}-1\right)(\sqrt{2}+2)\right)$.

选 做 题

1. 把累次积分 $\displaystyle\int_0^1 \mathrm{d}x \int_0^x f(x,y)\mathrm{d}y + \int_1^2 \mathrm{d}x \int_0^{2-x} f(x,y)\mathrm{d}y$ 化为先对 x 后对 y 的累次积分.

解　由题设条件可得:积分区域 D 如图 10-41 所示,则

$$\int_0^1 \mathrm{d}x \int_0^x f(x,y)\mathrm{d}y + \int_1^2 \mathrm{d}x \int_0^{2-x} f(x,y)\mathrm{d}y = \int_0^1 \mathrm{d}y \int_y^{2-y} f(x,y)\mathrm{d}x.$$

2. 证明: $\displaystyle\int_0^a \mathrm{d}x \int_0^x f(y)\mathrm{d}y = \int_0^a (a-x)f(x)\mathrm{d}x\,(a>0).$

证　积分区域 D 如图 10-42 所示,交换积分的次序得

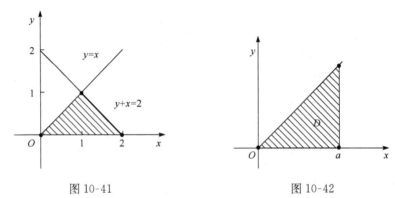

图 10-41　　　　　　　　　　　　图 10-42

$$\int_0^a dx \int_0^x f(y)dy = \int_0^a f(y)dy \int_y^a dx$$

$$= \int_0^a (a-y)f(y)dy = \int_0^a (a-x)f(x)dx.$$

（因定积分与积分变量无关）

3. 计算下列二重积分的值

(1) $\iint\limits_D | xy | dxdy, D$ 是以坐标原点为圆心、以 a 为半径的圆域；

(2) $\iint\limits_D \sqrt{| y-x^2 |} dxdy, D$ 由 $| x | \leqslant 1, 0 \leqslant y \leqslant 2$ 围成；

(3) $\iint\limits_D y^2 \sqrt{R^2-x^2} dxdy, D = \{(x,y) \mid x^2+y^2 \leqslant R^2\}$；

(4) $\iint\limits_D \dfrac{y}{x^2+y^2} dxdy, D = \{(x,y) \mid y \leqslant x \leqslant y^2, 1 \leqslant y \leqslant \sqrt{3}\}$；

(5) $\int_1^2 dx \int_x^{\sqrt{3}x} xydy$；

(6) $\iint\limits_D ye^{xy} dxdy, D$ 由 $y = \ln 2, y = \ln 3, x = 2, x = 4$ 围成；

(7) $\iint\limits_D 4y^2 \sin(xy)dxdy, D$ 由 $x = 0, y = \sqrt{\dfrac{\pi}{2}}, y = x$ 围成；

(8) $\iint\limits_D | y-x^2 | dxdy, D$ 由 $y = 0, y = 2$ 和 $x = -1, x = 1$ 围成.

解

(1) 积分区域 D 如图 10-43 所示.

方法一：

$$\iint\limits_D | xy | dxdy = \int_0^{2\pi} d\theta \int_0^a r^3 | \sin\theta\cos\theta | dr = \frac{a^4}{8} \int_0^{2\pi} | \sin 2\theta | d\theta$$

$$= \frac{a^4}{8} \left(\int_0^{\frac{\pi}{2}} \sin 2\theta d\theta - \int_{\frac{\pi}{2}}^{\pi} \sin 2\theta d\theta + \int_{\pi}^{\frac{3\pi}{2}} \sin 2\theta d\theta - \int_{\frac{3\pi}{2}}^{2\pi} \sin 2\theta d\theta \right) = \frac{a^4}{2}.$$

方法二：因为被积函数关于 x 或 y 都是偶函数，且积分区域对称，所以由对称性得

$$\iint\limits_D | xy | dxdy = 4\iint\limits_{D_1} | xy | dxdy$$

$$= 4\iint\limits_{D_1} xydxdy \quad (D_1 \text{ 为 } D \text{ 在第一象限的部分})$$

$$= 4 \int_0^{\frac{\pi}{2}} d\theta \int_0^a r^3 \sin\theta\cos\theta dr = a^4 \int_0^{\frac{\pi}{2}} \sin\theta\cos\theta d\theta = \frac{a^4}{2}.$$

(2) 积分区域 D 如图 10-44 所示.

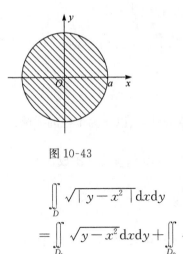

图 10-43

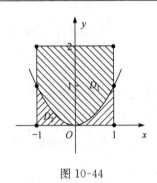

图 10-44

$$\iint\limits_{D} \sqrt{\mid y-x^2 \mid}\mathrm{d}x\mathrm{d}y$$

$$=\iint\limits_{D_1} \sqrt{y-x^2}\mathrm{d}x\mathrm{d}y+\iint\limits_{D_2} \sqrt{x^2-y}\mathrm{d}x\mathrm{d}y$$

$$=\int_{-1}^{1}\mathrm{d}x\int_{x^2}^{2} \sqrt{y-x^2}\mathrm{d}y+\int_{-1}^{1}\mathrm{d}x\int_{0}^{x^2} \sqrt{x^2-y}\mathrm{d}y$$

$$=\frac{4}{3}\int_{0}^{1}(2-x^2)^{\frac{3}{2}}\mathrm{d}x+\frac{4}{3}\int_{0}^{1}x^3\mathrm{d}x$$

$$\underline{\underline{x=\sqrt{2}\sin t}}\frac{4}{3}\int_{0}^{\frac{\pi}{4}}4\cos^4 t\mathrm{d}t+\frac{1}{3}=\frac{\pi}{2}+\frac{5}{3}.$$

(3) 由于被积函数关于 x 和 y 都是偶函数,积分区域是对称的. 故由对称性可得

$$\iint\limits_{D}y^2 \sqrt{R^2-x^2}\mathrm{d}x\mathrm{d}y=4\iint\limits_{D_1}y^2 \sqrt{R^2-x^2}\mathrm{d}x\mathrm{d}y \quad (D_1 \text{ 为 } D \text{ 在第一象限的部分})$$

$$=4\int_{0}^{R} \sqrt{R^2-x^2}\mathrm{d}x\int_{0}^{\sqrt{R^2-x^2}}y^2\mathrm{d}y=\frac{4}{3}\int_{0}^{R}(R^2-x^2)^2\mathrm{d}x=\frac{32}{45}R^5.$$

注:本题若先积 x 后积 y 或利用极坐标计算都比上述解法复杂.

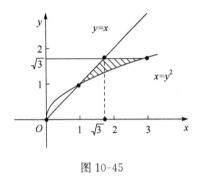

图 10-45

(4) 积分区域 D 如图 10-45 所示.

$$\iint\limits_{D}\frac{y}{x^2+y^2}\mathrm{d}x\mathrm{d}y$$

$$=\int_{1}^{\sqrt{3}}y\mathrm{d}y\int_{y}^{y^2}\frac{1}{x^2+y^2}\mathrm{d}x$$

$$=\int_{1}^{\sqrt{3}}y\frac{1}{y}\left(\arctan y-\frac{\pi}{4}\right)\mathrm{d}y$$

$$=\frac{\sqrt{3}}{12}\pi-\frac{1}{2}\ln 2.$$

(5) $\int_1^2 \mathrm{d}x \int_x^{\sqrt{3}x} xy\,\mathrm{d}y = \int_1^2 x\mathrm{d}x \int_x^{\sqrt{3}x} y\,\mathrm{d}y = \int_1^2 x^3 \mathrm{d}x = \dfrac{15}{4}.$

(6) $\displaystyle\iint\limits_{D} y\mathrm{e}^{xy}\,\mathrm{d}x\mathrm{d}y = \int_{\ln 2}^{\ln 3} y\mathrm{d}y \int_2^4 \mathrm{e}^{xy}\,\mathrm{d}x = \int_{\ln 2}^{\ln 3} y\cdot\dfrac{1}{y}(\mathrm{e}^{4y}-\mathrm{e}^{2y})\,\mathrm{d}y = \dfrac{55}{4}.$

(7) 积分区域 D 如图 10-46 所示.

$$\iint\limits_{D} 4y^2\sin(xy)\,\mathrm{d}x\mathrm{d}y$$

$$= \int_0^{\sqrt{\frac{\pi}{2}}} 4y^2\mathrm{d}y \int_0^y \sin(xy)\,\mathrm{d}x$$

$$= \int_0^{\sqrt{\frac{\pi}{2}}} 4y(1-\cos y^2)\,\mathrm{d}y = \pi - 2.$$

(8) 积分区域 D 如图 10-47 所示.

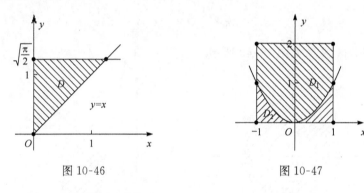

图 10-46   图 10-47

$$\iint\limits_{D} |\,y-x^2\,|\,\mathrm{d}x\mathrm{d}y$$

$$= \iint\limits_{D_1} |\,y-x^2\,|\,\mathrm{d}x\mathrm{d}y + \iint\limits_{D_2} |\,y-x^2\,|\,\mathrm{d}x\mathrm{d}y$$

$$= \iint\limits_{D_1} (y-x^2)\,\mathrm{d}x\mathrm{d}y + \iint\limits_{D_2} (x^2-y)\,\mathrm{d}x\mathrm{d}y$$

$$= \int_{-1}^1 \mathrm{d}x \int_{x^2}^2 (y-x^2)\,\mathrm{d}y + \int_{-1}^1 \mathrm{d}x \int_0^{x^2} (x^2-y)\,\mathrm{d}y$$

$$= \int_{-1}^1 \left(\dfrac{1}{2}x^4 - 2x^2 + 2\right)\mathrm{d}x + \int_{-1}^1 \dfrac{1}{2}x^4\,\mathrm{d}x$$

$$= \dfrac{46}{15}.$$

注:解本题的关键是通过划分积分区域 D 把被积函数的绝对值号去掉.

4. 利用极坐标计算下列各题.

(1) $\iint\limits_{D} e^{x^2+y^2}\,\mathrm{d}x\mathrm{d}y, D = \{(x,y) \mid a^2 \leqslant x^2 + y^2 \leqslant b^2\}$;

(2) $\iint\limits_{D} \arctan\dfrac{y}{x}\mathrm{d}x\mathrm{d}y, D$ 由 $x^2 + y^2 = 4, x^2 + y^2 = 1$ 及 $y = x, y = 0$ 所围成的在第一象限内的区域;

(3) $\iint\limits_{D} \sqrt{\dfrac{1-x^2-y^2}{1+x^2+y^2}}\,\mathrm{d}x\mathrm{d}y, D = \{(x,y) \mid x^2 + y^2 \leqslant 1\}$;

(4) $\iint\limits_{D} e^{-x^2-y^2}\,\mathrm{d}x\mathrm{d}y, D = \{(x,y) \mid x^2 + y^2 \leqslant 1\}$.

解　(1) 积分区域 D 如图 10-48 所示.

$$\iint\limits_{D} e^{x^2+y^2}\,\mathrm{d}x\mathrm{d}y = \int_0^{2\pi}\mathrm{d}\theta\int_a^b e^{r^2}\cdot r\,\mathrm{d}r$$

$$= 2\pi\cdot\frac{1}{2}(e^{b^2} - e^{a^2}) = \pi(e^{b^2} - e^{a^2}).$$

(2) 积分区域 D 如图 10-49 所示.

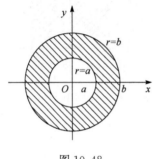

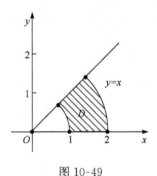

图 10-48　　　　　　　　　　　　　图 10-49

$$\iint\limits_{D} \arctan\frac{y}{x}\mathrm{d}x\mathrm{d}y = \int_0^{\frac{\pi}{4}}\mathrm{d}\theta\int_1^2 \theta r\,\mathrm{d}r = \int_0^{\frac{\pi}{4}}\frac{3}{2}\theta\mathrm{d}\theta = \frac{3}{64}\pi^2.$$

(3) $\iint\limits_{D} \sqrt{\dfrac{1-x^2-y^2}{1+x^2+y^2}}\,\mathrm{d}x\mathrm{d}y = \int_0^{2\pi}\mathrm{d}\theta\int_0^1 \sqrt{\dfrac{1-r^2}{1+r^2}}\cdot r\,\mathrm{d}r$

$$= \pi\int_0^1 \sqrt{\frac{1-r^2}{1+r^2}}\mathrm{d}(r^2)$$

$$\xlongequal{r^2=u}\pi\int_0^1 \sqrt{\frac{1-\mu}{1+\mu}}\mathrm{d}\mu \xlongequal{\sqrt{\frac{1-\mu}{1+\mu}}=t}\pi\int_1^0 \frac{-4t^2}{(1+t^2)^2}\mathrm{d}t$$

$$= 2\pi\int_0^1 \frac{t}{(1+t^2)^2}\mathrm{d}(1+t^2) = -2\pi\int_0^1 t\mathrm{d}\left(\frac{1}{1+t^2}\right)$$

$$= -2\pi \frac{t}{1+t^2}\Big|_0^1 + 2\pi \int_0^1 \frac{1}{1+t^2}dt = \pi\Big(\frac{\pi}{2}-1\Big).$$

(4) $\displaystyle\iint\limits_{D} e^{-x^2-y^2}dxdy = \int_0^{2\pi}d\theta \int_0^1 e^{-r^2}\cdot rdr = \pi(1-e^{-1}).$

5. 求极限 $\displaystyle\lim_{\varepsilon\to 0^+}\iint\limits_{\varepsilon^2\leqslant x^2+y^2\leqslant 1} \ln(x^2+y^2)dxdy.$

解 $\displaystyle\iint\limits_{\varepsilon^2\leqslant x^2+y^2\leqslant 1} \ln(x^2+y^2)dxdy = \int_0^{2\pi}d\theta \int_\varepsilon^1 \ln r^2 \cdot rdr$

$$= 2\pi \int_\varepsilon^1 \ln r^2 d\Big(\frac{r^2}{2}\Big) = 2\pi\Big(\frac{r^2}{2}\ln r^2\Big|_\varepsilon^1 - \int_\varepsilon^1 \frac{r^2}{2}\frac{2r}{r^2}dr\Big) = \pi(\varepsilon^2 - 1 - \varepsilon^2\ln\varepsilon^2),$$

所以

$$\lim_{\varepsilon\to 0^+}\iint\limits_{\varepsilon^2\leqslant x^2+y^2\leqslant 1} \ln(x^2+y^2)dxdy = \lim_{\varepsilon\to 0^+}\pi(\varepsilon^2-1-\varepsilon^2\ln\varepsilon^2)$$

$$= -\pi - \lim_{\varepsilon\to 0^+}\pi\varepsilon^2\ln\varepsilon^2.$$

由洛必达法则可得 $\displaystyle\lim_{\varepsilon\to 0^+}\iint\limits_{\varepsilon^2\leqslant x^2+y^2\leqslant 1} \ln(x^2+y^2)dxdy = -\pi.$

6. 求极限 $\displaystyle\lim_{\varepsilon\to 0^+}\frac{1}{\pi\varepsilon^2}\iint\limits_{x^2+y^2\leqslant\varepsilon^2} f(x,y)d\sigma$，其中 $f(x,y)$ 为区域 $D=\{(x,y)\mid x^2 + y^2 \leqslant\varepsilon^2\}$ 上的连续函数.

解 $\displaystyle\lim_{\varepsilon\to 0^+}\frac{1}{\pi\varepsilon^2}\iint\limits_{x^2+y^2\leqslant\varepsilon^2} f(x,y)d\sigma$

$$= \lim_{\varepsilon\to 0^+}\frac{1}{\pi\varepsilon^2}\int_0^{2\pi}d\theta\int_0^\varepsilon f(r\cos\theta, r\sin\theta)\cdot rdr$$

$$= \lim_{\varepsilon\to 0^+}\frac{\displaystyle\int_0^{2\pi}\varepsilon f(\varepsilon\cos\theta, \varepsilon\sin\theta)d\theta}{2\pi\varepsilon}$$

$$= \frac{1}{2\pi}\int_0^{2\pi}f(0,0)d\theta$$

$$= f(0,0).$$

7. 交换下列积分次序.

(1) $\displaystyle\int_0^2 dx \int_x^{2x} f(x,y)dy;$

(2) $\displaystyle\int_0^1 dy \int_0^{\sqrt[3]{y}} f(x,y)dx + \int_1^2 dy \int_0^{2-y} f(x,y)dx;$

(3) $\displaystyle\int_0^1 dx \int_{1-x^2}^1 f(x,y)dy + \int_1^e dx \int_{\ln x}^1 f(x,y)dy.$

解　(1) 由题设条件得积分区域如图 10-50 所示. 所以

$$\int_0^2 dx \int_x^{2x} f(x,y)dy = \int_0^2 dy \int_{\frac{y}{2}}^y f(x,y)dx + \int_2^4 dy \int_{\frac{y}{2}}^2 f(x,y)dx.$$

(2) $\displaystyle\int_0^1 dy \int_0^{\sqrt[3]{y}} f(x,y)dx + \int_1^2 dy \int_0^{2-y} f(x,y)dx = \int_0^1 dx \int_{x^3}^{2-x} f(x,y)dy.$

(3) 由题设条件得积分区域如图 10-51 所示. 所以

$$\int_0^1 dx \int_{1-x^2}^1 f(x,y)dy + \int_1^e dx \int_{\ln x}^1 f(x,y)dy = \int_0^1 dy \int_{\sqrt{1-y}}^{e^y} f(x,y)dx.$$

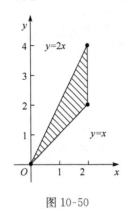

图 10-50

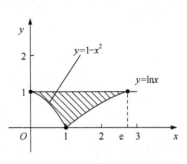

图 10-51

习　题　**10-5**

1. 化三重积分 $I = \iiint\limits_{\Omega} f(x,y,z)dxdydz$ 为三次积分, 其中积分区域 Ω 分别是:

(1) 由双曲抛物面 $xy = z$ 及平面 $x + y - 1 = 0, z = 0$ 所围成的闭区域;

(2) 由曲面 $z = x^2 + y^2$ 及平面 $z = 1$ 所围成的闭区域;

(3) 由曲面 $z = x^2 + 2y^2$ 及平面 $z = 2 - x^2$ 所围成的闭区域;

(4) 由曲面 $cz = xy(c > 0), \dfrac{x^2}{a^2} + \dfrac{y^2}{b^2} = 1, z = 0$ 所围成的在第一卦限内的闭区域;

(5) 由曲面 $z = x^2 + y^2, y = x^2$ 及平面 $y = 1, z = 0$ 所围成的闭区域.

解　(1) 把积分区域 Ω 表示为　$0 \leqslant x \leqslant 1, 0 \leqslant y \leqslant 1 - x, 0 \leqslant z \leqslant xy$, 所以

$$I = \int_0^1 dx \int_0^{1-x} dy \int_0^{xy} f(x,y,z)dz.$$

(2) 积分区域 Ω 在 xOy 平面上的投影域表示为 $x^2 + y^2 \leqslant 1(z = 0)$. 所以

$$I = \int_{-1}^1 dx \int_{-\sqrt{1-x^2}}^{\sqrt{1-x^2}} dy \int_{x^2+y^2}^1 f(x,y,z)dz.$$

（3）先求积分区域 Ω 的投影域，为此，先求两个曲面的交线和投影柱面，由题设两个方程代入易消去 z，得 $x^2+2y^2=2-x^2$，即 $x^2+y^2=1$.

此为交线所在的投影柱面，故 Ω 在 xOy 平面上的投影域表示为 $x^2+y^2\leqslant 1(z=0)$. 所以

$$I=\int_{-1}^{1}\mathrm{d}x\int_{-\sqrt{1-x^2}}^{\sqrt{1-x^2}}\mathrm{d}y\int_{x^2+2y^2}^{2-x^2}f(x,y,z)\mathrm{d}z.$$

（4）积分区域 Ω 是由位于第一卦限内的 $\dfrac{1}{4}$ 椭圆柱去截鞍面而得的，故可把 Ω 表示为

$$0\leqslant x\leqslant a,\quad 0\leqslant y\leqslant\frac{b}{a}\sqrt{a^2-x^2},\quad 0\leqslant z\leqslant\frac{xy}{c}.$$

所以

$$I=\int_{0}^{a}\mathrm{d}x\int_{0}^{\frac{b}{a}\sqrt{a^2-x^2}}\mathrm{d}y\int_{0}^{\frac{xy}{c}}f(x,y,z)\mathrm{d}z.$$

（5）积分区域 Ω 可表为 $-1\leqslant x\leqslant 1,x^2\leqslant y\leqslant 1,0\leqslant z\leqslant x^2+y^2$. 所以

$$I=\int_{-1}^{1}\mathrm{d}x\int_{x^2}^{1}\mathrm{d}y\int_{0}^{x^2+y^2}f(x,y,z)\mathrm{d}z.$$

注：由以上几题可见，化三重积分为累次积分的关键是确定（想象或绘出）积分区域 Ω 的形状；并向适当的坐标面投影、确定投影区域 D（这也是"先一后二"法中二重积分的积分区域）的形状；再把 D 向适当的坐标轴投影，可得出单积分的积分区间，于是可把 Ω 表示为界限 x,y,z 变化范围的三个不等式（组），这样便可确定化三重积分为三次积分的各积分上、下限. 因此，读者应复习和熟悉空间解析几何中有关曲面和方程及投影的相关知识.

2. 设有一物体，占有空间闭区域 $\Omega:0\leqslant x\leqslant 1,0\leqslant y\leqslant 1,0\leqslant z\leqslant 1$，在点 (x,y,z) 处的密度为 $\rho(x,y,z)=x+y+z$，计算该物体的质量.

解　该物体的质量

$$\begin{aligned}
M&=\iiint\limits_{\Omega}\rho(x,y,z)\mathrm{d}v=\iiint\limits_{\Omega}(x+y+z)\mathrm{d}x\mathrm{d}y\mathrm{d}z\\
&=\int_{0}^{1}\mathrm{d}x\int_{0}^{1}\mathrm{d}y\int_{0}^{1}(x+y+z)\mathrm{d}z\\
&=\int_{0}^{1}\mathrm{d}x\int_{0}^{1}\left(xz+yz+\frac{1}{2}z^2\right)\Big|_{0}^{1}\mathrm{d}y\\
&=\int_{0}^{1}\mathrm{d}x\int_{0}^{1}(x+y+\frac{1}{2})\mathrm{d}y\\
&=\int_{0}^{1}\left(xy+\frac{1}{2}y^2+\frac{1}{2}y\right)\Big|_{0}^{1}\mathrm{d}x
\end{aligned}$$

$$= \int_0^1 (x+1)\mathrm{d}x = \frac{3}{2}.$$

3. 如果三重积分 $\iiint\limits_{\Omega} f(x,y,z)\mathrm{d}x\mathrm{d}y\mathrm{d}z$ 的被积函数 $f(x,y,z)$ 是三个函数 $f_1(x),f_2(y),f_3(z)$ 的乘积及 $f(x,y,z)=f_1(x)f_2(y)f_3(z)$,积分区域 Ω 为 $a \leqslant x \leqslant b, c \leqslant y \leqslant d, l \leqslant z \leqslant m$,证明这个三重积分等于三个单积分的乘积,即

$$\iiint\limits_{\Omega} f_1(x)f_2(y)f_3(z)\mathrm{d}x\mathrm{d}y\mathrm{d}z = \int_a^b f_1(x)\mathrm{d}x \int_c^d f_2(y)\mathrm{d}y \int_l^m f_3(z)\mathrm{d}z.$$

证
$$\iiint\limits_{\Omega} f_1(x)f_2(y)f_3(z)\mathrm{d}x\mathrm{d}y\mathrm{d}z = \int_a^b \mathrm{d}x \int_c^d \mathrm{d}y \int_l^m f_1(x)f_2(y)f_3(z)\mathrm{d}z$$
$$= \int_a^b \mathrm{d}x \int_c^d f_1(x)f_2(y)\mathrm{d}y \int_l^m f_3(z)\mathrm{d}z$$
$$= \int_a^b f_1(x)\mathrm{d}x \int_c^d f_2(y)\mathrm{d}y \int_l^m f_3(z)\mathrm{d}z.$$

4. 计算 $\iiint\limits_{\Omega} xy^2z^3 \mathrm{d}x\mathrm{d}y\mathrm{d}z$,其中 Ω 是由曲面 $z=xy$ 与平面 $y=x,x=1$ 和 $z=0$ 所围成的闭区域.

解 Ω 向 xOy 面的投影域为三角形区域 $D_{xy}: 0 \leqslant x \leqslant 1, 0 \leqslant y \leqslant x$.

$$\iiint\limits_{\Omega} xy^2z^3 \mathrm{d}x\mathrm{d}y\mathrm{d}z = \int_0^1 \mathrm{d}x \int_0^x \mathrm{d}y \int_0^{xy} xy^2z^3 \mathrm{d}z$$
$$= \int_0^1 \mathrm{d}x \int_0^x y^2 \frac{1}{4}z^4 \Big|_0^{xy} \mathrm{d}y$$
$$= \frac{1}{4}\int_0^1 x^5 \mathrm{d}x \int_0^x y^6 \mathrm{d}y$$
$$= \frac{1}{4}\int_0^1 x^5 \left(\frac{1}{7}y^7\right)\Big|_0^x \mathrm{d}x$$
$$= \frac{1}{28}\int_0^1 x^{12}\mathrm{d}x$$
$$= \frac{1}{364}.$$

5. 计算 $\iiint\limits_{\Omega} \frac{\mathrm{d}x\mathrm{d}y\mathrm{d}z}{(1+x+y+z)^3}$,其中 Ω 是由平面 $x=0,y=0,z=0$, $x+y+z=1$ 所围成的四面体.

解 Ω 向 xOy 面的投影域为三角形区域 $D_{xy}: 0 \leqslant x \leqslant 1, 0 \leqslant y \leqslant 1-x$.

$$\iiint\limits_{\Omega} \frac{\mathrm{d}x\mathrm{d}y\mathrm{d}z}{(1+x+y+z)^3} = \int_0^1 \mathrm{d}x \int_0^{1-x} \mathrm{d}y \int_0^{1-x-y} \frac{\mathrm{d}z}{(1+x+y+z)^3}$$

$$= \int_0^1 \mathrm{d}x \int_0^{1-x} \mathrm{d}y \int_0^{1-x-y} \frac{\mathrm{d}(1+x+y+z)}{(1+x+y+z)^3}$$

$$= \int_0^1 \mathrm{d}x \int_0^{1-x} \left[-\frac{1}{2}(1+x+y+z)^{-2} \right] \Big|_0^{1-x-y} \mathrm{d}y$$

$$= -\frac{1}{2} \int_0^1 \mathrm{d}x \int_0^{1-x} \left[\frac{1}{4} - \frac{1}{(1+x+y)^2} \right] \mathrm{d}y$$

$$= -\frac{1}{2} \int_0^1 \left[\frac{1}{4}y + \frac{1}{1+x+y} \right] \Big|_0^{1-x} \mathrm{d}x$$

$$= -\frac{1}{2} \int_0^1 \left[\frac{1}{4}(1-x) + \frac{1}{2} - \frac{1}{1+x} \right] \mathrm{d}x$$

$$= -\frac{1}{2} \left[\frac{3}{4}x - \frac{1}{8}x^2 - \ln(1+x) \right] \Big|_0^1$$

$$= \frac{1}{2} \left(\ln 2 - \frac{5}{8} \right).$$

6. 计算 $\iiint\limits_{\Omega} xyz \, \mathrm{d}x\mathrm{d}y\mathrm{d}z$,其中 Ω 是球面 $x^2+y^2+z^2=1$ 及三个坐标面所围成的第一卦限内的闭区域.

解 Ω 向 xOy 面的投影域为第一卦限内的 $\frac{1}{4}$ 单位圆域

$$D_{xy}: 0 \leqslant x \leqslant 1, \quad 0 \leqslant y \leqslant \sqrt{1-x^2}.$$

$$\iiint\limits_{\Omega} xyz \, \mathrm{d}x\mathrm{d}y\mathrm{d}z = \int_0^1 \mathrm{d}x \int_0^{\sqrt{1-x^2}} \mathrm{d}y \int_0^{\sqrt{1-x^2-y^2}} xyz \, \mathrm{d}z$$

$$= \int_0^1 x\mathrm{d}x \int_0^{\sqrt{1-x^2}} y \cdot \frac{1}{2}z^2 \Big|_0^{\sqrt{1-x^2-y^2}} \mathrm{d}y$$

$$= \frac{1}{2} \int_0^1 x\mathrm{d}x \int_0^{\sqrt{1-x^2}} y \cdot (1-x^2-y^2)\mathrm{d}y$$

$$= \frac{1}{2} \int_0^1 x \cdot \left(\frac{1}{2}y^2 - \frac{1}{2}x^2y^2 - \frac{1}{4}y^4 \right) \Big|_0^{\sqrt{1-x^2}} \mathrm{d}x$$

$$= \frac{1}{4} \int_0^1 x \cdot \left[(1-x^2)(1-x^2) - \frac{1}{2}(1-x^2)^2 \right] \mathrm{d}x$$

$$= \frac{1}{8} \int_0^1 x \cdot (1-2x^2+x^4)\mathrm{d}x$$

$$= \frac{1}{8} \left(\frac{1}{2}x^2 - \frac{2}{4}x^4 + \frac{1}{6}x^6 \right) \Big|_0^1$$

$$= \frac{1}{48}.$$

7. 计算 $\iiint\limits_{\Omega} xz \mathrm{d}x\mathrm{d}y\mathrm{d}z$，其中 Ω 是由平面 $z=0, z=y, y=1$ 以及抛物柱面 $y=x^2$ 所围成的闭区域.

解 Ω 在 xOy 面上的投影域是由 $y=x^2$ 与 $y=1$ 所围成的区域 D_{xy}（读者想象图形），将 $y=x^2$ 与 $y=1$ 联立消去 y，得 $x^2=1$，即 $x=\pm1$，所以

$$D_{xy}: -1\leqslant x\leqslant1, \quad x^2\leqslant y\leqslant1.$$

$$\iiint\limits_{\Omega} xz\mathrm{d}x\mathrm{d}y\mathrm{d}z = \int_{-1}^{1}\mathrm{d}x\int_{x^2}^{1}\mathrm{d}y\int_{0}^{y}xz\mathrm{d}z = \int_{-1}^{1}x\mathrm{d}x\int_{x^2}^{1}\frac{1}{2}z^2\Big|_{0}^{y}\mathrm{d}y$$

$$= \frac{1}{2}\int_{-1}^{1}x\mathrm{d}x\int_{x^2}^{1}y^2\mathrm{d}y = \frac{1}{6}\int_{-1}^{1}x\cdot y^3\Big|_{x^2}^{1}\mathrm{d}x$$

$$= \frac{1}{6}\int_{-1}^{1}x\cdot(1-x^6)\mathrm{d}x = 0(奇函数的积分).$$

8. 计算 $\iiint\limits_{\Omega} z\mathrm{d}x\mathrm{d}y\mathrm{d}z$，其中 Ω 是由锥面 $z=\frac{h}{R}\sqrt{x^2+y^2}$ 与平面 $z=h(R>0, h>0)$ 所围成的闭区域.

解 将锥面与平面的方程联立消去 z，得投影柱面的方程 $\sqrt{x^2+y^2}=R$，即 $x^2+y^2=R^2$. 故 Ω 在 xOy 平面上的投影区域为 $D_{xy}: -R\leqslant x\leqslant R, \quad -\sqrt{R^2-x^2}\leqslant y\leqslant\sqrt{R^2-x^2}$.

$$\iiint\limits_{\Omega} z\mathrm{d}x\mathrm{d}y\mathrm{d}z = \int_{-R}^{R}\mathrm{d}x\int_{-\sqrt{R^2-x^2}}^{\sqrt{R^2-x^2}}\mathrm{d}y\int_{\frac{h}{R}\sqrt{x^2+y^2}}^{h}z\mathrm{d}z$$

$$= \int_{-R}^{R}\mathrm{d}x\int_{-\sqrt{R^2-x^2}}^{\sqrt{R^2-x^2}}\Big[h^2-\frac{h^2}{R^2}(x^2+y^2)\Big]\mathrm{d}y$$

$$= \int_{-R}^{R}\Big(h^2y-\frac{h^2}{R^2}x^2y-\frac{h^2}{R^2}\frac{1}{3}y^3\Big)\Big|_{0}^{\sqrt{R^2-x^2}}\mathrm{d}x$$

$$= 2\int_{0}^{R}\Big\{h^2\sqrt{R^2-x^2}-\frac{h^2}{R^2}\Big[x^2+\frac{1}{3}(R^2-x^2)\Big]\sqrt{R^2-x^2}\Big\}\mathrm{d}x$$

$$= \frac{4}{3}\int_{0}^{R}\Big(h^2-\frac{h^2}{R^2}x^2\Big)\sqrt{R^2-x^2}\mathrm{d}x \quad (令\ x=R\sin\theta)$$

$$= \frac{4}{3}\int_{0}^{\frac{\pi}{2}}h^2\cos^2\theta\cdot R\cos\theta\cdot R\cos\theta\mathrm{d}\theta$$

$$= \frac{4}{3}h^2R^2\cdot\frac{3\times1}{4\times2}\cdot\frac{\pi}{2} = \frac{\pi}{4}h^2R^2 \quad (华里斯公式).$$

9. 计算 $\iiint\limits_{\Omega} z^2\mathrm{d}x\mathrm{d}y\mathrm{d}z$，其中 Ω 是两个球：$x^2+y^2+z^2\leqslant R^2$ 与 $x^2+y^2+z^2\leqslant$

$2Rz(R > 0)$ 的公共部分.

解 两球面的交线在 xOy 平面上的投影为圆 $x^2 + y^2 = \dfrac{3}{4}R^2$,利用柱面坐标得

$$\iiint\limits_{\Omega} z^2 \mathrm{d}x\mathrm{d}y\mathrm{d}z = \int_0^{2\pi} \mathrm{d}\theta \int_0^{\frac{\sqrt{3}}{2}R} r\mathrm{d}r \int_{R-\sqrt{R^2-r^2}}^{\sqrt{R^2-r^2}} z^2 \mathrm{d}z$$

$$= 2\pi \int_0^{\frac{\sqrt{3}}{2}R} \frac{1}{3} r \left[(R^2-r^2)^{\frac{3}{2}} - (R - \sqrt{R^2-r^2})^3 \right] \mathrm{d}r$$

$$= -\frac{\pi}{3} \int_0^{\frac{\sqrt{3}}{2}R} (R^2-r^2)^{\frac{3}{2}} \mathrm{d}(R^2-r^2) + \frac{\pi}{3} \int_0^{\frac{\sqrt{3}}{2}R} (R - \sqrt{R^2-r^2}) \mathrm{d}(R^2-r^2)$$

$$= -\frac{\pi}{3} \cdot \frac{2}{5} (R^2-r^2)^{\frac{3}{2}} \bigg|_0^{\frac{\sqrt{3}}{2}R} + \frac{\pi}{3} \int_0^{\frac{\sqrt{3}}{2}R} \left[R^3 - 3R^2\sqrt{R^2-r^2} + 3R(R^2-r^2) \right]$$

$$- (R^2-r^2)^{\frac{3}{2}} \big] \mathrm{d}(R^2-r^2) = \frac{59}{480}\pi R^5.$$

习 题 10-6

1. 利用柱面坐标计算下列三重积分.

(1) $\iiint\limits_{\Omega} z\mathrm{d}V$,其中 Ω 是由曲面 $z = \sqrt{2-x^2-y^2}$ 与 $z = x^2 + y^2$ 所围成的闭区域.

解 联立 Ω 的连曲面(上半球面与上半抛物面)方程,得交线

$$x^2 + y^2 = 1 \quad (z=1).$$

投影柱面 $x^2 + y^2 = 1$;Ω 在 xOy 面上的投影域 $D_{xy}: x^2 + y^2 \leqslant 1 (z=0)$.

引入柱坐标,则 Ω 为

$$0 \leqslant r \leqslant 1, \quad 0 \leqslant \theta \leqslant 2\pi, \quad r^2 \leqslant z \leqslant \sqrt{2-r^2}.$$

$$\iiint\limits_{\Omega} z\mathrm{d}V = \iiint\limits_{\Omega} zr\mathrm{d}r\mathrm{d}\theta\mathrm{d}z = \int_0^{2\pi} \mathrm{d}\theta \int_0^1 \mathrm{d}r \int_{r^2}^{\sqrt{2-r^2}} rz\mathrm{d}z$$

$$= 2\pi \int_0^1 r \cdot \frac{1}{2}(2 - r^2 - r^4)\mathrm{d}r = \pi \left(r^2 - \frac{1}{4}r^4 - \frac{1}{6}r^6 \right) \bigg|_0^1 = \frac{7}{12}\pi.$$

(2) $\iiint\limits_{\Omega} (x^2 + y^2)\mathrm{d}V$,其中 Ω 是由曲面 $x^2 + y^2 = 2z$ 与 $z = 2$ 所围成的闭区域.

解 $x^2 + y^2 = 2z$ 与 $z = 2$ 的交线是平面 $z = 2$ 上的圆 $x^2 + y^2 = 4(z=2)$;故 Ω 在 xOy 面上的投影域

$$D_{xy}:x^2+y^2\leqslant 4 \quad (z=0).$$

引入柱坐标,则 Ω 为

$$0\leqslant r\leqslant 2,\quad 0\leqslant\theta\leqslant 2\pi,\quad \frac{r^2}{2}\leqslant z\leqslant 2.$$

$$\iiint_{\Omega}(x^2+y^2)dV=\iiint_{\Omega}r^2\cdot rdrd\theta dz=\int_0^{2\pi}d\theta\int_0^2 r^3 dr\int_{\frac{r^2}{2}}^2 dz$$
$$=2\pi\int_0^2 r^3\left(2-\frac{r^2}{2}\right)dr=2\pi\left(\frac{2}{4}r^4-\frac{1}{12}r^6\right)\Big|_0^2=\frac{16}{3}\pi.$$

2. 利用球面坐标计算下列三重积分.

(1) $\iiint_{\Omega}(x^2+y^2+z^2)dV$,其中 Ω 是由球面 $x^2+y^2+z^2=1$ 所围成的闭区域;

(2) $\iiint_{\Omega}zdV$,其中闭区域 Ω 是由不等式 $x^2+y^2+(z-a)^2\leqslant a^2,x^2+y^2\leqslant z^2$ 所确定.

解　(1) Ω 在 xOy 面上的投影域

$$D_{xy}:x^2+y^2\leqslant 1 \quad (z=0).$$

引入球坐标,由球心在原点知

$$\iiint_{\Omega}(x^2+y^2+z^2)dV=\iiint_{\Omega}r^2 r^2\sin\varphi drd\theta d\varphi$$
$$=\int_0^{2\pi}d\theta\int_0^1 r^4 dr\int_0^\pi\sin\varphi d\varphi=\frac{4}{5}\pi.$$

(2) Ω 由 xOy 平面上方的球体与上半锥体所确定,宜用球坐标计算.为了确定引入球坐标后化为累次积分的积分限,一是要确定 Ω 在 xOy 面上的投影域 D_{xy};二是要确定角 φ 和 r 的变化范围.

用代入法消去 z,易得与题设对应的球面与半锥面的交线为

$$z^2+(z-a)^2=a^2\Rightarrow z=a,\text{即 } x^2+y^2=a^2.$$

故 Ω 在 xOy 平面上的投影域 $D_{xy}:x^2+y^2\leqslant a^2(z=0)$.

又上述球面和锥面与 yOz 平面的交线分别为

$$y^2+(z-a)^2=a^2 \text{ 与 } y^2=z^2 \quad (x=0).$$

读者想象该圆和 $y=z$ 的位置,或画图易知

$$0\leqslant r\leqslant 2a\cos\varphi \quad \left(0\leqslant\varphi\leqslant\frac{\pi}{4}\right).$$

$$\iiint\limits_{\Omega} z\,\mathrm{d}V = \iiint\limits_{\Omega} r\cos\varphi \cdot r^2\sin\varphi\,\mathrm{d}r\mathrm{d}\theta\mathrm{d}\varphi = \int_0^{2\pi}\mathrm{d}\theta\int_0^{\frac{\pi}{4}}\mathrm{d}\varphi\int_0^{2a\cos\varphi} r^3\sin\varphi\cos\varphi\,\mathrm{d}r$$

$$= 2\pi\int_0^{\frac{\pi}{4}}\sin\varphi\cos\varphi \cdot \frac{1}{4}(16a^4\cos^4\varphi)\mathrm{d}\varphi = -8\pi a^4 \cdot \frac{1}{6}\cos^6\varphi\Big|_0^{\frac{\pi}{4}} = \frac{7}{6}\pi a^4.$$

3. 选用适当的坐标计算下列三重积.

(1) $\iiint\limits_{\Omega} xy\,\mathrm{d}V$,其中 Ω 是由柱面 $x^2+y^2=1$ 及平面 $z=1,z=0,x=0,y=0$ 所围成的在第一卦限内的闭区域;

(2) $\iiint\limits_{\Omega}\sqrt{x^2+y^2+z^2}\,\mathrm{d}V$,其中 Ω 是由球面 $x^2+y^2+z^2=z$ 所围成的闭区域;

(3) $\iiint\limits_{\Omega}(x^2+y^2)\mathrm{d}V$,其中 Ω 是由曲面 $4z^2=25(x^2+y^2)$ 及平面 $z=5$ 所围成的闭区域;

(4) $\iiint\limits_{\Omega}(x^2+y^2)\mathrm{d}V$,其中闭区域 Ω 是由两个半球面 $z=\sqrt{A^2-x^2-y^2}$,$z=\sqrt{a^2-x^2-y^2}(A>a>0)$ 及平面 $z=0$ 所确定.

解 (1) 显见应采用柱坐标计算,Ω 在 xOy 平面上的投影是位于第一象限的 $\frac{1}{4}$ 的单位圆,所以

$$0\leqslant\theta\leqslant\frac{\pi}{2}\quad(0\leqslant r\leqslant1),$$

$$\iiint\limits_{\Omega} xy\,\mathrm{d}V = \iiint\limits_{\Omega} r\cos\theta \cdot r\sin\theta r\,\mathrm{d}r\mathrm{d}\theta\mathrm{d}z = \int_0^{\frac{\pi}{2}}\mathrm{d}\theta\int_0^1\mathrm{d}r\int_0^1 r^3\sin\theta\cos\theta\mathrm{d}z$$

$$= \int_0^{\frac{\pi}{2}}\sin\theta\cos\theta \cdot \frac{1}{4}r^4\Big|_0^1\mathrm{d}\theta = \frac{1}{8}.$$

(2)(无论是考虑 Ω,还是考虑化简被积函数,都应采用球坐标计算)

球面方程为 $x^2+y^2+\left(z-\frac{1}{2}\right)^2=\frac{1}{4}$.

这是球心在点 $\left(0,0,\frac{1}{2}\right)$,半径为 $\frac{1}{2}$ 的球面,它位于 xOy 平面的上方,且与 xOy 平面相切,故

$$0\leqslant r\leqslant\cos\varphi,\quad 0\leqslant\varphi\leqslant\frac{\pi}{2},\quad 0\leqslant\theta\leqslant2\pi.$$

$$\iiint\limits_{\Omega}\sqrt{x^2+y^2+z^2}\,\mathrm{d}V = \iiint\limits_{\Omega} r \cdot r^2\sin\varphi\mathrm{d}r\mathrm{d}\theta\mathrm{d}\varphi = \int_0^{2\pi}\mathrm{d}\theta\int_0^{\frac{\pi}{2}}\sin\varphi\mathrm{d}\varphi\int_0^{\cos\varphi} r^3\mathrm{d}r$$

$$= 2\pi \int_0^{\frac{\pi}{2}} \frac{1}{4} \cos^4\varphi \sin\varphi \mathrm{d}\varphi = \frac{\pi}{10}.$$

（3）Ω 为锥体，宜用柱坐标计算，将 $z=5$ 代入锥面方程，得平面 $z=5$ 与锥面的交线

$$x^2 + y^2 = 4 \quad (z=5).$$

故 Ω 在 xOy 平面上的投影域 $D_{xy}: x^2 + y^2 \leqslant 4(z=0)$.

又由曲面方程或绘图知

$$\frac{|z|}{r} = \frac{5}{2}, \quad z = \frac{5}{2}r. \tag{1}$$

$$\iiint\limits_{\Omega} (x^2 + y^2)\mathrm{d}V = \iiint\limits_{\Omega} r^2 \cdot r\mathrm{d}r\mathrm{d}\theta\mathrm{d}z = \int_0^{2\pi} \mathrm{d}\theta \int_0^2 r^3 \mathrm{d}r \int_{\frac{5}{2}r}^5 \mathrm{d}z$$

$$= 2\pi \int_0^2 r^3 \left(5 - \frac{5}{2}r\right)\mathrm{d}r = 2\pi \left(\frac{5}{4}r^4 - \frac{5}{10}r^5\right)\Big|_0^2 = 8\pi.$$

注：由(1)，$\frac{5}{2}r \leqslant z \leqslant 5$，很容易误写为 $0 \leqslant z \leqslant 5$，否则 Ω 是柱形域而非题设的锥形域，读者自绘图比较一下这两种确定 z 的变化范围，从中汲取经验教训.

（4）Ω 是上半空心球，观察被积函数，似用柱坐标；但优先照顾化简 Ω，宜用球坐标计算.

$$a \leqslant r \leqslant A, \quad 0 \leqslant \varphi \leqslant \frac{\pi}{2}, \quad 0 \leqslant \theta \leqslant 2\pi.$$

$$\iiint\limits_{\Omega} (x^2 + y^2)\mathrm{d}V = \iiint\limits_{\Omega} r^2(\cos^2\theta + \sin^2\theta) \sin^2\varphi \cdot r^2 \sin\varphi \mathrm{d}r\mathrm{d}\theta\mathrm{d}\varphi$$

$$= \int_0^{2\pi} \mathrm{d}\theta \int_0^{\frac{\pi}{2}} \sin^3\varphi \mathrm{d}\varphi \int_a^A r^4 \mathrm{d}r = 2\pi \times \frac{1}{5}(A^5 - a^5) \times \frac{2}{3} = \frac{4}{15}\pi(A^5 - a^5).$$

4. 利用三重积分计算由下列曲面所围成的立体的体积.

（1）$z = 6 - x^2 - y^2$ 及 $z = \sqrt{x^2 + y^2}$；

（2）$x^2 + y^2 + z^2 = 2az(a > 0)$ 及 $x^2 + y^2 = z^2$（含有 z 轴的部分）；

（3）$z = \sqrt{x^2 + y^2}$ 及 $z = x^2 + y^2$；

（4）$z = \sqrt{5 - x^2 - y^2}$ 及 $x^2 + y^2 = 4z$.

解　（1）（求这类由曲面所围成立体 Ω 的体积，应该用公式 $V = \iiint\limits_{\Omega} \mathrm{d}v$ 来计算.

下同.）Ω 的上半曲面是抛物面，下方是开口朝上的锥面，宜用柱坐标计算.

由 $\sqrt{x^2 + y^2} \leqslant z \leqslant 6 - x^2 - y^2$ 得 $r \leqslant z \leqslant 6 - r^2$.

又两曲面的交线为$(x^2+y^2)+\sqrt{x^2+y^2}-6=0$. 解得

$$x^2+y^2=4 \quad (z=2).$$

故 Ω 在 xOy 平面上的投影是圆域 $D_{xy}:x^2+y^2\leqslant4(z=0)$.

$$V=\iiint\limits_{\Omega}\mathrm{d}V=\int_0^{2\pi}\mathrm{d}\theta\int_0^2\mathrm{d}r\int_r^{6-r^2}r\mathrm{d}z$$

$$=2\pi\int_0^2 r(6-r^2-r)\mathrm{d}r=2\pi\left(3r^2-\frac{1}{4}r^4-\frac{1}{3}r^3\right)\Big|_0^2=\frac{32}{3}\pi.$$

(2) Ω 为上部球锥形, 宜用球坐标计算, 读者绘草图易知, 球与锥的交线:

$$\begin{cases}x^2+y^2+z^2=2az,\\ x^2+y^2=z^2\end{cases}\Rightarrow\begin{cases}z=a,\\ x^2+y^2=a^2.\end{cases}$$

它在 xOy 平面上的投影为 $x^2+y^2=a^2(z=0)$. 故 $0\leqslant\theta\leqslant2\pi$.

上半锥与平面 $x=0$ 的交线为 $z=\pm y$, 从而

$$0\leqslant\varphi\leqslant\frac{\pi}{4}, \quad 0\leqslant r\leqslant2a\cos\varphi.$$

故

$$V=\iiint\limits_{\Omega}\mathrm{d}V=\int_0^{2\pi}\mathrm{d}\theta\int_0^{\frac{\pi}{4}}\mathrm{d}\varphi\int_0^{2a\cos\varphi}r^2\sin\varphi\mathrm{d}r=2\pi\int_0^{\frac{\pi}{4}}\frac{1}{3}(2a\cos\varphi)^3\sin\varphi\mathrm{d}\varphi$$

$$=-\frac{16}{3}\pi a^3\int_0^{\frac{\pi}{4}}\cos^3\varphi\mathrm{d}\cos\varphi=\frac{4}{3}\pi a^3\cos^4\varphi\Big|_{\frac{\pi}{4}}^0=\pi a^3.$$

(3) Ω 是由上顶为锥面、下底为抛物面的两个曲面围成(图略), 显见宜用柱面坐标计算, 易得两曲面的交线

$$x^2+y^2=1 \quad (z=1).$$

它在 xOy 平面上的投影为

$$x^2+y^2\leqslant1 \quad (z=0),$$

$$D_{xy}:0\leqslant\theta\leqslant2\pi, 0\leqslant r\leqslant1.$$

又 $x^2+y^2\leqslant z\leqslant\sqrt{x^2+y^2}$, 故

$$V=\iiint\limits_{\Omega}\mathrm{d}V=\int_0^{2\pi}\mathrm{d}\theta\int_0^1\mathrm{d}r\int_{r^2}^r r\mathrm{d}z=2\pi\int_0^1 r(r-r^2)\mathrm{d}r$$

$$=2\pi\left(\frac{1}{3}r^2-\frac{1}{4}r^4\right)\Big|_0^1=\frac{\pi}{6}.$$

(4) Ω 是由上半球面与向上的抛物面所围成的, 考察两曲面的方程, 显见宜用

柱面坐标计算,易得两曲面的交线

$$\begin{cases} z = \sqrt{5-x^2-y^2}, \\ x^2+y^2 = 4z \end{cases} \Rightarrow \begin{cases} z=1, \\ x^2+y^2 = 4. \end{cases}$$

它在 xOy 平面上的投影为 $D_{xy}:x^2+y^2\leqslant4(z=0)$. 从而 $0\leqslant\theta\leqslant2\pi, 0\leqslant r\leqslant2$.

将柱坐标变换 $\begin{cases} x = r\cos\theta \\ y = r\sin\theta \end{cases}$,代入

$$\frac{x^2+y^2}{4} \leqslant z \leqslant \sqrt{5-x^2-y^2}.$$

得 $\dfrac{r^2}{4} \leqslant z \leqslant \sqrt{5-r^2}$. 故

$$V = \iiint\limits_{\Omega} \mathrm{d}V = \int_0^{2\pi} \mathrm{d}\theta \int_0^2 \mathrm{d}r \int_{\frac{r^2}{4}}^{\sqrt{5-r^2}} r\mathrm{d}z = 2\pi \int_0^2 r\left(\sqrt{5-r^2} - \frac{r^2}{4}\right)\mathrm{d}r$$

$$= \pi\left[\int_0^2 \sqrt{5-r^2}\,\mathrm{d}(r^2) - \int_0^2 \frac{r^3}{2}\mathrm{d}r\right] = \left[-\frac{2}{3}\pi\,(5-r^2)^{\frac{3}{2}} - \frac{\pi}{8}r^4\right]\Big|_0^2$$

$$= \frac{2\pi}{3}(5\sqrt5-4).$$

5. 球心在原点、半径为 R 的球体,在其上任意一点的密度的大小与这点到球心的距离成正比,求球体的质量.

解 密度函数 $\rho(x,y,z) = k\sqrt{x^2+y^2+z^2}, k$ 为比例系数,质量元素

$$\mathrm{d}M = k\sqrt{x^2+y^2+z^2}\,\mathrm{d}V.$$

本题的 Ω 是球体,宜用球坐标计算,故

$$M = k\int_0^{2\pi}\mathrm{d}\theta\int_0^\pi\mathrm{d}\varphi\int_0^R r\cdot r^2\sin\varphi\mathrm{d}r = 2\pi k\cdot\cos\varphi\Big|_\pi^0\cdot\frac{1}{4}r^4\Big|_0^R = k\pi R^4.$$

6. 利用三重积分计算下列曲面所围立体的重心(设密度 $\rho=1$).

(1) $z^2 = x^2+y^2, z=1$;

(2) $z = \sqrt{A^2-x^2-y^2}, z=\sqrt{a^2-x^2-y^2}(A>a>0), z=0$;

(3) $z = x^2+y^2, x+y=a, x=0, y=0, z=0$.

解 (1)(重心没有可加性;可视物体的质量集中于重心处,利用静力矩(有可加性)求重心)

此为锥体,由对称性易知 $\bar x=\bar y=0$,显见应该用柱坐标计算下列三重积分,由投影

$$D_{xy}:x^2+y^2\leqslant1(z=0)\quad \text{和}\quad \sqrt{x^2+y^2}\leqslant z\leqslant1.$$

从而 $r \leqslant z \leqslant 1$.

$$M = \iiint\limits_{\Omega} 1 \mathrm{d}V = \int_0^{2\pi} \mathrm{d}\theta \int_0^1 \mathrm{d}r \int_r^1 r \mathrm{d}z = 2\pi \int_0^1 r(1-r) \mathrm{d}r$$

$$= 2\pi \left(\frac{1}{2} r^2 - \frac{1}{3} r^3 \right) \bigg|_0^1 = \frac{\pi}{3}.$$

而静力矩

$$M_{xy} = \iiint\limits_{\Omega} \rho z \mathrm{d}V = \int_0^{2\pi} \mathrm{d}\theta \int_0^1 \mathrm{d}r \int_r^1 rz \mathrm{d}z = 2\pi \int_0^1 \frac{r}{2} (1-r^2) \mathrm{d}r$$

$$= \pi \left(\frac{1}{2} r^2 - \frac{1}{4} r^4 \right) \bigg|_0^1 = \frac{\pi}{4}.$$

所以 $\bar{z} = \dfrac{M_{xy}}{M} = \dfrac{3}{4}$.

故重心坐标为 $\left(0, 0, \dfrac{3}{4} \right)$.

(2) Ω 为空心上半球,宜用球坐标计算,其投影域

$$a^2 \leqslant x^2 + y^2 \leqslant A^2 (z=0) \quad \text{和} \quad x^2 + y^2 \leqslant z \leqslant 1,$$

从而 $0 \leqslant \theta \leqslant 2\pi, a \leqslant r \leqslant A, 0 \leqslant \varphi \leqslant \dfrac{\pi}{2}$.

$$M = \iiint\limits_{\Omega} 1 \mathrm{d}V = \int_0^{2\pi} \mathrm{d}\theta \int_0^{\frac{\pi}{2}} \mathrm{d}\varphi \int_a^A r^2 \sin\varphi \mathrm{d}r$$

$$= 2\pi \cos\varphi \bigg|_{\frac{\pi}{2}}^0 \cdot \frac{1}{3} r^3 \bigg|_a^A = \frac{2}{3} \pi (A^3 - a^3).$$

而静力矩

$$M_{xy} = \iiint\limits_{\Omega} \rho z \mathrm{d}V = \int_0^{2\pi} \mathrm{d}\theta \int_0^{\frac{\pi}{2}} \mathrm{d}\varphi \int_a^A r \cos\varphi \cdot r^2 \sin\varphi \mathrm{d}r$$

$$= 2\pi \cdot \frac{1}{2} \sin^2\varphi \bigg|_0^{\frac{\pi}{2}} \cdot \frac{1}{4} r^4 \bigg|_a^A = \frac{1}{4} \pi (A^4 - a^4),$$

所以 $\bar{z} = \dfrac{M_{xy}}{M} = \dfrac{3}{8} \dfrac{A^4 - a^4}{A^3 - a^3}$. 又由 Ω 的对称性和 $\rho = 1$,知 $\bar{x} = \bar{y} = 0$,故重心坐标

为 $\left(0, 0, \dfrac{3}{8} \dfrac{A^4 - a^4}{A^3 - a^3} \right)$.

(3) 考察 Ω 及其投影 D_{xy},显见采用直角坐标系计算. Ω 在 xOy 平面的投影域为

$$D_{xy} : 0 \leqslant x \leqslant a, \quad 0 \leqslant y \leqslant a - x.$$

质量

$$M = \iiint_{\Omega} 1\mathrm{d}V = \int_0^a \mathrm{d}x \int_0^{a-x} \mathrm{d}y \int_0^{x^2+y^2} \mathrm{d}z = \int_0^a \mathrm{d}x \int_0^{a-x}(x^2+y^2)\mathrm{d}y$$

$$= \int_0^a \Big[x^2(a-x) + \frac{1}{3}(a-x)^3 \Big]\mathrm{d}x = \frac{a^4}{6}.$$

而静力矩

$$M_{yz} = \iiint_{\Omega}\rho x\,\mathrm{d}V = \int_0^a x\mathrm{d}x \int_0^{a-x}\mathrm{d}y \int_0^{x^2+y^2}\mathrm{d}z$$

$$= \int_0^a x\mathrm{d}x \int_0^{a-x}(x^2+y^2)\mathrm{d}y = \int_0^a \Big[x^3(a-x) + \frac{x}{3}(a-x)^3 \Big]\mathrm{d}x$$

$$= \Big(\frac{a}{4}x^4 - \frac{1}{5}x^5 \Big)\Big|_0^a - \frac{1}{3}\int_0^a (a-x)^4\mathrm{d}x + \frac{1}{3}\int_0^a a(a-x)^3\mathrm{d}x$$

$$= \frac{1}{20}a^5 + \frac{1}{15}(a-x)^5\Big|_0^a - \frac{a}{12}(a-x)^4\Big|_0^a = \frac{a^5}{15},$$

所以 $\bar{x} = \dfrac{M_{yz}}{M} = \dfrac{2}{5}a.$

由 x 与 y 的对称性,知 $\bar{y} = \bar{x} = \dfrac{2}{5}a.$

$$M_{xy} = \iiint_{\Omega}\rho z\,\mathrm{d}v = \int_0^a \mathrm{d}x \int_0^{a-x}\mathrm{d}y \int_0^{x^2+y^2}z\mathrm{d}z = \int_0^a \mathrm{d}x \int_0^{a-x}\frac{1}{2}(x^2+y^2)^2\mathrm{d}y$$

$$= \frac{1}{2}\int_0^a \Big[x^4(a-x) + \frac{2}{3}x^2(a-x)^3 + \frac{1}{5}(a-x)^5 \Big]\mathrm{d}x$$

$$= \frac{1}{2}\Big\{ \Big[a\frac{1}{5}x^5 - \frac{1}{6}x^6 - \frac{1}{30}(a-x)^6 \Big]\Big|_0^a + \frac{2}{3}\int_0^a \big[(a-x)^5 + 2ax(a-x)^3$$

$$- a^2(a-x)^3 \big]\mathrm{d}x \Big\} = \frac{7}{180}a^6.$$

所以 $\bar{z} = \dfrac{M_{xy}}{M} = \dfrac{7}{30}a^2.$

故重心坐标为 $\Big(\dfrac{2}{5}a, \dfrac{2}{5}a, \dfrac{7}{30}a^2 \Big).$

7. 球体 $x^2+y^2+z^2 \leqslant 2Rz$ 内,各点处的密度的大小等于该点到坐标原点距离的平方,试求这个球体的重心.

解　由于此球体关于 xz,yz 平面的对称性,显见 $\bar{x}=\bar{y}=0.$ 下面求 $\bar{z}.$

Ω 为球体,宜用球坐标计算三重积分,将球坐标代入球面方程,得

$$0 \leqslant z \leqslant 2R\cos\varphi,$$

从而 $0 \leqslant \theta \leqslant 2\pi, 0 \leqslant \varphi \leqslant \dfrac{\pi}{2}.$

$$M = \iiint_{\Omega}\rho\mathrm{d}V = \int_0^{2\pi}\mathrm{d}\theta \int_0^{\frac{\pi}{2}}\mathrm{d}\varphi \int_0^{2R\cos\varphi} r^2 \cdot r^2 \sin\varphi\mathrm{d}r$$

$$= 2\pi \int_0^{\frac{\pi}{2}} \sin\varphi \cdot \frac{1}{5} (2R\cos\varphi)^5 \mathrm{d}\varphi = -\frac{64}{5}\pi R^5 \cdot \frac{1}{6} \cos^6\varphi \Big|_0^{\frac{\pi}{2}} = \frac{32}{15}\pi R^5.$$

而静力矩

$$M_{xy} = \iiint\limits_\Omega \rho z \mathrm{d}V = \int_0^{2\pi} \mathrm{d}\theta \int_0^{\frac{\pi}{2}} \mathrm{d}\varphi \int_0^{2R\cos\varphi} r^2 \cdot r\cos\varphi \cdot r^2 \sin\varphi \mathrm{d}r$$

$$= 2\pi \int_0^{\frac{\pi}{2}} \sin\varphi\cos\varphi \cdot \frac{1}{6} (2R\cos\varphi)^6 \mathrm{d}\varphi$$

$$= \frac{64}{3}\pi R^6 \left(-\frac{1}{8} \cos^8\varphi \right) \Big|_0^{\frac{\pi}{2}} = \frac{8}{3}\pi R^6,$$

所以 $\bar{z} = \dfrac{M_{xy}}{M} = \dfrac{5}{4}R.$

故该球体的重心坐标为 $\left(0, 0, \dfrac{5}{4}R\right).$

8. 一均匀物体(密度 ρ 为常量)占有的闭区域 Ω 由曲面 $z = x^2 + y^2$ 和平面 $z = 0, |x| = |a|, |y| = a$ 围成.

(1) 求物体的体积;

(2) 求物体的重心;

(3) 求物体关于 z 轴的转动惯量.

解 Ω 在 xOy 平面的投影域为正方形

$$D_{xy}: -a \leqslant x \leqslant a, -a \leqslant y \leqslant a. \text{而} 0 \leqslant z \leqslant x^2 + y^2.$$

考察 D_{xy},可见宜用直角坐标计算本题的体积 V,重心 $\bar{z}$,惯矩 J_z.

(1) $V = \iiint\limits_\Omega \mathrm{d}V = \int_{-a}^a \mathrm{d}x \int_{-a}^a \mathrm{d}y \int_0^{x^2+y^2} \mathrm{d}z$

$$= \int_{-a}^a \mathrm{d}x \int_{-a}^a (x^2 + y^2)\mathrm{d}y = 4\int_0^a \left(ax^2 + \frac{1}{3}a^3\right)\mathrm{d}x$$

$$= 4\left(\frac{a}{3}x^3 + \frac{1}{3}a^3 x\right)\Big|_0^a = \frac{8}{3}a^4.$$

(2) 由 $\rho =$ 常量和 Ω 关于 x, y 的对称性(或图形关于 xz, yz 平面的对称性,知 $\bar{x} = \bar{y} = 0$).

静力矩

$$M_{xy} = \iiint\limits_\Omega \rho z \mathrm{d}V = \rho \int_{-a}^a \mathrm{d}x \int_{-a}^a \mathrm{d}y \int_0^{x^2+y^2} z\mathrm{d}z$$

$$= 4\rho \int_0^a \mathrm{d}x \int_0^a \frac{1}{2} (x^2 + y^2)^2 \mathrm{d}y$$

$$= 2\rho \int_0^a \mathrm{d}x \int_0^a (x^4 + 2x^2 y^2 + y^4)\mathrm{d}y$$

$$= 2\rho \int_0^a \left(ax^4 + \frac{2}{3}a^3 x^2 + \frac{1}{5}a^5\right)\mathrm{d}x = \frac{56}{45}\rho a^6.$$

所以 $\bar{z} = \dfrac{M_{xy}}{M} = \dfrac{7}{15}a^2$.

故重心坐标为 $\left(0, 0, \dfrac{7}{15}a^2\right)$.

(3) $J_z = \iiint\limits_{\Omega} \rho(x^2 + y^2)\mathrm{d}V = \rho \int_{-a}^{a} \mathrm{d}x \int_{-a}^{a} \mathrm{d}y \int_{0}^{x^2+y^2} (x^2 + y^2)\mathrm{d}z$

$\qquad = 4\rho \int_{0}^{a} \mathrm{d}x \int_{0}^{a} (x^2 + y^2)^2 \mathrm{d}y$

$\qquad = 4\rho \int_{0}^{a} \left(ax^4 + \dfrac{2}{3}a^3 x^2 + \dfrac{1}{5}a^5\right)\mathrm{d}x = \dfrac{112}{45}\rho a^6$.

9. 求半径为 a, 高为 h 的均匀圆柱体对于过中心而平行于母线的轴的转动惯量(设密度 $\rho = 1$).

解　建立坐标系,使原点在圆柱下底中心,z 轴与母线平行,显见宜用柱坐标计算,则所求惯矩

$$J_z = \iiint\limits_{\Omega} \rho(x^2 + y^2)\mathrm{d}V = \int_{0}^{2\pi}\mathrm{d}\theta \int_{0}^{a}\mathrm{d}r \int_{0}^{h} r^2 \cdot r\mathrm{d}z$$

$$= 2\pi \cdot \dfrac{1}{4}a^4 \cdot h = \dfrac{1}{2}Ma^2,$$

其中 $M = \pi a^2 h \rho$ 为圆柱体的质量.

10. 求均匀柱体 $x^2 + y^2 \leqslant R^2$, $0 \leqslant z \leqslant h$ 对于位于点 $M_0(0, 0, a)$ $(a < h)$ 处的单位质量的质点的引力.

解　(用元素法具体分析解题)记引力 $F = \{F_x, F_y, F_z\}$,设引力系数为 k,密度为 ρ,r 为柱体 Ω 上的点 $P(x, y, z)$ 与 M_0 的距离,则分引力元素:

$$\mathrm{d}F_x = k\dfrac{\rho x \mathrm{d}v}{r^3}, \quad \mathrm{d}F_y = k\dfrac{\rho y \mathrm{d}v}{r^3}, \quad \mathrm{d}F_z = k\dfrac{\rho(z-a)\mathrm{d}v}{\left[\sqrt{x^2 + y^2 + (z-a)^2}\right]^3}.$$

由 Ω 的对称性及 $\mathrm{d}F_x$, $\mathrm{d}F_y$ 中函数为 x, y 的奇函数,知 $F_x = F_y = 0$.

宜用柱坐标计算 F_z;或用"先二后一"法和极坐标计算 F_z.

$$F_z = \iiint\limits_{\Omega} \mathrm{d}F_z = \iiint\limits_{\Omega} k\dfrac{\rho(z-a)}{\left[\sqrt{x^2 + y^2 + (z-a)^2}\right]^3}\mathrm{d}V$$

$$= k\rho \int_{0}^{h}(z-a)\mathrm{d}z \iint\limits_{x^2+y^2 \leqslant R^2} \dfrac{1}{\left[x^2 + y^2 + (z-a)^2\right]^{\frac{3}{2}}}\mathrm{d}x\mathrm{d}y$$

$$= k\rho \int_{0}^{h}(z-a)\mathrm{d}z \cdot \int_{0}^{2\pi}\mathrm{d}\theta \int_{0}^{R} \dfrac{r\mathrm{d}r}{\left[r^2 + (z-a)^2\right]^{\frac{3}{2}}}$$

$$= 2\pi k\rho \int_{0}^{h}(z-a)\mathrm{d}z \cdot \int_{0}^{R} \dfrac{1}{2}\dfrac{\mathrm{d}\left[r^2 + (z-a)^2\right]}{\left[r^2 + (z-a)^2\right]^{\frac{3}{2}}}$$

$$= 2\pi k\rho \int_{0}^{h}(z-a) \cdot \dfrac{-1}{\left[r^2 + (z-a)^2\right]^{\frac{1}{2}}}\bigg|_{0}^{R}\mathrm{d}z \quad (z < a)$$

$$= 2\pi k\rho \int_0^h (z-a) \cdot \left[\frac{1}{a-z} - \frac{1}{[R^2+(z-a)^2]^{\frac{1}{2}}} \right] \mathrm{d}z$$

$$= -2\pi k\rho \int_0^h \left[1 + \frac{2(z-a)}{2\sqrt{R^2+(z-a)^2}} \right] \mathrm{d}z$$

$$= -2\pi k\rho \left[z + \sqrt{R^2+(z-a)^2} \right]_0^h$$

$$= 2\pi k\rho \left[\sqrt{R^2+a^2} - h - \sqrt{R^2+(z-a)^2} \right] \triangleq F_3.$$

故引力 $F = \{0,0,F_3\}$ 或 $F = F_3 k$,易验证 $F_3 < 0$,即引力方向指向原点.

习 题 10-7

1. 求下列含参变量的积分所确定的函数的极限.

(1) $\lim\limits_{x \to 0} \int_x^{1+x} \dfrac{\mathrm{d}y}{1+x^2+y^2}$;   (2) $\lim\limits_{x \to 0} \int_{-1}^1 \sqrt{x^2+y^2} \, \mathrm{d}y$;

(3) $\lim\limits_{x \to 0} \int_0^2 y^2 \cos(xy) \, \mathrm{d}y$.

解 (求含参量积分的极限,先用定理 1 或定理 4(连续性)判别(1)或(2)中的函数 $\varphi(x)$ 或 $\Phi(x)$ 是否连续;若连续,则有 $\lim\limits_{x \to x_0} \varphi(x) = \varphi(x_0)$ 或 $\lim\limits_{x \to x_0} \Phi(x) = \Phi(x_0)$,即可交换极限运算与函数符号的顺序,或说可代值计算.)

(1) 显见 $\dfrac{1}{1+x^2+y^2} \in C(\mathbf{R}^2), \alpha(x) = x \in C(\mathbf{R}), \beta(x) = 1+x \in C(\mathbf{R})$,由定理 4,积分

$$\Phi(x) = \int_x^{1+x} \frac{\mathrm{d}y}{1+x^2+y^2}$$

在原点的邻域 $U(x)$ 连续,且

$$\lim_{x \to 0} \int_x^{1+x} \frac{\mathrm{d}y}{1+x^2+y^2} = \lim_{x \to 0} \Phi(x) = \Phi(0) = \int_0^1 \frac{\mathrm{d}y}{1+y^2} = \arctan y \Big|_0^1 = \frac{\pi}{4}.$$

(2) $\varphi(x) = \int_{-1}^1 \sqrt{x^2+y^2} \, \mathrm{d}y$ 满足定理 1 要求的连续条件(这里 $f(x,y) = \sqrt{x^2+y^2} \in C(\mathbf{R}^2)$,所以 $\varphi(x) \in C(\mathbf{R})$),且

$$\lim_{x \to 0} \int_{-1}^1 \sqrt{x^2+y^2} \, \mathrm{d}y = \lim_{x \to 0} \varphi(x) = \varphi(0) = \int_{-1}^1 \sqrt{y^2} \, \mathrm{d}y = 2\int_0^1 y \, \mathrm{d}y = y^2 \Big|_0^1 = 1.$$

(3) $f(x,y) = y^2 \cos(xy) \in C(R^2)$,所以 $\varphi(x) = \int_0^2 y^2 \cos(xy) \, \mathrm{d}y$ 连续.

$$\lim_{x \to 0} \int_0^2 y^2 \cos(xy) \, \mathrm{d}y = \lim_{x \to 0} \varphi(x) = \varphi(0) = \int_0^2 y^2 \, \mathrm{d}y = \frac{1}{3} y^3 \Big|_0^2 = \frac{8}{3}.$$

2. 求下列函数的导数.

(1) $\varphi(x)=\displaystyle\int_{\sin x}^{\cos x}(y^2\sin x-y^3)\mathrm{d}y$;　　　　(2) $\varphi(x)=\displaystyle\int_0^x\dfrac{\ln(1+xy)}{y}\mathrm{d}y$;

(3) $\varphi(x)=\displaystyle\int_{x^2}^{x^3}\arctan\dfrac{y}{x}\mathrm{d}y$;　　　　(4) $\varphi(x)=\displaystyle\int_x^{x^2}\mathrm{e}^{-xy^2}\mathrm{d}y$.

解　运用求变动积分限导数的莱布尼兹公式演算,显见各被积函数满足定理 5 中相应的连续条件,而 $\dfrac{\partial f(x,y)}{\partial x}$ 的连续条件及上、下限中 $\alpha(x)$ 与 $\beta(x)$ 的可微条件可在演算过程中顺便观察验明,下面仅给出各题的计算过程.

(1) $\varphi'(x)=\displaystyle\int_{\sin x}^{\cos x}y^2\cos x\,\mathrm{d}y-(\cos^2x\sin x-\cos^2x)\sin x$

$\quad\quad-(\sin^2x\sin x-\sin^3x)\cos x$

$\quad=\dfrac{1}{3}\cos x(\cos^3x-\sin^3x)-\sin x\cos^2x(\sin x-\cos x)$

$\quad=\dfrac{1}{3}\cos x(\cos x-\sin x)(1+\sin x\cos x+3\sin x\cos x)$

$\quad=\dfrac{1}{3}\cos x(\cos x-\sin x)(1+2\sin 2x)$.

(2) $\varphi'(x)=\displaystyle\int_0^x\dfrac{y}{y(1+xy)}\mathrm{d}y+\dfrac{\ln(1+x^2)}{x}\cdot1+0$

$\quad=\dfrac{\ln(1+xy)}{x}\Big|_0^x+\dfrac{\ln(1+x^2)}{x}=\dfrac{2}{x}\ln(1+x^2)$.

(3) $\varphi'(x)=\displaystyle\int_{x^2}^{x^3}\dfrac{-\dfrac{y}{x^2}}{1+\left(\dfrac{y}{x}\right)^2}\mathrm{d}y+\arctan\dfrac{x^3}{x}\cdot3x^2-\arctan\dfrac{x^2}{x}\cdot2x$

$\quad=-\displaystyle\int_{x^2}^{x^3}\dfrac{y}{x^2+y^2}\mathrm{d}y+3x^2\arctan(x^2)-2x\arctan x$

$\quad=-\dfrac{1}{2}\ln(x^2+y^2)\Big|_{x^2}^{x^3}+3x^2\arctan(x^2)-2x\arctan x$

$\quad=\ln\sqrt{\dfrac{x^2+1}{x^4+1}}+3x^2\arctan(x^2)-2x\arctan x$.

(4) $\varphi'(x)=\displaystyle\int_x^{x^2}\mathrm{e}^{-xy^2}(-y^2)\mathrm{d}y+\mathrm{e}^{-x\cdot x^4}(2x)-\mathrm{e}^{-x\cdot x^2}\cdot1$

$\quad=2x\mathrm{e}^{-x^5}-\mathrm{e}^{-x^3}-\displaystyle\int_x^{x^2}y^2\mathrm{e}^{-xy^2}\mathrm{d}y$.

3. 设 $F(x)=\displaystyle\int_0^x(x+y)f(y)\mathrm{d}y$,其中 $f(x)$ 为可微分的函数,求 $F''(x)$.

解 由莱布尼茨公式得

$$F'(x) = \int_0^x (1+0)f(y)\mathrm{d}y + (x+x)f(x) \cdot 1 - 0$$

$$= \int_0^x f(y)\mathrm{d}y + 2xf(x),$$

所以 $F''(x) = f(x) + 2f(x) + 2xf'(x) = 3f(x) + 2xf'(x)$.

4. 应用对参数的微分法计算下列积分.

(1) $I = \int_0^{\frac{\pi}{2}} \ln\dfrac{1+a\cos x}{1-a\cos x} \cdot \dfrac{\mathrm{d}x}{\cos x}(|a|<1)$;

(2) $I = \int_0^{\frac{\pi}{2}} \ln(\cos^2 x + a^2\sin^2 x)\mathrm{d}x(a>0)$.

解 (1) 记 $I = \varphi(a)$,则 $\varphi(0)=0$,由定理 3,对参变量 a 求导得

$$\varphi'(a) = \int_0^{\frac{\pi}{2}} \left[\frac{1-a\cos x}{1+a\cos x} \cdot \frac{\cos x(1-a\cos x) - (1+a\cos x)(-\cos x)}{(1-a\cos x)^2} \cdot \frac{1}{\cos x}\right]\mathrm{d}x$$

$$= \int_0^{\frac{\pi}{2}} \frac{2}{1-a^2\cos^2 x}\mathrm{d}x = 2\int_0^{\frac{\pi}{2}} \frac{1}{\tan^2 x + 1 - a^2}\mathrm{d}\tan x$$

$$= \frac{2}{\sqrt{1-a^2}}\arctan\frac{\tan x}{\sqrt{1-a^2}}\Big|_0^{\frac{\pi}{2}} = \frac{2}{\sqrt{1-a^2}} \cdot \frac{\pi}{2} = \frac{\pi}{\sqrt{1-a^2}},$$

所以

$$I = \varphi(a) = \varphi(a) - \varphi(0) = \int_0^a \varphi'(x)\mathrm{d}x$$

$$= \int_0^a \frac{\pi}{\sqrt{1-a^2}}\mathrm{d}x = \pi\arcsin x\Big|_0^a = \pi\arcsin a.$$

(2) 记 $I = \varphi(a)$,则 $a=1$,显见 $I = \int_0^{\frac{\pi}{2}} \ln 1\mathrm{d}x = 0$,下设 $a \neq 1$,因为

$$\varphi'(a) = \int_0^{\frac{\pi}{2}} \frac{2a\sin^2 x}{\cos^2 x + a^2\sin^2 x}\mathrm{d}x = 2a\int_0^{\frac{\pi}{2}} \frac{\tan^2 x}{1+a^2\tan^2 x}\mathrm{d}x$$

$$\xlongequal{\tan x = t} \frac{2}{a}\int_0^{+\infty} \frac{t^2}{\left(t^2 + \frac{1}{a^2}\right)(t^2+1)}\mathrm{d}t$$

$$= \frac{2}{a}\left(\frac{a^2}{a^2-1}\arctan t - \frac{a^2}{a^2-1}\arctan at\right)\Big|_0^{+\infty} = \frac{\pi}{a+1},$$

所以

$$I = \varphi(a) = \varphi(a) - \varphi(1) = \int_1^a \varphi'(x)\mathrm{d}x$$

$$= \int_1^a \frac{\pi}{x+1}\mathrm{d}x = \pi\ln(x+1)\Big|_1^a = \pi[\ln(a+1) - \ln 2] = \pi\ln\frac{a+1}{2}.$$

5. 计算下列积分.

$(1) \int_0^1 \frac{\arctan x}{x} \frac{\mathrm{d}x}{\sqrt{1-x^2}};$　　　　　$(2) \int_0^1 \sin\left(\ln\frac{1}{x}\right)\frac{x^b-x^a}{\ln x}\mathrm{d}x(0<a<b).$

解　利用含参量积分的可积性,即定理 2 计算,交换积分次序化为易计算的积分.

(1) 因为 $\dfrac{\arctan x}{x} = \int_0^1 \dfrac{\mathrm{d}y}{1+x^2y^2}$($y$ 为参变量),所以

$$\int_0^1 \frac{\arctan x}{x}\frac{\mathrm{d}x}{\sqrt{1-x^2}} = \int_0^1 \frac{\mathrm{d}x}{\sqrt{1-x^2}}\int_0^1 \frac{\mathrm{d}y}{1+x^2y^2}$$

$$= \int_0^1 \mathrm{d}y \int_0^1 \frac{\mathrm{d}x}{(1+x^2y^2)\sqrt{1-x^2}}$$

$$\underline{x=\sin\theta} \int_0^1 \mathrm{d}y \int_0^{\frac{\pi}{2}} \frac{\cos\theta\mathrm{d}\theta}{(1+\sin^2\theta\, y^2)\cos\theta}$$

$$= \int_0^1 \mathrm{d}y \int_0^{\frac{\pi}{2}} \frac{\mathrm{d}\theta}{1+\sin^2\theta\, y^2} = \int_0^1 \mathrm{d}y \int_0^{\frac{\pi}{2}} \frac{\mathrm{d}\tan\theta}{1+\tan^2\theta(1+y^2)}$$

$$= \int_0^1 \mathrm{d}y \frac{1}{\sqrt{1+y^2}}\arctan\sqrt{1+y^2}\tan\theta\, \Big|_0^{\frac{\pi}{2}}$$

$$= \int_0^1 \frac{\pi}{2\sqrt{1+y^2}}\mathrm{d}y = \frac{\pi}{2}\ln(1+\sqrt{2}).$$

(2) 因为 $\dfrac{x^b-x^a}{\ln x} = \int_a^b x^y\mathrm{d}y(0\leqslant x\leqslant 1,y$ 为参变量). 所以

$$\int_0^1 \sin\left(\ln\frac{1}{x}\right)\frac{x^b-x^a}{\ln x}\mathrm{d}x = \int_0^1 \sin\left(\ln\frac{1}{x}\right)\mathrm{d}x\int_a^b x^y\mathrm{d}y = \int_a^b \mathrm{d}y\int_0^1 \sin\left(\ln\frac{1}{x}\right)x^y\mathrm{d}x.$$

这里补充定义 $\sin\left(\ln\dfrac{1}{x}\right)x^y\Big|_{x=0}=0$,从而该二元函数在矩形域$[0,1;a,b]$上连续,故可交换上式的积分顺序,再作代换,令 $x=\mathrm{e}^{-t}$,则

$$\int_a^b \mathrm{d}y\int_0^1 \sin\left(\ln\frac{1}{x}\right)x^y\mathrm{d}x = \int_0^{+\infty} \mathrm{e}^{-(y+1)t}\sin t\mathrm{d}t$$

$$= \frac{1}{1+(1+y)^2}[-(y+1)\sin t-\cos t]\mathrm{e}^{-(y+1)t}\,|_0^{+\infty}$$

$$= \frac{1}{1+(1+y)^2}.$$

所以

$$\int_0^1 \sin\left(\ln\frac{1}{x}\right)\frac{x^b-x^a}{\ln x}\mathrm{d}x = \int_a^b \frac{1}{1+(1+y)^2}\mathrm{d}y$$

$$= \arctan(1+y)\,|_a^b = \arctan(1+b)-\arctan(1+a).$$

第十一章 级 数

一、基 本 内 容

(一) 级数的概念

1. 无穷级数

设已给数列 $u_1, u_2, \cdots, u_n, \cdots$,则式子

$$u_1 + u_2 + \cdots + u_n + \cdots \quad (\text{或简写成} \sum_{n=1}^{\infty} u_n)$$

称为无穷级数,简称级数.其中第 n 项 u_n 称为级数的通项或一般项.

各项都是常数的级数 $\sum\limits_{n=1}^{\infty} u_n$ 称为常数项级数,各项都是函数的级数 $\sum\limits_{n=1}^{\infty} u_n(x)$ 称为函数项级数.

2. 正项级数

若常数项级数 $\sum\limits_{n=1}^{\infty} u_n$ 的每一项非负,即 $u_n \geqslant 0$,则称级数 $\sum\limits_{n=1}^{\infty} u_n$ 为正项级数.

3. 任意项级数

各项具有任意正负号的级数,即任意项级数.

4. 交错级数

若级数的各项是正负相间的级数,即

$$u_1 - u_2 + u_3 - u_4 \cdots + (-1)^{n-1} u_n + \cdots,$$

其中 $u_n > 0 (n = 1, 2, \cdots)$,这样的级数称为交错级数.

5. 幂级数

形如

$$a_0 + a_1(x - x_0) + a_2(x - x_0)^2 + \cdots + a_n(x - x_0)^n + \cdots$$

的函数项级数称为 $x - x_0$ 的幂级数.其中 $a_0, a_1, a_2, \cdots, a_n, \cdots$ 称为幂级数的系数.

特别地,当 $x_0 = 0$ 时,上述级数变成

$$a_0 + a_1 x + a_2 x^2 + \cdots + a_n x^n + \cdots$$

称为 x 的幂级数.

(二) 级数的性质

1. 级数的基本性质

性质 1 若级数 $\sum\limits_{n=1}^{\infty} u_n$ 收敛,其和为 s,又 k 为常数,则级数 $\sum\limits_{n=1}^{\infty} k u_n$ 也收敛,其和

为 ks.

性质 2　设有两个收敛级数 $\sum\limits_{n=1}^{\infty} u_n$ 和 $\sum\limits_{n=1}^{\infty} v_n$，且 $\sum\limits_{n=1}^{\infty} u_n$ 和 $\sum\limits_{n=1}^{\infty} v_n$ 分别收敛于 s 和

σ，则级数 $\sum\limits_{n=1}^{\infty} (u_n \pm v_n)$ 也收敛且收敛于 $s \pm \sigma$.

性质 3　收敛级数加括号后不改变收敛性，仍收敛于原来的和.

性质 4　在收敛级数中加上或去掉有限项不改变级数的收敛性.

2. 幂级数的性质

(1) 设 $(-R_1, R_1)$，$(-R_2, R_2)$ 分别是幂级数 $f(x) = \sum\limits_{n=0}^{\infty} a_n x^n$，$g(x) = \sum\limits_{n=0}^{\infty} b_n x^n$

的收敛区间，令 $R = \min\{R_1, R_2\}$，则在区间 $(-R, R)$ 内有

$$f(x) \pm g(x) = \sum_{n=0}^{\infty} (a_n + b_n) x^n,$$

$$f(x)g(x) = \sum_{n=0}^{\infty} (a_0 b_n + a_1 b_{n-1} + \cdots + a_n b_0) x^n.$$

(2) 幂级数的和函数 $s(x) = \sum\limits_{n=0}^{\infty} a_n x^n$ 在其收敛区间 $(-R, R)$ 内连续.

(3) 幂级数的和函数 $s(x) = \sum\limits_{n=0}^{\infty} a_n x^n$ 在其收敛区间 $(-R, R)$ 内可导，且有逐
项求导公式

$$s'(x) = \Big(\sum_{n=0}^{\infty} a_n x^n \Big)' = \sum_{n=0}^{\infty} n a_n x^{n-1}.$$

(4) 幂级数的和函数 $s(x) = \sum\limits_{n=0}^{\infty} a_n x^n$ 在其收敛区间 $(-R, R)$ 内是可积的，且
有逐项积分公式

$$\int_0^x s(x)\mathrm{d}x = \int_0^x \Big(\sum_{n=0}^{\infty} a_n x^n \Big)\mathrm{d}x = \sum_{n=0}^{\infty} \int_0^x a_n x^n \mathrm{d}x = \sum_{n=0}^{\infty} \frac{a_n}{n+1} x^{n+1}.$$

（三）级数收敛的必要条件

(1) 如果级数 $\sum\limits_{n=1}^{\infty} u_n$ 收敛，则

$$\lim_{n\to\infty} u_n = 0;$$

(2) 正项级数 $\sum\limits_{n=1}^{\infty} u_n$ 收敛的充分必要条件是它的前 n 项和数列有界.

（四）级数收敛性的判别

1. 定义判别法

当 $n \to \infty$ 时，如果前 n 项和数列 $\{s_n\}$ 以某一常数 s 为极限，即

$$\lim_{n \to \infty} s_n = s,$$

则级数 $\sum_{n=1}^{\infty} u_n$ 收敛，且其和为 s.

2. 比较判别法

设 $\sum_{n=1}^{\infty} u_n$ 和 $\sum_{n=1}^{\infty} v_n$ 为两个正项级数.

(1) 若级数 $\sum_{n=1}^{\infty} v_n$ 收敛，且 $u_n \leqslant v_n (n=1,2,\cdots)$，则级数 $\sum_{n=1}^{\infty} u_n$ 亦收敛.

(2) 若级数 $\sum_{n=1}^{\infty} v_n$ 发散，且 $u_n \geqslant v_n (n=1,2,\cdots)$，则级数 $\sum_{n=1}^{\infty} u_n$ 亦发散.

3. 比值判别法

设正项级数 $\sum_{n=1}^{\infty} u_n$ 的后项与前项之比的极限为 ρ，即

$$\lim_{n \to \infty} \frac{u_{n+1}}{u_n} = \rho,$$

则当 $\rho < 1$ 时，级数 $\sum_{n=1}^{\infty} u_n$ 收敛；当 $\rho > 1 \left(或 \lim_{n \to \infty} \frac{u_{n+1}}{u_n} = \infty \right)$ 时，级数 $\sum_{n=1}^{\infty} u_n$ 发散；当 $\rho = 1$ 时，级数可能收敛也可能发散.

4. 交错级数收敛判别法

若交错级数 $\sum_{n=1}^{\infty} (-1)^{n-1} u_n$ 满足条件：

(1) $u_n \geqslant u_{n+1} (n=1,2,\cdots)$；

(2) $\lim_{n \to \infty} u_n = 0$，

则交错级数收敛，且其和 $s \leqslant u_1$，其余项 r_n 的绝对值 $|r_n| \leqslant u_{n+1}$.

5. 幂级数的收敛判别法

若幂级数 $\sum_{n=0}^{\infty} a_n x^n$ 当 $x = x_0 (x_0 \neq 0)$ 时收敛，则对一切满足不等式 $|x| < x_0$ 的点 x，级数 $\sum_{n=0}^{\infty} a_n x^n$ 也收敛；若 $x = x_0$ 时发散，则对一切满足不等式 $|x| > x_0$ 的点 x，级数 $\sum_{n=0}^{\infty} a_n x^n$ 也发散.

（五）函数展成幂级数及幂级数收敛半径的求法

1. 幂级数收敛半径的求法

设极限 $\lim\limits_{n\to\infty}\left|\dfrac{a_{n+1}}{a_n}\right|=\rho.$

(1) 当 $0<\rho<+\infty$ 时，$R=\dfrac{1}{\rho}$；

(2) 当 $\rho=0$ 时，$R=+\infty$；

(3) 当 $\rho=+\infty$ 时，$R=0.$

2. 函数展成幂级数的方法

(1) 直接展开法：

(i) 求出 $f(x)$ 的各阶导数 $f'(x),f''(x),\cdots,f^{(n)}(x),\cdots$；

(ii) 计算 $f'(0),f''(0),\cdots,f^{(n)}(0),\cdots$；

(iii) 写出幂级数

$$f(0)+f'(0)x+\frac{f''(0)}{2!}x^2+\cdots+\frac{f^{(n)}(0)}{n}x^n+\cdots,$$

并求出它的收敛区间；

(iv) 考察当 x 在收敛区间内时余项 $R_n(x)$ 的极限是否为零，若为零，则由(iii)所求得的幂级数就是 $f(x)$ 的幂级数展开式.

(2) 间接展开法.

(i) 变量置换法. 就是利用一些已知函数的幂级数展开式及幂级数性质，将某函数展开成幂级数；

(ii) 逐项积分法；

(iii) 逐项微分法.

（六）傅里叶级数

1. 三角级数

形如

$$\frac{a_0}{2}+\sum_{n=1}^{\infty}(a_n\cos nx+b_n\sin nx)\qquad(1)$$

的级数称为**三角级数**，它在电工学中有重要应用.

三角函数系

$$1,\cos x,\sin x,\cos 2x,\sin 2x,\cdots,\cos nx,\sin nx,\cdots\qquad(2)$$

在 $[-\pi,\pi]$ 上正交，是指(2)式中任何两个不同函数之积在 $[-\pi,\pi]$ 上的积分都等于零，但

$$\int_{-\pi}^{\pi} 1^2 \, \mathrm{d}x = 2\pi,$$

$$\int_{-\pi}^{\pi} \sin^2 nx \, \mathrm{d}x = \int_{-\pi}^{\pi} \cos^2 nx \, \mathrm{d}x = \pi \quad (n \in \mathbf{N}).$$

2. 函数展成傅里叶级数

在(1)式中,如果系数

$$a_n = \frac{1}{\pi} \int_{-\pi}^{\pi} f(x) \cos nx \, \mathrm{d}x \quad (n = 0, 1, 2, \cdots),$$

$$b_n = \frac{1}{\pi} \int_{-\pi}^{\pi} f(x) \sin nx \, \mathrm{d}x \quad (n = 1, 2, \cdots), \tag{3}$$

则称(1)式为函数 $f(x)$ 在 $[-\pi, \pi]$ 上的**傅里叶级数**,记为

$$f(x) \sim \frac{a_0}{2} + \sum_{n=1}^{\infty} (a_n \cos nx + b_n \sin nx) \tag{1'}$$

其中系数(3)称为 $f(x)$ 的**傅里叶系数**.

定理 1(Dirichlet 充分条件) 设 $f(x)$ 是周期为 2π 的周期函数,且满足条件:

(1) 在一个周期内它连续或分段连续(只有有限个第一类间断点);

(2) 分段单调,即在一个周期内至多只有有限个极值点,

则 $f(x)$ 的傅里叶系数 $(1')$ 收敛,且:

当 x 是 $f(x)$ 的连续点时,级数收敛于 $f(x)$,即 $(1')$ 式中的写出号"$\sim$"可换成"$=$"号;这时我们说将 $f(x)$ 展成了傅里叶级数;

当 x 是 $f(x)$ 的间断点时,级数收敛于算术平均值:

$$\frac{f(x-0) + f(x+0)}{2}.$$

对于非周期函数,可作**周期延拓**,只要满足收敛定理的条件,也可展开成傅里叶级数.

3. 奇函数和偶函数的傅里叶级数

奇函数与偶函数的傅里叶级数分别为只含正弦项或余弦项的三角级数,即正弦级数或余弦级数,一般地有如下定理.

定理 2 设 $f(x)$ 是周期为 2π 的周期函数,它在一个周期上可积,则

(1) 当 $f(x)$ 为奇函数时,其傅里叶系数为

$$a_n = 0 (n = 0, 1, 2, \cdots),$$

$$b_n = \frac{2}{\pi} \int_0^{\pi} f(x) \sin nx \, \mathrm{d}x (n = 1, 2, \cdots).$$

(2) 当 $f(x)$ 为偶函数时,其傅里叶系数为

$$a_n = \frac{2}{\pi} \int_0^{\pi} f(x) \cos nx \, \mathrm{d}x (n = 0, 1, 2, \cdots),$$

$$b_n = 0(n=1,2,\cdots).$$

4. 函数展开成正弦级数或余弦级数

这时只需将函数作奇延拓或偶延拓,并用上述公式计算.

二、基 本 要 求

(1) 掌握级数的有关概念和性质,会用性质判定级数敛散性.

(2) 熟练掌握正项级数、交错级数收敛的判别方法,并能熟练地进行级数敛散性的判定.

(3) 会求幂级数的收敛半径和收敛区间.

(4) 会用直接、间接方法把函数展成幂级数.

(5) 会把周期为 2π 的函数在 $[-\pi,\pi]$ 上展成傅里叶级数,对非周期函数会作周期延拓,并展成傅里叶级数.

三、习 题 解 答

习 题 11-1

1. 写出下列级数的通项:

(1) $1+\dfrac{1}{3}+\dfrac{1}{5}+\dfrac{1}{7}+\cdots$;

(2) $1-\dfrac{1}{3}+\dfrac{1}{7}-\dfrac{1}{15}+\dfrac{1}{31}-\cdots$;

(3) $\dfrac{1}{1\cdot2}+\dfrac{1.3}{1\cdot2\cdot3}+\dfrac{1.3.5}{1\cdot2\cdot3\cdot4}+\cdots$;

(4) $\dfrac{2}{\ln2}-\dfrac{3}{2\ln3}+\dfrac{4}{3\ln4}-\cdots$.

解 (1) 由所给级数知,通项 $u_n=\dfrac{1}{2n-1}$;

(2) 因 $u_1=1,u_2=-\dfrac{1}{3}=(-1)^{2-1}\dfrac{1}{4-1},u_3=\dfrac{1}{7}=(-1)^{3-1}\dfrac{1}{2^3-1},\cdots$,所以通项 $u_n=(-1)^{n-1}\dfrac{1}{2^n-1}$;

(3) 由所给级数知,通项 $u_n=\dfrac{(2n-1)!!}{(n+1)!}$;

(4) 由所给级数知,通项 $u_n=\dfrac{(-1)^{n-1}\cdot(n+1)}{n\ln(n+1)}$.

2. 判断下列级数的敛散性：

(1) $\dfrac{1}{4} - \dfrac{3}{4^2} + \dfrac{3^2}{4^3} - \dfrac{3^3}{4^4} + \cdots$；

(2) $2^3 + \left(\dfrac{3}{2}\right)^3 + \left(\dfrac{4}{3}\right)^3 + \left(\dfrac{5}{4}\right)^3 + \cdots$；

(3) $\dfrac{1}{2} + \dfrac{2}{3} + \dfrac{3}{4} + \dfrac{4}{5} + \cdots$；

(4) $\left(\dfrac{1}{2} + \dfrac{1}{3}\right) + \left(\dfrac{1}{2^2} + \dfrac{1}{3^2}\right) + \left(\dfrac{1}{2^3} + \dfrac{1}{3^3}\right) + \cdots$.

解 （1）解法一：原级数可化为

$$\left(\dfrac{1}{4} + \dfrac{3^2}{4^3} + \cdots + \dfrac{3^{2n-2}}{4^{2n-1}} + \cdots\right) - \left(\dfrac{3}{4^2} + \dfrac{3^3}{4^4} + \cdots + \dfrac{3^{2n-1}}{4^{2n}} + \cdots\right) = \sum_{n=1}^{\infty} \dfrac{3^{2n-2}}{4^{2n-1}} - \sum_{n=1}^{\infty} \dfrac{3^{2n-1}}{4^{2n}},$$

因为上面两个级数都是公比为 $q = \left(\dfrac{3}{4}\right)^2 < 1$ 的等比级数，所以由级数性质可知原级数收敛.

解法二：因

$$S_{2n} = \dfrac{1}{4} - \dfrac{3}{4^2} + \dfrac{3^2}{4^3} - \dfrac{3^3}{4^4} + \cdots + \dfrac{3^{2n-2}}{4^{2n-1}} - \dfrac{3^{2n-1}}{4^{2n}} = \dfrac{\dfrac{1}{4}\left[1 - \left(-\dfrac{3}{4}\right)^{2n}\right]}{1 - \left(-\dfrac{3}{4}\right)},$$

$$\lim_{n\to\infty} S_{2n} = \lim_{n\to\infty} \dfrac{\dfrac{1}{4}\left[1 - \left(-\dfrac{3}{4}\right)^{2n}\right]}{1 - \left(-\dfrac{3}{4}\right)} = \dfrac{1}{7},$$

$$\lim_{n\to\infty} S_{2n-1} = \lim_{n\to\infty} \left\{ \dfrac{\dfrac{1}{4}\left[1 - \left(-\dfrac{3}{4}\right)^{2n-1}\right]}{1 - \left(-\dfrac{3}{4}\right)} - \dfrac{3^{2n-1}}{4^{2n}} \right\} = \dfrac{1}{7},$$

所以原级数收敛.

（2）因为 $\lim\limits_{n\to\infty} u_n = \lim\limits_{n\to\infty} \left(\dfrac{n+1}{n}\right)^3 = 1 \neq 0$，由必要条件可知级数发散.

（3）因为 $\lim\limits_{n\to\infty} u_n = \lim\limits_{n\to\infty} \dfrac{n}{n+1} = 1 \neq 0$，由必要条件可知级数发散.

（4）原级数可化为

$$\left(\dfrac{1}{2} + \dfrac{1}{2^2} + \cdots + \dfrac{1}{2^n} + \cdots\right) - \left(\dfrac{1}{3} + \dfrac{1}{3^2} + \cdots + \dfrac{1}{3^n} + \cdots\right) = \sum_{n=1}^{\infty} \dfrac{1}{2^n} - \sum_{n=1}^{\infty} \dfrac{1}{3^n},$$

因为上面两个级数分别是公比为 $q=\dfrac{1}{2}<1$ 和 $q=\dfrac{1}{3}<1$ 的等比级数,所以所给级数收敛.

　　3. 利用级数性质判定下列级数的敛散性:

　　(1) $\displaystyle\sum_{n=1}^{\infty}\left(\dfrac{1}{2^n}-\dfrac{1}{5^n}\right)$;　　　　　　(2) $\displaystyle\sum_{n=1}^{\infty}\left(\dfrac{1}{3^n}-\dfrac{1}{n(n+1)}\right)$.

　　解　(1) 因为 $\displaystyle\sum_{n=1}^{\infty}\left(\dfrac{1}{2^n}-\dfrac{1}{5^n}\right)=\sum_{n=1}^{\infty}\dfrac{1}{2^n}-\sum_{n=1}^{\infty}\dfrac{1}{5^n}$,而 $\displaystyle\sum_{n=1}^{\infty}\dfrac{1}{2^n}$ 和 $\displaystyle\sum_{n=1}^{\infty}\dfrac{1}{5^n}$ 均收敛,所以所给级数收敛.

　　(2) 因为 $\displaystyle\sum_{n=1}^{\infty}\left(\dfrac{1}{3^n}-\dfrac{1}{n(n+1)}\right)=\sum_{n=1}^{\infty}\dfrac{1}{3^n}-\sum_{n=1}^{\infty}\dfrac{1}{n(n+1)}$,而 $\displaystyle\sum_{n=1}^{\infty}\dfrac{1}{3^n}$ 是公比为 $q=\dfrac{1}{3}<1$ 的等比级数,收敛;而对 $\displaystyle\sum_{n=1}^{\infty}\dfrac{1}{n(n+1)}$ 来说,其前 n 项和 S_n 为

$$S_n=\dfrac{1}{1\cdot2}+\dfrac{1}{2\cdot3}+\cdots+\dfrac{1}{n(n+1)}$$
$$=\left(1-\dfrac{1}{2}\right)+\left(\dfrac{1}{2}-\dfrac{1}{3}\right)+\cdots+\left(\dfrac{1}{n}-\dfrac{1}{n+1}\right)$$
$$=1-\dfrac{1}{n+1},$$

所以 $\displaystyle\lim_{n\to\infty}S_n=1$,即 $\displaystyle\sum_{n=1}^{\infty}\dfrac{1}{n(n+1)}$ 收敛,故所给级数收敛.

习　题　11-2

　　1. 用比较判别法判定下列级数的敛散性:

　　(1) $\displaystyle\sum_{n=1}^{\infty}\dfrac{1}{\sqrt{2n(2n+1)}}$;　　　　　　(2) $\displaystyle\sum_{n=1}^{\infty}\dfrac{1}{(n+1)\sqrt{n}}$;

　　(3) $\displaystyle\sum_{n=1}^{\infty}\dfrac{1}{n}\sin\dfrac{1}{n}$;　　　　　　　(4) $\displaystyle\sum_{n=1}^{\infty}\dfrac{3^n+1}{2^n}$.

　　解　(1) 因为

$$u_n=\dfrac{1}{\sqrt{2n(2n+1)}}>\dfrac{1}{\sqrt{(2n+1)^2}}=\dfrac{1}{2n+1}>\dfrac{1}{2(n+1)},$$

而 $\displaystyle\sum_{n=1}^{\infty}\dfrac{1}{2(n+1)}=\dfrac{1}{2}\sum_{n=1}^{\infty}\dfrac{1}{n+1}$,且 $\displaystyle\sum_{n=1}^{\infty}\dfrac{1}{n+1}$ 是发散的,由比较判别法知 $\displaystyle\sum_{n=1}^{\infty}\dfrac{1}{\sqrt{2n(2n+1)}}$ 发散.

(2) 因为 $\dfrac{1}{(n+1)\sqrt{n}} \leqslant \dfrac{1}{n^{\frac{3}{2}}}$，而 $\displaystyle\sum_{n=1}^{\infty} \dfrac{1}{n^{\frac{3}{2}}}$ 是 $p = \dfrac{3}{2}$ 的 p 级数，收敛，所以

$\displaystyle\sum_{n=1}^{\infty} \dfrac{1}{(n+1)\sqrt{n}}$ 收敛.

(3) 因 $\dfrac{1}{n}\sin\dfrac{1}{n} \leqslant \dfrac{1}{n^2}$，而级数 $\displaystyle\sum_{n=1}^{\infty} \dfrac{1}{n^2}$ 收敛，由比较判别法知 $\displaystyle\sum_{n=1}^{\infty} \dfrac{1}{n}\sin\dfrac{1}{n}$ 收敛.

(4) 因为

$$\lim_{n\to\infty} u_n = \lim_{n\to\infty} \dfrac{3^n+1}{2^n} = \lim_{n\to\infty}\left(\dfrac{3}{2}\right)^n + \lim_{n\to\infty}\dfrac{1}{2^n} \neq 0,$$

所以 $\displaystyle\sum_{n=1}^{\infty} \dfrac{3^n+1}{2^n}$ 发散.

2. 用比值判别法判定下列级数的敛散性：

(1) $\displaystyle\sum_{n=1}^{\infty} \dfrac{n}{2^n}$;

(2) $\displaystyle\sum_{n=1}^{\infty} \dfrac{3^n}{n!}$;

(3) $\displaystyle\sum_{n=1}^{\infty} \dfrac{1}{3^n}\left(\dfrac{e}{2}\right)^n$;

(4) $\displaystyle\sum_{n=1}^{\infty} \dfrac{2n+1}{n^n}$.

解 (1) 因为 $\displaystyle\lim_{n\to\infty} \dfrac{u_{n+1}}{u_n} = \lim_{n\to\infty} \dfrac{n+1}{2^{n+1}} \cdot \dfrac{2^n}{n} = \dfrac{1}{2}\lim_{n\to\infty}\dfrac{n+1}{n} = \dfrac{1}{2} < 1$，所以 $\displaystyle\sum_{n=1}^{\infty} \dfrac{n}{2^n}$

收敛.

(2) 因为 $\displaystyle\lim_{n\to\infty} \dfrac{u_{n+1}}{u_n} = \lim_{n\to\infty} \dfrac{3^{n+1}}{(n+1)!} \cdot \dfrac{n!}{3^n} = 3\lim_{n\to\infty}\dfrac{1}{n+1} = 0 < 1$，所以 $\displaystyle\sum_{n=1}^{\infty} \dfrac{3^n}{n!}$ 收

敛.

(3) 因为 $\displaystyle\lim_{n\to\infty} \dfrac{u_{n+1}}{u_n} = \lim_{n\to\infty} \dfrac{1}{3^{n+1}} \cdot \left(\dfrac{e}{2}\right)^{n+1}\dfrac{3^n \cdot 2^n}{e^n} = \lim_{n\to\infty}\dfrac{e}{6} = \dfrac{e}{6} < 1$，所以

$\displaystyle\sum_{n=1}^{\infty} \dfrac{1}{3^n}\left(\dfrac{e}{2}\right)^n$ 收敛.

(4) 因为 $\displaystyle\lim_{n\to\infty} \dfrac{u_{n+1}}{u_n} = \lim_{n\to\infty} \dfrac{2n+3}{(n+1)^{n+1}} \cdot \dfrac{n^n}{2n+1} = \lim_{n\to\infty}\dfrac{2n+3}{2n+1} \cdot \left(\dfrac{n}{n+1}\right)^n\dfrac{1}{n+1} = $

$0 < 1$，所以 $\displaystyle\sum_{n=1}^{\infty} \dfrac{2n+1}{n^n}$ 收敛.

3. 判定下列级数的敛散性：

(1) $\displaystyle\sum_{n=1}^{\infty} \dfrac{n!}{n^n}$;

(2) $\displaystyle\sum_{n=1}^{\infty} \dfrac{(-1)^n + 2n}{n^3}$;

(3) $\displaystyle\sum_{n=1}^{\infty} \sqrt{\dfrac{n-1}{n+1}}$;

(4) $\displaystyle\sum_{n=1}^{\infty} n\left(\dfrac{2}{3}\right)^n$.

解 (1) 因为 $\lim\limits_{n\to\infty}\dfrac{u_{n+1}}{u_n}=\lim\limits_{n\to\infty}\dfrac{(n+1)!}{(n+1)^{n+1}}\cdot\dfrac{n^n}{n!}=\lim\limits_{n\to\infty}\left(\dfrac{n}{n+1}\right)^n=\lim\limits_{n\to\infty}\dfrac{1}{\left(1+\dfrac{1}{n}\right)^n}=$

$\dfrac{1}{e}<1$, 所以 $\sum\limits_{n=1}^{\infty}\dfrac{n!}{n^n}$ 收敛.

(2) 因为 $u_n=\dfrac{(-1)^n+2n}{n^3}\leqslant\dfrac{1+2n}{n^3}=\dfrac{1}{n^3}+\dfrac{2}{n^2}$, 而 $\sum\limits_{n=1}^{\infty}\dfrac{1}{n^3}$ 和 $\sum\limits_{n=1}^{\infty}\dfrac{2}{n^2}$ 都收敛, 所

以 $\sum\limits_{n=1}^{\infty}\dfrac{(-1)^n+2n}{n^3}$ 收敛.

(3) 因为 $\lim\limits_{n\to\infty}\dfrac{u_{n+1}}{u_n}=\lim\limits_{n\to\infty}\sqrt{\dfrac{n}{n+2}}\cdot\sqrt{\dfrac{n+1}{n-1}}=1$, 此法判别失效, 而又因 $\lim\limits_{n\to\infty}u_n=$

$\lim\limits_{n\to\infty}\sqrt{\dfrac{n-1}{n+1}}=1$ 由级数收敛的必要条件可知级数发散.

(4) 因为 $\lim\limits_{n\to\infty}\dfrac{u_{n+1}}{u_n}=\lim\limits_{n\to\infty}(n+1)\left(\dfrac{2}{3}\right)^{n+1}\cdot\dfrac{1}{n}\left(\dfrac{3}{2}\right)^n=\lim\limits_{n\to\infty}\dfrac{2}{3}\cdot\dfrac{n+1}{n}=\dfrac{2}{3}<$

1, 所以 $\sum\limits_{n=1}^{\infty}n\left(\dfrac{2}{3}\right)^n$ 收敛.

习 题 11-3

1. 判定下列交错级数的敛散性.

(1) $\sum\limits_{n=1}^{\infty}(-1)^{n-1}\dfrac{1}{\sqrt{n}}$;　　　　　　　　(2) $\sum\limits_{n=1}^{\infty}(-1)^{n-1}\dfrac{n}{2n-1}$;

(3) $\sum\limits_{n=1}^{\infty}(-1)^{n+1}\dfrac{1}{\ln(n+1)}$;　　　　　　(4) $\sum\limits_{n=1}^{\infty}(-1)^{n+1}\left(\dfrac{1}{2^n}+\dfrac{1}{n}\right)$.

解 (1) 因为 $u_{n+1}=\dfrac{1}{\sqrt{n+1}}<\dfrac{1}{\sqrt{n}}=u_n(n=1,2,\cdots)$, 且有 $\lim\limits_{n\to\infty}u_n=\lim\limits_{n\to\infty}\dfrac{1}{\sqrt{n}}=$

0, 所以级数 $\sum\limits_{n=1}^{\infty}(-1)^{n-1}\dfrac{1}{\sqrt{n}}$ 收敛.

(2) 因为 $\lim\limits_{n\to\infty}u_n=\lim\limits_{n\to\infty}\dfrac{n}{2n-1}=\dfrac{1}{2}\neq 0$, 所以级数 $\sum\limits_{n=1}^{\infty}(-1)^{n-1}\dfrac{n}{2n-1}$ 发散.

(3) 因为 $u_{n+1}=\dfrac{1}{\ln(n+2)}<\dfrac{1}{\ln(n+1)}=u_n(n=1,2,\cdots)$, 且有 $\lim\limits_{n\to\infty}u_n=$

$\lim\limits_{n\to\infty}\dfrac{1}{\ln(n+1)}=0$, 所以级数 $\sum\limits_{n=1}^{\infty}(-1)^{n+1}\dfrac{1}{\ln(n+1)}$ 收敛.

(4) 因为 $u_{n+1}=\dfrac{1}{2^{n+1}}+\dfrac{1}{n+1}<\dfrac{1}{2^n}+\dfrac{1}{n}=u_n(n=1,2,\cdots)$, 且有 $\lim\limits_{n\to\infty}u_n=$

$\lim\limits_{n\to\infty}\left(\dfrac{1}{2^n}+\dfrac{1}{n}\right)=0$，所以级数 $\sum\limits_{n=1}^{\infty}(-1)^{n+1}\left(\dfrac{1}{2^n}+\dfrac{1}{n}\right)$ 收敛.

2. 判定下列级数的敛散性，如果收敛，说明是绝对收敛还是条件收敛.

(1) $\sum\limits_{n=1}^{\infty}(-1)^{n-1}\dfrac{1}{1+n^2}$；

(2) $\sum\limits_{n=1}^{\infty}(-1)^{n-1}\dfrac{1}{n\cdot 2^n}$；

(3) $\sum\limits_{n=1}^{\infty}(-1)^{n-1}\dfrac{n^2}{(n+1)(n+2)}$；

(4) $\sum\limits_{n=1}^{\infty}(-1)^{n-1}\dfrac{1}{\sqrt[4]{n}}$.

解　(1) 因为 $|u_n|=\dfrac{1}{1+n^2}<\dfrac{1}{n^2}(n=1,2,\cdots)$，而级数 $\sum\limits_{n=1}^{\infty}\dfrac{1}{n^2}$ 收敛，所以级数

$\sum\limits_{n=1}^{\infty}(-1)^{n-1}\dfrac{1}{1+n^2}$ 绝对收敛.

(2) 因为 $\lim\limits_{n\to\infty}\left|\dfrac{u_{n+1}}{u_n}\right|=\lim\limits_{n\to\infty}\dfrac{n\cdot 2^n}{(n+1)2^{n+1}}=\lim\limits_{n\to\infty}\dfrac{1}{2}\cdot\dfrac{n}{n+1}=\dfrac{1}{2}<1$，所以级数

$\sum\limits_{n=1}^{\infty}(-1)^{n-1}\dfrac{1}{n\cdot 2^n}$ 绝对收敛.

(3) 因为 $\lim\limits_{n\to\infty}u_n=\lim\limits_{n\to\infty}\dfrac{n^2}{(n+1)(n+2)}=1\ne 0$，所以级数 $\sum\limits_{n=1}^{\infty}(-1)^{n-1}\dfrac{n^2}{(n+1)(n+2)}$

发散.

(4) 因为 $u_{n+1}=\dfrac{1}{\sqrt[4]{n+1}}<\dfrac{1}{\sqrt[4]{n}}=u_n(n=1,2,\cdots)$，且 $\lim\limits_{n\to\infty}u_n=\lim\limits_{n\to\infty}\dfrac{1}{\sqrt[4]{n}}=0$，

所以级数 $\sum\limits_{n=1}^{\infty}(-1)^{n-1}\dfrac{1}{\sqrt[4]{n}}$ 收敛；

又因为 $\sum\limits_{n=1}^{\infty}\dfrac{1}{\sqrt[4]{n}}$ 是 $p=\dfrac{1}{4}<1$ 的 p 级数，发散，从而知级数 $\sum\limits_{n=1}^{\infty}(-1)^{n-1}\dfrac{1}{\sqrt[4]{n}}$ 条件

收敛.

习　题　11-4

1. 求下列幂级数的收敛半径和收敛域：

(1) $x+\dfrac{x^2}{3}+\dfrac{x^3}{5}+\cdots+\dfrac{x^n}{2n-1}+\cdots$；

(2) $1+3x+\dfrac{3^2}{2!}x^2+\dfrac{3^3}{3!}x^3+\cdots+\dfrac{3^n}{n!}x^n+\cdots$；

(3) $\dfrac{x}{2}+2\left(\dfrac{x}{2}\right)^2+3\left(\dfrac{x}{2}\right)^3+\cdots+n\left(\dfrac{x}{2}\right)^n+\cdots$；

(4) $1+x+2!\ x^2+3!\ x^3+\cdots+n!\ x^n+\cdots$.

解　(1) 因为 $\lim\limits_{n\to\infty}\left|\dfrac{a_{n+1}}{a_n}\right|=\lim\limits_{n\to\infty}\dfrac{2n-1}{2n+1}=1$，所以所求幂级数的收敛半径为 $R=1$.

当 $x=-1$ 时，所给级数为 $\sum\limits_{n=1}^{\infty}\dfrac{(-1)^n}{2n-1}$，交错级数，由于 $u_{n+1}=\dfrac{1}{2n+1}<\dfrac{1}{2n-1}=$

u_n，且 $\lim\limits_{n\to\infty}u_n=\lim\limits_{n\to\infty}\dfrac{1}{2n-1}=0$，故级数 $\sum\limits_{n=1}^{\infty}\dfrac{(-1)^n}{2n-1}$ 收敛.

当 $x=1$ 时，所给级数为 $\sum\limits_{n=1}^{\infty}\dfrac{1}{2n-1}$，由于 $u_n=\dfrac{1}{2n-1}>\dfrac{1}{2n}$，而 $\sum\limits_{n=1}^{\infty}\dfrac{1}{2n}=$

$\dfrac{1}{2}\sum\limits_{n=1}^{\infty}\dfrac{1}{n}$ 调和级数，发散，故级数 $\sum\limits_{n=1}^{\infty}\dfrac{1}{2n-1}$ 发散.

所以原级数的收敛域为 $[-1,1)$.

(2) 因为 $\lim\limits_{n\to\infty}\left|\dfrac{a_{n+1}}{a_n}\right|=\lim\limits_{n\to\infty}\dfrac{3^{n+1}}{(n+1)!}\dfrac{n!}{3^n}=\lim\limits_{n\to\infty}\dfrac{3}{n+1}=0$，所以所求幂级数的收敛半径为 $R=\infty$，其收敛域为 $(-\infty,+\infty)$.

(3) 因为 $\lim\limits_{n\to\infty}\left|\dfrac{a_{n+1}}{a_n}\right|=\lim\limits_{n\to\infty}\dfrac{n+1}{2^{n+1}}\cdot\dfrac{2^n}{n}=\lim\limits_{n\to\infty}\dfrac{n+1}{2n}=\dfrac{1}{2}$，所以所求幂级数的收敛半径为 $R=2$. 当 $x=-2$ 时，级数为 $\sum\limits_{n=1}^{\infty}(-1)^n n$ 发散；当 $x=2$ 时，级数为 $\sum\limits_{n=1}^{\infty}n$ 发散，所以所给级数的收敛域为 $(-2,2)$.

(4) 因为 $\lim\limits_{n\to\infty}\left|\dfrac{a_{n+1}}{a_n}\right|=\lim\limits_{n\to\infty}\dfrac{(n+1)!}{n!}=\lim\limits_{n\to\infty}(n+1)=+\infty$，所以所求幂级数的收敛半径为 $R=0$，其收敛域仅仅包含 $x=0$ 这一点.

2. 求下列级数的和函数：

(1) $\sum\limits_{n=1}^{\infty}\dfrac{nx^{n-1}}{a^n}$，$|x|<a$；

(2) $\sum\limits_{n=1}^{\infty}\dfrac{x^n}{na^{n-1}}$，$x\in[-a,a)$；

(3) $\sum\limits_{n=1}^{\infty}(-1)^n 2nx^{2n-1}$，$|x|<1$；

(4) $\sum\limits_{n=1}^{\infty}\dfrac{n(n+1)}{2}x^{n-1}$，$|x|<1$.

解　(1) 设 $f(x)=\sum\limits_{n=1}^{\infty}\dfrac{nx^{n-1}}{a^n}$，在 $|x|<a$ 内逐项积分，得

$$\int_0^x f(x)\mathrm{d}x=\int_0^x\left(\sum\limits_{n=1}^{\infty}\dfrac{nx^{n-1}}{a^n}\right)\mathrm{d}x=\sum\limits_{n=1}^{\infty}\int_0^x\dfrac{nx^{n-1}}{a^n}\mathrm{d}x$$

$$=\sum\limits_{n=1}^{\infty}\dfrac{x^n}{a^n}\left(\text{因为}|x|<a\text{，所以}\left|\dfrac{x}{a}\right|<1\right)$$

$$= \frac{\dfrac{x}{a}}{1-\dfrac{x}{a}} = \frac{x}{a-x},$$

再对上式两端求导得

$$f(x) = \left(\frac{x}{a-x}\right)' = \frac{a}{(a-x)^2}.$$

(2) 设 $f(x) = \sum_{n=1}^{\infty} \dfrac{x^n}{na^{n-1}}$, 则对 $f(x)$ 在 $x \in [-a,a)$ 内逐项求导得

$$f'(x) = \sum_{n=1}^{\infty} \frac{x^{n-1}}{a^{n-1}} = \frac{a}{a-x}, \quad x \in [-a,a),$$

所以

$$f(x) = \int_0^x \frac{a}{a-x} \mathrm{d}x = -a\ln(a-x) + a\ln a = a\ln\frac{a}{a-x}.$$

(3) 设 $f(x) = \sum_{n=1}^{\infty} (-1)^n 2nx^{2n-1}$, $|x| < 1$, 在 $|x| < 1$ 内逐项积分得

$$\int_0^x f(x)\mathrm{d}x = \int_0^x \left(\sum_{n=1}^{\infty} (-1)^n 2nx^{2n-1}\right)\mathrm{d}x = \sum_{n=1}^{\infty} (-1)^n \int_0^x 2nx^{2n-1} \mathrm{d}x$$

$$= \sum_{n=1}^{\infty} (-1)^n x^{2n} = \frac{-x^2}{1+x^2},$$

所以 $f(x) = \left(\dfrac{-x^2}{1+x^2}\right)' = \dfrac{-2x(1+x^2)+2x^3}{(1+x^2)^2} = \dfrac{-2x}{(1+x^2)^2}.$

(4) 设 $f''(x) = \sum_{n=1}^{\infty} \dfrac{n(n+1)}{2} x^{n-1}$, $|x| < 1$, 则

$$f'(x) = \sum_{n=1}^{\infty} \int_0^x \frac{n(n+1)}{2} x^{n-1} \mathrm{d}x = \int_0^x f''(x)\mathrm{d}x = \sum_{n=1}^{\infty} \frac{n+1}{2} x^n, \quad |x| < 1,$$

$$f(x) = \sum_{n=1}^{\infty} \int_0^x \frac{n+1}{2} x^n \mathrm{d}x = \sum_{n=1}^{\infty} \frac{1}{2} x^{n+1} = \frac{1}{2} \sum_{n=1}^{\infty} x^{n+1} = \frac{x^2}{2} \frac{1}{1-x} = \frac{1}{2} \frac{x^2}{1-x},$$

而

$$f'(x) = \frac{1}{2} \frac{2x(1-x)+x^2}{(1-x)^2} = \frac{2x-x^2}{2(1-x)^2},$$

$$f''(x) = \frac{2(1-x)(1-x)^2+(2x-x^2)2(1-x)}{2(1-x)^4}$$

$$= \frac{(1-x)^2+(2x-x^2)}{(1-x)^3}$$

$$= \frac{1}{(1-x)^3}.$$

习　题　11-5

1. 将下列函数展成幂级数，并求收敛域.

(1) $\cos^2 x$;　　　　(2) $\arctan x$;　　　　(3) $\dfrac{x}{1-x^2}$;

(4) $\ln\left(1-\dfrac{x}{2}\right)$;　　　　(5) $\sin\left(x+\dfrac{\pi}{4}\right)$.

解　(1) 因为 $\cos^2 x = \dfrac{1+\cos 2x}{2}$, 而 $\cos x = \displaystyle\sum_{n=0}^{\infty} (-1)^n \dfrac{x^{2n}}{(2n)!}, x \in (-\infty,$

$+\infty)$, 所以

$$\cos 2x = \sum_{n=0}^{\infty} (-1)^n \frac{(2x)^{2n}}{(2n)!}, \quad x \in (-\infty, +\infty),$$

所以

$$\cos^2 x = \frac{1}{2} + \frac{1}{2} \sum_{n=0}^{\infty} (-1)^n \frac{(2x)^{2n}}{(2n)!}$$

$$= 1 + \frac{1}{2} \sum_{n=1}^{\infty} (-1)^n \frac{2^{2n} x^{2n}}{(2n)!}, \quad x \in (-\infty, +\infty).$$

(2) 因为 $(\arctan x)' = \dfrac{1}{1+x^2}$, 而

$$\frac{1}{1+x^2} = 1 - x^2 + x^4 - x^6 + \cdots + (-1)^n x^{2n} + \cdots, \quad |x| < 1,$$

所以

$$\arctan x = \int_0^x \frac{1}{1+x^2} \mathrm{d}x,$$

$$\int_0^x (1 - x^2 + x^4 - x^6 + \cdots + (-1)^n x^{2n} + \cdots) \mathrm{d}x$$

$$= x - \frac{x^3}{3} + \frac{x^5}{5} - \frac{x^7}{7} + \cdots + (-1)^n \frac{x^{2n+1}}{2n+1} + \cdots, \quad |x| < 1.$$

又因当 $x = -1$ 时, 级数 $\displaystyle\sum_{n=0}^{\infty} (-1)^n \dfrac{x^{2n+1}}{2n+1}$ 变为 $\displaystyle\sum_{n=0}^{\infty} \dfrac{(-1)^{3n+1}}{2n+1}$ 是交错级数且收

敛, 且 $\arctan(-1) = -\dfrac{\pi}{4}$ 有意义.

当 $x = 1$ 时, 级数 $\displaystyle\sum_{n=0}^{\infty} (-1)^n \dfrac{x^{2n+1}}{2n+1}$ 变为 $\displaystyle\sum_{n=0}^{\infty} \dfrac{(-1)^n}{2n+1}$ 也是交错级数且收敛, 且

$\arctan 1 = \dfrac{\pi}{4}$ 有意义.

所以把 $\arctan x$ 展成幂级数后,其收敛域为 $|x| \leqslant 1$.

(3) 因 $\dfrac{x}{1-x^2} = x\left(\dfrac{1}{1-x^2}\right)$,且 $\dfrac{1}{1-x} = 1 + x + x^2 + \cdots + x^n + \cdots$,$|x| < 1$,将上式中的 x 换成 x^2,得

$$\frac{1}{1-x^2} = 1 + x^2 + x^4 + \cdots + x^{2n} + \cdots, \quad |x| < 1,$$

从而 $\dfrac{x}{1-x^2} = x + x^3 + x^5 + \cdots + x^{2n+1} + \cdots,|x| < 1$.

(4) 因为 $\ln(1+x) = x - \dfrac{x^2}{2} + \dfrac{x^3}{3} - \dfrac{x^4}{4} + \cdots + (-1)^{n-1}\dfrac{x^n}{n} + \cdots, x \in (-1,1]$,所以

$$\ln\left(1 - \frac{x}{2}\right) = -\frac{x}{2} - \frac{\left(-\dfrac{x}{2}\right)^2}{2} + \frac{\left(-\dfrac{x}{2}\right)^3}{3} - \frac{\left(-\dfrac{x}{2}\right)^4}{4} + \cdots + (-1)^{n-1}\frac{\left(-\dfrac{x}{2}\right)^n}{n} + \cdots$$

$$= \sum_{n=1}^{\infty}(-1)^{2n-1}\frac{x^n}{2^n n} = -\sum_{n=1}^{\infty}\frac{x^n}{2^n n}, \quad x \in (-2,2).$$

又因当 $x = -2$ 时,级数 $\displaystyle\sum_{n=1}^{\infty}\frac{x^n}{2^n n}$ 变为 $\displaystyle\sum_{n=1}^{\infty}\frac{(-1)^n}{n}$ 收敛;当 $x = 2$ 时,级数 $\displaystyle\sum_{n=1}^{\infty}\frac{x^n}{2^n n}$ 变为 $\displaystyle\sum_{n=1}^{\infty}\frac{1}{n}$,调和级数发散,所以 $\ln\left(1 - \dfrac{x}{2}\right)$ 展成幂级数后,其收敛域为 $[-2,2)$.

(5) 因 $\sin x = \displaystyle\sum_{n=1}^{\infty}(-1)^n\frac{x^{2n-1}}{(2n-1)!}$;$\cos x = \displaystyle\sum_{n=0}^{\infty}(-1)^n\frac{x^{2n}}{(2n)!}$,$x \in (-\infty, +\infty)$,又 $\sin\left(x + \dfrac{\pi}{4}\right) = \dfrac{\sqrt{2}}{2}(\sin x + \cos x)$,所以

$$\sin\left(x + \frac{\pi}{4}\right) = \frac{\sqrt{2}}{2}\left[\sum_{n=1}^{\infty}(-1)^n\frac{x^{2n-1}}{(2n-1)!} + \sum_{n=0}^{\infty}(-1)^n\frac{x^{2n}}{(2n)!}\right]$$

$$= \frac{\sqrt{2}}{2}\sum_{n=0}^{\infty}(-1)^n\left[\frac{x^{2n+1}}{(2n+1)!} + \frac{x^{2n}}{(2n)!}\right], \quad x \in (-\infty, +\infty).$$

2. 将下列函数展成 $x-1$ 或 x 的幂级数,并求收敛域.

(1) $\ln x$;　　　　　　　　(2) $\dfrac{1}{x}$;　　　　　　　　(3) a^x.

解 (1) $\ln x = \ln[1 + (x-1)]$

$$= (x-1) - \frac{(x-1)^2}{2} + \frac{(x-1)^3}{3} - \frac{(x-1)^4}{4} + \cdots + (-1)^n\frac{(x-1)^n}{n} + \cdots,$$

其收敛区间为$(0,2]$.

(2) 因$\dfrac{1}{x}=\dfrac{1}{1-(1-x)}$,而由$\dfrac{1}{1-x}=1+x+x^2+\cdots+x^n+\cdots,x\in(-1,1)$得

$$\frac{1}{x}=1+(1-x)+(1-x)^2+\cdots+(1-x)^n+\cdots\quad(-1<1-x<1)$$

$$=1-(x-1)+(x-1)^2-\cdots+(-1)^n(x-1)^n+\cdots,\quad 0<x<2.$$

(3) 因$a^x=\mathrm{e}^{x\ln a}$,由$\mathrm{e}^x=1+x+\dfrac{x^2}{2!}+\cdots+\dfrac{x^n}{n!}+\cdots,x\in(-\infty,+\infty)$得

$$a^x=\mathrm{e}^{x\ln a}=1+x\ln a+\frac{(x\ln a)^2}{2!}+\cdots+\frac{(x\ln a)^n}{n!}+\cdots$$

$$=1+x\ln a+\frac{(\ln a)^2}{2!}x^2+\cdots+\frac{(\ln a)^n}{n!}x^n+\cdots,\quad x\in(-\infty,+\infty).$$

3. 利用幂级数计算下列各数的近似值:

(1) $\cos 2°$(精确到0.0001);　　　　　(2) $\sqrt[3]{0.999}$(精确到0.00001);

(3) $\displaystyle\int_0^1\frac{\sin x}{x}\mathrm{d}x$(精确到$0.0001$);　　　　(4) $\displaystyle\int_0^{\frac{1}{5}}\sqrt[3]{1+x^2}\mathrm{d}x$(精确到$0.0001$).

解　(1) 因$\cos 2°=\cos\left(\dfrac{\pi}{180}\times 2\right)=\cos\dfrac{\pi}{90}$,在$\cos x$的展开式中令$x=\dfrac{\pi}{90}$得

$$\cos 2°=1-\frac{1}{2!}\left(\frac{\pi}{90}\right)^2+\frac{1}{4!}\left(\frac{\pi}{90}\right)^4-\cdots+\frac{(-1)^n}{(2n)!}\left(\frac{\pi}{90}\right)^{2n}+\cdots,$$

右端是一个交错级数且收敛,取前两项之和作为$\cos 2°$的近似值,得

$$\cos 2°=\cos\frac{\pi}{90}\approx 1-\frac{1}{2!}\left(\frac{\pi}{90}\right)^2\approx 0.99939\approx 0.9994,$$

其误差$|r_n|\leqslant u_{n+1}=\dfrac{1}{4!}\left(\dfrac{\pi}{90}\right)^4\approx 6.2\times 10^{-8}<0.0001$.

(2) $\sqrt[3]{0.999}=\sqrt[3]{1-0.001}=\sqrt[3]{1-\dfrac{1}{1000}}$,在公式

$$(1+x)^m=1+mx+\frac{m(m-1)}{2!}x^2+\cdots+\frac{m(m-1)\cdots(m-n+1)}{n!}x^n+\cdots$$

中令$m=\dfrac{1}{3}$,$x=-\dfrac{1}{1000}$得

$$\sqrt[3]{0.999}=\sqrt[3]{1-\frac{1}{1000}}=1-\frac{1}{3}\times\frac{1}{1000}+\frac{\frac{1}{3}\left(\frac{1}{3}-1\right)}{2!}\left(-\frac{1}{1000}\right)^2+\cdots,$$

其右端是一个收敛的交错级数,其产生的误差为$|r_n|\leqslant u_{n+1}$,而

$$u_3 = \left| \frac{\frac{1}{3}\left(\frac{1}{3}-1\right)}{2!} \left(-\frac{1}{1000}\right)^2 \right| < 0.000001 < 0.00001, \text{所以有}$$

$$\sqrt[3]{0.999} \approx 1 - \frac{1}{3} \times \frac{1}{1000} \approx 0.9997.$$

(3) 由于 $\lim\limits_{x \to 0} \dfrac{\sin x}{x} = 1$,因此所给积分不是广义积分,若定义函数 $\dfrac{\sin x}{x}$ 在 $x=0$ 处的值为 1,则 $\dfrac{\sin x}{x}$ 在 $[0,1]$ 连续,又

$$\frac{\sin x}{x} = 1 - \frac{x^2}{3!} + \frac{x^4}{5!} - \frac{x^6}{7!} + \cdots \quad x \in (-\infty, +\infty),$$

所以 $\displaystyle\int_0^1 \frac{\sin x}{x} \mathrm{d}x = 1 - \frac{1}{3 \cdot 3!} + \frac{1}{5 \cdot 5!} - \frac{1}{7 \cdot 7!} + \cdots$,因为第四项

$$\frac{1}{7 \cdot 7!} < \frac{1}{30000} < 0.00003 < 0.0001,$$

所以取前三项的和作为积分近似值

$$\int_0^1 \frac{\sin x}{x} \mathrm{d}x \approx 1 - \frac{1}{3 \cdot 3!} + \frac{1}{5 \cdot 5!} \approx 0.9461.$$

(4) 因 $\sqrt[3]{1+x^2} = 1 + \dfrac{1}{3}x^2 + \dfrac{\frac{1}{3}\left(\frac{1}{3}-1\right)}{2!}x^4 + \cdots$,所以有

$$\int_0^{\frac{1}{5}} \sqrt[3]{1+x^2}\,\mathrm{d}x = \frac{1}{5} + \frac{1}{9} \times \frac{1}{125} - \frac{1}{9} \cdot \frac{1}{5} \cdot \left(\frac{1}{5}\right)^5 + \cdots,$$

因 $\dfrac{1}{9} \cdot \dfrac{1}{5} \cdot \left(\dfrac{1}{5}\right)^5 < 0.0001$,所以 $\displaystyle\int_0^{\frac{1}{5}} \sqrt[3]{1+x^2}\,\mathrm{d}x \approx \frac{1}{5} + \frac{1}{9} \times \frac{1}{125} \approx 1.0009.$

习 题 11-6

1. 下列周期函数 $f(x)$ 的周期为 2π,试将 $f(x)$ 展开成傅里叶级数,如果 $f(x)$ 在 $[-\pi, \pi)$ 上的表达式为

(1) $f(x) = 3x^2 + 1 (-\pi \leqslant x < \pi)$;

(2) $f(x) = \mathrm{e}^{2x} (-\pi \leqslant x < \pi)$;

(3) $f(x) = \begin{cases} bx, & -\pi \leqslant x < 0, \\ ax, & 0 \leqslant x < \pi \end{cases}$ (a, b 为常数,且 $a > b > 0$).

解 (1) $f(x) = 3x^2 + 1 (-\pi \leqslant x < \pi)$,

$$a_0 = \frac{1}{\pi} \int_{-\pi}^{\pi} (3x^2 + 1) \mathrm{d}x = \frac{2}{\pi} (x^3 + x) \Big|_0^{\pi} = 2(\pi^2 + 1),$$

$$a_n = \frac{1}{\pi} \int_{-\pi}^{\pi} (3x^2 + 1) \cos nx \, \mathrm{d}x$$

$$= \frac{2}{n\pi} \int_0^{\pi} (3x^2 + 1) \, \mathrm{d}\sin nx$$

$$= \frac{2}{n\pi} \left\{ (3x^2 + 1) \sin nx \,\Big|_0^{\pi} - 6 \int_0^{\pi} x \sin nx \, \mathrm{d}x \right\}$$

$$= \frac{12}{n^2 \pi} \int_0^{\pi} x \, \mathrm{d}\cos nx$$

$$= \frac{12}{n^2 \pi} \left[x \cos nx \,\Big|_0^{\pi} - \int_0^{\pi} \cos nx \, \mathrm{d}x \right]$$

$$= \frac{12}{n^2 \pi} (-1)^n \pi = (-1)^n \frac{12}{n^2},$$

$$b_n = \frac{1}{\pi} \int_{-\pi}^{\pi} (3x^2 + 1) \sin nx \, \mathrm{d}x = 0 \quad (\text{对称区间上的奇函数的积分为 } 0).$$

又 $f(x) = (3x^2 + 1) \in C[-\pi, \pi)$，且 $f(-\pi + 0) = f(\pi - 0) = 3\pi^2 + 1$，所以

$$3x^2 + 1 = \pi^2 + 1 + 12 \sum_{n=1}^{\infty} \frac{(-1)^n}{n^2} \cos nx \, (-\infty < x < +\infty).$$

(2) $f(x) = \mathrm{e}^{2x} \, (-\pi \leqslant x < \pi)$;

$$a_0 = \frac{1}{\pi} \int_{-\pi}^{\pi} \mathrm{e}^{2x} \, \mathrm{d}x = \frac{1}{2\pi} \mathrm{e}^{2x} \,\Big|_{-\pi}^{\pi} = \frac{\mathrm{e}^{2\pi} - \mathrm{e}^{-2\pi}}{2\pi},$$

$$a_n = \frac{1}{\pi} \int_{-\pi}^{\pi} \mathrm{e}^{2x} \cos nx \, \mathrm{d}x$$

$$= \frac{1}{2\pi} \int_{-\pi}^{\pi} \cos nx \, \mathrm{d}\mathrm{e}^{2x}$$

$$= \frac{1}{2\pi} \left(\mathrm{e}^{2x} \cos nx \,\Big|_{-\pi}^{\pi} + n \int_{-\pi}^{\pi} \mathrm{e}^{2x} \sin nx \, \mathrm{d}x \right)$$

$$= \frac{(-1)^n (\mathrm{e}^{2\pi} - \mathrm{e}^{-2\pi})}{2\pi} + \frac{n}{4\pi} \int_{-\pi}^{\pi} \sin nx \, \mathrm{d}\mathrm{e}^{2x}$$

$$= \frac{(-1)^n (\mathrm{e}^{2\pi} - \mathrm{e}^{-2\pi})}{2\pi} + \frac{n}{4\pi} \left(\mathrm{e}^{2\pi} \sin nx \,\Big|_{-\pi}^{\pi} - n \int_{-\pi}^{\pi} \mathrm{e}^{2x} \cos nx \, \mathrm{d}x \right)$$

$$= \frac{(-1)^n (\mathrm{e}^{2\pi} - \mathrm{e}^{-2\pi})}{2\pi} - \frac{n^2}{4\pi} \int_{-\pi}^{\pi} \mathrm{e}^{2x} \cos nx \, \mathrm{d}x,$$

移项得

$$a_n = \frac{2(-1)^n (\mathrm{e}^{2\pi} - \mathrm{e}^{-2\pi})}{\pi(n^2 + 4)} \quad (n \in \mathbf{N}).$$

下面套公式计算 b_n 更简单一些.

$$b_n = \frac{1}{\pi} \int_{-\pi}^{\pi} e^{2x} \sin nx \, dx = \frac{1}{\pi} \left[\frac{e^{2x}}{n^2 + 4} (2\sin nx - n\cos nx) \right] \Big|_{-\pi}^{\pi}$$

$$= \frac{n(-1)^{n+1}(e^{2\pi} - e^{-2\pi})}{\pi(n^2 + 4)} \quad (n \in \mathbf{N}).$$

又 $f(x) = e^{2x} \in C[-\pi, \pi)$，但 $f(-\pi + 0) = e^{-2\pi} \neq f(\pi - 0) = e^{2\pi}$，所以

$$e^{2x} = \frac{e^{2\pi} - e^{-2\pi}}{\pi} \left[\frac{1}{4} + \sum_{n=1}^{\infty} \frac{(-1)^n}{n^2 + 4} (2\cos nx - n\sin nx) \right] (x \neq (2n+1)\pi, n = 0, \pm 1,$$

$\pm 2, \cdots)$.

在上述间断点处，级数收敛于 $\dfrac{e^{2\pi} + e^{-2\pi}}{2}$.

(3) $f(x) = \begin{cases} bx, & -\pi \leqslant x < 0, \\ ax, & 0 \leqslant x < \pi. \end{cases}$

$$a_0 = \frac{1}{\pi} \left[\int_{-\pi}^{0} bx \, dx + \int_{0}^{\pi} ax \, dx \right] = \frac{1}{2\pi} \left(bx^2 \Big|_{-\pi}^{0} + ax^2 \Big|_{0}^{\pi} \right) = \frac{\pi}{2}(a - b),$$

$$a_n = \frac{1}{\pi} \left(\int_{-\pi}^{0} bx \cos nx \, dx + \int_{0}^{\pi} ax \cos nx \, dx \right)$$

$$= \frac{b}{\pi} \left(\frac{x}{n} \sin nx + \frac{1}{n^2} \cos nx \right) \Big|_{-\pi}^{0} + \frac{a}{\pi} \left(\frac{x}{n} \sin nx + \frac{1}{n^2} \cos nx \right) \Big|_{0}^{\pi}$$

$$= \frac{1}{n^2 \pi} (b - a)(1 - \cos n\pi)$$

$$= \frac{1}{n^2 \pi} (b - a)[1 - (-1)^n] \quad (n \in \mathbf{N}),$$

$$b_n = \frac{1}{\pi} \left(\int_{-\pi}^{0} bx \sin nx \, dx + \int_{0}^{\pi} ax \sin nx \, dx \right)$$

$$= \frac{b}{\pi} \left(-\frac{x}{n} \cos nx + \frac{1}{n^2} \sin nx \right) \Big|_{-\pi}^{0} + \frac{a}{\pi} \left(-\frac{x}{n} \cos nx + \frac{1}{n^2} \sin nx \right) \Big|_{0}^{\pi}$$

$$= \frac{b}{\pi} \left(-\frac{\pi}{n} \cos n\pi \right) + \frac{a}{\pi} \left(-\frac{\pi}{n} \cos n\pi \right)$$

$$= (-1)^{n+1} \frac{a + b}{n} \quad (n \in \mathbf{N}),$$

又 $f(x) \in C[-\pi, \pi)$，且 $f(-\pi + 0) = -b\pi \neq f(\pi - 0) = a\pi$. 所以

$$f(x) = \frac{\pi}{4}(a - b) + \sum_{n=1}^{\infty} \left\{ \frac{[1 - (-1)^n](b - a)}{n^2 \pi} \cos nx + (-1)^{n+1} \frac{a + b}{n} \sin nx \right\}$$

$$(x \neq (2n+1)\pi, n = 0, \pm 1, \pm 2, \cdots);$$

在上述间断点处，级数收敛于 $\dfrac{\pi}{2}(a - b)$.

2. 将下列函数 $f(x)$ 展开成傅里叶级数:

(1) $f(x)=2\sin\dfrac{x}{3}(-\pi\leqslant x\leqslant\pi)$;

(2) $f(x)=\begin{cases}e^x, & -\pi\leqslant x<0,\\ 1, & 0\leqslant x<\pi.\end{cases}$

解　先设上述函数已延拓成周期为 2π 的函数,不妨把延拓后的函数在区间 $[-\pi,\pi]$ 上仍记为 $f(x)$.

(1) $f(x)=2\sin\dfrac{x}{3}(-\pi\leqslant x\leqslant\pi)$.

易见 $f(x)$ 为奇函数,故

$$a_n=0 \quad (n=0,1,2,\cdots),$$

$$\begin{aligned}
b_n &= \frac{1}{\pi}\int_{-\pi}^{\pi}2\sin\frac{x}{3}\sin nx\,\mathrm{d}x\\
&= \frac{1}{\pi}\int_{-\pi}^{\pi}\left[\cos\left(\frac{x}{3}-nx\right)-\cos\left(\frac{x}{3}+nx\right)\right]\mathrm{d}x\\
&= \frac{2}{\pi}\int_{0}^{\pi}\left[\cos\left(\frac{1}{3}-n\right)x-\cos\left(\frac{1}{3}+n\right)x\right]\mathrm{d}x\\
&= \frac{2}{\pi}\left[\left.\frac{\sin\left(\frac{1}{3}-n\right)x}{\frac{1}{3}-n}\right|_0^\pi-\left.\frac{\sin\left(\frac{1}{3}+n\right)x}{\frac{1}{3}+n}\right|_0^\pi\right]\\
&= \frac{2}{\pi}\left[\frac{\sin\left(\frac{1}{3}-n\right)\pi}{\frac{1}{3}-n}-\frac{\sin\left(\frac{1}{3}+n\right)\pi}{\frac{1}{3}+n}\right]\\
&= \frac{6}{\pi}\left[-\frac{\cos n\pi\frac{\sqrt{3}}{2}}{3n-1}-\frac{\cos n\pi\frac{\sqrt{3}}{2}}{3n+1}\right]\\
&= (-1)^{n+1}\frac{18\sqrt{3}}{\pi}\frac{n}{9n^2-1},
\end{aligned}$$

又 $f(x)=2\sin\dfrac{x}{3}$ 在 $(-\pi,\pi)$ 内连续,在端点处间断,所以

$$f(x)=\frac{18\sqrt{3}}{\pi}\sum_{n=1}^{\infty}(-1)^{n+1}\frac{n\sin nx}{9n^2-1}\quad(-\pi<x<\pi)$$

在 $x=\pm\pi$ 时,右边级数收敛于 0.

(2) $f(x) = \begin{cases} e^x, & -\pi \leqslant x < 0, \\ 1, & 0 \leqslant x < \pi. \end{cases}$

$a_0 = \dfrac{1}{\pi} \displaystyle\int_{-\pi}^{\pi} f(x)\mathrm{d}x = \dfrac{1}{\pi}\left[\int_{-\pi}^{0} e^x \mathrm{d}x + \int_{0}^{\pi}\mathrm{d}x\right] = \dfrac{1}{\pi}(1 - e^{-\pi}) + 1,$

$a_n = \dfrac{1}{\pi}\left[\displaystyle\int_{-\pi}^{0} e^x \cos nx\,\mathrm{d}x + \int_{0}^{\pi}\cos nx\,\mathrm{d}x\right]$

$= \dfrac{1}{\pi}\left\{\dfrac{e^x}{1+n^2}(n\sin nx + \cos nx)\Big|_{-\pi}^{0} + \dfrac{1}{n}\sin nx\Big|_{0}^{\pi}\right\}$

$= \dfrac{1 - (-1)^n e^{-\pi}}{\pi(1+n^2)} \quad (n \in \mathbf{N}),$

$b_n = \dfrac{1}{\pi}\left[\displaystyle\int_{-\pi}^{0} e^x \sin nx\,\mathrm{d}x + \int_{0}^{\pi}\sin nx\,\mathrm{d}x\right]$

$= \dfrac{1}{\pi}\left\{\dfrac{e^x}{1+n^2}(\sin nx - n\cos nx)\Big|_{-\pi}^{0} - \dfrac{1}{n}\cos nx\Big|_{0}^{\pi}\right\}$

$= \dfrac{1}{\pi}\left[\dfrac{-n + (-1)^n n e^{-\pi}}{1+n^2} + \dfrac{1 - (-1)^n}{n}\right] \quad (n \in \mathbf{N}),$

又 $f(x) \in C(-\pi, \pi)$ 在 $x = \pm\pi$ 处间断,所以

$$f(x) = \dfrac{1}{2\pi}(1 + \pi - e^{-\pi}) + \dfrac{1}{\pi}\sum_{n=1}^{\infty}\left\{\dfrac{1 - (-1)^n e^{-\pi}}{1+n^2}\cos nx\right.$$

$$\left. + \left[\dfrac{-n + (-1)^n n e^{-\pi}}{1+n^2} + \dfrac{1 - (-1)^n}{n}\right]\sin nx\right\}, \quad x \in (-\pi, \pi),$$

在 $x = \pm\pi$ 时,级数收敛于 $\dfrac{e^{-\pi} + 1}{2}$.

3. 设周期函数 $f(x)$ 的周期为 2π,证明:$f(x)$ 的傅里叶系数为

$$a_n = \dfrac{1}{\pi}\int_{0}^{2\pi} f(x)\cos nx\,\mathrm{d}x \quad (n = 0, 1, 2, \cdots),$$

$$b_n = \dfrac{1}{\pi}\int_{0}^{2\pi} f(x)\sin nx\,\mathrm{d}x \quad (n = 1, 2, \cdots).$$

证 由周期函数的积分公式 $\displaystyle\int_{a}^{a+l}\varphi(x)\mathrm{d}x$ 的值与 a 无关(其中 l 为 φ 的周期).

若 $\varphi(x)$ 以 2π 为周期,则 $\displaystyle\int_{-\pi}^{\pi}\varphi(x)\mathrm{d}x = \int_{0}^{2\pi}\varphi(x)\mathrm{d}x.$

而此题中 $f(x)$,$\sin nx$,$\cos nx$ 均是以 2π 为周期的周期函数,故 $f(x)$,$f(x)\sin nx$,$f(x)\cos nx$ 也是以 2π 为周期的周期函数,视它们为上式中的 $\varphi(x)$,故有

$$a_n = \frac{1}{\pi} \int_{-\pi}^{\pi} f(x) \cos nx \, \mathrm{d}x$$

$$= \frac{1}{\pi} \int_{0}^{2\pi} f(x) \cos nx \, \mathrm{d}x \quad (n = 0, 1, 2, \cdots),$$

$$b_n = \frac{1}{\pi} \int_{-\pi}^{\pi} f(x) \sin nx \, \mathrm{d}x$$

$$= \frac{1}{\pi} \int_{0}^{2\pi} f(x) \sin nx \, \mathrm{d}x \quad (n = 1, 2, \cdots).$$

习　题　11-7

1. 将函数 $f(x) = \cos \dfrac{x}{2} \ (-\pi \leqslant x \leqslant \pi)$ 展开成傅里叶级数.

解　显见 $f(x)$ 为偶函数,所以 $b_n = 0 (n \in \mathbf{N})$.

$$a_n = \frac{2}{\pi} \int_0^{\pi} \cos \frac{x}{2} \cos nx \, \mathrm{d}x$$

$$= \frac{1}{\pi} \int_0^{\pi} \left[\cos\left(\frac{1}{2} + n\right)x + \cos\left(\frac{1}{2} - n\right)x \right] \mathrm{d}x$$

$$= \frac{1}{\pi} \left[\frac{\sin\left(\frac{1}{2} + n\right)x}{\frac{1}{2} + n} \Bigg|_0^{\pi} + \frac{\sin\left(\frac{1}{2} - n\right)x}{\frac{1}{2} - n} \Bigg|_0^{\pi} \right]$$

$$= \frac{2}{\pi} \left[\frac{\cos n\pi}{2n+1} - \frac{\cos n\pi}{2n-1} \right]$$

$$= (-1)^n \frac{2}{\pi} \left[\frac{1}{2n+1} - \frac{1}{2n-1} \right]$$

$$= (-1)^{n+1} \frac{4}{\pi} \frac{1}{4n^2 - 1} \quad (n = 0, 1, 2, \cdots),$$

取 $n = 0$ 得 $a_0 = \dfrac{4}{\pi}$,又 $f(x) = \cos \dfrac{x}{2} \in C[-\pi, \pi]$,所以

$$\cos \frac{x}{2} = \frac{2}{\pi} + \frac{4}{\pi} \sum_{n=1}^{\infty} (-1)^{n+1} \frac{\cos nx}{4n^2 - 1} \quad (-\pi \leqslant x \leqslant \pi).$$

2. 设 $f(x)$ 是周期为 2π 的周期函数,它在 $[-\pi, \pi)$ 上的表达式为

$$f(x) = \begin{cases} -\dfrac{\pi}{2}, & -\pi \leqslant x < -\dfrac{\pi}{2}, \\[2mm] x, & -\dfrac{\pi}{2} \leqslant x < \dfrac{\pi}{2}, \\[2mm] \dfrac{\pi}{2}, & \dfrac{\pi}{2} \leqslant x < \pi, \end{cases}$$

将 $f(x)$ 展开成傅里叶级数.

解　显见 $f(x)$ 为奇函数,所以 $a_n=0(n=0,1,2\cdots)$,

$$b_n=\frac{2}{\pi}\int_0^\pi f(x)\sin nx\,\mathrm{d}x$$

$$=\frac{2}{\pi}\left(\int_0^{\frac{\pi}{2}}x\sin nx\,\mathrm{d}x+\frac{\pi}{2}\int_{\frac{\pi}{2}}^\pi\sin nx\,\mathrm{d}x\right)$$

$$=\frac{2}{\pi}\left(-\frac{x}{n}\cos nx+\frac{1}{n^2}\sin nx\right)\Big|_0^{\frac{\pi}{2}}-\frac{1}{n}\cos nx\Big|_{\frac{\pi}{2}}^\pi$$

$$=\frac{2}{n^2\pi}\sin\frac{n\pi}{2}-(-1)^n\frac{1}{n},$$

又 $f(x)\in C(-\pi,\pi)$,间断点 $x=\pm\pi$,所以

$$f(x)=\frac{2}{\pi}\sum_{n=1}^\infty\left[\frac{1}{n^2}\sin\frac{n\pi}{2}+(-1)^{n+1}\frac{\pi}{2n}\right]\sin nx\quad(x\neq(2n+1)\pi,n=0,\pm1,\pm2,\cdots)$$

在上述间断点处,右边级数收敛于 0.

3. 将函数 $f(x)=\dfrac{\pi-x}{2}(0\leqslant x\leqslant\pi)$ 展开成正弦级数.

解　将此函数作奇延拓,延拓成 $[-\pi,\pi]$ 上的奇函数,则 $a_n=0(n=0,1,2,\cdots)$. 而

$$b_n=\frac{2}{\pi}\int_0^\pi\frac{\pi-x}{2}\sin nx\,\mathrm{d}x$$

$$=\frac{2}{\pi}\left(\frac{x-\pi}{2n}\cos nx-\frac{1}{n^2}\sin nx\right)\Big|_0^\pi$$

$$=\frac{1}{n}\quad(n\in\mathbf{N}).$$

又延拓后的函数在 $x=0$ 处间断,在 $(0,\pi]$ 连续,所以

$$\frac{\pi-x}{2}=\sum_{n=1}^\infty\frac{\sin nx}{n},\quad x\in(0,\pi],$$

在 $x=0$ 处,右边级数收敛于 $\dfrac{1}{2}[f(0+0)+f(0-0)]=0$,其中 $f(0-0)$ 是延拓后函数的左极限,由奇偶性知,

$$f(0-0)=-f(0+0)=-\frac{\pi}{2}.$$

4. 将函数 $f(x)=2x^2(0\leqslant x\leqslant\pi)$ 分别展开成正弦级数和余弦级数.

(1) 将 $f(x)$ 作奇延拓展开成正弦级数,这时 $a_n=0(n=0,1,2,\cdots)$,而

$$b_n=\frac{2}{\pi}\int_0^\pi 2x^2\sin nx\,\mathrm{d}x$$

$$=-\frac{4}{n\pi}\int_0^\pi x^2\,\mathrm{d}\cos nx$$

$$=-\frac{4}{\pi}\left[\left(\frac{x^2}{n}\cos nx\right)\Big|_0^\pi-\frac{2}{n}\int_0^\pi x\cos nx\,\mathrm{d}x\right]$$

$$=-\frac{4}{\pi}\left[\frac{\pi^2}{n}(-1)^n-\frac{2}{n^2}\left(x\sin nx+\frac{1}{n}\cos nx\right)\Big|_0^\pi\right]$$

$$=-\frac{4}{\pi}\left\{(-1)^n\frac{\pi^2}{n}-\frac{2}{n^3}\left[(-1)^n-1\right]\right\}$$

$$=\frac{4}{\pi}\left[-\frac{2}{n^3}+(-1)^n\left(\frac{2}{n^3}-\frac{\pi^2}{n}\right)\right],$$

又 $f(x)$ 延拓后的函数在 $x=\pi$ 处间断,在$[0,\pi)$连续,所以

$$2x^2=\frac{4}{\pi}\sum_{n=1}^\infty\left[-\frac{2}{n^3}+(-1)^n\left(\frac{2}{n^3}-\frac{\pi^2}{n}\right)\right]\sin nx,\quad x\in[0,\pi),$$

在 $x=\pi$ 处,右边级数收敛于算术平均值 π^2.

(2) 将 $f(x)$ 作偶延拓展开成余弦级数,这时 $b_n=0(n=1,2,\cdots)$,而

$$a_n=\frac{2}{\pi}\int_0^\pi 2x^2\cos nx\,\mathrm{d}x$$

$$=\frac{4}{n\pi}\int_0^\pi x^2\,\mathrm{d}\sin nx$$

$$=\frac{4}{n\pi}\left[(x^2\sin nx)\Big|_0^\pi-2\int_0^\pi x\sin nx\,\mathrm{d}x\right]$$

$$=\frac{4}{n\pi}\left[\frac{2}{n}\left(x\cos nx-\frac{1}{n}\sin nx\right)\Big|_0^\pi\right]$$

$$=(-1)^n\frac{8}{n^2}\quad(n=1,2,\cdots),$$

又 $a_0=\frac{2}{\pi}\int_0^\pi 2x^2\,\mathrm{d}x=\frac{4}{3}\pi^2$,$f(x)$ 作偶延拓后的函数在$[0,\pi]$都连续,所以

$$2x^2=\frac{2}{3}\pi^2+8\sum_{n=1}^\infty\frac{(-1)^n}{n^2}\cos nx,\quad x\in[0,\pi].$$

5. 设周期函数 $f(x)$ 的周期为 2π,证明:

(1) 如果 $f(x-\pi)=-f(x)$,则 $f(x)$ 的傅里叶系数 $a_0=0,a_{2k}=0,b_{2k}=0(k=1,2,\cdots)$.

(2) 如果 $f(x-\pi)=f(x)$,则 $f(x)$ 的傅里叶系数 $a_{2k+1}=0,b_{2k+1}=0(k=0,1,2,\cdots)$.

证 利用已有傅里叶系数公式作换元证之.

(1) $a_0 = \dfrac{1}{\pi} \displaystyle\int_{-\pi}^{\pi} f(x)\,\mathrm{d}x$

$= \dfrac{1}{\pi} \left[\displaystyle\int_{-\pi}^{0} f(x)\,\mathrm{d}x + \int_{0}^{\pi} f(x)\,\mathrm{d}x \right]$

$= \dfrac{1}{\pi} \left[\displaystyle\int_{-\pi}^{0} f(x)\,\mathrm{d}x - \int_{0}^{\pi} f(x-\pi)\,\mathrm{d}x \right]$

$\underset{x-\pi=u}{=\!=\!=} \dfrac{1}{\pi} \left[\displaystyle\int_{-\pi}^{0} f(x)\,\mathrm{d}x - \int_{-\pi}^{0} f(u)\,\mathrm{d}u \right]$

$= 0,$

$a_{2k} = \dfrac{1}{\pi} \displaystyle\int_{-\pi}^{\pi} f(x)\cos 2kx\,\mathrm{d}x$

$= \dfrac{1}{\pi} \left[\displaystyle\int_{-\pi}^{0} f(x)\cos 2kx\,\mathrm{d}x + \int_{0}^{\pi} f(x)\cos 2kx\,\mathrm{d}x \right]$

$= \dfrac{1}{\pi} \left[\displaystyle\int_{-\pi}^{0} f(x)\cos 2kx\,\mathrm{d}x - \int_{0}^{\pi} f(x-\pi)\cos 2kx\,\mathrm{d}x \right]$

$\underset{x-\pi=u}{=\!=\!=} \dfrac{1}{\pi} \left[\displaystyle\int_{-\pi}^{0} f(x)\cos 2kx\,\mathrm{d}x - \int_{-\pi}^{0} f(u)\cos(2ku + 2k\pi)\,\mathrm{d}u \right]$

$= \dfrac{1}{\pi} \left[\displaystyle\int_{-\pi}^{0} f(x)\cos 2kx\,\mathrm{d}x - \int_{-\pi}^{0} f(u)\cos 2ku\,\mathrm{d}u \right]$

$= 0,$

同理

$b_{2k} = \dfrac{1}{\pi} \displaystyle\int_{-\pi}^{\pi} f(x)\sin 2kx\,\mathrm{d}x$

$= \dfrac{1}{\pi} \left[\displaystyle\int_{-\pi}^{0} f(x)\sin 2kx\,\mathrm{d}x + \int_{0}^{\pi} f(x)\sin 2kx\,\mathrm{d}x \right]$

$= \dfrac{1}{\pi} \left[\displaystyle\int_{-\pi}^{0} f(x)\sin 2kx\,\mathrm{d}x - \int_{0}^{\pi} f(x-\pi)\sin 2kx\,\mathrm{d}x \right]$

$\underset{x-\pi=u}{=\!=\!=} \dfrac{1}{\pi} \left[\displaystyle\int_{-\pi}^{0} f(x)\sin 2kx\,\mathrm{d}x - \int_{-\pi}^{0} f(u)\sin(2ku + 2k\pi)\,\mathrm{d}u \right]$

$= \dfrac{1}{\pi} \left[\displaystyle\int_{-\pi}^{0} f(x)\sin 2kx\,\mathrm{d}x - \int_{-\pi}^{0} f(u)\sin 2ku\,\mathrm{d}u \right]$

$= 0.$

(2) 如果 $f(x-\pi)=f(x)$，

$a_{2k+1} = \dfrac{1}{\pi} \displaystyle\int_{-\pi}^{\pi} f(x)\cos(2k+1)x\,\mathrm{d}x$

$= \dfrac{1}{\pi} \left[\displaystyle\int_{-\pi}^{0} f(x)\cos(2k+1)x\,\mathrm{d}x + \int_{0}^{\pi} f(x)\cos(2k+1)x\,\mathrm{d}x \right]$

$$= \frac{1}{\pi}\left[\int_{-\pi}^{0} f(x)\cos(2k+1)x\mathrm{d}x + \int_{0}^{\pi} f(x-\pi)\cos(2k+1)x\mathrm{d}x\right]$$

$$\xlongequal{x-\pi=u} \frac{1}{\pi}\left\{\int_{-\pi}^{0} f(x)\cos(2k+1)x\mathrm{d}x + \int_{-\pi}^{0} f(u)\cos\left[(2k+1)u+(2k+1)\pi\right]\mathrm{d}u\right\}$$

$$= \frac{1}{\pi}\left[\int_{-\pi}^{0} f(x)\cos(2k+1)x\mathrm{d}x - \int_{-\pi}^{0} f(u)\cos(2k+1)u\mathrm{d}u\right]$$

$$=0,$$

$$b_{2k+1} = \frac{1}{\pi}\int_{-\pi}^{\pi} f(x)\sin(2k+1)x\mathrm{d}x$$

$$= \frac{1}{\pi}\left[\int_{-\pi}^{0} f(x)\sin(2k+1)x\mathrm{d}x + \int_{0}^{\pi} f(x)\sin(2k+1)x\mathrm{d}x\right]$$

$$= \frac{1}{\pi}\left[\int_{-\pi}^{0} f(x)\sin(2k+1)x\mathrm{d}x + \int_{0}^{\pi} f(x-\pi)\sin(2k+1)x\mathrm{d}x\right]$$

$$\xlongequal{x-\pi=u} \frac{1}{\pi}\left\{\int_{-\pi}^{0} f(x)\sin(2k+1)x\mathrm{d}x + \int_{-\pi}^{0} f(u)\sin\left[(2k+1)u+(2k+1)\pi\right]\mathrm{d}u\right\}$$

$$= \frac{1}{\pi}\left[\int_{-\pi}^{0} f(x)\sin(2k+1)x\mathrm{d}x - \int_{-\pi}^{0} f(u)\sin(2k+1)u\mathrm{d}u\right]=0.$$

习　题　11-8

1. 将下列各周期函数展开成傅里叶级数(下面给出函数在一个周期内的表达式).

(1) $f(x)=1-x^2\left(-\frac{1}{2}\leqslant x<\frac{1}{2}\right)$;

(2) $f(x)=\begin{cases} x, & -1\leqslant x<0, \\ 1, & 0\leqslant x<\frac{1}{2}, \\ -1, & \frac{1}{2}\leqslant x<1; \end{cases}$

(3) $f(x)=\begin{cases} 2x+1, & -3\leqslant x<0, \\ 1, & 0\leqslant x<3; \end{cases}$

解　(1) $f(x)=1-x^2\left(-\frac{1}{2}\leqslant x<\frac{1}{2}\right)$,显见 $f(x)$ 为偶函数,所以 $b_n=0(n\in$

N).

$$a_0 = \frac{1}{\frac{1}{2}}\int_{-\frac{1}{2}}^{\frac{1}{2}} (1-x^2)\mathrm{d}x = 4\int_{0}^{\frac{1}{2}} (1-x^2)\mathrm{d}x = \frac{11}{6},$$

$$a_n = \frac{1}{\frac{1}{2}} \int_{-\frac{1}{2}}^{\frac{1}{2}} (1 - x^2) \cos \frac{n\pi x}{l} \mathrm{d}x$$

$$= 4 \int_0^{\frac{1}{2}} (1 - x^2) \cos 2n\pi x \mathrm{d}x$$

$$= \frac{4}{2n\pi} \int_0^{\frac{1}{2}} (1 - x^2) \mathrm{d}\sin 2n\pi x$$

$$= \frac{2}{n\pi} \left[(1 - x^2) \sin 2n\pi x \Big|_0^{\frac{1}{2}} - \frac{2}{2n\pi} \int_0^{\frac{1}{2}} x \mathrm{d}\cos 2n\pi x \right]$$

$$= -\frac{2}{n^2 \pi^2} \left[x \cos 2n\pi x \Big|_0^{\frac{1}{2}} - \int_0^{\frac{1}{2}} \cos 2n\pi x \mathrm{d}x \right]$$

$$= -\frac{2}{n^2 \pi^2} \left[(-1)^n - \frac{1}{2n\pi} \sin 2n\pi x \Big|_0^{\frac{1}{2}} \right]$$

$$= (-1)^{n+1} \frac{1}{n^2 \pi^2} \quad (n = 1, 2, \cdots),$$

又 $f(x) \in C(\mathbf{R})$，所以

$$1 - x^2 = \frac{11}{12} + \frac{1}{\pi^2} \sum_{n=1}^{\infty} \frac{(-1)^{n+1}}{n^2} \cos 2n\pi x, x \in (-\infty, +\infty).$$

$$(2) \ f(x) = \begin{cases} x, & -1 \leqslant x < 0, \\ 1, & 0 \leqslant x < \frac{1}{2}, \\ -1, & \frac{1}{2} \leqslant x < 1, \end{cases}$$

$$a_0 = \frac{1}{1} \int_{-1}^1 f(x) \mathrm{d}x = \int_{-1}^0 x \mathrm{d}x + \int_0^{\frac{1}{2}} 1 \mathrm{d}x + \int_{\frac{1}{2}}^1 (-1) \mathrm{d}x = -\frac{1}{2},$$

$$a_n = \frac{1}{1} \int_{-\frac{1}{2}}^{\frac{1}{2}} f(x) \cos n\pi x \mathrm{d}x$$

$$= \int_{-1}^0 x \cos n\pi x \mathrm{d}x + \int_0^{\frac{1}{2}} \cos n\pi x \mathrm{d}x + \int_{\frac{1}{2}}^1 (-1) \cos n\pi x \mathrm{d}x$$

$$= \frac{1}{n\pi} \left[x \sin n\pi x + \frac{1}{n\pi} \cos n\pi x \right]_{-1}^0 + \frac{1}{n\pi} \sin n\pi x \Big|_0^{\frac{1}{2}} - \frac{1}{n\pi} \sin n\pi x \Big|_{\frac{1}{2}}^1$$

$$= \frac{1}{n^2 \pi^2} [1 - (-1)^n] + \frac{2}{n\pi} \sin \frac{n\pi}{2} \quad (n = 1, 2, \cdots),$$

$$b_n = \frac{1}{1}\int_{-\frac{1}{2}}^{\frac{1}{2}} f(x)\sin n\pi x \, \mathrm{d}x$$

$$= \int_{-1}^{0} x\sin n\pi x \, \mathrm{d}x + \int_{0}^{\frac{1}{2}} \sin n\pi x \, \mathrm{d}x + \int_{\frac{1}{2}}^{1} (-1)\sin n\pi x \, \mathrm{d}x$$

$$= \frac{1}{n\pi}\left[-x\cos n\pi x + \frac{1}{n\pi}\sin n\pi x \right]_{-1}^{0} - \frac{1}{n\pi}\cos n\pi x \Big|_{0}^{\frac{1}{2}} + \frac{1}{n\pi}\cos n\pi x \Big|_{\frac{1}{2}}^{1}$$

$$= -\frac{2}{n\pi}\cos\frac{n\pi}{2} + \frac{1}{n\pi}$$

$$= \frac{1}{n\pi}\left(1 - \cos\frac{n\pi}{2} \right) \quad (n=1,2,\cdots).$$

又 $f(x)$ 在 $(-\infty, +\infty)$ 内的间断点有

$$x=2k, \quad x=2k+\frac{1}{2} \quad (k=0,\pm 1,\pm 2,\cdots),$$

所以

$$f(x) = -\frac{1}{4} + \sum_{n=1}^{\infty} \left\{ \left[\frac{1-(-1)^n}{n^2\pi^2} + \frac{2}{n\pi}\sin\frac{n\pi}{2} \right]\cos n\pi x + \frac{1}{n\pi}\left(1-\cos\frac{n\pi}{2} \right)\sin n\pi x \right\},$$

$$x\neq 2k, x\neq 2k+\frac{1}{2} \quad (k=0,\pm 1,\pm 2,\cdots)$$

在间断点处 $x=2k$ 处,右边级数收敛于 $\frac{1}{2}$;在 $x=2k+\frac{1}{2}$ 处级数收敛于 0.

(3) $f(x)=\begin{cases} 2x+1, & -3\leqslant x<0, \\ 1, & 0\leqslant x<3, \end{cases}$

$$a_0 = \frac{1}{3}\int_{-3}^{3} f(x)\,\mathrm{d}x = \frac{1}{3}\int_{-3}^{0}(2x+1)\,\mathrm{d}x + \frac{1}{3}\int_{0}^{3} 1\,\mathrm{d}x = -1,$$

$$a_n = \frac{1}{3}\int_{-3}^{3} f(x)\cos\frac{n\pi x}{3}\,\mathrm{d}x$$

$$= \frac{1}{3}\int_{-3}^{0}(2x+1)\cos\frac{n\pi x}{3}\,\mathrm{d}x + \frac{1}{3}\int_{0}^{3}\cos\frac{n\pi x}{3}\,\mathrm{d}x$$

$$= \frac{1}{n\pi}\left[(2x+1)\sin\frac{n\pi x}{3}\Big|_{-3}^{0} - 2\int_{-3}^{0}\sin\frac{n\pi x}{3}\,\mathrm{d}x \right] + \frac{1}{n\pi}\sin\frac{n\pi x}{3}\Big|_{0}^{3}$$

$$= \frac{6}{n^2\pi^2}\left[1-(-1)^n \right] \quad (n=1,2,\cdots),$$

$$b_n = \frac{1}{3}\int_{-3}^{3} f(x)\sin\frac{n\pi x}{3}\,\mathrm{d}x$$

$$= \frac{1}{3}\int_{-3}^{0}(2x+1)\sin\frac{n\pi x}{3}\mathrm{d}x + \frac{1}{3}\int_{0}^{3}\sin\frac{n\pi x}{3}\mathrm{d}x$$

$$= \frac{1}{n\pi}\left[-(2x+1)\cos\frac{n\pi x}{3}\Big|_{-3}^{0} + 2\int_{-3}^{0}\cos\frac{n\pi x}{3}\mathrm{d}x\right] - \frac{1}{n\pi}\cos\frac{n\pi x}{3}\Big|_{0}^{3}$$

$$= \frac{6}{n\pi}(-1)^{n+1} \quad (n=1,2,\cdots).$$

又 $f(x)$ 在 $(-\infty,+\infty)$ 内的间断点有
$$x=3(2k+1) \quad (k=0,\pm1,\pm2,\cdots),$$
所以
$$f(x) = -\frac{1}{2} + \sum_{n=1}^{\infty}\left\{\frac{6}{n^2\pi^2}[1-(-1)^n]\cos\frac{n\pi x}{3} + (-1)^{n+1}\frac{6}{n\pi}\sin\frac{n\pi x}{3}\right\},$$
$$x\neq3(2k+1) \quad (k=0,\pm1,\pm2,\cdots),$$
在上述间断点处级数收敛于 -2.

2. 将下列函数分别展开成正弦级数和余弦级数.

(1) $f(x)=\begin{cases}x, & 0\leqslant x<\dfrac{l}{2},\\ l-x, & \dfrac{l}{2}\leqslant x\leqslant l;\end{cases}$

(2) $f(x)=x^2 \ (0\leqslant x\leqslant 2)$.

解 (1) $f(x)=\begin{cases}x, & 0\leqslant x<\dfrac{l}{2},\\ l-x, & \dfrac{l}{2}\leqslant x\leqslant l.\end{cases}$

设 $f(x)$ 已作奇延拓和周期延拓,则可展开成正弦级数,这时 $a_n=0(n=0,1,2,\cdots)$,而
$$b_n = \frac{2}{l}\int_0^l f(x)\sin\frac{n\pi x}{l}\mathrm{d}x$$
$$= \frac{2}{l}\left[\int_0^{\frac{l}{2}}x\sin\frac{n\pi x}{l}\mathrm{d}x + \int_{\frac{l}{2}}^l(l-x)\sin\frac{n\pi x}{l}\mathrm{d}x\right]$$
$$= \frac{2}{l}\left\{-\frac{l}{n\pi}\left(x\cos\frac{n\pi x}{l} - \frac{l}{n\pi}\sin\frac{n\pi x}{l}\right)\Big|_0^{\frac{l}{2}} - \frac{l}{n\pi}\left[(l-x)\cos\frac{n\pi x}{l} + \frac{l}{n\pi}\sin\frac{n\pi x}{l}\right]\Big|_{\frac{l}{2}}^l\right\}$$
$$= \frac{4l}{n^2\pi^2}\sin\frac{n\pi}{2} \quad (n=1,2,\cdots).$$

又 $f(x)$ 作了上述延拓后的函数在 $[0,l]$ 上连续,所以
$$f(x) = \frac{4l}{\pi^2}\sum_{n=1}^{\infty}\frac{1}{n^2}\sin\frac{n\pi}{2}\sin\frac{n\pi x}{l}, \quad x\in[0,l].$$

再设 $f(x)$ 已作偶延拓和周期延拓,则可展开成余弦级数,这时 $b_n=0(n=1,2,\cdots)$.
类似地

$$
\begin{aligned}
a_n &= \frac{2}{l}\int_0^l f(x)\cos\frac{n\pi x}{l}\mathrm{d}x \\
&= \frac{2}{l}\left[\int_0^{\frac{l}{2}} x\cos\frac{n\pi x}{l}\mathrm{d}x + \int_{\frac{l}{2}}^l (l-x)\cos\frac{n\pi x}{l}\mathrm{d}x\right] \\
&= \frac{2}{l}\left\{\frac{l}{n\pi}\left(x\sin\frac{n\pi x}{l}+\frac{l}{n\pi}\cos\frac{n\pi x}{l}\right)\Big|_0^{\frac{l}{2}} + \frac{l}{n\pi}\left[(l-x)\sin\frac{n\pi x}{l}-\frac{l}{n\pi}\cos\frac{n\pi x}{l}\right]\Big|_{\frac{l}{2}}^l\right\} \\
&= \frac{2l}{n^2\pi^2}\left[2\cos\frac{n\pi}{2}-1-(-1)^n\right] \quad (n=1,2,\cdots).
\end{aligned}
$$

又

$$
a_0 = \frac{2}{l}\int_0^l f(x)\mathrm{d}x = \frac{2}{l}\left[\int_0^{\frac{l}{2}} x\mathrm{d}x + \int_{\frac{l}{2}}^l (l-x)\mathrm{d}x\right] = \frac{l}{2},
$$

$f(x)$ 作上述延拓后的函数在 $[0,l]$ 都连续,所以

$$
f(x) = \frac{l}{4} + \frac{2l}{\pi^2}\sum_{n=1}^\infty \frac{1}{n^2}\left[2\cos\frac{n\pi}{2}-1-(-1)^n\right]\cos\frac{n\pi x}{l}, \quad x\in[0,l].
$$

(2) $f(x)=x^2(0\leqslant x\leqslant 2)$.

设 $f(x)$ 已作奇延拓和周期延拓,则可展开成正弦级数,这时 $a_n=0(n=0,1,2,\cdots)$,而

$$
\begin{aligned}
b_n &= \frac{2}{2}\int_0^2 x^2\sin\frac{n\pi x}{2}\mathrm{d}x \\
&= -\frac{2}{n\pi}\int_0^2 x^2\mathrm{d}\cos\frac{n\pi x}{2} \\
&= -\frac{2}{n\pi}\left[x^2\cos\frac{n\pi x}{2}\Big|_0^2 - 2\int_0^2 x\cos\frac{n\pi x}{2}\mathrm{d}x\right] \\
&= -\frac{2}{n\pi}\left[(-1)^n 4 - \frac{4}{n\pi}\int_0^2 x\mathrm{d}\sin\frac{n\pi x}{2}\right] \\
&= (-1)^{n+1}\frac{8}{n\pi} + \frac{8}{n^2\pi^2}\left[x\sin\frac{n\pi x}{2}\Big|_0^2 + \frac{2}{n\pi}\cos\frac{n\pi x}{2}\Big|_0^2\right] \\
&= (-1)^{n+1}\frac{8}{n\pi} + \frac{16}{n^3\pi^3}\left[(-1)^n-1\right] \quad (n=1,2,\cdots).
\end{aligned}
$$

又 $f(x)$ 作了上述延拓后的函数在 $[0,2)$ 上连续,所以

$$
f(x) = \frac{8}{\pi}\sum_{n=1}^\infty\left\{\frac{(-1)^{n+1}}{n}+\frac{2}{n^3\pi^2}\left[(-1)^n-1\right]\right\}\sin\frac{n\pi x}{2}, \quad x\in[0,2)
$$

在间断点处 $x=2$ 处,右边级数收敛于 0.

再设 $f(x)$ 已作偶延拓和周期延拓,则可展开成余弦级数,这时 $b_n=0(n=1,2,\cdots)$. 类似地

$$a_n = \frac{2}{2}\int_0^2 x^2 \cos\frac{n\pi x}{2}\mathrm{d}x$$

$$= \frac{2}{n\pi}\int_0^2 x^2 \mathrm{d}\sin\frac{n\pi x}{2}$$

$$= \frac{2}{n\pi}\left[x^2\sin\frac{n\pi x}{2}\Big|_0^2 - 2\int_0^2 x\sin\frac{n\pi x}{2}\mathrm{d}x\right]$$

$$= \frac{8}{n^2\pi^2}\int_0^2 x\mathrm{d}\cos\frac{n\pi x}{2}$$

$$= \frac{8}{n^2\pi^2}\left[x\cos\frac{n\pi x}{2}\Big|_0^2 - \frac{2}{n\pi}\sin\frac{n\pi x}{2}\Big|_0^2\right]$$

$$= (-1)^n\frac{16}{n^2\pi^2}\quad(n=1,2,\cdots),$$

又

$$a_0 = \frac{2}{2}\int_0^2 x^2\mathrm{d}x = \frac{8}{3},$$

$f(x)$作上述延拓后的函数在$[0,2]$上连续,所以

$$f(x) = \frac{4}{3} + \frac{16}{\pi^2}\sum_{n=1}^{\infty}\frac{(-1)^n}{n^2}\cos\frac{n\pi x}{2},\quad x\in[0,2].$$

3. 将函数 $f(x)=\begin{cases}x, & -\dfrac{\pi}{2}\leqslant x<\dfrac{\pi}{2},\\ \pi-x, & \dfrac{\pi}{2}\leqslant x\leqslant\dfrac{3\pi}{2}\end{cases}$ 展开成傅里叶级数.

解 将函数延拓成以2π为周期的函数,该函数为奇函数,其在$[0,\pi]$上的表

达式为 $f(x)=\begin{cases}x, & 0\leqslant x<\dfrac{\pi}{2},\\ \pi-x, & \dfrac{\pi}{2}\leqslant x\leqslant\pi,\end{cases}$ 且处处连续,于是其傅里叶系数为

$a_n = 0\quad(n=0,1,2,\cdots),$

$$b_n = \frac{2}{\pi}\int_0^{\pi}f(x)\sin nx\,\mathrm{d}x$$

$$= \frac{2}{\pi}\left[\int_0^{\frac{\pi}{2}}x\sin nx\,\mathrm{d}x + \int_{\frac{\pi}{2}}^{\pi}(l-x)\sin nx\,\mathrm{d}x\right]$$

$$= \frac{2}{\pi}\left\{-\frac{1}{n}\left(x\cos nx - \frac{1}{n}\sin nx\right)\Big|_0^{\frac{\pi}{2}} - \frac{1}{n}\left[(\pi-x)\cos nx + \frac{1}{n}\sin nx\right]\Big|_{\frac{\pi}{2}}^{\pi}\right\}$$

$$= \frac{4}{n^2\pi}\sin\frac{n\pi}{2}\quad(n=1,2,\cdots),$$

所以 $f(x) = \dfrac{4}{\pi}\displaystyle\sum_{n=1}^{\infty}\dfrac{1}{n^2}\sin\dfrac{n\pi}{2}\sin nx, x\in\left[-\dfrac{\pi}{2},\dfrac{3\pi}{2}\right].$

自测题答案

自测题一答案

一、选择题：

1. 设 $f(x-1)$ 的定义域为 $[0,a](a>0)$，则 $f(x)$ 的定义域为(B).

(A) $[1,a+1]$；   (B) $[-1,a-1]$；

(C) $[1-a,1+a]$；   (D) $[a-1,a+1]$.

解 选(B).

令 $x-1=t$，因为 $0 \leqslant x \leqslant a$，所以 $-1 \leqslant x-1 \leqslant a-1$，即 $-1 \leqslant t \leqslant a-1$.

2. 设 $f(x)$ 的定义域为 $(0,1]$，$\varphi(x)=1-\ln x$，则复合函数 $f[\varphi(x)]$ 的定义域为(C).

(A) $(0,e]$；   (B) $(1,e]$；

(C) $[1,e)$；   (D) $[0,1]$.

解 选(C).

令 $1-\ln x=t$，因为 $0<t \leqslant 1$，所以 $0<1-\ln x \leqslant 1$，故 $1 \leqslant x<e$.

3. 若 $f(x)$ 为奇函数，$\varphi(x)$ 为偶函数，且 $\varphi[f(x)]$ 有意义，则 $\varphi[f(x)]$ 为(B).

(A) 奇函数；   (B) 偶函数；

(C) 可能是奇函数也可能是偶函数；   (D) 非奇非偶函数.

解 选(B).

因为 $f(-x)=-f(x)$，$\varphi(-x)=\varphi(x)$，所以 $\varphi[f(-x)]=\varphi[-f(x)]=\varphi[f(x)]$.

4. 若 $\lim\limits_{x \to x_0} f(x)=0$，则(B).

(A) 当 $g(x)$ 为任意函数时，有 $\lim\limits_{x \to x_0} f(x) \cdot g(x)=0$ 成立；

(B) 当 $g(x)$ 为有界函数时，有 $\lim\limits_{x \to x_0} f(x) \cdot g(x)=0$ 成立；

(C) 仅当 $\lim\limits_{x \to x_0} g(x)=0$ 时，才有 $\lim\limits_{x \to x_0} f(x) \cdot g(x)=0$ 成立；

(D) 仅当 $g(x)$ 为常数时，才有 $\lim\limits_{x \to x_0} f(x) \cdot g(x)=0$ 成立.

解 选(B).

由定理：有界函数与无穷小之积仍为无穷小.

5. 设 $f(x)=\begin{cases} x-1, & -1<x \leqslant 0, \\ x, & 0<x \leqslant 1, \end{cases}$ 则 $\lim\limits_{x \to 0} f(x)=$(D).

(A) -1;   (B) 1;

(C) 0;   (D) 不存在.

解 选(D).

因为 $\lim\limits_{x\to 0^-} f(x) = \lim\limits_{x\to 0^-}(x-1) = -1$, $\lim\limits_{x\to 0^+} f(x) = \lim\limits_{x\to 0^+} x = 0$. 所以

$$\lim_{x\to 0^-} f(x) \neq \lim_{x\to 0^+} f(x).$$

6. 设 $\{a_n\}$, $\{b_n\}$, $\{c_n\}$ 均为非负数列,且 $\lim\limits_{n\to\infty} a_n = 0$, $\lim\limits_{n\to\infty} b_n = 1$, $\lim\limits_{n\to\infty} c_n = \infty$,则必有(D).

(A) $a_n < b_n$ 对任意 n 成立;   (B) $b_n < c_n$ 对任意 n 成立;

(C) 极限 $\lim\limits_{n\to\infty} a_n c_n$ 不存在;   (D) 极限 $\lim\limits_{n\to\infty} b_n c_n$ 不存在.

解 选(D).

7. 设函数 $f(x) = \lim\limits_{n\to\infty} \dfrac{1+x}{1+x^{2n}}$,讨论函数 $f(x)$ 的间断点,其结论为(B).

(A) 不存在间断点;   (B) 存在间断点 $x=1$;

(C) 存在间断点 $x=0$;   (D) 存在间断点 $x=-1$.

解 选(B).

因为 $f(x) = \lim\limits_{n\to\infty} \dfrac{1+x}{1+x^{2n}} = \begin{cases} 0, & x \leqslant -1, \\ 1+x, & -1 < x < 1, \\ 1, & x = 1, \\ 0, & x > 1, \end{cases}$ 而 $\lim\limits_{x\to 1^-} f(x) = \lim\limits_{x\to 1^-}(1+x) = 2$,

$\lim\limits_{x\to 1^+} f(x) = 0$,所以

$$\lim_{x\to 1^+} f(x) \neq \lim_{x\to 1^-} f(x), \quad \lim_{x\to -1^-} f(x) = 0, \quad \lim_{x\to -1^+} f(x) = \lim_{x\to -1^+}(1+x) = 0,$$

所以 $\lim\limits_{x\to -1^+} f(x) = \lim\limits_{x\to -1^-} f(x) = f(-1) = 0$,故 $x=1$ 是函数的间断点.

8. 设数列 x_n 与 y_n 满足 $\lim\limits_{n\to\infty} x_n y_n = 0$,则下列断言正确的是(D).

(A) 若 x_n 发散,则 y_n 必发散;   (B) 若 x_n 无界,则 y_n 必有界;

(C) 若 x_n 无界,则 y_n 必为无穷小;   (D) 若 $\dfrac{1}{x_n}$ 为无穷小,则 y_n 必为无穷小.

解 选(D).

(A) 反例 $\lim\limits_{n\to\infty}(\sin n)\dfrac{1}{n} = 0$.

(B) 反例 $x_n: 0,2,0,4,\cdots,0,2n,\cdots$; $y_n: 1,0,3,\cdots,2n-1,0,\cdots$,且满足 $\lim\limits_{n\to\infty} x_n y_n = 0$. x_n 无界,且 y_n 也无界.

(C) 反例同上.

(D) 若 $\dfrac{1}{x_n}$ 为无穷小,则 x_n 为无穷大,而 $\lim\limits_{n\to\infty}x_ny_n=0$ 极限存在,则 y_n 必无穷小.

9. 在区间 $(-\infty,+\infty)$ 内,方程 $|x|^{\frac14}+|x|^{\frac12}-\cos x=0$(C).

(A) 无实根;　　　　　　　　　　(B) 有且仅有一个实根;

(C) 有且仅有两个实根;　　　　　　(D) 有无穷多个实根.

解　选(C).

令 $f(x)=|x|^{\frac14}+|x|^{\frac12}-\cos x$,$f(x)$ 为偶函数,故只需讨论 $x\geqslant0$ 时的情形,此时

$$f(x)=x^{\frac14}+x^{\frac12}-\cos x.$$

因为 $f(0)=-1<0,f(\pi)=\pi^{\frac14}+\pi^{\frac12}+1>0$,且

$$f'(x)=\frac14x^{-\frac34}+\frac12x^{-\frac12}+\sin x>0,\quad x\in[0,\pi].$$

所以 $f(x)$ 在 $(0,\pi)$ 内有且仅有一个根,又因为当 $x\geqslant\pi$ 时,$f(x)=|x|^{\frac14}+|x|^{\frac12}-\cos x>0$,这表示函数曲线不经过 x 轴,所以 $f(x)=0$ 在 $[0,+\infty)$ 内仅有一根.

故 $f(x)=0$ 在 $(-\infty,+\infty)$ 内仅有两根.

二、填空题:

1. 设 $f(x)=\dfrac{1}{1-x}$,则 $f[f(x)]=\dfrac{x-1}{x}$.

2. 若 $\lim\limits_{n\to\infty}a_n=a$,则 $\lim\limits_{n\to\infty}|a_n|=\underline{|a|}$.

3. 设 $\lim\limits_{x\to+\infty}(\sqrt{x^2-x+1}-ax-b)=0$,则 $a=\underline{1}$,$b=-\dfrac12$.

4. 函数 $f(x)=\dfrac{1}{1-\ln x^2}$ 的连续区间是 $\underline{(-\infty,-\sqrt{e}),\ (-\sqrt{e},0),}$ $\underline{(0,\sqrt{e}),(\sqrt{e},+\infty)}$.

5. 函数 $f(x)=e^{\frac1x}$ 的间断点是 $\underline{x=0}$,其为第 $\underline{二}$ 类间断点.

三、求下列极限:

1. $\lim\limits_{x\to+\infty}\dfrac{x+\sin x}{x}$;　　　　　　2. $\lim\limits_{x\to\infty}\left(\dfrac{x+2}{x-2}\right)^x$.

解　1. $\lim\limits_{x\to+\infty}\dfrac{x+\sin x}{x}=\lim\limits_{x\to+\infty}\left(1+\dfrac1x\cdot\sin x\right)=1.$

2. $\lim\limits_{x\to\infty}\left(\dfrac{x+2}{x-2}\right)^x=\lim\limits_{x\to\infty}\left(1+\dfrac{4}{x-2}\right)^x=\lim\limits_{x\to\infty}\left[\left(1+\dfrac{4}{x-2}\right)^{\frac{x-2}{4}}\right]^{\frac{4x}{x-2}}=e^4.$

四、 求函数 $f(x)=\dfrac{x}{\ln|x-1|}$ 的间断点,并判断其类型.

解 因为 $f(x)$ 为初等函数,在 $x=0,x=1,x=2$ 处无定义.所以 $x=0,x=1$,$x=2$ 为函数的间断点.又因为

$$\lim_{x\to 0}f(x)=\lim_{x\to 0}\frac{x}{\ln|x-1|}=\lim_{x\to 0}\frac{x}{\ln(1-x)}=\lim_{x\to 0}-\frac{-x}{\ln(1-x)}=-1,$$

$$\lim_{x\to 1^-}f(x)=\lim_{x\to 1^-}\frac{x}{\ln|x-1|}=\lim_{x\to 1^-}\frac{x}{\ln(1-x)}=0,$$

$$\lim_{x\to 1^+}f(x)=\lim_{x\to 1^+}\frac{x}{\ln|x-1|}=\lim_{x\to 1^+}\frac{x}{\ln(x-1)}=0,$$

$$\lim_{x\to 2}f(x)=\lim_{x\to 2}\frac{x}{\ln|x-1|}=\lim_{x\to 2}\frac{x}{\ln(x-1)}=\infty,$$

所以 $x=0,x=1$ 为函数的第一类间断点,是可去间断点;$x=2$ 为函数的第二类间断点,是无穷间断点.

五、 证明方程 $xa^x-b=0(a>b>0)$ 在 $[0,1]$ 上至少存在一个根.

证 令 $f(x)=xa^x-b$,则

$$f(0)=-b<0,\quad f(1)=a-b>0.$$

由根的存在定理知,方程 $f(x)=0$ 在 $(0,1)$ 内至少存在一个根,即方程 $xa^x-b=0(a>b>0)$ 在 $[0,1]$ 上至少存在一个根.

六、 设 $f(x)$ 在 $(-\infty,+\infty)$ 内连续,$x=a$ 和 $x=b$ 是方程 $f(x)=0$ 的相邻两个根.

证 若 a,b 之间某一点 c 处的函数值 $f(c)$ 为正(负),则 $f(x)$ 在 (a,b) 内恒正(负).

反证:假设 a,b 之间某一点 c 处的函数值 $f(c)$ 为正(负),而 $f(x)$ 在 (a,b) 内有两点的函数值异号,则在 (a,b) 内 $f(x)=0$ 存在一根(由根的存在定理),这与 $x=a$ 和 $x=b$ 是方程 $f(x)=0$ 的相邻两个根矛盾.故 $f(x)$ 在 (a,b) 内恒正(负).

自测题二解答

一、填空题:

1. 若 $f(t)=\lim\limits_{x\to\infty}\left[t\left(1+\dfrac{1}{x}\right)^{2tx}\right]$,则 $f'(t)=\underline{e^{2t}(1+2t)}$.

解 $f(t)=\lim\limits_{x\to\infty}\left[t\left(1+\dfrac{1}{x}\right)^{2tx}\right]=t\lim\limits_{x\to\infty}\left[\left(1+\dfrac{1}{x}\right)^{x}\right]^{2t}=te^{2t}$,则

$$f'(t)=e^{2t}+2te^{2t}.$$

2. 若 $f'(a)=k$ 存在,则 $\lim\limits_{h\to+\infty} h\left[f\left(a-\dfrac{1}{h}\right)-f(a)\right]=\underline{-k}.$

解 $\lim\limits_{h\to+\infty} h\left[f\left(a-\dfrac{1}{h}\right)-f(a)\right]=-\lim\limits_{h\to+\infty}\dfrac{\left[f\left(a-\dfrac{1}{h}\right)-f(a)\right]}{-\dfrac{1}{h}}=-f'(a)=-k.$

3. 设 $f(x)$ 为可导函数,$y=f\left[\cos\left(\dfrac{1}{\sqrt{x}}\right)\right]$,则 $\mathrm{d}y=$ $\dfrac{1}{2}x^{-\frac{3}{2}}\sin\dfrac{1}{\sqrt{x}}f'\left(\cos\dfrac{1}{\sqrt{x}}\right)\mathrm{d}x.$

4. 设 $y=y(x)$ 由方程 $xy+\ln y=1$ 确定,则曲线 $y=y(x)$ 在 $x=1$ 处的法线方程为 $\underline{y=2x-1}.$

解 方程两边对 x 求导

$$y+xy'+\dfrac{1}{y}y'=0,$$

解得 $y'=-\dfrac{y^2}{xy+1}$,曲线在 $x=1$ 处的切线斜率为

$$y'\big|_{x=1}=y'\big|_{\substack{x=1\\y=1}}=-\dfrac{1}{2},$$

所以法线方程为 $y-1=2(x-1)$,即 $y=2x-1.$

5. 曲线 $\begin{cases}x=\mathrm{e}^t\sin 2t,\\ y=\mathrm{e}^t\cos t\end{cases}$ 在点 $(0,1)$ 处的切线方程为 $\underline{2y-x-2=0}.$

解 因为 $\dfrac{\mathrm{d}y}{\mathrm{d}x}=\dfrac{\mathrm{e}^t\cos t-\mathrm{e}^t\sin t}{\mathrm{e}^t\sin 2t+2\mathrm{e}^t\cos 2t}$ 在点 $(0,1)$ 处,即 $\begin{cases}0=\mathrm{e}^t\sin 2t,\\ 1=\mathrm{e}^t\cos t,\end{cases}$ 此时 $t=0$,

所以 $\dfrac{\mathrm{d}y}{\mathrm{d}x}\Big|_{x=0}=\dfrac{\mathrm{d}y}{\mathrm{d}x}\Big|_{t=0}=\dfrac{\mathrm{e}^t\cos t-\mathrm{e}^t\sin t}{\mathrm{e}^t\sin 2t+2\mathrm{e}^t\cos 2t}\Big|_{t=0}=\dfrac{1}{2}$,所以切线方程为 $y-1=\dfrac{1}{2}x$,即

$$2y-x-2=0.$$

6. 设 $y=\mathrm{e}^{\tan\frac{1}{x}}\sin\dfrac{1}{x}$,则 $y'=-\dfrac{1}{x^2}\mathrm{e}^{\tan\frac{1}{x}}\left(\tan\dfrac{1}{x}\sec\dfrac{1}{x}+\cos\dfrac{1}{x}\right).$

解 $y'=\mathrm{e}^{\tan\frac{1}{x}}\cdot\sec^2\dfrac{1}{x}\cdot\dfrac{-1}{x^2}\cdot\sin\dfrac{1}{x}+\cos\dfrac{1}{x}\cdot\dfrac{-1}{x^2}\cdot\mathrm{e}^{\tan\frac{1}{x}}$

$\qquad=-\dfrac{1}{x^2}\mathrm{e}^{\tan\frac{1}{x}}\left(\tan\dfrac{1}{x}\sec\dfrac{1}{x}+\cos\dfrac{1}{x}\right).$

二、选择题

1. 设 $f(x)$ 可导,$F(x)=f(x)(1+|\sin x|)$,若使 $F(x)$ 在 $x=0$ 处可导,则必有(A).

(A) $f(0)=0$;

(B) $f'(0)=0$;

(C) $f(0)+f'(0)=0$;

(D) $f(0)-f'(0)=0$.

解 选(A).

因为

$$\lim_{x\to0}\frac{F(x)-F(0)}{x-0}=\lim_{x\to0}\frac{f(x)(1+|\sin x|)-f(0)}{x}=\lim_{x\to0}\left[\frac{f(x)-f(0)}{x}+\frac{f(x)|\sin x|}{x}\right],$$

所以 $f(x)$ 可导,要使 $F(x)$ 在 $x=0$ 处可导,需 $\lim\limits_{x\to0}\dfrac{f(x)|\sin x|}{x}$ 存在,则必有

$\lim\limits_{x\to0}\left[\dfrac{f(x)}{x}\cdot|\sin x|\right]$ 存在或 $\lim\limits_{x\to0}\left[f(x)\cdot\dfrac{|\sin x|}{x}\right]$ 存在,则必有 $f(0)=0$.

2. 设 $f(x)=3x^3+x^2|x|$,则使 $f^{(n)}(0)$ 存在的最高阶数 n 为(C).

(A) 0;

(B) 1;

(C) 2;

(D) 3.

解 选(C).

$$f(x)=3x^3+x^2|x|=\begin{cases}3x^3+x^3, & x\geqslant0,\\ 3x^3-x^3, & x<0.\end{cases}=\begin{cases}4x^3, & x\geqslant0,\\ 2x^3, & x<0.\end{cases}$$

$$f'_-(0)=\lim_{x\to0^-}\frac{f(x)-f(0)}{x-0}=\lim_{x\to0^-}\frac{2x^3}{x}=\lim_{x\to0^-}2x^2=0,$$

$$f'_+(0)=\lim_{x\to0^+}\frac{f(x)-f(0)}{x-0}=\lim_{x\to0^+}\frac{4x^3}{x}=\lim_{x\to0^+}4x^2=0,$$

$$f'(x)=\begin{cases}12x^2, & x>0,\\ 0, & x=0,\\ 6x^2, & x<0.\end{cases}$$

同理,$f''(x)=\begin{cases}24x, & x>0,\\ 0, & x=0,\\ 12x, & x<0,\end{cases}$

$$f'''_-(0)=\lim_{x\to0^-}\frac{f''(x)-f''(0)}{x-0}=\lim_{x\to0^-}\frac{12x}{x}=12,$$

$$f'''_+(0)=\lim_{x\to0^+}\frac{f''(x)-f''(0)}{x-0}=\lim_{x\to0^+}\frac{24x}{x}=24,$$

$$f'''_-(0)\neq f'''_+(0),$$

$f(x)$ 在 $x=0$ 处的三阶导数不存在.

所以 $f^{(n)}(0)$ 存在的最高阶数为 2.

3. 已知函数 $f(x)$ 具有任意阶导数, 且 $f'(x)=[f(x)]^2$ 为偶函数, 则当 n 为大于 2 的正数时, $f(x)$ 的 n 阶导数 $f^{(n)}(x)$ 是(A).

(A) $n!\,[f(x)]^{n+1}$;　　　　　　　　(B) $n\,[f(x)]^{n+1}$;

(C) $[f(x)]^{2n}$;　　　　　　　　　　(D) $n!\,[f(x)]^{2n}$.

解　选(A).

因为 $f'(x)=[f(x)]^2$, 所以

$f''(x)=2f(x)f'(x)=2f(x)[f(x)]^2=2\,[f(x)]^3$,

$f'''(x)=2\times3\,[f(x)]^2f'(x)=2\times3\,[f(x)]^2\,[f(x)]^2=2\times3\,[f(x)]^4$,

$f^{(4)}(x)=2\times3\times4\,[f(x)]^3f'(x)=2\times3\times4\,[f(x)]^3\,[f(x)]^2=2\times3\times4\,[f(x)]^5,\cdots$,

$f^{(n)}(x)=n!\,[f(x)]^{n+1}$.

4. 若函数 $y=f(x)$, 有 $f'(x_0)=\dfrac{1}{2}$, 则当 $\Delta x\to0$ 时, 该函数在 $x=x_0$ 处的微分 $\mathrm{d}y$ 是(B).

(A) 与 Δx 等价的无穷小;　　　　(B) 与 Δx 同阶的无穷小;

(C) 比 Δx 低阶的无穷小;　　　　(D) 比 Δx 高阶的无穷小.

解　选(B).

因为 $\mathrm{d}y=f'(x)\Delta x$, 所以 $\mathrm{d}y|_{x=x_0}=f'(x_0)\Delta x=\dfrac{1}{2}\Delta x$.

而 $\lim\limits_{\Delta x\to0}\dfrac{\frac{1}{2}\Delta x}{\Delta x}=\dfrac{1}{2}$, 故该函数在 $x=x_0$ 处的微分 $\mathrm{d}y$ 是与 Δx 同阶的无穷小.

5. 函数 $f(x)=(x^2-x-2)|x^3-x|$, 不可导点的个数是(B).

(A) 3;　　　　　　　　　　　　　　(B) 2;

(C) 1;　　　　　　　　　　　　　　(D) 0.

解　选(B).

因为 $f(x)=(x^2-x-2)|x^3-x|=(x-2)(x+1)|x||x-1||x+1|$, 而

$$\lim_{x\to0}\frac{f(x)-f(0)}{x-0}=\lim_{x\to0}\frac{(x-2)(x+1)|x||x-1||x+1|}{x},$$

$$\lim_{x\to1}\frac{f(x)-f(1)}{x-1}=\lim_{x\to1}\frac{(x-2)(x+1)|x||x-1||x+1|}{x-1},$$

两极限都不存在, 且

$$\lim_{x\to-1}\frac{f(x)-f(-1)}{x+1}=\lim_{x\to-1}\frac{(x-2)(x+1)|x||x-1||x+1|}{x+1}=0,$$

故函数不可导点的个数是 2 个.

三、计算与证明题

1. 设 $y=y(x)$，由 $\begin{cases} x=\arctan t, \\ 2y-ty^2+e^t=5 \end{cases}$ 所确定，求 $\dfrac{dy}{dx}$.

解 因为 $\dfrac{dy}{dx}=\dfrac{y_t'}{x_t'}$，方程 $2y-ty^2+e^t=5$ 两边对 t 求导：

$$2y_t'-y^2-2tyy_t'+e^t=0,$$

解得 $y_t'=\dfrac{y^2-e^t}{2(1-ty)}$，所以

$$\frac{dy}{dx}=\frac{y_t'}{x_t'}=\frac{\dfrac{y^2-e^t}{2(1-ty)}}{\dfrac{1}{1+t^2}}=\frac{(y^2-e^t)(1+t^2)}{2(1-ty)}.$$

2. 设函数 $y=y(x)$ 由方程 $xe^{f(y)}=e^y$ 确定，其中 f 具有二阶导数，且 $f'\neq 1$，求 $\dfrac{d^2y}{dx^2}$.

解 方程两边取对数：$\ln x+f(y)=y$，方程两边对 x 求导：$\dfrac{1}{x}+f'(y)y'=y'$，

解得

$$y'=\frac{1}{x[1-f'(y)]},$$

$$\begin{aligned}
\frac{d^2y}{dx^2}&=-\frac{1}{x^2[1-f'(y)]^2}\{x[1-f'(y)]\}' \\
&=-\frac{1}{x^2[1-f'(y)]^2}\{[1-f'(y)]-xf''(y)y'\} \\
&=-\frac{1}{x^2[1-f'(y)]^2}\left\{[1-f'(y)]-xf''(y)\frac{1}{x[1-f'(y)]}\right\} \\
&=-\frac{[1-f'(y)]^2-f''(y)}{x^2[1-f'(y)]^3}.
\end{aligned}$$

3. 设 $f(x)=\begin{cases} x\arctan\dfrac{1}{x^2}, & x\neq 0, \\ 0, & x=0, \end{cases}$ 试讨论 $f'(x)$ 在 $x=0$ 处的连续性.

解 当 $x=0$ 时，

$$f'(0)=\lim_{x\to 0}\frac{f(x)-f(0)}{x-0}=\lim_{x\to 0}\frac{x\arctan\dfrac{1}{x^2}}{x}=\lim_{x\to 0}\arctan\frac{1}{x^2}=\frac{\pi}{2};$$

当 $x\neq0$ 时，

$$f'(x)=\arctan\frac{1}{x^2}+\frac{1}{1+\frac{1}{x^4}}\cdot\frac{-2}{x^3}\cdot x=\arctan\frac{1}{x^2}-\frac{2x^2}{1+x^4}.$$

所以

$$f'(x)=\begin{cases}\arctan\dfrac{1}{x^2}-\dfrac{2x^2}{1+x^4}, & x\neq0, \\[3mm] \dfrac{\pi}{2}, & x=0.\end{cases}$$

又因为 $\lim\limits_{x\to0}f'(x)=\lim\limits_{x\to0}\left(\arctan\dfrac{1}{x^2}+\dfrac{-2x^2}{1+x^4}\right)=\dfrac{\pi}{2}=f'(0)$，所以 $f'(x)$ 在 $x=0$ 处连续.

4. 设函数 $f(x)=\begin{cases}\dfrac{g(x)-\cos x}{x}, & x\neq0, \\[3mm] a, & x=0,\end{cases}$ 其中 $g(x)$ 具有二阶连续导函数，且 $g(0)=1$.

(1) 确定 a 的值，使 $f(x)$ 在 $x=0$ 处连续；

(2) 求 $f'(x)$.

解 (1) 要使 $f(x)$ 在 $x=0$ 处连续，需 $\lim\limits_{x\to0}f(x)=f(0)$，而 $g(0)=1$，所以

$$\lim_{x\to0}f(x)=\lim_{x\to0}\frac{g(x)-\cos x}{x}\xlongequal{\frac{0}{0}}\lim_{x\to0}\frac{g'(x)+\sin x}{1}=g'(0),$$

所以 $g'(0)=f(0)=a$. 故当 $a=g'(0)$ 时 $f(x)$ 在 $x=0$ 处连续.

(2) 当 $x\neq0$ 时，

$$f'(x)=\frac{[g'(x)+\sin x]x-[g(x)-\cos x]}{x^2};$$

当 $x=0$ 时，

$$f'(0)=\lim_{x\to0}\frac{f(x)-f(0)}{x-0}=\lim_{x\to0}\frac{\dfrac{g(x)-\cos x}{x}-g'(0)}{x}$$

$$=\lim_{x\to0}\frac{g(x)-\cos x-xg'(0)}{x^2}$$

$$\xlongequal{\frac{0}{0}}\lim_{x\to0}\frac{g'(x)+\sin x-g'(0)}{2x}$$

$$\xlongequal{\frac{0}{0}}\lim_{x\to0}\left(\frac{g'(x)-g'(0)}{2x}+\frac{\sin x}{2x}\right)$$

$$= \frac{1}{2}g''(0) + \frac{1}{2}.$$

所以

$$f'(x) = \begin{cases} \dfrac{[g'(x) + \sin x]x - [g(x) - \cos x]}{x^2}, & x \neq 0, \\[3mm] \dfrac{1}{2}g''(0) + \dfrac{1}{2}, & x = 0. \end{cases}$$

自测题三解答

一、判断题

1. 函数 $f(x) = e^x$ 在 $[-1, 1]$ 上满足罗尔定理的条件. 　　　　　　　　　　$(\times)$

2. 单调函数的导数必为单调函数. 　　　　　　　　　　　　　　　　　　　　$(\times)$

3. 设 $\lim\limits_{x \to a} \dfrac{f(x) - f(a)}{(x-a)^2} = 1$, 则 $f(x)$ 在点 $x = a$ 处取得极小值. 　　$(\sqrt{})$

4. 函数 $F(x) = e^x - (ax^2 + bx + c)$ 至多只有三个零点. 　　　　　　　　$(\sqrt{})$

5. 若函数 $f(x)$ 在 $[0, +\infty)$ 上连续, 且在 $(0, +\infty)$ 内 $f'(x) < 0$, 则 $f(0)$ 为 $f(x)$ 在 $[0, +\infty)$ 上的最大值. 　　　　　　　　　　　　　　　　　$(\sqrt{})$

二、填空题

1. 当 $x \to 0$ 时, $x - \sin x \sim ax^b$, 则常数 $a = \underline{\quad \dfrac{1}{6} \quad}$, $b = \underline{\quad 3 \quad}$.

解 因为 $x - \sin x \sim ax^b$, 故

$$\lim_{x \to 0} \frac{x - \sin x}{ax^b} = \lim_{x \to 0} \frac{1 - \cos x}{abx^{b-1}} = \lim_{x \to 0} \frac{\frac{1}{2}x^2}{abx^{b-1}} = \frac{1}{2ab}\lim_{x \to 0} x^{3-b} = 1,$$

从而 $a = \dfrac{1}{6}$, $b = 3$.

2. 函数 $f(x) = e^{-x}\sin x$ 在 $[0, 2\pi]$ 上满足罗尔定理, 当 $\xi = \underline{\quad \dfrac{\pi}{4} \text{ 或 } \dfrac{5\pi}{4} \quad}$ 时, $f'(\xi) = 0$.

解 因为 $f'(x) = -e^{-x}\sin x + e^{-x}\cos x$, 且 $f(x) = e^{-x}\sin x$ 在 $[0, 2\pi]$ 上满足罗尔定理, 故至少存在一点 ξ 使

$$f'(\xi) = -e^{-\xi}\sin\xi + e^{-\xi}\cos\xi = 0,$$

解得 $\xi = \dfrac{\pi}{4}, \dfrac{5\pi}{4}$.

3. 在 $[0, 1]$ 上 $f''(x) > 0$, 则 $f'(0), f'(1), f(1) - f(0)$ 三者的大小关系为

$$f'(1) > f(1) - f(0) > f'(0).$$

解 因为在 $[0,1]$ 上 $f''(x)$ 存在,故由拉格朗日中值定理可知,至少存在点 $\xi \in (0,1)$ 使

$$f(1) - f(0) = f'(\xi)(1-0),$$

而又由 $f''(x) > 0$ 知,$f'(x)$ 单调递增,从而有

$$f'(1) > f(1) - f(0) > f'(0).$$

4. $F(x) = C(x^2+1)^2 (C>0)$ 在 $x = \underline{\quad 0 \quad}$ 点处取得极小值,其值为 $\underline{\quad C \quad}$.

解 求导数得

$$F'(x) = 4Cx(x^2+1), \quad F''(x) = 4C(x^2+1) + 8Cx^2.$$

设

$$F'(x) = 4Cx(x^2+1) = 0,$$

解得唯一驻点 $x=0$,而 $x=0$ 时,$F''(x)>0$,从而函数 $F(x) = C(x^2+1)^2$ 在 $x=0$ 处取得极小值,其值为 C.

5. 在 $1, \sqrt{2}, \sqrt[3]{3}, \sqrt[4]{4}, \sqrt[5]{5}, \cdots, \sqrt[n]{n}, \cdots$ 中的最大值为 $\underline{\quad \sqrt[3]{3} \quad}$.

解 设 $f(x) = x^{\frac{1}{x}}$,则

$$f'(x) = \frac{1}{x^2}(1 - \ln x) \cdot x^{\frac{1}{x}}.$$

当 $x > \mathrm{e}$ 时,$f'(x) < 0$,故 $f(x)$ 为单调递减函数,从而

$$\sqrt[3]{3} > \sqrt[4]{4} > \sqrt[5]{5} > \sqrt[n]{n} > \cdots;$$

当 $x \leqslant \mathrm{e}$ 时,$f'(x) \geqslant 0$,故 $f(x)$ 为单调递增函数,从而 $f(x) = x^{\frac{1}{x}}$ 在 $x = \mathrm{e}$ 处取得极大值,而 $(\sqrt{2})^3 < 3$,故

$$1 < \sqrt{2} < \sqrt[3]{3}.$$

综合以上讨论可知,在 $1, \sqrt{2}, \sqrt[3]{3}, \sqrt[4]{4}, \sqrt[5]{5}, \cdots, \sqrt[n]{n}, \cdots$ 中的最大值为 $\sqrt[3]{3}$.

三、选择题

1. $f(x)$ 为 $(-\infty, +\infty)$ 上的偶函数,在 $(-\infty, 0)$ 内 $f'(x) > 0$ 且 $f''(x) < 0$,则在 $(0, +\infty)$ 内(C).

(A) $f'(x) > 0$ 且 $f''(x) < 0$;   (B) $f'(x) > 0$ 且 $f''(x) > 0$;

(C) $f'(x) < 0$ 且 $f''(x) < 0$;   (D) $f'(x) < 0$ 且 $f''(x) > 0$.

解 选(C).

任取 $x \in (0, +\infty)$,则 $-x \in (-\infty, 0)$,故

$$f'(x) = [f(-x)]' = -f'(-x),$$

又因为当 $-x \in (-\infty, 0)$ 时,$f'(-x) > 0$,故 $f'(x) < 0$.

同理可知 $f''(x) < 0$.

2. 设 $f(x)$ 在 $[0,1]$ 上可导,且 $0 < f(x) < 1$,$f'(x) \neq 1$,则在 $(0,1)$ 存在(A)个

ξ,使得 $f(\xi)=\xi$.

(A) 1;   (B) 2;   (C) 3;   (D) 0.

解 选(A).

设 $F(x)=f(x)-x$,则由 $0<f(x)<1$ 知,

$$F(0)=f(0)>0, \quad F(1)=f(1)-1<0,$$

又因为 $f'(x)\neq1$,故

$$f'(x)>1 \quad (或\ f'(x)<1).$$

于是 $F'(x)=f'(x)-1>0$(或 $F'(x)=f'(x)-1<0$),故 $F(x)=f(x)-x$ 在 $[0,1]$ 上单调递增(或单调递减),由根的存在定理可知,存在唯一的 ξ 使 $F(\xi)=0$,故选 A.

3. 设 $f''(x_0)$ 存在,则 $\lim\limits_{h\to0}\dfrac{f(x_0+h)+f(x_0-h)-2f(x_0)}{h^2}=$(A).

(A) $f''(x_0)$;   (B) $-f''(x_0)$;   (C) $\dfrac{1}{2}f''(x_0)$;   (D) $2f''(x_0)$.

4. $f''(x_0)=0$ 是 $y=f(x)$ 的图形在 x_0 处有拐点的(D).

(A) 充分条件;   (B) 必要条件;

(C) 充分必要条件;   (D) 以上说法都不对.

5. $f(x)=x-\dfrac{3}{2}x^{\frac{2}{3}}$ 的极值点的个数是(C).

(A) 0 个;   (B) 1 个;   (C) 2 个;   (D) 3 个.

解 选(C).

$x=0$ 为不可导点,而当 $x\neq0$ 时,

$$f'(x)=1-x^{-\frac{1}{3}}.$$

设 $f'(x)=1-x^{-\frac{1}{3}}=0$ 得,$x=1$,当 $x<0$ 时,$f'(x)>0$;当 $0<x<1$ 时,$f'(x)<0$;当 $x>1$ 时,$f'(x)>0$.

综上可知 $x=0$ 为极大值点,$x=1$ 为极小值点. 故选 C.

四、证明不等式

当 $0<x<\dfrac{\pi}{2}$ 时,$\sin x>x-\dfrac{x^3}{6}$.

证 设 $f(x)=\sin x-x+\dfrac{x^3}{6}$,则

$$f'(x)=\cos x-1+\dfrac{x^2}{2},$$

当 $0<x<\dfrac{\pi}{2}$ 时,$f'(x)>0$,所以 $f(x)$ 在 $0<x<\dfrac{\pi}{2}$ 上是单调增加的;又因为 $f(0)=$

0,所以当 $0 < x < \dfrac{\pi}{2}$ 时,$f(x) > f(0) = 0$,即

$$\sin x > x - \frac{x^3}{6}.$$

五、求下列极限

1. $\lim\limits_{x \to 0} \dfrac{1}{x} \left(\dfrac{1}{x} - \cot x \right)$;

2. $\lim\limits_{x \to +\infty} \dfrac{e^x - e^{-x}}{e^x + e^{-x}}$;

3. $\lim\limits_{x \to 0} \left(\dfrac{3^x + 5^x}{2} \right)^{\frac{2}{x}}$.

解　1. $\lim\limits_{x \to 0} \dfrac{1}{x} \left(\dfrac{1}{x} - \cot x \right) = \lim\limits_{x \to 0} \dfrac{\sin x - x \cos x}{x^2 \sin x}$

$$= \lim\limits_{x \to 0} \frac{\sin x - x \cos x}{x^3} \left(\frac{0}{0} \text{型} \right)$$

$$= \lim\limits_{x \to 0} \frac{\cos x - \cos x + x \sin x}{3x^2}$$

$$= \frac{1}{3} \lim\limits_{x \to 0} \frac{x \sin x}{x^2}$$

$$= \frac{1}{3}.$$

2. $\lim\limits_{x \to +\infty} \dfrac{e^x - e^{-x}}{e^x + e^{-x}} = \lim\limits_{x \to +\infty} \dfrac{e^{2x} - 1}{e^{2x} + 1} \left(\dfrac{\infty}{\infty} \text{型} \right) = 1.$

3. 因为

$$\lim\limits_{x \to 0} \frac{2}{x} \ln \frac{3^x + 5^x}{2} = 2 \lim\limits_{x \to 0} \frac{\ln \dfrac{3^x + 5^x}{2}}{x} \left(\frac{0}{0} \text{型} \right)$$

$$= 2 \lim\limits_{x \to 0} \frac{1}{\dfrac{3^x + 5^x}{2}} \cdot \frac{3^x \ln 3 + 5^x \ln 5}{2} = \ln 15,$$

故

$$\lim\limits_{x \to 0} \left(\frac{3^x + 5^x}{2} \right)^{\frac{2}{x}} = \lim\limits_{x \to 0} e^{\frac{2}{x} \ln \frac{3^x + 5^x}{2}} = e^{\lim\limits_{x \to 0} \frac{2}{x} \ln \frac{3^x + 5^x}{2}} = e^{\ln 15} = 15.$$

六、证明题

设函数 $f(x)$ 在闭区间 $[a, b]$ 上连续,在开区间 (a, b) 内二次可导,且连接点 $(a, f(a))$ 和点 $(b, f(b))$ 的直线段与曲线 $y = f(x)$ 相交于 $(c, f(c))$,其中 $a < c < b$,证

明开区间(a,b)内至少有一点 ξ，使 $f''(\xi)=0$.

证 因为 $f(x)$ 在区间 $[a,c]$ 上连续，在 (a,c) 内可导，由拉格朗日中值定理知，至少存在一点 $\xi_1\in(a,c)$，使

$$f'(\xi_1)=\frac{f(c)-f(a)}{c-a}. \tag{1}$$

同理，至少存在一点 $\xi_2\in(c,b)$，使

$$f'(\xi_2)=\frac{f(b)-f(c)}{b-c}. \tag{2}$$

又因为点 $(a,f(a))$，$(c,f(c))$，$(b,f(b))$ 在一条直线上，故由 (1)，(2) 知 $f'(\xi_1)=f'(\xi_2)$，从而由罗尔定理知，至少存在一点 $\xi\in(\xi_1,\xi_2)$，使 $f''(\xi)=0$，即在开区间 (a,b) 内至少有一点 ξ，使 $f''(\xi)=0$.

七、写出多项式 $f(x)=1+3x+5x^2-2x^3$ 在 $x_0=-1$ 处的一阶、二阶和三阶泰勒公式.

解 因为 $f(x)=1+3x+5x^2-2x^3$，所以

$$f'(x)=3+10x-6x^2,$$
$$f''(x)=10-12x,$$
$$f'''(x)=-12,$$

所以 $f(-1)=5,f'(-1)=-13,f''(-1)=22,f'''(-1)=-12$，由泰勒公式得

一阶：$f(x)=5-13(x+1)+(5-6\xi)(x+1)^2$（$\xi$ 在 -1 与 x 之间）；

二阶：$f(x)=5-13(x+1)+11(x+1)^2-2(x+1)^3$（$\xi$ 在 -1 与 x 之间）；

三阶：$f(x)=5-13(x+1)+11(x+1)^2-2(x+1)^3$（$\xi$ 在 -1 与 x 之间）.

八、设 $f(x)=\dfrac{12x}{(1+x)^2}$，求此函数的单调区间、凹凸区间、极值和拐点，并作出图像.

解 (1) 函数的定义域为 $(-\infty,-1)\cup(-1,+\infty)$，当 $x\neq-1$ 时，

$$f'(x)=\frac{12(1-x)}{(1+x)^3}, \quad f''(x)=\frac{24(x-2)}{(x+1)^4}.$$

(2) $f'(x)=0$ 的根为 $x=1$；$f''(x)=0$ 的根为 $x=2$；当 $x=-1$ 时函数无意义；

(3) 列表讨论如下：

x	$(-\infty,-1)$	-1	$(-1,1)$	1	$(1,2)$	2	$(2,+\infty)$
$f'(x)$	$-$		$+$	0	$-$		$-$
$f''(x)$	$-$		$-$	$-$	$-$	0	$+$
函数图形	↘		↗	极大值	↘	拐点	↘

(4) 因为 $\lim\limits_{x\to\infty}f(x)=0$，$\lim\limits_{x\to-1}f(x)=-\infty$，所以图形有一条水平渐近线 $y=0$ 和一条垂直渐近线 $x=-1$；

(5) 求出 $x=1,2$ 处的函数值：$y\big|_{x=1}=3$，$y\big|_{x=2}=\dfrac{8}{3}$，得到图形上的两个点：$(1,3)$，$\left(2,\dfrac{8}{3}\right)$，补充几个点：$(-3,-9)$，$(-2,-24)$，$\left(4,\dfrac{48}{25}\right)$．

综合以上结果，就可以画出 $y=\dfrac{12x}{(x+1)^2}$ 的图形（图 1）.

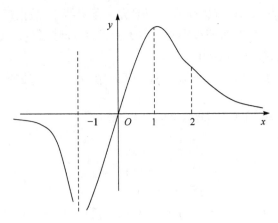

图 1

故单调增区间为：$(-1,1)$，单调减区间为：$(-\infty,-1)$，$(1,2)$，$(2,+\infty)$.

凹区间为：$(2,+\infty)$　凸区间为：$(-\infty,-1)$，$(-1,2)$，极大值 $y\big|_{x=1}=3$，拐点 $\left(2,\dfrac{8}{3}\right)$.

自测题四解答

一、选择题

1. 若 $f(x)$ 的导函数为 $\sin x$，则 $f(x)$ 的一个原函数是(B).

(A) $1+\sin x$；　　(B) $1-\sin x$；　　(C) $1+\cos x$；　　(D) $1-\cos x$.

解　选(B).

因为 $f'(x)=\sin x$，所以
$$f(x)=-\cos x+C,$$
从而 $f(x)$ 的原函数为
$$\int f(x)\mathrm{d}x=-\sin x+Cx+C_1,$$

取 $C=0,C_1=1$,可得 $f(x)$ 的一个原函数 $1-\sin x$.

2. 设 $f(x)$ 的一个原函数为 $\ln x$,则 $f'(x)=$(C).

(A) $\dfrac{1}{x}$;　　　　(B) $x\ln x$;　　　　(C) $-\dfrac{1}{x^2}$;　　　　(D) e^x.

解 选(C).

由 $f(x)$ 的一个原函数为 $\ln x$,则

$$f(x)=(\ln x)'=\frac{1}{x},$$

故

$$f'(x)=\left(\frac{1}{x}\right)'=-\frac{1}{x^2}.$$

3. 设函数 $f(x)$ 在 $(-\infty,+\infty)$ 上连续,则 $\mathrm{d}\left[\displaystyle\int f(x)\mathrm{d}x\right]=$(B).

(A) $f(x)$;　　　(B) $f(x)\mathrm{d}x$;　　　(C) $f(x)+C$;　　　(D) $f'(x)\mathrm{d}x$.

4. 下列等式中正确的结果是(C).

(A) $\displaystyle\int f'(x)\mathrm{d}x=f(x)$;　　　　　　(B) $\displaystyle\int \mathrm{d}f(x)=f(x)$;

(C) $\dfrac{\mathrm{d}}{\mathrm{d}x}\displaystyle\int f(x)\mathrm{d}x=f(x)$;　　　　(D) $\mathrm{d}\displaystyle\int f(x)\mathrm{d}x=f(x)$.

5. 设 $f(x)$ 是连续函数,$F(x)$ 是 $f(x)$ 的原函数,则(A).

(A) 当 $f(x)$ 是奇函数时,$F(x)$ 必是偶函数;

(B) 当 $f(x)$ 是偶函数时,$F(x)$ 必是奇函数;

(C) 当 $f(x)$ 是周期函数时,$F(x)$ 必是周期函数;

(D) 当 $f(x)$ 是单调函数时,$F(x)$ 必是单调函数.

6. 设 $f(x)$ 在闭区间 $[0,1]$ 上连续,则在开区间 $(0,1)$ 内 $f(x)$ 必有(B).

(A) 导函数;　　(B) 原函数;　　(C) 最大值和最小值;　　(D) 极值.

7. 设 $f(x)=\mathrm{e}^x$,则 $\displaystyle\int \dfrac{f(\ln x)}{x^3}\mathrm{d}x=$(C).

(A) $\dfrac{1}{x}+C$;　　(B) $\ln x+C$;　　(C) $-\dfrac{1}{x}+C$;　　(D) $-\ln x+C$.

解 选(C).

$$\int \frac{f(\ln x)}{x^3}\mathrm{d}x=\int \frac{1}{x^2}\mathrm{d}x=-\frac{1}{x}+C.$$

8. $\displaystyle\int f'(x^3)\mathrm{d}x=x^3+C$,则 $f(x)=$(B).

(A) $\dfrac{6}{5}x^{\frac{5}{3}}+C$;　　(B) $\dfrac{9}{5}x^{\frac{5}{3}}+C$;　　(C) x^3+C;　　(D) $x+C$.

解 选(B).

因为 $\int f'(x^3)\,\mathrm{d}x = x^3 + C$，两边求导数得

$$f'(x^3) = 3x^2,$$

设 $t = x^3$，则

$$f'(t) = 3t^{\frac{2}{3}},$$

积分得

$$f(x) = \frac{9}{5}x^{\frac{5}{3}} + C.$$

9. $\displaystyle\int \frac{\mathrm{d}x}{\sqrt{x(1-x)}} = $ (D).

(A) $\dfrac{1}{2}\arcsin\sqrt{x} + C$; 　　　　　(B) $\arcsin\sqrt{x} + C$;

(C) $2\arcsin(2x+1) + C$; 　　　　　(D) $\arcsin(2x-1) + C$.

解 选(D).

$$\int \frac{\mathrm{d}x}{\sqrt{x(1-x)}} = \int \frac{\mathrm{d}x}{\sqrt{\dfrac{1}{4} - \left(x^2 - x + \dfrac{1}{4}\right)}} = 2\int \frac{\mathrm{d}x}{\sqrt{1 - (2x-1)^2}}$$

$$= \int \frac{\mathrm{d}(2x-1)}{\sqrt{1 - (2x-1)^2}} = \arcsin(2x-1) + C$$

或

$$\int \frac{\mathrm{d}x}{\sqrt{x(1-x)}} = 2\int \frac{\mathrm{d}\sqrt{x}}{\sqrt{1-x}} = 2\arcsin\sqrt{x} + C.$$

10. 设 $F(x)$ 的导函数为 $f(x) = \dfrac{1}{\sqrt{1-x^2}}$，且 $F(1) = \dfrac{3}{2}\pi$，则 $F(x) = $(D).

(A) $\arcsin x$; 　　　　　(B) $\arcsin x + \dfrac{\pi}{2}$;

(C) $\arccos x + \pi$; 　　　　　(D) $\arcsin x + \pi$.

解 选(D).

因为 $F'(x) = \dfrac{1}{\sqrt{1-x^2}}$，故

$$F(x) = \arcsin x + C,$$

又 $F(1) = \dfrac{3}{2}\pi$，得 $C = \pi$.

二、填空题

1. 设 $f'(x)=f(x)$，则 $\int f(ax+b)f'(ax+b)\mathrm{d}x = \underline{\dfrac{1}{2a}f^2(ax+b)+C}$.

解 $\displaystyle\int f(ax+b)f'(ax+b)\mathrm{d}x = \frac{1}{a}\int f(ax+b)\mathrm{d}f(ax+b) = \frac{1}{2a}f^2(ax+b)+C.$

2. 若 $\int f(x)\mathrm{d}x = F(x)+C$，则 $\int \dfrac{f(\sqrt{x})}{\sqrt{x}}\mathrm{d}x = \underline{2F(\sqrt{x})+C}$.

解 $\displaystyle\int \frac{f(\sqrt{x})}{\sqrt{x}}\mathrm{d}x = 2\int f(\sqrt{x})\mathrm{d}(\sqrt{x}) = 2F(\sqrt{x})+C.$

3. $\displaystyle\int \frac{1}{\sqrt{\mathrm{e}^x-1}}\mathrm{d}x = \underline{2\arctan\sqrt{\mathrm{e}^x-1}+C}$.

解 $\displaystyle\int \frac{\mathrm{d}x}{\sqrt{\mathrm{e}^x-1}} \xlongequal{t=\sqrt{\mathrm{e}^x-1}} \int \frac{1}{t}\cdot\frac{2t}{1+t^2}\mathrm{d}t = 2\int\frac{1}{1+t^2}\mathrm{d}t = 2\arctan t + C =$
$2\arctan\sqrt{\mathrm{e}^x-1}+C.$

4. 设 $f(x)$ 的一个原函数为 $\sin x$，则 $\int xf'(x)\mathrm{d}x = \underline{x\cos x - \sin x + C}$.

解 因为 $\sin x$ 为 $f(x)$ 的一个原函数，故
$$f(x) = \cos x, \quad \int f(x)\mathrm{d}x = \sin x + C_1,$$
于是 $\displaystyle\int xf'(x)\mathrm{d}x = \int x\mathrm{d}(f(x)) = xf(x) - \int f(x)\mathrm{d}x = x\cos x - \sin x + C.$

5. 设 $f(x)f'(x)=x, f(x)>0$，且 $f(1)=\sqrt{2}$，则 $f(x)=\underline{\sqrt{1+x^2}}$.

解 因为 $f(x)f'(x)=x$，两边积分得
$$\int f(x)f'(x)\mathrm{d}x = \frac{1}{2}f^2(x) = \frac{1}{2}x^2 + C,$$
又因为 $f(1)=\sqrt{2}$，可得 $C=\dfrac{1}{2}$，于是
$$f(x)=\sqrt{1+x^2}.$$

三、求下列不定积分

1. $\displaystyle\int \frac{\ln\ln x}{x}\mathrm{d}x$；

2. $\displaystyle\int \sqrt{x}\sin\sqrt{x}\,\mathrm{d}x$；

3. $\displaystyle\int \frac{\mathrm{d}x}{x\sqrt{x^2-1}}$；

4. $\displaystyle\int \ln(1+x^2)\mathrm{d}x$.

解 1. 设 $t=\ln x$，则 $\mathrm{d}x=\mathrm{e}^t\mathrm{d}t$，故

$$\int \frac{\ln\ln x}{x} dx = \int \frac{\ln t}{e^t} \cdot e^t dt = \int \ln t dt = t\ln t - \int 1 \cdot dt$$

$$= t\ln t - t + C = \ln x(\ln\ln x - 1) + C.$$

2. 设 $t = \sqrt{x}$，则 $x = t^2$，$dx = 2tdt$，故

$$\int \sqrt{x}\sin\sqrt{x} dx = \int t\sin t \cdot 2t dt = 2\int t^2 \sin t dt = 2\int t^2 d(-\cos t)$$

$$= -2t^2\cos t + 4\int t\cos t dt = -2t^2\cos t + 4\int t d(\sin t)$$

$$= -2t^2\cos t + 4t\sin t - 4\int \sin t dt = -2t^2\cos t + 4t\sin t + 4\cos t + C$$

$$= (4 - 2t^2)\cos t + 4t\sin t + C = (4 - 2x)\cos\sqrt{x} + 4\sqrt{x}\sin\sqrt{x} + C.$$

3. 设 $x = \sec t$，则 $dx = \sec t \cdot \tan t dt$，故

$$\int \frac{dx}{x\sqrt{x^2 - 1}} = \int \frac{\sec t \cdot \tan t}{\sec t \cdot \tan t} dt = \int 1 \cdot dt = t + C = \arccos\frac{1}{x} + C.$$

4. $\int \ln(1 + x^2) dx = x\ln(1 + x^2) - \int \frac{2x^2}{1 + x^2} dx = x\ln(1 + x^2) - 2\int \frac{x^2 + 1 - 1}{1 + x^2} dx$

$$= x\ln(1 + x^2) - 2x + 2\int \frac{1}{1 + x^2} dx = x\ln(1 + x^2) - 2x$$

$$+ 2\arctan x + C.$$

四、证明题

1. 设 $f(x)$ 的原函数是 $\frac{\sin x}{x}$，试证：$\int xf'(x) dx = \cos x - \frac{2\sin x}{x} + C.$

2. 设 $f'(e^x) = x^2 + x + 1$，试证：$f(x) = x(\ln x)^2 - x\ln x + 2x + C.$

证 1. 因为 $\frac{\sin x}{x}$ 是 $f(x)$ 的一个原函数，故

$$f(x) = \left(\frac{\sin x}{x}\right)' = \frac{x\cos x - \sin x}{x^2},$$

从而

$$\int xf'(x) dx = xf(x) - \int f(x) dx$$

$$= x \cdot \frac{x\cos x - \sin x}{x^2} - \frac{\sin x}{x} + C = \cos x - \frac{2\sin x}{x} + C.$$

2. 设 $t = e^x$，则 $x = \ln t$，故

$$f'(t) = (\ln t)^2 + \ln t + 1,$$

即

$$f'(x) = (\ln x)^2 + \ln x + 1,$$

两边积分得

$$f(x) = \int f'(x)\mathrm{d}x = \int (\ln x)^2 \mathrm{d}x + \int \ln x \mathrm{d}x + \int 1 \cdot \mathrm{d}x$$

$$= x(\ln x)^2 - 2\int \ln x \mathrm{d}x + \int \ln x \mathrm{d}x + \int 1 \cdot \mathrm{d}x$$

$$= x(\ln x)^2 - \int \ln x \mathrm{d}x + \int 1 \cdot \mathrm{d}x$$

$$= x(\ln x)^2 - x\ln x + 2x + C.$$

自测题五解答

一、判断题

1. 函数 $f(x)$ 在区间 $[a,b]$ 上连续, 则 $f(x)$ 在区间 $[a,b]$ 上可积.　　　　　　　($\sqrt{}$)

解　由函数可积条件可知.

2. $\dfrac{\mathrm{d}}{\mathrm{d}x}\displaystyle\int_1^x f'(t)\mathrm{d}t = f(x) - f(1).$　　　　　　　　　　　　　　　($\times$)

解　　由变上限定积分导数结论知: $\dfrac{\mathrm{d}}{\mathrm{d}x}\displaystyle\int_1^x f'(t)\mathrm{d}t = f'(x)$ 或

$\displaystyle\int_1^x f'(t)\mathrm{d}t = f(t)\big|_1^x = f(x) - f(1)$, 所以 $\dfrac{\mathrm{d}}{\mathrm{d}x}\displaystyle\int_1^x f'(t)\mathrm{d}t = f'(x).$

3. 下列做法是正确的:

$$\int_{-1}^1 \frac{1}{1+x^2}\mathrm{d}x = -\int_{-1}^1 \frac{\mathrm{d}\left(\frac{1}{x}\right)}{1+\left(\frac{1}{x}\right)^2} = \left[-\arctan\frac{1}{x}\right]\Big|_{-1}^1 = -\frac{\pi}{2}.　　(\times)$$

解　　正确做法: $\displaystyle\int_{-1}^1 \frac{1}{1+x^2}\mathrm{d}x = \arctan x \Big|_{-1}^1 = \frac{\pi}{2}$ 或

$$\int_{-1}^1 \frac{1}{1+x^2}\mathrm{d}x = -\int_{-1}^1 \frac{\mathrm{d}\left(\frac{1}{x}\right)}{1+\left(\frac{1}{x}\right)^2}（此为广义积分）$$

$$= -\int_{-1}^0 \frac{\mathrm{d}\left(\frac{1}{x}\right)}{1+\left(\frac{1}{x}\right)^2} - \int_0^1 \frac{\mathrm{d}\left(\frac{1}{x}\right)}{1+\left(\frac{1}{x}\right)^2} = -\lim_{\varepsilon_1 \to 0^+}\int_{-1}^{0-\varepsilon_1} \frac{\mathrm{d}\left(\frac{1}{x}\right)}{1+\left(\frac{1}{x}\right)^2}$$

$$-\lim_{\varepsilon_2\to 0^+}\int_{0+\varepsilon_2}^{1}\frac{\mathrm{d}\left(\dfrac{1}{x}\right)}{1+\left(\dfrac{1}{x}\right)^2}$$

$$=-\lim_{\varepsilon_1\to 0^+}\left(\arctan\frac{1}{x}\right)\Big|_{-1}^{-\varepsilon_1}-\lim_{\varepsilon_2\to 0^+}\left(\arctan\frac{1}{x}\right)\Big|_{\varepsilon_2}^{1}=\frac{\pi}{2}.$$

4. 函数 $f(x)$ 在 $[a,b]$ 上有定义,则存在一点 $\xi\in[a,b]$,使

$$\int_a^b f(x)\mathrm{d}x = f(\xi)(b-a). \tag{$\times$}$$

解 积分中值定理为:

函数 $f(x)$ 在 $[a,b]$ 上有连续,则存在一点 $\xi\in[a,b]$,使

$$\int_a^b f(x)\mathrm{d}x = f(\xi)(b-a).$$

5. 设 $a=\int_1^2 \ln x\,\mathrm{d}x, b=\int_1^2 |\ln x|\,\mathrm{d}x$,则 $a=b$. $(\checkmark)$

解 当 $1\leqslant x\leqslant 2$ 时,$|\ln x|=\ln x\geqslant 0$,所以 $a=b$.

二、填空题

1. 设 $\int_0^1 f(tx)\mathrm{d}x=\sin t(t\neq 0)$,则 $f(t)=\underline{t\cos t+\sin t}$.

解 答案 $f(t)=t\cos t+\sin t$.

$$\int_0^1 f(tx)\mathrm{d}x\xlongequal{tx=u}\int_0^t f(u)\frac{1}{t}\mathrm{d}u=\frac{1}{t}\int_0^t f(u)\mathrm{d}u=\sin t,$$

所以 $\int_0^t f(u)\mathrm{d}u=t\sin t$,故 $f(t)=(t\sin t)'=t\cos t+\sin t$.

2. $\int_{-a}^a x[f(x)+f(-x)]\mathrm{d}x=\underline{\qquad 0 \qquad}$.

解 答案 0.

设 $F(x)=x[f(x)+f(-x)]$,则 $F(-x)=-x[f(-x)+f(x)]=-F(x)$,所以 $F(x)$ 为奇函数,所以

$$\int_{-a}^a x[f(x)+f(-x)]\mathrm{d}x=0.$$

3. $\int_a^b f'(2x)\mathrm{d}x=\underline{\dfrac{1}{2}[f(2b)-f(2a)]}$.

解 答案 $\dfrac{1}{2}[f(2b)-f(2a)]$.

$$\int_a^b f'(2x)\mathrm{d}x=\frac{1}{2}\int_a^b f'(2x)\mathrm{d}2x=\frac{1}{2}f(2x)\Big|_a^b=\frac{1}{2}[f(2b)-f(2a)].$$

4. $\displaystyle\int_0^{\frac{\pi}{2}} \sin^5 x \mathrm{d}x = \underline{\dfrac{8}{15}}$.

解 答案 $\dfrac{8}{15}$.

$$\int_0^{\frac{\pi}{2}} \sin^5 x \mathrm{d}x = \frac{4}{5} \times \frac{2}{3} = \frac{8}{15}.$$

应用 $\displaystyle\int_0^{\frac{\pi}{2}} \sin^n x\, \mathrm{d}x = \begin{cases} \dfrac{n-1}{n} \cdot \dfrac{n-3}{n-2} \cdot \dfrac{n-5}{n-4} \cdots \dfrac{4}{5} \cdot \dfrac{2}{3}\ (n\ \text{为奇数}), \\[3mm] \dfrac{n-1}{n} \cdot \dfrac{n-3}{n-2} \cdot \dfrac{n-5}{n-4} \cdots \dfrac{3}{4} \cdot \dfrac{1}{2} \cdot \dfrac{\pi}{2}\ (n\ \text{为偶数}). \end{cases}$

5. 设 $\varphi''(x)$ 在 $[a,b]$ 上连续,且 $\varphi'(b)=a,\varphi'(a)=b$,则 $\displaystyle\int_a^b \varphi'(x)\varphi''(x)\mathrm{d}x = \underline{\dfrac{1}{2}(a^2-b^2)}$.

解 答案 $\dfrac{1}{2}(a^2-b^2)$.

$$\int_a^b \varphi'(x)\varphi''(x)\mathrm{d}x = \int_a^b \varphi'(x)\mathrm{d}\varphi'(x) = \frac{1}{2}\left[\varphi'(x)\right]^2 \Big|_a^b$$

$$= \frac{1}{2}\left\{\left[\varphi'(b)\right]^2 - \left[\varphi'(a)\right]^2\right\} = \frac{1}{2}(a^2-b^2).$$

三、选择题

1. 定积分 $\displaystyle\int_{-2}^2 \min\left\{\frac{1}{|x|}, x^2\right\}\mathrm{d}x$ 的值为(A).

(A) $2\left(\dfrac{1}{3}+\ln 2\right)$;　　　　　　　　(B) $\dfrac{1}{3}+\ln 2$;

(C) $2\left(\dfrac{1}{3}-\ln 2\right)$;　　　　　　　　(D) $\dfrac{1}{3}-\ln 2$.

解 选(A).

$$\int_{-2}^2 \min\left\{\frac{1}{|x|}, x^2\right\}\mathrm{d}x = 2\int_0^2 \min\left\{\frac{1}{|x|}, x^2\right\}\mathrm{d}x$$

$$= 2\int_0^1 x^2 \mathrm{d}x + 2\int_1^2 \frac{1}{x}\mathrm{d}x = \frac{2}{3}x^3\Big|_0^1 + 2\ln x\Big|_1^2 = \frac{2}{3} + 2\ln 2.$$

2. 若 $f(x)$ 为可导函数,且已知 $f(0)=0,f'(0)=2$,则 $\displaystyle\lim_{x\to 0}\frac{\displaystyle\int_0^x f(x)\mathrm{d}x}{x^2}$ 之值为 (B).

(A) 0;　　　　(B) 1;　　　　(C) 2;　　　　(D) 不存在.

解 选(B).

$$\lim_{x\to0}\frac{\int_0^x f(x)\mathrm{d}x}{x^2}=\lim_{x\to0}\frac{f(x)}{2x}=\frac{1}{2}\lim_{x\to0}\frac{f(x)-f(0)}{x-0}=\frac{1}{2}f'(0)=1.$$

3. 设 $f(x)$ 为连续函数,且 $F(x)=\int_{\frac{1}{x}}^{\ln x}f(t)\mathrm{d}t$,则 $F'(x)=$ (D).

(A) $f(\ln x)+f\left(\frac{1}{x}\right)$;   (B) $\frac{1}{x}f(\ln x)-\frac{1}{x^2}f\left(\frac{1}{x}\right)$;

(C) $f(\ln x)-f\left(\frac{1}{x}\right)$;   (D) $\frac{1}{x}f(\ln x)+\frac{1}{x^2}f\left(\frac{1}{x}\right)$.

解 选(D).

$$F'(x)=\left[\int_{\frac{1}{x}}^{\ln x}f(t)\mathrm{d}t\right]'=f(\ln x)(\ln x)'-f\left(\frac{1}{x}\right)\left(\frac{1}{x}\right)'=\frac{1}{x}f(\ln x)+\frac{1}{x^2}f\left(\frac{1}{x}\right).$$

4. 设函数 $f(x)$ 在区间 $[a,b]$ 上连续,则 $\int_a^b f(x)\mathrm{d}x=$ (A).

(A) $\int_a^b f(u)\mathrm{d}u$;   (B) $\int_a^b f(2u)\mathrm{d}2u$;

(C) $\int_{2a}^{2b} f(2u)\mathrm{d}2u$;   (D) $\int_{\frac{a}{2}}^{\frac{b}{2}} f(u)\mathrm{d}2u$.

解 选(A).

定积分只与被积函数 $f(x)$ 及区间 $[a,b]$ 有关,而与积分变量的记号无关,所以 A 正确.

(B) $\int_a^b f(2u)\mathrm{d}2u\xlongequal{2u=t}\int_{2a}^{2b}f(t)\mathrm{d}t=\int_{2a}^{2b}f(x)\mathrm{d}x$;

(C) $\int_{2a}^{2b} f(2u)\mathrm{d}2u\xlongequal{2u=t}\int_{4a}^{4b}f(t)\mathrm{d}t=\int_{4a}^{4b}f(x)\mathrm{d}x$;

(D) $\int_{\frac{a}{2}}^{\frac{b}{2}} f(u)\mathrm{d}2u=2\int_{\frac{a}{2}}^{\frac{b}{2}}f(u)\mathrm{d}u=2\int_{\frac{a}{2}}^{\frac{b}{2}}f(x)\mathrm{d}x$.

5. $\int_{-1}^1\frac{1}{u^2}\mathrm{d}u=$ (D)

(A) -2;   (B) 2;   (C) 0;   (D) 不存在.

解 选(D).

此为广义积分.

$$\int_{-1}^1\frac{1}{u^2}\mathrm{d}u=\int_{-1}^0\frac{1}{u^2}\mathrm{d}u+\int_0^1\frac{1}{u^2}\mathrm{d}u=\lim_{\varepsilon_1\to0^+}\int_{-1}^{0-\varepsilon_1}\frac{1}{u^2}\mathrm{d}u+\lim_{\varepsilon_2\to0^+}\int_{0+\varepsilon_2}^1\frac{1}{u^2}\mathrm{d}u$$

$$=\lim_{\varepsilon_1\to0^+}\left(-\frac{1}{u}\Big|_{-1}^{-\varepsilon_1}\right)+\lim_{\varepsilon_2\to0^+}\left(-\frac{1}{u}\Big|_{\varepsilon_2}^1\right).$$

上式两个极限都不存在,所以此广义积分不存在.

四、计算并说明下面三者的区别与联系.

$(1) \int \cos x \mathrm{d}x;$ $\qquad (2) \int_0^{\frac{\pi}{2}} \cos x \mathrm{d}x;$ $\qquad (3) \int_0^x \cos x \mathrm{d}x.$

解 这三者被积函数都是 $\cos x$. 但是 $(1) \int \cos x \mathrm{d}x$ 为不定积分,$\int \cos x \mathrm{d}x = \sin x + C.$

$(2) \int_0^{\frac{\pi}{2}} \cos x \mathrm{d}x$ 为定积分 $\int_0^{\frac{\pi}{2}} \cos x \mathrm{d}x = \sin x \Big|_0^{\frac{\pi}{2}} = 1.$

$(3) \int_0^x \cos x \mathrm{d}x$ 为变上限定积分 $\int_0^x \cos x \mathrm{d}x = \sin x \Big|_0^x = \sin x - \sin 0 = \sin x.$

五、用三种方法计算含绝对值的定积分.

$$\int_{-1}^4 x \sqrt{|x|} \mathrm{d}x.$$

解 方法一:

$$\int_{-1}^4 x \sqrt{|x|} \mathrm{d}x = \int_{-1}^0 x \sqrt{-x} \mathrm{d}x + \int_0^4 x \sqrt{x} \mathrm{d}x = \frac{2}{5}(-x)^{\frac{5}{2}} \Big|_{-1}^0 + \frac{2}{5} x^{\frac{5}{2}} \Big|_0^4 = \frac{62}{5}.$$

方法二:

$$\int_{-1}^4 x \sqrt{|x|} \mathrm{d}x = \int_{-1}^1 x \sqrt{|x|} \mathrm{d}x + \int_1^4 x \sqrt{|x|} \mathrm{d}x,$$

$$\int_{-1}^1 x \sqrt{|x|} \mathrm{d}x = 0 \quad (\text{被积函数为奇函数,积分区间为对称区间}),$$

$$\int_1^4 x \sqrt{|x|} \mathrm{d}x = \int_1^4 x \sqrt{x} \mathrm{d}x = \frac{2}{5} x^{\frac{5}{2}} \Big|_1^4 = \frac{62}{5},$$

所以 $\int_{-1}^4 x \sqrt{|x|} \mathrm{d}x = \frac{62}{5}.$

方法三:$\int_{-1}^4 x \sqrt{|x|} \mathrm{d}x = \int_{-1}^4 \frac{1}{2} \sqrt[4]{x^2} \mathrm{d}x^2 = \frac{1}{2} \cdot \frac{4}{5} (x^2)^{\frac{5}{4}} \Big|_{-1}^4 = \frac{62}{5}.$

六、设 $\int_0^\pi [f(x) + f''(x)] \sin x \mathrm{d}x = 5, f(\pi) = 2,$ **求** $f(0).$

解
$$\int_0^\pi [f(x) + f''(x)] \sin x \mathrm{d}x = \int_0^\pi f(x) \sin x \mathrm{d}x + \int_0^\pi f''(x) \sin x \mathrm{d}x$$

$$= -\int_0^\pi f(x) \mathrm{d}\cos x + \int_0^\pi \sin x \mathrm{d}f'(x)$$

$$= -f(x) \cos x \Big|_0^\pi + \int_0^\pi \cos x f'(x) \mathrm{d}x$$

$$\quad + \sin x f'(x) \Big|_0^\pi - \int_0^\pi \cos x f'(x) \mathrm{d}x$$

$$= f(\pi) + f(0) = 5,$$

所以 $f(0) = 5 - f(\pi) = 3$.

七、证明：方程 $4x - 1 - \int_0^x \dfrac{\mathrm{d}t}{1+t^2} = 0$ 在区间$(0,1)$内有且仅有一个根.

证 存在性：

设 $F(x) = 4x - 1 - \int_0^x \dfrac{\mathrm{d}t}{1+t^2}$, $F(0) = -1 < 0$,

$$F(1) = 4 - 1 - \int_0^1 \frac{\mathrm{d}t}{1+t^2} = 3 - \arctan t \Big|_0^1 = 3 - \frac{\pi}{4} > 0,$$

所以由根的存在定理知，至少存在一点 $\xi \in (0,1)$，使 $F(\xi) = 0$，所以 ξ 是 $F(x) = 0$ 在区间$(0,1)$的一个根，即 ξ 是方程 $4x - 1 - \int_0^x \dfrac{\mathrm{d}t}{1+t^2} = 0$ 在区间$(0,1)$的一个根.

唯一性：

$$F'(x) = 4 - \frac{1}{1+x^2} > 0 \quad (x \in (0,1)),$$

所以 $F(x)$ 在$[0,1]$上单调增加，方程 $4x - 1 - \int_0^x \dfrac{\mathrm{d}t}{1+t^2} = 0$ 在区间$(0,1)$内有且仅有一个根.

八、若 $f(x)$ 在$[0,\pi]$上连续，证明：$\int_0^\pi x f(\sin x)\mathrm{d}x = \dfrac{\pi}{2}\int_0^\pi f(\sin x)\mathrm{d}x$，并计算

$$\int_0^\pi \frac{x \sin x}{1+\cos^2 x}\mathrm{d}x.$$

解 $\displaystyle \int_0^\pi x f(\sin x)\mathrm{d}x \xlongequal{x = \pi - u} \int_\pi^0 (\pi - u) f(\sin u)(-\mathrm{d}u)$

$$= \int_0^\pi \pi f(\sin u)\mathrm{d}u - \int_0^\pi u f(\sin u)\mathrm{d}u$$

$$= \int_0^\pi \pi f(\sin x)\mathrm{d}x - \int_0^\pi x f(\sin x)\mathrm{d}x,$$

所以 $\displaystyle\int_0^\pi x f(\sin x)\mathrm{d}x = \frac{\pi}{2}\int_0^\pi f(\sin x)\mathrm{d}x$.

$$\int_0^\pi \frac{x \sin x}{1+\cos^2 x}\mathrm{d}x = \int_0^\pi \frac{x \sin x}{2 - \sin^2 x}\mathrm{d}x = \frac{\pi}{2}\int_0^\pi \frac{\sin x}{1+\cos^2 x}\mathrm{d}x$$

$$= -\frac{\pi}{2}\int_0^\pi \frac{1}{1+\cos^2 x}\mathrm{d}\cos x = -\frac{\pi}{2}\arctan\cos x\Big|_0^\pi = \frac{\pi^2}{4}.$$

自测题六解答

一、填空题

1. 由曲线 $y = \ln x$ 与两直线 $y = (e+1) - x$ 及 $y = 0$ 所围成的平面图形的面积

是 $\dfrac{3}{2}$.

解 由 $\begin{cases} y=\ln x, \\ y=(e+1)-x \end{cases}$ 得交点 $(e,1)$.

$$S = \int_1^e \ln x \, dx + \int_e^{e+1} [(e+1)-x] \, dx = (x\ln x - x)\Big|_1^e + \left[(e+1)x - \frac{1}{2}x^2\right]\Big|_e^{e+1} = \frac{3}{2}.$$

2. 位于曲线 $y=xe^{-x}(0 \leqslant x < +\infty)$ 下方，x 轴上方的无界图形的面积是 ___1___ .

解 $S = \displaystyle\int_0^{+\infty} xe^{-x} dx = \Gamma(2) = 1 \cdot \Gamma(1) = 1.$

3. 函数 $y=\dfrac{x^2}{\sqrt{1-x^2}}$ 在区间 $\left[\dfrac{1}{2}, \dfrac{\sqrt{3}}{2}\right]$ 上的平均值为 $\dfrac{\sqrt{3}+1}{12}\pi$.

解 $\bar{y} = \dfrac{1}{\dfrac{\sqrt{3}}{2} - \dfrac{1}{2}} \displaystyle\int_{\frac{1}{2}}^{\frac{\sqrt{3}}{2}} \dfrac{x^2}{\sqrt{1-x^2}} dx \xrightarrow[dx = \cos t \, dt]{x = \sin t} \dfrac{2}{\sqrt{3}-1} \int_{\frac{\pi}{6}}^{\frac{\pi}{3}} \dfrac{\sin^2 t}{\cos t} \cos t \, dt$

$$= \dfrac{2}{\sqrt{3}-1} \cdot \dfrac{1}{2} \int_{\frac{\pi}{6}}^{\frac{\pi}{3}} (1 - \cos 2t) \, dt = \dfrac{1}{\sqrt{3}-1}\left(t - \dfrac{1}{2}\sin 2t\right)\Big|_{\frac{\pi}{6}}^{\frac{\pi}{3}} = \dfrac{\sqrt{3}+1}{12}\pi.$$

4. 求摆线 $\begin{cases} x=1-\cos t, \\ y=t-\sin t \end{cases}$ 一拱 $(0 \leqslant t \leqslant 2\pi)$ 的弧长 ___8___ .

解 $s = \displaystyle\int_0^{2\pi} \sqrt{x_t'^2 + y_t'^2} \, dt = \int_0^{2\pi} \sqrt{\sin^2 t + (1-\cos t)^2} \, dt = \int_0^{2\pi} \sqrt{2 - 2\cos t} \, dt$

$$= \sqrt{2} \int_0^{2\pi} \sqrt{2\sin^2 \frac{t}{2}} \, dt = 2 \int_0^{2\pi} \sin \frac{t}{2} \, dt = 8.$$

5. 曲线 $y=\cos x \left(-\dfrac{\pi}{2} \leqslant x \leqslant \dfrac{\pi}{2}\right)$ 与 x 轴所围成图形，绕 x 轴旋转一周而成的旋转体体积为 $\dfrac{\pi^2}{2}+2\pi$.

解 $V = 2\displaystyle\int_0^{\frac{\pi}{2}} \pi \cos^2 x \, dx = \pi \int_0^{\frac{\pi}{2}} (1 + 2\cos x) \, dx = \dfrac{\pi^2}{2} + 2\pi.$

二、选择题

1. 设在区间 $[a,b]$ 上 $f(x) > 0, f'(x) < 0, f''(x) > 0$. 记 $S_1 = \displaystyle\int_a^b f(x) \, dx, S_2 = f(b)(b-a), S_3 = \dfrac{1}{2}[f(a)+f(b)](b-a)$，则(D).

(A) $S_1 < S_2 < S_3$;   (B) $S_2 < S_3 < S_1$;

(C) $S_3 < S_1 < S_2$；   (D) $S_2 < S_1 < S_3$.

解　记 $A(a,f(a)),B(b,f(b))$，由直线 $AB,x=a,x=b$ 及 x 轴围成的平面图形的面积为

$$\frac{1}{2}(b-a)[f(a)-f(b)]+(b-a)f(b)=\frac{1}{2}[f(a)+f(b)](b-a)=S_3.$$

由 $y=f(b),x=a,x=b$ 及 x 轴围成的平面图形的面积为 $f(b)(b-a)=S_2$.

由 $y=f(x),x=a,x=b$ 及 x 轴围成的平面图形的面积为 $\int_a^b f(x)\mathrm{d}x=S_1$.

由已知条件知 $f(x)$ 在区间 $[a,b]$ 上凹减，画图易知 $S_2 < S_1 < S_3$，所以答案为 (D).

2. 设 $f(x),g(x)$ 在区间 $[a,b]$ 上连续，且 $m>f(x)>g(x)$（m 为常数），由曲线 $y=f(x),y=g(x),x=a$ 及 $x=b$ 所围成平面图形绕直线 $y=m$ 旋转而成的旋转体体积为 (B).

(A) $\int_a^b \pi[2m-f(x)+g(x)][f(x)-g(x)]\mathrm{d}x$；

(B) $\int_a^b \pi[2m-f(x)-g(x)][f(x)-g(x)]\mathrm{d}x$；

(C) $\int_a^b \pi[m-f(x)+g(x)][f(x)-g(x)]\mathrm{d}x$；

(D) $\int_a^b \pi[m-f(x)-g(x)][f(x)-g(x)]\mathrm{d}x$.

解　体积元素为 $\mathrm{d}V=\pi[m-g(x)]^2\mathrm{d}x-\pi[m-f(x)]^2\mathrm{d}x$. 所以所求体积为

$$\begin{aligned}
V &= \int_a^b \pi\{[m-g(x)]^2-[m-f(x)]^2\}\mathrm{d}x\\
&= \int_a^b \pi\{[m^2-2mg(x)+g^2(x)]-[m^2-2mf(x)+f^2(x)]\}\mathrm{d}x\\
&= \int_a^b \pi[2m(f(x)-g(x))-(f(x)-g(x))(f(x)+g(x))]\mathrm{d}x\\
&= \int_a^b \pi[2m-f(x)-g(x)][f(x)-g(x)]\mathrm{d}x.
\end{aligned}$$

所以答案为 (B).

3. 曲线 $y=x(x-1)(2-x)$ 与 x 轴所围成图形的面积可表示为 (C).

(A) $-\int_0^2 x(x-1)(2-x)\mathrm{d}x$；

(B) $\int_0^1 x(x-1)(2-x)\mathrm{d}x-\int_1^2 x(x-1)(2-x)\mathrm{d}x$；

(C) $-\int_0^1 x(x-1)(2-x)\mathrm{d}x+\int_1^2 x(x-1)(2-x)\mathrm{d}x$；

(D) $\int_0^2 x(x-1)(2-x)\mathrm{d}x.$

解 曲线 $y=x(x-1)(2-x)$ 与 x 轴的交点为 $x=0,1,2.$

当 $x<0$ 时，$y>0$；当 $0<x<1$ 时，$y<0$；当 $1<x<2$ 时，$y>0$；当 $x>2$ 时，$y<0.$

所以面积为 $-\int_0^1 x(x-1)(2-x)\mathrm{d}x+\int_1^2 x(x-1)(2-x)\mathrm{d}x.$

故答案为(C).

三、计算与证明题

1. 求曲线 $y=\sqrt{x}$ 的一条切线，使由该曲线与切线及直线 $x=0,x=2$ 所围成的平面图形面积最小，并求这最小面积.

解 设切点为 $(a,\sqrt{a})$，则切线方程为 $y-\sqrt{a}=\dfrac{1}{2}a^{-\frac{1}{2}}(x-a)$，即 $y=\dfrac{1}{2\sqrt{a}}x+\dfrac{\sqrt{a}}{2}.$

$$S=\int_0^2\left(\frac{1}{2\sqrt{a}}x+\frac{\sqrt{a}}{2}-\sqrt{x}\right)\mathrm{d}x=\frac{1}{\sqrt{a}}+\sqrt{a}-\frac{4}{3}\sqrt{2}\quad(a>0).$$

令 $S_a'=-\dfrac{1-a}{2a\sqrt{a}}=0$ 得驻点 $a=1.$

又当 $0<a<1$ 时，$S'<0$；当 $a>1$ 时，$S'>0.$

所以 S 在 $a=1$ 处取得唯一的极小值，此极小值就是最小值.

此时曲线的切线方程为 $y=\dfrac{1}{2}x+\dfrac{1}{2}$，$S_{\min}=2-\dfrac{4}{3}\sqrt{2}.$

2. 设 $\rho=\rho(x)$ 是抛物线 $y=\sqrt{x}$ 上任一点 $M(x,y)$ $(x\geqslant 1)$ 处的曲率半径，$s=s(x)$ 是该抛物线上介于点 $A(1,1)$ 与 M 之间的弧长，计算 $3\rho\dfrac{\mathrm{d}^2\rho}{\mathrm{d}s^2}-\left(\dfrac{\mathrm{d}\rho}{\mathrm{d}s}\right)^2$ 的值$\Big($在直角坐标系下曲率公式为 $K=\dfrac{|y''|}{(1+y'^2)^{\frac{3}{2}}}$，曲率半径为 $\dfrac{1}{K}\Big).$

解 因为 $y=\sqrt{x}$，所以 $y'=\dfrac{1}{2}x^{-\frac{1}{2}}$，$y''=-\dfrac{1}{4}x^{-\frac{3}{2}}.$

$$\rho=\frac{1}{K}=\frac{(1+y'^2)^{\frac{3}{2}}}{|y''|}=\frac{\left(1+\dfrac{1}{4x}\right)^{\frac{3}{2}}}{\dfrac{1}{4}x^{-\frac{3}{2}}}=\frac{(1+4x)^{\frac{3}{2}}}{2},$$

$$s = \int_1^x \sqrt{1+y'^2}\,\mathrm{d}x = \int_1^x \sqrt{1+\frac{1}{4x}}\,\mathrm{d}x.$$

$$\frac{\mathrm{d}\rho}{\mathrm{d}s} = \frac{\rho'_x}{s'_x} = \frac{\frac{1}{2}\cdot\frac{3}{2}(1+4x)^{\frac{1}{2}}\cdot 4}{\left(1+\frac{1}{4x}\right)^{\frac{1}{2}}} = 6x^{\frac{1}{2}},$$

$$\frac{\mathrm{d}^2\rho}{\mathrm{d}s^2} = \frac{(6x^{\frac{1}{2}})'_x}{s'_x} = \frac{3x^{-\frac{1}{2}}}{\left(1+\frac{1}{4x}\right)^{\frac{1}{2}}} = 6(1+4x)^{-\frac{1}{2}}.$$

所以 $3\rho\dfrac{\mathrm{d}^2\rho}{\mathrm{d}s^2} - \left(\dfrac{\mathrm{d}\rho}{\mathrm{d}s}\right)^2 = 3\cdot\dfrac{(1+4x)^{\frac{3}{2}}}{2}\cdot 6(1+4x)^{-\frac{1}{2}} - 36x = 9.$

3. 设曲线 $y=ax^2(a>0,x\geqslant 0)$ 与 $y=1-x^2$ 交于点 A,过坐标原点 O 和点 A 的直线与曲线 $y=ax^2$ 围成一平面图形,问 a 为何值时,该图形绕 x 轴旋转一周所得的旋转体体积最大? 最大体积是多少?

解　由 $\begin{cases} y=ax^2, \\ y=1-x^2 \end{cases}$ 得交点为 $A\left(\dfrac{1}{\sqrt{1+a}}, \dfrac{a}{1+a}\right)$. 直线 OA 的方程为 $y = \dfrac{a}{\sqrt{1+a}}x$.

$$V = \int_0^{\frac{1}{\sqrt{1+a}}} \pi\left(\frac{a}{\sqrt{1+a}}x\right)^2\mathrm{d}x - \int_0^{\frac{1}{\sqrt{1+a}}} \pi(ax^2)^2\,\mathrm{d}x$$

$$= \left(\pi\cdot\frac{a^2}{1+a}\cdot\frac{1}{3}x^3 - \pi a^2\cdot\frac{1}{5}x^5\right)\Bigg|_0^{\frac{1}{\sqrt{1+a}}} = \frac{2\pi a^2}{15(1+a)^{\frac{5}{2}}}.$$

所以 $V'_a = \dfrac{\pi a(4-a)}{15(1+a)^{\frac{7}{2}}}(a>0).$

令 $V'_a=0$ 得驻点 $a=4$. 又当 $0<a<4$ 时,$V'>0$;当 $a>4$ 时,$V'<0$.

所以 V 在 $a=4$ 处取得唯一的极大值,此极大值就是最大值. 所以

$$V_{\max} = \frac{2\pi 4^2}{15(1+4)^{\frac{5}{2}}} = \frac{32\pi\sqrt{5}}{1875}.$$

4. 设 xOy 平面上有正方形 $D = \{(x,y)\,|\,0\leqslant x\leqslant 1, 0\leqslant y\leqslant 1\}$ 及直线 l: $x+y=t(t\geqslant 0)$. 若 $S(t)$ 表示正方形 D 位于直线 l 左下方部分的面积,试求

$$\int_0^x S(t)\,\mathrm{d}t(x\geqslant 0).$$

解　当 $0\leqslant t\leqslant 1$ 时,

$$S(t) = \int_0^t (-x+t)\mathrm{d}x = \left(-\frac{1}{2}x^2 + tx\right)\Big|_0^t = \frac{1}{2}t^2.$$

当 $1 < t \leqslant 2$ 时,

$$S(t) = 1 \cdot (t-1) + \int_{t-1}^1 (-x+t)\mathrm{d}x = (t-1) + \left(-\frac{1}{2}x^2 + tx\right)\Big|_{t-1}^1$$

$$= -\frac{1}{2}t^2 + 2t - 1.$$

当 $t > 2$ 时,$S(t) = 1$. 所以

$$S(t) = \begin{cases} \dfrac{1}{2}t^2, & 0 \leqslant t \leqslant 1, \\[2mm] -\dfrac{1}{2}t^2 + 2t - 1, & 1 < t \leqslant 2, \\[2mm] 1, & t > 2. \end{cases}$$

当 $0 \leqslant x \leqslant 1$ 时,

$$\int_0^x S(t)\mathrm{d}t = \int_0^x \frac{1}{2}t^2\mathrm{d}t = \frac{1}{6}x^3.$$

当 $1 < x \leqslant 2$ 时,

$$\int_0^x S(t)\mathrm{d}t = \int_0^1 \frac{1}{2}t^2\mathrm{d}t + \int_1^x \left(-\frac{1}{2}t^2 + 2t - 1\right)\mathrm{d}t = -\frac{1}{6}x^3 + x^2 - x + \frac{1}{3}.$$

当 $x > 2$ 时,

$$\int_0^x S(t)\mathrm{d}t = \int_0^1 \frac{1}{2}t^2\mathrm{d}t + \int_1^2 \left(-\frac{1}{2}t^2 + 2t - 1\right)\mathrm{d}t + \int_2^x 1\mathrm{d}t = x - 1.$$

所以

$$\int_0^x S(t)\mathrm{d}t = \begin{cases} \dfrac{1}{6}x^3, & 0 \leqslant x \leqslant 1, \\[2mm] -\dfrac{1}{6}x^3 + x^2 - x + \dfrac{1}{3}, & 1 < x \leqslant 2, \\[2mm] x - 1, & x > 2. \end{cases}$$

自测题七解答

一、填空题

1. 由方程 $xyz + \sqrt{x^2 + y^2 + z^2} = \sqrt{2}$ 所确定的函数 $z = z(x,y)$ 在点 $(1, 0, -1)$ 处的全微分 $\mathrm{d}z = \underline{\ \mathrm{d}x - \sqrt{2}\mathrm{d}y\ }$.

解 令 $F(x,y,z) = xyz + \sqrt{x^2 + y^2 + z^2} - \sqrt{2}$,

$$\frac{\partial z}{\partial x}\Big|_{(1,0,-1)}=-\frac{F'_x}{F'_z}\Big|_{(1,0,-1)}=-\frac{yz+\dfrac{2x}{2\sqrt{x^2+y^2+z^2}}}{xy+\dfrac{2z}{2\sqrt{x^2+y^2+z^2}}}\Bigg|_{(1,0,-1)}=1;$$

$$\frac{\partial z}{\partial y}\Big|_{(1,0,-1)}=-\frac{F'_y}{F'_z}\Big|_{(1,0,-1)}=-\frac{xz+\dfrac{2y}{2\sqrt{x^2+y^2+z^2}}}{xy+\dfrac{2z}{2\sqrt{x^2+y^2+z^2}}}\Bigg|_{(1,0,-1)}=-\sqrt{2};$$

$$dz=\frac{\partial z}{\partial x}dx+\frac{\partial z}{\partial y}dy=dx-\sqrt{2}dy.$$

2. 设 $f\left(x+y,\dfrac{y}{x}\right)=x^2-y^2$，则 $f(x,y)=$ $\underline{\dfrac{x^2(1-y)}{1+y}}$.

解 令 $\begin{cases}x+y=t,\\ \dfrac{y}{x}=\mu,\end{cases}$ 解之得 $\begin{cases}x=\dfrac{t}{1+\mu},\\ y=\dfrac{t\mu}{1+\mu}.\end{cases}$ 则

$$f(t,\mu)=\left(\frac{t}{1+\mu}\right)^2-\left(\frac{t\mu}{1+\mu}\right)^2=\frac{t^2(1-\mu)}{1+\mu},$$

所以 $f(x,y)=\dfrac{x^2(1-y)}{1+y}$.

3. 极限 $\lim\limits_{\substack{x\to0\\y\to0}}\dfrac{\sqrt{x^2y^2+1}-1}{x^2+y^2}=$ $\underline{0}$.

解 $\lim\limits_{\substack{x\to0\\y\to0}}\dfrac{\sqrt{x^2y^2+1}-1}{x^2+y^2}=\lim\limits_{\substack{x\to0\\y\to0}}\dfrac{x^2y^2}{(x^2+y^2)(\sqrt{x^2y^2+1}+1)}=0.$

4. 设 $f(x,y)=x+(y-1)\arcsin\sqrt{\dfrac{x}{y}}$，则 $f'_x(x,1)=$ $\underline{1}$.

解 $$f'_x(x,y)=1+(y-1)\dfrac{\dfrac{1}{2y\sqrt{\dfrac{x}{y}}}}{\sqrt{1-\dfrac{x}{y}}}.$$

所以 $f'_x(x,1)=1$.

5. 函数 $z=\ln(x-y)+\dfrac{\sqrt{x}}{\sqrt{1-x^2-y^2}}$ 的定义域为 $\begin{cases}x>y,\\ x\geqslant0,\\ x^2+y^2<1.\end{cases}$

二、选择题

1. **二元函数** $f(x,y)$ 在点 (x_0,y_0) 处的两个偏导数存在是 $f(x,y)$ 在该点连续的(D).

(A) 充分条件而非必要条件；　　　　(B) 必要条件而非充分条件；

(C) 充分必要条件；　　　　　　　　(D) 即非充分条件又非必要条件.

2. 已知 $\dfrac{(x+ay)\mathrm{d}x+y\mathrm{d}y}{(x+y)^2}$ 为某函数的全微分,则 a 等于(D).

(A) -1；　　　　(B) 0；　　　　(C) 1；　　　　(D) 2.

3. 二元函数 $f(x,y)=\begin{cases}\dfrac{xy}{x^2+y^2},&(x,y)\neq 0\\0,&(x,y)=0\end{cases}$ 在点 $(0,0)$ 处(C).

(A) 连续,偏导数存在；　　　　　　(B) 连续,偏导数不存在；

(C) 不连续,偏导数存在；　　　　　(D) 不连续,偏导数不存在.

解 $\lim\limits_{(x,y)\to(0,0)}\dfrac{xy}{x^2+y^2}\overset{y=kx}{=\!=}\dfrac{k}{1+k^2}$ 极限不存在,故在 $(0,0)$ 处不连续.

$$f'_x(0,0)=\lim_{\Delta x\to 0}\frac{f(\Delta x,0)-f(0,0)}{\Delta x}=0.$$

$$f'_y(0,0)=\lim_{\Delta y\to 0}\frac{f(0,\Delta y)-f(0,0)}{\Delta y}=0.$$

4. 已知 $z=x+y+\dfrac{1}{xy}$,则 $\dfrac{\partial z}{\partial x}$ 在点 $(1,1)$ 处的值是(B).

(A) 1；　　　　(B) 0；　　　　(C) 2；　　　　(D) 5.

解 $\dfrac{\partial z}{\partial x}\Big|_{(1,1)}=1+(-1)(xy)^{-2}y\big|_{(1,1)}=0.$

5. 设 $z=\varphi(x+y)+\psi(x-y)$,则必有(A).

(A) $z''_{xx}-z''_{yy}=0$；　　　　　　(B) $z''_{xx}+z''_{yy}=0$；

(C) $z''_{xy}=0$；　　　　　　　　　(D) $z''_{xx}+z''_{xy}=0$.

解 $z'_x=\varphi'+\psi'$,　$z''_{xx}=\varphi''+\psi''$；$z'_y=\varphi'-\psi'$,　$z''_{yy}=\varphi''+\psi''$.

三、计算与证明题

1. 设 $z=f(\mathrm{e}^x\sin y,x^2+y^2)$,其中 f 具有二阶连续偏导数,求 $\dfrac{\partial^2 z}{\partial x\partial y}$.

解 $\dfrac{\partial z}{\partial x}=f'_1\mathrm{e}^x\sin y+2xf'_2$；

$\dfrac{\partial^2 z}{\partial x\partial y}=(f''_{11}\mathrm{e}^x\cos y+2yf''_{12})\mathrm{e}^x\sin y+f'_1\mathrm{e}^x\cos y+2x(f''_{21}\mathrm{e}^x\cos y+2yf''_{22})$

$\overset{f''_{12}=f''_{21}}{=\!=}f'_1\mathrm{e}^x\cos y+f''_{11}\mathrm{e}^{2x}\sin y\cos y+2\mathrm{e}^x(y\sin y+x\cos y)f''_{12}+4xyf''_{22}.$

2. 在椭圆 $x^2+4y^2=4$ 上求一点,使其到直线 $2x+3y-6=0$ 的距离最短.

解   由题意构造拉格朗日函数

$$L(x,y,z)=(2x+3y-6)^2-\lambda(x^2+4y^2-4).$$

令

$$\begin{cases} F'_x=4(2x+3y-6)-2x\lambda=0, \\ F'_y=6(2x+3y-6)-8\lambda y=0, \\ F'_\lambda=-(x^2+4y^2-4)=0. \end{cases}$$

解得 $\begin{cases} x=\dfrac{8}{5}, \\ y=\dfrac{3}{5}. \end{cases}$ 故 $\left(\dfrac{8}{5},\dfrac{3}{5}\right)$ 即为所求的点.

3. 设函数 $z(x,y)$ 由方程 $F\left(x+\dfrac{z}{y},y+\dfrac{z}{x}\right)=0$ 所确定,证明:

$$x\frac{\partial z}{\partial x}+y\frac{\partial z}{\partial y}=z-xy.$$

证   因为 $\dfrac{\partial z}{\partial x}=-\dfrac{F'_x}{F'_z}=-\dfrac{F'_1-\dfrac{z}{x^2}F'_2}{\dfrac{1}{y}F'_1+\dfrac{1}{x}F'_2}$, $\dfrac{\partial z}{\partial y}=-\dfrac{F'_y}{F'_z}=-\dfrac{-\dfrac{z}{y^2}F'_1+F'_2}{\dfrac{1}{y}F'_1+\dfrac{1}{x}F'_2}$.

所以

$$x\frac{\partial z}{\partial x}+y\frac{\partial z}{\partial y}=-x\frac{F'_1-\dfrac{z}{x^2}F'_2}{\dfrac{1}{y}F'_1+\dfrac{1}{x}F'_2}-y\frac{-\dfrac{z}{y^2}F'_1+F'_2}{\dfrac{1}{y}F'_1+\dfrac{1}{x}F'_2}=z-xy.$$

4. 设 $u=x^{y^z}$,求 $\dfrac{\partial u}{\partial x},\dfrac{\partial u}{\partial y},\dfrac{\partial u}{\partial z}$.

解 $\dfrac{\partial u}{\partial x}=y^z\cdot x^{y^z-1}$; $\dfrac{\partial u}{\partial y}=x^{y^z}\ln x\cdot z\cdot y^{z-1}$; $\dfrac{\partial u}{\partial z}=x^{y^z}\cdot\ln x\cdot y^z\cdot\ln y$.

5. 设 u 是 x,y,z 的函数,由方程 $u^2+z^2+y^2-x=0$ 确定,其中 $z=xy^2+y\ln y$ $-y$,求 $\dfrac{\partial u}{\partial x}$.

解   设 $F(x,y,z,u)=u^2+z^2+y^2-x$,则

$$\frac{\partial u}{\partial x} = -\frac{F'_x}{F'_u} = -\frac{-1+2z\ (xy^2+y\ln y-y)'_x}{2u} = \frac{1-2y^2z}{2u}.$$

自测题八解答

一、选择题

1. 估计积分 $I = \iint\limits_{|x|+|y|\leqslant 10} \dfrac{1}{\cos^2 x+\cos^2 y+100} \mathrm{d}x\mathrm{d}y$ 的值,则正确的是(C).

(A) $0.5<I<1.04$;   (B) $1.04<I<1.96$;

(C) $1.96<I<2$;   (D) $2<I<2.14$.

解 积分区域 D 如图 2 所示,面积为 200.

被积函数 $\dfrac{1}{102} \leqslant \dfrac{1}{\cos^2 x+\cos^2 y+100} \leqslant \dfrac{1}{100}$.

所以 $\dfrac{200}{102} \leqslant I \leqslant \dfrac{200}{100}$,即 $1.96<I<2$.

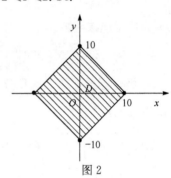

图 2

2. 设 $f(x,y)$ 为连续函数,则 $\displaystyle\int_0^{\frac{\pi}{4}} \mathrm{d}\theta \int_0^1 f(r\cos\theta, r\sin\theta)r\mathrm{d}r$ 等于(C).

(A) $\displaystyle\int_0^{\frac{\sqrt{2}}{2}} \mathrm{d}x \int_x^{\sqrt{1-x^2}} f(x,y)\mathrm{d}y$;   (B) $\displaystyle\int_0^{\frac{\sqrt{2}}{2}} \mathrm{d}x \int_0^{\sqrt{1-x^2}} f(x,y)\mathrm{d}y$;

(C) $\displaystyle\int_0^{\frac{\sqrt{2}}{2}} \mathrm{d}y \int_y^{\sqrt{1-y^2}} f(x,y)\mathrm{d}x$;   (D) $\displaystyle\int_0^{\frac{\sqrt{2}}{2}} \mathrm{d}y \int_0^{\sqrt{1-y^2}} f(x,y)\mathrm{d}x$.

解 极坐标下积分区域为 $\Omega = \left\{(r,\theta) \mid 0\leqslant r\leqslant 1, 0\leqslant\theta\leqslant\dfrac{\pi}{4}\right\}$,如图 3 所示,化为

直角坐标系为 $D = \left\{(x,y) \mid y\leqslant x\leqslant\sqrt{1-y^2}, 0\leqslant y\leqslant\dfrac{\sqrt{2}}{2}\right\}$.

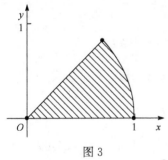

图 3

3. 设 $D: x^2+y^2\leqslant a^2$,当 $a = $ (B) 时,有

$$\iint\limits_D \sqrt{a^2-x^2-y^2}\mathrm{d}x\mathrm{d}y = \pi.$$

(A) 1;   (B) $\sqrt[3]{\dfrac{3}{2}}$;   (C) $\sqrt[3]{\dfrac{3}{4}}$;   (D) $\sqrt[3]{\dfrac{1}{2}}$.

解 极坐标系下计算，$\iint\limits_{D}\sqrt{a^2-x^2-y^2}\mathrm{d}x\mathrm{d}y=\int_0^{2\pi}\mathrm{d}\theta\int_0^a\sqrt{a^2-r^2}r\mathrm{d}r=$

$\dfrac{2}{3}\pi\,a^3=\pi$.

4. 设 $I_1=\iint\limits_{D}\cos\sqrt{x^2+y^2}\mathrm{d}\sigma$，$I_2=\iint\limits_{D}\cos(x^2+y^2)\mathrm{d}\sigma$，$I_3=\iint\limits_{D}\cos(x^2+y^2)^2\mathrm{d}\sigma$，

其中 $D=\{(x,y)\mid x^2+y^2\leqslant1\}$，则(A).

　　(A) $I_3>I_2>I_1$；　　　　　　　　　　(B) $I_1>I_2>I_3$；

　　(C) $I_2>I_1>I_3$；　　　　　　　　　　(D) $I_3>I_1>I_2$.

解 当 $x^2+y^2\leqslant1$ 时，$\sqrt{x^2+y^2}\geqslant x^2+y^2\geqslant(x^2+y^2)^2$，并且当 $0\leqslant x\leqslant\dfrac{\pi}{2}$ 时，

$\cos x$ 为单调递减函数.

所以 $\cos\sqrt{x^2+y^2}\leqslant\cos(x^2+y^2)\leqslant\cos(x^2+y^2)^2$.

5. 极坐标系下的二次积分 $\int_{-\frac{\pi}{2}}^{\frac{\pi}{2}}\mathrm{d}\theta\int_0^{\cos\theta}f(r\cos\theta,r\sin\theta)r\mathrm{d}r$，在直角坐标系下的二

次积分为(C).

　　(A) $2\int_0^1\mathrm{d}x\int_0^{\sqrt{1-x^2}}f(x,y)\mathrm{d}y$；　　　　(B) $2\int_0^1\mathrm{d}x\int_0^{\sqrt{x-x^2}}f(x,y)\mathrm{d}y$；

　　(C) $\int_0^1\mathrm{d}x\int_{-\sqrt{x-x^2}}^{\sqrt{x-x^2}}f(x,y)\mathrm{d}y$；　　　(D) $4\int_0^1\mathrm{d}x\int_0^{\sqrt{1-x^2}}f(x,y)\mathrm{d}y$.

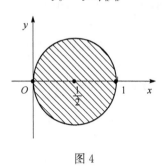

图 4

解 由极坐标系下的二次积分可得积分区域如图 4 所示，故在直角坐标系下的积分区域 $D=\{(x,y)\mid0\leqslant x\leqslant1,-\sqrt{x-x^2}\leqslant y\leqslant\sqrt{x-x^2}\}$.

6. 改变积分次序，则 $\int_0^a\mathrm{d}x\int_{\sqrt{a^2-x^2}}^{x+2a}f(x,y)\mathrm{d}y=$ (D).

　　(A) $\int_0^{3a}\mathrm{d}y\int_{\sqrt{a^2-y^2}}^{y-2a}f(x,y)\mathrm{d}x$；

　　(B) $\int_0^a\mathrm{d}y\int_{\sqrt{a^2-y^2}}^{y-2a}f(x,y)\mathrm{d}x$；

　　(C) $\int_0^a\mathrm{d}y\int_{\sqrt{a^2-y^2}}^a f(x,y)\mathrm{d}x+\int_a^{3a}\mathrm{d}y\int_{y-2a}^a f(x,y)\mathrm{d}x$；

　　(D) $\int_0^a\mathrm{d}y\int_{\sqrt{a^2-y^2}}^a f(x,y)\mathrm{d}x+\int_a^{2a}\mathrm{d}y\int_0^a f(x,y)\mathrm{d}x+\int_{2a}^{3a}\mathrm{d}y\int_{y-2a}^a f(x,y)\mathrm{d}x$.

解 由 $\int_0^a\mathrm{d}x\int_{\sqrt{a^2-x^2}}^{x+2a}f(x,y)\mathrm{d}y$ 画出积分区域如图 5 所示，所以选 D.

二、填空题

1. $\lim\limits_{r\to 0}\dfrac{1}{\pi r^2}\iint\limits_{D}e^{x^2-y^2}\cos(x+y)\mathrm{d}x\mathrm{d}y = \underline{\quad 1\quad}$.（其中

$D = \{(x,y)\mid x^2+y^2\leqslant r^2\}$）

解 由二重积分的中值定理得

$$\dfrac{1}{\pi r^2}\iint\limits_{D}e^{x^2-y^2}\cos(x+y)\mathrm{d}x\mathrm{d}y = e^{\xi^2-\eta^2}\cos(\xi+\eta).$$

所以 $\lim\limits_{r\to 0}\dfrac{1}{\pi r^2}\iint\limits_{D}e^{x^2-y^2}\cos(x+y)\mathrm{d}x\mathrm{d}y = \lim\limits_{\xi,\eta\to 0}e^{\xi^2-\eta^2}\cos(\xi+\eta) = 1.$

2. 交换积分次序,有 $\displaystyle\int_0^{2a}\mathrm{d}x\int_{\sqrt{2ax-x^2}}^{\sqrt{2ax}}f(x,y)\mathrm{d}y =$

$\displaystyle\int_0^a\mathrm{d}y\int_{\frac{y^2}{2a}}^{a-\sqrt{a^2-y^2}}f(x,y)\mathrm{d}x + \int_0^a\mathrm{d}y\int_{a+\sqrt{a^2-y^2}}^{2a}f(x,y)\mathrm{d}x + \int_a^{2a}\mathrm{d}y\int_{\frac{y^2}{2a}}^{2a}f(x,y)\mathrm{d}x.$

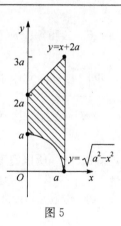

图 5

解 由 $\displaystyle\int_0^{2a}\mathrm{d}x\int_{\sqrt{2ax-x^2}}^{\sqrt{2ax}}f(x,y)\mathrm{d}y$ 画出积分区域如图 6 所示.

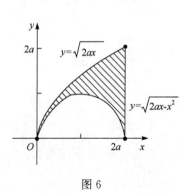

图 6

故等价于 $\displaystyle\int_0^a\mathrm{d}y\int_{\frac{y^2}{2a}}^{a-\sqrt{a^2-y^2}}f(x,y)\mathrm{d}x +$

$\displaystyle\int_0^a\mathrm{d}y\int_{a+\sqrt{a^2-y^2}}^{2a}f(x,y)\mathrm{d}x + \int_a^{2a}\mathrm{d}y\int_{\frac{y^2}{2a}}^{2a}f(x,y)\mathrm{d}x.$

3. 广义二重积分 $I = \displaystyle\int_{\frac{1}{2}}^{1}\mathrm{d}x\int_{1-x}^{x}f(x,y)\mathrm{d}y +$

$\displaystyle\int_1^{+\infty}\mathrm{d}x\int_0^{x}f(x,y)\mathrm{d}y$, 交换积分次序得

$\displaystyle\int_0^{\frac{1}{2}}\mathrm{d}y\int_{1-y}^{+\infty}f(x,y)\mathrm{d}x + \int_{\frac{1}{2}}^{+\infty}\mathrm{d}y\int_{y}^{+\infty}f(x,y)\mathrm{d}x.$

解 根据广义二重积分画出积分区域如图 7 所示.

故交换积分次序后有

$\displaystyle\int_0^{\frac{1}{2}}\mathrm{d}y\int_{1-y}^{+\infty}f(x,y)\mathrm{d}x + \int_{\frac{1}{2}}^{+\infty}\mathrm{d}y\int_{y}^{+\infty}f(x,y)\mathrm{d}x.$

4. 设 D 为直线 $x = 0, x-y = 1, x+y = 1$ 围成,

则 $\displaystyle\iint\limits_{D}e^{x^2}y\mathrm{d}x\mathrm{d}y = \underline{\quad 0\quad}$.

解 $I = \displaystyle\iint\limits_{D}e^{x^2}y\mathrm{d}x\mathrm{d}y = \int_0^1\mathrm{d}x\int_{x-1}^{1-x}e^{x^2}y\mathrm{d}y$

$= \displaystyle\int_0^1\dfrac{1}{2}e^{x^2}y^2\Big|_{x-1}^{1-x}\mathrm{d}x = 0.$

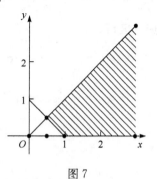

图 7

5. 二重积分 $I = \iint\limits_{D} \sqrt{x^2+y^2}\,\mathrm{d}x\mathrm{d}y$ 在极坐标系下可化为二次积分

$\int_0^{\frac{\pi}{4}} \mathrm{d}\theta \int_0^{2\cos\theta} r^2\,\mathrm{d}r$,其中 D 由圆 $x^2+y^2=2x$,直线 $y=x$ 及 x 轴所围成的平面闭区域.

解   二重积分积分区域在极坐标系下可化为 $\Omega = \left\{(r,\theta) \mid 0 \leqslant \theta \leqslant \dfrac{\pi}{4}, 0 \leqslant \right.$

$\left. r \leqslant 2\cos\theta \right\}$. 所以答案为 $\int_0^{\frac{\pi}{4}} \mathrm{d}\theta \int_0^{2\cos\theta} r^2\,\mathrm{d}r$.

6. 设 $a>0, f(x) = g(x) = \begin{cases} a, & 0 \leqslant x \leqslant 1, \\ 0, & \text{其他}, \end{cases}$ 而 D 表示全平面,则 $I =$

$\iint\limits_{D} f(x)g(y-x)\mathrm{d}x\mathrm{d}y = \underline{\quad a^2 \quad}$.

解 $g(y-x) = \begin{cases} a, & 0 \leqslant y-x \leqslant 1, \\ 0, & \text{其他}, \end{cases}$ 所以被积函数 $f(x)g(y-x) =$

$\begin{cases} a^2, & 0 \leqslant x \leqslant 1, 0 \leqslant y-x \leqslant 1, \\ 0, & \text{其他}, \end{cases}$ 其中假设 $D_1 = \{(x,y) \mid 0 \leqslant x \leqslant 1, 0 \leqslant y-x \leqslant 1\}$.

所以

$$I = \iint\limits_{D} f(x)g(y-x)\mathrm{d}x\mathrm{d}y = \iint\limits_{D_1} a^2\,\mathrm{d}x\mathrm{d}y = \int_0^1 \mathrm{d}x \int_x^{1+x} a^2\,\mathrm{d}y = a^2.$$

三、计算题

1. 计算下列各二重积分.

(1) $I = \iint\limits_{D} (x^2+y^2)\mathrm{d}x\mathrm{d}y, D$ 由 $y=x, y=x+a, y=a, y=3a$ 所围成,其中

$a>0$;

(2) $I = \iint\limits_{D} xy^2\mathrm{d}x\mathrm{d}y$,其中 D 是由抛物线 $y^2=2px$ 与直线 $x=\dfrac{p}{2}(p>0)$ 所围

成的区域;

(3) $I = \iint\limits_{D} (x^2+y^2)\mathrm{d}x\mathrm{d}y$,其中 $D = \{(x,y) \mid 0 \leqslant x \leqslant 1, \sqrt{x} \leqslant y \leqslant 2\sqrt{x}\}$;

(4) $I = \iint\limits_{D} \sqrt{x}\,\mathrm{d}x\mathrm{d}y$,其中 $D = \{(x,y) \mid x^2+y^2 \leqslant x\}$.

解 如图 8 所示.

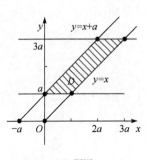

(1) 题图

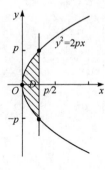

(2) 题图

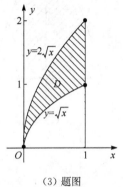

(3) 题图

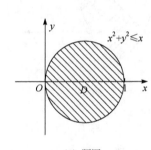

(4) 题图

图 8

(1) 积分区域: $D=\{(x,y)\mid y-a\leqslant x\leqslant y, a\leqslant y\leqslant 3a\}$.

$$I=\int_a^{3a}\mathrm{d}y\int_{y-a}^y(x^2+y^2)\mathrm{d}x=\int_a^{3a}\Big(2ay^2-a^2y+\frac{a^3}{3}\Big)\mathrm{d}y=14a^4.$$

(2) 积分区域: $D=\Big\{(x,y)\ \Big|\ \dfrac{y^2}{2p}\leqslant x\leqslant\dfrac{p}{2},\ -p\leqslant y\leqslant p\Big\}$.

$$I=\int_{-p}^p\mathrm{d}y\int_{\frac{y^2}{2p}}^{\frac{p}{2}}xy^2\mathrm{d}x=\int_{-p}^p\Big(\frac{p^2}{8}y^2-\frac{1}{8p^2}y^6\Big)\mathrm{d}y=\frac{p^5}{21}.$$

(3) 积分区域: $D=\{(x,y)\mid 0\leqslant x\leqslant 1,\sqrt{x}\leqslant y\leqslant 2\sqrt{x}\}$.

$$I=\int_0^1\mathrm{d}x\int_{\sqrt{x}}^{2\sqrt{x}}(x^2+y^2)\mathrm{d}y=\int_0^1\Big(x^{\frac{5}{2}}+\frac{7}{3}x^{\frac{3}{2}}\Big)\mathrm{d}x=\frac{128}{105}.$$

(4) 积分区域: $D=\{(x,y)\mid x^2+y^2\leqslant x\}$.

$$I=\int_{-\frac{\pi}{2}}^{\frac{\pi}{2}}\mathrm{d}\theta\int_0^{\cos\theta}\sqrt{r\cos\theta}\,r\,\mathrm{d}r=\frac{2}{5}\int_{-\frac{\pi}{2}}^{\frac{\pi}{2}}\cos^3\theta\mathrm{d}\theta=\frac{2}{5}\int_{-\frac{\pi}{2}}^{\frac{\pi}{2}}(1-\sin^2\theta)\mathrm{d}(\sin\theta)=\frac{8}{15}.$$

2. 改变下列积分的积分次序.

(1) $I = \int_{-1}^{0} \mathrm{d}y \int_{-1-\sqrt{1+y}}^{-1+\sqrt{1+y}} f(x,y)\mathrm{d}x + \int_{0}^{3} \mathrm{d}y \int_{y-2}^{-1+\sqrt{1+y}} f(x,y)\mathrm{d}x$;

(2) $I = \int_{-\sqrt{2}}^{\sqrt{2}} \mathrm{d}x \int_{x^2}^{4-x^2} f(x,y)\mathrm{d}y$;

(3) $I = \int_{0}^{1} \mathrm{d}x \int_{1-x}^{\sqrt{1-x^2}} f(x,y)\mathrm{d}y$;

(4) $I = \int_{-1}^{0} \mathrm{d}y \int_{-(1+y)}^{1+y} f(x,y)\mathrm{d}x + \int_{0}^{1} \mathrm{d}y \int_{y-1}^{1-y} f(x,y)\mathrm{d}x$.

解

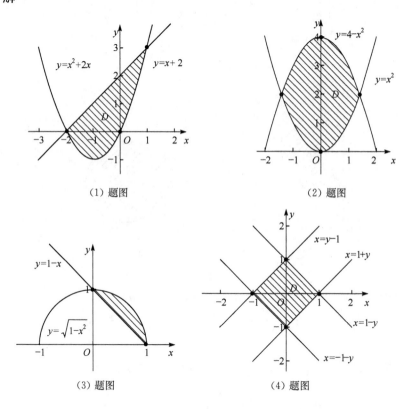

(1) 题图   (2) 题图

(3) 题图   (4) 题图

图 9

(1) 积分区域如图 9(1), $I = \int_{-2}^{1} \mathrm{d}x \int_{x^2+2x}^{x+2} f(x,y)\mathrm{d}y$.

(2) 积分区域如图 9(2), $I = \int_{0}^{2} \mathrm{d}y \int_{-\sqrt{y}}^{\sqrt{y}} f(x,y)\mathrm{d}x + \int_{2}^{4} \mathrm{d}y \int_{-\sqrt{4-y}}^{\sqrt{4-y}} f(x,y)\mathrm{d}x$.

(3) 积分区域如图 9(3), $I = \int_{0}^{1} \mathrm{d}y \int_{1-y}^{\sqrt{1-y^2}} f(x,y)\mathrm{d}x$.

(4) 积分区域如图 9(4)，$I = \int_{-1}^{0} \mathrm{d}x \int_{-(1+x)}^{1+x} f(x,y)\mathrm{d}y + \int_{0}^{1} \mathrm{d}x \int_{x-1}^{1-x} f(x,y)\mathrm{d}y.$

3. 利用极坐标计算下列二重积分.

(1) $I = \iint\limits_{D} \mathrm{e}^{-x^2-y^2} \mathrm{d}x\mathrm{d}y$，其中 D 为圆域 $x^2 + y^2 \leqslant 1$；

(2) $I = \iint\limits_{D} |xy| \, \mathrm{d}x\mathrm{d}y$，其中 D 为圆域 $x^2 + y^2 \leqslant a^2$；

(3) $I = \iint\limits_{D} (x+y)\mathrm{d}x\mathrm{d}y$，其中 $D = \{(x,y) \mid x^2 + y^2 \leqslant x + y\}$；

(4) $I = \iint\limits_{D} f'(x^2 + y^2)\mathrm{d}x\mathrm{d}y$，其中 D 为圆域 $x^2 + y^2 \leqslant R^2$.

解 (1) 化为极坐标，积分区域 $D = \{(r,\theta) \mid 0 \leqslant r \leqslant 1, 0 \leqslant \theta \leqslant 2\pi\}$.

$$I = \int_{0}^{2\pi} \mathrm{d}\theta \int_{0}^{1} \mathrm{e}^{-r^2} r \mathrm{d}r = \int_{0}^{2\pi} \left(\frac{1}{2} - \frac{1}{2}\mathrm{e}^{-1} \right) \mathrm{d}\theta = \pi(1 - \mathrm{e}^{-1}).$$

(2) 化为极坐标，积分区域 $D = \{(r,\theta) \mid 0 \leqslant r \leqslant a, 0 \leqslant \theta \leqslant 2\pi\}$.

$$I = \int_{0}^{2\pi} \mathrm{d}\theta \int_{0}^{a} |\sin\theta\cos\theta| \, r^3 \mathrm{d}r = \frac{a^4}{4} \int_{0}^{2\pi} |\sin\theta\cos\theta| \, \mathrm{d}\theta = \frac{a^4}{2}.$$

(3) 化为极坐标，积分区域 $D = \{(r,\theta) \mid 0 \leqslant r \leqslant \sin\theta + \cos\theta, 0 \leqslant \theta \leqslant 2\pi\}$.

$$I = \int_{0}^{2\pi} \mathrm{d}\theta \int_{0}^{\sin\theta+\cos\theta} (\sin\theta + \cos\theta) r^2 \mathrm{d}r = \frac{1}{3} \int_{0}^{2\pi} (\sin^2 2\theta + 2\sin 2\theta + 1)\mathrm{d}\theta = \frac{\pi}{2}.$$

(4) 化为极坐标，积分区域 $D = \{(r,\theta) \mid 0 \leqslant r \leqslant R, 0 \leqslant \theta \leqslant 2\pi\}$.

$$I = \int_{0}^{2\pi} \mathrm{d}\theta \int_{0}^{R} f'(r^2) r \mathrm{d}r = \int_{0}^{2\pi} \mathrm{d}\theta \int_{0}^{R} \frac{1}{2} f'(r^2) \mathrm{d}r^2$$

$$= \frac{1}{2} \int_{0}^{2\pi} [f(R^2) - f(0)]\mathrm{d}\theta = \pi[f(R^2) - f(0)].$$

4. 选择适当的积分次序计算下列二重积分.

(1) 求积分 $I = \int_{0}^{1} f(x)\mathrm{d}x$，其中 $f(x) = \int_{0}^{\sqrt{x}} \mathrm{e}^{-\frac{y^2}{2}} \mathrm{d}y$；

(2) 求 $I = \int_{1}^{2} \mathrm{d}y \int_{\sqrt{y-1}}^{1} \frac{\sin x}{x} \mathrm{d}x$；

(3) 求 $I = \iint\limits_{D} x^2 \mathrm{e}^{-y^2} \mathrm{d}x\mathrm{d}y$，其中 D 是由直线 $y = x, y = 1$ 及 y 轴所围成的闭区域；

(4) 求 $I = \iint\limits_{D} \frac{\mathrm{e}^{xy}}{y^y - 1} \mathrm{d}x\mathrm{d}y$，其中 D 是由 $y = \mathrm{e}^x, y = 2$ 及 y 轴所围成的闭区域.

解 如图 10 所示.

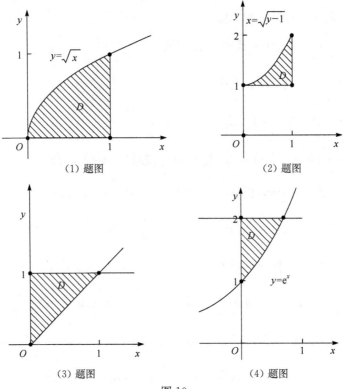

(1) 题图   (2) 题图

(3) 题图   (4) 题图

图 10

(1) $I = \int_0^1 \mathrm{d}x \int_0^{\sqrt{x}} \mathrm{e}^{-\frac{y^2}{2}} \mathrm{d}y = \int_0^1 \mathrm{d}y \int_{y^2}^1 \mathrm{e}^{-\frac{y^2}{2}} \mathrm{d}x = \int_0^1 \mathrm{e}^{-\frac{y^2}{2}}(1-y^2)\mathrm{d}y = \int_0^1 \mathrm{d}[\mathrm{e}^{-\frac{y^2}{2}} y]$

$= \mathrm{e}^{-\frac{y^2}{2}} y \Big|_0^1 = \mathrm{e}^{-\frac{1}{2}}$;

(2) $I = \int_1^2 \mathrm{d}y \int_{\sqrt{y-1}}^1 \frac{\sin x}{x} \mathrm{d}x = \int_0^1 \mathrm{d}x \int_1^{x^2+1} \frac{\sin x}{x} \mathrm{d}y = \int_0^1 \sin x \cdot x \mathrm{d}x = \sin 1 - \cos 1$;

(3) $I = \iint\limits_D x^2 \mathrm{e}^{-y^2} \mathrm{d}x\mathrm{d}y = \int_0^1 \mathrm{d}y \int_0^y x^2 \mathrm{e}^{-y^2} \mathrm{d}x = \int_0^1 \frac{y^3}{3} \cdot \mathrm{e}^{-y^2} \mathrm{d}y = \frac{1}{6} \int_0^1 y^2 \cdot \mathrm{e}^{-y^2} \mathrm{d}y^2.$

令 $y^2 = t, y=0, t=0; y=1, t=1,$ $I = \frac{1}{6} \int_0^1 t \mathrm{e}^{-t} \mathrm{d}t = \frac{1}{6} - \frac{1}{3\mathrm{e}}$;

(4) $I = \iint\limits_D \frac{\mathrm{e}^{xy}}{y^y - 1} \mathrm{d}x\mathrm{d}y = \int_1^2 \mathrm{d}y \int_0^{\ln y} \frac{\mathrm{e}^{xy}}{y^y - 1} \mathrm{d}x = \int_1^2 \frac{1}{y^y - 1} \cdot \frac{1}{y} \cdot \left[\mathrm{e}^{xy} \Big|_0^{\ln y} \right] \mathrm{d}y$

$= \int_1^2 \frac{1}{y} \mathrm{d}y = \ln 2.$

5. 计算二重积分 $I = \iint\limits_D \mathrm{e}^{-(x^2+y^2-\pi)} \sin(x^2 + y^2) \mathrm{d}x\mathrm{d}y$, 其中 $D = \{(x,y) \mid x^2$

$+y^2 \leqslant \pi\}$.

解 将积分区域化为极坐标，$D = \{(r, \theta) \mid 0 \leqslant \theta \leqslant 2\pi, 0 \leqslant r \leqslant \sqrt{\pi}\}$.

$$I = \iint\limits_D \mathrm{e}^{-(x^2+y^2-\pi)} \sin(x^2+y^2) \mathrm{d}x\mathrm{d}y = \int_0^{2\pi} \mathrm{d}\theta \int_0^{\sqrt{\pi}} \mathrm{e}^{-(r^2-\pi)} \cdot \sin r^2 \cdot r\mathrm{d}r.$$

令 $r^2 = t, r = 0, t = 0; r = \sqrt{\pi}, t = \pi.$

$$I = \frac{\mathrm{e}^\pi}{2} \int_0^{2\pi} \mathrm{d}\theta \int_0^\pi \mathrm{e}^{-t} \sin t \mathrm{d}t = \frac{\mathrm{e}^\pi}{2} \int_0^{2\pi} \frac{\mathrm{e}^{-\pi}+1}{2} \mathrm{d}\theta = \frac{\pi(1+\mathrm{e}^\pi)}{2}.$$

6. 求由下列曲面所围成的立体 V 的体积.

(1) V 是由 $x^2+y^2=x$ 与 $x^2+y^2+z^2=1$ 所围的立体；

(2) V 是由 $z=x^2+y^2$ 与 $x+y=1$ 以及各坐标面所围的立体；

(3) V 是由 $z=2-x^2-y^2$ 与 $z=x^2+y^2$ 所围的立体.

解

(1) 所围成的立体为以 $x^2+y^2+z^2=1$ 为顶，$D = \{(x, y) \mid x^2+y^2 \leqslant x\}$ 为底的曲顶柱体（如图 11(1)）. 设 V_1 代表 xOy 平面上方立体的体积，极坐标下积分区域为

$$D = \left\{(r, \theta) \mid 0 \leqslant r \leqslant \cos\theta, -\frac{\pi}{2} \leqslant \theta \leqslant \frac{\pi}{2}\right\}.$$

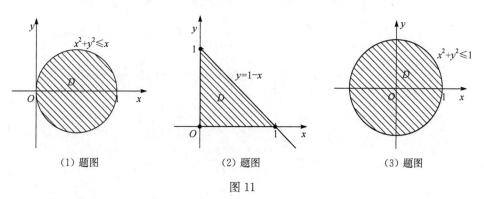

(1) 题图　　　　　(2) 题图　　　　　(3) 题图

图 11

所以其体积为

$$V = 2V_1 = 2\int_{-\frac{\pi}{2}}^{\frac{\pi}{2}} \mathrm{d}\theta \int_0^{\cos\theta} (1-r^2)^{\frac{1}{2}} \cdot r\mathrm{d}r = -\int_{-\frac{\pi}{2}}^{\frac{\pi}{2}} \mathrm{d}\theta \int_0^{\cos\theta} (1-r^2)^{\frac{1}{2}} \mathrm{d}(1-r^2)$$

$$= \left(-\frac{2}{3}\right) \int_{-\frac{\pi}{2}}^{\frac{\pi}{2}} \left[(\sin^2\theta)^{\frac{3}{2}} - 1\right] \mathrm{d}\theta = \left(-\frac{2}{3}\right) \left[\int_0^{\frac{\pi}{2}} (\sin^3\theta - 1)\mathrm{d}\theta + \int_{-\frac{\pi}{2}}^0 (-\sin^3\theta - 1)\mathrm{d}\theta\right]$$

$$= \left(-\frac{2}{3}\right) \left[-\int_0^{\frac{\pi}{2}} (1-\cos^2\theta)\mathrm{d}(\cos\theta) - \frac{\pi}{2} + \int_{-\frac{\pi}{2}}^0 (1-\cos^2\theta)\mathrm{d}(\cos\theta) - \frac{\pi}{2}\right]$$

$$= \frac{2\pi}{3} - \frac{8}{9}.$$

(2) 所围成的立体为以 $z = x^2 + y^2$ 为顶,以 $D = \{(x, y) \mid 0 \leqslant x \leqslant 1, 0 \leqslant y \leqslant 1 - x\}$ 为底的曲顶柱体(如图 11(2)),

$$V = \int_0^1 \mathrm{d}x \int_0^{1-x} (x^2 + y^2) \mathrm{d}y = \int_0^1 \left(2x^2 - \frac{4}{3}x^3 - x + \frac{1}{3} \right) \mathrm{d}x = \frac{1}{6}.$$

(3) 易求得两曲面交线在 xOy 平面的投影曲线为(如图 11(3))

$$\begin{cases} x^2 + y^2 = 1, \\ z = 0 \end{cases}$$

所围成的立体在 xOy 平面的投影设为 D,则 D 为 $x^2 + y^2 \leqslant 1$,所以

$$V = \iint\limits_{D} (2 - x^2 - y^2 - x^2 - y^2) \mathrm{d}x\mathrm{d}y = \int_0^{2\pi} \mathrm{d}\theta \int_0^1 (2 - 2r^2)r\mathrm{d}r = \pi.$$

7. 设 $f(x)$ 在 $[a, b]$ 上连续,且 $f(x) > 0$,证明

$$\int_a^b f(x)\mathrm{d}x \int_a^b \frac{1}{f(x)}\mathrm{d}x \geqslant (b - a)^2.$$

证

$$\int_a^b f(x)\mathrm{d}x \int_a^b \frac{1}{f(x)}\mathrm{d}x = \int_a^b f(x)\mathrm{d}x \int_a^b \frac{1}{f(y)}\mathrm{d}y = \int_a^b \int_a^b \frac{f(x)}{f(y)}\mathrm{d}y\mathrm{d}x;$$

$$\int_a^b f(x)\mathrm{d}x \int_a^b \frac{1}{f(x)}\mathrm{d}x = \int_a^b f(y)\mathrm{d}y \int_a^b \frac{1}{f(x)}\mathrm{d}x = \int_a^b \int_a^b \frac{f(y)}{f(x)}\mathrm{d}x\mathrm{d}y;$$

$$\int_a^b f(x)\mathrm{d}x \int_a^b \frac{1}{f(x)}\mathrm{d}x = \frac{1}{2} \left[\int_a^b \int_a^b \frac{f(y)}{f(x)}\mathrm{d}x\mathrm{d}y + \int_a^b \int_a^b \frac{f(x)}{f(y)}\mathrm{d}y\mathrm{d}x \right]$$

$$= \frac{1}{2} \int_a^b \int_a^b \left[\frac{f(y)}{f(x)} + \frac{f(x)}{f(y)} \right] \mathrm{d}x\mathrm{d}y$$

$$= \frac{1}{2} \int_a^b \int_a^b \frac{f^2(x) + f^2(y)}{f(x)f(y)} \mathrm{d}x\mathrm{d}y$$

$$\geqslant \frac{1}{2} \int_a^b \int_a^b \frac{2f(x)f(y)}{f(x)f(y)} \mathrm{d}x\mathrm{d}y$$

$$= \int_a^b \int_a^b 1 \mathrm{d}x\mathrm{d}y = (b - a)^2.$$

8. 计算下列广义二重积分.

(1) $I = \iint\limits_{D} \frac{1}{x^2 + y^2} \mathrm{d}x\mathrm{d}y$,其中 $D = \{(x, y) \mid x \geqslant 1, y \geqslant x^2\}$;

(2) $I = \int_0^{+\infty} \mathrm{d}x \int_x^{2x} \mathrm{e}^{-y^2} \mathrm{d}y$.

解

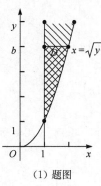 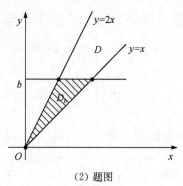

(1) 题图　　　　　　　　　　　(2) 题图

图 12

(1) 积分区域 D 如图 12(1)所示,设 $D_b = \{(x,y) \mid 1 \leqslant x \leqslant \sqrt{y}, 1 \leqslant y \leqslant b\}$,则

$$\iint\limits_{D_b} \frac{1}{x^2 + y^2} \mathrm{d}x\mathrm{d}y = \int_1^{\sqrt{b}} \mathrm{d}x \int_{x^2}^b \frac{1}{x^2 + y^2} \mathrm{d}y = \int_1^{\sqrt{b}} \frac{1}{x^2} \arctan \frac{b}{x^2} \mathrm{d}x - \frac{\pi}{4} \int_1^{\sqrt{b}} \frac{1}{x^2} \mathrm{d}x.$$

$$\frac{\pi}{4} \int_1^{\sqrt{b}} \frac{1}{x^2} \mathrm{d}x = \frac{\pi}{4}\left(1 - \frac{1}{\sqrt{b}}\right);$$

对于 $\displaystyle\int_1^{\sqrt{b}} \frac{1}{x^2} \arctan \frac{b}{x^2} \mathrm{d}x$,令 $\dfrac{1}{x} = t$,则

$$\int_1^{\sqrt{b}} \frac{1}{x^2} \arctan \frac{b}{x^2} \mathrm{d}x = -\int_1^{\frac{1}{\sqrt{b}}} \arctan(bt^2) \mathrm{d}t = \arctan b - \frac{\pi}{4\sqrt{b}} + 2b \int_1^{\frac{1}{\sqrt{b}}} \frac{t^2}{1 + b^2 t^4} \mathrm{d}t.$$

其中

$$2b \int_1^{\frac{1}{\sqrt{b}}} \frac{t^2}{1 + b^2 t^4} \mathrm{d}t = 2b \int_1^{\frac{1}{\sqrt{b}}} \frac{t^2}{(bt^2 + 1)^2 - 2bt^2} \mathrm{d}t$$

$$= 2b \int_1^{\frac{1}{\sqrt{b}}} \frac{t^2}{(bt^2 + \sqrt{2b}t + 1)(bt^2 - \sqrt{2b}t + 1)} \mathrm{d}t$$

$$= \frac{b}{\sqrt{2b}} \int_1^{\frac{1}{\sqrt{b}}} \left(\frac{t}{bt^2 - \sqrt{2b}t + 1} - \frac{t}{bt^2 + \sqrt{2b}t + 1}\right) \mathrm{d}t$$

$$= \frac{1}{\sqrt{2b}} \left(\int_1^{\frac{1}{\sqrt{b}}} \frac{t}{t^2 - \sqrt{\frac{2}{b}}t + \frac{1}{b}} \mathrm{d}t - \int_1^{\frac{1}{\sqrt{b}}} \frac{t}{bt^2 + \sqrt{\frac{2}{b}}t + \frac{1}{b}} \mathrm{d}t\right)$$

$$= \frac{1}{\sqrt{2b}} \left\{\left[\frac{1}{2}\ln\left(t^2 - \sqrt{\frac{2}{b}}t + \frac{1}{b}\right) + \arctan \frac{2\sqrt{b}t - \sqrt{2}}{\sqrt{2}}\right]\right.$$

$$\left. - \left[\frac{1}{2}\ln\left(t^2 + \sqrt{\frac{2}{b}}t + \frac{1}{b}\right) - \arctan \frac{2\sqrt{b}t + \sqrt{2}}{\sqrt{2}}\right]\right\}\Bigg|_1^{\frac{1}{\sqrt{b}}}$$

$$= \frac{1}{\sqrt{2b}} \left\{\frac{1}{2}\ln \frac{bt^2 - \sqrt{2b}t + 1}{bt^2 + \sqrt{2b}t + 1} + \arctan \frac{2\sqrt{b}t - \sqrt{2}}{\sqrt{2}} + \arctan \frac{2\sqrt{b}t + \sqrt{2}}{\sqrt{2}}\right\}\Bigg|_1^{\frac{1}{\sqrt{b}}}.$$

显然有 $D_b \to D$(当 $b \to +\infty$ 时),于是有

$$I = \iint\limits_{D} \frac{1}{x^2+y^2} \mathrm{d}x\mathrm{d}y = \lim_{b \to +\infty} \iint\limits_{D_b} \frac{1}{x^2+y^2} \mathrm{d}x\mathrm{d}y$$

$$= \lim_{b \to +\infty} \left(\int_1^{\sqrt{b}} \frac{1}{x^2} \arctan \frac{b}{x^2} \mathrm{d}x - \frac{\pi}{4} \int_1^{\sqrt{b}} \frac{1}{x^2} \mathrm{d}x \right) = \frac{\pi}{4}.$$

(2) 积分区域 D 如图 12(2)所示,设 $D_b = \left\{ (x,y) \left| \frac{y}{2} \leqslant x \leqslant y, 0 \leqslant y \leqslant b \right. \right\}$,则

$$\iint\limits_{D_b} \mathrm{e}^{-y^2} \mathrm{d}x\mathrm{d}y = \int_0^b \mathrm{d}y \int_{\frac{y}{2}}^y \mathrm{e}^{-y^2} \mathrm{d}x = \frac{1}{2} \int_0^b \mathrm{e}^{-y^2} \cdot y \mathrm{d}y = \left(-\frac{1}{4}\right)(\mathrm{e}^{-b^2}-1).$$

显然有 $D_b \to D$(当 $b \to +\infty$ 时),于是有

$$I = \int_0^{+\infty} \mathrm{d}x \int_x^{2x} \mathrm{e}^{-y^2} \mathrm{d}y = \lim_{b \to +\infty} \iint\limits_{D_b} \mathrm{e}^{-y^2} \mathrm{d}x\mathrm{d}y = \frac{1}{4}.$$

自测题九解答

一、选择题

1. 若函数 $f(x)$ 满足关系式 $f(x) = \int_0^{2x} f\left(\frac{t}{2}\right) \mathrm{d}t + \ln 2$,则 $f(x)$ 等于(B).

(A) $\mathrm{e}^x \ln 2$;　　　(B) $\mathrm{e}^{2x} \ln 2$;　　　(C) $\mathrm{e}^x + \ln 2$;　　　(D) $\mathrm{e}^{2x} + \ln 2$.

解 两边同时求导得

$$f'(x) = 2f(x), \quad 即 \frac{1}{f(x)} \mathrm{d}f(x) = 2\mathrm{d}x.$$

积分得

$$\ln f(x) = 2x + c.$$

故

$$f(x) = C\mathrm{e}^{2x} \quad (C \text{ 为任意常数}),$$

$$C = f(0) = \int_0^0 f\left(\frac{t}{2}\right) \mathrm{d}t + \ln 2 = \ln 2.$$

所以选(B).

2. 方程 $y' \sin x = y \ln y$ 满足定解条件 $y\left(\frac{\pi}{2}\right) = \mathrm{e}$ 的特解是(D).

(A) $\dfrac{\mathrm{e}}{\sin x}$;　　　(B) $\mathrm{e}^{\sin x}$;　　　(C) $\dfrac{\mathrm{e}}{\tan \dfrac{x}{2}}$;　　　(D) $\mathrm{e}^{\tan \frac{x}{2}}$.

解 分离变量可得

$$\frac{1}{y\ln y}dy = \frac{1}{\sin x}dx.$$

同时积分得

$$\ln\ln y = \ln\tan\frac{x}{2} + \ln C,$$

$$y = Ce^{\tan\frac{x}{2}}.$$

因为 $y\left(\frac{\pi}{2}\right) = e$, 代入可得 $C = 1$.

所以选 (D).

3. 方程 $y'' - 2y' + 3y = e^x \sin\sqrt{2}x$ 的特解可设为 (B).

(A) $e^x(A\cos\sqrt{2}x + B\sin\sqrt{2}x)$;　　　　(B) $xe^x(A\cos\sqrt{2}x + B\sin\sqrt{2}x)$;

(C) $Ae^x\sin\sqrt{2}x$;　　　　(D) $Ae^x\cos\sqrt{2}x$.

解 对应的特征方程为 $r^2 - 2r + 3 = 0$, 特征根为 $r = 1 \pm \sqrt{2}i$.

由于 $f(x) = e^{\lambda x}(P_l(x)\cos\omega x + P_n(x)\sin\omega x) = e^x\sin\sqrt{2}x$, 所以 $\lambda = 1$, $\omega = \sqrt{2}$, $l = n = 0$. 而 $\lambda + i\omega = 1 + \sqrt{2}i$ 为特征根. 所以特解 $y^* = x^k e^{\lambda x}(R_m^{(1)}(x)\cos\omega x + R_m^{(2)}(x)\sin\omega x)$, 其中 $k = 1$, $m = 0$.

所以选 (B).

4. 下列等式是差分方程的是 (B).

(A) $Y_{t+1} - \Delta Y_t = 5$;　　　　(B) $f(x+1) + f(x) = 2$;

(C) $\Delta^2 Y_t = \Delta Y_{t+1} - \Delta Y_t$;　　　　(D) $\sin(x+1.5) + \sin x = 1$.

5. 方程 $(x+y)y' + (x-y) = 0$ 的通解是 (B).

(A) $\frac{1}{2}(x^2 + y^2) = Ce^{\arcsin\frac{y}{x}}$;　　　　(B) $\arctan\frac{y}{x} + \ln\sqrt{x^2 + y^2} = C$;

(C) $x^2 + y^2 = \arctan\frac{y}{x} + C$;　　　　(D) $\sqrt{x^2 + y^2} = Ce^{\arctan\frac{y}{x}}$.

解 方程化为齐次方程 $y' = \dfrac{\dfrac{y}{x} - 1}{\dfrac{y}{x} + 1}$.

设 $u = \dfrac{y}{x}$, 则 $y = ux$, $\dfrac{dy}{dx} = u + x\dfrac{du}{dx}$ 代入原方程得

$$x\frac{du}{dx} = -\frac{u^2 + 1}{u + 1},$$

即 $\left(\dfrac{u}{u^2 + 1} + \dfrac{1}{u^2 + 1}\right)du = -\dfrac{1}{x}dx.$

积分得

$$\ln\sqrt{u^2+1}+\arctan u=-\ln x+C.$$

整理之后可知选(B).

二、填空题

1. 已知曲线 $y=f(x)$ 过点 $\left(0,-\dfrac{1}{2}\right)$,且其上任一点 (x,y) 处的切线斜率为 $x\ln(1+x^2)$,则 $f(x)=\underline{\dfrac{1}{2}(1+x^2)[\ln(1+x^2)-1]}$.

解　由题知 $y'=x\ln(1+x^2)$,积分可得

$$y=\int x\ln(1+x^2)\mathrm{d}x$$

$$=\frac{1}{2}\int\ln(1+x^2)\mathrm{d}(1+x^2)=\frac{1}{2}[(1+x^2)\ln(1+x^2)-(1+x^2)]+C.$$

因为经过点 $\left(0,-\dfrac{1}{2}\right)$,代入方程可得 $C=0$. 所以 $y=\dfrac{1}{2}(1+x^2)[\ln(1+x^2)-1]$.

2. 函数 $y=(C_1+C_2x+x^2)\mathrm{e}^{-x}$ 是方程 $\underline{y''+2y'+y=2\mathrm{e}^{-x}}$ 的通解.

解　由通解可知所对应的齐次方程为 $y''+2y'+y=0$.

设原方程为 $y''+2y'+y=f(x)$,将特解 $y=x^2\mathrm{e}^{-x}$ 代入方程可得 $f(x)=2\mathrm{e}^{-x}$.

所以答案为 $y''+2y'+y=2\mathrm{e}^{-x}$.

3. 已知 $Y_1(t)=2^t$,$Y_2(t)=2^t-3t$ 是差分方程 $Y_{t+1}-p(t)Y_t=f(t)$ 的两个特解,则 $p(t)=\underline{1+\dfrac{1}{t}}$,$f(t)=\underline{3\cdot2^t+\dfrac{1}{t}\cdot2^t}$.

解　将 $Y_1(t)=2^t$ 代入原方程可得　$2^{t+1}-p(t)2^t=f(t)$.

将 $Y_2(t)=2^t-3t$ 代入原方程可得:$2^{t+1}-3(t+1)-p(t)2^t+3tp(t)=f(t)$.

两式相减可得 $p(t)=1+\dfrac{1}{t}$. 将 $p(t)$ 代入任一式可得

$$f(t)=3\cdot2^t+\frac{1}{t}\cdot2^t.$$

4. 微分方程 $y'+y\tan x=\cos x$ 的通解为 $\underline{y=(x+C)\cos x}$.

解　对应的齐次方程为 $y'+y\tan x=0$.

分离变量可得 $\dfrac{1}{y}\mathrm{d}y=-\tan x\mathrm{d}x$.

两边同时积分得 $\ln y=\ln\cos x+\ln C$,即 $y=C\cdot\cos x$.

令 $y=C(x)\cdot\cos x$ 代入题中方程可得 $C'(x)=1$.

所以 $C(x)=x+C$.

所以方程通解为 $y=(x+C)\cos x$.

5. 方程 $yy''-y'^2=y^2\ln y$ 的通解为 $\underline{\ln y=C_1 e^x+C_2 e^{-x}}$.

解 $\dfrac{yy''-y'^2}{y^2}=\ln y$.

$\left(\dfrac{y'}{y}\right)'=\ln y$, 即 $(\ln y)''=\ln y$. 令 $\ln y=z$, 则 $z''-z=0$ 对应的特征方程为

$$r^2-1=0.$$

它有两个不相等的单根为 $r_1=1, r_2=-1$.

所以原方程的通解为 $z=C_1 e^x+C_2 e^{-x}$, 即

$$\ln y=C_1 e^x+C_2 e^{-x}.$$

三、设某商品的需求量 D 和供给量 S 各自对价格 p 的函数为 $D(p)=\dfrac{a}{p^2}$,

$S(p)=bp$, 且 p 是时间 t 的函数, 并满足方程 $\dfrac{\mathrm{d}p}{\mathrm{d}t}=k[D(p)-S(p)]$ (a,b,k 均为正常数), 求:

(1) 需求量与供给量相等时的均衡价格 p_e;

(2) 当 $t=0, p=1$ 时的价格函数 $p(t)$;

(3) 求 $\lim\limits_{t\to+\infty}p(t)$.

解 (1) 由 $D(p)=S(p)$ 解得

$$\frac{a}{p^2}=bp.$$

所以需求量与供给量相等时的均衡价格: $p_e=\sqrt[3]{\dfrac{a}{b}}$.

(2) $\dfrac{\mathrm{d}p}{\mathrm{d}t}=k[D(p)-S(p)]$, 即 $\dfrac{\mathrm{d}p}{\mathrm{d}t}=k\left[\dfrac{a}{p^2}-bp\right]$.

分离变量得

$$\frac{p^2}{a-bp^3}\mathrm{d}p=k\mathrm{d}t,$$

两端积分得

$$\ln(a-bp^3)=-3bkt+C_1,$$

化简整理得

$$p=\sqrt[3]{\frac{a}{b}(1-Ce^{-3bkt})}, \quad 其中 C=\frac{e^{C_1}}{a}.$$

当 $t=0, p=1$ 时, 解得 $C=1-\dfrac{b}{a}$.

所以价格函数 $p(t)=\sqrt[3]{\dfrac{a}{b}+\left(1-\dfrac{a}{b}\right)\mathrm{e}^{-3bkt}}$.

(3) $\lim\limits_{t\to+\infty}p(t)=\lim\limits_{t\to+\infty}\sqrt[3]{\dfrac{a}{b}+\left(1-\dfrac{a}{b}\right)\mathrm{e}^{-3bkt}}=\lim\limits_{t\to+\infty}\sqrt[3]{\dfrac{a}{b}}=p_{\mathrm{e}}.$

四、计算题

1. 求微分方程 $xy\dfrac{\mathrm{d}y}{\mathrm{d}x}=x^2+y^2$ 满足条件 $y|_{x=\mathrm{e}}=2\mathrm{e}$ 的特解.

2. 解微分方程 $x^2y'-y=x^2\mathrm{e}^{x-\frac{1}{x}}$.

3. 已知 $y_1=x\mathrm{e}^x+\mathrm{e}^{2x}, y_2=x\mathrm{e}^x+\mathrm{e}^{-x}, y_3=x\mathrm{e}^x+\mathrm{e}^{2x}-\mathrm{e}^{-x}$ 是某二阶线性非齐次方程的三个特解, 求其通解及该微分方程.

4. 求差分方程 $y_{n+1}+y_n=n\,(-1)^n$ 的通解.

解 1. 原微分方程化为

$$\frac{\mathrm{d}y}{\mathrm{d}x}=\frac{x}{y}+\frac{y}{x}.$$

设 $u=\dfrac{y}{x}$, 则 $y=ux, \dfrac{\mathrm{d}y}{\mathrm{d}x}=u+x\dfrac{\mathrm{d}u}{\mathrm{d}x}$. 代入原方程得

$$x\frac{\mathrm{d}u}{\mathrm{d}x}=\frac{1}{u},$$

即

$$u\mathrm{d}u=\frac{1}{x}\mathrm{d}x,$$

积分得

$$\frac{u^2}{2}=\ln x+C_1,$$

即

$$y^2=x^2\ln^2 x+Cx^2.$$

将 $y|_{x=\mathrm{e}}=2\mathrm{e}$ 代入上式, 得 $C=2$. 所以原方程的特解为

$$y^2=x^2\ln^2 x+2x^2.$$

2. 原微分方程化为

$$y'-\frac{1}{x^2}y=\mathrm{e}^{x-\frac{1}{x}}.$$

对应的齐次方程

$$y'-\frac{1}{x^2}y=0.$$

分离变量得

$$\frac{1}{y}\mathrm{d}y=\frac{1}{x^2}\mathrm{d}x,$$

积分得 $y=C_1\mathrm{e}^{-\frac{1}{x}}$.

令 $y=C_1(x)\mathrm{e}^{-\frac{1}{x}}$,代入原方程化简得

$$C_1(x)=\mathrm{e}^x+C.$$

所以原方程的通解为

$$y=\mathrm{e}^{-\frac{1}{x}}(\mathrm{e}^x+C)\quad(C\text{ 为任意常数}).$$

3. 由题知,所给方程的特征根为: $r_1=2,r_2=-1$,特解为 $y^*=x\mathrm{e}^x$.

所以该非齐次方程的通解为: $y=C_1\mathrm{e}^{2x}+C_2\mathrm{e}^{-x}+x\mathrm{e}^x$.

所以对应的齐次方程为

$$y''-y'-2y=0.$$

假设非齐次方程为

$$y''-y'-2y=f(x).$$

将特解 $y^*=x\mathrm{e}^x$ 代入该方程,可得

$$f(x)=(1-2x)\mathrm{e}^x.$$

所以所求的非齐次方程为

$$y''-y'-2y=(1-2x)\mathrm{e}^x.$$

4. 所给方程的特征方程为

$$\lambda+1=0,$$

可得特征根为 $\lambda=-1$. 所以齐次差分方程的通解为

$$y_c=C(-1)^n.$$

由于 $f(n)=n(-1)^n=\rho^n P_1(n)$,而 $\rho=-1$ 是特征根.

所以非齐次差分方程的特解为

$$y^*(n)=\rho^n\cdot n\cdot P_1(n)=(-1)^n n(B_0+B_1 n),$$

代入差分方程得

$$B_0=\frac{1}{2},B_1=-\frac{1}{2}.$$

所以

$$y^*(n)=(-1)^n n\left(\frac{1}{2}-\frac{1}{2}n\right).$$

所以所求通解为

$$y_n=(-1)^n C+(-1)^n\left(\frac{n}{2}-\frac{n^2}{2}\right)(C\text{ 为任意常数}).$$

五、设 Q_t,S_t 和 P_t 分别是某商品的 t 期需求量、供给量和价格,且 Q_t,S_t,P_t

和 P_{t-1} 满足关系式

$$\begin{cases} Q_t = \alpha - \beta P_t, \\ S_t = -\gamma + \delta P_{t-1}, \quad t=1,2,\cdots, \\ Q_t = S_t, \end{cases}$$

其中 $\alpha,\beta,\gamma,\delta$ 都是正常数. 若初始价格 P_0 已知,试确定 P_t;当 $\delta < \beta$ 时,求 $\lim\limits_{t\to+\infty} P_t$.

解   由题意知

$$\alpha - \beta P_t = -\gamma + \delta P_{t-1}, \beta P_{t+1} + \delta P_t = \alpha + \gamma.$$

所以特征方程为

$$\beta\lambda + \delta = 0,$$

可得特征根为

$$\lambda = -\frac{\delta}{\beta}.$$

所以齐次差分方程的通解为

$$y_c = C\left(-\frac{\delta}{\beta}\right)^t.$$

由于 $f(t) = \alpha + \beta = \rho^t P_0(t)$,而 $\rho = 1$ 不是特征根.

所以非齐次差分方程的特解为

$$y^*(t) = \rho^t P_0(t) = B_0,$$

代入差分方程得

$$\beta B_0 + \delta B_0 = \alpha + \gamma, B_0 = \frac{\alpha + \gamma}{\beta + \delta}.$$

所以所求通解为

$$P_t = C\left(-\frac{\delta}{\beta}\right)^t + \frac{\alpha + \gamma}{\beta + \delta} \quad (C \text{ 为任意常数}),$$

故

$$P_0 = C + \frac{\alpha + \gamma}{\beta + \delta},$$

即

$$C = P_0 - \frac{\alpha + \gamma}{\beta + \delta}.$$

所以

$$P_t = \left(P_0 - \frac{\alpha + \gamma}{\beta + \delta}\right)\left(-\frac{\delta}{\beta}\right)^t + \frac{\alpha + \gamma}{\beta + \delta}, \quad t=0,1,2,\cdots.$$

当 $\alpha < \beta$ 时，$\lim\limits_{t \to +\infty} P_t = \dfrac{\alpha + \gamma}{\beta + \delta}$，表明随着时间的推移，价格 P_t 将趋于稳定，极限值

$P_e = \dfrac{\alpha + \gamma}{\beta + \delta}$ 就是均衡价格.

自测题十解答

一、选择题

1. 设级数 $\sum\limits_{n=1}^{\infty} a_n$ 条件收敛，将其中的正项保留，负项改为 0，组成的级数记为

$\sum\limits_{n=1}^{\infty} b_n$，将 $\sum\limits_{n=1}^{\infty} a_n$ 中的负项保留，正项改为 0，组成的级数记为 $\sum\limits_{n=1}^{\infty} c_n$，则(B).

(A) $\sum\limits_{n=1}^{\infty} b_n$ 与 $\sum\limits_{n=1}^{\infty} c_n$ 必定都收敛；   (B) $\sum\limits_{n=1}^{\infty} b_n$ 与 $\sum\limits_{n=1}^{\infty} c_n$ 必定都发散；

(C) $\sum\limits_{n=1}^{\infty} b_n$ 与 $\sum\limits_{n=1}^{\infty} c_n$ 必定有一收敛，另一发散；   (D) 以上三种情况都可以发生.

2. 级数 $\sum\limits_{n=1}^{\infty} (-1)^n \left(\dfrac{a}{n} - \ln \dfrac{n+a}{n} \right) (a > 0)$(B).

(A) 条件收敛；   (B) 绝对收敛；

(C) 发散；   (D) 敛散性与 a 的取值有关.

3. 已知级数 $\sum\limits_{n=1}^{\infty} (-1)^n a_n = 2$，$\sum\limits_{n=1}^{\infty} a_{2n-1} = 5$，则级数 $\sum\limits_{n=1}^{\infty} a_{2n} = $ (B).

(A) 3；   (B) 7；   (C) 8；   (D) 9.

4. 已知 $\lim\limits_{n \to \infty} n a_n = 0$，且级数 $\sum\limits_{n=1}^{\infty} n(a_n - a_{n-1})$ 收敛，则级数 $\sum\limits_{n=1}^{\infty} a_n$ 收敛性的结论

是(A).

(A) 收敛；   (B) 发散；

(C) 不定；   (D) 敛散性与 a_n 的正负有关.

5. 设 a 为常数，则级数 $\sum\limits_{n=1}^{\infty} \left[\dfrac{\sin(na)}{n^2} - \dfrac{1}{\sqrt{n}} \right]$(C).

(A) 绝对收敛；   (B) 条件收敛；

(C) 发散；   (D) 敛散性与 a 有关.

6. 设级数 $\sum\limits_{n=1}^{\infty} u_n$ 收敛，则必收敛的级数为(D).

(A) $\sum\limits_{n=1}^{\infty} (-1)^n \dfrac{u_n}{n}$；   (B) $\sum\limits_{n=1}^{\infty} u_n^2$；

(C) $\sum_{n=1}^{\infty} (u_n - u_{2n})$;   (D) $\sum_{n=1}^{\infty} (u_n + u_{n+1})$.

7. 设正项级数 $\sum_{n=1}^{\infty} u_n$ 收敛,则(D).

(A) $\lim_{n \to \infty} \dfrac{u_{n+1}}{u_n} < 1$;   (B) $\lim_{n \to \infty} \dfrac{u_{n+1}}{u_n} \leqslant 1$;

(C) 若极限 $\lim_{n \to \infty} \dfrac{u_{n+1}}{u_n}$ 存在,其值小于 1;

(D) 若极限 $\lim_{n \to \infty} \dfrac{u_{n+1}}{u_n}$ 存在,其值小于等于 1.

8. 若级数 $\sum_{n=1}^{\infty} u_n$, $\sum_{n=1}^{\infty} v_n$ 发散,则(C).

(A) $\sum_{n=1}^{\infty} (u_n + v_n)$ 发散;   (B) $\sum_{n=1}^{\infty} (u_n v_n)$ 发散;

(C) $\sum_{n=1}^{\infty} (|u_n| + |v_n|)$ 发散;   (D) $\sum_{n=1}^{\infty} (u_n^2 + v_n^2)$ 发散.

9. 已知级数 $\sum_{n=1}^{\infty} u_n^2$ 收敛,则 $\sum_{n=1}^{\infty} (-1)^n \dfrac{u_n}{n}$(A).

(A) 绝对收敛;   (B) 条件收敛;
(C) 不定;   (D) 发散.

10. 若级数 $\sum_{n=0}^{\infty} a_n (x-1)^n$ 在 $x = -1$ 处收敛,则在 $x = 2$ 处,级数(A).

(A) 绝对收敛;   (B) 条件收敛;
(C) 发散;   (D) 收敛性不能确定.

11. 幂级数 $\sum_{n=1}^{\infty} \dfrac{x^{n-1}}{3^{n-1} n^{\frac{3}{2}}}$ 的收敛域为(C).

(A) $(-3,3]$;   (B) $(-3,3)$;   (C) $[-3,3]$;   (D) $[-3,3)$.

12. 已知级数 $x + \dfrac{x^3}{3} + \dfrac{x^5}{5} + \cdots$ 在收敛域内的和函数为 $S(x) = \dfrac{1}{2} \ln \dfrac{1+x}{1-x}$,则

级数 $\sum_{n=1}^{\infty} \dfrac{1}{2^n (2n-1)} = $ (B).

(A) $\dfrac{1}{2} \ln(\sqrt{2}+1)$;   (B) $\dfrac{1}{\sqrt{2}} \ln(\sqrt{2}+1)$;

(C) $\dfrac{1}{2} \ln(\sqrt{2}-1)$;   (D) $\dfrac{1}{\sqrt{2}} \ln(\sqrt{2}-1)$.

二、填空题

1. $\displaystyle\sum_{n=1}^{\infty}\frac{1}{n(n+10)}=\frac{1}{10}\Big(1+\frac{1}{2}+\frac{1}{3}+\cdots+\frac{1}{10}\Big)$.

2. $\displaystyle\sum_{n=1}^{\infty}\frac{1}{\sqrt{n(n+1)}\,(\sqrt{n+1}+\sqrt{n})}=\underline{1}$.

3. 已知级数 $\displaystyle\sum_{n=1}^{\infty}\frac{(-1)^n+a}{n}$ 收敛,则 $a=\underline{\quad 0 \quad}$.

4. 设 $a_1=a_2=1,a_{n+1}=a_n+a_{n-1}(n=2,3,\cdots)$,若幂级数 $\displaystyle\sum_{n=1}^{\infty}a_n x^{n-1}$ 在收敛区间内的和函数为 $S(x)$,则 $S(x)=-\dfrac{1}{x^2+x-1}$.

5. 已知级数 $\displaystyle\sum_{n=1}^{\infty}(-1)^{n-1}\frac{(x-a)^n}{n}$ 在 $x>0$ 时发散,在 $x=0$ 时收敛,则 $a=\underline{\quad -1 \quad}$.

6. 若幂级数 $\displaystyle\sum_{n=0}^{\infty}a_n x^n$ 的收敛半径为 R,则级数 $\displaystyle\sum_{n=0}^{\infty}a_n x^{2n+1}$ 的收敛半径为 $\underline{\sqrt{R}}$.

7. 若幂级数 $\displaystyle\sum_{n=0}^{\infty}a^{n^2}x^n(a>0)$ 在 $(-\infty,+\infty)$ 上收敛,则 a 满足条件 $\underline{0<a\le 1}$.

8. $\displaystyle\sum_{n=0}^{\infty}\frac{1}{(n+1)}x^n$ 的收敛域为 $\underline{[-1,1)}$.

9. $\displaystyle\sum_{n=1}^{\infty}(0.1)^n n=\underline{\dfrac{10}{81}}$.

10. $\displaystyle\sum_{n=1}^{\infty}\frac{1}{n!}\sum_{n=1}^{\infty}\frac{(-1)^n}{n!}=\underline{\quad -1 \quad}$.

11. 设 $a_n>0,p>0$,且 $\displaystyle\lim_{n\to\infty}[n^p(e^{\frac{1}{n}}-1)a_n]=1$,若级数 $\displaystyle\sum_{n=1}^{\infty}a_n$ 收敛,则 p 的取值范围是 $\underline{(2,+\infty)}$.

12. $f(x)=\cos^2 x$ 展开成 x 的幂级数为 $\underline{1+\dfrac{1}{2}\sum_{n=1}^{\infty}\dfrac{(-1)^n 4^n x^{2n}}{(2n)!}}$, $x\in(-\infty,+\infty)$.

三、解答题

1. 判断下列级数的敛散性:

(1) $\displaystyle\sum_{n=1}^{\infty}\frac{n}{10+n}$;

(2) $\displaystyle\sum_{n=1}^{\infty}\Big(\frac{n}{n+1}\Big)^n$;

(3) $\displaystyle\sum_{n=1}^{\infty}n\sin\frac{\pi}{n}$;

(4) $\displaystyle\sum_{n=1}^{\infty}\frac{1}{\sqrt{n(n+1)}}$;

(5) $\displaystyle\sum_{n=2}^{\infty}\frac{1}{\sqrt{n^3-1}}$;

(6) $\displaystyle\sum_{n=2}^{\infty}\frac{1}{1+(\ln n)^n}$;

(7) $\displaystyle\sum_{n=1}^{\infty}\frac{n}{3^n}$;　　　　(8) $\displaystyle\sum_{n=1}^{\infty}\frac{3^n n!}{n^n}$;　　　　(9) $\displaystyle\sum_{n=1}^{\infty}\frac{1}{\sqrt{n(n^2+1)}}$.

解　(1) $\displaystyle\lim_{n\to\infty}\frac{n}{10+n}=1\neq 0$，所以原级数发散.

(2) $\displaystyle\lim_{n\to\infty}\left(\frac{n}{n+1}\right)^n=\mathrm{e}^{-1}\neq 0$，所以原级数发散.

(3) $\displaystyle\lim_{n\to\infty}n\sin\frac{\pi}{n}=\lim_{n\to\infty}\frac{\sin\dfrac{\pi}{n}}{\dfrac{\pi}{n}}\pi=\pi\neq 0$，所以原级数发散.

(4) $\dfrac{1}{\sqrt{n(n+1)}}\geqslant\dfrac{1}{\sqrt{(n+1)(n+1)}}=\dfrac{1}{n+1}$，而级数 $\displaystyle\sum_{n=1}^{\infty}\frac{1}{n+1}$ 是调和级数

$\displaystyle\sum_{n=1}^{\infty}\frac{1}{n}$ 删去了第一项，所以级数 $\displaystyle\sum_{n=1}^{\infty}\frac{1}{n+1}$ 是发散的，由比较判别法知原级数发散.

(5) $\dfrac{1}{\sqrt{n^3-1}}\leqslant\dfrac{1}{\sqrt{n^3-\dfrac{1}{2}n^3}}=\dfrac{\sqrt{2}}{n^{3/2}}$ $(n=2,3,4,\cdots)$，

而级数 $\displaystyle\sum_{n=1}^{\infty}\frac{\sqrt{2}}{n^{3/2}}$ 收敛，由比较判别法知原级数收敛.

(6) $\dfrac{1}{1+(\ln n)^n}\leqslant\dfrac{1}{(\ln n)^n}\leqslant\left(\dfrac{1}{2}\right)^n$　$(n\geqslant 8)$，

而级数 $\displaystyle\sum_{n=1}^{\infty}\left(\frac{1}{2}\right)^n$ 收敛，由比较判别法知原级数收敛.

(7) $\displaystyle\lim_{n\to\infty}\frac{u_{n+1}}{u_n}=\lim_{n\to\infty}\frac{\dfrac{n+1}{3^{n+1}}}{\dfrac{n}{3^n}}=\dfrac{1}{3}<1$，由比值判别法知原级数收敛.

(8) $\displaystyle\lim_{n\to\infty}\frac{u_{n+1}}{u_n}=\lim_{n\to\infty}\frac{\dfrac{3^{n+1}(n+1)!}{(n+1)^{n+1}}}{\dfrac{3^n n!}{n^n}}=\lim_{n\to\infty}3\left(\frac{n}{n+1}\right)^n=\dfrac{3}{\mathrm{e}}>1$，由比值判别法知原级

数发散.

(9) $\displaystyle\lim_{n\to\infty}\frac{u_{n+1}}{u_n}=1$，由比值判别法无法判断级数的敛散性.

$\displaystyle\lim_{n\to\infty}\frac{u_n}{\dfrac{1}{n^{3/2}}}=1$，而级数 $\displaystyle\sum_{n=1}^{\infty}\frac{1}{n^{3/2}}$ 收敛，由比较判别法知原级数收敛.

2. 判断下列级数的敛散性,若收敛,说明是条件收敛还是绝对收敛?

(1) $\sum\limits_{n=1}^{\infty}(-1)^n\dfrac{2^n}{n[2^n+(-1)^n]}$;　　　　(2) $\sum\limits_{n=1}^{\infty}\dfrac{\sin n\alpha}{n^2}$;

(3) $\sum\limits_{n=1}^{\infty}(-1)^{\frac{n(n+1)}{2}}\dfrac{n^5}{5^n}$;　　　　(4) $\sum\limits_{n=1}^{\infty}(-1)^n\dfrac{1}{n-\ln n}$;

(5) $\sum\limits_{n=1}^{\infty}\dfrac{n\cos n\pi}{n^2+1}$.

解 (1) $u_n=\dfrac{2^n}{(2^n+(-1)^n)n}>\dfrac{1}{2n}$,故 $\sum\limits_{n=1}^{\infty}\dfrac{2^n}{(2^n+(-1)^n)n}$ 发散.

$$(-1)^n\dfrac{2^n}{(2^n+(-1)^n)n}=\dfrac{(-1)^n}{n}-\dfrac{1}{(2^n+(-1)^n)n},\dfrac{1}{(2^n+(-1)^n)n}<\dfrac{1}{2^n-1},$$

而级数 $\sum\limits_{n=1}^{\infty}\dfrac{1}{2^n-1}$, $\sum\limits_{n=1}^{\infty}\dfrac{(-1)^n}{n}$ 均收敛,所以原级数收敛,故原级数条件收敛.

(2) $\left|\dfrac{\sin n\alpha}{n^2}\right|\leqslant\dfrac{1}{n^2}$,而级数 $\sum\limits_{n=1}^{\infty}\dfrac{1}{n^2}$ 收敛,由比较判别法知 $\sum\limits_{n=1}^{\infty}\left|\dfrac{\sin n\alpha}{n^2}\right|$ 收敛,故原级数绝对收敛.

(3) $$\lim_{n\to\infty}\left|\dfrac{(-1)^{\frac{(n+1)(n+2)}{2}}\dfrac{(n+1)^5}{5^{n+1}}}{(-1)^{\frac{n(n+1)}{2}}\dfrac{n^5}{5^n}}\right|=\dfrac{1}{5}\lim_{n\to\infty}\left(1+\dfrac{1}{n}\right)^5=\dfrac{1}{5}<1,$$

所以 $\sum\limits_{n=1}^{\infty}\dfrac{n^5}{5^n}$ 收敛,故原级数绝对收敛.

(4) $$u_n=\dfrac{1}{n-\ln n},u_n>u_{n+1},$$

$$\lim_{n\to\infty}u_n=\lim_{n\to\infty}\dfrac{1}{n-\ln n}=\lim_{n\to\infty}\dfrac{\dfrac{1}{n}}{1-\dfrac{\ln n}{n}}=0,$$

故原级数收敛.

$\left|(-1)^n\dfrac{1}{n-\ln n}\right|>\dfrac{1}{n}$,而级数 $\sum\limits_{n=1}^{\infty}\dfrac{1}{n}$ 发散,故原级数条件收敛.

(5) $|u_n|=\left|\dfrac{n\cos n\pi}{n^2+1}\right|=\dfrac{n}{n^2+1}\geqslant\dfrac{n}{n^2+n^2}=\dfrac{1}{2n}$,而级数 $\sum\limits_{n=1}^{\infty}\dfrac{1}{2n}$ 发散,所以原级数非绝对收敛.

而 $\sum\limits_{n=1}^{\infty}\dfrac{n\cos n\pi}{n^2+1}=\sum\limits_{n=1}^{\infty}(-1)^n\dfrac{n}{n^2+1}$ 是交错级数,$u_n>u_{n+1}$,$\lim\limits_{n\to\infty}u_n=0$,所以

$\sum\limits_{n=1}^{\infty}\dfrac{n\cos n\pi}{n^2+1}$ 收敛,故原级数条件收敛.

　3.(1)将 $f(x)=\dfrac{1}{x^2+3x+2}$ 展开成 $x+4$ 的幂级数;

　(2)将函数 $f(x)=\dfrac{x}{2+x-x^2}$ 展开成 x 的幂级数;

　(3)设 $f(x)$ 的麦克劳林级数为 $f(x)=\sum\limits_{n=1}^{\infty}(-1)^{n-1}x^n$,又 $g(x)=\dfrac{xf(x)}{1+x}$,求 $g(x)$ 的麦克劳林级数.

解　(1) $f(x)=\dfrac{1}{x^2+3x+2}=\dfrac{1}{x+1}-\dfrac{1}{x+2}=\dfrac{1}{-3+(x+4)}-\dfrac{1}{-2+(x+4)}$

$$=-\dfrac{1}{3}\dfrac{1}{1-\dfrac{x+4}{3}}+\dfrac{1}{2}\dfrac{1}{1-\dfrac{x+4}{2}}$$

$$=-\dfrac{1}{3}\sum\limits_{k=0}^{\infty}\left(\dfrac{x+4}{3}\right)^k+\dfrac{1}{2}\sum\limits_{k=0}^{\infty}\left(\dfrac{x+4}{2}\right)^k,$$

其中 $\begin{cases}\left|\dfrac{x+4}{3}\right|<1,\\[2mm]\left|\dfrac{x+4}{2}\right|<1,\end{cases}$ $-6<x<-2$.

所以 $f(x)=-\dfrac{1}{3}\sum\limits_{k=0}^{\infty}\left(\dfrac{x+4}{3}\right)^k+\dfrac{1}{2}\sum\limits_{k=0}^{\infty}\left(\dfrac{x+4}{2}\right)^k(-6<x<-2)$.

　(2) $f(x)=\dfrac{x}{2+x-x^2}=\dfrac{A}{2-x}+\dfrac{B}{1+x}$.

比较系数得 $A=\dfrac{2}{3}$,$B=-\dfrac{1}{3}$.

$$f(x)=\dfrac{x}{2+x-x^2}=\dfrac{2}{3}\dfrac{1}{2-x}-\dfrac{1}{3}\dfrac{1}{1+x}=\dfrac{1}{3}\dfrac{1}{1-\dfrac{x}{2}}-\dfrac{1}{3}\dfrac{1}{1-(-x)}$$

$$=\dfrac{1}{3}\sum\limits_{n=0}^{\infty}\left(\dfrac{x}{2}\right)^n+\dfrac{1}{2}\sum\limits_{n=0}^{\infty}(-1)^n x^n$$

$$=\sum\limits_{n=0}^{\infty}\dfrac{1}{3}\left[\dfrac{1}{2^n}+(-1)^{n+1}\right]x^n,\quad |x|<1.$$

　(3) $f(x)=\sum\limits_{n=1}^{\infty}(-1)^{n-1}x^n,$

$$f(x) = \frac{x}{1+x} = 1 - \frac{1}{1+x} = \sum_{n=1}^{\infty} (-1)^{n-1} x^n \, (\,|x| < 1),$$

$$f'(x) = \frac{1}{(1+x)^2} = \sum_{n=1}^{\infty} (-1)^{n-1} n x^{n-1},$$

$$g(x) = \frac{x f(x)}{1+x} = \frac{x^2}{(1+x)^2} = x^2 f'(x) = x^2 \sum_{n=1}^{\infty} (-1)^{n-1} n x^{n-1}$$

$$= \sum_{n=1}^{\infty} (-1)^{n-1} n x^{n+1} \quad (\,|x| < 1).$$

4. 求下列幂级数的收敛域.

(1) $\sum_{n=1}^{\infty} \frac{1}{n 3^n} (x-3)^n$;　　(2) $\sum_{n=1}^{\infty} \frac{1}{\sqrt{n} 3^{n-1}} (-x)^n$;　　(3) $\sum_{n=1}^{\infty} 3^n x^{2n+1}$.

解 (1) 令 $t = x - 3$, 先求幂级数 $\sum_{n=1}^{\infty} \frac{1}{n 3^n} t^n$ 的收敛域.

因为 $\lim\limits_{n \to \infty} \dfrac{\dfrac{1}{(n+1)3^{n+1}}}{\dfrac{1}{n 3^n}} = \dfrac{1}{3}$, 所以幂级数 $\sum\limits_{n=1}^{\infty} \dfrac{1}{n 3^n} t^n$ 的收敛半径为 $R = 3$.

$t = 3$ 时, 此级数化为 $\sum\limits_{n=1}^{\infty} \dfrac{1}{n}$, 发散.

$t = -3$ 时, 此级数化为 $\sum\limits_{n=1}^{\infty} (-1)^n \dfrac{1}{n}$, 收敛.

所以, 级数 $\sum\limits_{n=1}^{\infty} \dfrac{1}{n 3^n} t^n$ 的收敛域为 $[-3, 3)$, 即 $-3 \leqslant x - 3 < 3$, 所以 $0 \leqslant x < 6$.

所以原级数的收敛域为 $[0, 6)$.

(2) 由 $\lim\limits_{n \to \infty} \dfrac{u_{n+1}}{u_n} = \lim\limits_{n \to \infty} \dfrac{3^{n-1} \sqrt{n}}{3^n \sqrt{n+1}} = \dfrac{1}{3}$, 所以原幂级数的收敛半径为 $R = 3$.

$x = 3$ 时, 此级数化为 $\sum\limits_{n=1}^{\infty} \dfrac{3}{\sqrt{n}}$, 发散.

$x = -3$ 时, 此级数化为 $\sum\limits_{n=1}^{\infty} (-1)^n \dfrac{3}{\sqrt{n}}$, 收敛.

所以原级数的收敛域为 $[-3, 3)$.

(3) 该级数缺少 x 的偶次幂的项, 故需直接用比值判别法求收敛半径.

$\lim\limits_{n \to \infty} \dfrac{3^{n+1} x^{2n+3}}{3^n x^{2n+1}} = 3x^2$, $3x^2 < 1$, 即 $-\dfrac{1}{\sqrt{3}} < x < \dfrac{1}{\sqrt{3}}$ 时级数收敛, $3x^2 > 1$ 时级数发散.

当 $x=\pm\dfrac{1}{\sqrt3}$ 时原级数发散,故原级数的收敛域为 $\left(-\dfrac{1}{\sqrt3},\dfrac{1}{\sqrt3}\right)$.

5. 求幂级数 $\displaystyle\sum_{n=1}^{\infty}\dfrac{(-1)^{n-1}x^{2n+1}}{n(2n-1)}$ 的收敛域及和函数 $S(x)$.

解 $\displaystyle\lim_{n\to\infty}\left|\dfrac{\dfrac{(-1)^{n}x^{2n+3}}{(n+1)(2n+1)}}{\dfrac{(-1)^{n-1}x^{2n+1}}{n(2n-1)}}\right|=x^2$,所以当 $x^2<1$ 时,原级数绝对收敛,$x^2>1$ 时

原级数发散,所以 $R=1$. 当 $x=\pm1$ 时原级数收敛. 所以原级数的收敛域为 $[-1,1]$.

记

$$T(x)=\sum_{n=1}^{\infty}\dfrac{(-1)^{n-1}x^{2n}}{2n(2n-1)},\quad x\in(-1,1),$$

$$T'(x)=\sum_{n=1}^{\infty}\dfrac{(-1)^{n-1}x^{2n-1}}{(2n-1)},\quad x\in(-1,1),$$

$$T''(x)=\sum_{n=1}^{\infty}(-1)^{n-1}x^{2n-2}=\dfrac{1}{x^2+1},\quad T(0)=0,\quad T'(0)=0.$$

所以

$$T'(x)=\int_0^x T''(t)\mathrm{d}t=\int_0^x\dfrac{1}{t^2+1}\mathrm{d}t=\arctan x,$$

$$T(x)=\int_0^x T'(t)\mathrm{d}t=\int_0^x\arctan t\,\mathrm{d}t=x\arctan x-\dfrac{1}{2}\ln(1+x^2).$$

所以

$$S(x)=\sum_{n=1}^{\infty}\dfrac{(-1)^{n-1}x^{2n+1}}{n(2n-1)}=2xT(x)=2x^2\arctan x-x\ln(1+x^2),$$

且收敛域为 $[-1,1]$.

6. 求级数 $\displaystyle\sum_{n=1}^{\infty}\dfrac{n^2}{n!}$ 的和.

解 方法一:考虑级数 $\displaystyle\sum_{n=1}^{\infty}\dfrac{n^2}{n!}x^{n-1}$,$x\in(-\infty,+\infty)$.

记和函数 $S(x)=\displaystyle\sum_{n=1}^{\infty}\dfrac{n^2}{n!}x^{n-1}$,$x\in(-\infty,+\infty)$,则只需求 $S(1)=\displaystyle\sum_{n=1}^{\infty}\dfrac{n^2}{n!}$.

$$\int_0^x S(t)\mathrm{d}t=\sum_{n=1}^{\infty}\dfrac{n}{n!}x^n=x\sum_{n=1}^{\infty}\dfrac{n}{n!}x^{n-1},\quad x\in(-\infty,+\infty).$$

$$\int_0^x\sum_{n=1}^{\infty}\dfrac{n}{n!}t^{n-1}\mathrm{d}t=\sum_{n=1}^{\infty}\dfrac{1}{n!}x^n=\sum_{n=0}^{\infty}\dfrac{1}{n!}x^n-1=\mathrm{e}^x-1.$$

所以 $\sum\limits_{n=1}^{\infty}\dfrac{n}{n!}x^{n-1}=e^x$，所以 $\int_0^x S(t)\mathrm{d}t=xe^x$.

所以 $S(x)=(x+1)e^x$，所以 $S(1)=\sum\limits_{n=1}^{\infty}\dfrac{n^2}{n!}=2e$.

方法二：$\sum\limits_{n=0}^{\infty}\dfrac{1}{n!}x^n=e^x, x\in(-\infty,+\infty)$. 求导得 $e^x=\sum\limits_{n=1}^{\infty}\dfrac{n}{n!}x^{n-1}$，所以

$$xe^x=\sum_{n=1}^{\infty}\frac{n}{n!}x^n.$$

再求导得 $(x+1)e^x=\sum\limits_{n=1}^{\infty}\dfrac{n^2}{n!}x^{n-1}$，令 $x=1$ 得 $\sum\limits_{n=1}^{\infty}\dfrac{n^2}{n!}=2e$.

7. 求幂级数 $1+\sum\limits_{n=1}^{\infty}(-1)^n\dfrac{x^{2n}}{2n}(|x|<1)$ 的和函数 $f(x)$ 及其极值.

解 $f(x)=1+\sum\limits_{n=1}^{\infty}(-1)^n\dfrac{x^{2n}}{2n}$;

$$f'(x)=\sum_{n=1}^{\infty}(-1)^n x^{2n-1}=-\frac{x}{1+x^2}.$$

上式两边从 0 到 x 积分，得

$$f(x)-f(0)=-\int_0^x\frac{t}{1+t^2}\mathrm{d}t=-\frac{1}{2}\ln(1+x^2);\quad f(0)=1.$$

$$f(x)=1-\frac{1}{2}\ln(1+x^2)\quad(|x|<1).$$

令 $f'(x)=0$，求得唯一的驻点 $x=0$.

$$f''(x)=-\frac{1-x^2}{(1+x^2)^2},$$

所以 $f''(0)=-1<0$. 可见 $f(x)$ 在 $x=0$ 处取得极大值，且极大值为 $f(0)=1$.

8. 将函数 $f(x)=\arctan\dfrac{1-2x}{1+2x}$ 展开成 x 的幂级数，并求级数 $\sum\limits_{n=0}^{\infty}(-1)^n\dfrac{1}{2n+1}$ 的和.

解 $f'(x)=-\dfrac{2}{1+4x^2}=-2\sum\limits_{n=0}^{\infty}(-1)^n4^nx^{2n},\quad x\in\left(-\dfrac{1}{2},\dfrac{1}{2}\right)$.

因为 $f(0)=\dfrac{\pi}{4}$，所以

$$f(x)=f(0)+\int_0^x f'(t)\mathrm{d}t=\frac{\pi}{4}-2\int_0^x\sum_{n=0}^{\infty}(-1)^n4^nt^{2n}\mathrm{d}t$$

$$= \frac{\pi}{4} - 2\sum_{n=0}^{\infty} (-1)^n 4^n x^{2n+1} \frac{1}{2n+1}, \quad x \in \left(-\frac{1}{2}, \frac{1}{2}\right).$$

因为级数 $\sum\limits_{n=0}^{\infty} (-1)^n \dfrac{1}{2n+1}$ 收敛,函数 $f(x)$ 在 $x = \dfrac{1}{2}$ 处连续,所以

$$f(x) = \frac{\pi}{4} - 2\sum_{n=0}^{\infty} (-1)^n 4^n x^{2n+1} \frac{1}{2n+1}, \quad x \in \left(-\frac{1}{2}, \frac{1}{2}\right].$$

令 $x = \dfrac{1}{2}$ 得

$$f\left(\frac{1}{2}\right) = \frac{\pi}{4} - 2\sum_{n=0}^{\infty} (-1)^n 4^n \left(\frac{1}{2}\right)^{2n+1} \frac{1}{2n+1} = \frac{\pi}{4} - \sum_{n=0}^{\infty} (-1)^n \frac{1}{2n+1}.$$

再由 $f\left(\dfrac{1}{2}\right) = 0$,得 $\sum\limits_{n=0}^{\infty} (-1)^n \dfrac{1}{2n+1} = \dfrac{\pi}{4}$.

综合测试题与解答

综合测试题一

一、填空题

1. 设 $f(x) = \sin x, \varphi(x) = 1 - x^2$，则 $f(\varphi(x)) = $ _____；$\varphi(f(x))$ = _____.

2. 设 $f(x) = \dfrac{x - \sin x}{x + \sin x}$，则 $\lim\limits_{x \to \infty} f(x) = $ _____.

3. 设 $f(x) = \dfrac{x^2 - 1}{x(x+1)}$，则当 $x = $ _____ 时为函数 $f(x)$ 的可去间断点，当 $x = $ _____ 时为函数 $f(x)$ 的无穷间断点.

4. 设 $f'(x_0)$ 存在，则 $\lim\limits_{h \to 0} \dfrac{f(x_0 + ah) - f(x_0 - bh)}{h} = $ _____.

5. 设 $f(x) = e^{2x}$，则 $f(x)$ 的麦克劳林展开式为 _____.

6. 设 $\dfrac{a^2}{x}$ 为 $f(x)$ 的一个原函数，则 $\int x f'(x) \mathrm{d}x = $ _____.

7. $\dfrac{\mathrm{d}}{\mathrm{d}x} \displaystyle\int_{\sqrt{x}}^{0} f(t) \mathrm{d}t = $ _____.

8. 设 $z = \arctan \dfrac{x}{y} + e^{xy}$，则 $\mathrm{d}z = $ _____.

9. 已知 $y'' + 3y' + 2y = 3xe^{-x}$，则其特解形式可设 $y^* = $ _____.

10. 将下列二重积分化为极坐标下的累次积分：

$$\int_{-\frac{a}{\sqrt{2}}}^{0} \mathrm{d}y \int_{-y}^{\sqrt{a^2 - y^2}} f(x, y) \mathrm{d}x + \int_{0}^{\frac{a}{\sqrt{2}}} \mathrm{d}y \int_{-y}^{\sqrt{a^2 - y^2}} f(x, y) \mathrm{d}x = \text{_____}.$$

二、根据函数极限定义证明

$$\lim_{x \to 2}(5x + 2) = 12.$$

三、设 $f(x) = \begin{cases} x\cos \dfrac{1}{x}, & x \neq 0, \\ 0, & x = 0, \end{cases}$ 试讨论函数 $f(x)$ 在 $x = 0$ 处的连续性与可导性.

四、计算下列极限：

1. $\lim\limits_{x \to 1}\left(\dfrac{x}{x-1} - \dfrac{1}{\ln x}\right)$；

2. $\lim\limits_{x \to 0}(x + e^x)^{\frac{1}{x}}$.

五、求下列函数的导数或微分：

1. 设 $y = \ln\sqrt{\dfrac{e^{4x}}{1 + e^{4x}}}$，求 $y'|_{x=0}$.

2. 已知 $\arctan\dfrac{y}{x} = \ln\sqrt{x^2 + y^2}$，求 $\dfrac{\mathrm{d}y}{\mathrm{d}x}$.

3. 求曲线 $\begin{cases} x = 2e^t, \\ y = e^{-t} \end{cases}$ 在 $t = 0$ 处的切线方程与法线方程.

4. 设 $z = f(u, v)$，且 $u = \sin xy$，$v = \arctan y$，求 $\dfrac{\partial z}{\partial x}, \dfrac{\partial z}{\partial y}$.

六、计算下列积分：

1. $\displaystyle\int \dfrac{\ln x}{x^2}\mathrm{d}x$.

2. $\displaystyle\int_0^1 \dfrac{x}{\sqrt{1 - x^2}}\mathrm{d}x$.

3. $\displaystyle\int_0^{+\infty} x^6 e^{-2x}\mathrm{d}x$.

4. $\displaystyle\iint\limits_{D}\sqrt{x^2 + y^2}\,\mathrm{d}x\mathrm{d}y$，其中 D 为 $x^2 + y^2 \leqslant 2x$.

七、设有两抛物线 $y = x^2$ 与 $y = 4 - x^2$，求：

1. 这两条抛物线所围成的面积.

2. 这两条抛物线所围成的平面图形绕 y 轴旋转一周所得的旋转体的体积.

八、对函数 $y = \dfrac{x+1}{x^2}$ 填写下表：

单调减区间	
单调增区间	
极值点	
极值	
凹区间	
凸区间	
拐点	
渐近线	

九、求微分方程 $yy''=2(y'^2-y')$ 在初始条件 $y|_{x=0}=1,y'|_{x=0}=2$ 下的特解.

十、如图 1 所示,已知曲线 $y=f(x)$ 过原点及点$(2,3)$且 $f(x)$ 单调递增, $f'(x)$连续,点(x,y)为曲线上的任意点,图中曲边三角形面积 $S_1=2S_2$,求 $f(x)$.

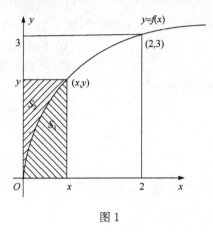

图 1

十一、将级数 $\ln(3+x)$ 展开成 x 的幂级数,并确定其收敛区间.

综合测试题二

一、填空题(每题 2.5 分,共 20 分)

1. 设 $f\left(x-\dfrac{1}{x}\right)=3-x^2-\dfrac{1}{x^2}$,则 $f(\cos x)=$_____.

2. $\lim\limits_{x\to 0}\dfrac{x\cdot\sin\dfrac{1}{2x}}{x-2}=$_____,$\lim\limits_{x\to\infty}\dfrac{x^2\cdot\sin\dfrac{1}{2x}}{x-2}=$_____.

3. 利用微分近似计算 $\arccos 0.502\approx$_____.

4. 若点$(1,2)$是曲线 $y=x^3+ax^2+bx$ 上的拐点,则 $a=$_____,$b=$_____.

5. $f(x)=xe^{-x^2}$ 的 n 阶麦克劳林展开式为_____.

6. 在空间直角坐标系中,xOy 平面上曲线 $y=2x^2$ 绕 y 轴旋转一周所成的曲面方程为_____;它所表示的曲面是_____.

7. $\displaystyle\int_{-1}^{1}\left(x^2\ln\dfrac{2-x}{2+x}+|x|\right)\mathrm{d}x=$_____.

8. 设 y_1,y_2 为非齐次微分方程 $y'+P(x)y=Q(x)$ 的两个不相同的解,则当_____时 $c_1y_1+c_2y_2$ 也为该方程的解.

二、选择题(每题仅有一个正确答案,每题 2.5 分,共 10 分)

1. 当 $x \to 0$ 时,$x - \sin x$ 是 x^3 的(   ).

(A) 低阶无穷小量;   (B) 高阶无穷小量;

(C) 等价无穷小量;   (D) 同阶但不等价的无穷小量.

2. 设偶函数 $f(x)$ 在 $(-\infty, +\infty)$ 上可导,则 $f'(x)$ 的奇偶性为(   ).

(A) 奇函数;   (B) 偶函数;

(C) 非奇非偶函数;   (D) 不能确定.

3. 下列广义积分中发散的是(   ).

(A) $\displaystyle\int_1^{+\infty} \frac{\mathrm{d}x}{x^4}$;   (B) $\displaystyle\int_{-\infty}^{+\infty} \frac{x\,\mathrm{d}x}{x^2+2}$;

(C) $\displaystyle\int_1^2 \frac{\mathrm{d}x}{\sqrt{x-1}}$;   (D) $\displaystyle\int_0^{+\infty} \frac{1}{\sqrt{x}} e^{-\sqrt{x}}\,\mathrm{d}x$.

4. 设函数 $f(x,y)$ 在区域 $D: 0 \leqslant y \leqslant x \leqslant a$ 上连续,则二次积分 $\displaystyle\int_0^a \mathrm{d}x \int_0^x f(x,y)\,\mathrm{d}y$ 改变积分次序后等于(   ).

(A) $\displaystyle\int_0^a \mathrm{d}y \int_0^y f(x,y)\,\mathrm{d}x$;   (B) $\displaystyle\int_0^a \mathrm{d}y \int_0^x f(x,y)\,\mathrm{d}x$;

(C) $\displaystyle\int_0^a \mathrm{d}y \int_y^a f(x,y)\,\mathrm{d}x$;   (D) 上述结果都不对.

三、计算题(每题 4 分,共 36 分)

1. $\displaystyle\lim_{x\to\infty} \left(\frac{2^{\frac{1}{x}} + 3^{\frac{1}{x}}}{2} \right)^x$.

2. $\displaystyle\lim_{x\to 0^+} \frac{\displaystyle\int_0^{x^2} \ln(1+\sqrt{t^3})\,\mathrm{d}t}{\tan^4 x}$.

3. 求曲线 $\begin{cases} x = \sin t \\ y = \cos 2t \end{cases}$ 上 $t = \dfrac{\pi}{6}$ 处的法线方程.

4. 设 $y = y(x)$ 由方程 $x^2 y - e^{x+y} = \dfrac{1}{\cos y}$ 确定,求 $\mathrm{d}y$.

5. 设 $z = xy\psi(u)$,$u = e^{\frac{x}{y}}$,其中 $\psi''(u)$ 存在,求 $\dfrac{\partial z}{\partial x}$,$\dfrac{\partial^2 z}{\partial x \partial y}$.

6. $\displaystyle\int \frac{\ln(x+1)}{x^2}\,\mathrm{d}x$.

7. $\displaystyle\int_0^4 \frac{\mathrm{d}x}{x^2 - x - 2}$.

8. 设 $f(x) = \begin{cases} 1 + x^2, & x \leqslant 0, \\ e^{-x}, & x > 0, \end{cases}$ 求 $\displaystyle\int_1^3 f(x-2)\,\mathrm{d}x$.

9. $\displaystyle\iint\limits_{D}\frac{\cos y}{1+x^2}\mathrm{d}x\mathrm{d}y$，其中 D 是由 $x=1,x=-1,y=0,y=\dfrac{\pi}{2}$ 所围成的平面区域.

四、讨论题(8 分)

设函数 $f(x)=\begin{cases}\mathrm{e}^x+ax+b, & x\leqslant0,\\[2mm] \ln\left(1+\dfrac{x}{2}\right), & x>0.\end{cases}$ 试问 a,b 分别取什么值时，函数 $f(x)$ 在

$x=0$ 处(1)连续；(2)可导.

五、证明题(8 分)

设函数 $f(x)$ 在 $[0,c]$ 上连续，在 $(0,c)$ 内可导，$f'(x)$ 单调下降，且 $f(0)=0$，证明：若 a,b 满足 $0<a<b<a+b<c$，则有

$$f(a+b)<f(a)+f(b).$$

六、应用题(9 分)

求由 $y=x^2$ 与 $y=2x$ 所围成平面图形的面积；并计算上述图形绕 x 轴旋转一周所成的旋转体的体积.

七、综合题(9 分)

设函数 $f(x)$ 连续，且满足 $f(x)=1+2x+\displaystyle\int_0^x tf(t)\mathrm{d}t-x\int_0^x f(t)\mathrm{d}t$，试求 $f(x)$.

综合测试题三

一、单项选择题(每题 2 分，共 10 分)

1. 若 $f(x)+f(y)=f(xy)$，则 $f(x)=($).

(A) x^n；   (B) e^x；   (C) $\ln x$；   (D) $\sin x$.

2. $x=0$ 是 $f(x)=\begin{cases}\dfrac{\sin x}{|x|}, & x\neq0,\\[2mm] 1, & x=0\end{cases}$ 的(   ).

(A) 可去间断点；   (B) 跳跃间断点；

(C) 振荡间断点；   (D) 无穷间断点.

3. 若 $f(x)$ 在 (a,b) 上两次可导，且(   )，则 $f(x)$ 在 (a,b) 内单调增加且是凹的.

(A) $f'(x)>0,f''(x)>0$；   (B) $f'(x)>0,f''(x)<0$；

(C) $f'(x)<0,f''(x)<0$；   (D) $f'(x)<0,f''(x)>0$.

4. 在空间直角坐标系中，方程 $x^2-y^2=1$ 所表示的曲面方程为(   ).

(A) 双曲面；   (B) 双曲柱面；   (C) 椭球；   (D) 椭圆柱面.

5. $\arctan\dfrac{1.02}{0.95}\approx($).

(A) $\dfrac{\pi}{4}+0.35$；   (B) $\dfrac{\pi}{4}-0.35$；   (C) $\dfrac{\pi}{4}+0.035$；   (D) $\dfrac{\pi}{4}-0.035$.

二、填空题（每题 2 分，共 10 分）

1. 设 $\lim\limits_{x\to-1}\dfrac{x^3+ax^2-x+4}{x+1}=b$ 存在，则 $a=$ _____ ，$b=$ _____ .

2. 拉格朗日中值定理的几何意义是 _____ .

3. 交换二次积分的次序，可使

$$I=\int_{-2}^{0}\mathrm{d}x\int_{0}^{2+x}f(x,y)\mathrm{d}y+\int_{0}^{2}\mathrm{d}x\int_{0}^{\frac{2-x}{2}}f(x,y)\mathrm{d}y=\underline{\qquad}.$$

4. 函数 $f(x)=x\ln(1-x)$ 的 n 阶麦克劳林展开式 _____ .

5. 微分方程 $y''+2y'+5y=0$ 的通解为 _____ .

三、讨论（8 分）

$$f(x)=\begin{cases}\dfrac{\sqrt{1+x}-1}{x}, & x\neq0,\\[2mm]\dfrac{1}{2}, & x=0\end{cases}\quad 在 \ x=0 \ 处的连续性与可导性.$$

四、求极限（每题 4 分，共 8 分）

1. $\lim\limits_{x\to0}\left(\dfrac{1}{x\sin x}-\dfrac{1}{x^2}\right)$.

2. $\lim\limits_{x\to\frac{\pi}{2}^-}(\cos x)^{\frac{\pi}{2}-x}$.

五、计算下列各题（每题 4 分，共 16 分）

1. $y=\mathrm{e}^{-\sin^2\frac{1}{x}}+\tan\dfrac{\pi}{3}$，求 $\mathrm{d}y$.

2. 已知 $\begin{cases}x=t\ln t,\\[1mm]y=\dfrac{\ln t}{t},\end{cases}$ 求 $\dfrac{\mathrm{d}y}{\mathrm{d}x}$ 及曲线在 $t=1$ 处的切线方程.

3. $x=z\ln\dfrac{z}{y}$ 确定隐函数 $z=z(x,y)$，求 $\mathrm{d}z$.

4. 已知 $y=\ln f(x^2)$，其中 $f(x)$ 为二阶可导函数，求 $\dfrac{\mathrm{d}^2 y}{\mathrm{d}x^2}$.

六、求下列积分（每题 4 分，共 16 分）

1. $\displaystyle\int(2a^x+\sin x+\csc x\cot x)\mathrm{d}x$.

2. $\displaystyle\int_{0}^{\frac{3\pi}{2}}\sqrt{1+\sin 2x}\,\mathrm{d}x$.

3. $\int_1^{+\infty} \dfrac{\mathrm{d}x}{\sqrt{x}+x\sqrt{x}}$.

4. 计算 $I = \iint\limits_D \left(\dfrac{y}{x}\right)^2 \mathrm{d}x\mathrm{d}y$，$D$ 是 $x^2+y^2 \leqslant 4$，且 $x \geqslant 1$ 的部分.

七、证明题(8 分)

设 $f(x)$ 在 $[a,b]$ 上连续，且 $f(x) > 0 (a < b)$，$F(x) = \int_a^x f(t)\mathrm{d}t + \int_b^x \dfrac{\mathrm{d}t}{f(t)}$.

证明：(1) $F'(x) \geqslant 2$；(2)方程 $F(x) = 0$ 在 (a,b) 内有且仅有一个实根.

八、应用题(8 分)

计算由曲线 $y = \sqrt{x}$，直线 $y = x-2$，以及 x 轴所围成的图形的面积，并求该图形绕 x 轴旋转而成的旋转体的体积.

九、下面三题任选二题(每题 8 分，共 16 分)

1. 求微分方程 $y' - \dfrac{1}{x\ln x}y = x\ln x$ 满足 $y\Big|_{x=\mathrm{e}} = \dfrac{\mathrm{e}^2}{2}$ 的特解.

2. $\int_0^x f(t)\mathrm{d}t = \int_0^x (x-t)f(t)\mathrm{d}t$，求 $f(x)$.

3. 求级数 $1 + \sum\limits_{n=2}^{\infty} n(x-1)^{n-1}$ 的收敛域，并在收敛域内求其和函数.

综合测试题四

一、填空题(每题 2.5 分，共 20 分)

1. 设 $f(x) = x^2 - 1$，$g(x) = \sec x$，则 $f[g(x)] = $ _____ ，$g[f(x)] = $ _____ .

2. 利用微分近似计算 $\mathrm{e}^{0.01995} \approx$ _____ .

3. 设 $f(x)$ 在 x_0 的邻域内连续，且 $\lim\limits_{x \to x_0} \dfrac{f(x)-f(x_0)}{(x-x_0)^4} = a^2 (a \neq 0)$，则 $f(x)$ 在 x_0 处取得极 _____ 值.

4. $\int_{-1}^1 \left(\dfrac{\sin x \cos^4 x}{1+x^2} + \mathrm{e}^{-x}\right)\mathrm{d}x = $ _____ .

5. 在 $[-1,2]$ 上 $f''(x) < 0$，则 $f'(1)$，$f'(0)$，$f(1)-f(0)$ 从大到小的顺序是 _____ .

6. 将 $I = \int_0^1 \mathrm{d}y \int_0^{2y} f(x,y)\mathrm{d}x + \int_1^3 \mathrm{d}y \int_0^{3-y} f(x,y)\mathrm{d}x$ 改换积分次序，则 $I = $ _____ .

7. 在求解微分方程 $yy'' + (y')^2 = y'$ 时，应令 $y' = $ _____ ，$y'' = $

_____,从而可以求出方程的通解.

8. 曲面 $x^2+y^2+z^2=3$ 与曲面 $x^2+y^2=2z$ 的交线方程为_____,曲面 $2z=x^2+y^2$ 表示_____.

二、选择题(每题仅一个正确的选项,共 10 分)

1. $\lim\limits_{x\to a}f(x)=k$ 存在,那么点 $x=a$ 是 $f(x)$ 的(　　).

(A) 连续点;　　　　　　　　　　　　(B) 可去间断点;

(C) 跳跃间断点;　　　　　　　　　　(D) 以上结论都不对.

2. 设 $f(x)$ 在 $x=a$ 处可导,那么 $\lim\limits_{h\to 0}\dfrac{f(a+h)-f(a-2h)}{h}=(\quad)$.

(A) $3f'(a)$;　　　(B) $2f'(a)$;　　　(C) $f'(a)$;　　　(D) $\dfrac{1}{3}f'(a)$.

3. 设 $f(x)$ 在区间 $[0,c^2]$ 上连续,那么函数 $F(x)=\displaystyle\int_0^x tf(t^2)\mathrm{d}t$ 在 $[-c,c]$ 上是(　　).

(A) 奇函数;　　　　　　　　　　　　(B) 偶函数;

(C) 非奇非偶函数;　　　　　　　　　(D) 单调增加函数.

4. 设 $f(x)$ 在区间 $[a,b]$ 上连续,$F(x)=\displaystyle\int_0^x f(t)\mathrm{d}t(a\leqslant x\leqslant b)$,那么 $F(x)$ 是 $f(x)$ 的(　　).

(A) 不定积分;　　　　　　　　　　　(B) 一个原函数;

(C) 全体原函数;　　　　　　　　　　(D) 在 $[a,b]$ 上的定积分.

三、计算题(每题 4 分,共 36 分)

1. 已知 $xy=\mathrm{e}^{-\frac{y}{x}}$,求 $\mathrm{d}y$.

2. 设 $z=x^4+y^4-4\ln x\cdot\ln y$,求 $\dfrac{\partial^2 z}{\partial x^2},\dfrac{\partial^2 z}{\partial x\partial y}$.

3. 求出曲线 $\begin{cases}x=t^2,\\y=3t+t^3\end{cases}$ 上的拐点.

4. $\lim\limits_{x\to 0}\dfrac{\tan x-x}{x^3}$.

5. $\lim\limits_{x\to 0^+}\sqrt[x]{\cos\sqrt{x}}$.

6. $\displaystyle\int\dfrac{\mathrm{e}^{-\frac{1}{\sqrt{x}}}}{x^2}\mathrm{d}x$.

7. $\displaystyle\int_0^{\frac{\pi}{2}}\dfrac{\cos x}{\sin x+\cos x}\mathrm{d}x$.

8. $\displaystyle\int_{-\infty}^{+\infty}(x+|x|)\mathrm{e}^{-|x|}\,\mathrm{d}x$.

9. $\displaystyle\iint\limits_{D} x\sqrt{y}\,\mathrm{d}x\mathrm{d}y$,$D$ 是由 $y=\sqrt{x}$,$y=x^2$ 所围成的平面区域.

四、(7 分)设函数 $f(x)=\begin{cases} x, & x\leqslant 0, \\ x^2\cos\dfrac{1}{x}, & x>0, \end{cases}$ 试讨论函数 $f(x)$ 在 $x=0$ 处的连续性与可导性.

五、应用题(9 分)

设抛物线 $y=1+ax^2$($x\geqslant 0$),过坐标原点引一条切线,已知由该切线、抛物线与 y 轴所围成的平面图形的面积为 $\dfrac{1}{3}$.试求:

(1) 该抛物线方程;

(2) 该图形绕 x 轴旋转一周所成的旋转体的体积.

六、(6 分)证明:当 $x>1$ 时,$\mathrm{e}^x>\mathrm{e}x$.

七、(8 分)已知曲线过点 $\left(\dfrac{\pi}{2},0\right)$,且曲线上每一点的切线斜率等于 $\cos x-\dfrac{y}{x}$,求此曲线方程.

八、(4 分)求函数 $f(x)=x\cos x\sin x$ 的麦克劳林展开式.

综合测试题五

一、单项选择题(每题 2 分,共 10 分)

1. 若 $f(x)f(y)=f(xy)$,则 $f(x)=($).

(A) x^n;   (B) e^x;   (C) $\ln x$;   (D) $\sin x$.

2. $x=0$ 是 $f(x)=\mathrm{e}^{\frac{x+1}{x}}$ 的( ).

(A) 可去间断点;   (B) 跳跃间断点;   (C) 无穷间断点;   (D) 第二类间断点.

3. 设 $I=\displaystyle\int_{-1}^{0}\mathrm{d}y\int_{-2\sqrt{1+y}}^{2\sqrt{1+y}}f(x,y)\,\mathrm{d}x+\int_{0}^{8}\mathrm{d}y\int_{-2\sqrt{1+y}}^{2-y}f(x,y)\,\mathrm{d}x$ 交换二次积分的顺序,I 化为( ).

(A) $\displaystyle\int_{-6}^{2}\mathrm{d}x\int_{2-x}^{\frac{x^2}{4}-1}f(x,y)\,\mathrm{d}y$;   (B) $\displaystyle\int_{-6}^{2}\mathrm{d}x\int_{\frac{x^2}{4}-1}^{2-x}f(x,y)\,\mathrm{d}y$;

(C) $\displaystyle\int_{-1}^{8}\mathrm{d}x\int_{2-x}^{\frac{x^2}{4}-1}f(x,y)\,\mathrm{d}y$;   (D) $\displaystyle\int_{-1}^{8}\mathrm{d}x\int_{\frac{x^2}{4}-1}^{2-x}f(x,y)\,\mathrm{d}y$.

4. 在空间直角坐标系中,方程 $\begin{cases} \dfrac{x^2}{4}+\dfrac{z^2}{3}=1, \\ y=3 \end{cases}$ 表示( ).

(A) 椭圆柱面；　　　(B) 双曲柱面；　　　(C) 椭圆；　　　　　(D) 双曲线.

5. $(1.97)^{1.05} \approx ($　　$)$，其中 $\ln 2 = 0.693$.

(A) 2.003 93；　　　(B) 2.039 3；　　　(C) 0.203 93；　　　(D) 2.093 5.

二、填空题(每题 2 分，共 10 分)

1. 设 $\lim\limits_{x \to 2} \dfrac{x^3 + ax + 4}{x^2 - 3x + 2} = b$ 存在，则 $a = $ _____，$b = $ _____.

2. 罗尔定理的几何意义是_____.

3. 函数 $y = ax^2 + bx + c\,(a > 0)$，当 $x = $ _____ 时，取得极小值为_____.

4. 函数 $f(x) = x\ln(1+x)$ 的 n 阶麦克劳林展开式_____.

5. 微分方程 $y'' + 4y' + 5y = 0$ 的通解为_____.

三、讨论(8 分)

设 $f(x) = \begin{cases} e^{2ax}, & x \leqslant 0, \\ \sin x + b, & x > 0, \end{cases}$ 问当 a, b 为何值时，$f(x)$ 在 $x = 0$ 可导并求出 $f'(0)$.

四、求极限(每题 4 分，共 8 分)

1. $\lim\limits_{x \to 0} \dfrac{x - x\cos x}{x - \sin x}$.

2. $\lim\limits_{x \to +\infty} \left(\dfrac{\pi}{2} - \arctan x \right)^{\frac{1}{\ln x}}$.

五、计算下列各题(每题 4 分，共 16 分)

1. $y = e^{\sin x}\cos(\sin x) + \ln\left(1 + \tan\dfrac{\pi}{4}\right)$，求 $y'(0)$.

2. 已知 $\begin{cases} x = \dfrac{t^2}{2}, \\ y = 1 - t, \end{cases}$ 求 $\dfrac{dy}{dx}, \dfrac{d^2y}{dx^2}$.

3. 已知 $y = 1 + xe^y$ 确定函数 $y = f(x)$，求函数在 $x = 0$ 处的切线方程及法线方程.

4. $z = y\varphi(x^2 - y^2)$，其中 $\varphi(u)$ 可微，计算 $y\dfrac{\partial z}{\partial x} + x\dfrac{\partial z}{\partial y}$.

六、求下列积分(每题 4 分，共 16 分)

1. $\displaystyle\int \dfrac{\cos 2x}{\sin x + \cos x}\,dx$.

2. $\displaystyle\int_{-1}^{3} \dfrac{f'(x)}{1 + f^2(x)}\,dx$.

3. $\int_0^{+\infty} \dfrac{1}{\sqrt{x}} e^{-\sqrt{x}} \mathrm{d}x$.

4. 计算 $I = \iint\limits_{D} (x-1)y \mathrm{d}x\mathrm{d}y$，$D$ 由 $y=(x-1)^2$ 和 $y=1-x$ 所围成.

七、证明题(8 分)

设 $f(x)$ 在 $[0,1]$ 上连续，且 $f(x)<1$，证明方程 $2x - \int_0^x f(t)\mathrm{d}t = 0$ 在 $[0,1]$ 内有且只有一个实根.

八、应用题(8 分)

求由曲线 $y=3x^2$，$y=2x^2+9$ 围成的图形的面积及该图形绕 y 轴旋转而成的旋转体体积.

九、下面三题任选二题(每题 8 分，共 16 分)

1. 求微分方程 $y' + y\tan x = -3\tan x$ 的通解.

2. $x\int_0^x f(t)\mathrm{d}t = (x+1)\int_0^x tf(t)\mathrm{d}t$，求 $f(x)$.

3. 求幂级数 $\sum\limits_{n=1}^{\infty} \dfrac{x^n}{n}$ 的收敛域，并求出它的和函数.

综合测试题六

一、填空题(每题 2 分，共 20 分)

1. 设 $f(3x)=x+1$，则 $f[f(x)]=$ _____.

2. $\lim\limits_{x\to\infty} \left(\dfrac{x+1}{x-1}\right)^x =$ _____.

3. $\arcsin 0.502 \approx$ _____.

4. 已知 $f(x)=x^3+ax^2+bx$ 在 $x=-1$ 处取得极小值 -2，则 $a=$ _____，$b=$ _____.

5. 若 $\int f(x)\mathrm{d}x = F(x)+c$，则 $\int f(\arctan x)\dfrac{2}{1+x^2}\mathrm{d}x =$ _____.

6. $\int_{-\frac{\pi}{2}}^{\pi} \sqrt{1-\cos^2 x}\,\mathrm{d}x =$ _____.

7. 在空间直角坐标系中，方程 $\dfrac{y^2}{9}-\dfrac{z^2}{4}=1$ 表示的曲面是 _____；曲线 $\begin{cases} \dfrac{y^2}{9}-\dfrac{z^2}{4}=1, \\ x=0 \end{cases}$ 绕 y 轴一周所成的曲面方程是 _____.

8. 函数 $z=\dfrac{1}{\sqrt{1-x-y}}+\dfrac{\ln y}{\sqrt{x}}$ 的定义域为_____.

9. 微分方程 $y''-2y'+2y=xe^x$ 的一个特解为 $y^*=$_____.

10. $f(x)=xe^{-2x}$ 的 n 阶麦克劳林展开式为_____.

二、计算题(每题 4 分,共 40 分)

1. $\lim\limits_{x\to\frac{\pi}{4}}(1-\ln\tan x)^{\frac{2}{1-\tan x}}$.

2. $\lim\limits_{x\to 0}\dfrac{\int_x^0\tan t\,\mathrm{d}t}{x^2}$.

3. 已知 $y=\ln(x+\sqrt{x^2-1})$,求 y'.

4. 已知 $y^2-2xy+9=0$,求 y'.

5. 设 $z=\displaystyle\int_y^x e^{-t^2}\,\mathrm{d}t$,求 $\dfrac{\partial z}{\partial x},\dfrac{\partial z}{\partial y}$.

6. $\displaystyle\int\dfrac{\mathrm{d}x}{\sqrt{1+e^x}}$.

7. $\displaystyle\int_1^{e^2}\dfrac{\mathrm{d}x}{x\sqrt{1+\ln x}}$.

8. $\displaystyle\int_{-\frac{\pi}{4}}^{\frac{3\pi}{2}}\dfrac{\mathrm{d}x}{\cos^2 x}$.

9. 设 $z=\dfrac{xy}{\sqrt{x^2+y^2}}$,求 $\mathrm{d}z$.

10. 计算 $I=\displaystyle\iint_D e^{x+y}\,\mathrm{d}\sigma,D:0\leqslant x\leqslant 1,0\leqslant y\leqslant 1$.

三、(8 分)试确定 a,b,c 之值,使 $f(x)=\begin{cases}a+bx, & x\leqslant 0,\\ \ln(1+cx), & x>0\end{cases}$ 在 $x=0$ 处可导.

四、证明题(8 分)

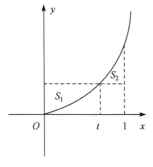

图 2

设 $f(x)$ 在 $[1,2]$ 上有二阶导数,且 $f(2)=0$,又设 $F(x)=(x-1)^2 f(x)$,求证:在 $(1,2)$ 内至少存在一点 ξ,使 $F''(\xi)=0$.

五、应用题(12 分)

在区间 $[0,1]$ 上给定函数 $y=x^2$,问当 t 取何值时,图 2 中 S_1 与 S_2 所指部分的面积之和取最小值?何时又取最大值?

六、(三个小题任选两题,每题 6 分,共 12 分)

1. 一曲线在两坐标轴间的任一切线均被切点平

分,求此曲线方程.

2. 写出函数 $y=(1+x)\ln(1+x)$ 的 n 阶麦克劳林公式.

3. 求微分方程 $\dfrac{\mathrm{d}y}{\mathrm{d}x}+\dfrac{y}{x}=\sin x$ 的通解.

综合测试题一解答

一、填空题

1. $\sin(1-x^2),\cos^2 x.$

2. 1.

3. $-1,0.$

4. $(a+b)f'(x_0).$

5. $1+2x+\dfrac{(2x)^2}{2!}+\dfrac{(2x)^3}{3!}+\cdots+\dfrac{(2x)^n}{n!}+R_n(x).$

6. $-\dfrac{2a^2}{x}+C.$

7. $-\dfrac{1}{2\sqrt{x}}f(\sqrt{x}).$

8. $\left(\dfrac{y}{x^2+y^2}+y\mathrm{e}^{xy}\right)\mathrm{d}x+\left(\dfrac{-x}{x^2+y^2}+x\mathrm{e}^{xy}\right)\mathrm{d}y.$

9. $(Ax+B)x\mathrm{e}^{-x}.$

10. $\displaystyle\int_{-\frac{\pi}{4}}^{\frac{\pi}{4}}\mathrm{d}\theta\int_0^a f(r\cos\theta,r\sin\theta)r\mathrm{d}r+\int_{\frac{\pi}{4}}^{\frac{3\pi}{4}}\mathrm{d}\theta\int_0^{\frac{a}{\sqrt{2}\sin\theta}}f(r\cos\theta,r\sin\theta)r\mathrm{d}r.$

二、证 对 $\forall\varepsilon>0$,要使 $|5x+2-12|<\varepsilon$,即 $|x-2|<\dfrac{\varepsilon}{5}$,只要取 $\delta=\dfrac{\varepsilon}{5}$,当 $0<|x-2|<\delta$ 时,恒有 $|5x+2-12|<\varepsilon$,由定义知,$\lim\limits_{x\to2}(5x+2)=12.$

三、解 因为 $\lim\limits_{x\to0}f(x)=\lim\limits_{x\to0}x\cos\dfrac{1}{x}=0,$

所以 $\lim\limits_{x\to0}f(x)=f(0)$,所以 $f(x)$ 在 $x=0$ 处连续.

又因为 $\lim\limits_{x\to0}\dfrac{f(x)-f(0)}{x-0}=\lim\limits_{x\to0}\dfrac{x\cos\dfrac{1}{x}}{x}=\lim\limits_{x\to0}\cos\dfrac{1}{x}$ 不存在. 所以 $f(x)$ 在 $x=0$ 处不可导.

四、计算下列极限

解 1. $\lim\limits_{x\to1}\left(\dfrac{x}{x-1}-\dfrac{1}{\ln x}\right)=\lim\limits_{x\to1}\left(\dfrac{x\ln x-x+1}{(x-1)\ln x}\right)=\lim\limits_{x\to1}\dfrac{\ln x+1-1}{\ln x+1-\dfrac{1}{x}}$

$$=\lim_{x\to1}\dfrac{\dfrac{1}{x}}{\dfrac{1}{x}+\dfrac{1}{x^2}}=\dfrac{1}{2}.$$

2. $\lim\limits_{x\to0}(x+\mathrm{e}^x)^{\frac{1}{x}}=\lim\limits_{x\to0}\mathrm{e}^{\frac{\ln(x+\mathrm{e}^x)}{x}}=\mathrm{e}^{\lim\limits_{x\to0}\frac{\ln(x+\mathrm{e}^x)}{x}}=\mathrm{e}^{\lim\limits_{x\to0}\frac{1+\mathrm{e}^x}{x+\mathrm{e}^x}}=\mathrm{e}^2.$

五、求下列函数的导数或微分

解 1. $y'=\dfrac{1}{\sqrt{\dfrac{\mathrm{e}^{4x}}{1+\mathrm{e}^{4x}}}}\dfrac{1}{2\sqrt{\dfrac{\mathrm{e}^{4x}}{1+\mathrm{e}^{4x}}}}\dfrac{4\mathrm{e}^{4x}(1+\mathrm{e}^{4x})-4\mathrm{e}^{4x}\cdot\mathrm{e}^{4x}}{(1+\mathrm{e}^{4x})^2}$

$$=\dfrac{1}{\sqrt{\dfrac{\mathrm{e}^{4x}}{1+\mathrm{e}^{4x}}}}\dfrac{1}{2\sqrt{\dfrac{\mathrm{e}^{4x}}{1+\mathrm{e}^{4x}}}}\dfrac{4\mathrm{e}^{4x}}{(1+\mathrm{e}^{4x})^2}=\dfrac{2}{1+\mathrm{e}^{4x}},$$

$$y'|_{x=0}=1.$$

另解 先将原式化简

$$y=2x-\dfrac{1}{2}\ln(1+\mathrm{e}^{4x}),$$

再求导

$$y'=2-\dfrac{2\mathrm{e}^{4x}}{1+\mathrm{e}^{4x}}=\dfrac{2}{1+\mathrm{e}^{4x}},$$

所以 $y'|_{x=0}=1.$

2. $\arctan\dfrac{y}{x}=\dfrac{1}{2}\ln(x^2+y^2).$

$$\dfrac{1}{1+\dfrac{y^2}{x^2}}\left(\dfrac{xy'-y}{x^2}\right)=\dfrac{x+y\cdot y'}{x^2+y^2},y'=\dfrac{x+y}{x-y}.$$

3. $\dfrac{\mathrm{d}y}{\mathrm{d}x}=\dfrac{-\mathrm{e}^{-t}}{2\mathrm{e}^t}=-\dfrac{1}{2}\mathrm{e}^{-2t},k_{\text{切}}=\dfrac{\mathrm{d}y}{\mathrm{d}x}\Big|_{t=0}=-\dfrac{1}{2}.$

当 $t=0$ 时,$x=2,y=1$,切线方程为

$$y-1=-\dfrac{1}{2}(x-2).$$

法线方程为

$$y-1=2(x-2).$$

4. $\dfrac{\partial z}{\partial x}=\dfrac{\partial f}{\partial u}\cos xy\cdot y+\dfrac{\partial f}{\partial v}\cdot 0=y\cdot\dfrac{\partial f}{\partial u}\cdot\cos xy,$

$\dfrac{\partial z}{\partial y}=\dfrac{\partial f}{\partial u}\cos xy\cdot x+\dfrac{\partial f}{\partial v}\cdot\dfrac{1}{1+y^2}$

$\qquad=x\dfrac{\partial f}{\partial u}\cdot\cos xy+\dfrac{1}{1+y^2}\dfrac{\partial f}{\partial v}.$

六、计算下列积分

解 1. $\displaystyle\int\dfrac{\ln x}{x^2}\mathrm{d}x=\int\ln x\mathrm{d}\left(\dfrac{-1}{x}\right)=-\dfrac{1}{x}\ln x+\int\dfrac{1}{x^2}\mathrm{d}x$

$$=-\dfrac{1}{x}\ln x-\dfrac{1}{x}+C.$$

2. $\displaystyle\int_0^1\dfrac{x}{\sqrt{1-x^2}}\mathrm{d}x.$

由于被积函数 $f(x)=\dfrac{x}{\sqrt{1-x^2}}$ 在积分区间 $[0,1]$ 上除 $x=1$ 外连续,且

$\displaystyle\lim_{x\to 1}\dfrac{x}{\sqrt{1-x^2}}=\infty$,故

$\displaystyle\int_0^1\dfrac{x}{\sqrt{1-x^2}}\mathrm{d}x=\lim_{\varepsilon\to 0^+}\int_0^{1-\varepsilon}\dfrac{x}{\sqrt{1-x^2}}\mathrm{d}x=\lim_{\varepsilon\to 0^+}\int_0^{1-\varepsilon}\dfrac{1}{\sqrt{1-x^2}}\left(-\dfrac{1}{2}\right)\mathrm{d}(1-x^2)$

$\qquad=\lim_{\varepsilon\to 0^+}\left(-\sqrt{1-x^2}\right)\Big|_0^{1-\varepsilon}=\lim_{\varepsilon\to 0^+}(-\sqrt{2\varepsilon-\varepsilon^2}+1)=1.$

3. $\displaystyle\int_0^{+\infty}x^6\mathrm{e}^{-2x}\mathrm{d}x\xlongequal{t=2x}\int_0^{+\infty}\left(\dfrac{t}{2}\right)^6\mathrm{e}^{-t}\mathrm{d}\left(\dfrac{t}{2}\right)$

$\qquad=\dfrac{1}{2^7}\displaystyle\int_0^{+\infty}t^6\mathrm{e}^{-t}\mathrm{d}t=\dfrac{\Gamma(7)}{2^7}=\dfrac{6!}{2^7}.$

4. $\displaystyle\iint\limits_{D}\sqrt{x^2+y^2}\mathrm{d}x\mathrm{d}y$,其中 D 为 $x^2+y^2\leqslant 2x$,

$\displaystyle\iint\limits_{D}\sqrt{x^2+y^2}\mathrm{d}x\mathrm{d}y=\int_{-\frac{\pi}{2}}^{\frac{\pi}{2}}\mathrm{d}\theta\int_0^{2\cos\theta}r^2\mathrm{d}r=\int_{-\frac{\pi}{2}}^{\frac{\pi}{2}}\dfrac{1}{3}(2\cos\theta)^3\mathrm{d}\theta$

$\qquad=\dfrac{8}{3}\displaystyle\int_{-\frac{\pi}{2}}^{\frac{\pi}{2}}\cos^3\theta\mathrm{d}\theta=\dfrac{16}{3}\int_0^{\frac{\pi}{2}}\cos^3\theta\mathrm{d}\theta$

$\qquad=\dfrac{16}{3}\times\dfrac{2}{3}=\dfrac{32}{9}.$

七、解

1. $S = \int_{-\sqrt{2}}^{\sqrt{2}} (4 - x^2 - x^2)\mathrm{d}x$

$= \int_{-\sqrt{2}}^{\sqrt{2}} (4 - 2x^2)\mathrm{d}x = \int_{-\sqrt{2}}^{\sqrt{2}} 4\mathrm{d}x - 2\int_{-\sqrt{2}}^{\sqrt{2}} x^2\,\mathrm{d}x$

$= 8\sqrt{2} - 2 \times \dfrac{1}{3} x^3 \Big|_{-\sqrt{2}}^{\sqrt{2}}$

$= \dfrac{16\sqrt{2}}{3}.$

2. $V = \int_2^4 \pi(4 - y)\mathrm{d}y + \int_0^2 \pi y\mathrm{d}y$

$= \pi \times 8 - \dfrac{\pi}{2} y^2 \Big|_2^4 + \pi \dfrac{1}{2} y^2 \Big|_0^2$

$= 8\pi - 6\pi + 2\pi = 4\pi.$

八、解

单调减区间	$(-\infty, -2]$、$(0, +\infty)$
单调增区间	$[-2, 0)$
极值点	极小值点 $x = -2$
极值	$y_{极小} = f(-2) = -\dfrac{1}{4}$
凹区间	$[-3, 0)$, $(0, +\infty)$
凸区间	$(-\infty -3]$
拐点	$\left(-3, -\dfrac{2}{9}\right)$
渐近线	$y = 0$

九、解 设 $y' = p$，则 $y'' = p\dfrac{\mathrm{d}p}{\mathrm{d}y}$，于是方程化为

$$yp\frac{\mathrm{d}p}{\mathrm{d}y} = 2(p^2 - p), \qquad \frac{\mathrm{d}p}{p - 1} = \frac{2}{y}\mathrm{d}y,$$

$$\ln(p - 1) = 2\ln y + 2\ln C, \quad p - 1 = (Cy)^2,$$

所以 $y' = 1 + (Cy)^2$.   (1)

$$\frac{\mathrm{d}y}{1 + (Cy)^2} = \mathrm{d}x, \quad \frac{1}{C}\arctan Cy = x + C_1. \tag{2}$$

由(1)得 $C = 1$, $C_1 = \dfrac{\pi}{4}$. 所以 $\arctan y = x + \dfrac{\pi}{4}$.

十、解 $S_1 = 2S_2$,

$$\int_0^x f(x)\mathrm{d}x = 2\Big[xy - \int_0^x f(x)\mathrm{d}x\Big] = 2xy - 2\int_0^x f(x)\mathrm{d}x,$$

$$3\int_0^x f(x)\mathrm{d}x = 2xy, \quad \int_0^x f(x)\mathrm{d}x = \frac{2}{3}xy, \quad f(x) = \frac{2}{3}[y + xy'],$$

即 $f(x) = \frac{2}{3}f(x) + \frac{2}{3}xf'(x)$，$2xf'(x) = f(x)$，即

$$\frac{\mathrm{d}y}{\mathrm{d}x} = \frac{f(x)}{2x} \Rightarrow \frac{\mathrm{d}y}{\mathrm{d}x} = \frac{y}{2x},$$

$$\frac{\mathrm{d}y}{y} = \frac{1}{2}\frac{\mathrm{d}x}{x}, \quad \ln y = \frac{1}{2}\ln x + \ln C,$$

所以 $y = C\sqrt{x}$.

由已知条件

$$C = \frac{3}{2}\sqrt{2},$$

所以 $y = \frac{3}{2}\sqrt{2x}$.

十一、解　因为

$$\ln(1+x) = x - \frac{x^2}{2} + \frac{x^3}{3} - \frac{x^4}{4} + \cdots + (-1)^n \frac{x^{n+1}}{n+1} + \cdots \quad (-1 < x \leqslant 1),$$

所以 $\ln(3+x) = \ln 3\left(1 + \frac{x}{3}\right) = \ln 3 + \ln\left(1 + \frac{x}{3}\right)$

$$= \ln 3 + \left(\frac{x}{3}\right) - \frac{1}{2}\left(\frac{x}{3}\right)^2 + \frac{1}{3}\left(\frac{x}{3}\right)^3 - \frac{1}{4}\left(\frac{x}{3}\right)^4 + \cdots$$

$$+ (-1)^n \frac{1}{n+1}\left(\frac{x}{3}\right)^{n+1} + \cdots,$$

且 $-1 < \frac{x}{3} \leqslant 1$，所以收敛区间为 $(-3, 3]$.

综合测试题二解答

一、填空题(每题 2.5 分,共 20 分)

1. $\sin^2 x$.　　　　2. $0, \frac{1}{2}$.

3. $\frac{\pi}{3} - \frac{0.004}{\sqrt{3}}$.　　4. $-3, 4$.

5. $x - x^3 + \frac{x^5}{2!} - \frac{x^7}{3!} + \cdots + \frac{(-1)^n x^{2n+1}}{n!} + R_n(x)$.

6. $y=2x^2+2z^2$，旋转抛物面.

7. 1.　　8. $c_1+c_2=1$.

二、1. D.　　2. A.　　3. B.　　4. C.

三、解　1. $\lim\limits_{x\to\infty}\left(\dfrac{2^{\frac{1}{x}}+3^{\frac{1}{x}}}{2}\right)^x=\lim\limits_{x\to\infty}e^{x\left[\ln(2^{\frac{1}{x}}+3^{\frac{1}{x}})-\ln2\right]}$

$$=e^{\lim\limits_{x\to\infty}\frac{\ln(2^{\frac{1}{x}}+3^{\frac{1}{x}})-\ln2}{\frac{1}{x}}}=e^{\lim\limits_{x\to\infty}\frac{\frac{2^{\frac{1}{x}}\ln2+3^{\frac{1}{x}}\ln3}{2^{\frac{1}{x}}+3^{\frac{1}{x}}}(-\frac{1}{x^2})}{-\frac{1}{x^2}}}$$

$$=e^{\lim\limits_{x\to\infty}\frac{2^{\frac{1}{x}}\ln2+3^{\frac{1}{x}}\ln3}{2^{\frac{1}{x}}+3^{\frac{1}{x}}}}=e^{\frac{\ln6}{2}}=\sqrt{6}.$$

2. $\lim\limits_{x\to0^+}\dfrac{\int_0^{x^2}\ln(1+\sqrt{t^3})\mathrm{d}t}{\tan^4x}=\lim\limits_{x\to0^+}\dfrac{\ln(1+x^3)\cdot2x}{4\tan^3x\cdot\sec^2x}$

$$=\frac{1}{2}\lim\limits_{x\to0^+}\frac{x\ln(1+x^3)}{\sin^3x}=\frac{1}{2}\lim\limits_{x\to0^+}\frac{x\cdot x^3}{x^3}=0$$

3. 因为$\dfrac{\mathrm{d}y}{\mathrm{d}x}\Big|_{t=\frac{\pi}{6}}=\dfrac{-2\sin2t}{\cos t}\Big|_{t=\frac{\pi}{6}}=-2$，$t=\dfrac{\pi}{6}$时，$x=\dfrac{1}{2}$，$y=\dfrac{1}{2}$.

所以法线方程为$y-\dfrac{1}{2}=\dfrac{1}{2}\left(x-\dfrac{1}{2}\right)$，即$2x-4y+1=0$

4. 方程两边对x求导得

$$2xy+x^2y'-e^{x+y}(1+y')=\frac{1}{\cos^2y}\sin y\cdot y',$$

所以

$$y'=\frac{2xy-e^{x+y}}{e^{x+y}+\sec y\tan y-x^2},$$

$$\mathrm{d}y=\frac{2xy-e^{x+y}}{e^{x+y}+\sec y\tan y-x^2}\mathrm{d}x.$$

5. $\dfrac{\partial z}{\partial x}=y\psi(u)+xy\psi'(u)e^{\frac{x}{y}}\dfrac{1}{y}=y\psi(u)+xe^{\frac{x}{y}}\psi'(u)$，

$\dfrac{\partial^2z}{\partial x\partial y}=\psi(u)+y\psi'(u)e^{\frac{x}{y}}\dfrac{-x}{y^2}+xe^{\frac{x}{y}}\psi''(u)e^{\frac{x}{y}}\left(-\dfrac{x}{y^2}\right)+xe^{\frac{x}{y}}\left(-\dfrac{x}{y^2}\right)\psi'(u)$

$=\psi(u)-\dfrac{x}{y}\psi'(u)e^{\frac{x}{y}}-\dfrac{x^2}{y^2}e^{\frac{2x}{y}}\psi''(u)-\dfrac{x^2}{y^2}e^{\frac{x}{y}}\psi'(u).$

6. $\displaystyle\int\frac{\ln(x+1)}{x^2}\mathrm{d}x=\int\ln(x+1)\mathrm{d}\left(-\frac{1}{x}\right)$

$$=-\frac{1}{x}\ln(1+x)+\int\frac{1}{x}\frac{1}{1+x}\mathrm{d}x$$

$$=-\frac{1}{x}\ln(1+x)+\int\left(\frac{1}{x}-\frac{1}{1+x}\right)\mathrm{d}x$$

$$=-\frac{1}{x}\ln(1+x)+\ln\left|\frac{x}{1+x}\right|+C.$$

7. $\displaystyle\int_{0}^{4}\frac{\mathrm{d}x}{x^{2}-x-2}=\int_{0}^{4}\frac{\mathrm{d}x}{(x-2)(x+1)}$

$$=\frac{1}{3}\int_{0}^{4}\frac{\mathrm{d}x}{x-2}-\frac{1}{3}\int_{0}^{4}\frac{\mathrm{d}x}{x+1},$$

其中

$$\int_{0}^{4}\frac{\mathrm{d}x}{x-2}=\int_{0}^{2}\frac{\mathrm{d}x}{x-2}+\int_{2}^{4}\frac{\mathrm{d}x}{x-2},$$

又

$$\int_{0}^{2}\frac{\mathrm{d}x}{x-2}=\lim_{\varepsilon\to0^{+}}\int_{0}^{2-\varepsilon}\frac{\mathrm{d}x}{x-2}=\lim_{\varepsilon\to0^{+}}\ln|x-2|\Big|_{0}^{2-\varepsilon}$$

$$=\lim_{\varepsilon\to0^{+}}\ln\varepsilon-\ln2=\infty,$$

故原积分发散.

8. $\displaystyle\int_{1}^{3}f(x-2)\mathrm{d}x\xlongequal{x-2=t}\int_{-1}^{1}f(t)\mathrm{d}t=\int_{-1}^{0}(1+t^{2})\mathrm{d}t+\int_{0}^{1}\mathrm{e}^{-t}\mathrm{d}t=\frac{7}{3}-\frac{1}{\mathrm{e}}.$

9. $\displaystyle\iint_{D}\frac{\cos y}{1+x^{2}}\mathrm{d}x\mathrm{d}y=\int_{-1}^{1}\frac{1}{1+x^{2}}\mathrm{d}x\times\int_{0}^{\frac{\pi}{2}}\cos y\mathrm{d}y$

$$=\frac{\pi}{2}.$$

四、(1) $\displaystyle\lim_{x\to0^{-}}f(x)=\lim_{x\to0^{-}}(\mathrm{e}^{x}+ax+b)=1+b,$

$$\lim_{x\to0^{+}}f(x)=\lim_{x\to0^{+}}\ln\left(1+\frac{x}{2}\right)=0.$$

要使 $f(x)$ 在 $x=0$ 连续,只需 $b=-1$,而 a 可为任意数.

(2) $\displaystyle\lim_{x\to0^{+}}\frac{f(x)-f(0)}{x-0}=\lim_{x\to0^{+}}\frac{\ln\left(1+\frac{x}{2}\right)}{x}=\frac{1}{2},$

$$\lim_{x\to0^{-}}\frac{f(x)-f(0)}{x-0}=\lim_{x\to0^{-}}\frac{\mathrm{e}^{x}+ax-1}{x}=1+a,$$

所以,当 $a=-\frac{1}{2}$ 且 $b=-1$ 时,$f(x)$ 在 $x=0$ 处可导.

五、证 (1) 在 $[0,a]$ 上由拉格朗日中值定理知,存在 $\xi_{1}\in(0,a)$,使得

$$f(a)-f(0)=f'(\xi_{1})(a-0),$$

即 $f'(\xi_1) = \dfrac{f(a)}{a}$.

(2) 在 $[b, a+b]$ 上由拉格朗日中值定理知,存在 $\xi_2 \in (b, a+b)$,使得
$$f(a+b) - f(b) = f'(\xi_2)(a+b-b),$$
即 $f'(\xi_2) = \dfrac{f(a+b) - f(b)}{a}$.

(3) 因为 $f'(x)$ 单调下降,又 $\xi_1 < b < \xi_2$,则 $f'(\xi_1) > f'(\xi_2)$,把(1),(2)所得结果代入上式,因为 $a > 0$,所以
$$f(a+b) < f(a) + f(b).$$

六、解　(1) $S = \displaystyle\int_0^2 (2x - x^2)\mathrm{d}x = \left(x^2 - \dfrac{1}{3}x^3\right)\Big|_0^2 = \dfrac{4}{3}$.

(2) $V_x = \pi\displaystyle\int_0^2 [(2x)^2 - (x^2)^2]\mathrm{d}x = \pi\left(\dfrac{4}{3}x^3 - \dfrac{1}{5}x^5\right)\Big|_0^2 = \dfrac{64}{15}\pi$.

七、解　因为 $f(x)$ 连续,由定积分基本定理可知 $\displaystyle\int_0^x tf(t)\mathrm{d}t, \int_0^x f(t)\mathrm{d}t$ 可导,故 $f(x)$ 可导,且 $f(0) = 1$,等式两边对 x 求导得 $f'(x) = 2 - \displaystyle\int_0^x f(t)\mathrm{d}t$,同理,$f'(x)$ 可导,且 $f'(0) = 2$,等式两边再对 x 求导得,$f''(x) = -f(x)$.

可得 $f(x) = c_1\cos x + c_2\sin x$.

由 $f(0) = 1, f'(0) = 2$ 可得 $c_1 = 1, c_2 = 2$,故 $f(x) = \cos x + 2\sin x$.

综合测试题三解答

一、单项选择题

1. 答案(C).

将各选项代入原题中验证:$x^n + y^n \neq (xy)^n$,$\mathrm{e}^x + \mathrm{e}^y \neq \mathrm{e}^{xy}$,$\ln x + \ln y = \ln(xy)$,$\sin x + \sin y \neq \sin(xy)$,所以 C 选项是正确答案

2. 答案(B).

$$f(x) = \begin{cases} \dfrac{\sin x}{x}, & x > 0, \\[2mm] -\dfrac{\sin x}{x}, & x < 0, \\[2mm] 1, & x = 0, \end{cases}$$

所以
$$\lim_{x \to 0^-} f(x) = \lim_{x \to 0^-} -\dfrac{\sin x}{x} = -1,$$

$$\lim_{x \to 0^+} f(x) = \lim_{x \to 0^+} \frac{\sin x}{x} = 1,$$

$$\lim_{x \to 0^-} f(x) \neq \lim_{x \to 0^+} f(x),$$

所以 $x=0$ 是 $f(x)$ 的跳跃间断点.

3. 答案(A).

4. 答案(B).

5. 答案(C).

$$f(x,y) = \arctan \frac{y}{x}, \quad x_0 = 1, \quad \Delta x = -0.05, \quad y_0 = 1, \quad \Delta y = 0.02,$$

$$f'_x(x,y) = -\frac{y}{x^2 + y^2}, \quad f'_y(x,y) = \frac{x}{x^2 + y^2},$$

$$\arctan \frac{1.02}{0.95} = f(x_0 + \Delta x, y_0 + \Delta y) \approx f(x_0, y_0) + f'_x(x_0, y_0)\Delta x + f'_y(x_0, y_0)\Delta y$$

$$= \arctan 1 + \left(-\frac{1}{2}\right) \times (-0.05) + \frac{1}{2} \times 0.02 = \frac{\pi}{4} + 0.035.$$

二、填空题

1. $a = -4, b = 10$.

因为 $\lim\limits_{x \to -1} \dfrac{x^3 + ax^2 - x + 4}{x+1} = b$ 存在,所以 $\lim\limits_{x \to -1} x^3 + ax^2 - x + 4 = 0$,即 $-1 + a +$

$1 + 4 = 0$,所以 $a = -4$,又 $\lim\limits_{x \to -1} \dfrac{x^3 + ax^2 - x + 4}{x+1} = b$,所以

$$\lim_{x \to -1} \frac{x^3 + ax^2 - x + 4}{x+1} = \lim_{x \to -1} \frac{3x^2 - 8x - 1}{1} = 10 = b.$$

2. 曲线 $y = f(x)$ 在点 $(\xi, f(\xi))$ 处切线平行于 AB 弦.

3. $\displaystyle\int_0^1 \mathrm{d}y \int_{2y-2}^{2-2y} f(x,y)\mathrm{d}x$.

积分区域为

$$D = \left\{ (x,y) \,\middle|\, -2 \leqslant x \leqslant 0, 0 \leqslant y \leqslant \frac{2+x}{2} \right\} \cup \left\{ (x,y) \,\middle|\, 0 \leqslant x \leqslant 2, 0 \leqslant y \leqslant \frac{2-x}{2} \right\}$$

$$= \{ (x,y) \,|\, 0 \leqslant y \leqslant 1, 2y-2 \leqslant x \leqslant 2-2y \},$$

所以 $I = \displaystyle\int_{-2}^0 \mathrm{d}x \int_0^{\frac{2+x}{2}} f(x,y)\mathrm{d}y + \int_0^2 \mathrm{d}x \int_0^{\frac{2-x}{2}} f(x,y)\mathrm{d}y = \int_0^1 \mathrm{d}y \int_{2y-2}^{2-2y} f(x,y)\mathrm{d}x$.

4. $-\left(x^2 + \dfrac{1}{2}x^3 + \dfrac{1}{3}x^4 + \dfrac{1}{n}x^{n+1}\right) + R_n(x)$,

$$\ln(1+x) = x - \frac{x^2}{2} + \frac{x^3}{3} - \cdots + (-1)^{n-1}\frac{x^n}{n} + \widetilde{R}_n(x),$$

$$\ln(1-x)=-x-\frac{x^2}{2}-\frac{x^3}{3}-\cdots-\frac{x^n}{n}+\widetilde{R}_n(x),$$

所以 $f(x)=x\ln(1-x)=-\left(x^2+\frac{x^3}{2}+\frac{x^4}{3}+\cdots+\frac{x^{n+1}}{n}\right)+R_n(x).$

5. $y=\mathrm{e}^{-x}(c_1\cos2x+c_2\sin2x),$

特征方程为 $r^2+2r+5=0$，所以特征根为 $r_{1,2}=-1\pm2\mathrm{i}$，所以微分方程的通解为 $y=\mathrm{e}^{-x}(c_1\cos2x+c_2\sin2x).$

三、解 因为

$$\lim_{x\to0}f(x)=\lim_{x\to0}\frac{\sqrt{1+x}-1}{x}=\lim_{x\to0}\frac{x}{x(\sqrt{1+x}+1)}=\frac{1}{2}=f(0),$$

所以 $f(x)$ 在 $x=0$ 处连续，当 $\Delta x\neq0$ 时，

$$f(\Delta x)=\frac{\sqrt{1+\Delta x}-1}{\Delta x},$$

所以 $\lim\limits_{\Delta x\to0}\dfrac{f(0+\Delta x)-f(0)}{\Delta x}=\lim\limits_{\Delta x\to0}\dfrac{\sqrt{1+\Delta x}-1-\dfrac{1}{2}\Delta x}{(\Delta x)^2}$

$$=\lim_{\Delta x\to0}\frac{\dfrac{1}{2}(1+\Delta x)^{-\frac{1}{2}}-\dfrac{1}{2}}{2\Delta x}=\lim_{\Delta x\to0}\frac{-\dfrac{1}{4}(1+\Delta x)^{-\frac{3}{2}}}{2}$$

$$=-\frac{1}{8}.$$

所以 $f(x)$ 在 $x=0$ 处可导，$f'(0)=-\dfrac{1}{8}.$

四、解 1. $\lim\limits_{x\to0}\left(\dfrac{1}{x\sin x}-\dfrac{1}{x^2}\right)=\lim\limits_{x\to0}\dfrac{x-\sin x}{x^2\sin x}=\lim\limits_{x\to0}\dfrac{x-\sin x}{x^3}$

$$=\lim_{x\to0}\frac{1-\cos x}{3x^2}=\lim_{x\to0}\frac{\sin x}{6x}=\frac{1}{6}.$$

2. $\lim\limits_{x\to\frac{\pi}{2}^-}(\cos x)^{\frac{\pi}{2}-x}=\lim\limits_{x\to\frac{\pi}{2}^-}\mathrm{e}^{\left(\frac{\pi}{2}-x\right)\ln\cos x}=\mathrm{e}^{\lim\limits_{x\to\frac{\pi}{2}^-}\frac{\ln\cos x}{\frac{1}{\left(\frac{\pi}{2}-x\right)}}}=\mathrm{e}^{\lim\limits_{x\to\frac{\pi}{2}^-}\frac{-\sin x}{\cos x}\left(\frac{\pi}{2}-x\right)^2}$

$$=\mathrm{e}^{\lim\limits_{x\to\frac{\pi}{2}^-}\frac{-\left(\frac{\pi}{2}-x\right)^2}{\cos x}\sin x}=\mathrm{e}^{\lim\limits_{x\to\frac{\pi}{2}^-}\frac{-\left(\frac{\pi}{2}-x\right)^2}{\cos x}}=\mathrm{e}^{\lim\limits_{x\to\frac{\pi}{2}^-}\frac{-2\left(\frac{\pi}{2}-x\right)}{\sin x}}=\mathrm{e}^0$$

$$=1.$$

五、解 1.

$$\mathrm{d}y=\mathrm{d}(\mathrm{e}^{-\sin^2\frac{1}{x}})=\mathrm{e}^{-\sin^2\frac{1}{x}}\mathrm{d}\left(-\sin^2\frac{1}{x}\right)=\mathrm{e}^{-\sin^2\frac{1}{x}}\left(-2\sin\frac{1}{x}\right)\cos\frac{1}{x}\left(-\frac{1}{x^2}\right)\mathrm{d}x$$

$$=\frac{1}{x^2}e^{-\sin^2\frac{1}{x}}\sin\frac{2}{x}dx.$$

2. $\dfrac{dy}{dx}=\dfrac{dy/dt}{dx/dt}=\dfrac{\dfrac{1-\ln t}{t^2}}{\dfrac{\ln t+1}{}}=\dfrac{1-\ln t}{\ln t+1}\dfrac{1}{t^2}$, $\left.\dfrac{dy}{dx}\right|_{t=1}=1.$ $t=1$ 时,$x=0,y=0$,则切线

方程 $y=kx=x.$

3. $F(x,y,z)=x-z\ln\dfrac{z}{y}$, $F_x=1$, $F_y=\dfrac{z}{y}$, $F_z=-\left(1+\ln\dfrac{z}{y}\right)$,

$$\frac{\partial z}{\partial x}=\frac{1}{1+\ln\dfrac{z}{y}};\qquad \frac{\partial z}{\partial y}=\frac{\dfrac{z}{y}}{1+\ln\dfrac{z}{y}},$$

$$du=\frac{\partial z}{\partial x}dx+\frac{\partial z}{\partial y}dy$$

$$=\frac{1}{1+\ln\dfrac{z}{y}}dx+\frac{z}{y+y\ln\dfrac{z}{y}}dy.$$

4. $\dfrac{dy}{dx}=\dfrac{1}{f(x^2)}f'(x^2)2x=\dfrac{2xf'(x^2)}{f(x^2)}$,

$$\frac{d^2y}{dx^2}=\frac{[2xf'(x^2)]'f(x^2)-2xf'(x^2)f'(x^2)2x}{[f(x^2)]^2}$$

$$=\frac{[2f'(x^2)+4x^2f''(x^2)]f(x^2)-4x^2[f'(x^2)]^2}{[f(x^2)]^2}.$$

六、解 1. $\displaystyle\int(2a^x+\sin x+\csc x\cot x)dx=\frac{2a^x}{\ln a}-\cos x-\csc x+C.$

2. $\displaystyle\int_0^{\frac{3\pi}{2}}\sqrt{1+\sin 2x}\,dx=\int_0^{\frac{3\pi}{2}}\sqrt{(\sin x+\cos x)^2}\,dx=\int_0^{\frac{3\pi}{2}}|\sin x+\cos x|\,dx$

$$=\int_0^{\frac{3\pi}{4}}(\sin x+\cos x)dx-\int_{\frac{3\pi}{4}}^{\frac{3\pi}{2}}(\sin x+\cos x)dx$$

$$=2+2\sqrt{2}.$$

3. $\displaystyle\int_1^{+\infty}\frac{dx}{\sqrt{x}+x\sqrt{x}}\xlongequal{\sqrt{x}=t}\lim_{b\to+\infty}\int_1^b\frac{2dt}{1+t^2}=2\lim_{b\to+\infty}\arctan t\Big|_1^b=\frac{\pi}{2}.$

4. $\displaystyle I=\iint\limits_D\left(\frac{y}{x}\right)^2dxdy=\int_{-\sqrt{3}}^{\sqrt{3}}y^2dy\int_1^{\sqrt{4-y^2}}\frac{1}{x^2}dx=2\int_0^{\sqrt{3}}\left(y^2-\frac{y^2}{\sqrt{4-y^2}}\right)dy$

$$=2\sqrt{3}-4\int_0^{\frac{\pi}{3}}(1-\cos 2t)dt=2\sqrt{3}-\frac{4\pi}{3}+\sqrt{3}=3\sqrt{3}-\frac{4\pi}{3}.$$

七、证 1. $F'(x)=f(x)+\dfrac{1}{f(x)}\geqslant 2\sqrt{f(x)\cdot\dfrac{1}{f(x)}}=2.$

2. $F(a)=\displaystyle\int_b^a\dfrac{\mathrm{d}x}{f(x)}<0,F(b)=\int_a^b f(x)\mathrm{d}x>0,$ 则 $F(x)$ 在 (a,b) 内有根.

又 $F'(x)\geqslant 2>0$, 所以 $F(x)$ 在 $[a,b]$ 上严格单调增加, 所以 $F(x)$ 在 (a,b) 内有且仅有一个根.

八、解 $S=\displaystyle\int_0^2[(y+2)-y^2]\mathrm{d}y=\left[\dfrac{1}{2}y^2+2y-\dfrac{1}{3}y^3\right]\Big|_0^2=\dfrac{10}{3},$

$$V=\int_0^4\pi(\sqrt{x})^2\mathrm{d}x-\int_2^4\pi(x-2)^2\mathrm{d}x=8\pi-\dfrac{8\pi}{3}=\dfrac{16\pi}{3}.$$

九、解

1.
$$y=\mathrm{e}^{\int\frac{1}{x\ln x}\mathrm{d}x}\left(\int x\ln x\mathrm{e}^{-\int\frac{1}{x\ln x}\mathrm{d}x}\mathrm{d}x+C\right)$$
$$=\ln x\left(\int x\ln x\dfrac{1}{\ln x}\mathrm{d}x+C\right)$$
$$=\ln x\left(\dfrac{1}{2}x^2+C\right),$$

$y\big|_{x=\mathrm{e}}=\dfrac{\mathrm{e}^2}{2},$ 所以 $C=0.$ 故 $y=\dfrac{1}{2}x^2\ln x.$

2. 求导:
$$f(x)=\int_0^x f(t)\mathrm{d}t+xf(x)-xf(x),$$
所以
$$f'(x)=f(x),\quad\int\dfrac{\mathrm{d}f(x)}{f(x)}=\int\mathrm{d}x,$$
所以 $\ln|f(x)|=x+C_1,$ 所以 $f(x)=C\mathrm{e}^x.$

3. $\rho=\displaystyle\lim_{n\to\infty}\left|\dfrac{a_{n+1}}{a_n}\right|=1,$ 故 $R=1.$

$x=0,2$ 时, 级数发散, 故收敛域为 $(0,2).$
$$S(x)=\sum_{n=1}^\infty n(x-1)^{n-1},$$
$$\int_1^x S(x)\mathrm{d}x=\dfrac{x-1}{2-x},$$
所以 $S(x)=\left(\dfrac{x-1}{2-x}\right)'=\dfrac{1}{(2-x)^2}.$

综合测试题四解答

一、填空题

1. $f[g(x)]=\sec^2 x-1=\tan^2 x, g[f(x)]=\sec(x^2-1)$.

2. 1.01995.

$f(x)=\mathrm{e}^x$, $x_0=0, \Delta x=0.01995$, $f'(x)=\mathrm{e}^x$,

$\mathrm{e}^{0.01995}=f(x_0+\Delta x)\approx f(x_0)+f'(x_0)\Delta x=\mathrm{e}^0+\mathrm{e}^0\times0.01995=1.01995$.

3. 因为 $\lim\limits_{x\to x_0}\dfrac{f(x)-f(x_0)}{(x-x_0)^4}=a^2>0$,所以存在点 x_0 的某一邻域,当 x 在该邻域

内,但 $x\ne x_0$ 时,有 $\dfrac{f(x)-f(x_0)}{(x-x_0)^4}>0$,所以有 $f(x)>f(x_0)$,所以 $f(x)$ 在 x_0 处取

得极小值.

4. $\mathrm{e}-\mathrm{e}^{-1}$, $f(x)=\dfrac{\sin x\cos^4 x}{1+x^2}$ 为奇函数,所以

$$\int_{-1}^{1}\left(\frac{\sin x\cos^4 x}{1+x^2}+\mathrm{e}^{-x}\right)\mathrm{d}x=\int_{-1}^{1}\frac{\sin x\cos^4 x}{1+x^2}\mathrm{d}x+\int_{-1}^{1}\mathrm{e}^{-x}\mathrm{d}x$$

$$=0+\int_{-1}^{1}\mathrm{e}^{-x}\mathrm{d}x=-\mathrm{e}^{-x}\Big|_{-1}^{1}=\mathrm{e}-\mathrm{e}^{-1}.$$

5. $f'(0)>f(1)-f(0)>f'(1)$.

由题意知 $f(x)$ 在 $[0,1]$ 上满足拉格朗日中值定理,所以至少存在一点 $\xi\in(0,$

$1)$ 使得 $f'(\xi)=\dfrac{f(1)-f(0)}{1-0}=f(1)-f(0)$.

由 $f''(x)<0$ 知 $f'(x)$ 在 $[0,1]$ 上单调减小. 所以 $f'(0)>f(1)-f(0)>f'(1)$.

6. $\displaystyle\int_0^2\mathrm{d}x\int_{\frac{1}{2}x}^{3-x}f(x,y)\mathrm{d}y$.

积分区域为

$$D=\{(x,y)\,|\,0\leqslant y\leqslant1,0\leqslant x\leqslant2y\}\bigcup\{(x,y)\,|\,1\leqslant y\leqslant3,0\leqslant x\leqslant3-y\}$$

$$=\left\{(x,y)\,\Big|\,0\leqslant x\leqslant2,\frac{x}{2}\leqslant y\leqslant3-x\right\},$$

所以 $I=\displaystyle\int_0^2\mathrm{d}x\int_{\frac{1}{2}x}^{3-x}f(x,y)\mathrm{d}y$.

7. $p, p\dfrac{\mathrm{d}p}{\mathrm{d}y}$.

8. $\begin{cases} x^2+y^2=2, \\ z=1, \end{cases}$ 旋转抛物面. 由 $\begin{cases} x^2+y^2+z^2=3, \\ x^2+y^2=2z, \end{cases}$ 得 $z=1$. 所以两曲面的交线

方程为 $\begin{cases} x^2+y^2=2, \\ z=1. \end{cases}$ 曲面 $2z=x^2+y^2$ 表示旋转抛物面.

二、选择题

1. (D).

若 $k=f(a)$,则 $x=a$ 是 $f(x)$ 的连续点.

若 $k\neq f(a)$,则 $x=a$ 是 $f(x)$ 的可去间断点.

2. (A).

$$\lim_{h\to 0}\frac{f(a+h)-f(a-2h)}{h}=\lim_{h\to 0}\frac{f(a+h)-f(a)+f(a)-f(a-2h)}{h}$$

$$=\lim_{h\to 0}\frac{f(a+h)-f(a)}{h}-\lim_{h\to 0}\frac{f(a-2h)-f(a)}{-2h}(-2)$$

$$=f'(a)+2f'(a)=3f'(a).$$

3. (B).

$$F(-x)=\int_0^{-x}tf(t^2)\mathrm{d}t\xlongequal{t=-u}\int_0^x(-u)f(u^2)(-\mathrm{d}u)=\int_0^xuf(u^2)\mathrm{d}u=F(x).$$

所以 $F(x)$ 为偶函数.

4. (B). $F'(x)=f(x)$. 所以 $F(x)$ 是 $f(x)$ 的一个原函数.

$f(x)$ 的不定积分和全体原函数均应含有任意常数,所以 A,C 选项均不正确.

$F(x)$ 是变上限的定积分,所以 D 选项也不正确.

三、计算题

1. $\mathrm{d}y=\dfrac{y(\mathrm{e}^{-\frac{y}{x}}-x^2)}{x(x^2+\mathrm{e}^{-\frac{y}{x}})}\mathrm{d}x$ 或 $\mathrm{d}y=\dfrac{y^2-xy}{x^2+xy}\mathrm{d}x$.

2. $\dfrac{\partial z}{\partial x}=4x^3-4\ln y \cdot \dfrac{1}{x}$, $\dfrac{\partial^2 z}{\partial x^2}=12x^2+\dfrac{4\ln y}{x^2}$, $\dfrac{\partial^2 z}{\partial x\partial y}=-\dfrac{4}{xy}$.

3. $\dfrac{\mathrm{d}y}{\mathrm{d}x}=\dfrac{3+3t^2}{2t}$, $\dfrac{\mathrm{d}^2 y}{\mathrm{d}x^2}=\dfrac{\dfrac{3}{2}\left(1-\dfrac{1}{t^2}\right)}{2t}=\dfrac{3(t^2-1)}{4t^3}$.

故 $t=0,t=\pm 1$ 时,三点 $(0,0),(1,4),(1,-4)$ 可能是拐点. 经判别检验 $(1,4),(1,-4)$ 为曲线的拐点.

4. $\lim\limits_{x\to 0}\dfrac{\tan x-x}{x^3}=\lim\limits_{x\to 0}\dfrac{\sec^2 x-1}{3x^2}=\lim\limits_{x\to 0}\dfrac{\tan^2 x}{3x^2}=\dfrac{1}{3}$.

5. $\lim\limits_{x\to 0^+}\sqrt[x]{\cos\sqrt{x}}=\lim\limits_{x\to 0^+}(\cos\sqrt{x})^{\frac{1}{x}}=\lim\limits_{x\to 0^+}e^{\frac{1}{x}\ln\cos\sqrt{x}}$

$$=e^{\lim\limits_{x\to 0^+}\frac{\frac{1}{\cos\sqrt{x}}(-\sin\sqrt{x})\frac{1}{2\sqrt{x}}}{1}}=e^{-\frac{1}{2}\lim\limits_{x\to 0^+}\left(\frac{\sin\sqrt{x}}{\sqrt{x}}\cdot\frac{1}{\cos\sqrt{x}}\right)}=e^{-\frac{1}{2}}.$$

6. $\displaystyle\int\frac{e^{\frac{1}{\sqrt{x}}}}{x^2}\mathrm{d}x=-\int e^{\frac{1}{\sqrt{x}}}\mathrm{d}\frac{1}{x}\xrightarrow{t=\frac{1}{\sqrt{x}}}-\int e^t\mathrm{d}t^2=-\int e^t 2t\mathrm{d}t$

$$=-2(t-1)e^t+C=2\left(\frac{1}{\sqrt{x}}+1\right)e^{-\frac{1}{\sqrt{x}}}+C.$$

7. $\displaystyle\int_0^{\frac{\pi}{2}}\frac{\cos x}{\sin x+\cos x}\mathrm{d}x=\frac{1}{2}\int_0^{\frac{\pi}{2}}\frac{(\cos x+\sin x)+(\cos x-\sin x)}{\sin x+\cos x}\mathrm{d}x$

$$=\frac{1}{2}\left[\int_0^{\frac{\pi}{2}}1\mathrm{d}x+\int_0^{\frac{\pi}{2}}\frac{\mathrm{d}(\sin x+\cos x)}{\sin x+\cos x}\mathrm{d}x\right]$$

$$=\frac{1}{2}\left[x\Big|_0^{\frac{\pi}{2}}+\ln|\sin x+\cos x|\Big|_0^{\frac{\pi}{2}}\right]=\frac{\pi}{4}.$$

8. $\displaystyle\int_{-\infty}^{+\infty}(x+|x|)e^{-|x|}\mathrm{d}x=2\int_0^{+\infty}xe^{-x}\mathrm{d}x=2\lim\limits_{b\to+\infty}\int_0^b xe^{-x}\mathrm{d}x$

$$=-2\lim\limits_{b\to+\infty}(x+1)e^{-x}\Big|_0^b=2-2\lim\limits_{b\to+\infty}(b+1)e^{-b}$$

$$=2.$$

9. $\displaystyle\iint\limits_{D}x\sqrt{y}\,\mathrm{d}x\mathrm{d}y=\int_0^1\sqrt{y}\,\mathrm{d}y\int_{y^2}^{\sqrt{y}}x\mathrm{d}x=\frac{1}{2}\int_0^1(y-y^4)\sqrt{y}\,\mathrm{d}y=\frac{6}{55}.$

四、解 $\quad\lim\limits_{x\to 0^-}f(x)=\lim\limits_{x\to 0^-}x=0,$

$$\lim\limits_{x\to 0^+}f(x)=\lim\limits_{x\to 0^+}x^2\cos\frac{1}{x}=0,$$

所以

$$\lim\limits_{x\to 0^-}f(x)=\lim\limits_{x\to 0^+}f(x)=0=f(0),$$

所以函数 $f(x)$ 在 $x=0$ 处连续.

$$\lim\limits_{x\to 0^-}\frac{f(x)-f(0)}{x-0}=\lim\limits_{x\to 0^-}\frac{x}{x}=1,$$

$$\lim\limits_{x\to 0^+}\frac{f(x)-f(0)}{x-0}=\lim\limits_{x\to 0^+}\frac{x^2\cos\dfrac{1}{x}}{x}=0,$$

故 $\lim\limits_{x\to 0}\dfrac{f(x)-f(0)}{x-0}$ 不存在,所以函数 $f(x)$ 在 $x=0$ 处不可导.

五、解 设抛物线上切点为 $(x_0,1+ax_0^2)$,则切线方程为

$$y-(1+ax_0^2)=2ax_0(x-x_0).$$

又切线由原点引出,故过点 $O(0,0)$,所以 $1+ax_0^2=2ax_0^2$,$ax_0^2=1$.

又所给图形面积为

$$\int_0^{x_0}(1+ax^2)\mathrm{d}x-\frac{1}{2}x_0(1+ax_0^2)=\frac{1}{3},$$

即 $\frac{1}{3}x_0=\frac{1}{3}$,所以 $x_0=1$,$a=1$.

(1) 抛物线方程为 $y=1+x^2$.

(2) 旋转体体积为

$$V_x=\pi\int_0^1(1+x^2)^2\mathrm{d}x-\frac{1}{3}\pi\cdot2^2\cdot1=\frac{8\pi}{15}.$$

六、证 取 $f(x)=\mathrm{e}^x-\mathrm{e}x$,$f(1)=0$. 则

$$f'(x)=\mathrm{e}^x-\mathrm{e}.$$

当 $x>1$ 时,$f'(x)>0$. 所以,当 $x>1$ 时,$f(x)$ 单调增加,即 $f(x)>f(1)=0$.

或用拉格朗日中值定理,对 $g(x)=\mathrm{e}^x$ 在 $[1,x]$ 上应用定理.

七、解 据题意:$y'=\cos x-\dfrac{y}{x}$,即

$$y'+\frac{y}{x}=\cos x.$$

所以

$$y=\mathrm{e}^{-\int\frac{1}{x}\mathrm{d}x}\left(\int\cos x\mathrm{e}^{\int\frac{1}{x}\mathrm{d}x}\mathrm{d}x+C\right)$$

$$=\frac{1}{x}\left(\int\cos x\cdot x\mathrm{d}x+C\right)$$

$$=\frac{1}{x}(x\sin x+\cos x+C).$$

又曲线过点 $\left(\dfrac{\pi}{2},0\right)$,故 $C=-\dfrac{\pi}{2}$. 所以曲线为 $y=\dfrac{1}{x}\left(x\sin x+\cos x-\dfrac{\pi}{2}\right)$.

八、解 $f(x)=x\cos x\sin x=\dfrac{1}{2}x\sin(2x)$

$$=\frac{1}{2}x\left(2x-\frac{(2x)^3}{3!}+\frac{(2x)^5}{5!}-\frac{(2x)^7}{7!}+\cdots\right)$$

$$=\frac{1}{2}\sum_{n=1}^{\infty}\frac{(-1)^{n-1}(2x)^{2n-1}x}{(2n-1)!}$$

$$=\sum_{n=1}^{\infty}\frac{(-1)^{n-1}2^{2n-2}x^{2n}}{(2n-1)!}.$$

综合测试题五解答

一、单项选择题

1. （A）.

解 排除法,将 B,C,D 的结果代入题中的等式,发现等式不成立,故只能选择 A.

2. （D）.

解
$$\lim_{x\to 0^+} e^{\frac{x+1}{x}} = \lim_{x\to 0^+} e^{1+\frac{1}{x}} = \infty, \quad \lim_{x\to 0^-} e^{\frac{x+1}{x}} = \lim_{x\to 0^-} e^{1+\frac{1}{x}} = 0,$$
单侧极限有一个不存在,所以为第二类间断点.

3. （B）.

解 如图 3 所示

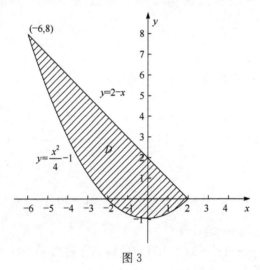

图 3

$$I = \int_{-1}^{0} dy \int_{-2\sqrt{1+y}}^{2\sqrt{1+y}} f(x,y)dx + \int_{0}^{8} dy \int_{-2\sqrt{1+y}}^{2-y} f(x,y)dx = \int_{-6}^{2} dx \int_{\frac{x^2}{4}-1}^{2-x} f(x,y)dy.$$

4. （C）.

在空间直角坐标系中,方程 $\dfrac{x^2}{4}+\dfrac{z^2}{3}=1$ 表示一个柱面,方程 $y=3$ 表示一个平面,方程 $\begin{cases} \dfrac{x^2}{4}+\dfrac{z^2}{3}=1, \\ y=3 \end{cases}$ 表示柱面和平面的交线,即椭圆.

5. （B）.

解 设 $f(x,y)=x^y$,取 $x_0=2, y_0=1, \Delta x=-0.03, \Delta y=0.05$,则

$$f(x_0+\Delta x, y_0+\Delta y) \approx f(x_0, y_0) + f'_x(x_0, y_0)\Delta x + f'_y(x_0, y_0)\Delta y$$
$$\approx 2 - 1 \times 2^{1-1} \times 0.03 + 2 \times \ln 2 \times 0.05 = 2.0393.$$

二、填空题

1. $a=-6, b=6$.

解 因为 $\lim\limits_{x \to 2}\dfrac{x^3+ax+4}{x^2-3x+2}=\lim\limits_{x \to 2}\dfrac{x^3+ax+4}{(x-1)(x-2)}=b$ 存在,所以 $x=2$ 为 x^3+ax
$+4=0$ 的根,所以 $a=-6$,将 $a=-6$ 代入极限式可得

$$\lim_{x \to 2}\frac{x^2+2x-2}{x-1}=6=b.$$

2. 曲线 $y=f(x)$ 在点 $(\xi, f(\xi))$ 处切线平行于 x 轴.

3. $x=-\dfrac{b}{2a}, y=\dfrac{4ac-b^2}{4a}$.

函数 $y=ax^2+bx+c$,因为 $a>0$,所以当 $x=-\dfrac{b}{2a}$ 时,取得极小值为
$y=\dfrac{4ac-b^2}{4a}$.

4. $x^2-\dfrac{1}{2}x^3+\cdots+(-1)^{n-1}\dfrac{x^{n+1}}{n}+R_n(x)$.

解 因为

$$\ln(1+x)=x-\frac{x^2}{2}+\frac{x^3}{3}-\cdots+(-1)^{n-1}\frac{x^n}{n}+R_n(x),$$

所以

$$f(x)=x\ln(1+x)=x^2-\frac{1}{2}x^3+\cdots+(-1)^{n-1}\frac{x^{n+1}}{n}+R_n(x).$$

5. $y=e^{-2x}(C_1\cos x+C_2\sin x)$.

解 微分方程 $y''+4y'+5y=0$ 对应的特征方程为 $r^2+4r+5=0$,它有一对共轭的复根为 $r_1=-2+i, r_2=-2-i$.

原方程的通解为 $y=e^{-2x}(C_1\cos x+C_2\sin x)$.

三、讨论

解 $f(x)$ 在 $x=0$ 可导,则在 $x=0$ 连续,所以

$$\lim_{x \to 0^+}f(x)=b=f(0)=1 \Rightarrow b=1,$$

又

$$f'_-(0)=\lim_{\Delta x \to 0}\frac{e^{2a\Delta x}-1}{\Delta x}=2a,$$

$$f'_+(0)=\lim_{\Delta x \to 0}\frac{\sin \Delta x-0}{\Delta x}=1,$$

因为 $f'_+(0)=f'_-(0)\Rightarrow 2a=1, a=\dfrac{1}{2}$，所以

$$f'(0)=1, \quad a=\frac{1}{2}, \quad b=1.$$

四、求极限

解

1. $\displaystyle\lim_{x\to 0}\frac{x-x\cos x}{x-\sin x}=\lim_{x\to 0}\frac{1-\cos x+x\sin x}{1-\cos x}=\lim_{x\to 0}\left(1+\frac{x\sin x}{1-\cos x}\right)$

$$=1+\lim_{x\to 0}\frac{x\sin x}{1-\cos x}=1+\lim_{x\to 0}\frac{x+x\cos x}{\sin x}$$

$$=1+\lim_{x\to 0}\frac{x}{\sin x}+\lim_{x\to 0}\frac{x\cos x}{\sin x}=3.$$

2. $\displaystyle\lim_{x\to +\infty}\left(\frac{\pi}{2}-\arctan x\right)^{\frac{1}{\ln x}}=\lim_{x\to +\infty}e^{\frac{\ln\left(\frac{\pi}{2}-\arctan x\right)}{\ln x}}=e^{\lim\limits_{x\to +\infty}\frac{-\frac{1}{1+x^2}}{\frac{\pi}{2}-\arctan x}\cdot\frac{1}{x}}$

$$=e^{\lim\limits_{x\to +\infty}\frac{-\frac{x}{1+x^2}}{\frac{\pi}{2}-\arctan x}}=e^{\lim\limits_{x\to +\infty}\frac{-\frac{(1+x^2)-x\cdot 2x}{(1+x^2)^2}}{-\frac{1}{1+x^2}}}=e^{\lim\limits_{x\to +\infty}\frac{1-x^2}{1+x^2}}=e^{-1}.$$

五、计算下列各题

解　1. $y'=e^{\sin x}\cos x\cos(\sin x)-e^{\sin x}\sin(\sin x)\cos x$

$$=e^{\sin x}\cos x[\cos(\sin x)-\sin(\sin x)],$$

$\quad y'(0)=1.$

2. $\dfrac{\mathrm{d}y}{\mathrm{d}x}=-\dfrac{1}{t}, \dfrac{\mathrm{d}^2 y}{\mathrm{d}x^2}=\dfrac{\mathrm{d}}{\mathrm{d}x}\left(\dfrac{\mathrm{d}y}{\mathrm{d}x}\right)=\dfrac{\mathrm{d}\left(\dfrac{\mathrm{d}y}{\mathrm{d}x}\right)/\mathrm{d}t}{\mathrm{d}x/\mathrm{d}t}=\dfrac{\dfrac{1}{t^2}}{t}=\dfrac{1}{t^3}.$

3. $y'=e^y+xe^y y', y'=\dfrac{e^y}{1-xe^y}.$ 当 $x=0$ 时，$y=1, y'(0)=e=k.$ 切线方程为

$y-ex-1=0$，法线方程为 $ey+x-e=0.$

4. $\dfrac{\partial z}{\partial x}=y\varphi'_u 2x=2xy\varphi'_u$（其中 $u=x^2-y^2$），

$\quad \dfrac{\partial z}{\partial y}=\varphi(x^2-y^2)+y\varphi'_u(-2y)=\varphi(x^2-y^2)-2y^2\varphi'_u,$

$\quad y\dfrac{\partial z}{\partial x}+x\dfrac{\partial z}{\partial y}=2xy^2\varphi'_u+x\varphi(x^2-y^2)-2xy^2\varphi'_u=x\varphi(x^2-y^2).$

六、求下列积分

解 1. $\int \dfrac{\cos 2x}{\sin x + \cos x}\mathrm{d}x = \int (\cos x - \sin x)\mathrm{d}x = \sin x + \cos x + C.$

2. $\displaystyle\int_{-1}^{3} \dfrac{f'(x)}{1+f^2(x)}\mathrm{d}x = \int_{-1}^{3} \dfrac{\mathrm{d}f(x)}{1+f^2(x)} = \arctan f(x)\Big|_{-1}^{3}$

$$= \arctan f(3) - \arctan f(-1).$$

3. $\displaystyle\int_{0}^{+\infty} \dfrac{1}{\sqrt{x}}e^{-\sqrt{x}}\mathrm{d}x = \int_{0}^{1}\dfrac{1}{\sqrt{x}}e^{-\sqrt{x}}\mathrm{d}x + \int_{1}^{+\infty}\dfrac{1}{\sqrt{x}}e^{-\sqrt{x}}\mathrm{d}x$

$$= \lim_{\varepsilon\to 0^+}\int_{0+\varepsilon}^{1} -2e^{-\sqrt{x}}\mathrm{d}(-\sqrt{x}) + \lim_{b\to +\infty}\int_{1}^{b} -2e^{-\sqrt{x}}\mathrm{d}(-\sqrt{x})$$

$$= \lim_{\varepsilon\to 0^+}\left[-2e^{-\sqrt{x}}\right]_{\varepsilon}^{1} + \lim_{b\to +\infty}\left[-2e^{-\sqrt{x}}\right]_{1}^{b} = 2.$$

4. $I = \displaystyle\iint\limits_{D}(x-1)y\mathrm{d}x\mathrm{d}y = \int_{0}^{1}\mathrm{d}y\int_{1+\sqrt{y}}^{1-y}(x-1)y\mathrm{d}x = \int_{0}^{1}\dfrac{1}{2}y\,(x-1)^2\Big|_{1+\sqrt{y}}^{1-y}\mathrm{d}y$

$$= \dfrac{1}{2}\int_{0}^{1}(y^3 - y^2)\mathrm{d}y = -\dfrac{1}{24}.$$

七、证明题

证 设 $F(x) = 2x - \displaystyle\int_{0}^{x}f(t)\mathrm{d}t,$

$$F(0) = 0, \quad F'(x) = 2 - f(x) > 1 > 0.$$

故 $F(x)$ 在 $[0,1]$ 上严格单调增加, 而 $F(0) = 0.$ $x > 0$ 时, $F(x) > 0.$ 所以 $F(x) = 0$ 在 $[0,1]$ 上有且只有一个根, 即方程 $2x - \displaystyle\int_{0}^{x}f(t)\mathrm{d}t = 0$ 在 $[0,1]$ 内有且只有一个实根.

八、应用题

解 $y = 3x^2$ 与 $y = 2x^2 + 9$ 的交点 $(3,27),(-3,27).$

$$S = \int_{-3}^{3}\left[(2x^2+9) - 3x^2\right]\mathrm{d}x = \int_{-3}^{3}\left[9 - x^2\right]\mathrm{d}x = 36,$$

$$V = \pi\int_{0}^{27}\dfrac{y}{3}\mathrm{d}y - \pi\int_{9}^{27}\dfrac{y-9}{2}\mathrm{d}y = \dfrac{81}{2}\pi.$$

九、下面三题任选二题

解 1. $y = e^{-\int\tan x\,\mathrm{d}x}\left[\displaystyle\int -3\tan x\, e^{\int\tan x\,\mathrm{d}x}\,\mathrm{d}x + C\right]$

$$= \cos x\left[\int -3\tan x\,\dfrac{1}{\cos x}\mathrm{d}x + C\right]$$

$$=\cos x\left[\frac{-3}{\cos x}+C\right]=-3+C\cos x.$$

2. 对 $x\int_0^x f(t)\mathrm{d}t = (x+1)\int_0^x tf(t)\mathrm{d}t$ 求导得

$$\int_0^x f(t)\mathrm{d}t + xf(x) = \int_0^x tf(t)\mathrm{d}t + (x+1)xf(x),$$

$$f(x)=xf(x)+2xf(x)+x^2 f'(x),$$

$$x^2 f'(x)+(3x-1)f(x)=0,$$

$$\frac{\mathrm{d}f(x)}{f(x)}=\frac{1-3x}{x^2}\mathrm{d}x, \ln f(x)=-\frac{1}{x}-3\ln x+\ln C,$$

$$f(x)=\frac{Ce^{-\frac{1}{x}}}{x^3}.$$

3. $\rho=\lim_{n\to\infty}\left|\frac{a_{n+1}}{a_n}\right|=1, \quad R=\frac{1}{\rho}=1.$

当 $x=1$ 时，$\sum_{n=1}^{\infty}\frac{1}{n}$ 发散；当 $x=-1$ 时，$\sum_{n=1}^{\infty}\frac{(-1)^n}{n}$ 收敛. 则收敛域为 $[-1,1)$.

设 $S(x)=\sum_{n=1}^{\infty}\frac{x^n}{n}$，则 $S'(x)=\sum_{n=1}^{\infty}x^{n-1}=\frac{1}{1-x}$，故

$$S(x)=\int_0^x \frac{1}{1-x}\mathrm{d}x = -\ln(1-x).$$

综合测试题六解答

一、填空题

1. $\frac{x}{9}+\frac{4}{3}$.   2. e^2.   3. $\frac{\pi}{6}+\frac{0.002}{\sqrt{0.75}}$.

4. 4,5.   5. $2F(\arctan x)+C$.   6. 3.   7. 双曲柱面，$\frac{y^2}{9}-\frac{z^2+x^2}{4}=1$.

8. $\{(x,y)|x>0$ 且 $y>0$，且 $x+y<1\}$.   9. xe^x.

10. $x+(-2)x^2+\frac{(-2)^2}{2!}x^3+\cdots+\frac{(-2)^n}{n!}x^{n+1}+R_{n+1}(x)$.

二、计算题

解 1. e^2.   2. $-\frac{1}{2}$.

3. $y'=\frac{1}{x+\sqrt{x^2-1}}\left(1+\frac{x}{\sqrt{x^2-1}}\right)=\frac{1}{\sqrt{x^2-1}}$.

4. $2yy'-2y-2xy'=0$，所以 $y'=\dfrac{-y}{x-y}$.

5. $\dfrac{\partial z}{\partial x}=-e^{x^2},\dfrac{\partial z}{\partial y}=-e^{y^2}$.

6. $\displaystyle\int\dfrac{\mathrm{d}x}{\sqrt{1+e^x}}\xlongequal{t=\sqrt{1+e^x}}\int\dfrac{2\mathrm{d}t}{t^2-1}=\ln\left|\dfrac{t-1}{t+1}\right|+C$

$\qquad\qquad\qquad\quad =2\ln(\sqrt{1+e^x}-1)-x+C.$

7. $\displaystyle\int_1^{e^2}\dfrac{\mathrm{d}x}{x\sqrt{1+\ln x}}=\int_1^{e^2}\dfrac{\mathrm{d}(1+\ln x)}{\sqrt{1+\ln x}}=2\sqrt{1+\ln x}\,\Big|_1^{e^2}=2\sqrt{3}-2\sqrt{1+\ln 1}=$

$2\sqrt{3}-2.$

8. $\displaystyle\int_{-\frac{\pi}{4}}^{\frac{3\pi}{2}}\dfrac{\mathrm{d}x}{\cos^2 x}=\int_{-\frac{\pi}{4}}^{\frac{\pi}{2}}\dfrac{\mathrm{d}x}{\cos^2 x}+\int_{\frac{\pi}{2}}^{\frac{3\pi}{2}}\dfrac{\mathrm{d}x}{\cos^2 x}$，所以

$$\int_{-\frac{\pi}{4}}^{\frac{\pi}{2}}\dfrac{\mathrm{d}x}{\cos^2 x}=\lim_{\varepsilon\to 0^+}\int_{-\frac{\pi}{4}}^{\frac{\pi}{2}-\varepsilon}\sec^2 x\mathrm{d}x=\lim_{\varepsilon\to 0^+}\tan x\,\Big|_{-\frac{\pi}{4}}^{\frac{\pi}{2}-\varepsilon}=+\infty,$$

所以原积分发散.

9. $\mathrm{d}z=\dfrac{y^3\mathrm{d}x+x^3\mathrm{d}y}{(x^2+y^2)^{3/2}}.$

10. $I=\displaystyle\int_0^1 e^x\mathrm{d}x\int_0^1 e^y\mathrm{d}y=\left(\int_0^1 e^x\mathrm{d}x\right)^2=(e^x\,|_0^1)^2=(e-1)^2.$

三、解 要使 $f(x)$ 在 $x=0$ 处可导，可知 $f(x)$ 在 $x=0$ 处连续，

$$\lim_{x\to 0^-}f(x)=\lim_{x\to 0^-}(a+bx)=a,$$
$$\lim_{x\to 0^+}f(x)=\lim_{x\to 0^+}\ln(1+cx)=0,$$

所以 $a=0$.

$$\lim_{x\to 0}\dfrac{f(x)-f(0)}{x}=\lim_{x\to 0}\dfrac{f(x)}{x},$$
$$\lim_{x\to 0^-}\dfrac{f(x)}{x}=\lim_{x\to 0^-}\dfrac{bx}{x}=b,$$
$$\lim_{x\to 0^+}\dfrac{f(x)}{x}=\lim_{x\to 0^+}\dfrac{\ln(1+cx)}{x}=c,$$

所以 $b=c$.

四、证明题

证 因为 $F(1)=0,F(2)=0$，所以 $F(x)$ 在 $[1,2]$ 上满足罗尔定理条件，所以存在 $\xi_1\in(1,2)$，使 $F'(\xi_1)=0$.

又因为 $F'(x)=2(x-1)f(x)+(x-1)^2f'(x)$，所以 $F'(1)=0$，从而 $F'(x)$ 在 $[1,\xi_1]$ 上满足罗尔定理条件，所以存在 $\xi\in(1,\xi_1)\subset(1,2)$，使 $F''(\xi)=0$.

五、应用题

解　$S(t)=S_1+S_2=t^3-\displaystyle\int_0^t x^2\mathrm{d}x+\int_t^1 x^2\mathrm{d}x-(1-t)t^2$

$$=\frac{4}{3}t^3-t^2+\frac{1}{3},$$

$S'(t)=4t^2-2t=0$，得驻点：$t=0,t=\dfrac{1}{2}$，

$S''(t)=8t-2=2(4t-1)$，　$S''(0)=-2<0$，　$S''\left(\dfrac{1}{2}\right)=2>0$.

故当 $t=\dfrac{1}{2}$ 时，S_1+S_2 取极小值 $S\left(\dfrac{1}{2}\right)=\dfrac{1}{4}$；

当 $t=0$ 时，S_1+S_2 取极大值 $S(0)=\dfrac{1}{3}$；又当 $t=1$ 时，$S(1)=\dfrac{2}{3}$.

比较知，$S_{最大}=S(1)=\dfrac{2}{3}$，$S_{最小}=S\left(\dfrac{1}{2}\right)=\dfrac{1}{4}$.

六、解　（1）设切点坐标为 (x,y)，切线与坐标轴交点为 $(2x,0),(0,2y)$，切线斜率为

$$\frac{\mathrm{d}y}{\mathrm{d}x}=-\frac{y}{x},$$

积分得

$$\int\frac{\mathrm{d}y}{y}=-\int\frac{\mathrm{d}x}{x},$$

即

$$\ln y=-\ln x+\ln C,$$

整理得

$$xy=C.$$

（2）$\ln(1+x)=x-\dfrac{x^2}{2}+\dfrac{x^3}{3}+\cdots+(-1)^{n-1}\dfrac{x^n}{n}+R_n(x)$，

$$(1+x)\ln(1+x)=(1+x)\left(x-\frac{x^2}{2}+\frac{x^3}{3}+\cdots+(-1)^{n-1}\frac{x^n}{n}+R_n(x)\right)$$

$$=x+\left(1-\frac{1}{2}\right)x^2-\left(\frac{1}{2}-\frac{1}{3}\right)x^3+\cdots+(-1)^n\frac{x^n}{(n-1)n}+R_n(x).$$

(3) $y=\mathrm{e}^{-\int\frac{1}{x}\mathrm{d}x}\left[\left(\int\sin x\mathrm{e}^{\int\frac{1}{x}\mathrm{d}x}\mathrm{d}x+C\right]\right.$

$$=\frac{1}{x}\left(\int x\sin x\mathrm{d}x+C\right)=\frac{1}{x}(-x\cos x+\sin x+C).$$